草本观赏植物
露天采种技术

于永武　主编

中国林业出版社
China Forestry Publishing House

主　　编：于永武

副 主 编：杨明琪　赵惠恩

编　　委：于永会　李德富　于浩哲　陈黎均　唐　宪

图书在版编目（CIP）数据

草本观赏植物露天采种技术 / 于永武主编. —— 北京：
中国林业出版社，2024.1

ISBN 978-7-5219-2628-6

Ⅰ.①草… Ⅱ.①于… Ⅲ.①草本植物—观赏植物—
观赏园艺 Ⅳ.①S68

中国国家版本馆CIP数据核字(2024)第040257号

策划编辑：贾麦娥

责任编辑：贾麦娥

装帧设计：北京八度出版服务机构

————————————

出版发行：中国林业出版社

　　　　　（100009，北京市西城区刘海胡同7号，电话83143562）

电子邮箱：cfphzbs@163.com

网址：www.forestry.gov.cn/lycb.html

印刷：北京博海升彩色印刷有限公司

版次：2024年1月第1版

印次：2024年1月第1次

开本：889mm×1194mm　1/16

印张：28.5

字数：922千字

定价：498.00元

草本观赏植物露天采种技术

种子是农业生产的最重要基础，种业已成为国际现代农业发展的第一产业要素。作为种业核心驱动力的种业科技，一直是农业及种业产业革命的先导和国际现代农业竞争与控制的战略高地。进入21世纪，全球化种业竞争日趋激烈，世界跨国种业集团利用尖端技术快速抢占我国种业市场。加强我国种业科技创新，提高自主种业的国际竞争能力，确保粮食安全和主要农产品的有效供给已经迫在眉睫。我国是世界花卉生产面积最大的国家，但育种效率低一直是困扰我国花卉产业发展的瓶颈，加快品种创制和技术创新是我国从花卉大国到花卉强国的必经之路。2021年7月，中央全面深化改革委员会审议通过的《种业振兴行动方案》，明确了实现种业科技自立自强的目标，提出了种业振兴的指导思想、重点任务和保障措施等，为我国打好种业翻身仗、实现从种业大国向种业强国的迈进指明了方向。

花卉种业链的前端是育种，它是产业发展的关键。我国花卉育种优势明显，是世界植物资源最丰富的国家之一，有高等植物32000多种，其中特有植物15000～16000种，占总数的50%左右。具有观赏价值的植物有7000多种，蕴藏着独特的花色、花型、花香及抗性的优异基因，这些都是花卉新品种创制的重要基础。

为了更好地推进我国草本花卉种植业的发展，酒泉金秋园艺种苗有限公司于永武先生经过近30年的采种实践和摸索，足迹遍布全国花卉采种基地，把采种基地积累的实践经验和所学到的知识，历经18年编写成《草本观赏植物露天采种技术》一书，希望对提高草本花卉种子的露天采种技术有所帮助。

本书主要包括三个方面：一是系统地介绍了草本花卉种子的形态结构、生长发育、采种技术和种子质量检测等方面的知识，清晰明了，便于读者快速找到自己需要的内容，能够了解核心技术重点。二是本书的内容涵盖了多种常见的草本花卉种子的露天采种技术，包含58个科276个属（种）的草本花卉，对不同种类的草本花卉种子的采种技术进行了详细介绍，从花卉种质资源选育、花型结构、子房及果实种类到花卉的授粉方式等，内容新颖、详尽。三是本书注重实践操作。对植物生物学特性、同属植物、种植环境要求、采种技术、播种育苗、田间管理、病虫害防治、隔离要求、种子采收等进行了详细叙述。每一类植都物配有植物实拍图片及种子实拍照片，约1200张。以表格的形式展现种子寿命、种子质量及打破休眠等内容。本书的编写基于大量的实践经验和科学研究，具有很强的科学性，对从事草本花卉种子采种技术研究和应用的读者具有很高的参考价值。

作为一本专注于草本花卉种子采种技术的专业书籍，本书不仅适用于种子生产企业和销售企业的从业者，也适用于广大花卉爱好者和农业生产者。通过本书，读者可以全面了解草本花卉种子采种技术的各个环节和要点，提高自己的技术水平和工作能力，从而更好地服务于农业生产和农业发展。《草本观赏植物露天采种技术》一书的出版，对于推动草本花卉种子产业的发展和提升农业生产水平具有重要意义。我相信，该书的出版将会对草本花卉的育种和采种带来积极的影响，希望广大读者能够认真学习本书的内容，掌握相关的技术和知识，为我国花卉产业发展做出更大的贡献。

国家花卉产业技术创新战略联盟　理事长

北京林业大学　教授

花卉是当今世界发展最快和最稳定的产业之一。改革开放几十年来，随着人们生活水平的不断提高，我国花卉业迅猛崛起，对花卉新品种需求不断提升。但是目前国内流通的优良花卉品种大都从海外进口，严重制约了花卉业的发展。我国是花卉资源大国，种质资源繁多且遗传多样性丰富。南北气候类型多样，土地、劳动力资源充裕，多年来也积累了丰厚的农作物种子生产、加工等技术，发展自主创新和劳动力密集型的花卉种业优势很大。

我国花卉种业最初是代繁制种，在这个过程中我们学习到了花卉种子的生产、加工、仓储等环节流程，认识到了差距。经过多年发展，行业逐步规范化，育种专业化程度有所提高，产业基础基本奠定。但是传统常规采种，耗时费力且性状不稳定。急需培育出特色鲜明、符合市场需求的主流品种，建立完整的新品种开发体系。为此，呼吁种业同行齐心协力，交流与提升技术，加大新品种研发投入，在生产中进一步探索，掌握更多经验和技术。

本书从2005年开始着手编著，作者历经多年积累多次修改，足迹遍布国内外多个制种基地，收集资料，拍摄照片。请教国内高校专业老师，和国内外一线同行积极交流学习，通过自身努力和查阅国内外大量的育种书籍，终于编撰完成。本书描述了58个科276个属（种）的常规露天采种技术。属性相近的种只描述了属的综合习性，种间差异比较大的细化到种。大部分植物种类都采用被子植物分类系统，因为多年传统的记忆习惯，只有个别品种保留了克朗奎斯特分类系统，在书中已经明确标注。

在这里感谢帮助我的同行、朋友和高校老师，在将来的工作中我会一如既往地加倍努力，提升自己，在观赏植物新品种育种技术方面获得突破，为中国花卉的育种尽一点绵薄之力。

于永武

2023年10月

一串红种子生产田

小百日菊种子生产田

柳叶马鞭草种子生产田

混色鲁冰花种子生产田

细叶美女樱种子生产田

细裂美女樱和金盏菊种子生产田

美女樱、白晶菊和金鱼草种子生产田

凤尾鸡冠花种子生产田

目 录

草本观赏植物露天采种技术

十一、Balsaminaceae 凤仙花科

十二、紫葳科 Bignoniaceae

十三、紫草科 Boraginaceae

十四、十字花科 Brassicaceae

第一章

概述

我国地域辽阔，气候复杂多样，有很多适合花卉制种的区域。我国花卉制种业始于20世纪80年代中后期，至今已有30多年的历史。初期都是给国外制种，如云南楚雄的元谋、永仁；云南大理、红河等区域，适宜冬季繁种，多以露天和半保护地的模式采种，采种品种有长春花、彩叶草、报春花、南非万寿菊、石竹、杂交三色堇、杂交矮牵牛等。山东半岛莱州、青岛、威海等地多以秋季播种，露天或温室采种，采种品种有报春花、仙客来、杂交三色堇、杂交桂竹香、瓜叶菊、金鸡菊等。内蒙古赤峰采种品种有杂交万寿菊、杂交百日草、一串红、鼠尾草、孔雀草、矮牵牛等。陕西宝鸡、汉中多以露天采种，秋季播种翌年春夏季采种，采种品种有羽扇豆、毛地黄、美国石竹、少女石竹、金鸡菊、紫花地丁、角堇、火炬花等。甘肃河西走廊区域降水量小，海拔高，昼夜温差大，有"天然冰箱"之称，现已成为全国最重要的玉米、瓜菜和花卉制种基地；适合春季播种，秋季采种，采种品种均为常规品种，有翠菊、百日草、硫华菊、波斯菊、虞美人、二月蓝等几百个品种，该区域采种规模大，自然条件好，生产的种子饱满、色泽

雏菊

好。目前我国自产草花种子有300多种，主要是常规品种，杂交一代、二代品种很少，高质量的草花种子大量依赖进口。国内花卉种业从业者将主要精力放在进口花卉种子的销售和为国外花卉种子公司委托制种上，很少思考自主创新，这不仅使我国的花卉种子市场在短时期内被国外花卉种子公司占领，而且在一定程度上削弱了国内花卉育种者自主创新的积极性，使我国的花卉种子产业步入恶性循环，成为制约花卉种

长春花

凤仙花

子产业发展的瓶颈。存在的主要问题：

（1）缺乏专业的花卉育种人才，花卉种业科学研究未得到应有的重视，投入很少。

（2）野生花卉种质资源保护工作不足，传统的优良品种未充分利用，珍贵品种外流。行业缺乏新品种的研发体系，选育工作开展得不够，引进新品种新技术受制约。

（3）缺乏系统、规范的育种繁育基地，对花卉种子的生产、加工、销售各个环节的技术少有研究，导致花卉种业的整体技术水平远远落后于发达国家。

（4）种子生产的繁育技术低，品种退化严重，品质不高；没有掌握种子生产的关键性亲本资源和技术；在采后加工、包装、贮藏技术等方面缺乏自己的品种和市场竞争力。

（5）花卉种子生产经历了对外制种转变到自繁自育，由于从业人员素质参差不齐；再加上国家没有相关品种审定和行业标准，企业和花农长期以自给自足的形式自繁留种，后代分离严重，整齐度、色泽均出现分离退化，种子质量较差。

（6）花卉种子属于非主要农作物，政府相关部门缺乏专业管理，花卉种子质量标准不健全。市场体系不完善，种子生产、经营及进出口管理系统有待完善。

第二节　种子植物

地锦种子

种子植物，又名显花植物，种子植物分布于世界各地，是植物界最高等的类群，所有的种子植物都有两个基本特征，就是体内有维管组织——韧皮部和木质部；能产生种子并用种子繁殖。种子植物可分为裸子植物和被子植物。裸子植物的种子裸露着，其外层没有果皮包被。被子植物的种子外层有果皮包被。

种子的形成：种子的结构包括胚、胚乳和种皮3部分，分别由受精卵（合子）、受精的极核和珠被发育而成。大多数植物的珠心部分，在种子形成过程中，被吸收利用而消失，也有少数种类的珠心继续发育，直到种子成熟，成为种子的外胚乳。虽然不同植物种子的大小、形状以及内部结构颇有差异，但它们的发育过程，却是大同小异的。

本书所描述的花卉种子包含观花植物、观果植物、观叶植物、观赏草、芳香植物及药草植物等一、二年生和多年生品种；每个种类都有不同的种子，种子的形状、大小、色泽、表面纹理等随种类不同而异。形状常呈圆形、椭圆形、肾形、卵形、圆锥形、多角形等。颜色以褐色和黑色居多，但也有其他颜色，如红、绿、黄、白等颜色。种子表面有的光滑发亮，也有的暗淡或粗糙。造成表面粗糙的原因是表面有穴、沟、网纹、条纹、突起、棱脊等雕纹。有些还可看到种子成熟后自株柄上脱落留下的斑痕。有的种子还具有翅、冠毛、刺、芒和毛等附属物，这些有助于种子的传播。种子体积的差异很大，比如豆科的一些种，每粒种子可以达几克重，而像海棠和蒲包花种子，每克40000～70000粒，细小得只能用显微镜才能看清其形状。

花卉种子外观

花卉种子的优点是繁殖系数大，体积小，重量轻，播种方法简便，易于传播，便于大量繁殖，采收、运输及长期贮藏等工作简便易行。其缺点是采种难度大，对环境适应性有特殊要求；有性繁殖后代易出现变异，从而失去原有的优良性状，在花卉生产上常出现品种退化问题。

优良的花卉种子应具备性状稳定、纯度高、籽粒饱满、色泽好、含水量低、发芽率高的特点，是优质花卉生产的基础，对种苗生产、花卉产业发展、经济效益提升都有举足轻重的作用。花卉种子繁殖的一般程序：育种→原原种生产→原种生产→采种试验→流程化制种→种子精选加工→贮藏→种子活力和纯度测定→包装→市场流通销售；每一个环节都有其具体的管理要求。

第三节　草本花卉的分类和命名法

品种抗性试验

一、按生育期长短分类

草本花卉按其生育期长短不同，可分为一年生（生活期在一年以内，当年播种，当年开花、结实，当年死亡），二年生（生活期跨越两个年份，一般是在秋季播种，到第二年春夏开花、结实直至死亡）和多年生（生长期在二年以上。由于它们的地下部分始终保持着生活能力，根部宿存过冬，翌春继续萌发生长，所以又统称为宿根类花卉）几种。

二、按观赏部位分类

按此分类可将花卉分为观花类（以观赏花色、花形为主）、观叶类（以观赏叶色、叶形为主）、观果类（以观赏果实为主）、观茎类（以观赏茎部为主）及芳香类（散发香味，有些可食用）。

三、花卉的命名法则

植物分类的基本单位是种，根据亲缘关系把共同性比较多的一些种归纳成属（Genus），再把共同性较多的一些属归纳成科（Family），如此类推而成目（Order）、纲（C1ass）和门（Dividio）。因此植物界（Regnum vegetabile）从上到下的分类等级顺序为门、纲、目、科、属、种。根据《国际植物命名法规》（ICBN），植物的学名（Scientific name）即拉丁名，都使用拉丁文的词或拉丁化的词来命名。在国际上，任何一个拉丁名，只对应一种植物，任何一种植物，只有一个拉丁名。这就保证了植物学名的唯一性和通用性，避免了同物异名或同名异物现象。本书以科为单位进行编写。

四、对每一种植物制定国际上统一使用的科学名称

例举：千穗谷，学名 *Amaranthus hypochondriacus* Linn.，在这一学名中 *Amaranthus* 是属名，*hypochondriacus* 是种加词。Linn.是瑞典植物学家林奈（Carl von Linné）的缩写。属名的第一个字母应该大写，种加词则全部小写，命名人的名字不管是全写还是缩写，第一个字母都应该大写。命名人的名字如果全写，其后不加缩写符号（黑点）。如果缩写，则应在缩写字的右下角加一缩写符号（黑点）。不少的植物种，在种级之下还有变种、变型、栽培变种等，那么在学名上又应该如何表示呢？

以羽衣甘蓝为例，它的学名应是 *Brassica oleracea* var. *acephala* DC.，从这一学名中可以看出，属名、种

孔雀草花型对照

加词和种的命名人是原封不动的。var.是变种variety的缩写符号。*acephala*是变种的种加词，应全部小写。DC.是变种命名人的缩写。需要注意的是变种缩写符号的var.要全部小写，并在右下角加一个缩写符号（黑点）。

第四节　花卉种质资源和品种选育

中国被称为"世界园林之母"，拥有丰富的种质资源。在观赏植物种及品种的拥有量上堪称世界之最。中国是一个花卉资源多样性十分丰富的国家，中国被子植物总数为世界第三，仅次于巴西和马来西亚，中国有3万多种高等植物，多数为古老的、原始的、新生孤立的类群，中国特有的属、种极多。

花卉种质资源是丰富城市园林植物多样性的基础，是育种、科学研究、创造有价值栽培作物新类型的重要源泉。花卉的种质资源有以下几种：

一、野生种质资源

是指自然的、未经人们栽培的野生植物，它们是育种的物质基础。

二、人工种质资源

是指人工应用杂交、诱变等方法所获得的种质资源。对收集到的原始材料进行整理分类，研究其生物学特性，在此基础上，开展广泛的杂交、辐射诱变、多倍体处理等，产生广泛的、丰富变异的后代。

三、本地种质资源

是指在当地自然条件和栽培条件下，经过长期选择和培育形成的植物品种和类型。它的主要特点是：

（1）对当地条件具有高度适应性，抗逆性强，并且在产品品质等经济性状方面也基本符合要求，可直接利用生产。

（2）有些是在长期变化的条件影响下形成一个复杂的群体，其中有多种多样的变异类型，只要采用简单的品种整理和株选工作就能迅速有效地从中选出优良类型。

（3）经长期的栽培已适应当地特点，如果还有缺点，经过改良就能成为更好的新品种。因此，本地资源是育种的重要种质资源。

（4）花卉品种选育应遵循性状稳定、植株整齐、花色纯正、花期长、抗逆性好（抗病虫、耐瘠薄、抗旱、耐湿、抗寒、抗盐碱性等）等，利用有性繁殖、单株选择、单穗单花选择、株行（系）试验、自然变异和无性繁殖（包含组培、扦插、压条等）的方法选育出原原种，用原原种直接繁殖出来达到原种质量标准的原种，再利用区域试验对比，筛选遗传性状比较一致、起源于共同祖先的一个优良群体作为品系。

发现野生品种

品种对比圃

四、优良品种母株的选择

（1）田间选择，主要由感官鉴定来完成。生育期的植株长势、初花期，花瓣重瓣率或整齐度、花径大小、花色纯正等参数。

（2）株型选择。按叶片大小、分枝姿态、株高一致性和花期长短进行选择，株型的好坏与丰产性密切相关，因为它直接影响群体的受光状况。株型是非常直观的，而且只能通过田间植株的着生姿态来判别。对于不良的株型，应及早予以淘汰。要系统地检查留种母株，随时剪去重新发生的不需要的枝条和花。

（3）品质性状。通过田间观察，进行感官鉴定，对品质进行初步筛选，观察植株是否健壮、开花结实是否正常、花柱头是否完整等。

（4）抗性选择。整个生长期观察病虫害抗性、抗逆性，如耐寒、耐旱、耐湿、耐热、耐盐碱、耐瘠薄等，当发生某些灾害性天气后，植株是否受害及严重程度。

（5）选育的母株经过品系鉴定、评比试验及区域试验，性状稳定的就可以成为合格的原原种材料。

五、种质资源要建立专业的低温、超低温库进行保存

种子可耐低温和耐干燥脱水。种质库在保存种子前，需对种子进行清选、生活力检测、干燥脱水等入库保存前处理，然后密封包装存入低于−15℃的冷库。入库保存种子的初始发芽率一般要求高于90%，种子含水量干燥脱水至5%～7%。

第五节　花型结构、子房及果实种类

花卉制种必须要了解花卉的一些生理结构，才能针对性地制定各品种的采种方案。花由花芽发育而成。一朵完整的花是由花序、花梗、花托、花萼、花冠、雄蕊群和雌蕊群等部分组成。

一、花序

被子植物的花，有的是单朵花单生于枝的顶端或叶腋处，称单生花。大多数植物的花会按一定方式有规律地着生在花轴上，这种花在花轴上排列的方式和开放次序称为花序。花序的总花梗或主轴称为花序轴或花轴。花序上的花称为小花，小花的梗称为小花梗。无叶的总花梗称为花葶。按照花在茎上的位置，可将花序分成顶生花序、腋生花序和居间花序。顶生花序是在分枝系统的顶上；腋生花序则是在短的腋生枝顶，或者是代表叶状的腋生枝退化而成的花序；居间花序是顶生的一些花，由于主轴顶端的不断生长，或者由于合轴生长而留在后面，交替地形成了能育的和不育的部分。着生在节间上的花序，有时也称为居间花序。按照在茎上开花的顺序，分成无限花序与有限花序两大类。无限花序可随花序轴的生长，不断离心地产生花芽，或重复地产生侧枝，每一侧枝顶上分化出花。这类花序的花一般由花序轴下面先开，渐次向上，同时花序轴不断增长，或者花由边缘先开，逐渐趋向中心。有限花序其花序轴上顶端先形成花芽，最早开花，并且不再继续生长，后由侧枝枝顶陆续成花。这样所产生的花序，分枝不多，花的数目也较少，它们往往是顶端或中心的花先开，渐次到侧枝

紫草科的聚伞花序

头状花序

菊科的头状花序

开花。

（一）无限花序

也称作总状类花序，其开花顺序是花序下部的花先开，渐渐往上开，或边缘花先开，中央花后开。其中有：

（1）总状花序：花序轴长，其上着生许多花梗长短大致相等的两性花，如油菜、大豆等的花序。

（2）圆锥花序：总状花序花序轴分枝，每一分枝成一总状花序，整个花序略呈圆锥形，又称复总状花序，如稻、葡萄等的花序。

（3）穗状花序：长长的花序轴上着生许多无梗或花梗甚短的两性花，如车前等的花序。

（4）复穗状花序：穗状花序的花序轴上的每一分枝为一穗状花序，整个构成复穗状花序，如大麦、小麦等的花序。

（5）肉穗状花序：花序轴肉质肥厚，其上着生许多无梗单性花，花序外具有总苞，称佛焰苞，因而也称佛焰花序，芋、马蹄莲的花序和玉米的雌花序属这类。

（6）柔荑花序：花序轴长而细软，常下垂（有少数直立），其上着生许多无梗的单性花。花缺少花冠或花被，花后或结果后整个花序脱落，如柳、杨、栎的雄花序。

（7）伞房花序：花序轴较短，其上着生许多花梗长短不一的两性花。下部花的花梗长，上部花的花梗短，整个花序的花几乎排成一平面，如梨、苹果的花序。

（8）伞形花序：花序轴缩短，花梗几乎等长，聚生在花轴的顶端，呈伞骨状，如韭菜及五加科等植物的花序。

（9）复伞房花序：花序轴上每个分枝（花序梗）为一伞房花序，如石楠、光叶绣线菊的花序。

（10）复伞形花序：许多小伞形花序又呈伞形排

毛地黄的钟状花冠

莳萝的复伞形花序

列，基部常有总苞，如胡萝卜、芹菜等伞形科植物的花序。

（11）头状花序：花序上各花无梗，花序轴常膨大为球形、半球形或盘状，花序基部常有总苞，常称篮状花序，如向日葵；有的花序下面无总苞，如喜树；也有的花轴不膨大，花集生于顶端的，如车轴草、紫云英等的花序。

（12）隐头花序：花序轴顶端膨大，中央部分凹陷呈囊状。内壁着生单性花，花序轴顶端有一孔，与外界相通，为虫媒传粉的通路，如无花果等桑科榕属植物的花序。

（二）有限花序

也称聚伞花序，其花序轴为合轴分枝，因此花序顶端或中间的花先开，渐渐外面或下面的花开放，或逐级向上开放。聚伞花序根据轴分枝与侧芽发育的不同，可分为：

大花翠雀穗状花序

黑种草花序

（1）单歧聚伞花序：顶芽成花后，其下只有1个侧芽发育形成枝，顶端也成花，再依次形成花序。单歧聚伞花序又有2种，如果侧芽左右交替地形成侧枝和顶生花朵，成二列的，形如蝎尾状，叫蝎尾状聚伞花序，如唐菖蒲、黄花菜、萱草等的花序；如果侧芽只在同一侧依次形成侧枝和花朵，呈镰状卷曲，叫螺形聚伞花序，比如附地菜、勿忘草等的花序。

（2）二歧聚伞花序：顶芽成花后，其下左右两侧的侧芽发育成侧枝和花朵，再依次发育成花序，如卷耳等石竹科植物的花序。

（3）多歧聚伞花序：顶芽成花后，其下有3个以上的侧芽发育成侧枝和花朵，再依次发育成花序，如泽漆等。

（4）轮伞花序：聚伞花序着生在对生叶的叶腋，花序轴及花梗极短，呈轮状排列，如野芝麻、益母草等唇形科植物的花序。

（三）混合花序

有些植物无限花序与有限花序可以混生，花序轴可以无限伸长，但是侧枝则成有限花序；或者花序轴顶端较快地停止生长，但是侧枝可以生长较长一段时间。另外，还有许多过渡的（或中间的）形式，有的近乎圆球状的花序，事实上是排列成伞房花序状的聚伞花序，如绣球花、荚蒾；有的则可排列成伞形花序状的聚伞花序，如天竺葵；有的两个聚伞花序相对排列成轮状，称为轮状聚伞花序，如野芝麻。平常还可看到一种混合花序，就是一部分是无限花序；而另一部分则为有限花序，如玄参的花序，花序轴是无限的，可不断生长，但是所产生侧枝上的花则多成有限花序。

二、花冠

是花瓣总称。根据其形状不同可分为：

（1）十字形花冠：花瓣4枚，分离，上部外展呈十字形，十字花科植物的花冠就是这种类型。

红花岩黄芪的总状花序

（2）蝶形花冠：花瓣5枚分离，上面1枚位于最外方且最大，称旗瓣；侧面2枚较小，称翼瓣；最下面2枚最小，顶端部分常连合，并向上弯曲，称龙骨瓣。整体像蝴蝶，所以称为蝶形花冠，是豆科蝶形花亚科植物特有的花冠类型。

翠菊的管状花

耧斗菜的花

（3）假蝶形花冠：上方旗瓣最小，位于最内侧，侧方是2枚翼瓣，在下面最外面；最下方是2枚龙骨瓣，最大，变成上升覆瓦状的排列，称假蝶形花冠。是豆科云实亚科植物特有的花冠类型。

（4）唇形花冠：花冠5片合生，二唇形，下部连合成筒状，上部分为上唇和下唇两部分，上唇2裂，下唇3裂，是唇形科和玄参科的花冠类型。

（5）管状花：花冠5片合生，花冠管细长，顶部5齿裂，辐射状排列；是菊科的花冠类型。

（6）舌状花：花冠5片合生，基部呈一短筒，上部一侧延伸成扁平舌状，先端5齿裂，多为菊科植物的花冠类型。

（7）漏斗状花冠：花冠连合，筒较长，自下而上逐渐扩大，上部外展成漏斗状，是旋花科或茄科植物的花冠。

（8）高脚碟状花冠：花冠下部细长管状，上部分裂并水平展开，呈碟状。常见于报春花科、木樨科植物，如报春花、丁香等。

（9）钟状花冠：花冠连合筒宽而短，上部裂片外展似古代铁钟形或者铃铛形，多为桔梗科植物的花冠。

（10）辐状或轮状：花冠基部连合，花冠筒甚短而广展，裂片由基部向四周放射状扩展，形如车轮状，如茄科、锦葵科植物的花。

三、花梗

亦称花柄，是茎与花连接的部分，呈绿色圆柱

形。粗细长短因种类而异。

四、花托

是花梗顶端膨大的部分，它托着花的其他部分。形状随植物种类而异。有些植物的花托顶部形成肉质增厚部分，呈平坦垫状、杯状或裂盘状，并可分泌蜜汁，称为花盘。

五、花被

即花萼＋花冠，起保护和引诱昆虫传粉等作用。

六、花萼

是一朵花所有萼片的总称，位于花的最外层，常绿色，叶片状。有的植物的萼片彼此分离，称离生萼，如油菜；有的花萼互相连合，称合生萼，如毛地黄花；凤仙花的萼筒一边向外突起，称距。有的花萼在花开放前就掉落了，称早落萼，如虞美人；有的花萼在果期仍然存在，并随果实一起增大，称宿存萼，如茄科植物的金银茄等。一般植物的萼片只有1层，有的有2层萼片，如蜀葵，外面的那一层叫副萼。乌头的萼片大而鲜艳呈花瓣状，称瓣状萼。

波斯菊的花

七、雄蕊

（1）二强雄蕊：雄蕊4枚，其中2枚较长，2枚较短，如紫苏、地黄。

（2）四强雄蕊：雄蕊6枚，外轮2枚较短，内轮4枚较长，为十字花科植物的雄蕊类型，如甘蓝、萝卜等。

（3）单体雄蕊：有的植物的雄蕊花丝连合成一束，呈圆筒状，花药分离。如锦葵科的木槿。

（4）聚药雄蕊：雄蕊的花药连合成筒状，而花丝彼此分离。如菊科植物。

（5）二体雄蕊：雄蕊的花丝连合成两束，花药分离。如甘草等许多豆科植物，10枚雄蕊，常9枚连合，1枚分离。堇菜科的紫堇共6枚雄蕊，每3枚连合，成为两束。

（6）多体雄蕊：雄蕊多数，花丝连成数束，如金丝桃、酸橙等。

八、子房

子房是被子植物生长种子的器官，位于花的雌蕊下面，一般略为膨大。当传粉受精后，子房发育成果

黄金莲花的花蕊

虞美人的花蕊

实。依据子房和其他花叶的关系可将子房分为上位子房、下位子房和半下位子房3个类型。

银边翠的上位子房

（1）上位子房：子房仅基部长在花托顶部，其他部分不与花托愈合。当花托扁平或突起，花萼、花冠和雄蕊均着生于子房下部的花托上，这种花称下位花；当花托下部成杯状，花萼、花冠和雄蕊着生于杯状花托边缘，这种花称周位花。如醉蝶花、银边翠等。

（2）下位子房：当子房壁与花托完全愈合，花萼、花冠雄蕊着生于子房上方的花托边缘，这种子房称为下位子房。如月见草。

月见草的下位子房

（3）半下位子房：当子房下部与凹陷花托愈合，上部露在外面，这种位置的子房称为半下位子房。

九、胎座

（1）边缘胎座：一心皮，单室子房，胚珠沿腹缝线的边缘着生，如甘草。

（2）侧膜胎座：合心皮雄蕊，子房一室，胚珠沿相邻心皮的腹缝线着生，如栝楼。

（3）中轴胎座：合生心皮雌蕊，各心皮边缘向内伸入，将子房分割成两至多室，并在中央汇集成中轴，胚珠着生于中轴上，如桔梗。

（4）特立中央胎座：合生心皮雌蕊，子房室隔膜和中轴上部均消失，而形成一子房室，胚珠着生于残留的中轴位置，如石竹。

（5）基生胎座：子房一室，胚珠着生于子房室基部，如大黄。

（6）顶生胎座：子房一室，胚珠着生于房室顶部，如桑。

硫华菊的果实

十、果实

果实种类繁多，分类方法也是多种多样。根据果实来源，可分为单果、聚合果、聚花果三大类。

（一）单果

一朵花中只有一个雌蕊发育成的果实称为单果。又可以分为核果、柑果等。

（1）核果：由一至数心皮组成的雌蕊发育而来，外果皮薄，中果皮肉质，内果皮坚硬，如桃、李等。

蓝铃花的果实

（2）柑果：由复雌蕊形成，外果皮革质，中果皮疏松，分布有维管束，内果皮膜质，分为若干室，向内生出许多汁囊，是食用的主要部分，为芸香科植物特有的果实类型。

（3）梨果：由花筒与下位子房愈合发育而成的假果，花筒形成的果壁与外果皮及中果皮均为肉质化，内果皮纸质化或革质化，如梨和苹果。

（4）瓠果：由具侧膜胎座的下位子房发育而成的假果，花托和外果皮结合为坚硬的果壁，中果皮和内果皮肉质，胎座很发达，如南瓜、西瓜等，为葫芦科植物所特有。

（5）荚果：由单雌蕊发育而成的果实，成熟时，沿腹缝线和背缝线开裂，如大豆、蚕豆等。也有不开裂的，还有其他开裂方式的。荚果为豆科植物所特有。

（6）蓇葖果：由单雌蕊发育而成的果实，成熟时，仅沿一个缝线开裂，如飞燕草等。

（7）角果：两心皮组成，具假隔膜，成熟时从两

飞燕草的蓇葖果

中国凤仙的果实

腹缝线裂开。有长角果和短角果之分，如萝卜、油菜是长角果；荠菜、独行菜是短角果。角果为十字花科植物所特有。

（8）蒴果：由复雌蕊发育而成的果实，成熟时有各种裂开方式，如锦葵、蓖麻等。

（9）瘦果：果皮与种皮易分离，含1粒种子，如菊科植物向日葵等。

（10）颖果：果皮与种皮合生，不易分离，含1粒种子。颖果为禾本科植物所特有。

（11）翅果：果皮向外延伸成翅，有利于果实传播，如榆、臭椿等。

（12）坚果：果皮坚硬。内含1粒种子，如板栗。

（13）分果：由两个以上的心皮构成，各室含1粒种子，如胡萝卜等。

（二）聚合果

指由花内若干离生心皮雌蕊聚生在花托上，发育而成的果实，每一离生雌蕊形成一单果，根据聚合果中单果的种类，又可分为聚合瘦果（如草莓）、聚合核果（如悬钩子）、聚合蓇葖果（如藜菜、芍药）及聚合坚果（如莲）。

（三）聚花果

由整个花序发育而成的果实，如桑葚、凤梨、无花果等。

板蓝根的果实

第六节　花卉的授粉方式

授粉是一种植物结成果实必经的过程。根据植物的授粉对象不同，可分为自花授粉和异花授粉两类。根据植物的授粉方式不同，可分为自然授粉和人工辅助授粉两类。

虫媒花

一、自然授粉

又分为风媒、虫媒、水媒、鸟媒等。

（1）风媒：靠风力传送花粉的传粉方式称风媒，借助这类方式传粉的花，称风媒花。大部分禾本科植物都是风媒植物。

（2）虫媒：靠昆虫为媒介进行的传粉方式称虫媒，借助这类方式传粉的花，称虫媒花。多数有花植物是依靠昆虫传粉的，常见的传粉昆虫有蜂类、蝶类、蛾类、蝇类等。虫媒花多具以下特点：

①多具特殊气味以吸引昆虫；

②多半能产蜜汁；

③花大而显著，并有各种鲜艳颜色；

④结构上常和传粉的昆虫形成互为适应的关系。

（3）水媒：水生被子植物中的金鱼藻、黑藻、水鳖等都是借水力来传粉的，这类传粉方式称水媒。

（4）鸟媒：借鸟类传粉的称鸟媒，传粉的是一些小型的蜂鸟，头部有长喙，在摄取花蜜时把花粉传开。蜗牛、蝙蝠等小动物也能传粉，但不常见。

二、人工辅助授粉

农业生产上常采用人工辅助授粉的方法，以克服因条件不足而使传粉得不到保证的缺陷，以达到预期的产量。在品种复壮的工作中，也需要采取人工辅助授粉，以达到预期的目的。人工辅助授粉可以大量增加柱头上的花粉粒，使花粉粒所含的激素相对总量有所增加，酶的反应也相应有了加强，起到促进花粉萌发和花粉管生长的作用，受精率可以得到很大提高。

万寿菊人工授粉

人工辅助授粉

第七节　花卉种子品质、产量与管理的关系

花卉种子品质、产量与种植管理密不可分，农业管理的八字方针"土、肥、水、种、密、保、管、工"同样适用于种子生产，采种植物的栽培条件，在很大程度上会影响到种子的产量以及种子的品质。我国区域面积广阔，各地气候条件、土壤和水肥条件差异很大，所以选择合理的采种基地至关重要。绝大

部分的花卉植物都喜欢凉爽的栽培环境，也有部分耐湿、耐热、耐盐碱的种类，针对不同品种，根据其生物学特性，应选择适合不同品种的采种区域。各种各样的气候条件和土壤土质条件，以及地理纬度、海拔和日照时间的差异，使我们能够在大量的花卉种和品种多样性中来进行花卉作物的种子繁育。在我国秦岭以南夏季高温多雨，在夏季培育耐热怕霜冻品种的种子，多采用半保护地或温棚种植的方式。在秋季凉爽少雨时播种二年生及多年生品种，利用冬季冷凉气候条件可以在露天采种，但是受限品种很多。我国秦岭以北大部分地区如河西走廊一带，气候凉爽，昼夜温差大，空气干燥，有极好的空间隔离条件和天然低温库的优势；适合早春播种的大部分一、二年生品种和多年生耐寒品种的露天采种，进行种子繁育比较容易而简单，但是由于海拔高无霜期短，花期长的品种到了霜降依然不能成熟，所以也会采取一些保护措施，如大棚或温室采种。因此，在每一个地理气候区域内建立稳固的种子繁殖基地至关重要。

植物的任何性状都不是在同等程度上传递给后代的。遗传能力与很多条件有关。当品种从某一地区引种至另一地区，以及从某一种农业技术条件转移到另一农业技术条件时，这一品种就开始发生变异。农业技术是为确保植物的正常生长和发育而制造的外部因素和条件的综合。栽培条件的变化会影响花卉品种的品质和种子产量；有些品种需要特殊的生长环境，比如毛地黄、羽扇豆要栽植在 pH4.0～5.0 的酸性土壤上；波斯菊和香豌豆等一些品种，不能栽种在高水肥条件的土壤，高水肥的土壤会导致该作物营养生长旺盛，生殖生长减弱，导致低产。要选择瘠薄的砂质土，瘠薄条件下营养生长减弱，生殖生长加强，才能结实或多结实。在多年的采种过程中，我们也通过人工干预抑制植物营养生长，比如控水、摘心、整枝、使用化学农药喷施破坏其生长点，使植物快速转入生殖生长。很多花卉的优良品种，只有在很好的土壤中和合理的田间管理下才能获得优质高产的种子，采种时要根据不同的品种制定不同的管理方案；给采种田创造最有利的农业技术条件，促使有利于植物的遗传特性的表现，使它们向着最大的生物抗性、丰产性以及出现我们所期望的高品质方面发展。花卉繁种者必须认识到所栽培的植物的全部特性，在培育原种和优良种子时，理论知识结合实践经验，因地制宜，才能成功获得优质花卉种子。

参考文献

程金水，2000. 园林植物遗传育种学[M]. 北京：中国林业出版社.

郭蓓，沈漫，2012. 遗传与育种学[M]. 北京：中国广播电视大学出版社.

季孔庶，2015. 园艺植物遗传育种[M]. 3版. 北京：高等教育出版社.

马志强，马继光，2009. 种子加工原理与技术[M]. 北京：中国农业出版社.

慕小倩，2012. 植物学[M]. 北京：中国广播电视大学出版社.

王长春，王怀宝，1997. 种子加工原理与技术[M]. 北京：科学出版社.

魏照信，陈荣贤，2008. 农作物制种技术[M]. 兰州：甘肃科学技术出版社.

颜启传，2001. 种子学[M]. 北京：中国农业出版社.

余树勋，吴应祥，1999. 花卉词典[M]. 北京：中国农业出版社.

朱家柟，2006. 拉英汉种子植物名称[M]. 2版. 北京：科学出版社.

Н.П.尼科拉恩科，1957. 露天花卉作物的种子繁育[M]. 北京：科学出版社.

第二章

常见草本观赏植物露天采种技术

注：本章所介绍内容，无特别标注的，默认为甘肃河西走廊地区的采种、加工、仓储经验，包含了58个科280多个属的采种技术，其他地区只能作为参考。论述中的每亩为667m²，页面中就不再单独标注说明了。

一、爵床科 Acanthaceae

山牵牛属 *Thunbergia* 翼叶山牵牛

【原产地】原产热带非洲，在热带亚热带地区栽培；中国广东、福建有栽培作观赏植物。

一、生物学特性

多年生缠绕草本植物，常作一年生栽培。叶柄具翼，长1.5～3cm，被疏柔毛；叶片卵状箭头形或卵状戟形，先端锐尖，两面被稀疏柔毛间糙硬毛，背面稍密；脉掌状，小苞片卵形。花单生叶腋，花冠黄色或白色，喉蓝黑色；子房及花柱无毛。花柱长8mm，柱头约在喉中部。果实形似老鸦嘴，种子较大，千粒重20～25g。

翼叶山牵牛

二、同属植物

（1）翼叶山牵牛 *T. alata*，又名黑眼花、黑眼苏珊。株高可达130～250cm，花色有黄色、橘黄、黄/黑眼、白/黑眼、橙/黑眼等品种。

（2）同属还有直立山牵牛 *T. erecta*，红花山牵牛 *T. coccinea*，黄花老鸦嘴 *T. mysorensis*，假立鹤花 *T. natalensis* 等。

三、种植环境要求

翼叶山牵牛为深根性植物，主根入土深，吸收能力强。喜温暖，不耐寒，喜光照好的环境，但在无日光直射的明亮之处也能较好生长，适合长日照地区，喜微潮偏干、通风良好的环境。生长适温22～28℃。生长期到开花需水量大，喜欢高湿度。对土壤选择性不强，但制种宜选择土层深厚、肥沃、灌溉良好的砂质壤土。

四、采种技术

1. 播种育苗：河西走廊一带不是最佳制种基地（无霜期短）。可在3月下旬温室育苗，育苗基质采用72或105穴盘，发芽适温20～25℃，种子发芽期间不能见光，覆土厚0.5～1cm。播种15天出苗，苗龄不能超过50天；5月上中旬晚霜过后即可移栽定植。采种田选择肥沃壤土或砂壤土的地块，施腐熟有机肥3～5m³/亩最好，也可用复合肥或磷肥15kg/亩耕翻于地块。采用地膜覆盖低垄或平畦栽培，定植时一垄一行或两行，覆盖90cm的黑色除草地膜，种植行距50cm，株距约40cm。

2. 田间管理：移栽后要及时灌水，以促进根系生长，缩短缓苗期。缓苗后及时中耕松土、除草。生长前期及时用竹竿做支架，并清理部分侧枝，侧枝太多容易流失养分，保持通风良好的环境，对植株健康生长很有好处。以后每25天左右灌溉1次，根据其长势结合灌溉施尿素5～10kg/亩。营养生长过旺容易引起徒长，要控制水肥过量，7月上旬就会进入盛花期，翼叶山牵牛为两性自花授粉植物，因为有特殊气味和

翼叶山牵牛

漏斗状花冠不下垂，不受蜜蜂青睐，所以采种田要人工辅助授粉，授粉方法也很简单，用毛刷刷动整个植株，让花粉脱落即可。

3.病虫害防治：容易感染蚜虫和红蜘蛛，定期检查叶面和叶背，一旦发现一些黄色、绿色或黑色的斑点，就要看清楚是否是感染虫害了，如果是感染蚜虫，可以喷洒常见的吡虫啉，5～7天喷洒1次，很轻松就可以清除。如果是感染红蜘蛛，则可以喷洒哒螨灵、金满枝或阿维菌素，最好是3种药交替喷洒，避免产生抗药性，可以每隔3～5天喷洒1次，连续喷一两次无效就要换药，否则杀虫效果会越来越差。

4.隔离要求：山牵牛属为自花授粉植物，性状相对稳定，适宜在南方保护地采种，品种间应隔离100～200m。在初花期和盛花期，分多次根据品种叶形、叶色、株型、长势、花序形状和花色等清除杂株。

5.种子采收：花期长，果实成熟期不一致，种子

翼叶山牵牛种子

成熟后会自动炸裂落在地膜上，所以后期应停止灌水，落在地膜上的种子要及时收回去，以防受潮。后期一定要在霜冻前一次性收割，晾晒在水泥地或篷布上使其后熟，等完全晾干后打碾、脱粒、过筛去杂质。后期成熟的种子饱满度不好，要用色选机选出颜色有差异的种子，装入袋内，写上品种名称、采收日期、地点等，检测种子含水量低于9%，在通风干燥处贮藏。授粉的质量影响种子产量，所以产量很不稳定。

二、番杏科 Aizoaceae

松叶菊属Lampranthus 美丽日中花

【原产地】原产南部非洲，中国已引进栽培。

一、生物学特性

多年生常绿草本，为匍匐茎生长的多肉植物。株高10～20cm，茎丛生，斜升，基部木质，多分枝。叶对生，叶片肉质，三棱线形，长3～6cm，宽3～4mm，具凸尖头，基部抱茎。在匍匐平伸的枝条衬托下，花单生枝端，直径4～7.5cm；苞片叶状，花自叶腋抽出，梗长8～15cm；花瓣多数，有红色、粉色、紫红色至白色，线形，长2～3cm，子房下位，5室；花期

美丽日中花

在春季或夏秋季。通常在晴朗的白天开放，傍晚闭合，单朵花可开5～7天。蒴果肉质，星状5瓣裂；种子多数，种子千粒重0.26～0.28g。

二、同属植物

（1）美丽日中花 L. spectabilis，花为混合色。

（2）同属还有显花松叶菊 L. conspicuus，松叶菊 L. tenuifolius 等。

三、种植环境要求

为浅根性植物，生长迅速，花大艳丽，枝叶翠绿，是一种十分优良的观花多肉植物。喜温暖干燥和阳光充足的环境，不耐寒，怕水涝，耐干旱，不耐高温暴晒。土壤以肥沃疏松的砂质壤土为宜。生育期适温15～25℃。

四、制种技术

1.播种育苗：河西走廊一带是最佳制种基地，可在3月下旬温室育苗，育苗基质采用128穴盘，发芽适温16～18℃，覆土以不见种子为宜，苗龄不能超过45天；5月上中旬晚霜过后即可移栽定植。采种田选择肥沃壤土或砂壤土，施腐熟有机肥3～5m³/亩最好，也可用复合肥或磷肥15kg/亩耕翻于地块。采用140cm宽幅地膜覆盖平畦栽培，定植时一垄4行或5行，种植行距30cm，株距约25cm。

2.田间管理：为促进根系生长，缩短缓苗期，移栽后要及时灌水。缓苗后及时中耕松土、除草。要充分接受阳光照射。夏季炎热时会进入半休眠状态，生长速度较为缓慢，需进行遮阴或种植于树下半阴环境。比较耐旱，适度浇水。6月下旬进入盛花期；在生长期根据长势可以随水施肥，合理施用氮磷钾肥，避免施氮肥过多。喷施2次0.2%磷酸二氢钾，现蕾到开花初期再施1次，促进果实和种子的成长。

3.病虫害防治：有时发生叶斑病和锈病危害，用65%代森锌可湿性粉剂600倍液喷洒；虫害有粉虱和介壳虫，可用40%氧化乐果乳油1500倍液喷杀。

4.隔离要求：为自花和虫媒异花授粉植物，受蜜蜂和昆虫青睐，品种间应隔离500～800m。若保持好空间隔离，性状相对稳定。在初花期和盛花期，分多次根据品种花色等清除杂株。

5.种子采收：花期长，果实成熟期不一致，种子成熟后会自动脱落在地膜上，所以后期应停止灌水，落在地膜上的种子要及时收回，以防受潮。后期一次

美丽日中花种子

性收割，晾晒在水泥地或篷布上使其后熟，等完全晾干后打碾、脱粒、过筛去杂质。后期成熟的种子饱满度不好，要用色选机选出颜色有差异的种子，装入袋内，写上品种名称、采收日期、地点等，检测种子含水量低于8%，在通风干燥处贮藏。夏季炎热时干热风侵袭容易死苗，会影响种子产量，所以产量很不稳定。

三、苋科 Amaranthaceae

千穗谷

锦西风

① 苋属 *Amaranthus*

【原产地】热带美洲、热带亚洲。

一、生物学特性

一年生草本，茎直立或伏卧。叶互生，全缘，有叶柄。花单性，雌雄同株或异株，或杂性，呈无梗花簇，腋生及顶生，再集合成单一或圆锥形穗状花序；每花有1苞片及2小苞片，干膜质；花被片5，少数1～4，大小相等或近似，绿色或铜红色，薄膜质，直立或倾斜开展，在果期直立，间或在花期后变硬或基部加厚；雄蕊5，少数1～4，花丝钻状或丝状，基部离生，花药2室；无退化雄蕊；子房具1直生胚珠，花柱极短或缺，柱头2～3，钻形或条形，宿存，内面有细齿或微硬毛。胞果球形或卵形，侧扁，膜质，盖裂或不规则开裂，常为花被片包裹；或不裂，和花被片同落。种子球形，凸镜状，侧扁，黑色或褐色，光亮，平滑，果期9～10月。种子千粒重0.65～0.9g。

二、同属植物

（1）尾穗苋 *A. caudatus*，株高80～120cm，有冲天型和下垂型，花穗有深红色和绿色。

（2）千穗谷 *A. hypochondriacus*，株高130～150cm，

冲天型，有深红色和黄色。

（3）繁穗苋 *A. paniculatus*，株高80～120cm，直立型，花穗有红色和绿色。

（4）锦西风 *A. tricolor*，株高130～150cm，观叶型品种，秋季转色为红、绿、黄三色。

（5）雁来红 *A. tricolor* 'Early Splendor'，株高130～160cm，有绿叶、铜红叶红顶。

（6）雁来黄 *A. tricolor* 'Aurora'，株高130～160cm，秋季绿叶黄顶。

三、种植环境要求

直根系植物，主根入土深、吸收能力强。喜高温、炎热、干燥气候，耐旱，不耐寒冷。发芽适温25～35℃，种子发芽不能见光。生长期最适温度18～28℃，能耐-2℃低温。短日照下能诱导早开花。需水量中等，不耐涝，生长期湿度过大、通风不良、积水时易引发病害或根腐死亡。对土壤选择性不强，但制种宜选择土层深厚、肥沃、灌溉良好的砂质壤土。

繁穗苋

四、采种技术

1.种植要点：我国北方大部分地区均可制种，河西走廊一带是最佳制种基地。适合直播，可在4月下旬或5月上旬露地直播。采种田选择肥沃壤土或砂壤土贫瘠一点的地块。地块选好后，结合整地施入复合肥10～15kg/亩或磷肥50kg/亩，结合翻地施入土中，要细整地，耙压整平。采用黑色除草地膜覆盖平畦栽培。当气温稳定通过20℃时开始播种，采用点播机进行精量直播，也可以用直径3～5cm的播种打孔器在地膜上打孔，垄两边孔位呈三角形错开，种植深度以2～3cm为宜；每穴点3～4粒，覆土以湿润微砂的细土为好。浅覆土。定植时一垄两行或多行，高秆品种行距60cm，株距约40cm；矮秆品种行距50cm，株距约35cm为宜。

2.田间管理：为促进根系生长，缩短缓苗期，要选择墒情好时播种，播后及时灌水。缓苗后及时中耕松土、除草。随着幼苗生长要及时间苗，每穴保留壮苗1～2株。生长前期控水控肥，防止徒长，促使早日长出花序。切忌浇水过多，生长期间保持土壤见湿见干即可。为控制株高，通常多采用喷施矮壮素，还可提早摘心，给分枝二次摘心，培养次枝接穗。后期停止灌水，促进种子成熟。

雁来黄

3.病虫害防治：成苗后常因多水、高温而引发软腐病、猝倒病。通常采用在定植前后用灭菌剂灌根或叶面喷雾来预防。定植后的成苗如发生茎叶萎蔫、根茎局部腐烂，可用锋利刀片将腐烂处削去，用干面粉掺拌灭菌药6：1抹在伤口处即可治愈。大面积预防软腐病也可喷施磷酸二氢钾等高效钾肥1～2次，增加茎秆木质化程度，效果较好。

4.选育和清杂：苋属为异花授粉植物，容易变

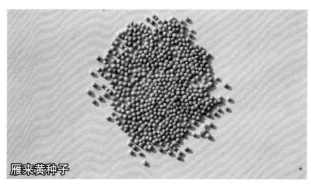
雁来黄种子

异，在低温刺激下植株容易老化，品种间应隔离1000~2000m。在初花期和盛花期，分多次根据品种叶形、叶色、株型、长势、花序形状和花色等清除杂株。

5.种子采收：苋属花期长，果实成熟期不一致，当花穗下半部分叶片变黄，花头颜色暗淡，检查有少量种子散落时，即要分批采收。后期一定要在霜冻前一次性收割，晾晒在水泥地或篷布上使其后熟，等完全晾干后打碾、脱粒、过筛去杂质。精选出整齐、饱满、有光泽的种子，装入袋内，写上品种名称，在通风干燥处贮藏。品种间差异较大，观叶品种采种产量较低，观穗品种的亩产可达60~80kg。

❷ 青葙属 *Celosia*

【原产地】美洲热带、印度。

一、生物学特性

一年生直立草本，高30~100cm。全株无毛，粗壮。茎有分枝或茎枝愈合，有棱，绿色或带红色。单叶互生，具柄；叶片长，先端渐尖或长尖，基部渐窄成柄，全缘。品种间花的差别较大，有穗状花序，有扁平扇状或球形、穗形、棒状、扫帚形等，花序颜色有深红、鲜红、紫红、白、橙黄或红黄相间等。花色与叶色有相关性。小花两性，细小不显著，花期很长。胞果卵形，熟时盖裂，包于宿存花被内。种子肾形，黑色，有一定光泽，种子千粒重0.6~1g，生活力能保持4~5年。

球状鸡冠

二、同属植物

（1）普通鸡冠 *C. plumosa*，高秆品种株高80~120cm，矮秆品种株高25~40cm。分枝多，穗状花序，花色有紫红、深红、浅红、淡黄或乳白，单色或复色等。

（2）羽状鸡冠 *C. cristata*，常见高秆品种株高60~120cm，矮秆品种株高15~30cm。很少分枝，花序扁平，扇形，似鸡冠，花色有紫红、深红、浅红、淡黄或乳白，单色或复色等。

（3）青葙 *C. argentea*，茎叶褐红色，花序缨枪状（麦穗状），花深红色、粉白色。常见株高60~120cm。

（4）球冠鸡冠 *C. chil-dsii* group，株高15~30cm，多分枝，花序呈球形或圆锥形，皱褶密集，主花序基部着生多。

（5）凤尾鸡冠 *C. argentea* var. *plumosa*，株高30~60cm，各分枝顶端生凤尾状穗状花序。花色有绯红色、橙红色、粉红色、黄色等。

（6）穗状鸡冠花 *C.* 'Dragons Breath'，株高40~70cm，各分枝顶端生火焰状穗状花序。有铜红叶和绿叶之分，花色有浓桃色、鲜黄色、红色、米黄色、深红色、猩红色等。

三、种植环境要求

青葙属为直根系植物，主根入土深、吸收能力强。喜高温、炎热、干燥气候，耐旱，不耐寒冷。生育期适温20~35℃，低于15℃，叶片泛黄，生长停止；5℃以下便会受冻害。短日照下能诱导早开花。需水量中等，苗期需水少，旺盛生长期到开花需水量大。不耐涝，生长期湿度过大、通风不良、积水时易引发病害或根腐死亡。对土壤选择性不强，但制种宜选择土层深厚、肥沃、灌溉良好的砂质壤土。

四、采种技术

1.种植要点：我国北方大部分地区均可制种，河西走廊一带不是最佳制种基地。可在4月下旬温室育苗，育苗基质采用72或105穴盘，覆土厚约0.2cm，苗龄不能超过40天，否则引起幼苗老化；5月上中旬晚霜过后即可移栽定植。露地直播在4月中旬或5月上旬，浅覆土，发芽适温25~35℃，种子发芽不能见光。采种田选择肥沃壤土或砂壤土的地块，施腐熟有机肥3~5m³/亩最好，也可用复合肥15kg/亩耕翻于地块。采用地膜覆盖低垄或平畦栽培，定植时一垄两行或多行，高秆品种行距40cm，株距约30cm；矮秆品种行距30cm，株距约25cm为宜。

凤尾鸡冠

2.田间管理：为促进根系生长，缩短缓苗期，播种或移栽后要及时灌水。缓苗后及时中耕松土、除草。生长前期控水控肥，防止徒长，促使早日长出花序。以后每20天左右灌溉1次，根据其长势结合灌溉施尿素10～15kg/亩。盛花期人工摘除花穗顶端以利于成熟。后期停止灌水，促进种子成熟。

3.病虫害防治：植株容易受蚜虫、白粉虱危害，要及时对症下药防治。立枯病发生在鸡冠花下部的叶片上，病原菌为镰孢霉属的真菌，菌丝及孢子在植株残体及土壤中越冬，以风雨、灌溉、浇水溅溃等方式传播。初期，病斑为褐色，扩展后病斑变成圆形或者椭圆形，边缘呈暗褐色至紫褐色，病斑中心为灰褐色至灰白色。后期，叶片逐渐萎缩、干枯、脱落。在潮湿的天气条件下，病斑上出现粉红色霉状物，即病原菌的分生孢子。发现有病叶及时摘除。发病初期及时喷药防治，用50%甲基托布津可湿性粉剂、50%多菌灵可湿性粉剂500倍液喷雾，40%菌毒清悬浮剂600～800倍液喷雾，或用代森锌可湿性粉剂300～500倍液浇灌。

凤尾鸡冠花种子

4.隔离要求：青葙属为异花授粉植物，很容易天然杂交，导致花形、花色变异，而失去品种的特性。在低温刺激下植株容易老化，适宜在高温地采种，品种间应隔离1000～3000m。在初花期和盛花期，分多次根据品种叶形、叶色、株型、长势、花序形状和花色等清除杂株。

5.种子采收：鸡冠花花期长，果实成熟期不一致，当花穗下半部分叶片变黄，花头颜色暗淡，检查有少量种子散落时，要分批采收。后期一定要在霜冻前一次性收割，晾晒在水泥地或篷布上使其后熟，等完全晾干后打碾、脱粒、过筛去杂质。精选出整齐、饱满、有光泽的种子，装入袋内，写上品种名称、采收日期，在通风干燥处贮藏。品种间产量差异较大，矮生品种采种产量较低，高秆品种的产量较高。

③ 千日红属 *Gomphrena*

【原产地】热带和亚热带地区。

一、生物学特性

草本或亚灌木。叶对生，少数互生。花两性，呈球形或半球形的头状花序；花被片5，相等或不等，有长柔毛或无毛；雄蕊5，花丝基部扩大，连合成管状或杯状，顶端3浅裂，中裂片具1室花药，侧裂片齿裂状、锯齿状、流苏状或2至多裂；无退化雄蕊；子房1室，有1垂生胚珠，柱头2～3，条形或2裂。胞果球形或矩圆形，侧扁，不裂。种子凸镜状，种皮革质，平滑。花期6～10月。种子外面密生白色绵毛，后期要脱茸加工处理，种子千粒重差异很大，在0.83～4.17g之间。

焰火千日红

千日红红色

二、同属植物

（1）千日红 *G. globosa*，株高50～70cm，品种花色有混色、鲜红色、紫红色、白色、粉红色。

（2）焰火千日红 *G. pulchella* 'Fireworks Coated'，株高90～120cm，粉红色。

（3）乒乓千日红 *G.* 'Ping Pong'，株高15～25cm，品种花色有混色、紫红色、白色、粉红色。

三、种植环境要求

千日红属为浅根性植物。对环境要求不严，性喜阳光，耐干热，耐旱，不耐寒，怕积水，喜疏松肥沃土壤。生长适温20～25℃，在35～40℃范围内生长也良好，冬季温度低于10℃植株生长不良或受冻害。耐修剪，花后修剪可再萌发新枝、继续开花。

四、采种技术

1. 种植要点：我国北方大部分地区均可制种，河西走廊一带是最佳制种基地。可在3月下旬温室育苗，育苗基质采用72或105穴盘，覆土厚约0.2cm，苗龄不能超过45天，否则引起幼苗老化；5月上中旬晚霜过后即可移栽定植。露地直播在4月中旬或5月上旬，浅覆土。可采用普通播种地，采种田选用阳光充足、地下水位高、灌溉良好、土质疏松肥沃的砂壤土地为宜。施腐熟有机肥3～5m³/亩最好，也可用复合肥15kg/亩耕翻于地块。采用地膜覆盖低垄或平畦栽培，定植时一垄两行或多行，高秆品种种植行距40cm，株距30cm，亩保苗不能少于5500株；矮秆品种行距30cm，株距25cm为宜，亩保苗不能少于8800株。

兵兵千日红

2. 田间管理：播种或移栽后要及时灌水。千日红幼苗生长缓慢，缓苗后及时中耕松土、除草。生长前期控水控肥，防止徒长，促使早日长出花序。以后每20天左右灌溉1次，根据其长势结合灌溉施

尿素10～15kg/亩。高秆品种当苗高15cm时摘心1次，以促发分枝。以后，可根据生长情况决定是否进行第2次摘心；矮秆品种无须摘心。多次叶面喷施0.02%的磷酸二氢钾溶液，可提高分枝数、结实率和增加千粒重。

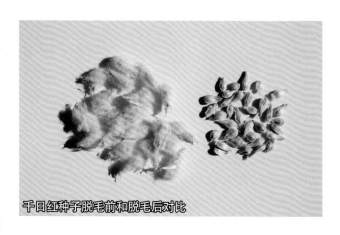
千日红种子脱毛前和脱毛后对比

3. 病虫害防治：千日红苗期易发生立枯病。可于播种前5～6天，用1500倍液的立枯宁处理苗床进行防治；田间发生病害亦可用1000倍液的立枯宁对病株灌根处理。

4. 选育和清杂：千日红属为两性花，也可以自花授粉，异花授粉结实率高。品种间隔离应不少于500m。在初花期和盛花期，分多次根据品种叶形、株型、长势、花序形状和花色等清除杂株。

4. 种子采收：千日红属花期长，果实成熟期不一致，种子成熟时会从母体脱落，在有部分种子散落时，要分批采收。后期一定要在霜冻前一次性收割，晾晒在水泥地或篷布上使其后熟，然后用木棍轻轻捶打花头部分，切不可打碾，收回来的种子满布毛茸，不好清选，只需清除秸秆，用专用脱粒机脱茸去毛，然后再次精选过筛去杂质。装入袋内，写上品种名称、采收日期、地点等，检测种子含水量低于8%，在通风干燥处贮藏。品种间产量差异较大，矮秆品种采种产量较低，高秆品种的产量较高。焰火千日红产量极低。

四、伞形科 Apiaceae

① 阿米芹属 *Ammi* 阿米芹

【原产地】原产地中海地区，分布在欧洲、非洲、亚洲等地。

一、生物学特性

一年生草本。茎直立，有分枝，枝细长。叶灰绿色，长圆形，三出式三回羽状分裂，羽片各式，下部羽片椭圆形或长圆形，中部羽片披针形，上部羽片线

细叶阿米芹

形，末回裂片披针形，顶端钝或尖，基部楔形，长10～15mm，宽5～20mm，边缘有刚毛状细锯齿；叶柄长3～13cm；茎生叶二回羽状分裂，裂片卵形或长圆形，上部叶裂片狭窄披针形，裂片全缘或3裂，有狭窄叶鞘。伞形花序，有梗，长8～14cm，直径约10cm；总苞片多数，3裂或羽状分裂或全缘，狭窄，长过伞辐；伞辐20～50，开花时纤细，长2～8cm，内侧有粗毛，花期开展，果期稍收缩；小伞形花序有多数花，花柄丝线状，长短不等；花柱较花柱基为长，叉开。花期7～8月。种子千粒重0.69～0.8g。

二、同属植物

（1）大阿米芹 A. majus，株高120～150cm，白色花盘巨大。

（2）细叶阿米芹 A. visnaga，株高80～100cm，白色花盘伞状。

（3）同科不同属植物蕾丝花 Orlaya grandiflora（苍耳芹属），又名白雪花，两者极为相近，以前混淆为阿米芹属，一年生，矮秆品种株高50～80cm，高秆品种株高100～150cm。叶灰绿，长圆形，基生叶羽状分裂。伞形花序有长梗，小花梗在花期开展，果期粗硬，紧缩，生于盘状花托上，小花60～100个，花瓣白色。果实光滑，卵形或卵状长圆形，淡红褐色。种

大阿米芹

子千粒重12.5～14.3g。采种技术也一样，这里就不单独描述了。

三、种植环境要求

高大草本，生性强健，适应能力强。生育适温15～25℃，性喜温暖，不耐寒。对土壤要求不严，耐瘠薄。

四、采种技术

1. 种植要点：我国北方大部分地区均可制种，河西走廊一带也是最佳制种基地。可在4月下旬或5月上旬露地直播，浅覆土。采种田选择肥沃壤土或砂壤土，要细整地，耙压整平。采用黑色除草地膜覆盖平畦种植。种植行距40cm，株距30cm，亩保苗不能少于5000株。当气温稳定通过18℃时开始播种，采用点播机进行精量直播，也可用直径3～5cm的播种打孔器在地膜上打孔，垄两边孔位呈三角形错开，种植深度2～3cm为宜；每穴点3～4粒，覆土以湿润微砂的细土为好。定植时一垄两行或多行，种植行距70cm，株距约40cm，亩保苗不能少于2400株。切记不可过密。

2. 田间管理：点播后及时灌水，出苗后要及时查苗，发现漏种和缺苗断垄时，应采取补种。长出5～6叶时间苗，按照留大去小的原则，每穴保留1～2株。浇水之后土壤略微湿润，及时进行中耕松土，清除田间杂草。封行前要及时中耕、松土。生长前期控水控肥，防止徒长，促使早日长出花序。切忌浇水过多，生长期间保持土壤见湿见干即可。为控制株高，通常多采用喷施矮壮素，还可提早摘心，给分枝二次摘心，培养次枝接穗。后及时中耕松土、除草。在生长中期产生大量分枝，应及早设立支架，防止倒伏。8月下旬后期停止灌水，促进种子成熟。

3. 病虫害防治：在良好的管理条件下，不易有病虫危害。植株的嫩茎很易受蚜虫侵害，应及时喷吡虫啉5000～7500倍液防治。

4. 隔离要求：阿米芹属为异花授粉植物，为典

阿米芹种子

型的虫媒花，隔离不好容易变异，品种间应隔离1000～2000m。在初花期和盛花期，分多次根据品种叶形、叶色、株型、长势、花序形状和花色等清除杂株。

5.种子采收：阿米芹属花期很长，果实成熟期基本一致。当花穗部分变黄，花头颜色暗淡，花序种子散落时，选择早晨或有露水潮湿时一次性收割，干燥时种子容易脱落。晾晒在水泥地或篷布上使其后熟，等完全晾干后打碾、脱粒、过筛去杂质。精选出整齐、饱满、有光泽的种子，装入袋内，写上品种名称、采收日期、地点等，检测种子含水量低于8%，在通风干燥处贮藏。亩产可达50～80kg。

❷ 柴胡属 *Bupleurum* 圆叶柴胡

【原产地】美洲。

一、生物学特性

一年生草本。高可达120cm，全株无毛，叶片圆形，互生。复伞形花序；总苞和小总苞的苞片呈叶状而宿存，或狭而少数，很少缺乏；萼齿退废；花瓣近圆形或菱形，背部有突起的中脉；花柱基部平坦，全缘，花柱短，果侧面压扁。花形、叶子类似于大戟科泽漆，但是叶子有区别，泽漆叶子更长。因其绿色枝叶上点缀着数枝小珠状的黄花，故有"叶上黄金"的雅称。6～7月开花，8～9月结果。种子千粒重3.45～3.7g。

二、同属植物

（1）圆叶柴胡 *B. rotundifolium*，又名叶上黄金，株高120～150cm，是一种极好的切花品种，花朵呈黄绿色。

（2）同属还有大叶柴胡 *B. longiradiatum*，金黄柴胡 *B. aureum*，均为药材。

三、种植环境要求

喜温暖凉爽的气候，不耐高温，也不耐寒，耐旱力一般。

四、采种技术

1.种植要点：我国北方大部分地区均可制种，河西走廊一带是最佳制种基地，可在3月下旬温室育苗，也可以4月上中旬露地直播。要选择墒情好时播种；种子发芽适温18～25℃，直播出苗不整齐，采种条件应在日照充足、灌水条件好的肥沃壤土或砂壤土。施腐熟有机肥3～5m³/亩最好，也可用复合肥15kg～20kg/亩耕翻于地块。采用地膜覆盖平畦栽培。定植时一垄两行或多行，种植行距50cm、株距约40cm为宜，亩保苗不能少于3300株。

2.田间管理：移栽后或直播后及时灌水。随着幼苗生长要及时间苗，每穴保留壮苗1～2株。浇水之后土壤略微湿润，及时进行中耕松土，清除田间杂草。封行前要及时中耕、松土。生长前期控水控肥，防止徒长，生长期间20～30天灌水1次。灌水后及时中耕松土、除草。可以随水施尿素20kg/亩。盛花期尽量不要喷洒杀虫剂，以免杀死蜜蜂等授粉昆虫。盛花期后进入生殖阶段，灌浆期要尽量勤浇薄浇。在生长中期大量分枝，应及早设立支架，防止倒伏。

3.病虫害防治：在良好的管理条件下，不易有病虫危害。植株的嫩茎很易受蚜虫侵害，应及时喷吡虫啉5000～7500倍液防治。

叶上黄金

叶上黄金种子

4.隔离要求：柴胡属为异花授粉植物，容易吸引蜜蜂。同属间隔离不好容易变异，由于该属品种较少，和其他品种无须隔离。

5.种子采收：柴胡的花期短，种子成熟时间不一致，选择早晨或有露水潮湿时一次性收割，干燥时种子容易脱落。晾晒在水泥地或篷布上后熟，等完全晾干后打碾、脱粒、过筛去杂质。种子含水量低于8%，在通风干燥处贮藏。亩产可达80～100kg。

❸ 莳萝属Anethum 莳萝

【原产地】欧洲南部；中国东北、甘肃、四川、广东、广西等地有栽培。

一、生物学特性

一年生草本。高可达120cm，全株无毛，有强烈香味。茎单一，直立，圆柱形，光滑，有纵长细条纹。基生叶有柄，叶柄基部有宽阔叶鞘，边缘膜质；叶片宽卵形，茎上部叶较小，分裂次数少，无叶柄，仅有叶鞘。复伞形花序常呈二歧式分枝，伞辐稍不等长；无总苞片；小伞形花序有花；花瓣黄色，中脉常呈褐色，小舌片钝，近长方形，内曲；花柱短，先直后弯，基圆锥形至垫状。分生果卵状椭圆形，成熟时褐色，背部扁压状，背棱细但明显突起，侧棱灰白色，胚乳腹面平直。5～8月开花，7～9月结果。种子千粒重1.18～1.54g。

二、同属植物

（1）莳萝 A. graveolens，株高120～150cm，花黄色。

（2）同属还有蕨叶莳萝 A. involucratum，大莳萝 A. theurkauffii 等。

三、种植环境要求

喜温暖湿润的气候，不耐高温，也不耐寒，生育适温15～25℃。耐旱力略强。对土壤要求不严。

四、采种技术

1.种植要点：我国北方大部分地区均可制种，河西走廊一带是最佳制种基地。适宜早播，在播种前首先要选择土质疏松、地势平坦、土层较厚、排水良好，土壤有机质含量高的地块。地块选好后，结合整地施入基肥，以农家肥为主，施用复合肥10～25kg/亩或磷肥50kg/亩，结合翻地施入土中，要细整地，耙压整平。采用黑色除草地膜覆盖平畦栽培。种植行距50cm，株距约40cm，亩保苗不能少于3300株。切记不可过密。当气温稳定通过12℃时开始播种，采用点播机进行精量直播，也可用直径3～5cm的播种打孔器在地膜上打孔，垄两边孔位呈三角形错开，种植深度2～3cm为宜；每穴点3～4粒，覆土以湿润微砂的细土为好。

2.田间管理：墒情不好要及时灌水。随着幼苗生长要及时间苗，每穴保留壮苗1～2株。生长期间保持土壤见湿见干即可。后及时中耕松土、除草。追肥按分枝肥、抽薹肥、再生肥分3次施用，即每隔20天施1次肥。具体操作：于第一次复水后在距植株根部20～26cm处穴施碳铵375kg/hm²，隔20天再施1次，直至植株现盘。此后，每隔30天每亩施尿素15kg。播前先精细整地，做到土壤深、熟、细、透，然后进行土壤处理，用呋喃丹60kg/hm²随肥料施入，防治地下害虫。

莳萝

莳萝种子

3.病虫害防治：病虫害主要有根腐病、茎腐病、黄萎病和蚜虫、切根虫等。生产上主要以苗期喷施多菌灵防腐，并及时做好蚜虫的查治工作。

4.隔离要求：莳萝属为异花授粉植物，品种间应隔离1000～2000m。在初花期，根据品种叶形、叶色、株型、长势、花序形状和花色等清除杂株大茴香和变异株。

5.种子采收：莳萝的花期较长，种子成熟时间不一致，必须分批采摘。一般于6月中旬开始陆续进入采收期，7月上中旬采收结束，先成熟先采收，确保籽粒饱满，提高品质。种子含水量低于8%，在通风干燥处贮藏。亩产可达80～100kg。

❹ 刺芹属 *Eryngium*

【原产地】欧洲、中亚地区。

一、生物学特性

一年生或多年生草本。茎直立，无毛，有槽纹。单叶全缘或稍有分裂，有时呈羽状或掌状分裂，边缘有刺状锯齿，叶革质，叶脉平行或网状；叶柄有鞘，无托叶。花小，白色或淡绿色，无柄或近无柄，排列成头状花序，头状花序单生或呈聚伞状或总状；总苞片1～5，全缘或分裂，萼齿5，直立，硬而尖，有脉1条；花瓣5，狭窄，中部以上内折成舌片；雄蕊与花瓣同数而互生，花丝长于花瓣，花药卵圆形；花柱短于花丝，直立或稍倾斜；花盘较厚。果卵圆形或球形，侧面略扁，表面有鳞片状或瘤状凸起，果棱不明显，通常有油管5条；果实横剖面近圆形，胚乳腹面平直或略凸出。心皮柄缺乏。种子千粒重1.25～2.17g。

二、同属植物

（1）扁叶刺芹 *E. planum*，株高60～90cm，花淡蓝色。

（2）高山刺芹 *E. alpinum*，株高90～120cm，花蓝色。

（3）丝兰叶刺芹 *E. yuccifolium*，株高60～80cm，花白色。

三、种植环境要求

较耐寒，抗性强，-20℃能安全越冬，短时40℃高温植株能正常生长。各种土壤均能适应，生长于土质肥沃的砂壤土更易获得丰产。

四、采种技术

1.种植要点：我国北方大部分地区均可制种，甘肃河西走廊一带是最佳制种基地。可在6月下旬温室育苗，8月初小麦收获后移栽。也可以在4月直播于露地；春季播种当年开少量花。春季播种的植株根系发达，翌年抽薹快。种子发芽适温16～19℃，生长适温10～35℃，采种应在日照充足、灌水条件好的肥沃壤土或砂壤土。施腐熟有机肥3～5m³/亩最好，也可用复合肥15～20kg/亩耕翻于地块。采用地膜覆盖平畦栽培，种植行距50cm，株距约40cm，亩保苗不能少于3300株。切记不可过密。

2.田间管理：通常在有4～5片叶时即可定植，移栽后及时灌水。随着幼苗生长要及时间苗，每穴保留壮苗1～2株。生长期间20～30天灌水1次。灌水后及时中耕松土、除草。长势中等，喜肥，应在生长中期根据长势分两次施肥，中后期只要补充一些高磷液肥即可。植株脆，大风和大雨容易引起倒伏，应设支架保护。

3.病虫害防治：很少有病害发生，但阳光少、雾大、遮阳多的地方会发生白粉病，可用15%的粉锈宁兑水1000倍液喷洒。虫害主要有蚜虫，可选用敌杀死、吡虫啉、抗蚜威、蚜虱净等药剂交替防治。

4.隔离要求：为异花授粉植物，容易吸引蜜蜂。同属间容易变异，应该和其他花色品种间隔离2000～3000m。在初花期，根据品种长势、花序形状

高山刺芹

高山刺芹种子

和花色等清除杂株和变异株。

5.种子采收：种子成熟时间不一致，但是不易散落，当早期开花花朵变黄干枯、有少量种子散落时应先分批采收，后期一次性收割，晾晒在水泥地或篷布上使其后熟，等完全晾干后打碾、脱粒、过筛去杂质。种子含水量低于8%，在通风干燥处贮藏。亩产可达20～40kg。

⑤ 胡萝卜属*Daucus* 胡萝卜花

【原产地】欧洲、西南亚温带地区。

一、生物学特性

二年生草本，常作一年生栽培。高100～120cm。茎单生，全体有白色粗硬毛。基生叶薄膜质，长圆形，茎生叶近无柄，有叶鞘，末回裂片小或细长。复伞形花序，花序梗长10～55cm，有糙硬毛；总苞有多数苞片，呈叶状，羽状分裂，边缘膜质，具纤毛；花通常白色，有时带淡红色；花期5～7月。种子千粒重12.5～14.3g。

二、同属植物

（1）胡萝卜花*D. carota* 'Dara'。株高100～120cm，花朵从最浅的粉红色到最深的酒红色，非常适合为一束切花增添淡淡的色彩。虽然它是胡萝卜家族的

胡萝卜花

一部分，但是根部不可食用。胡萝卜花是优良的切花品种。

（2）同属还有野胡萝卜*D. aegyptiacus*。

三、种植环境要求

喜温暖凉爽的气候，耐旱，喜微酸性至中性土壤，喜肥喜光，不耐高温，也不耐寒。适应能力强。

四、采种技术

1.种植要点：我国北方大部分地区均可制种，河西走廊一带是最佳制种基地。可在3月下旬温室育苗，5月初移栽。也可以4月上中旬露地直播。在播种前首先要选择土质疏松、地势平坦、土层较厚、排水良好、土壤有机质含量高的地块。地块选好后，结合整地施入基肥，以农家肥为主，施用复合肥10～25kg/亩或磷肥50kg/亩，结合翻地施入土中，要细整地，耙压整平。采用黑色除草地膜覆盖平畦栽培。种植行距60cm，株距约40cm为宜，亩保苗不能少于2800株。当气温稳定通过18℃时开始播种，采用点播机进行精量直播，也可用直径3～5cm的播种打孔器在地膜上打孔，垄两边孔位呈三角形错开，种植深度2～3cm为宜；每穴点3～4粒，覆土以湿润微砂的细土为好。

2.田间管理：移栽后或直播后及时灌水。随着幼苗生长要及时间苗，每穴保留壮苗1～2株。生长期间20～30天灌水1次。浇水之后土壤略微湿润，及时进行中耕松土，清除田间杂草。出苗后至封行前要及时中耕、松土。此品种长势强，需地力条件较好和减少施肥。盛花期尽量不要喷洒杀虫剂，以免杀死蜜蜂等授粉昆虫。盛花期后进入生殖阶段，灌浆期要尽量勤浇薄浇。在生长中期大量分枝，应及早设立支架，防止倒伏。

3.病虫害防治：发生蚜虫用5%虫螨克、10%吡虫啉1500倍液防治。发生黑斑病、黑腐病、细菌性软腐病，初期用75%百菌清可湿性粉剂600倍液或50%速克灵可湿性粉剂1500～2000倍液或50%扑海因可湿性粉剂1000～1500倍液喷雾防治，隔10天左右喷1次；连续防治2～3次。

4.隔离要求：为异花授粉植物，容易吸引蜜蜂。同属间隔离不好容易变异，应该和其他食用胡萝卜品种间隔离1000～2000m。在初花期，根据品种长势、花序形状和花色等清除杂株和变异株。

5.种子采收：胡萝卜花的种子成熟时间不一致，但是不易散落，当早期开花花朵变黄、有少量种子散落时应先分批采收。前期剪去成熟花穗，后期一定要在霜冻前一次性收割。晾晒在水泥地或篷布上使其后熟，等完全晾干后打碾、脱粒、过筛去杂质。胡萝卜

胡萝卜花种子

花种子后期应做脱毛处理，这样才能达到净度要求。种子含水量低于8%，在通风干燥处贮藏。亩产可达40～60kg。

⑥ 欧芹属 *Petroselinum* 欧芹

【原产地】地中海地区，欧洲栽培历史悠久。

一、生物学特性

二年生草本。根纺锤形，有时粗厚。茎圆形，稍有棱槽，高30～100cm，中部以上分枝，枝对生或轮生，通常超过中央伞形花序。叶深绿色，表面光亮，基生叶和茎下部叶有长柄，二至三回羽状分裂，末回裂片倒卵形，基部楔形，3裂或深齿裂；齿圆钝，有白色小尖头；上部叶3裂，裂片披针状线形，全缘或3裂。伞形花序花瓣长0.5～0.7mm。果实卵形，灰棕色色，长2.5～3mm，宽2mm。花期6月，果期7月。种子千粒重1.54～1.67g。

二、同属植物

（1）欧芹 *P. crispum*，株高30～40cm，绿叶黄花。

（2）同属还有皱叶芹 *P. segetum* 等。

三、种植环境要求

喜冷凉气候，较耐寒，但不耐热，喜湿润，宜在保水力强且富含有机质的肥沃土壤或沙土地生长，但忌积水。

四、采种技术

1. 种植要点：我国北方大部分地区均可制种，陕西、河南中原一带是最佳制种基地。适宜秋季8～9月播种。在播种前因皮厚而坚，并有油腺，难透水，发芽慢而不整齐，所以必须进行浸种催芽。浸种12～14小时后用清水冲洗，边洗边用手轻轻揉搓，搓开表皮，摊开晾种。在育苗期要特别注意水分的掌握。一般以小水勤灌为原则，保持土壤湿润。当幼苗长到1～2片真叶时，结合间苗除净杂草，间苗前后轻浇1次小水。间苗浇水后覆1层薄水。以后视生长情况追施速效性氮肥，基肥未曾用磷肥的可施速效磷肥。选择土质疏松、地势较高、排水良好的地块。地块选好后，结合整地施入基肥，以农家肥为主，施用复合肥10～25kg/亩或磷肥50kg/亩，结合翻地施入土中，要细整地，耙压整平。采用黑色除草地膜覆盖平畦栽培。种植行距50cm，株距约40cm，亩保苗不能少于3300株。切记不可过密。

2. 田间管理：定植后墒情不好要及时灌水，约3天后苗即成活，7天后可萌发新叶，这时要保持土壤湿润，避免干旱。土壤过分干旱会抑制其生长发育。如雨后积水，则要及时排除；如不及时排除，再加上气温高，欧芹基部易出现腐烂。欧芹生长期间要追肥3～4次，每次可施尿素5kg/亩，或叶面喷施0.1%～0.3%磷酸二氢钾溶液。前期生长缓慢，田间杂草常会阻碍其生长，所以及时除草十分重要。需5℃以下低温和较长的日照才能通过春化阶段进行花芽分化。越冬后及时中耕松土、除草。抽薹期需较高温度，根据长势再次追肥，隔20～30天再施尿素15kg/亩。

3. 病虫害防治：虫害有蚜虫、胡萝卜蝇等，蚜虫

欧洲香芹

欧洲香芹种子

可用1.5%乐果粉剂或50%乐果乳油防治，胡萝卜蝇可用90%敌百虫防治。病害有叶斑病，除加强通风透光外，可用0.5%波尔多液200倍液或70%代森锌500倍液进行防治。

4.隔离要求：欧芹为异花授粉植物，品种间应隔离300～500m。在初花期，根据品种叶形、叶色、株型、长势、花序形状和花色等清除杂株。

5.种子采收：欧芹种子成熟时间不一致。一般于6月中旬开始陆续进入采收期，7月上中旬采收结束，先成熟先采收，后期一次性收割。确保籽粒饱满，提高品质，晾晒不能淋雨，否则种子会变黑。晾晒后及时脱粒清选，在通风干燥处贮藏。亩产可达20～30kg。

五、夹竹桃科 Apocynaceae

❶ 长春花属 *Catharanthus* 长春花

【原产地】原产地中海沿岸、印度、热带美洲。栽培较为普遍。我国各地从世界引进不少长春花的新品种，用于盆栽和栽植槽观赏。

一、生物学特性

半灌木。略有分枝，高达60cm，有水液，全株无毛或仅有微毛；茎近方形，有条纹，灰绿色；节间长1～3.5cm。叶膜质，倒卵状长圆形，长3～4cm，宽1.5～2.5cm，先端浑圆，有短尖头，基部广楔形至楔形，渐狭而成叶柄；叶脉在叶面扁平，在叶背略隆起，侧脉约8对。聚伞花序腋生或顶生，有花2～3朵；花萼5深裂，内面无腺体或腺体不明显，萼片披针形或钻状渐尖，长约3mm；花冠红色，高脚碟状，花冠筒圆筒状，长约2.6cm，内面具疏柔毛，喉部紧缩，具刚毛；花冠裂片宽倒卵形，长和宽约1.5cm；

长春花粉色

雄蕊着生于花冠筒的上半部，但花药隐藏于花喉之内，与柱头离生。蓇葖双生，直立，平行或略叉开，长约2.5cm，直径3mm；外果皮厚纸质，有条纹，被柔毛；种子黑色，长圆状圆筒形，两端截形，具有颗粒状小瘤。种子千粒重1.2～1.4g。

二、同属植物

（1）长春花*C. roseus*，有阳伞（Parasol）系列，株高30～50cm，粉红；热浪（Heat Wave）系列，是长春花中开花最早的品种，株高15～20cm，有混色、红色、白色、玫红色等品种；星尘（Stardust）系列，株高15～20cm，有粉红白芯、白色红芯、玫红白芯等品种。

（2）品种有黄长春花*C. roseus* 'Flavus' 和白长春花*C. roseus* 'Albus' 等。

三、种植环境要求

长春花性喜高温、高湿，耐半阴、不耐严寒。种子发芽适温20～25℃，喜阳光，忌湿怕涝，应选地势高燥、排水良好的地块种植。在阴处也可生长，但应严格控制浇水，尽可能保持采种天适度干燥。但盐碱土壤不宜。花期、果期几乎全年。

四、制种技术

1.播种育苗：这里描述的是常规品种的采种技术。云南元谋、四川攀枝花、内蒙古赤峰、陕西汉中等一带制种基地，大都使用露地加保护地的方式育种。北方在2月下旬温室育苗，育苗采用128穴盘，覆土以不见种子为宜，苗龄不能超过45天；4月上中旬移栽定植于塑料拱棚保护。苗期需要高温，5月底揭开塑料棚在露地生长。采种田选择肥沃壤土，采用0.7m宽幅地膜覆盖小高垄栽培，定植时一垄2行，种植行距30cm、株距约35cm。南方一般在8月育苗，育苗采用128穴盘，覆土以不见种子为宜，10月移栽，12月加盖塑料拱棚保护，翌年2月打开塑料棚露天生长。

长春花红色

长春花种子

袋内，写上品种名称、采收日期、地点等，检测种子含水量低于8%，在通风干燥处贮藏。由于要经历冬季低温和夏季雨季的侵扰，管理不好会影响种子产量，所以产量很不稳定。

❷ 马利筋属 *Asclepias*

【原产地】原产西印度群岛。广植于世界各热带及亚热带地区。中国广东、广西、云南、贵州、四川、湖南、江西、福建、台湾等地均有栽培，也有逸为野生和驯化的。

一、生物学特性

一年生或多年生草本。叶对生或轮生，具柄，羽状脉。聚伞花序伞状，顶生或腋生；花萼5深裂，内面基部有腺体5～10个；花冠辐状，5深裂，镊合状排列，稀向右覆盖，裂片反折；副花冠5片，贴生于合蕊冠上，直立，凹兜状，内有舌状片；雄蕊着生于花冠基部，花丝合生成筒（称合蕊冠）；花药顶端有膜片；花粉块每室1个，长圆形，下垂；子房由2枚离生心皮所组成；柱头五角状或5裂。蓇葖披针形，端部渐尖，种子顶端具白色绢质种毛。同属间种子差异化很大，种子千粒重2.5～7.14g。

二、同属植物

（1）柳叶马利筋 *A. tuberosa*，宿根，当年可开花。株高70～90cm，有混色、橘黄色、黄色花品种。

（2）沼泽马利筋 *A. incarnata*，宿根，-20℃可安全越冬。株高90～120cm，有粉色、白色花品种。

（3）黄冠马利筋 *A. curassavica*，一年生，在甘肃酒泉不能越冬。株高80～100cm，有混色、橘黄色、黄色和双色花品种。

（4）轮叶马利筋 *A. verticillata*，宿根，当年可开花。株高70～90cm，白色花。

（5）美丽马利筋 *A. speciosa*，宿根，当年可开花。株高50～70cm，叶片大，粉白色花朵非常美丽。

三、种植环境要求

喜温暖、湿润气候，喜肥，喜光，较耐旱，对土

2. 田间管理：移栽后要逐步加强光照。幼苗时期生长缓慢，气温升高后生长较快。要及时间苗。长春花对低温比较敏感，所以温度的控制很重要。在长江流域冬季一定要在低温到来之前加以保护，低于15℃停止生长，低于5℃会受冻害。雨淋后植株易腐烂，降雨多的地方也需大棚挡雨。15天左右施肥1次。冬季气温较低时，要减少肥的使用量。如果是以普通土壤为介质的，则可以用复合肥与适量介质混合作基肥。当肥力不足时，再追施水溶性肥料。除正常的肥水管理外，重点要把握的是摘心和雨季茎叶腐烂病的防治。摘心的目的是促进分枝和控制花期。一般4～6片真叶时（8～10cm）开始摘心。

3. 病虫害防治：长春花植株本身有毒，所以比较抗病虫害。病害主要有猝倒病、灰霉病等，另外要防止苗期肥害、药害的发生。如果发生，应立即用清水浇透，加强通风，将危害降低。虫害主要有红蜘蛛、蚜虫、茶蛾等。长时间的下雨对长春花非常不利，特别容易感病。在生产过程中不能淋雨。

4. 隔离要求：长春花为自花授粉植物，但是天然异交率仍很高。不同品种间容易混杂变异，应隔离100～200m。在初花期，分多次根据品种叶形、叶色、株型、长势、花序形状和花色等清除杂株。

5. 种子采收：长春花果实因开花时间不同而成熟期也不一致，因此种子要随熟随采。果实成熟、颜色转黑后皮易裂开使种子散失，故需及时采种。当看到果皮发黄，并能隐约映出里面黑色的种子时，就要采收。采收时要用色选机选出颜色有差异的种子，装入

柳叶马利筋

沼泽马利筋

黄冠马利筋

壤要求不十分严格，但以土层肥厚的砂壤土生长良好，长时间的积水对其生长不利。

四、采种技术

1.种植要点： 我国北方大部分地区均可制种。直根系，不耐移栽，可在3月下旬或4月上旬露地直播。在播种前首先要选择土质疏松、地势平坦、土层较厚、排水良好、有机质含量高的地块。地块选好后，结合整地施入基肥，以农家肥为主，施用复合肥10～25kg/亩或磷肥50kg/亩，结合翻地施入土中，要细整地，耙压整平。采用黑色除草地膜覆盖平畦栽培。种植行距50cm，株距约40cm，亩保苗不能少于3300株。用直径3～5cm的播种打孔器在地膜上打孔，垄两边孔位呈三角形错开，种植深度以1～2cm为宜；每穴点3～4粒，覆土以湿润微砂的细土为好。切记不可过密。无霜期短的地区，秋季容易受冻，种子不能成熟，这些品种适宜在陕西关中一带无霜期长的区域制种，3月直播于露地，一垄两行，种植行距70cm，株距约40cm，亩保苗不能少于2300株。采种应在日照充足、能排能灌的砂质壤土或土质深厚处。

2.田间管理： 直播后要及时灌水，出苗后要及时查苗，发现漏种和缺苗断垄时，应采取补种。长出5～6叶时间苗，按照留大去小的原则，每穴保留1～2株。浇水之后土壤略微湿润，及时进行中耕松土，清除田间杂草。生长期间保持土壤见湿见干即可。追肥要根据地力情况和长势决定，多以氮、磷、钾复合肥为主，每亩20～25kg。生长期间叶面可多喷施磷酸二氢钾促进籽粒饱满。多雨时节要加强田间排水工作，雨后要及时松土，以增强土壤的透气性，并可以有效控制根腐病的发生。

3.病虫害防治： 根腐病用50%多菌灵500～600倍液根部浇灌1～2次，每次间隔7～10天。合理轮作对防治根腐病也有一定作用。蚜虫可用25%乐果乳剂800～1000倍液喷杀。或者使用其他杀虫剂，但忌用有机磷类和高残留类农药。

4.隔离要求： 马利筋属为异花授粉植物，容易吸引蜜蜂和蝴蝶，是典型的蜜源植物。同属间隔

马利筋种子对比

离不好容易产生变异，应和其他花色品种间隔离2000～3000m。在初花期，分多次根据品种叶形、叶色、株型、长势、花序形状和花色等清除杂株。

5.种子采收：马利筋属果实因开花时间不同而成熟期也不一致，因此种子要随熟随采。长长的角果成熟裂开、白色的茸毛会携带种子飞出，故需及时采种。此类植物全株有毒，尤以乳汁毒性较强，含强心苷，采种时要佩戴口罩保护面部，佩戴手套防止中毒。采收时要用清选出颜色有差异的种子，装入袋内，写上品种名称、花色等，检测种子含水量低于8%，在通风干燥处贮藏。由于要经历冬季低温和雨季雨水的侵扰，管理不好会影响种子产量，所以产量很不稳定。

③ 钉头果属*Gomphocarpus*钉头果

【原产地】原产地中海，现欧洲各地有栽培。中国华北及云南栽培作药用。

钉头果

一、生物学特性

多年生直立草本或灌木。具乳汁；茎具微毛。叶线形，长6～10cm，宽5～8mm，顶端渐尖，基部渐狭而成叶柄，无毛，叶缘反卷；侧脉不明显。聚伞花序生于枝的顶端叶腋间，长4～6cm，着花多朵；花萼裂片披针形，外面被微毛，内面有腺体；花蕾圆球状；花冠宽卵圆形或宽椭圆形，反折，被缘毛；副花冠红色兜状；花药顶端具薄膜片；花粉块长圆形，下垂。蓇葖肿胀，卵圆形，端部渐尖而成喙，长5～6cm，直径约3cm，外果皮具软刺，刺长1cm；种子卵圆形，顶端具白色绢质种毛；种毛长约3cm。花期夏季，果期秋季。种子千粒重4.55～5.56g。

二、同属植物

（1）钉头果*G. fruticosa*（异名*Asclepias fruticosa*），株高120～160cm，乳白色花朵，耐热不耐寒。

（2）同属还有气球果*G. physocarpus*等。

三、种植环境要求

生性强健，对环境适应性强，喜高温湿润气候。生长适温12～25℃，耐寒力弱，越冬温度5℃以上，我国北方地区只宜盆栽室内越冬。喜阳光充足、稍耐阴。对土壤要求不严，耐贫瘠，耐干旱、忌涝。

四、采种技术

1.种植要点：我国北方大部分地区均可制种，甘肃河西走廊一带不是钉头果最佳制种基地，花期太长而无霜期短，来霜前大部分不能成熟。可在陕西关中一带无霜期长的区域内制种。可在3月下旬露地直播。采种应在日照充足、喜能排能灌的砂质壤土或土质深厚处。施腐熟有机肥最好，也可用复合肥15～25kg/亩耕翻于地块。采用黑色除草地膜覆盖平畦栽培，一垄两行，种植行距70cm，株距约50cm，亩保苗2000株左右。点播后及时灌水。随着幼苗生长要及时间苗，每穴保留壮苗1株。后期中耕松土、除草。切记不可过密。

2.田间管理：生长期间保持土壤见湿见干即可。后及时中耕松土、除草。追肥要根据地力情况和长势决定，多以氮、磷、钾复合肥为主，20～25kg/亩。生长期间叶面可多喷施磷酸二氢钾促进籽粒饱满。多雨时节要加强田间排水工作，雨后要及时松土，以增

钉头果花期

钉头果种子

强土壤的透气性，并可以有效控制根腐病的发生。有条件的要设支架拉铁丝，以防大雨大风引起倒伏，入秋后及时减去顶梢新枝，促进下部果实成熟。

3.病虫害防治：根腐病用50%多菌灵500～600倍液浇灌根部1～2次，每次间隔7～10天。合理轮作对防治根腐病也有一定作用。蚜虫可用25%乐果乳剂800～1000倍液喷杀。或者使用其他杀虫剂，但忌用有机磷类和高残留类农药。

4.隔离要求：钉头果属为自花授粉植物。不容易变异，应该和其他花色品种间隔离100m左右。在初花期，分多次根据品种叶形、叶色、株型、长势、花序形状和花色等清除杂株。

5.种子采收：钉头果属果实因开花时间不同而成熟期也不一致，因此种子要随熟随采。圆圆的果成熟时裂开，白色的茸毛会携带种子飞出，故需及时采种。此类植物全株有毒，尤以乳汁毒性较强，含强心苷，采种时要佩戴口罩保护面部，佩戴手套防止中毒。采收时要用清选出颜色有差异的种子，装入袋内，写上品种名称、花色等，检测种子含水量低于8%，在通风干燥处贮藏。由于要经历雨季雨水的侵扰，管理不好会影响种子产量，所以产量很不稳定。

④ 尖瓣藤属Oxypetalum 蓝星花

【原产地】巴西及阿根廷，我国台湾及华东有引种栽培。

一、生物学特性

多年生植物，常作一年生栽培。株高30～80cm，全株密被白色茸毛。叶对生，灰绿色，披针状长心形，长6～7cm，基部心形。天蓝色略带紫色的星形花朵生于叶腋，花径2～3cm，花瓣5，就像五角星一样，形成聚伞花序，故名蓝星花。花期夏季，果期秋季。种子千粒重6.25～7.14g。

二、同属植物

（1）蓝星花 O. coeruleum，株高30～60cm，花天蓝色、白色或粉红色。

（2）尖瓣藤 O. banksii，圆叶，是优良的切花材料。

三、种植环境要求

喜温暖、湿润及光照充足的环境，不耐高温，不耐寒。对土壤要求不高，以疏松、肥沃的砂质土壤为佳。

四、采种技术

1.种植要点：我国北方大部分地区均可制种，甘肃河西走廊一带不是蓝星花最佳制种基地，花期太长而无霜期短，来霜前大部分不能成熟，所以要及早育苗，来霜前要做防冻保护。最好在无霜期长的区域内制种。可在2月底或3月上旬育苗，采用育苗基质128孔穴盘育苗，播种深度0.2～0.3cm，10天左右出苗整齐，苗龄40～50天。采种田选用阳光充足、灌溉良好、土质疏松肥沃的壤土为宜。施腐熟有机肥3～5m³/亩最好，也可用复合肥15kg/亩耕翻于地块。采用地膜覆盖小高垄栽培，定植时一垄两

蓝星花

蓝星花种荚

蓝星花带毛种子

行，种植行距40cm，株距25cm，亩保苗不能少于6600株。

2.田间管理：生长期间保持土壤见湿见干即可。后及时中耕松土、除草。追肥要根据地力情况和长势决定，多以氮、磷、钾复合肥为主，10～15kg/亩。生长期间叶面可多喷施磷酸二氢钾促进籽粒饱满。多雨时节要加强田间排水工作，雨后要及时松土，以增强土壤的透气性。有条件的要设支架拉铁丝，以防大雨大风引起倒伏。

3.病虫害防治：发生蚜虫可用25%乐果乳剂800～1000倍液喷杀，或者使用其他杀虫剂，但忌用有机磷类和高残留类农药。高温高湿发生根腐病可用50%多菌灵500～600倍液浇灌根部1～2次，每次间

隔7～10天。

4.隔离要求：尖瓣藤属为异花授粉植物。主要靠昆虫授粉，很容易变异，同属间隔离500m以上。在初花期，分多次根据品种叶形、叶色、株型、长势、花序形状和花色等清除杂株。

5.种子采收：尖瓣藤属果实因开花时间不同而成熟期也不一致，长长的角果成熟裂开，白色的茸毛会携带种子飞出，故需及时采种。此类植物有白色茸毛，可能会飞入鼻腔引起不适，请采种时要佩戴口罩保护面部。采收时要随时去掉白色茸毛后装入袋内在通风干燥处贮藏。由于种子容易飞散，采收不及时就会影响种子产量，所以产量很不稳定。

六、五加科 Araliaceae

翠珠花属 *Trachymene* 翠珠花

【原产地】澳大利亚。

一、生物学特性

一年生草本。直立，多分枝。高45cm，冠径20cm。叶深裂，淡绿色。头状花序球状，花径约5cm，蓝色。花期5～7月。种子千粒重2.33～2.5g。

二、同属植物

（1）翠珠花 T. caerulea（异名 Didiscus caruleus）株高60～90cm，有混色、蓝色、白色和粉色花品种。

（2）同属还有伞叶翠珠花 T. saniculifolia，野绦花 T. incisa 等。

翠珠花浅粉色

三、种植环境要求

喜欢冷凉且日照充足的环境，生育适温在10～25℃，稍耐寒，怕涝，喜肥沃湿润和排灌良好的土壤。

四、采种技术

1.种植要点：我国北方大部分地区均可制种，云南昆明周边宜良、嵩明和甘肃河西走廊一带是最佳制种基地，云南宜在9月中下旬播种，甘肃河西走廊可3月下旬在温室育苗，5月初移栽。种子发芽有嫌光性，播种后需覆一层薄土，发芽适温15～20℃，播种后15～25天发芽。采种应在日照充足、灌溉条件好的肥沃砂壤土上。施腐熟有机肥最好，也可用复合肥15～20kg/亩耕翻于地块。选择黑色除草地膜覆盖，定植时一垄两行，种植行距40cm，株距约30cm为宜，亩保苗不能少于5500株。因翠珠花忌水涝，应采用地膜覆盖小高垄栽培。浇水不宜太多，否则易腐烂引起植株死亡。

2.田间管理：通常在4～5片时即可定植，移栽后及时灌水。随着幼苗生长要及时间苗，每穴保留

翠珠花蓝色

壮苗1～2株。生长期间20～30天灌水1次。灌水后及时中耕松土、除草。长势中等，喜肥，应在生长中期根据长势分两次施肥，中后期只要补充一些高磷液肥即可。多次叶面喷施0.02%的磷酸二氢钾溶液，可提高分枝数、结实率和增加千粒重。盛花期尽量不要喷洒杀虫剂，以免杀死蜜蜂等授粉昆虫。盛花期后进入生殖阶段，灌浆期要尽量勤浇薄浇。在生长中期大量分枝，株脆，大风和大雨容易引起倒伏，应设支架保护。

3.病虫害防治：在高温高湿条件下，容易发生蚜虫，可选用46%氟啶虫、10%吡虫啉、50%抗蚜威等药物防治。高温高湿会有真菌病发生，可拔除并销毁病株，发病时需及早咨询农药店并对症防治。

4.隔离要求：翠珠花属为异花授粉植物，容易吸引蜜蜂。同属间隔离不好容易产生变异，不同花色品种间隔离1000～2000m。在初花期，根据品种长势、花序形状和花色等清除杂株和变异株。

5.种子采收：翠珠花属的种子成熟时间不一致，但是不易散落。当早期开花花朵变黄，有少量种子散

翠珠花种子

落时应先分批采收，后期一定要在霜冻前一次性收割，晾晒在水泥地或篷布上使其后熟，等完全晾干后打碾、脱粒、过筛去杂质。种子含水量低于8%，在通风干燥处贮藏。亩产可达10～30kg。

七、天门冬科 Asparagaceae

天门冬属 *Asparagus* 文竹

【原产地】原产非洲南部和东部，分布于我国中部、西北、长江流域及南方各地。

一、生物学特性

多年生草本或半灌木。直立或攀缘，常具粗厚的根状茎和稍肉质的根，有时有纺锤状的块根。小枝近叶状，称叶状枝，扁平、锐三棱形或近圆柱形而有几条棱或槽，常多枚成簇；在茎、分枝和叶状枝上有时有透明的乳突状细齿，叫软骨质齿。叶退化成鳞片状，基部多少延伸成距或刺。花小，每1～4朵腋生或多朵排成总状花序或伞形花序，两性或单性，有时杂性，在单性花中雄花具退化雌蕊，雌花具6枚退化雄蕊；花梗一般有关节；花被钟形、宽圆筒形或近球形；花被片离生，少有基部稍合生；雄蕊着生于花被片基部，通常内藏，花丝全部离生或部分贴生于花被片上；花药矩圆形、卵形或圆形，基部2裂，背着或近背着，内向纵裂；花柱明显，柱头3裂；子房3室，每室2至多个胚珠。浆果较小，球形，基部有宿存的花被片，有1至几颗种子。种子千粒重28.57～35.71g。

二、同属植物

（1）文竹 *A. setaceus*，高可达100～600cm，攀缘植物。

（2）天门冬 *A. cochinchinensis*，又名三百棒、武竹、丝冬、老虎尾巴根、天冬草、明天冬。攀缘植物，高可达100～200cm，分布中国、朝鲜、日本、老挝和越南。根在中部或近末端成纺锤状膨大，膨大部分长3～5cm，粗1～2cm。茎平滑，常弯曲或扭曲，叶状枝通常每3枚成簇，扁平或由于中脉龙骨状而略呈锐三棱形，稍镰刀状，长0.5～8cm，宽1～2mm；茎上的鳞片状叶基部延伸为长2.5～3.5mm的硬刺，在分枝上的刺较短或不明显。花通常每2朵腋生，淡绿色；花梗长2～6mm，关节一般位于中部，有时位置有变化；雄花：花被长2.5～3mm；花丝不贴生于花被片上；雌花大小和雄花相似。浆果直径6～7mm，熟时红色，有1颗种子。花期5～6月，果期8～10月。和文竹有明显区别，但田间管理大致相同，天门冬春天播种，每年9～10月，当果实由绿色变红色时采收。在室内堆沤发酵至稍腐烂，放入水中搓去果肉，收取种子。

（3）同属的狐尾天门冬 *A. densiflorus*，蓬莱松 *A. retrofractus* 等，均可以用种子繁殖。

三、种植环境要求

性喜温暖湿润和半阴通风的环境，冬季不耐严寒，不耐干旱，但浇太多水根会腐烂，夏季忌阳光直射。以疏松肥沃、排水良好、富含腐殖质的砂质壤土栽培为好。生长适温15～25℃，夏季当温度高于32℃时会停止生长。冬季温度最好保持在10℃以上，低于5℃会受冻害。采种田以选用日照充足、排灌良好的砂质壤土为宜。施腐熟有机肥最好，也可用复合肥或磷肥25kg/亩耕翻于地块。

四、采种技术

1. 种植要点：河南东部以及山东菏泽一带是天门冬属最佳制种基地。一般春季2～3月用新采的种子播种，最好用营养钵育苗，不适合种得太深，为了更好保湿，用薄膜盖在苗床上面。种子发芽不需要光照，温度保持18℃以上最好。3～4周之后才可以发芽，所以一定要有足够的耐心去等待。文竹喜欢湿润，但忌浇水过多。因为水多会使根系腐烂。空气湿度越高越好，在天气炎热时，要经常向植株周围的地面、枝叶喷水以增加空气湿度，苗床不能过于干燥，否则会使文竹枯萎。选择冬季扣棚方便的合适地块定植，施足底肥，底肥一般选用腐熟的农家肥，4～5m³/亩，可混入磷钾肥或复合肥20～40kg/亩；起小高垄15cm以上，栽植于垄上，每垄种一行，行距100～150cm，株距60～80cm即可。

2. 田间管理：在新生芽长到2～3cm时，摘去生长点，可促进茎上再生分枝和叶片，并能控制其不长蔓，使枝叶平出，株型不断丰满。定株高为30～35cm。文竹虽然不是喜肥植物，但也不能缺少肥料。施肥宜薄宜勤，千万不可施浓肥，否则容易引起枝叶发黄。春夏生长季节，以氮肥为主，可每月施1次腐熟的薄液肥。当植株定型后，要适当控制施肥，以免徒长，影响株型美观。生长期间保持土壤见湿见干即可。后及时中耕松土、除草。夏季，绝不能烈日暴晒。可以在棚架上盖上遮阳网，在阴棚下度夏；开花期既怕风，又怕雨，同时还要注意通风良好。待新枝长至30cm以上时就应搭架牵引，将文竹的徒长枝有意识地牵引到竹架上，如果枝条仍然过密影响通风透光时，应留强去弱，剪去1/3左右生长较差的枝条，使养分集中供应，以利保花保果。每年一般开两次花，第一次花期在8月下旬至9月上旬，第二次花期在9月下旬至10月上旬。通常情况下第二次开花坐果比第一次开花坐果容易，但

文竹

文竹浆果期

文竹种子

也有个别年份于立秋前（8月上旬）开花，不易坐果。根据经验，在管理正常的情况下，造成落花落果的主要原因是温度高、浇水不足。因为母株在开花期间需水量较大，如果这时供水不足或供水不及时，都会造成落花落果，甚至接近绝产。冬季来临之际，及时盖上塑料棚膜保温。

3. 病虫害防治：在湿度过大且通风不良时易发生叶枯病，应适当降低空气湿度并注意通风透光。发病后可喷洒200倍波尔多液，或50%多菌灵可湿性粉剂500～600倍液，或喷洒50%甲基托布津可湿性粉剂1000倍液进行防治。夏季易发生介壳虫、蚜虫等虫害，可用40%氧化乐果1000倍液喷杀。

4. 隔离要求：天门冬属花小，白色，雌雄异株，在大棚里不容易变异。为保证其纯度，应该培育好采种母株，选择株型优美、叶片一致的母株进行分株繁殖，提高结实量，在规模化生产中具有重要意义。

5. 种子采收：一般多在二年生叶状枝上开花结果，果实在冬季到早春的1～4月时依次成熟，等到它的果实颜色变成紫黑色的时候，就可以进行采摘，采摘好之后，在室内堆沤发酵至稍腐烂，放入水中搓去果肉，收取种子。种子产量递增很快，四五年生的采种母株，每株产种可达200～500g。种子寿命短，干燥后种子寿命能保持两年。

八、石蒜科 Amaryllidaceae

葱属 *Allium* 观赏小花葱

【原产地】欧洲，中国多有栽培。

一、生物学特性

多年生草本。株高20～30cm。呈丛生状。根坚韧，鳞茎不明显，外包皮膜。叶基生，线状，中空而细。花莛自叶丛抽出，与叶等长或稍短于叶；头状花序顶生，花多数，花紫色球状，香味浓郁，盛开时就像许多紫色小球挂在植株顶端，极为美丽；花被片6，裂片长尖；雄蕊6，花丝伸出；雌蕊1，子房3室。花期6月。种子千粒重0.9～1.1g。

二、同属植物

（1）观赏小花葱 *A. schoenoprasum*，株高20～30cm，花紫红色。

（2）大花葱 *A. giganteum*，多年生球根花卉，花序硕大如头，其花色紫红，色彩艳丽，是同属植物中观赏价值最高的一种。

三、种植环境要求

较耐寒，稍耐半阴，不宜连作。性喜冷凉、阳光充足的环境，要求疏松肥沃的砂壤土，忌积水和湿热多雨。

四、采种技术

1. 种植要点：我国北方大部分地区均可制种。一般采用春播的方法，可在3月初温室育苗，用育苗基质72～128孔穴盘育苗；出苗后注意通风，降低夜温；苗龄约60天，及早通风炼苗，晚霜后移栽于大田。采种田以选用无宿根型杂草、灌溉良好、土质疏松肥沃的壤土为宜。施用复合肥25kg/亩或过磷酸钙50kg/亩耕翻于地块，并喷洒克百威或呋喃丹，用于预防地下害虫。采用黑色除草地膜覆盖平畦栽培。也可以在5

观赏小花葱

观赏小花葱

观赏小花葱种子

随水施入尿素10~20kg/亩。浇水之后土壤略微湿润，及时进行中耕松土，清除田间杂草，第一年分蘖性不强，一般不抽薹。越冬前要灌水1次，保持湿度安全越冬。早春及时灌溉返青水，在分蘖期要进行中耕松土，清除田间杂草，根据长势可以随水再次施入复合肥20~25kg/亩，喷施2次0.2%磷酸二氢钾，现蕾到开花初期再施1次，促进果实和种子的生长。5月进入盛花期，盛花期要保证水肥管理。

3.病虫害防治：葱属常见有蓟马、葱蛆、潜叶蝇等虫害，发现虫害可选用1.8%虫螨克乳油300倍液，或10%氯氰菊酯乳油3000倍液，或4.5%高效氯氰菊酯3000倍液喷雾，兑药时适量加入中性洗衣粉等，增强药液黏着性，花期尽量不要喷洒杀虫剂，以免伤害蜜蜂。病害以软腐病、紫斑病、锈病、疫病为主。防治药剂可选择腐霉利、异菌腺、霜锰锌、百菌清、霉胺等，每10天喷1次，连续喷2~3次。

4.隔离要求：葱属花为两性花，异花授粉，但自花授粉结实率也较高，品种间应隔离1000~2000m。在初花期，在田间要清除花色变异株来保证其纯度。

5.种子采收：葱属在大量蜜蜂的帮助下很容易结出种子，6月当花蕾上部蒴果开裂露出黑色种子时，即可进行分期收获。后期90%植株干枯时，在清晨有露水时可一次性收获，收割时要距离地面10~15cm，不能伤根，收获后及时灌水，管理得当可连续收获3~4年。收获后的种子，晾干后即可脱粒，而后除去杂质，风吹净秕粒，存放在干燥处保存，避免受潮发霉。

月中下旬露地直播。用手推式点播机播种或者人工点播，10天左右可出苗。行距40cm，株距25cm，亩保苗不能少于6600株。

2.田间管理：移栽或直播后要及时灌水。如果气温升高蒸发量过大要二次灌水保证成活。保证土壤湿度，每20~25天浇水1次。正常生长季根据长势可以

九、阿福花科 Asphodelaceae

火把莲属 *Kniphofia* 火炬花

【原产地】非洲。

一、生物学特性

多年生草本。根肉质，自地下茎的节位上发出，一般寿命为1~2年。茎着生于地下短缩，因而整棵植株的地下部分形成一个较庞大的根茎群。短缩茎的顶芽常孕育为花芽，侧芽容易萌发，形成许多分蘖。叶丛生，草质，剑形，多数叶宽2.0~2.5cm，长60~90cm，通常在叶片中部或中上部开始向下弯曲下垂，很少有直立；叶片的基部常内折，抱合成假茎，

假茎横断面呈菱形；叶片输导组织为螺旋状导管，当叶片横向折断、慢慢拉伸时，会出现丝状物。花茎通常高100~140cm，矮生品种在40~60cm，为密穗状总状花序，花序长20~30cm，小花数可多达300朵以上，小花自下而上逐渐开放。早春生长强健的单株，花茎下部的侧芽会在花后又萌发开花。在根茎群上第1批花开后，一些后发的单株也会再开1批花。这种在整个火炬花群体中分2~3次连续开花的现象，使夏初火炬花的观赏期可延长到30~40天。花期4~6月。种子千粒重2.5~2.7g。

二、同属植物

（1）火炬花 *K. uvaria*，株高70～100cm，花红黄色。

（2）同属还有黄花火炬花 *K. citrina*，丛生火炬花 *K. ensifolia*，矮火炬花 *K. pumila*，多叶火炬花 *K. foliosa* 等。

三、种植环境要求

生性强健，耐寒，有的品种能耐短期–20℃低温；华北地区冬季地上部分枯萎，地下部分可以露地越冬；长江流域可作常绿植物栽培，在–5℃条件下，上部叶片会出现干冻状况。喜温暖与阳光充足环境，对土壤要求不严，但以腐殖质丰富、排水良好的壤土为宜，忌雨涝积水。

四、采种技术

1. 种植要点：陕西关中、汉中盆地及中原一带是最佳制种基地。可在8月底露地育苗，采用育苗基质128孔穴盘育苗，也可直播在培养土，覆土厚约0.2cm；8月气温偏高，需在冷凉处设立苗床，苗床上加盖遮阳网和防雨塑料布，出苗后注意通风。苗龄约45天，10月中旬前后定植。采种田以选用阳光充足、灌排良好、土质疏松肥沃的砂壤土地为宜。施腐熟有机肥3～5m³/亩最好，也可用复合肥15～25kg/亩耕翻于地块。采用地膜覆盖平畦栽培，定植时一垄两行，行距40cm，株距35cm，亩保苗不能少于4700株。

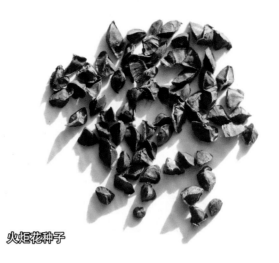

火炬花种子

火炬花

火炬花

2. 田间管理：移栽后要及时灌水。缓苗后及时中耕松土、除草。在–5℃条件下，上部叶片会出现干冻状况。如果移栽幼苗偏弱，在立冬前后要再覆盖一层白色地膜保湿保温，以利于安全越冬。翌年3月，如遇旱季要及时灌溉返青水，随着幼苗生长要及时间苗，每穴保留壮苗1～2株。生长期根据长势可以随水施入尿素10～20kg/亩。5月进入盛花期，花茎出现时，应进行2～3次磷酸二氢钾的叶面追肥，浓度为0.1%，每次间隔7～10天。早春生长强健的单株，花茎下部的侧芽会在花后又萌发开花。管理得当可存活3～4年。整棵植株的地下部分形成一个较庞大的根茎群。短缩茎的顶芽常孕育为花芽，侧芽容易萌发，形成许多分蘖。大量侧芽与老根茎潜伏芽的萌芽期，主要在开花后到越冬前。这些秋季形成的新株，大多数第2年会再次开花。

3. 病虫害防治：火炬花主要有锈病危害叶片和花茎，发病初期用石灰硫黄合剂或用25%萎锈灵乳油400倍液喷洒防治。

4. 隔离要求：火把莲属为异花授粉，有个别品种为自花授粉，结实率较低，通过人工授粉可以帮助结实。异花授粉在大量蜜蜂等昆虫的帮助下很容易结出种子，品种间应隔离1000～2000m。在初花期，在田间要清除花色变异株来保证其纯度。

5. 种子采收：一般在花后结蒴果，经30～40天种子成熟果实开裂，每果有种子8～14粒，种子棕黑色，不规则三角形。要随熟随采，将成熟的花穗整穗剪下，晾干后即可脱粒，而后除去杂质，风吹净秕粒，存放在干燥处保存，避免受潮发霉。管理得当可连续收获3～4年种子。该种产量偏低，种子产量和田间管理水平、天气因素有直接关系。

十、菊科 Asteraceae

1 蓍属 *Achillea*

【原产地】土耳其、阿富汗、中国、俄罗斯。

一、生物学特性

多年生草本。叶互生，羽状浅裂至全裂或不分裂而仅有锯齿，有腺点或无腺点，被柔毛或无毛。头状花序小，异型多花，排成伞房状花序，很少单生；总苞矩圆形、卵形或半球形；总苞片2～3层，覆瓦状排列，边缘膜质，棕色或黄白色；花托凸起或圆锥状，有膜质托片；边花雌性，通常1层，舌状；舌片白色、粉红色、红色或淡黄白色，比总苞短或等长，或超过总苞，偶有变形或缺如；盘花两性，多数，花冠管状5裂，管部收狭，常翅状压扁，基部多少扩大而包围子房顶部；花柱分枝顶端截形，画笔状；花药基部钝，顶端附片披针形。瘦果小，腹背压扁，矩圆形、矩圆状楔形、矩圆状倒卵形或倒披针形，顶端截形，光滑，无冠状冠毛。种子细小，种子千粒重0.01～0.22g。

千叶蓍

凤尾蓍

二、同属植物

（1）千叶蓍 *A. millefolium*，株高70～90cm，品种花色有混色、红色、黄色、白色等。

（2）凤尾蓍 *A. filipendulinai*，株高90～120cm，品种花色有红色、黄色等。

（3）锯草 *A. sibirica*，株高50～70cm，花粉红色。

（4）珠蓍 *A. ptarmica*，株高30～50cm，花白色。

三、种植环境要求

适应性强，耐半阴，耐寒性强。喜温暖、湿润，阳光充足及半阴处皆可正常生长。

四、采种技术

1. 种植要点：由于种子比较细小，在播种前首先要选择好苗床，整理苗床时要细致，深翻碎土两次以上，碎土均匀，刮平地面，将苗床浇透，待水完全渗透苗床后，将种子和沙按1:5比例混拌后均匀撒于苗床，播后不再覆土或薄盖过筛细沙。播种后在苗床加盖小拱棚，盖上地膜保持苗床湿润，温度在18～25℃范围内，播后7～9天即可出苗。当小苗长出2片叶时，可结合除草进行间苗，使小苗有一定的生长空间。有条件的也可以采用专用育苗基质128孔穴盘育苗。多年生品种在夏季6月初育苗，8月中旬小麦收获后定植。采种田选择无宿根性杂草的地块，用复合肥15kg/亩或磷肥50kg/亩耕翻于地块。采用黑色除草地膜平畦覆盖，种植行距40cm，株距35cm，亩保苗不能少于4500株。

2. 田间管理：移栽后要及时灌水，夏季气温高，蒸发量过大，1周后要二次灌水保证成活。生长速度慢，注意水分控制。及时中耕松土、除草。生长期间

蓍草种子

20～25天灌水1次。浇水之后土壤略微湿润，更容易将杂草拔除。定植成苗后至冬前的田间管理主要为勤追肥水、勤防病虫害，使植株快速而正常的生长，以保证入冬前植株长到一定的大小，第二年100%的植株能够开花结籽，以提高产量。翌年开春后气温回升，植株地上部开始重新生长，此时应重施追肥，以利发棵分枝，提高单株产量。4～5月生长期根据长势可以随水再次施入化肥10～20kg/亩。多次叶面喷施0.02%的磷酸二氢钾溶液，可提高分枝数、结实率和增加千粒重。在生长中期大量分枝，应及早设立支架，防止倒伏。也可以在5月中旬，使用750倍液矮壮素喷洒叶面使其矮化，提高产量。

3.病虫害防治：植株生性强健，病虫害较少。偶尔发生根腐病，多见于高温多湿季节，常导致根部腐烂，甚至造成植株成片死亡。主要防治方法为降低湿度，用波尔多液每隔6天左右喷洒1次，连续喷3～5次；拔除病株烧毁，并用石灰液消毒病穴，以防蔓延。

4.隔离要求：蓍草属为异花授粉植物，天然异交率很高。同属间容易串粉混杂，为保持品种的优良性状，留种品种间必须隔离1000m以上。在初花期，分多次根据品种叶形、叶色、株型、长势、花序形状和花色等清除杂株。

5.种子采收：蓍草种子分批成熟，果实开裂后应及时采收，后期一次性收割，晾晒在水泥地或篷布上使其后熟，等完全晾干后打碾、脱粒、过筛去杂质。在通风干燥处贮藏。种子产量不是很稳定，亩产可达10～30kg。

② 藿香蓟属 *Ageratum*

【原产地】原产于亚热带地区，非洲全境、中国。

一、生物学特性

一年生草本。高50～100cm，有时不足10cm。无明显主根。茎粗壮，基部径4mm，或少有纤细的而不足1mm，不分枝或自基部或自中部以上分枝，或基部平卧而节常生不定根。全部茎枝淡红色，或上部绿色，被白色尘状短柔毛或上部被稠密开展的长茸毛。叶对生，有时上部互生，常有腋生的不发育的叶芽；叶柄或腋生幼枝及腋生枝上的小叶的叶柄通常被白色稠密开展的长柔毛。头状花序4～18个通常在茎顶排成紧密的伞房状花序；花序径1.5～3cm，少有排成松散伞房花序式的。瘦果黑褐色。花果期全年。种子千粒重0.18～0.23g。

二、同属植物

（1）藿香蓟 *A. conyzoides*，株高20～30cm，品种花色有混色、玫瑰、蓝色、白色、淡蓝色。

（2）心叶藿香蓟 *A. houstonianum*，株高40～60cm，品种花色有混色、蓝色、白色、粉色。

三、种植环境要求

喜欢湿润或半干燥的气候环境，要求空气相对湿度在50%～70%，空气相对湿度过低时下部叶片黄化、脱落，上部叶片无光泽。发芽适温20～25℃，生长适温20～35℃。

四、采种技术

1.种植要点：我国北方大部分地区均可制种。藿香蓟种子细小，播种要求细致作业。一般情况，3月初在温室内播种，也可于4月初露地播种。培养土应以农肥、园田土各半，掺入少量的腐叶土，混合均匀后过筛。压实后浇透水，待水渗下后，将种子均

藿香蓟蓝色

藿香蓟混色

藿香蓟种子

匀撒播湿土上。覆土不可过厚，以能盖严种子即可。110天左右可出苗。晚霜过后移栽于大田，采用地膜覆盖平畦栽培，一垄两行，高秆品种行距40cm，株距35cm，亩保苗不能少于4700株。矮秆品种行距35cm，株距30cm，亩保苗不能少于6300株。

2.田间管理：定植前对土地整理，深翻土壤，施足底肥。缓苗结束后开始正常生长；注意水肥管理，期间要及时清除杂草。生长期间20～30天灌水1次，也可以随水施入尿素10kg/亩，并适当增施磷、钾肥。现蕾到开花初期再施1次。高秆品种要及时整枝修剪，疏剪过密枝条。然后要保证充足水分和肥料。

3.病虫害防治：常有根腐病、锈病和夜蛾、粉虱危害。根腐病用稀释1000倍的10%抗菌剂401乙酸溶液喷洒，锈病用稀释2000倍的50%萎锈灵可湿性粉剂喷洒。虫害用稀释1000倍的90%敌百虫喷杀。

4.隔离要求：藿香蓟属为自花授粉植物，但是天然异交率很高。同属间容易串粉混杂，为保持品种的优良性状，留种品间必须隔离500m以上。在初花期，分多次根据品种叶形、叶色、株型、长势、花序形状和花色等清除杂株。

5.种子采收：种子分批成熟，花序变黄后应及时采收，种子细小，要精细收获，后期一次性收割，晾晒在水泥地或篷布上使其后熟，等完全晾干后捶打花序、过筛去杂质。在通风干燥处贮藏。种子产量不是很稳定，亩产可达10～20kg。

❸ 银苞菊属 *Ammobium* 银苞菊

【原产地】澳大利亚东部。

一、生物学特性

多年生草本常作一年生栽培。株高60～100cm。基生叶狭卵形；茎生叶披针形。头状花序单生枝顶，直径约2.5cm；仅具管状花，黄色；总苞苞片卵形，银白色，呈花瓣状。自然花期6～9月。种子千粒重0.45～0.5g。

二、同属植物

（1）银苞菊 *A. alatum*，株高80～100cm，花序直径4～5cm，管状花黄色；总苞片白色。

（2）同属还有宽叶银苞菊 *A. calyceroides*，翼枝菊 *A. craspedioides*。

三、种植环境要求

喜阳光充足、通风良好的环境、耐旱。对土质要求不很严格，如果有条件，宜选用富含腐殖质的砂质壤土。

四、采种技术

1.种植要点：我国北方大部分地区均可制种，甘肃河西走廊一带是最佳制种基地。种子发芽适温18～23℃，可在3月底温室育苗，采用育苗基质72孔穴盘育苗，也可以在4月中下旬在露地直播，出苗后注意通风，降低夜温；苗高10cm时，留2对叶摘心，促进萌发侧枝。苗龄约40天，苗龄过长容易徒长，及早通风炼苗，晚霜后定植。采种田以选用阳光充足、灌溉良好、土质疏松肥沃的砂壤土为宜。施腐熟有机肥3～5m³/亩最好，也可用复合肥15kg/亩耕翻于地

银苞菊

银苞菊种子

块。采用地膜覆盖平畦栽培，定植时一垄两行，种植行距45cm，株距35cm，亩保苗不能少于4200株。

2.田间管理：移栽后要逐步加强光照。要及时间苗，每穴保留1～2株。银苞菊不喜大肥，施肥过多，特别是施用氮肥过多，会使花朵颜色显得不鲜艳。在植株现蕾前，每隔10天左右追施1次含磷、钾的稀薄液体肥料，直至花蕾透色时。银苞菊比较耐旱，栽培土壤过于潮湿容易导致植株烂根，浇水要做到宁少勿多，雨季注意及时排水。

3.病虫害防治：主要病害是叶斑病和白粉病。高温多雨时期易发生，主要危害叶片。发病初期叶面喷洒50%甲基托布津或20%三唑酮或12%腈菌唑，用量0.1～0.15kg/亩，7～10天1次，连喷2～3次。

4.隔离要求：银苞菊为自花授粉植物，天然异交率很低。应该和其他花色品种间隔离100～200m。在初花期，分多次根据品种叶形、叶色、株型、长势、花序形状和花色等清除杂株。

5.种子采收：银苞菊果实因开花时间不同而成熟期也不一致，前期要随熟随采。后期可以一次性采收，采收时要用色选机选出颜色有差异的种子，装入袋内，写上品种名称、采收日期、地点等，检测种子水分低于8%，在通风干燥处贮藏。种子产量基本稳定，亩产可达20～30kg。

❹ 春黄菊属 *Anthemis*

【原产地】大多数集中在非洲南部和地中海地区。有些种也广布于全欧和亚洲大部分地区，在美洲和大洋洲仅有少数的种。

一、生物学特性

一年或多年生草本。叶互生，一至二回羽状全裂。头状花序单生枝端，有长梗，具异型花，稀全为管状花；舌状花1层，通常雌性，白色或黄色；管状花两性，5齿裂，黄色；总苞片通常3层，覆瓦状排列，边缘干膜质；花托凸起或伸长，有托片；花柱分枝顶端截形，画笔状；花药基部钝。瘦果矩圆状或倒圆锥形，有4～5条突起的纵肋，无冠状冠毛或冠状冠毛极短，或呈一膜质小耳状。种子千粒重0.45～0.65g。

二、同属植物

（1）春黄菊 *A. tinctoria*，株高60～80cm，花序直径4～5cm，黄色。

（2）春白菊 *A. montana*，株高60～80cm，花序直径4～5cm，白色。

（3）同属还有臭春黄菊 *A. cotula*，高加索春黄菊

A. marschalliana，山春黄菊 *A. montana* 等。

三、种植环境要求

性耐寒，耐半阴，适应性强，对土壤要求不严，一般土壤均可种植。

四、采种技术

1.种植要点：我国北方大部分地区均可制种，甘肃河西走廊一带是最佳制种基地。可在3月底温室育苗，种子发芽适温10～20℃；采用育苗基质72孔穴盘育苗，也可以4月中下旬在露地直播，出苗后注意通风，降低夜温；苗龄约50天，及早通风炼苗，晚霜后定植。采种田以选用阳光充足、灌溉良好、土质疏松肥沃的壤土为宜。施腐熟有机肥3～5m³/亩最好，也可用复合肥15kg/亩耕翻于地块。采用地膜覆盖平畦栽培，定植时一垄两行，种植行距40cm，株距35cm，亩保苗不能少于4700株。

2.田间管理：移栽后要及时灌水以利成活。直播的要及时间苗，每穴保留1～2株。生长期间20～30天灌水1次。生长期根据长势可以随水施入尿素20kg/亩。喷施1～2次0.2%磷酸二氢钾，现蕾到开花初期再施1次。在生长中期出现大量分枝，应及早设立支架，防止倒伏。

3.病虫害防治：春黄菊属有特殊气味，不易发生虫害。高温高湿时会发生发叶斑病和白粉病。发病初期叶面喷洒50%甲基托布津或20%三唑酮或12%腈菌唑，亩用量0.1～0.15kg，7～10天1次，连喷2～3次。

春黄菊

春白菊

春黄菊种子

牛蒡种子

4.隔离要求： 春黄菊为自花授粉植物，但是天然异交率很高。同属间要隔离200～300m。在初花期，分多次根据品种叶形、叶色、株型、长势、花序形状和花色等清除杂株。

5.种子采收： 春黄菊果实因开花时间不同而成熟期也不一致，前期要随熟随采。后期可以一次性采收，采收时要用精选机选出比重有差异的种子，装入袋内，写上品种名称、采收日期、地点等，在通风干燥处贮藏。种子产量基本稳定，亩产可达30～50kg。

❺ 牛蒡属*Arctium*牛蒡

【原产地】中国。

一、生物学特性

二年生或多年生草本。具粗大的肉质直根，茎直立，高达200cm，粗壮，基部直径达可2cm，通常带紫红或淡紫红色，有多数高起的条棱，分枝斜升，多数，全部茎枝被稀疏的乳突状短毛及长蛛丝毛并混杂以棕黄色的小腺点。基生叶宽卵形，长达30cm，宽达21cm，边缘具稀疏的浅波状凹齿或齿尖，基部心形，

牛蒡

有长达32cm的叶柄，两面异色，上面绿色，有稀疏的短糙毛及黄色小腺点，下面灰白色或淡绿色，被薄茸毛或茸毛稀疏，有黄色小腺点，叶柄灰白色，被稠密的蛛丝状茸毛及黄色小腺点，但中下部常脱毛。小花紫红色。瘦果倒长卵形或偏斜倒长卵形，花果期6～9月。种子千粒重14.5～16g。

二、同属植物

（1）牛蒡*A. lappa*，株高30～60cm，冠幅80～120cm，花紫色。

（2）同属还有毛头牛蒡*A. tomentosum*，日本牛蒡*A. neurocentrum*等。

三、种植环境要求

喜温暖气候条件，既耐热又较耐寒。地上部分耐寒力弱，遇3℃低温枯死；直根耐寒性强，可耐–20℃的低温，冬季地上枯死以直根越冬，翌春萌芽生长。为长日照植物，要求有较好的光照条件。

四、采种技术

1.种植要点： 我国北方大部分地区均可制种，选择地势向阳、土层深厚、土质肥沃、排水良好的壤土或砂质壤土栽培。一般施优质农家肥3000～4000kg/亩，过磷酸钙50kg/亩，尿素5kg/亩作基肥，在耕地前将肥料均匀撒施于地表，结合耕地一次翻入土中，耕地深度30cm以上，耙平整细。播前先将种子晒1～2天，然后在40～50℃的温水中浸泡1～2小时，捞出晾干即可播种。于4月上旬至4月下旬播种。条播可按行距60cm开沟，沟深2～3cm，将种子均匀撒播于沟内，每穴播4～6粒，覆土厚1～2cm；播后均要稍加镇压，使种子与土壤密切接触，盖草保持土壤湿润。

2.田间管理： 当幼苗长出4～5片真叶时间苗，每穴留壮苗2株，多余的幼苗全部拔除。结合间苗进行中耕除草，直到植株封行为止，全生育期中耕除草4～5次，同时进行根部培土，以利透气和保护根。生长中后期也要求较湿润的土壤条件，但田间不能积

水。在翌年4月下旬追施磷酸二铵15kg/亩，均匀撒于地表，结合除草翻入土中。花期叶面喷施磷酸二氢钾0.2～0.3kg/亩，以促进开花结果。

3.病虫害防治：高温多雨时期易发生叶斑病和白粉病，发病初期叶面喷洒50%甲基托布津或20%三唑酮或12%腈菌唑，亩用量0.1～0.15kg，7～10天1次，连喷2～3次。发生蚜虫用50%抗蚜威可湿性粉剂2000～3000倍液或菊酯类农药进行田间喷雾防治，7～10天1次，连续2～3次。对于地下害虫用50%辛硫磷进行土壤处理或用敌百虫进行毒饵诱杀。

4.隔离要求：牛蒡为异花授粉植物，天然异交率很高。但是本属品种较少。不存在隔离和清杂问题。

5.种子采收：牛蒡种子分批成熟，植株高大茂密，无法分批采收，等花序变黄后应一次性收割，晾晒在水泥地等完全晾干后捶打花序、过筛去杂质。在通风干燥处贮藏。种子产量很稳定，亩产可达50～80kg。

6 熊耳菊属 *Arctotis*

【原产地】非洲。

一、生物学特性

多年生草本，常作一年生栽培。株高60～100cm，

凉菊花朵

凉菊大田

灰毛菊和凉菊种子

茎直立。基生叶丛生，茎生叶互生，长圆形至倒卵形，通常羽裂，全缘或有少数锯齿，叶片深银绿色，叶面幼嫩时有白色茸毛。头状花序直径8～10cm，像微型向日葵，有紫色至黑色的花心，夏天开花，昼开夜闭，花期很长，可达3～5个月，果期夏秋季。种子千粒重4.55～6.16g。

二、同属植物

（1）灰毛菊 *A. acauli*，株高40～60cm，花径4～6cm，单瓣混色。

（2）凉菊 *A. fastuosa*，株高70～90cm，花径9～10cm，重瓣，花色有混色、白色、橘色。

（3）同属还有蓝眼菊 *A. venusta*，拟金盏菊 *A. arctotoides* 等。

三、种植环境要求

半耐寒，忌炎热，喜向阳环境，对土壤要求不严，一般土壤均可种植。

四、采种技术

1.种植要点：我国北方大部分地区均可制种。可在3月底温室育苗，采用育苗基质128孔穴盘育苗，也可以4月中下旬在露地直播，出苗后注意通风，降低夜温；苗龄约40天，及早通风炼苗，晚霜后定植。采种田以选用阳光充足、灌溉良好、土质疏松肥沃的壤土为宜。施腐熟有机肥3～5m³/亩最好，也可用复合肥15kg/亩耕翻于地块。采用地膜覆盖平畦栽培，定植时一垄两行，种植行距40cm，株距35cm，亩保苗不能少于4700株。

2.田间管理：移栽后要及时灌水以利成活。直播的要及时间苗，每穴保留1～2株。生长期间20～30天灌水1次。生长期根据长势可以随水施入尿素20kg/亩。喷施1～2次0.2%磷酸二氢钾，现蕾到开花初期再施1次。在生长中期出现大量分枝，应及早设立支架，防止倒伏。

3.病虫害防治：常有白粉虱危害，用稀释1000倍

的90%敌百虫喷杀。根腐病用稀释1000倍的10%抗菌剂401乙酸溶液喷洒。

4.隔离要求：熊耳菊属为自花授粉植物，但是天然异交率仍很高。不同花色间容易串粉混杂，为保持品种的优良性状，留种品种间必须隔离200m以上。在初花期，分多次根据品种叶形、叶色、株型、长势、花序形状和花色等清除杂株。

5.种子采收：种子分批成熟，花序变黄后应及时采收，种子细小要精细收获，后期一次性收割，晾晒在水泥地或篷布上后熟，等完全晾干后捶打花序、过筛去杂质。在通风干燥处贮藏。种子产量不是很稳定，亩产可达10～30kg。

⑦ 紫菀属Aster

【原产地】加拿大、美国。

一、生物学特性

多年生草本、亚灌木或灌木。茎直立。叶互生，有齿或全缘。头状花序作伞房状或圆锥伞房状排列，或单生，各有多数异形花，放射状，外围有1～2层雌花，中央有多数两性花，都结果实，少有无雌花而呈盘状；总苞半球状，钟状或倒锥状；总苞片2至多层，外层渐短，覆瓦状排列或近等长，草质或革质，边缘

荷兰菊

紫菀

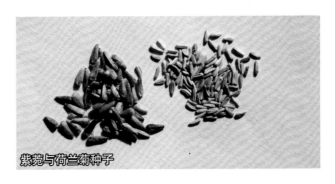
紫菀与荷兰菊种子

常膜质；花托蜂窝状，平或稍凸起；雌花花冠舌状，舌片狭长，白色，浅红色、紫色或蓝色，顶端有2～3个不明显的齿；两性花花冠管状，黄色或顶端紫褐色，通常有5枚等形的裂片；花药基部钝，通常全缘；花柱分枝附片披针形或三角形；冠毛宿存，白色或红褐色，有多数近等长的细糙毛，或另有一外层极短的毛或膜片。瘦果长圆形或倒卵圆形，扁或两面稍凸，有2边肋，通常被毛或有腺。品种间差异很大，种子千粒重0.5～1.25g。

二、同属植物

（1）高山紫菀 A. alpinus，株高70～100cm，品种花色有混色、淡蓝色、粉色、白色。

（2）荷兰菊 A. novi-belgii，株高30～70cm，花有蓝色、粉色、白色。

（3）同属还有狗娃花 A. altaicus，矮茎紫菀 A. brevicaulis 等。

三、种植环境要求

喜欢通风湿润的环境，适应性很强，耐干旱、贫瘠和寒冷，喜光，对土壤要求十分宽松。

四、采种技术

1.种植要点：我国北方大部分地区均可制种，甘肃河西走廊一带是最佳制种基地。河西走廊一般在夏季6月初育苗，可用育苗盘育苗便于移栽，8月中旬小麦收获后定植。采种田以选用阳光充足、通风良好、灌溉良好的土地为宜。施腐熟有机肥4～5m³/亩最好，也可用复合肥15kg/亩或磷肥50kg/亩耕翻于地块。采用黑色除草地膜覆盖平畦栽培，一垄两行，高秆种植行距50cm，株距30cm，亩保苗不能少于2500株；矮秆种植行距40cm，株距25cm，亩保苗不能少于6600株。

2.田间管理：移栽后要及时灌水。缓苗后及时中耕松土、除草。随着幼苗生长要及时间苗，每穴保留壮苗2～3株。越冬前要灌水1次，保持湿度安全越冬。早春及时灌溉返青水，4月生长期根据长势可以随水施入尿素20kg/亩。在生长中期大量分枝，高秆品种应及早设立支架，防止倒伏。入秋后进入盛花期。

3.病虫害防治：种植时不宜过密，注意控制湿度和通风，一旦发现染病要及时喷施药剂。蚜虫危害时，用乐果1000倍或1500倍液防治。常发生白粉病和褐斑病，可用甲基托布津可湿性粉剂喷洒。

4.隔离要求：紫菀属为自花授粉植物，但是天然异交率仍很高。不同花色间容易串粉混杂，为保持品种的优良性状，留种品种间必须隔离200m以上。在初花期，分多次根据品种叶形、叶色、株型、长势、花序形状和花色等清除杂株。

5.种子采收：种子分批成熟，花序变黄后应及时采收，种子细小要精细收获，后期一次性收割，晾晒在水泥地或篷布上使其后熟，等完全晾干后捶打花序、过筛去杂质。在通风干燥处贮藏。种子产量不是很稳定，亩产可达10～50kg。

8 雏菊属 *Bellis*

【原产地】原产欧洲和地中海区域，现世界各地均有栽培。

一、生物学特性

多年生或一年生草本。丛生或茎分枝而疏生。

雏菊红色

雏菊玫红色

雏菊混色

叶基生或互生，全缘或有波状齿。头状花序常单生，有异型花，放射状，外围有1层雌花，中央有多数两性花，都结实；总苞半球形或宽钟形；总苞片近2层，稍不等长，草质；花托凸起或圆锥形，无托片；雌花舌状，舌片白色或浅红色，开展，全缘；花柱分枝短扁，三角形。瘦果扁，有边脉，两面无脉或有1脉；冠毛不存在或有连合成环且与花冠管部或瘦果合生的微毛。种子千粒重0.14～0.22g。

二、同属植物

经过多年的栽培与杂交选育，在花型、花期、花色和株高方面较野生型有了很大改进，已筛选出许多园艺品种，形成不同的系列品种群。

（1）雏菊*B. perennis*，乒乓系列，株高10～20cm，花序直径2～3cm，品种花色有混色、白色、红色、粉色等。中花系列，株高15～20cm，花序直径4～5cm，品种花色有混色、红色、粉色、白色等。大花系列，株高15～25cm，花序直径5～6cm，品种花色有混色、粉色、红白双色等。

（2）国内外常见的栽培品种群有：

哈巴内拉系列（Habanera Series），花瓣长，花径达6cm，花期初夏，白色、粉色、红色。

绒球系列（Pomponette Series），花重瓣，花径4cm，白色、粉色、红色，具有褶皱花瓣。

罗加洛系列（Roggli Series），花期早，花量大，半重瓣，红色、玫瑰粉色、粉红色、白色，花径3cm。

塔索系列（Tasso Series），花重瓣，具有褶皱花瓣，花径6cm。

（3）同属还有全缘叶雏菊*B. integrifolia*，一年生雏菊*B. annua*等。

三、种植环境要求

性喜冷凉气候，忌炎热。喜光，又耐半阴，对栽培地土壤要求不严格。适宜在秦岭以南区域栽植，一般秋季种植，冬季和早春开花。

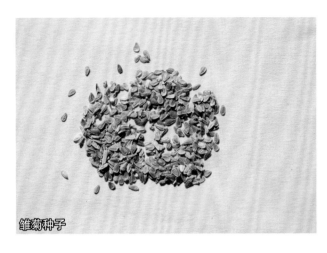

雏菊种子

四、采种技术

1.种植要点：我国北方大部分地区均可制种，中原一带适合雏菊露地采种。在8~9月播种，由于雏菊的种子比较小，通常采取撒播的方式。播种前施足腐熟的有机肥为基肥，并深翻细耙，做成平畦。用细沙混匀种子撒播，上覆盖细土厚0.1cm左右，播种后覆盖遮阳网并浇透水。播后保持温度在28℃左右，约10天后小苗出土，揭去遮阳网或塑料薄膜，在幼苗具2~3片时即可移栽到大田。平畦或小高垄栽培，一垄2行或4行，种植行距35cm，株距20cm，亩保苗不能少于10000株。

2.田间管理：入冬前定植，移栽后要及时灌水。缓苗后及时中耕松土、除草。雏菊在5℃以上可安全越冬，保持18~22℃的温度对良好植株的形成是最适宜的。而在实际中很难做到。所以要在立冬后用小拱棚保护越冬，可防止在冬天受冻害。2月底揭开小拱棚，及时浇透着根水。每隔15~20天追1次肥，可用复合肥进行穴施或溶于水浇灌，有条件的可用水溶性花卉肥交替使用。

3.病虫害防治：土壤不可太湿或太干，太潮湿基部叶片很容易腐烂，感染病菌。主要病害有叶枯病、灰霉病、褐斑病、炭疽病、霜霉病，可用百菌清800~1500倍液进行防治；虫害有菊天牛、棉蚜、蛴螬、地老虎、大青叶蝉、蚜虫等。发生时，立即采取药剂防治。

4.隔离要求：雏菊属为自花授粉植物，天然异交率很高。品种间应隔离600~800m。在初花期，分多次根据品种叶形、叶色、株型、长势、花序形状和花色等清除杂株。

5.种子采收：雏菊因开花时间不同而果实成熟期也不一致，要随熟随采，头状花序通常在3~4月间陆续成熟，花朵凋谢后变黄，有种子飞出时及时采收。晒干后及时用簸箕清理杂质，装入袋内。品种间差异

较大，其产量和花瓣有关，重瓣不露心品种结实率低，半重瓣品种产量中等，单瓣品种产量稍高，种子产量和田间管理水平、天气因素有直接关系。

⑨ 鬼针草属 *Bidens* 刺针草

【原产地】广布于亚洲和美洲的热带和亚热带地区。

一、生物学特性

一年生草本。茎直立，钝四棱形。茎下部叶较小，很少为具小叶的羽状复叶，两侧小叶椭圆形或卵状椭圆形。头状花序直径8~9mm；总苞基部被短柔毛，条状匙形，上部稍宽；无舌状花，盘花筒状，冠檐5齿裂。瘦果黑色，条形，略扁，具棱，上部具稀疏瘤状突起及刚毛，顶端芒刺3~4枚，具倒刺毛。花果期8~10月。种子千粒重1.11~1.25g。

二、同属植物

（1）刺针草 *B. aurea*，株高70~90cm，花序直径5~6cm，黄色和橘色，栽培种。

（2）羽叶鬼针草 *B. maximowicziana*，产我国黑龙江、吉林、辽宁和内蒙古东部，生于路旁及河边湿地，俄罗斯（西伯利亚东部）、朝鲜、日本均有分布。

（3）柳叶鬼针草 *B. cernua*，分布在北美洲、欧洲、亚洲，生长于海拔200~3680m的地区，一般生于沼泽边缘、草甸以及水中。

三、种植环境要求

性耐热，适应性强，喜长于温暖湿润气候区，对土壤要求不严，以疏松肥沃、富含腐殖质的砂质壤土及黏壤土为宜。

四、采种技术

1.种植要点：我国北方大部分地区均可制种，甘肃河西走廊一带是最佳制种基地。可4月中下旬在露

刺针草

刺针草种子

地直播，在播种前首先要选择土质疏松，地势平坦，土层较厚，排水良好，有机质含量高的地块。地块选好后，结合整地施入基肥，以农家肥为主，施用复合肥10～25kg/亩或磷肥50kg/亩，结合翻地施入土中，要细整地，耙压整平。采用黑色除草地膜覆盖平畦栽培。种植行距40cm，株距35cm，亩保苗不能少于4700株。当气温稳定通过15℃时开始播种，采用点播机进行精量直播，也可用直径3～5cm的播种打孔器在地膜上打孔，垄两边孔位呈三角形错开，种植深度以1～2cm为宜；每穴点3～4粒，覆土以湿润微砂的细土为好。

2. 田间管理：直播后要及时灌水，出苗后要及时查苗，发现漏种和缺苗断垄时，应采取补种。长出5～6叶时间苗，按照留大去小的原则，每穴保留1～2株。浇水之后土壤略微湿润，及时进行中耕松土，清除田间杂草。出苗后至封行前要及时中耕、松土。生长期间20～25天灌水1次。植株进入营养生长期，此时生长速度很快，需要供给充足的养分和水分才能保障其正常的生长发育。在生长期根据长势可以随水施入尿素10～30kg/亩。多次叶面喷施0.02%的磷酸二氢钾溶液，可提高分枝数、结实率和增加千粒重。

3. 病虫害防治：虫害主要是蚜虫，在蚜虫多发时，喷吡虫啉5000～7500倍液防治。

4. 隔离要求：刺针草为自花授粉植物，天然异交率很低。同属间要隔离100～200m。在初花期，分多次根据品种叶形、叶色、株型、长势、花序形状和花色等清除杂株。

5. 种子采收：刺针草果实因开花时间不同而果实成熟期也不一致，前期要随熟随采。当早期开花花朵变黄干枯时，有少量种子散落时应先分批采收，后期一次性收割，晾晒在水泥地或篷布上使其后熟，等完全晾干后打碾、脱粒、过筛去杂质。在通风干燥处贮

藏。种子产量基本稳定，亩产可达30～50kg。

⑩ 鹅河菊属 *Brachycome* 五色菊*

【原产地】澳大利亚。

一、生物学特性

一年生草本。株高20～45cm，多分枝。叶互生，羽状分裂，裂片条形。头状花序，径约2.5cm，单生花葶顶端或叶腋；盘心花两性、黄色；舌状花1轮，单瓣，有蓝色、玫瑰粉色或白色。花果期6～10月，种子千粒重0.14～0.16g。

二、同属植物

（1）五色菊 *B. iberidifolia*，株高30～40cm，花径4～5cm，花色有混色、蓝色、白色、粉红色。

（2）同属还有姬小菊 *B. angustifolia*，多裂鹅河 *B. multifida* 等，大部分都采用无性繁殖。

三、种植环境要求

性喜温暖、向阳，不耐寒、忌炎热；要求疏松肥沃、排水良好的土壤，忌涝。

四、采种技术

1. 种植要点：我国北方大部分地区均可制种，

五色菊

五色菊大田

---

* 采用被子植物分类系统。

五色菊种子

甘肃河西走廊一带是最佳制种基地。3月中下旬温室育苗，采用育苗基质128孔穴盘育苗，播种深度0.1～0.2cm，4～6天发芽，苗龄30～40天。采种田以选用阳光充足、灌溉良好、土质疏松肥沃的壤土为宜。施腐熟有机肥3～5m³/亩最好，也可用复合肥15kg/亩耕翻于地块。采用地膜覆盖平畦栽培，定植时一垄两行，种植行距40cm，株距30cm，亩保苗不能少于5500株。

2.田间管理：定植后及时灌水，然后松土。一般定植后和开花前进行追肥灌水。要注重中耕保墒，待侧枝长至2～3cm时，再稍增加水分，使株型丰满。追肥以磷、钾肥为主，生长期根据长势可以随水施入尿素20kg/亩。不要连作，也不宜在种过其他菊科植物的地块播种或栽苗。

3.病虫害防治：如发生锈病，可拔除并销毁病株，喷120～160倍等量式波尔多液或150～300倍敌锈钠。发生菊蚜虫或菜青虫危害及时喷施低毒型杀虫剂防治。

4.隔离要求：五色菊属为自花授粉植物，品种异交率很高。同属间要隔离500～800m。在初花期，分多次根据品种叶形、叶色、株型、长势、花序形状和花色等清除杂株。

5.种子采收：五色菊属头状花因开花时间不同而果实成熟期也不一致，前期要随熟随采。当早期开花花朵变黄干枯时，有少量种子散落时应先分批采收，后期一次性收割，晾晒在水泥地或篷布上使其后熟，等完全晾干后打碾、脱粒、过筛去杂质。在通风干燥处贮藏。种子产量基本稳定，亩产可达10～30kg。

⑪ 金盏花属 *Calendula*

【原产地】原产欧洲南部及地中海沿岸。

一、生物学特性

一年生或多年生草本。被腺状柔毛。叶互生，全缘或具波状齿。头状花序顶生，总苞钟状或半球形；

总苞片1～2层，披针形至线状披针形，顶端渐尖，边缘干膜质；花序托平或凸起，无毛，具异形小花，外围的花雌性，舌状，2～3层，结实，舌片顶端具3齿裂；花柱线形2裂，中央的小花两性，不育，花冠管状，檐部5浅裂；花药基部箭形，柱头不分裂，球形。瘦果2～3层，向内卷曲，外层的瘦果形状和结构与中央和内层的不同。种子千粒重5.88～8.33g。

二、同属植物

（1）金盏花 *C. officinalis*，品种繁多，按照植株高度可分为高秆（株高70cm以上）、中秆（株高40～70cm）、矮秆（株高20～35cm）。根据花瓣的形态变化和花序的组成形状，花朵分为单瓣型、复瓣

金盏花橘黄色

矮生金盏花

金盏花，高秆，橘黄色

型、重瓣型。矮生有"艺术"和"棒棒糖"系列，株高15～25cm，花径5～7cm，有金黄、橘黄等色。高秆品种有"祥瑞"和"丰盈"系列，株高50～70cm，花径8～10cm，有混色、金黄、橘黄、褐色、粉色等。

（2）同属还有欧洲金盏花 *C. arvensis*，亚灌金盏花 *C. suffruticosa* 等。

三、种植环境要求

喜生长于温和、凉爽的环境，怕热、耐寒。要求有充足光照或轻微的荫蔽，疏松、排灌良好、土壤肥力适度的土质，有一定的耐旱力。幼苗冬季能耐-9℃低温，成年植株以0℃为宜。夏季气温升高，茎叶生长旺盛，花朵变小，花瓣显著减少。

四、采种技术

1. 种植要点：我国北方大部分地区均可制种。常以早春温室播种育苗，发芽适温20～22℃，播后覆土3mm，7～10天发芽。采种田应选土层深厚、疏松、排水透气性好的土壤，前茬以瓜类、玉米、豆类为宜。露地直播的选择地膜覆盖，播期选择在霜冻完全解除后，平均气温稳定在13℃以上，表层地温在10℃以上时，及时播种。用直径3～5cm的播种打孔器在地膜上打孔，垄两边孔位呈三角形错开，每穴点3～4粒，覆土以湿润微砂的细土为好。也可以用手推式点播机播种。高秆种植行距40cm，株距35cm，亩保苗不能少于4700株；矮秆品种，种植行距35cm，株距20cm，亩保苗不能少于6000株。

2. 田间管理：在幼苗长出2～3片真叶、苗高约20cm时疏苗，把弱苗、小苗、病苗拔除，每穴留1～2株壮苗。留苗密度以"肥地宜稀，瘦地宜密"为原则。在苗高30cm左右时结合拔草，中耕松土，在沟内取土培植于基部，使基部产生不定根，防止倒伏和折断。金盏花属中等需水植物，缺水会导致植株矮小，灌水过量则会引起植株徒长，都会因花的体积减小而降低产量。一般15～25天灌水1次，在现蕾期要结合施肥及时灌水，为促进多开花也可进行根外追肥。

3. 病虫害防治：主要虫害为地老虎和红蜘蛛。防治地老虎可在整地时结合施基肥施入甲基异硫磷，每亩用0.5kg 40%的甲基异硫磷兑水30kg均匀喷施地表；防治红蜘蛛可在金盏花生育期喷施1.8%农克螨乳油2000倍液。初夏气温升高时，叶片常发生锈病危害，用50%萎锈灵可湿性粉剂2000倍液喷洒。早春花期易遭受红蜘蛛和蚜虫危害，可用40%氧化乐果乳油1000倍液喷杀。

4. 隔离要求：金盏花属是两性花，既能自花授粉也能异花授粉，单瓣品种异交率很高。重瓣品种天然异交率很低，容易保持品种的优良性状。留种必须隔离200m距离。同属间要隔离200～300m。在初花期，分多次根据品种叶形、叶色、株型、长势、花序形状和花色等清除杂株。

5. 种子采收：金盏花属头状花因开花时间不同而果实成熟期也不一致。当90%花朵变黄干枯时，可一次性收割，晾晒在篷布上，等完全晾干后捶打花头部分、过筛去杂质再用精选机清选，可用不同孔径的筛子进行大小粒分级。在通风干燥处贮藏。种子产量基本稳定，矮秆品种亩产可达30～50kg，高秆品种亩产可达50～100kg。

⑫ 翠菊属 *Callistephus* 翠菊

【原产地】原产中国，东北、华北、西南地区均有分布，日本、朝鲜也有分布。现广泛应用于亚热带、温带地区，世界各地均有栽培，已成为重要的盆栽花卉之一。

一、生物学特性

一年生草本。茎直立，单生，有纵棱，被白色糙毛，分枝斜升或不分枝。下部茎叶花期脱落或宿

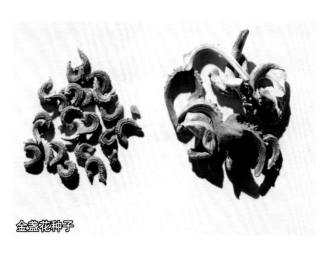

金盏花种子

翠菊蓝紫色

存；中部茎叶卵形、菱状卵形或匙形或近圆形，长2.5～6cm，宽2～4cm，顶端渐尖，基部截形、楔形或圆形，边缘有不规则的粗锯齿，两面被稀疏的短硬毛，叶柄长2～4cm，被白色短硬毛，有狭翼；上部的茎叶渐小，菱状披针形、长椭圆形或倒披针形，边缘有1～2个锯齿，或线形而全缘。头状花序单生于茎枝顶端，直径6～8cm。瘦果长椭圆状倒披针形，稍扁，长3～3.5mm，中部以上被柔毛；外层冠毛宿存，内层冠毛雪白色，不等长，长3～4.5mm，顶端渐尖，易脱落。花果期8～10月；种子千粒重2.13～2.56g。

翠菊粉色

翠菊，矮秆，红色

翠菊，高秆，蓝色

二、同属植物

翠菊 *C. chinensis*，品种繁多，按照植株高度可分为高秆（株高70cm以上）、中秆（株高40～70cm）、矮秆（株高20～35cm）。根据植株株型分为松散型、半松散型、束花型和紧凑型。根据花序形状可分为单瓣型、内抱型、外翻型、管花型。根据花瓣的形态变化和花序的组成形状，大致分为平瓣类、卷瓣类、桂瓣类，花朵分为单瓣型、复瓣型、管瓣型、松针型、菊花型、叠球型、托挂型、驼羽型、彗星型等。根据开花期分为早花型、中花型、晚花型。其次根据边花和花蕊的变异，有鲜红、绯红、桃红、橙红、粉红、浅粉、紫色、蓝色、天蓝色、淡蓝、紫堇、蓝紫、白色、乳白色、浅黄、渐变色、鲑色、紫罗兰色、管状花双色等颜色。有"侏儒"系列，株高15～25cm，紧凑型，花径2～3cm，有鲜红、粉红、浅粉、蓝色、白色等。"盆丽"系列，株高25～30cm。高秆品种有"绒球""花束""芍药"等系列，花色品种繁多。国外园艺品种有：

（1）小行星（Asteroid）系列，株高25cm，菊花型，花径10cm，有深蓝、鲜红、白、玫瑰红、淡蓝等色，从播种至开花120天。

（2）矮皇后（Dwarf Queen）系列，株高20cm，重瓣，花径6cm，花有鲜红、深蓝、玫瑰粉、浅蓝、血红等颜色，从播种至开花需130天。

（3）迷你小姐（Mini Lady）系列，株高15cm，球状型，花色有玫瑰红、白、蓝等。从播种至开花约120天。

（4）波特·佩蒂奥（PotN' Patio）系列，株高10～15cm，重瓣，花径6～7cm，花色有蓝、粉、红、白等，从播种至开花只需90天。

（5）矮沃尔德西（Dwarf Waldersee）系列，株高20cm，花朵紧凑，花色有深黄、纯白、中蓝、粉红等。

（6）地毯球（Carpet Ball）系列，株高20cm，球状型，花色有白、红、紫、粉、紫红等。

（7）彗星（Comet）系列，株高25cm，花大，重瓣，似万寿菊，花径10～12cm，花色有7种。

（8）夫人（Milady）系列，株高20cm，耐寒、抗枯萎病品种。

（9）莫拉凯塔（Moraketa），株高20cm，花米黄色，耐风雨。

（10）普鲁霍尼塞（Pruhonicer）系列，株高25cm，舌状花稍开展，似蓬头，花径3cm。

（11）木偶系列，株高15～20cm，多花型，花似小菊，花色多。

（12）仕女系列，分枝性强，重瓣，花大，花径7cm。

翠菊种子

三、种植环境要求

翠菊为浅根性植物，干燥季节需要注意水分供给。植株健壮、不择土壤，但具有喜肥性，在肥沃砂质土壤中生长较佳。喜阳光，喜湿润，不耐涝，高温高湿易受病虫危害。耐热力、耐寒力均较差。高型品种适应性较强，随处可栽；中矮型品种适应性较差，要精细管理。

四、采种技术

1.种植要点：我国北方大部分地区均可制种。3月中下旬温室育苗，采用育苗基质128孔穴盘育苗，播种深度0.2～0.3cm，在14～16℃条件下4天发芽，10天左右出苗整齐，苗龄40～50天。采种田以选用阳光充足、灌溉良好、土质疏松肥沃的壤土为宜。施腐熟有机肥3～5m³/亩最好，也可用复合肥15kg/亩耕翻于地块。采用地膜覆盖平畦栽培，定植时一垄两行，高秆种植行距40cm，株距35cm，亩保苗不能少于4700株。矮秆品种一垄三行或四行，种植行距35cm，株距20cm，亩保苗不能少于8000株。

2.田间管理：定植后及时灌水，然后松土。一般定植后和开花前进行追肥灌水。要注重中耕保墒，以免浇水过多或雨水过多而土壤过湿，植株徒长、倒伏或发生病害。当枝端现蕾后应少浇水，以抑制主枝伸长，促进侧枝生长，待侧枝长至2～3cm时，再略增加水分，使株型丰满。追肥以磷、钾肥为主，生长期根据长势可以随水施入尿素20kg/亩。不要连作，也不宜在种过其他菊科植物的地块播种或栽苗。

3.病虫害防治：如发生锈病，可拔除并销毁病株，喷120～160倍等量式波尔多液或150～300倍敌锈钠。黑斑病发病后应及时拔除销毁病株并喷洒7%甲基托布津800倍液防治。发现病毒病需要及时拔除并销毁病株，同时应消灭传播病毒的昆虫。发病初期，用50%多菌灵500倍液，或50%苯来特可湿性粉剂灌根。发生菊蚜虫或菜青虫危害及时喷施低毒型杀虫剂防治。

4.隔离要求：翠菊属是两性花，既能自花授粉也能异花授粉，单瓣品种异交率很高。重瓣品种天然异交率很低，容易保持品种的优良性状。留种必须隔离100m。同属间要隔离100～200m。在初花期，分多次根据品种叶形、叶色、株型、长势、花序形状和花色等清除杂株。

5.种子采收：翠菊属头状花因开花时间不同而果实成熟期也不一致，前期要随熟随采。当早期开花花朵变黄干枯、有少量种子散落时应先分批采收，后期一次性收割，晾晒在水泥地或篷布上使其后熟，等完全晾干后打碾、脱粒、过筛去杂质。在通风干燥处贮藏。种子产量基本稳定，矮秆品种亩产可达10～20kg，高秆品种亩产可达30～40kg。

⑬ 红花属 *Carthamus* 菠萝菊

【原产地】原产中亚地区，俄罗斯有野生，也有种植，日本、朝鲜都有种植。我国河南、新疆、甘肃、山东、浙江、四川、西藏也有种植。

一、生物学特性

一年生草本。高50～100cm。茎直立，上部分枝，全部茎枝白色或淡白色，光滑，无毛。中下部茎叶披针形或长椭圆形，长7～15cm，宽2.5～6cm，边缘大锯齿、重锯齿、小锯齿以至无锯齿而全缘，极少有羽状深裂的，向上的叶渐小，披针形，边缘有锯齿，齿顶有针刺，针刺长1～1.5mm，齿顶针刺较长，长达3mm；全部叶质地坚硬，革质，两面无毛无腺点，有光泽，基部无柄，半抱茎。头状花序多数，在茎枝顶端排成伞房花序，为苞叶所围绕，苞片椭圆形或卵状披针形，小花红色、橘红色，全部为两性。瘦果倒卵形，长5.5mm，宽5mm，乳白色，有4棱，棱在果顶伸出，着生面侧生；无冠毛。花果期5～8月，种子千

菠萝菊

粒重40~50g。

二、同属植物

（1）菠萝菊 *C. tinctorius*，有无刺和有刺品种之分。株高80~100cm，花序直径4~5cm，管状花红黄色。

（2）同属还有毛红花 *C.lanatus*，白茎红花 *C. leucocaulos* 等。

三、种植环境要求

喜温暖、干燥气候，抗寒性强，耐贫瘠。抗旱怕涝，适宜在中等肥沃土壤上种植，以油沙土、紫色夹沙土最为适宜。适应性较强。

四、采种技术

1.种植要点： 我国北方大部分地区均可制种，5℃以上就可萌发，发芽适温15~25℃，一般3月底或4月中下旬在露地直播，出苗后及时间苗，每穴保留1~2株，采种田以选用阳光充足、灌溉良好、土质疏松肥沃的土地为宜。施腐熟有机肥3~5m³/亩最好，也可用复合肥25kg/亩或磷肥50kg/亩耕翻于地块。采用地膜覆盖或无地膜平畦栽培均可，一垄两行或多行，种植行距45cm，株距35cm，亩保苗不能少于4200株。

2.田间管理： 高肥力土壤可促使多分枝，及时中耕除草，第一次中耕要浅，深度3~4cm，以后中耕逐渐加深到10cm，中耕时防止压苗，伤苗。灌头水前中耕锄草2~3次。本属虽然耐旱，但在干旱的气候环境中，进行适量的灌溉，是获得高产的必要措施。虽是耐瘠薄作物，但要获得高产除了播期施用基肥以外，还要在分枝初期追施一次尿素，增加植株花球数和种子千粒重。结合最后一次中耕开沟追肥，沟深15cm左右，追施尿素8~10kg/亩，追肥后立即培土。

3.病虫害防治： 主要病害是锈病，发病严重时，造成减产。适当增施磷、钾肥，促使植株生长健壮；集中处理有病残株；在发病初期用0.2~0.3波美度石硫合剂，或20%三唑酮乳油1500倍液，或15%三唑酮

可湿性粉剂800~1000倍液防治。严重时可用70%代森锰锌600~800倍液喷雾，每隔7天1次，连续2~3次。发生炭疽病用70%代森锰锌600~800倍液进行喷洒，每隔10天1次，连续2~3次。要注意排除积水，降低土壤湿度，抑制病原菌的传播。

4.隔离要求： 菠萝菊是两性花，既能自花授粉也能异花授粉，也是蜜蜂喜欢的花朵，天然异交率很高。品间应隔离300~500m。在初花期，分多次根据品种叶形、叶色、株型、长势、花序形状和花色等清除杂株。

5.种子采收： 当植株变黄，花球上只有少量绿苞叶，花球自然干枯，种子变硬，并呈现品种固有色泽时，即可收获。一般采用普通谷物连合收割机收获或人工收割。采收后要及时晾干清选，然后再用色选机选出颜色有差异的种子，装入袋内，检测种子含水量低于8%，在通风干燥处贮藏。种子产量基本稳定，亩产可达100~200kg。

⑭ 蓝苣属 *Catananche* 蓝箭菊

【原产地】南欧。

一、生物学特性

多年生草本。株高约60cm，具贴生毛。叶线形或倒披针形，长20~25cm，全缘或有疏锯齿。头状花序，径5~6cm；总梗细长，总苞片数层，先端干膜质，中肋赭色；全为舌状花，蓝色，花瓣先端有宽平齿；花托有刺毛；花期6~8月。瘦果，种皮表面有长网状纹，具6~8鳞片状冠毛，种子千粒重1.82~2g。

二、同属植物

（1）蓝箭菊 *C. caerulea*，株高30~50cm，花有蓝色和白色。

（2）同属还有沙生蓝箭菊 *C. arenaria*，丛生蓝箭

菠萝菊种子

蓝箭菊

蓝箭菊种子

菊 *C. caespitosa*，深黄蓝箭菊 *C. lutea* 等。

三、种植环境要求

较耐寒，喜向阳环境，雨季注意排涝。一般土壤可生长良好。

四、采种技术

1.种植要点：我国北方大部分地区均可制种。中原一带可在8月底露地育苗，采用育苗基质128孔穴盘育苗，8月气温偏高，需在冷凉处设立苗床，苗床上加盖遮阳网和防雨塑料布；直播在培养土的，覆土厚约0.3cm，5～8天出苗。出苗后注意通风。苗龄约45天，白露前后定植。西北地区可以作一年生，3月育苗，4月底定植，采种田以选用阳光充足、灌排良好、土质疏松肥沃的砂壤土为宜。每亩可用复合肥15kg耕翻于地块。采用地膜覆盖平畦栽培，定植时一垄3行，种植行距30cm，株距25cm，亩保苗不能少于8000株。

2.田间管理：最好选择雨前移栽，如栽植后不下雨要及时灌水，西北地区霜后定植。缓苗后及时中耕松土、除草。随着幼苗增长要及时间苗，每穴保留壮苗1～2株。植株进入营养生长期，此时生长速度很快，需要供给充足的养分和水分才能保障其正常的生长发育。生长期间15～20天灌水1次。生长期根据长势可以2次随水施入尿素10kg/亩。多次叶面喷施0.02%的磷酸二氢钾溶液，可提高分枝数、结实率和增加千粒重。

3.病虫害防治：开花期易遭受红蜘蛛和蚜虫危害，可用低毒型杀虫剂防治。

4.隔离要求：蓝箭菊是两性花，既能自花授粉也能异花授粉，品种间隔离不好容易产生变异，品种间隔离应不少于200m。在初花期和盛花期，分次根据品种叶形、株型、长势、花序形状和花色等清除杂株。

5.种子采收：蓝箭菊因开花时间不同而果实成熟期也不一致。前期要随熟随采。当早期开花花朵变黄干枯、有少量种子散落时应先分批采收，后期一次性收割，晾晒在水泥地或篷布上使其后熟，等完全晾干后打碾、脱粒、过筛去杂质。在通风干燥处贮藏。种子产量很不稳定，春播的在早霜来临时成熟一半，秋播的夏季雨季影响结实，种子产量和田间管理水平、天气因素有直接关系。

⑮ 矢车菊属 *Centaurea*

【原产地】欧洲东南部、德国、高加索、伊朗、土耳其。

一、生物学特性

全属500～600种，我国有10种。多年生或一年生草本。茎直立或匍匐，稀无茎。叶不裂或羽状分裂。头状花序异型，在茎枝顶端排成圆锥、伞房或总状花序，稀头状花序单生；总苞球形、卵圆形、短圆柱状、碗状或钟状，总苞片多层，覆瓦状排列，向内层渐长，坚硬，先端有附属物，稀无附属物；花托有毛；小花管状，边花无性或雌性，通常为细丝状或细毛状，顶端（4）5～8（10）裂；中央盘花两性，花冠无毛，花丝扁平，有乳突状毛或乳突，花药基部附属物极短小，花柱分枝极短，分枝基部有毛环。瘦果无肋棱或有细脉纹，疏被柔毛或脱落，稀无毛，顶端平截，果缘有锯齿，着生面侧生；冠毛2列，白或

矢车菊混色

太头矢车菊

褐色，外列冠毛多层，向内层渐长，冠毛刚毛状，边缘锯齿状或糙毛状，内列冠毛1层，膜片状，或全部冠毛状，稀无冠毛；品种间差异很大，种子千粒重2.08～16.67g。

矢车菊种子对比

二、同属植物

（1）矢车菊 *C. cyanus*，一年生草本，矮生品种株高30～40cm，高秆品种株高70～80cm，有单瓣和重瓣，以重瓣居多。花色有混色、玫瑰色、蓝色、浅粉色、红色、粉色、紫红、白色、黑色、缬草紫等色。

（2）香矢车菊 *C. moschata*，一年生草本，株高70～90cm，为重瓣花，花色有混色、紫红、白色、黄色，开花有香味。

（3）美洲矢车菊 *C. americana*，一年生草本，株高90～120cm，花朵直径10cm以上，花色有混色、白色、蓝色。

（4）羽裂矢车菊 *C. nigrescens*，二年生草本，株高80～100cm，花紫红色。

（5）山矢车菊 *C. montana*，二年生草本，株高70～90cm，花蓝紫色。

（6）大头矢车菊 *C. macrocephala*，多年生草本，株高80～100cm，花黄色。

三、种植环境要求

适应性较强，喜冷凉，忌炎热，喜肥沃。喜欢阳光充足，不耐阴湿，须栽在阳光充足、排灌良好的地方，否则常因阴湿而导致死亡。

四、采种技术

1.种植要点：我国北方大部分地区均可制种。春秋均可播种，一年生的春播，二年生和多年生的以秋播为好。矢车菊属的根为直根性，侧根很少，故移栽要在小苗时带土进行，苗大则不易成活，所以常以直播为主。在播种前首先要选择土质疏松，地势平坦，土层较厚，排灌良好，有机质含量高的地块。地块选好后，结合整地施入基肥，以农家肥为主，施用复合肥10～25kg/亩或磷肥50kg/亩，结合翻地施入土中，要细整地，耙压整平。采用黑色除草地膜覆盖平畦栽

香矢车菊

培。也可以用手推式点播机播种。播种不可过深，覆土以不见种子为度，播后浇足水，经常保持土壤湿润，4～6天就可出苗整齐。高秆种植行距40cm，株距35cm，亩保苗不能少于4700株。矮秆品种，种植行距35cm，株距20cm，亩保苗不能少于6000株。

2.田间管理：直播后要及时灌水，出苗后要及时查苗，发现漏种和缺苗断垄时，应采取补种。苗高6～8cm时要及时间苗，每穴保留1～2株。矢车菊属喜多肥，生长期间应每隔20天施肥1次。生长期根据长势可以随水施入尿素20kg/亩。喷施1～2次0.2%磷酸二氢钾，若是叶片太繁茂时，则应减少氮肥的比例，至开花前宜多施磷钾肥，才能得到更高的产量。高秆品种在生长中期出现大量分枝，应及早设立支架，防止倒伏。

3.病虫害防治：矢车菊属易发生菌核病，此病主要危害茎基部，在气温较高的情况下，茎部往往出现水渍状浅褐色斑，病情严重则患处变为灰白色，而后组织腐烂，植株上部茎叶枯萎，此病在春秋两季环境温度为15℃左右的潮湿条件下最易发生。防治方法为避免植株栽种过密；发现病株立刻拔掉，集中焚烧；当病情严重时，可用70%甲基托布津可湿性粉剂1000倍液喷洒植株中下部。

4.隔离要求：矢车菊属是两性花，既能自花授粉也能异花授粉，但是很容易吸引蝴蝶、蜜蜂等昆虫，同属间不容易混杂，但是品种间隔离不好容易变异，品种间隔离应不少于500m。在初花期和盛花期，分多次根据品种叶形、株型、长势、花序形状和花色等清除杂株。

5.种子采收：矢车菊属头状花因开花时间不同而果实成熟期也不一致。前期要随熟随采。当早期开花花朵变黄干枯、有少量种子散落时应先分批采收，后期一次性收割，晾晒在水泥地或篷布上使其后熟，等完全晾干后打碾、脱粒、过筛去杂质。在通风干燥处贮藏。种子产量基本稳定，一年生的高秆重瓣品种亩

产可达50～60kg，高秆单瓣品种亩产可达80～100kg，二年生和多年生品种种子产量不是很稳定，品种间差异很大。

16 果香菊属 *Chamaemelum*

【原产地】亚洲、欧洲西部温带地区。

一、生物学特性

草本植物，有强烈香味。叶互生，二至三回羽状全裂。头状花序多数，单生于枝端，具异型或同型花；总苞宽碟形，直径6～12mm；总苞片3～4层，覆瓦状排列，草质，边缘膜质，顶端膜质部分扩大；舌片白色，花后向下反折，管部基部明显向下增生而包围子房顶部；管状花多数，两性，花冠黄色，5齿，基部多少囊状扩大包围子房顶部，并斜向果背延伸。花柱分枝狭线形，顶端截形；花药基部钝，顶端具卵状披针形附片。瘦果三棱状圆筒形，稍侧扁，顶端圆形，基部收狭，具3（4）凸起的细肋，无冠状冠毛。种子千粒重0.12～0.5g。

二、同属植物

（1）果香菊 *C. nobile*，株高50～70cm，单瓣，白色花黄蕊，有苹果的清香。

（2）双花洋甘菊 *C. nobile* 'Flore Plena'，株高40～60cm，花重瓣，白色，无香味。

三、种植环境要求

喜温暖湿润，适应性较强，对水分要求不严格，但如种植后经常灌水，生长将特别茂盛。发芽温度18～20℃，生长温度10～30℃，18～25℃最为适宜。

四、采种技术

1. 种植要点：我国北方大部分地区均可制种。可在3月底温室育苗，采用育苗基质128孔穴盘育苗；也可以4月中下旬在露地直播，出苗后注意通风，降低日温；苗龄约40天，及早通风炼苗，晚霜后定植。采种田选用阳光充足、灌溉良好、土质疏松肥沃的壤

果香菊种子

土为宜。施腐熟有机肥3～5m³/亩最好，也可用复合肥15kg/亩耕翻于地块。采用地膜覆盖平畦栽培，定植时一垄两行，种植行距40cm，株距35cm，亩保苗不能少于4700株。

2. 田间管理：移栽后要及时灌水以利成活。直播的要及时间苗，每穴保留1～2株。生长期间20～30天灌水1次。生长期根据长势可以随水施入尿素10～20kg/亩。喷施1～2次0.2%磷酸二氢钾，现蕾到开花初期再施1次。在生长中期出现大量分枝，应及早设立支架，防止倒伏。

3. 病虫害防治：易发生叶枯病，病叶出现近圆形紫褐色病斑，中心灰白色，后期病斑上生有小黑点。病斑扩大后全叶干枯。防治方法：生长前期控制水分，防止疯长以利通风透光；降低土壤湿度；在发病初期及时摘除病叶集中烧毁，并用1∶1∶100波尔多液或50%代森锰锌800～1000倍液喷雾。

4. 隔离要求：果香菊属是两性花，既能自花授粉也能异花授粉，但是天然异交率仍很高。不同品种间容易串粉混杂，为保持品种的优良性状，留种品种间必须隔离500m以上。在初花期，分多次根据品种叶形、叶色、株型、长势、花序形状和花色等清除杂株。

5. 种子采收：种子分批成熟，花序变黄后应及时采收，种子细小要精细收获，后期一次性收割，晾晒在水泥地或篷布上使其后熟，等完全晾干后捶打花序、过筛去杂质。在通风干燥处贮藏。种子产量不是很稳定，亩产可达10～20kg。

17 菊属 *Chrysanthemum*

【原产地】本属约有30种，主要分布在我国及日本、朝鲜、苏联。我国有17种。

一、生物学特性

多年生草本。叶不分裂或一回或二回掌状或羽状

果香菊

分裂。头状花序异型，单生茎顶，或少数或较多在茎枝顶端排成伞房或复伞房花序；边缘花雌性，舌状，1层（在栽培品种中多层），中央盘花两性，管状；总苞浅碟状，极少为钟状。总苞片4～5层，边缘白色、褐色或黑褐或棕黑色膜质或中外层苞片叶质化而边缘羽状浅裂或半裂；花托突起，半球形或圆锥状，无托毛；舌状花黄色、白色或红色，舌片长或短，短可至1.5mm而长可到2.5cm长或更长；管状花全部黄色，顶端5齿裂；花柱分枝线形，顶端截形；花药基部钝，顶端附片披针状卵形或长椭圆形。全部瘦果同形，近圆柱状而向下部收窄，有5～8条纵脉纹，无冠状冠毛。种子千粒重1.4～25g。

二、同属植物

（1）小菊 C. morifolium，株高30～50cm，多年生，整株有香气，花混色和单色。

（2）野菊花 C. indicum，株高140～160cm，花黄色。

（3）黄晶菊 C. multicaule，二年生，茎具半匍匐性。叶片互生，肉质，初生叶紧贴土面。花小繁多，花色金黄边缘为扁平舌状花，中央为筒状花。花期从冬末至初夏，花后结瘦果，5月下旬成熟。

（4）同属还有甘菊 C. lavandulifolium，高加索菊 C. corymbosum 等。

地被小菊

黄金菊

三、种植环境要求

喜凉爽，较耐寒，生长适温18～21℃；地下根茎耐旱，最忌积涝，喜地势高、土层深厚、富含腐殖质、疏松肥沃、排灌良好的壤土。在微酸性至微碱性土壤中皆能生长。而以pH 6.2～6.7最好。为短日照植物，在每天14.5小时的长日照下进行营养生长，每天12小时以上的黑暗与10℃的夜温适于花芽发育。

四、采种技术

1.种植要点：我国北方大部分地区均可制种。在秋季播种，在播种前首先要选择好苗床，整理苗床时要细致，深翻碎土两次以上，碎土均匀，刮平地面，一定要精细整平，有利于出苗。播种前进行浸种，一般温水浸种8～12小时，种子充分吸水后即可播种。覆盖厚度以不见种子为宜，播后立即灌透水；播种后必须保持土壤湿润，这样出苗整齐；一年生品种4月移栽于大田，多年生品种8月移栽于大田。采种田以选用无宿根型杂草、灌溉良好、土质疏松肥沃的壤土为宜。施用复合肥25kg/亩或过磷酸钙50kg/亩耕翻于地块，并喷洒克百威或呋喃丹，用于预防地下害虫。采用黑色除草地膜覆盖平畦栽培，一垄两行，行距40cm，株距35cm，亩保苗不能少于4700株。

2.田间管理：移栽后要及时灌水，及时中耕松土、除草。生长期间20～25天灌水1次。浇水之后土壤略微湿润，更容易将杂草拔除。在生长期根据长势可以随水施入尿素10～30kg/亩。多次叶面喷施0.02%的磷酸二氢钾溶液。多年生品种8月移栽，夏季气温高，蒸发量过大，一周后要二次灌水保证成活。生长速度慢，注意水分控制，定植成苗后至冬前的田间管理主要为勤追肥水、勤防病虫害，使植株快速而正常的生长，以保证入冬前植株长到一定的大小，翌年100%的植株能够开花结籽，以提高产量。翌年开春后气温回升，植株地上部开始重新生长，此时应重施追肥，以利发棵分枝，提高单株的产量。4～5月生长期根据长势可以随水再次施入化肥10～20kg/亩。多次叶面喷施0.02%的磷酸二氢钾溶液，可提高分枝数、结实率和增加千粒重。

3.病虫害防治：如发生锈病和立枯病，可拔除并销毁病株，喷120～160倍等量式波尔多液或150～300倍敌锈钠。发生菊蚜虫或菜青虫危害及时喷施低毒型杀虫剂防治。

4.隔离要求：菊属是两性花，既能自花授粉也能异花授粉，但是天然异交率仍很高。不同品种间容易串粉混杂，为保持品种的优良性状，留种品种间必须隔离200m以上。在初花期，分多次根据品种

小菊种子

叶形、叶色、株型、长势、花序形状和花色等清除杂株。

5.种子采收：菊属种子分批成熟，花序变黄后应及时采收，花朵凋谢干枯，在早晨有露水时人工采摘。一次性收获的，一定要在霜冻前收割。收获的种子用比重精选机去除秕籽，装入袋内，写上品种名称、采收日期、地点等，检测种子含水量低于8%，在通风干燥处贮藏。种子产量和田间管理水平、天气因素有直接关系。

⑱ 茼蒿属 *Glebionis*

【原产地】西班牙、摩洛哥、加那利群岛。

一、生物学特性

一年生草本，直根系。叶互生，叶羽状分裂或边缘有锯齿。头状花序异型，单生茎顶，或少数生茎枝顶端，但不形成明显伞房花序；边缘雌花舌状，1层；中央盘花为两性花，管状；总苞宽杯状，总苞片4层，硬草质；花托突起，半球形，无托毛；舌状花黄色，舌片长椭圆形或线形；两性花黄色，下半部狭筒状，上半部扩大成宽钟状，顶端5齿；花药基部钝，顶端附片卵状椭圆形；花柱分枝线形，顶端截形，边缘舌状花瘦果有3条或2条突起的硬翅肋及明显或不明显的2~6条间肋。两性花瘦果有6~12条等距排列的肋，其中1条强烈突起成硬翅状，或腹面及背面各有1条强烈突起的肋，而其余诸肋不明显。无冠状冠毛。种子千粒重1.4~25g。

二、同属植物

（1）花环菊 *G. carinatum*（异名 *Chrysanthemum carinata*），株高80~90cm，花径5~6cm，单瓣品种'Nordstern'，舌状花白色，有浅黄色带，管状花深色；大花品种'Tetra Polarstern'，舌状花白色，管状花深色；环状品种'Kokarde'，舌状花白色，有红及

黄色环带，管状花深色；重瓣品种'Dunnettii'花或多或少有重瓣舌状花，花黄色、紫堇色、深紫色及白色。

（2）茼蒿菊 *G.coronarium*，株高90~120cm，花

茼蒿菊黑心

茼蒿菊

径3～4cm，花色有混色、金黄、乳黄等，叶二回羽裂，有尖齿；花叶均可食。

三、种植环境要求

花环菊和茼蒿菊性喜凉爽气候，适生温度15～25℃，不择土壤，田园土、微酸性土、砂壤土均能生长。

四、采种技术

1.种植要点：我国北方大部分地区均可制种。茼蒿属可在3月底温室育苗，采用育苗基质128孔穴盘育苗，播种后7～10天萌芽，出苗后注意通风，降低日温；苗龄约40天，及早通风炼苗，待长出真叶3～5片后进行移苗。也可以4月中下旬在露地直播，采种田以选用阳光充足、灌溉良好、土质疏松肥沃的壤土为宜。施腐熟有机肥3～5m³/亩最好，也可用复合肥15kg/亩耕翻于地块。采用地膜覆盖平畦栽培，定植时一垄两行，花环菊和茼蒿菊种植行距40cm，株距35cm，亩保苗不能少于4700株。黄晶种植行距40cm，株距30cm，亩保苗不能少于5500株。

2.田间管理：移栽后要及时灌水以利成活。直播的要及时间苗，每穴保留1～2株。生育期或开花期间每20～30天追肥1次，15～20天灌水1次。生长期根据长势可以随水施入尿素10～20kg/亩。喷施1～2次0.2%磷酸二氢钾，现蕾到开花初期再施1次。在生长中期出现大量分枝，花环菊和茼蒿菊应及早设立支架，防止倒伏。

3.病虫害防治：如发生叶斑病，要清理枯枝残叶，及时摘除病叶，集中烧毁。发病初期用70%甲基托布津800～1000倍液喷施，发病期间用50%多菌灵或75%百菌清800～1000倍液交替喷施，时隔7天连喷3～4次。发现蚜虫及时用10%吡虫啉可湿性粉剂或一片净乳剂1000～15000倍液于傍晚喷施。

4.隔离要求：茼蒿属是两性花，既能自花授粉也能异花授粉，但是天然异交率仍很高。不同品种间容易串粉混杂，为保持品种的优良性状，留种品种间必须隔离500m以上。在初花期，分多次根据品种叶形、叶色、株型、长势、花序形状和花色等清除杂株。

5.种子采收：茼蒿属种子分批成熟，花序变黄后应及时采收，花朵凋谢干枯，在早晨有露水时人工采摘。一次性收获的，一定要在霜冻前收割，收获的果枝在田间自然风干，不能拉回场地脱粒，以免场地混杂。干燥后用木棍轻轻捶打花头部分，切不可用石碾或镇压器打压，一旦将秸秆碾碎混入种子不好清选，收获的种子用比重精选机去除秕籽，装入袋内，写上品种名称、采收日期、地点等，检测种子含水量低于8%，在通风干燥处贮藏。品种间差异较大，重瓣品种和矮生品种产量较低，单瓣品种的产量较高。种子产量和田间管理水平、天气因素有直接系。

⑲ 滨菊属 *Leucanthemum* 滨菊

【原产地】欧洲。我国分布于东北、华北、华东等地。

一、生物学特性

多年生草本。高15～80cm。茎直立，分枝少，被茸毛或卷毛至无毛。基生叶花期宿存，长椭圆形、倒披针形、倒卵形或卵形，长3～8cm，宽1.5～2.5cm，基部楔形，渐狭成长柄，柄长于叶片自身，边缘有圆齿或钝锯齿；中下部茎叶长椭圆形或线状长椭圆形，向基部收窄，耳状或近耳状扩大半抱茎，中部以下或近基部有时羽状浅裂；上部叶渐小，有时羽状全裂；全部叶两面无毛，腺点不明显。头状花序单生茎顶，有长花梗，或茎生2～5个头状花序，排成疏松伞房状；总苞径10～20mm，全部苞片无毛，边缘白色或褐色膜质；舌片长10～25mm。瘦果长2～3mm，无冠毛或舌状花瘦果有长达0.4mm的侧缘冠齿。花果期5～10月，种子千粒重0.42～0.67g。

二、同属植物

（1）西洋滨菊 *L. vulgare*（异名 *Chrysanthemum leucanthemum*），高秆品种株高80～100cm，矮秆品种株高20～30cm，花序直径5～6cm，舌状花白色。5月开花。

（2）大滨菊 *L. × superbum*（异名 *Chrysanthemum maximum*），株高90～120cm，7月开花，花序直径

茼蒿菊种子

滨菊

大滨菊种子（左）和西洋滨菊种子（右）

8～9cm，舌状花白色。

三、种植环境要求

喜温暖湿润和阳光充足环境，耐寒性较强，耐半阴，适生温度15～30℃；不择土壤，田园土、砂壤土、微碱或微酸性土均能生长。

四、采种技术

1.种植要点：我国北方大部分地区均可制种，陕西关中、山东烟台一带是最佳制种基地。可在8月底露地育苗，采用育苗基质128孔穴盘育苗，8月气温偏高，需在冷凉处设立苗床，苗床上加盖遮阳网和防雨塑料布；直播在培养土的，覆土厚约0.3cm，5～8天出苗。出苗后注意通风。苗龄约45天，白露前后定植。采种田以选用阳光充足、灌排良好、土质疏松肥沃的砂壤土地为宜。施腐熟有机肥3～5m³/亩最好，也可用复合肥15kg/亩耕翻于地块。采用地膜覆盖平畦栽培，定植时一垄两行，高秆品种种植行距50cm，株距35cm，亩保苗不能少于3800株。矮秆品种种植行距40cm，株距30cm，亩保苗不能少于5500株。

2.田间管理：最好选择雨前移栽，如栽植后不下雨要及时灌水。缓苗后及时中耕松土、除草。随着幼苗生长要及时间苗，每穴保留壮苗1～2株。生长期间如遇旱情，20～30天灌水1次。生长期根据长势可以随水施入尿素10kg/亩。喷施2次0.2%磷酸二氢钾，现蕾到开花初期再施1次。高秆品种在生长中期大量分枝，应及早设立支架，防止倒伏。

3.病虫害防治：滨菊属在冬季容易发生潜叶蝇危害，叶上发病。在植物叶片或叶柄内取食，形成的线状或弯曲盘绕的不规则虫道影响植物光合作用，从而造成植株损失。应喷药于叶背面，或在刚出现危害时喷药防治幼虫，防治幼虫要连续喷2～3次，农药可用40%乐果乳油1000倍液，40%氧化乐果乳油1000～2000倍液，50%敌敌畏乳油800倍液，

50%二溴磷乳油1500倍液，40%二嗪农乳油1000～1500倍液。

4.隔离要求：滨菊属是两性花，既能自花授粉也能异花授粉，但是品种间隔离不好容易变异，品种间隔离应不少于200m。在初花期和盛花期，分多次根据品种叶形、株型、长势、花序形状和花色等清除杂株。

5.种子采收：滨菊属瘦果成熟的时间参差不齐，采种要分期分批进行。花朵凋谢干枯，在早晨有露水时人工采摘。收获的种子在晴天及时晾干，全部采摘完后用比重精选机去除秕籽，装入袋内，写上品种名称、采收日期、地点等，检测种子含水量低于8%，在通风干燥处贮藏。品种间差异较大，高秆品种亩产30～50kg，矮秆品种亩产20～30kg，其产量和春夏交替时雨水有关，如遇连阴天或大的降雨会影响产量。

⑳ 白晶菊属 *Mauranthemum* 白晶菊

【原产地】北非、西班牙。

一、生物学特性

二年生草本花卉常作一年生栽培。株高15～25cm。叶互生，一至二回羽裂。头状花序顶生，盘状，边缘

白晶菊

舌状花银白色，中央筒状花金黄色，色彩分明、鲜艳，花径3～4cm。株高长到15cm即可开花。瘦果。开花期早春至春末，花期极长，花谢花开，可维持2～3个月。种子千粒重0.59～0.63g。

二、同属植物

（1）白晶菊 M. paludosum（异名 Chrysanthemum paludosum），株高20～30cm，单瓣白色。

（2）同属还有西欧白晶菊 M. decipiens，M. gaetulum 等。

三、种植环境要求

喜温暖湿润和阳光充足的环境，光照不足开花不良。较耐寒，不耐高温，耐半阴。适宜生长在疏松肥沃排灌良好的壤土中。

四、采种技术

1.种植要点：我国北方大部分地区均可制种，甘肃河西走廊一带是最佳制种基地，可在3月底温室育苗，采用育苗基质128孔穴盘育苗，也可以4月中下旬在露地直播。露地直播的选择黑色除草地膜覆盖，播期选择在霜冻完全解除后，平均气温稳定在15℃以上，用直径3～5cm的播种打孔器在地膜上打孔，垄两边孔位呈三角形错开，每穴点3～4粒，覆土以湿润微砂的细土为好。也可以用手推式点播机播种。高秆品种种植行距40cm，株距35cm，亩保苗不能少于4700株。

2.田间管理：移栽后要及时灌水以利成活。直播的要及时间苗，每穴保留1～2株。生长期间20～30天灌水1次。生长期根据长势可以随水施入尿素20kg/亩。喷施1～2次0.2%磷酸二氢钾，现蕾到开花初期再施1次。在生长中期出现大量分枝，应及早设立支架，防止倒伏。

3.病虫害防治：常见病害有叶斑病、茎腐病，可用65%代森锌可湿性粉剂喷洒。虫害有盲蝽和潜叶蝇危害，可用25%西维因可湿性粉剂1500倍液喷杀。

白晶菊种子

4.隔离要求：白晶菊属是两性花，既能自花授粉也能异花授粉，但是天然异交率很高。同属间要隔离200～300m。在初花期，分多次根据品种叶形、叶色、株型、长势、花序形状和花色等清除杂株。

5.种子采收：白晶菊属果实因开花时间不同而果实成熟期也不一致，前期要随熟随采。后期可以一次性采收，采收后要用精选机选出比重有差异的种子，装入袋内，写上品种名称、采收日期、地点等，在通风干燥处贮藏。种子产量基本稳定，亩产可达10～20kg。

21 蓟属 Cirsium 观赏大蓟

【原产地】亚洲。

一、生物学特性

多年生草本。茎有棱，幼茎被白色蛛丝状毛。基生叶和中部茎叶椭圆形、长椭圆形或椭圆状倒披针形，顶端钝或圆形，基部楔形，有时有极短的叶柄，通常无叶柄，长7～15cm，宽1.5～10cm，上部茎叶渐小，椭圆形或披针形或线状披针形，或全部茎叶不分裂，叶缘有细密的针刺，针刺紧贴叶缘。头状花序单生茎端，或植株由少数或多数头状花序在茎枝顶端排成伞房花序；小花紫红色或红色。瘦果淡黄色，椭圆形或偏斜椭圆形，花果期5～9月。种子千粒重1.54～1.67g。

大蓟

大蓟种子

二、同属植物

（1）观赏大蓟 *C. japonicum*，株高 70～90cm，花红色。

（2）同属还有刺苞蓟 *C. henryi*，堆心蓟 *C. helenioides*，莲座蓟 *C. esculentum* 等，多为杂草。

三、种植环境要求

喜阳光，较耐寒，生长适温 15～25℃，喜地势高、疏松肥沃、排灌良好的壤土。在微碱性土壤中也能生长，而以 pH 6.5～7.5 最好。

四、采种技术

1. 种植要点：一般采用春播的方法，我国北方大部分地区均可制种。可在 2 月底 3 月初温室育苗，采用育苗基质 128 孔穴盘育苗，出苗后注意通风，降低日温；苗龄约 50 天，及早通风炼苗，晚霜后定植。采种田用复合肥 15kg/亩耕翻于地块。采用地膜覆盖平畦栽培，定植时一垄两行，种植行距 40cm，株距 35cm，亩保苗不能少于 4700 株。

2. 田间管理：移栽后要及时灌水以利成活。直播的要及时间苗，每穴保留 1～2 株。土壤要及时松土，及时铲除田内杂草。15～20 天灌水 1 次。生长期根据长势可以随水施入尿素 10～20kg/亩。当年秋季能少量开花，但是种子不能成熟。越冬前要灌水 1 次，保持湿度安全越冬。早春及时灌溉返青水，浇水要适量，气温高、水温低或者久旱后浇大量水，会对大蓟的根系造成损害。生长期中耕除草 3～4 次。根据长势可以随水在春、夏季各施 1 次氮肥或复合肥，喷施 2 次 0.2% 磷酸二氢钾，现蕾到开花初期再施 1 次，促进果实和种子的生长。6～7 月进入盛花期，盛花期要保证水肥管理。在生长期根据长势可以随水施肥，合理施用氮磷钾肥，避免施氮肥过多。在生殖生长期间喷施 2 次 0.2% 磷酸二氢钾，这对植株孕蕾开花极为有利，可促进果实和种子的成长。

---

* 此处介绍该属的多年生种类。

3. 病虫害防治：植株的嫩茎很易受蚜虫侵害，应及时防治。

4. 隔离要求：蓟属为是两性花，既能自花授粉也能异花授粉，是很好的蜜源植物，深受蜜蜂青睐，是典型的虫媒花，天然异交率很高。不同品种间容易串粉混杂，为保持品种的优良性状，品种间必须隔离 1000m 以上。在初花期，分多次根据品种叶形、叶色、株型、长势、花序形状和花色等清除杂株。

5. 种子采收：蓟属种子分批成熟，花序变黄后应及时采收，花朵凋谢干枯，在早晨有露水时人工采摘。一次性收获的，一定要在霜冻前收割，收获的种子用比重精选机去除秕籽，装入袋内，写上品种名称、采收日期、地点等，检测种子含水量低于 8%，在通风干燥处贮藏。种子产量和越冬保苗有直接关系。

22 金鸡菊属 *Coreopsis**

【原产地】美洲。

一、生物学特性

多年生草本。茎直立。叶对生或上部叶互生，全缘或一次羽状分裂。头状花序较大，单生，或作疏松的伞房状圆锥花序状排列，有长花序梗，各有多数异形的小花，外层有 1 层无性或雌性结果实的舌状花，中央有多数结实的两性管状花；总苞半球形；总苞片 2 层，每层约 8 个，基部多少连合；外层总苞片窄小，革质；内层总苞片宽大，膜质；花托平或稍凸起，托片膜质，线状钻形至线形，有条纹；舌状花的舌片开展，全缘或有齿，两性花的花冠管状，上部圆柱状或钟状，上端有 5 裂片；花药基部全缘；花柱分枝顶端截形或钻形。瘦果扁，长圆形、倒卵形或纺锤形，边缘有翅或无翅，顶端截形，或有 2 尖齿或 2 小鳞片或芒。种子千粒重 1.8～3g。

剑叶金鸡菊

二、同属植物

（1）重瓣金鸡菊'金童'C. 'Early Sunrise'，株高30～40cm，花金黄色。

（2）剑叶金鸡菊 C. lanceolata，高秆品种株高80～100cm，花单瓣，黄色；矮秆品种株高20～30cm，花单瓣，黄色和黄色带褐色晕。

（3）线叶金鸡菊 C.rosea，株高40～50cm，花混色和粉红。

（4）轮叶金鸡菊 C.verticillata，株高40～60cm，花黄色，可作一年生栽培。

三、种植环境要求

耐寒耐旱，对土壤要求不严，耐半阴，适应性强，对二氧化硫有较强的抗性。喜阳光充足的环境及排灌良好的砂质壤土。生长适温10～25℃。

四、采种技术

1. 种植要点：我国北方大部分地区均可制种。可在8月底露地育苗，采用育苗基质128孔穴盘育苗，也可直播在培养土，覆土约0.2cm；8月气温偏高，需在冷凉处设立苗床，苗床上加盖遮阳网和防雨塑料，直播在培养土的，出苗后注意通风。苗龄约45天，白露前后定植。采种田以选用阳光充足、灌排良好、土质疏松肥沃的砂壤土地为宜。施腐熟有机肥3～5m³/亩最好，也可用复合肥15kg/亩耕翻于地块。采用地膜覆盖平畦栽培，定植时一垄两行，行距40cm，株距35cm，亩保苗不能少于4700株。

2. 田间管理：雨前移栽，遇到旱情后要及时灌水。缓苗后生长速度慢，如果移栽幼苗偏弱，在立冬前后要做小拱棚，再覆盖一层白色地膜保湿保温，以利于安全越冬。定植成苗后至冬前的田间管理主要为勤追肥水、勤防病虫害，使植株快速而正常的生长，以保证入冬前植株长到一定的大小，第二年100%的植株能够开花结籽，以提高产量。翌年开春后气温回升，

剑叶金鸡菊种子

植株地上部开始重新生长，此时应重施追肥，以利发棵分枝，提高单株的产量。4～5月生长期根据长势可以随水再次施入化肥10～20kg/亩。多次叶面喷施0.02%的磷酸二氢钾溶液，可提高分枝数、结实率和增加千粒重。

3. 病虫害防治：主要病害为疫病和褐斑病。防治方法：一是摘除病叶，拔出重病株，带出田外销毁；二是药剂防治，用75%的辛硫磷乳油1000倍液，每5～7天用药1次，连喷3次。

4. 隔离要求：金鸡菊属是两性花，既能自花授粉也能异花授粉，深受蝴蝶喜爱，也属于虫媒花范畴，天然异交率很高。品种间应隔离600～800m。在初花期，分多次根据品种叶形、叶色、株型、长势、花序形状和花色等清除杂株。

5. 种子采收：金鸡菊属因开花时间不同而成熟期也不一致，要随熟随采，头状花序。通常在每年5～6月间陆续成熟，选择瘦果大部分成熟的头状花序剪下，把它们晒干后置于干燥阴凉处，集中去杂，清选出种子。采收后要及时晾干清选，然后再用比重机选出未成熟的种子，装入袋内，检测种子含水量低于8%，种子产量品种间差异较大，和春季降水量与采收有关，这些年种植者采用汽油机驱动的大吸力机器采种，待成熟种子落下及时吸收，亩产20～40kg。

㉓ 金鸡菊属 Coreopsis 两色金鸡菊

【原产地】原产北美洲。我国各地常见栽培。

一、生物学特性

一年生草本。无毛，高30～100cm。茎直立，上部有分枝。叶对生，下部及中部叶有长柄，二次羽状全裂，裂片线形或线状披针形，全缘；上部叶无柄或下延成翅状柄，线形。头状花序多数，有细长花序梗，径2～4cm，排列成伞房或疏圆锥花序状。总苞

重瓣金鸡菊

半球形，总苞片外层较短，长约3mm，内层卵状长圆形，长5～6mm，顶端尖。舌状花黄色，舌片倒卵形，长8～15mm，管状花红褐色、狭钟形。瘦果长圆形或纺锤形，长2.5～3mm，两面光滑或有瘤状突起，顶端有2细芒。花期5～9月，果期8～10月。种子千粒重0.8～3g。

金鸡菊种子对比

二、同属植物

金鸡菊属品种繁多，分一年生品种和多年生品种，这里只描述一年生的两色金鸡菊品种。

（1）两色金鸡菊 *C. tinctoria* 'Roulette'，株高80～100cm，花有混色、红黄眼、黄花红心等品种。矮生品种株高20～40cm，花红色和黄色。

（2）同属还有龙眼金鸡菊 *C. tinctoria* f. *atropurpurea*，虎眼金鸡菊 *C. tinctoria* f. *tinctoria*，狭叶金鸡菊 *C. tinctoria* var. *imminuata* 等。

三、种植环境要求

喜阳光充足，耐干旱，耐瘠薄，在肥沃土壤中栽培易徒长倒伏。花能经受微霜，但幼苗生长和分枝期需要较高的气温，最适生长温度为20℃左右。凉爽季节生长较佳。

四、采种技术

1. 种植要点：我国北方大部分地区均可制种。可在3月底温室育苗，采用育苗基质72孔穴盘育苗，也可以4月中下旬在露地直播。通过整地，改善土壤的耕层结构和地面状况，协调土壤中水、气、肥、热等，为作物播种出苗、根系生长创造条件。露地直播的选择黑色除草地膜覆盖，播期选择在霜冻完全解除后，平均气温稳定在13℃以上，表层地温在10℃以上时，用直径3～5cm的播种打孔器在地膜上打孔，垄

两色金鸡菊

两边孔位呈三角形错开，每穴点3～4粒，覆土以湿润微砂的细土为好。也可以用手推式点播机播种。高秆品种种植行距40cm，株距35cm，亩保苗不能少于4700株。矮秆品种种植行距35cm，株距30cm，亩保苗不能少于6000株。

2. 田间管理：移栽和点播后要及时灌水。缓苗后及时中耕松土、除草。随着幼苗生长要及时间苗，每穴保留壮苗1～2株。生长期间20～30天灌水1次。生长期根据长势可以随水施入尿素10～20kg/亩。喷施2次0.2%磷酸二氢钾，现蕾到开花初期再施1次。高秆品种在生长中期大量分枝，应及早设立支架，防止倒伏。

3. 病虫害防治：金鸡菊主要病害为疫病和褐斑病。发现及时摘除病叶，拔除重病株，带出田外销毁；或药剂防治，用75%的辛硫磷乳油1000倍液，每5～7天用药1次，连喷3次。

4. 隔离要求：金鸡菊属是两性花，既能自花授粉也能异花授粉，天然异交率很高。品种间应隔离600～800m。在初花期，分多次根据品种叶形、叶色、株型、长势、花序形状和花色等清除杂株。

5. 种子采收：金鸡菊属因开花时间不同而成熟期也不一致，要随熟随采。通常在7～8月间陆续成熟，选择瘦果大部分成熟的头状花序剪下，将其晒干后置于阴凉干燥处，后期一次性收割，收割时高度10～20cm，收割后再次灌水施肥可二次生长开花，秋季10月又可以二次采收种子。采收的种子集中去杂，及时晾干清选，然后再用比重机选出未成熟的种子，装入袋内。产量基本稳定，亩产30～80kg。

㉔ 绿线菊属 *Thelesperma* 巧克力金鸡菊

【原产地】原产美国得克萨斯州。

一、生物学特性

一年生草本。无毛，高70～80cm。茎直立，上

部有分枝。叶对生，而叶子很窄，在6～9月期间，会开出引人注目的、类似金鸡菊的花朵，像光芒四射的黄色光束一样。金色，中间带有巧克力色，瘦果纺锤形，它从仲夏到深秋开花不断，对蜜蜂和蝴蝶非常有吸引力。种子千粒重约2.56g。

二、同属植物

巧克力金鸡菊 *T. burridgeanum*（异名 *Cosmidium burridgeanum*），也被称为 Burridge's Greenthread，这种迷人的一年生植物拥有精致的羽毛状叶子和美丽的花朵，花朵具有独特的红棕色中心和黄色轮廓。味道圆润醇厚，是最好的野生花草茶之一。

三、种植环境要求

喜阳光充足，稍耐干旱，在充足阳光和适度肥沃、排灌良好的土壤中生长最好。最适生长温度25℃左右。凉爽季节生长较佳。

四、采种技术

1.种植要点：我国北方大部分地区均可制种。甘肃河西走廊一带为最佳制种基地。可4月中下旬在露地直播。在播种前首先要选择土质疏松，地势平坦，土层较厚，排灌良好，有机质含量高的地块。地块选好后，结合整地施入基肥，以农家肥为主，施用复合肥10～25kg/亩或磷肥50kg/亩，结合翻地施入土中，要细整地，耙压整平。采用黑色除草地膜覆盖平畦栽培。种植行距40cm，株距30cm，亩保苗不能少于5000株。采用点播机进行精量直播，也可用直径3～5cm的播种打孔器在地膜上打孔，垄两边孔位呈三角形错开，种植深度2～3cm为宜；每穴点3～4粒，覆土以湿润微砂的细土为好。

2.田间管理：直播后要及时灌水，出苗后要及时查苗，发现漏种和缺苗断垄时，应采取补种。长出5～6叶时间苗，按照留大去小的原则，每穴保留1～2株。浇水之后土壤略微湿润，及时进行中耕松土，清

巧克力金鸡菊

巧克力金鸡菊种子

除田间杂草。出苗后至封行前要及时中耕、松土。生长期间20～25天灌水1次。植株进入营养生长期，此时生长速度很快，需要供给充足的养分和水分才能保障其正常的生长发育。在生长期根据长势可以随水施入尿素10～30kg/亩。多次叶面喷施0.02%的磷酸二氢钾溶液，可提高分枝数、结实率和增加千粒重。

3.病虫害防治：抗病性好。在高温高湿条件下，容易发生蚜虫，可选用敌杀死、吡虫啉、抗蚜威、蚜虱净等药剂交替防治。

4.隔离要求：绿线菊属是两性花，既能自花授粉也能异花授粉，由于该品种较少，和其他品种无须隔离。

5.种子采收：巧克力金鸡菊因开花时间不同而果实成熟期也不一致，要随熟随采。头状花序，通常在每年7～9月间陆续成熟，待80%～90%植株干枯时一次性收割，晾晒打碾。采收的种子集中去杂，及时晾干清选，然后再用比重机选出未成熟的种子，装入袋内。产量基本稳定，亩产30～40kg。

25 秋英属 *Cosmos*

【原产地】墨西哥；我国各地常见栽培。

一、生物学特性

一年生或多年生草本。茎直立。叶对生，全缘，二次羽状分裂。头状花序较大，单生或排列成疏伞房状，各有多数异形的小花，外围有1层无性的舌状花，中央有多数结果实的两性花；总苞近半球形；总苞片两层，基部连合，顶端尖，膜质或近草质；花托平或稍凸；托片膜质，上端伸长成线形；舌状花舌片大，全缘或近顶端齿裂；两性花花冠管状，顶端有5裂片；花药全缘或基部有2细齿；花柱分枝细，顶端膨大，具短毛或伸出短尖的附器。瘦果狭长，有4～5棱，背面稍平，有长喙，顶端有2～4个具倒刺毛的芒刺。种子千粒重6.25～8.33g。

二、同属植物

秋英属的栽培种众多，园艺品种分为早花型和晚花型两大类，还有单瓣、重瓣之分。目前主要的栽培品种包括：

（1）大波斯菊 *C. bipinnatus* 'Sensation'（轰动），株高100～200cm，花径6～9cm，花色有混色、红色、粉色、白色等。

（2）矮波斯菊 *C. bipinnatus* 'Dwarf Sonata'（奏鸣曲），株高50～80cm，花径9～11cm，花色有混色、红色、粉色、粉色带晕等。

（3）波斯菊 *C.bipinnatus* 'Yellow Garden'（黄色花园），株高100～150cm，日本玉川大学培育的黄色品种。

（4）*C.* 'Double Click'（双击），花为重瓣，花色有混色、深红、粉色、白色等。

（5）*C.* 'Seashells'（海贝），特点是舌状花的花瓣卷成管状。

（6）*C.* 'The Fountain'（喷泉），特点是舌状花的中心呈放射状。

（7）*C.* 'Cupcakes Blush'（蛋挞），又名纸杯蛋糕。单瓣，花瓣锯齿状，花色有粉色、白色、红色等。

（8）*C.* 'Daydream'（白日梦），特点是花朵白色，且花朵内部有粉红色环纹。

大波斯菊混色

矮波斯菊粉色

重瓣波斯菊

硫华菊橘色

硫华菊黄色

（9）硫华菊 *C. sulphureus*，又名黄秋英、黄波斯。高秆品种株高100～130cm，矮秆品种株高30～50cm，花色有混色、黄色、橘色、猩红色、柠檬色等。

（10）叶波斯菊 *C. diversifolius*，多年生草本，有块根，株高约40cm。

（11）巧克力秋英 *C. atrosanguineus*，它具有诱人的巧克力香，以及大片红褐色、丝绒般的花瓣，属于自花不育植物，其花粉与种子是不能繁殖的。

三、种植环境要求

喜温暖和阳光充足的环境，耐瘠薄，耐干旱，忌积水，耐半阴，忌酷热，怕霜冻，肥水过多易徒长而开花少，甚至倒伏。可大量自播繁衍。

四、采种技术

1.种植要点：我国北方大部分地区均可制种，甘肃河西走廊一带是最佳制种基地。一般3月中下旬或4月下旬在露地直播。在播种前首先要选择土质疏松，地势平坦，土层较厚，排灌良好，土壤有机质含量高的地块。地力条件较好的可以不用施底肥，地力条件差的可以用复合肥15kg/亩或磷肥50kg/亩耕翻于地块；要细整地，耙压整平。采用幅宽140cm黑色除草地膜覆盖平畦栽培，用手推式点播机播种。高秆品种膜面种植3行，行距50cm，株距40cm，亩保苗不能少于3300株。矮秆品种，种植行距40cm，株距35cm，亩保苗不能少于6000株。

2.田间管理：直播后要及时灌水，出苗后要及时查苗，发现漏种和缺苗断垄时，应采取补种。长出5～6叶时间苗，按照留大去小的原则，每穴保留1～2株。浇水之后土壤略微湿润，及时进行中耕松土，清除田间杂草。出苗后至封行前要及时中耕、松土，然后平整工作行或铺设防草布利于后期种子采收。生长期间20～25天灌水1次。植株进入营养生长期，此时生长速度很快，需要供给充足的养分和水分才能保障其正常的生长发育。在生长期根据长势可以随水施入尿素10～30kg/亩。多次叶面喷施0.02%的磷酸二氢钾溶液，可提高分枝数、结实率和增加千粒重。肥量过大容易徒长影响产量，高秆品种在生长中期大量分枝，应及早设立支架，防止倒伏。

3.病虫害防治：高温季节到来前要预防白粉病，发病部位为叶片、嫩茎、花芽及花蕾等，明显特征是在病部长有灰白色粉状霉层。被害植株生长发育受阻，叶片扭曲，不能开花或花变畸形。病害严重时，叶片干枯，植株死亡。要注意通风、透光。在发病初期喷洒15%粉锈宁可湿性粉剂1500倍液。虫害有蚜虫、金龟子，用10%除虫精乳油2500倍液喷杀。炎热时易发生红蜘蛛危害，宜及早防治。

4.隔离要求：秋英属是两性花，既能自花授粉也能异花授粉，常有蜜蜂光顾，天然异交率很高。品种间应隔离800～1000m。在初花期，分多次根据品种叶形、叶色、株型、长势、花序形状和花色等及早清除杂株。

5.种子采收：秋英属因开花时间不同而成熟期也不一致，要随熟随采。通常在7～8月间陆续成熟，选择瘦果干枯成熟的头状花序剪下，将其晒干后清选晾干入袋。为了方便一次性收获，常用的办法是封垄前平整未铺膜裂缝，用编织袋装入沙土，顺工作行反复拉动，使工作行平整无裂缝；种子开始成熟前停止灌水，等成熟种子全部掉落到地膜表面，用割草机割去植株，用人工清扫或吸种机械收获，集中去杂，收获后用迎风机吹去尘土和秸秆，然后用窝眼清选机选出砂石及秸秆，必要的话可以用清水淘洗种子表面泥土以达到净度标准。产量基本稳定，矮生品种和重瓣品种亩产20～40kg，高秆品种亩产70～100kg。

26 金槌花属 *Craspedia* 金槌花

【原产地】澳大利亚。

一、生物学特性

多年生植物常作一年生栽培。基部莲座状，丛生。叶窄披针形，有蜡质，被灰白色柔毛。花金黄色，由无数筒状花组成球形，花期7～8月。是天然干花的优良花材。种子千粒重约0.56g。

二、同属植物

（1）金槌花 *C. globosa*，株高60～70cm，黄色，干鲜切花重要材料。

（2）同属还有金杖球 *C. adenophora*，白毛金杖球 *C. incana* 等。

三、种植环境要求

喜光，适宜温暖、凉爽环境。喜欢中性土和富含腐殖质的土壤。

四、采种技术

1.种植要点：一般采用春播的方法，我国北方大部分地区均可制种。可在2月底3月初温室育苗，采用专用育苗基质128孔穴盘育苗，播种后7～10天萌芽，出苗后注意通风，降低温室温度；苗龄约60天，

波斯菊（左）和硫华菊种子（右）

金槌花

金槌花种子

及早通风炼苗，4月底定植于大田。采种田选用阳光充足、灌溉良好的地块。施用复合肥10~25kg/亩耕翻于地块。采用和黑色除草地膜覆盖平畦栽培，定植时一垄两行，种植行距30cm，株距25cm，亩保苗不能少于8800株。

2.田间管理：移栽后要及时灌水，如果气温升高蒸发量过大要再补灌一次保证成活。如果田间有移栽不当未能成活的要及时补苗。小苗定植后需10~15天才可成活稳定，此时的水分管理很重要，小苗根系浅，土壤应经常保持湿润。浇水之后土壤略微湿润，更容易将杂草拔除。生长期由浅逐渐加深中耕，防止草荒，减少杂草。植株进入营养生长期，此时生长速度很快，需要供给充足的养分和水分才能保障其正常的生长发育。生长期间15~20天灌水1次。生长期根据长势可以随水施入尿素10~20kg/亩。喷施1~2次0.2%磷酸二氢钾，现蕾到开花初期再施1次，到8月底控制水分。

3.病虫害防治：植株的嫩茎很易受蚜虫侵害，应及时防治。用吡虫啉10~15g，兑水5000~7500倍喷洒。

4.隔离要求：金槌花属是两性花，既能自花授粉也能异花授粉，由于该品种较少，和其他品种无须隔离。

5.种子采收：金槌花属种子分批成熟，但是不易脱落。由于该属花期较长，头状花序由黄变暗、茎秆干枯就算成熟，选择成熟的花序剪下，茎秆未干枯不能采收，早霜来临后仍不能成熟的就不能采收了。该品种种子带茸毛，很难清选；把采收的花序晒干，人工剪除干枯茎秆再进行脱粒。收获的种子用风压式精选机去除秕籽，装入袋内，写上品种名称、采收日期、地点等在通风干燥处贮藏。种子产量和田间管理水平、天气因素有直接关系。

27 还阳参属 *Crepis* 桃色蒲公英

【原产地】欧洲东南部及西亚。

一、生物学特性

一年生草本。高30~40cm，分枝或不分枝。茎直立，基生叶边缘具齿，莲座状排列，伤到茎时会出现乳白色液体。头状花序粉色，直径2.5~3cm。开花很早，花枝从贴地的植株中心抽出，随后花量逐渐增大，开出密集的花丛，成丛效果非常好，花期6~8月。瘦果黑紫色，长20~25mm，上端具长喙状毛尖刺。种子千粒重约1.54g。

二、同属植物

（1）桃色蒲公英 *C. rubra*，株高30~40cm，花粉红色。

（2）同属还有金黄还阳参 *C. chrysantha*，绿茎还阳参 *C. lignea*，宽叶还阳参 *C. coreana* 等。

三、种植环境要求

喜欢温暖、通风好的生长环境。在充足的阳光和适度肥沃、排灌良好的土壤中生长最好。

四、采种技术

1.种植要点：一般采用春播的方法，我国北方大部分地区均可制种。可在3月中旬温室育苗，采用专用育苗基质128孔穴盘育苗，播种后5~8天出苗整齐。出苗后注意通风，降低气温；苗龄约40天，及早通风炼苗，4月底定植于大田。采种田施用复合肥10~25kg/亩耕翻于地块。采用黑色除草地膜覆盖平畦栽培，定植时一垄两行，种植行距30cm，株距25cm，亩保苗不能少于8800株。

2.田间管理：移栽后要及时灌水，如果气温升高蒸发量过大要再补灌一次保证成活。如果田间有移栽不当未能成活的要及时补苗。小苗定植后需10~15天才可成活稳定，此时的水分管理很重要，小苗根系浅，土壤应经常保持湿润。浇水之后土壤略微湿润，更容易将杂草拔除。生长期由浅逐渐加深中耕，防止草荒，减少杂草。植株进入营养生长期，此时

桃色蒲公英

桃色蒲公英种子

生长速度很快，需要供给充足的养分和水分才能保障其正常的生长发育。生长期间15～20天灌水1次。生长期根据长势可以随水施入尿素10～20kg/亩。喷施1～2次0.2%磷酸二氢钾，现蕾到开花初期再施1次，到8月种子快开始飞出时控制水分。

3.病虫害防治：植株的嫩茎很易受蚜虫侵害，应及时喷抗蚜威防治。

4.隔离要求：还阳参属是两性花，既能自花授粉也能异花授粉，常有蜜蜂光顾，由于该品种较少，和其他品种无须隔离。

5.种子采收：还阳参属种子分批成熟，成熟后带毛飞出，要及时采收。掉落在地上的种要用吸尘器或吸种机收回来。瘦果上端具长喙状毛尖刺，不要一次性收割，否则很难清选出来；收获的种子可用风压式精选机去除秕籽，装入袋内，写上品种名称、采收日期、地点等在通风干燥处贮藏。种子产量和田间管理、采收有关。

㉘ 大丽花属 _Dahlia_ 小丽花

【原产地】墨西哥。

一、生物学特性

多年生草本。有大棒状块根。茎直立，多分枝。叶一至三回羽状全裂，上部叶有时不分裂，裂片卵形或长圆状卵形，下面灰绿色，两面无毛。小丽花形态与大丽花相似，为大丽花品种中矮生类型品种群，但植株较为矮小，高度仅为20～60cm，多分枝，头状花序，一个总花梗上可着生数朵花，花径5～7cm，花色有深红、紫红、粉红、黄、白等多种颜色，花形富于变化，并有单瓣与重瓣之分，在适宜的环境中一年四季都可开花。瘦果长圆形，长9～12mm，宽3～4mm，黑色，扁平，有2个不明显的齿。花期5～10月。种子千粒重约10g。

二、同属植物

这里只描述小丽花。小丽花栽培品种繁多，按花朵形状划分为葵花型、仙人掌花型、双重瓣花型、重瓣型、单瓣型花型。

（1）小丽花'宝丽' _D. pinnata_ 'Dual'，株高20～30cm，重瓣型，花径7～8cm；花有混色、橙红色、黄色、红色、粉色等。

（2）小丽花'佳丽' _D. pinnata_ 'Single Lobe'，株高30～40cm，葵花型，单瓣，花径7～8cm；花有混色、白色、黄色、红色、粉色等。

（3）小丽花 _D. pinnata_ 'Sunflower'，株高20～30cm，双重瓣花型，混色。

（4）卷瓣小丽花 _D. juarezii_，株高70～90cm，仙人掌花型，花径10～15cm；花有混色、黄色、红色、粉色等。

三、种植环境要求

性喜阳光，宜温和气候，生长适温以10～25℃为宜；既怕炎热，又不耐寒，温度0℃时块根受冻，夏季高温多雨地区植株生长停滞，处于半休眠状态；既不耐干旱，更怕水涝，忌重黏土，受渍后块根腐烂。要求疏松肥沃而又排水畅通的砂质壤土，低洼积水处也不宜种植。

四、采种技术

1.种植要点：采种一般采用春播的方法，我国北方大部分地区均可制种。可在3月中旬温室育苗，采用专用育苗基质128孔穴盘，播后覆盖基质，厚度为种子直径的3倍。播后用竹竿撑盖农用薄膜，留出缝隙以便通风，出苗后撤去农用薄膜，降低日温增加夜温；苗龄约50天，及早通风炼苗，晚霜后定植。采种田以选用阳光充足、灌溉良好、土质疏松肥沃的壤土为宜。施用复合肥15kg/亩耕翻于地块。采用地膜覆盖平畦栽培，定植时一垄两行，高秆种植行距50cm，株距30cm，亩保苗不能少于4400株。低秆种植行距

小丽花混色

小丽花红色

小丽花黄色

小丽花种子

40cm，株距25cm，亩保苗不能少于6000株。

2.田间管理：移栽后要及时灌水，如果气温升高蒸发量过大要再补灌一次保证成活。田间有移栽不当未能成活的要及时补苗。小苗定植后需10～15天才可成活稳定，此时的水分管理很重要，小苗根系浅，土壤应经常保持湿润。浇水之后土壤略微湿润，更容易将杂草拔除。生长期由浅逐渐加深中耕，防止草荒，减少杂草。植株进入营养生长期，此时生长速度很快，需要供给充足的养分和水分才能保障其正常的生长发育。生长期间15～20天灌水1次。在生长期根据长势可以随水施入尿素10～20kg/亩。在生长中期大量分枝，应及早设立支架，防止倒伏。6月底进入盛花期，重瓣率高的品种要人工辅助授粉，授粉方法也很简单，用自制的软毛刷刷动花头，让花粉脱落。盛花期不得喷洒农药，立秋后减少灌水，否则花苞水分过大种子不容易成熟。

3.病虫害防治：土壤过湿、排水不良、空气湿度过大，可能会发生褐斑病，患病植株大部分同时受红蜘蛛危害，叶片有褐色斑点，直至成灰褐色而死亡。喷洒0.5波美度石硫合剂，或喷洒65%代森锌可湿性粉剂500倍液。密度过大也会发生白粉病，要针对性防治。常见虫害为蚜虫、食心虫，蚜虫危害叶片，食心虫咬食嫩叶和花心，及早发现，可选用敌杀死、吡虫啉、抗蚜威等药剂交替防治。

4.隔离要求：大丽花属是两性花，既能自花授粉也能异花授粉，但是天然异交率很高，不能保持母本的优良特性，有退化现象。选择优良品种应该用无性繁殖的方法。重瓣品种很容易退化成单瓣。品种间隔离重瓣品种应该不少于500m，单瓣或复瓣品种不少于1000m。在初花期和盛花期，根据品种叶形、株型、长势、花瓣区别和花色等分多次清除杂株。

5.种子采收：一般9～10月种子成熟，因开花时间不同而果实成熟期也不一致，头状花序干枯脱水就是成熟的标志，要随熟随采。由于花瓣苞片含水量过大，采收的花头要及时晾干，切不可放入袋内返热霉变。晾干后用木棍轻轻捶打花头部分，随时脱粒入袋保存，如果受到早霜侵袭就不能采收种子了，受过霜冻的种子很少发芽。品种间差异较大，重瓣率高的品种和矮生品种产量较低，单瓣品种的产量较高。种子产量和田间管理水平、天气因素有直接关系。

29 异果菊属 Dimorphotheca 异果菊

【原产地】南非。

一、生物学特性

一二年生草本，花似非洲菊。株高30～35cm。枝从茎基部生出，多呈扩张状，植株冠型颇丰，枝叶有线毛。叶互生，长圆形或披针形，叶缘有波状齿，茎上部叶小，无柄。头状花序顶生，舌状花瓣，橙黄或柠檬黄、乳白等色。花在晴天开放，午后逐渐闭合。花期4～6月。花后结果，同一株上能结出两种姿形的瘦果，雌花舌状瓣所结瘦果呈三棱形或近似柱形，而盘心管状瓣是两性，所结瘦果呈心脏形，扁平有厚翅，故称为异果菊。果内有种子多粒。有翅果和坚果两种种子形状。翅果种子千粒重约2.7g，坚果种子千粒重约2.2g。

二、同属植物

（1）异果菊 D. sinuata，株高30～60cm，单瓣花，

花有混色、黄色、白色、橘红色、杏色、橘黄色等。

（2）同属还有雨菊 *D. pluvialis*，波叶异果菊 *D. sinuata* 等。

三、种植环境要求

喜光照，喜温暖，喜干燥，忌炎热，不耐寒，长江以北地区均需保护越冬。喜土壤疏松、排灌良好的生境。生长适温15～25℃，在良好的环境条件下，能自播繁衍。

四、采种技术

1.种植要点：我国北方大部分地区均可制种。可在3月底温室育苗，采用育苗基质72孔穴盘育苗，也可以4月中下旬在露地直播。采种田选用阳光充足、灌溉良好的地块。施用复合肥10～25kg/亩耕翻于地块。采用黑色除草地膜覆盖平畦栽培，播期选择在霜冻完全解除后，平均气温稳定在15℃以上，用直径3～5cm的播种打孔器在地膜上打孔，垄两边孔位呈三角形错开，每穴点3～4粒，覆盖细砂或细土为好。也可以用手推式点播机播种。种植行距40cm，株距35cm，亩保苗不能少于4700株。

2.田间管理：移栽后要及时灌水，如果气温升高蒸发量过大要再补灌一次保证成活。若田间有移栽不

异果菊种子

当未能成活的要及时补苗。小苗定植后需10～15天才可成活稳定，此时的水分管理很重要，小苗根系浅，土壤应经常保持湿润。浇水之后土壤略微湿润，更容易将杂草拔除。生长期由浅逐渐加深中耕，防止草荒，减少杂草。植株进入营养生长期，此时生长速度很快，需要供给充足的养分和水分才能保障其正常的生长发育。生长期间15～20天灌水1次。生长期根据长势可以随水施入尿素10～20kg/亩。喷施2次0.2%磷酸二氢钾，现蕾到开花初期再施1次。

3.病虫害防治：异果菊属病虫害少，偶有蚜虫、红蜘蛛及锈病危害，平时加强肥水管理，增强植株抗病能力，减少发病率，盛花期以前用低毒农药防治。

4.隔离要求：异果菊属是两性花，既能自花授粉也能异花授粉，天然异交率很高。品种间应隔离500～800m。在初花期，分多次根据品种叶形、叶色、株型、长势、花序形状和花色等清除杂株。

5.种子采收：异果菊属因开花时间不同而果实成熟期也不一致，要随熟随采。通常在7～8月间陆续成熟，选择瘦果大部分成熟的头状花序剪下，将其晒干后置于阴凉干燥处。后期一次性收割。采收的种子集中去杂，及时晾干清选，同一株上能结出两种姿形的瘦果，收获后要用筛子分离开翅果和坚果，然后再用比重机选出未成熟的种子，分类贮藏。产量基本稳定，亩产10～30kg。

异果菊混色

异果菊橘黄色

㉚ 多榔菊属 *Doronicum* 多榔菊

【原产地】分布于欧洲和亚洲温带山区以及北部非洲。

一、生物学特性

多年生草本，常作一年生栽培。叶互生，基生叶具长柄；茎叶疏生，常抱茎或半抱茎，直立，具纵条纹，被疏柔毛，上部帚状分枝；基部叶椭圆形，茎上部叶卵状披针形。顶生头状花序，径约2.5cm，单个或数个排成总状；总苞钟形，基部有长柔毛；舌状花

1层，雌性；中央的小花多层，两性，花冠管状，黄色；舌状花有冠毛或无冠毛；管状花常有冠毛，冠毛多数，白色或淡红色，具疏细齿。瘦果长圆形或长圆状陀螺形，无毛或有贴生短毛，具10条等长的纵肋。种子千粒重约0.7g。

多榔菊种子

二、同属植物

（1）多榔菊 *D. orientale*，株高20～30cm，花径4～6cm，株型紧凑，花黄色。

（2）同属还有阿尔泰多榔菊 *D. altaicum*，长圆叶多榔菊 *D. oblongifolium*，狭舌多榔菊 *D. stenoglossum* 等。

三、种植环境要求

喜光照，喜温暖、湿润环境。在土壤疏松、排灌良好的土壤长势良好。生长适温10～20℃，1～5℃时可露地越冬。

四、采种技术

1.种植要点：一般采用春播的方法，我国北方大部分地区均可制种。可在2月下旬或3月中旬温室育苗，采用专用育苗基质128孔穴盘育苗，发芽温度15～20℃，发芽需光，播种后用蛭石薄薄覆盖，14～21天可出芽。子叶展开后温度降至15～16℃，要求土壤保持湿润但不能过分潮湿。注意通风，降低气温；苗龄约40天，及早通风炼苗，4月底定植于大田。采种田施用复合肥10～25kg/亩耕翻于地块。采用黑色除草地膜覆盖平畦栽培，定植时一垄两行，种植行距40cm，株距30cm，亩保苗不能少于5500株。

2.田间管理：栽植不能过深，以3～4cm为好。定植后灌1次水。定植后2～3周，植株有5～7枚叶片时留3～4枚叶摘心，生长前期水分管理以土壤见干见湿为主，随着植株的生长适当控制浇水量，尤其要在花芽分化期尽量控制水分，植株叶片不萎蔫不浇水。及时中耕松土、除草。生长期根据长势可以随水施入尿素10～20kg/亩。喷施2次0.2%磷酸二氢钾，现蕾到开花初期再施1次。

3.病虫害防治：主要病虫害是叶斑病、霜霉病、锈病和蚜虫、天牛等。用50%多菌灵可湿性粉剂800

倍液防治叶斑病，用40%乙膦铝可湿性粉剂250～300倍液或25%甲霜灵可湿性粉剂600～800倍液防治霜霉病，用15%粉锈宁可湿性粉剂1000倍液或25%粉锈宁可湿性粉剂1500倍液防治锈病。防治菊天牛，在成虫盛发期每亩用天王百树（5.7%高效氟氯氰菊酯乳油）40mL加适量水喷施。防治蚜虫，在蚜虫发生期用10%吡虫啉可湿性粉剂2000～4000倍液或0.65%苦蒿素水剂300～400倍液喷雾。

4.隔离要求：多榔菊属是两性花，既能自花授粉也能异花授粉，但是此属品种较少，可与其他品种同田采种。

5.种子采收：多榔菊属因开花时间不同而果实成熟期也不一致，要随熟随采，头状花序通常在9～10月间陆续成熟，选择瘦果大部分成熟的头状花序剪下，将其晒干后及时晾干清选，采收的种子集中去杂。产量偏低，种子产量和田间管理水平、天气因素有直接关系。

③ 丝叶菊属 *Thymophylla* 金毛菊

【原产地】美国、墨西哥、中美洲。

一、生物学特性

一年生草本。略有短柔毛，株高15～30cm，茎枝极细致，可以单独生长或蔓延。叶交替排列，具线状丝状裂片，长至3cm，具腺体，细分为狭窄的针状片段；羽状复叶，小叶线状披针形，芳香的叶子大部分隐藏在雏菊状金黄色的花朵中。花顶生，花色鲜黄悦目；花茎下垂，花姿优雅可爱，成株容易倒伏；适合吊盆栽培。花期夏季，种子千粒重约0.7g。

二、同属植物

（1）金毛菊 *T. tenuiloba*（异名 *Dyssodia tenuiloba*），株高20～40cm，花径2～3cm，株体蔓生，花单瓣，黄色。

（2）同属还有墨西哥金毛菊 *T. acerosa*，丝叶菊 *T. aurantiaca* 等。

三、种植环境要求

喜光照，耐旱，并且非常耐热。性喜温暖至高

多榔菊

金毛菊

温，生长适温20～30℃。喜欢砂质、排灌良好的土壤。

四、采种技术

1.种植要点：一般采用春播的方法，我国北方大部分地区均可制种。可在3月中旬温室育苗，采用专用育苗基质128孔穴盘育苗，发芽适温17～21℃。发芽需光，播种后用蛭石薄薄覆盖，6～8天可出芽。出苗后注意通风，降低气温；苗龄约40天，及早通风炼苗，4月底定植于大田。采种田施用复合肥10～15kg/亩耕翻于地块。采用黑色除草地膜覆盖，8～10cm小高垄栽培，定植时一垄两行，株型虽矮但是蔓生，种植行距40cm，株距35cm，亩保苗不能少于4700株。

2.田间管理：栽植不能过深，以3～4cm为好。定植后灌1次水。定植后2～3周，再次灌水。非常适合干燥的生长条件，怕积水。追肥以无机复合肥为主，每20～30天施用1次，若枝叶生长旺盛，应减少氮肥，避免倒伏。在生长期间要多次中耕除草，盛花期要再浇水一次。到8月种子快开始飞出时控制水分。

3.病虫害防治：虫害主要是蚜虫，在蚜虫多发的时候，一旦发现需要及时进行治疗。高温多雨时期易发生叶斑病和白粉病，发病初期叶面喷洒50%甲基托布津或20%三唑酮或12%腈菌唑，亩用量

金毛菊种子

0.1～0.15kg，7～10天1次，连喷2～3次。

4.隔离要求：丝叶菊是两性花，既能自花授粉也能异花授粉，开花很容易吸引蜜蜂，由于此属品种较少，基本未发现杂株，可与其他品种同田采种。

5.种子采收：丝叶菊属因开花时间不同而果实成熟期也不一致，成熟后带毛飞出，要随熟随采，掉落在地上的种要用吸尘器或吸种机收回来、晒干。不要一次性收割，否则很难清选出来；收获的种子可用风压式精选机去除秕籽，装入袋内，写上品种名称、采收日期、地点等在通风干燥处贮藏。产量偏低，种子产量和田间管理水平、天气因素有直接关系。

32 松果菊属 *Echinacea* 紫松果菊

【原产地】加拿大及美国中南部的一些开阔树林、大草原上。

一、生物学特性

多年生草本。高50～150cm，全株有粗毛，茎直立。基生叶卵形或三角形，茎生叶卵状披针形，叶柄基部略抱茎；叶缘具锯齿。头状花序，单生或多数聚生于枝顶，花大，直径可达8～10cm，花的中心部位凸起，呈球形，球上为管状花，外围为舌状花，紫红色、红色、橙黄色、粉红色等；花期夏秋。种子浅褐色，外皮硬。种子千粒重2.7～3.2g。

二、同属植物

（1）紫松果菊'白天鹅'*E. purpurea* 'White Swan'，株高70～90cm，花径8～9cm，舌状花白色，管状花绿色或深紫红色，最低可耐-34℃的低温。

（2）紫松果菊'热力夏日'*E. purpurea* 'Hot Summer'，株高90～120cm，花径8～9cm，舌状花粉色，管状花棕色泛黄，集成圆锥状，最低可耐-30℃的低温。

（3）彩色紫锥菊'盛情'*E. purpurea* 'Cheyenne Spirit'，株高45～60cm，可当年开花，株高50～70cm，有混色、橙色、粉色、黄色等。

近年来，不断地涌现出新的紫松果菊品种，在北美洲和西欧的园艺中心展示。独创的、紫色和白色的紫松果菊品种有30个之多。有些是十分新颖的，像'Doppelganger'，具有双层花瓣，中央部分瓣化，类似王冠一样；另外一些，像'Little Giant'，具有芬芳的气味……育种工作永无止境。

三、种植环境要求

喜光照充足、温暖的气候条件，适生温度15～28℃，性强健，耐寒，耐干旱，对土壤要求不严，在深厚、肥沃、富含腐殖质的土壤中生长良好。

四、采种技术

1.种植要点：一般采用秋播的方法，我国北方大部分地区均可制种。可在3月中旬温室育苗，采用专用育苗基质50～72孔穴盘育苗，发芽适温22～24℃，发芽时对光照要求不严，播种前种子进行1～2周的低温处理，温水里催芽2～3小时，一般播后发芽时间为7～14天，播种后视天气情况，盖草浇水保持苗床湿润，否则延长发芽时间及降低发芽率。为使秧苗定植到大田后能适应环境，缩短缓苗期，必须在移栽前炼苗，一般炼苗5～7天。选择生长良好、无病虫害、根系完整、80%以上真叶达到3～4片的幼苗移栽。也可以用手推式点播机直接播种。

2.田间管理：在大田移栽前，要施足基肥。通过整地，改善土壤的耕层结构和地面状况，施腐熟有机肥4～5m³/亩最好，或复合肥20～35kg/亩耕翻于地块。采用黑色除草地膜覆盖平畦栽培，一垄两行，种植行距40cm，株距35cm，每穴2～3株利于越冬，亩保苗不能少于4700株。越冬后因病虫害或其他因素造成缺苗，应及时查缺补苗，以确保产量。大田除草，以人工为主，可用小锄头松土，以利保水、保墒，同时除掉杂草。前期生长缓慢，中后期长势较好，生长前期要补充氮肥，后期补充磷钾肥。施尿素10～15kg/亩，浇施，钾肥5kg/亩与磷肥5kg/亩一起兑水，浇于苗穴边，勿浇在叶上。生长期15～25天灌水1次。

紫松果菊

彩色松果菊

彩色松果菊种子

3.病虫害防治：松果菊感染根腐病后，植株上部叶片出现萎蔫，甚至整株叶片干枯，病情严重时，根部变成褐色，直至全株死亡。防治这种病害常用的方法：用40%敌磺钠可湿性粉剂1000倍液喷雾或浇灌病株，每隔3～5天喷施1次，喷施2～3次即可见效。当松果菊感染黄叶病时，植株叶色变黄，有的卷曲，生长缓慢，植株矮化，花朵出现畸形，颜色变浅。这种病害的特点是植株在第1年染病后，第2年才会发生症状。应提前进行防治，通常喷施50%多菌灵可湿性粉剂500倍液或75%百菌清可湿性粉剂600倍液，每隔7～10天喷施1次，连续喷施2～3次。当发现病株大部分枯黄时，要及时拔除，并集中销毁，避免病情扩散。菜青虫啃食松果菊叶片，造成叶片孔洞，影响植株的生长发育。发现菜青虫时可用2.5%高效氟氯氰菊酯乳油1000倍液进行喷雾防治，每隔7天喷施1次，一般喷施2～3次就可以了。

4.隔离要求：松果菊属是两性花，既能自花授粉也能异花授粉，天然异交率不是很高。品种间应隔离300～500m。在初花期，分多次根据品种叶形、叶色、株型、长势、花序形状和花色等清除杂株。

5.种子采收：松果菊属因开花时间不同而果实成熟期也不一致，但是种子不易脱落。头状花90%干枯时可一次性收获，晾干后用木棍轻轻捶打花头部分，随时脱粒入袋保存，如果受到早霜侵袭就不能采收种子了，受过霜冻的种子很少发芽。品种间差异较大，种子产量和田间管理水平、天气因素有直接关系，亩产一般能稳定在20～40kg。

㉝ 蓝刺头属*Echinops* 蓝刺头

【原产地】分布于我国新疆天山地区。生于山坡林缘或渠边。俄罗斯、欧洲中部及南部都有广泛分布。

一、生物学特性

茎单生。叶质地薄，纸质，两面异色，上面绿色，下面灰白色。复头状花序单生茎枝顶端，总苞白色，扁毛状，外层苞片稍长于基毛，长倒披针形，上部椭圆形扩大，褐色，内层披针形，中间芒裂较长；小花淡蓝色或白色，裂片线形。8～9月开花结果，是优良蜜源植物。瘦果倒圆锥状，种子千粒重约13.3g。

二、同属植物

（1）蓝刺头 *E. latifolius*，株高80～90cm，花蓝色和白色。

（2）同属还有大蓝刺头 *E. talassicus*，天山蓝刺头 *E. tjanschanicus*，矮蓝刺头 *E. humilis*，长毛蓝刺头 *E. cornigerus* 等。

三、种植环境要求

适应力强，耐干旱，耐瘠薄，耐寒，喜凉爽气候和排灌良好的砂质土；忌炎热、湿涝，可粗放管理。是一种良好的夏花型宿根花卉。

四、采种技术

1.种植要点：我国北方大部分地区均可制种，甘肃河西走廊一带是最佳制种基地。河西走廊一般在夏季6月初育苗，可用育苗盘育苗便于移栽，种子在20～25℃条件下容易萌发，而且出苗率高，8月中旬小麦收获后定植，采种田以选用阳光充足、通风良好、灌溉良好的土地为宜。施腐熟有机肥4～5m³/亩最好，也可用复合肥15kg/亩或磷肥50kg/亩耕翻于地块。采用黑色除草地膜覆盖平畦栽培，一垄两行，种植行距40cm，株距35cm，亩保苗不能少于4700株。

2.田间管理：移栽后要及时灌水。缓苗后及时中

蓝刺头

蓝刺头种子

耕松土、除草。随着幼苗生长要及时间苗，每穴保留壮苗3～4株。定植成苗后至冬季前的田间管理主要为勤追肥水、勤防病虫害，使植株快速而正常的生长，以保证入冬前植株长到一定的大小，第二年100%的植株能够开花结籽，以提高产量。翌年开春后气温回升，植株地上部开始重新生长，此时应重施追肥，以利发棵分枝，提高单株的产量。5～6月生长期根据长势可以随水再次施入化肥10～20kg/亩。多次叶面喷施0.02%的磷酸二氢钾溶液，可提高分枝数、结实率和增加千粒重。生长期间20～25天灌水1次。灌水不可过深，浇水过多湿涝容易死苗；7月进入盛花期。

3.病虫害防治：蓝刺头无须治虫，但需防治枯萎病，用50%甲基托布津或石灰粉对大田进行防疫消毒，可有效防治。一旦发现有个别枯萎种苗，应连根拔除，用火烧毁处理。

4.隔离要求：蓝刺头是两性花，既能自花授粉也能异花授粉，是典型的虫媒花，天然异交率很高。品种间应隔离1000～2000m。在初花期，分多次根据品种叶形、叶色、株型、长势、花序形状和花色等清除杂株。

5.种子采收：蓝刺头属因开花时间不同而果实成熟期也不一致，但是种子不易脱落。头状花90%干枯时可一次性收获，将其晒干后置于阴凉干燥处。花序有刺，晾干后的花头用专用种子脱粒机脱粒，然后再用比重机选出小粒的种子，装入袋内。其产量和越冬后成活率有关，越冬后保苗齐且成活率高的，亩产40～50kg。

34 一点红属 *Emilia*

【原产地】亚洲热带、亚热带和非洲。

一、生物学特性

一年生或多年生草本。根垂直。茎直立，无毛或被疏短毛，灰绿色。叶质较厚，顶生裂片大，宽卵状

三角形，具不规则的齿，侧生裂片长圆形，具波状齿，上面深绿色，下面常变紫色；中部茎叶疏生，较小，无柄；上部叶少数，线形。头状花序在开花前下垂，花后直立；花序梗细，无苞片，总苞圆柱形；总苞片黄绿色，约与小花等长，背面无毛；小花红色或橙红色，管部细长；冠毛丰富，白色，细软，花果期7～10月。瘦果淡黄色，椭圆形或偏斜椭圆形，种子千粒重约0.91g。

二、同属植物

（1）一点红 E. coccineaildm，株高70～90cm，品种花色有鲜红、橙红等。

（2）同属还有一点缨 E. sonchifolia，小一点红 E. prenanthoidea，缨绒花 E. fosbergii 等。

三、种植环境要求

喜温暖阴凉、潮湿的环境，适生温度20～32℃；喜生于疏松、湿润之处，但较耐旱、耐瘠，能于干燥的土地上生长，忌土壤板结。

四、采种技术

1. 种植要点：采种一般采用春播的方法，我国北方大部分地区均可制种，甘肃河西走廊一带是最佳制种基地。河西走廊一般在2～3月初温室育苗，发芽适温18～22℃；采用育苗基质128孔穴盘育苗，出苗后

一点红

一点红种子

注意通风，降低日温；苗龄约45天，及早通风炼苗，晚霜后定植。采种田施用复合肥15kg/亩耕翻于地块。采用地膜覆盖平畦栽培，定植时一垄两行，种植行距40cm，株距35cm，亩保苗不能少于4700株。

2. 田间管理：移栽后要及时灌水，如果气温升高蒸发量过大要再补灌一次保证成活。若田间有移栽不当未能成活的要及时补苗。小苗定植后需10～15天才可成活稳定，此时的水分管理很重要，小苗根系浅，土壤应经常保持湿润。浇水之后土壤略微湿润，更容易将杂草拔除。生长期由浅逐渐加深中耕，防止草荒，减少杂草。植株进入营养生长期，此时生长速度很快，需要供给充足的养分和水分才能保障其正常的生长发育。生长期间15～20天灌水1次。生长期根据长势可以随水施入尿素10～20kg/亩。多次叶面喷施0.02%的磷酸二氢钾溶液，可提高分枝数、结实率和增加千粒重。在生长中期大量分枝，应及早设立支架，防止倒伏。

3. 病虫害防治：植株的嫩茎很易受蚜虫侵害，应及时防治。

4. 隔离要求：一点红属是两性花，既能自花授粉也能异花授粉，深受蜜蜂青睐，是典型的虫媒花，天然异交率很高。不同品种间容易串粉混杂，为保持品种的优良性状，品种间必须隔离1000m以上。在初花期，分多次根据品种叶形、叶色、株型、长势、花序形状和花色等清除杂株。

5. 种子采收：一点红属种子因开花时间不同而成熟期也不一致，成熟后带毛飞出，要随熟随采，掉落在地上的种要用吸尘器或吸种机收回来、晒干。不要一次性收割，否则很难清选出来；收获的种子可用风压式精选机去除秕籽，装入袋内，写上品种名称、采收日期、地点等在通风干燥处贮藏。产量偏低，种子产量和田间管理水平、天气因素有直接关系。

【原产地】我国主要分布于东北、内蒙古、河北、山西、陕西、甘肃、宁夏、青海、新疆、四川、西藏等地。蒙古、日本、欧洲、北美洲也有。

一、生物学特性

多年生草本。茎单生，稀数个，高5～60cm，基部径1～4mm，直立，上部或少数下部有分枝，绿色或有时紫色，具明显的条纹，被较密而开展的硬长毛，杂有疏贴短毛，在头状花序下部常被具柄腺毛，或有时近无毛，节间长0.5～2.5cm。基部叶较密集，花期常宿存，倒披针形，长1.5～10cm，宽0.3～1.2cm，顶端钝或尖，基部渐狭成长柄，全缘或极少具1至数个小尖齿，具不明显的3脉，中部和上部叶披针形，无柄，长0.5～8cm，宽0.1～0.8cm，顶端急尖，最上部和枝上的叶极小，线形，具1脉，全部叶两面被较密或疏开展的硬长毛。花淡红紫色或白色。瘦果长圆状披针形，种子上有冠毛，种子千粒重0.25～0.29g。

二、同属植物

（1）美丽飞蓬 *E. speciosus*，株高30～60cm，花蓝色和粉色。

（2）同属还有光山飞蓬 *E. leioreades*，泽山飞蓬 *E. seravschanicus*，多舌飞蓬 *E. multiradiatus* 等。

三、种植环境要求

性喜阳，可耐−25℃的低温；对土壤选择不严，以疏松、肥沃、湿润而排灌良好的土壤为佳。

四、采种技术

1. 种植要点：我国北方大部分地区均可制种，甘肃河西走廊一带是最佳制种基地。河西走廊一般在夏季6月初育苗，可用育苗盘育苗便于移栽，8月中旬小麦收获后定植，采种田以选用无宿根型杂草，阳光

美丽飞蓬

美丽飞蓬种子

充足、通风良好、灌溉良好的土地为宜。施腐熟有机肥4～5m³/亩最好，也可用复合肥15～25kg/亩或磷肥50kg/亩耕翻于地块。采用黑色除草地膜覆盖平畦栽培，一垄两行，种植行距40cm，株距35cm，亩保苗不能少于5000株。

2. 田间管理：移栽后要及时灌水。缓苗后及时中耕松土、除草。定植成苗后至冬前的田间管理主要为勤追肥水、勤防病虫害，使植株快速而正常的生长，以保证入冬前植株长到一定的大小，第二年100%的植株能够开花结籽，以提高产量。翌年开春后气温回升，植株地上部开始重新生长，此时应重施追肥，以利发棵分枝，提高单株的产量。5～6月生长期根据长势可以随水再次施入化肥10～20kg/亩。多次叶面喷施0.02%的磷酸二氢钾溶液，可提高分枝数、结实率和增加千粒重。在生长中期大量分枝，应及早设立支架，防止倒伏。

3. 病虫害防治：抗病性较好，很少发生病害，植株的嫩茎易受蚜虫侵害，应及时防治。

4. 隔离要求：飞蓬属是两性花，既能自花授粉也能异花授粉，深受蜜蜂青睐，是典型的虫媒花，天然异交率很高。不同品种间容易串粉混杂，为保持品种的优良性状，品种间必须隔离1000m以上。在初花期，分多次根据品种叶形、叶色、株型、长势、花序形状和花色等清除杂株。

5. 种子采收：飞蓬属种子因开花时间不同而果实成熟期也不一致，成熟后带毛飞出，要随熟随采，掉落在地上的种要用吸尘器或吸种机收回来、晒干。不要一次性收割，否则很难清选出来；收获的种子可用风压式精选机去除秕籽，装入袋内，写上品种名称、采收日期、地点等在通风干燥处贮藏。产量偏低，种子产量和田间管理水平、天气因素有直接关系。

36 泽兰属*Eupatorium* 佩兰

【原产地】主要分布于中南美洲的温带及热带

佩兰

地区。

一、生物学特性

多年生草本。根茎横走，淡红褐色。茎直立，绿色或红紫色，基部径达0.5cm，分枝少或仅在茎顶有伞房状花序分枝；全部茎枝被稀疏的短柔毛，花序分枝及花序梗上的毛较密。中部茎叶较大，3全裂或3深裂，总叶柄长0.7～1cm；中裂片较大，长椭圆形或长椭圆状披针形或倒披针形，长5～10cm，宽1.5～2.5cm，顶端渐尖，侧生裂片与中裂片同形但较小，上部的茎叶常不分裂；或全部茎叶不裂，披针形或长椭圆状披针形或长椭圆形，长6～12cm，宽2.5～4.5cm，叶柄长1～1.5cm。全部茎叶两面光滑，无毛无腺点，羽状脉，边缘有粗齿或不规则的细齿；中部以下茎叶渐小，基部叶花期枯萎。头状花序多数在茎顶及枝端排成复伞房花序，花序径3～6cm；总苞钟状，长6～7mm；总苞片2～3层，覆瓦状排列，外层短，卵状披针形，中内层苞片渐长，长约7mm，长椭圆形；全部苞片紫红色，外面无毛无腺点，顶端钝；花白色或带微红色，花冠长约5mm，外面无腺点。瘦果黑褐色，长椭圆形，5棱，长3～4mm，无毛无腺点；冠毛白色，长约5mm。花果期7～11月。种子千粒重0.53～0.56g。

二、同属植物

（1）佩兰 *E. fortunei*，株高80～100cm，花粉红色。

（2）同属还有林泽兰 *E. lindleyanum*，大麻叶泽兰 *E. cannabinum*，马鞭草叶泽兰 *E. verbenifolium* 等。

三、种植环境要求

性喜阳，耐寒性强，应选择疏松、肥沃、湿润的砂壤土最好，在排灌良好、阳光充足的地方种植，忌低洼地和盐碱地。

四、采种技术

1. 种植要点：我国北方大部分地区均可制种，甘肃河西走廊一带是最佳制种基地。河西走廊一般在夏季6月初育苗，12～15天出苗；可用育苗盘育苗便于移栽，8月中旬小麦收获后定植，采种田以选用阳光充足、通风良好、灌溉良好的土地为宜。施优质土杂肥4000～5000kg/亩，三元复合肥50～60kg/亩，深耕细耙，整平，耕翻于地块。采用黑色除草地膜覆盖平畦栽培，一垄两行，种植行距40cm，株距35cm，亩保苗不能少于5000株。

2. 田间管理：移栽后要及时灌水。缓苗后及时中耕松土、除草。随着幼苗增长要及时间苗，每穴保留壮苗3～4株。定植成苗后至冬前的田间管理主要为勤追肥水、勤防病虫害，使植株快速而正常的生长，以保证入冬前植株长到一定的大小，第二年100%的植株能够开花结籽，以提高产量。翌年开春后气温回升，植株地上部开始重新生长，此时应重施追肥，以利发棵分枝，提高单株的产量。5～6月生长期根据长势可以随水再次施入化肥10～20kg/亩。多次叶面喷施0.02%的磷酸二氢钾溶液，可提高分枝数、结实率和增加千粒重。在生长中期大量分枝，应及早设立支架，防止倒伏。

3. 病虫害防治：根腐病用50%多菌灵500倍液、

佩兰种子

1.5%菌立灭600倍液、10%根乐时1000倍液防治。红蜘蛛用1.8%阿维菌素1500～2000倍液、2.5%功夫2000～3000倍液、5%卡死克1000倍液喷雾防治。

4.隔离要求： 泽兰属是两性花，既能自花授粉也能异花授粉，开花很容易吸引蜜蜂，由于此属品种较少，基本未发现杂株，可与其他品种同田采种。

5.种子采收： 泽兰属种子因开花时间不同而果实成熟期也不一致，成熟后带毛飞出，要随熟随采，掉落在地上的种要用吸尘器或吸种机收回来、晒干。不要一次性收割，否则很难清选出来；收获的种子可用风压式精选机去除秕籽，装入袋内，在通风干燥处贮藏。产量偏低，种子产量和田间管理水平、天气因素有直接关系。

③⑦ 蓝菊属*Felicia*

【原产地】南非。

一、生物学特性

一年生或多年生草本。高30～60cm。叶对生，倒卵形，被糙伏毛。头状花序顶生，具长梗，花径约3cm，舌状花蓝色，管状花黄色；辐射对称，或舌状而两侧对称，或花冠管状而花冠裂片二唇形；多数小花密集排列，外覆以总苞片而形成一致的头状花序。花期4～6月。种子千粒重1.33～1.45g。

二、同属植物

（1）费利菊*F. dubia*，株高25～35cm，花蓝色。

（2）蓝雏菊*F. amelloides*，株高20～30cm，花色为矢车菊蓝。

（3）同属还有蓝菊*F. dubiaheterophylla*，柔菲利菊*F. enella*等。

三、种植环境要求

性喜温暖及半阴的环境，不耐寒也不耐热，宜栽在排灌良好的土壤上。

四、采种技术

1.种植要点： 采种一般采用春播的方法，甘肃河西走廊一带是最佳制种基地。河西走廊一般在2月底3月初温室育苗，发芽适温16～28℃；采用育苗基质128孔穴盘育苗，出苗后注意通风，降低日温；苗龄约45天，及早通风炼苗，晚霜后定植。采种田施用复合肥15～25kg/亩耕翻于地块。采用地膜覆盖小高垄栽培，定植时一垄两行，种植行距40cm，株距25cm，每穴2～3株，亩保苗不能少于6700株，也可以和玉米套种，东西走向两行玉米中间留1m种植4行，玉米能起到遮阴作用。

2.田间管理： 移栽后要及时灌水，如果气温升高蒸发量过大要再补灌一次保证成活。若田间有移栽不当未能成活的要及时补苗。小苗定植后需10～15天才可成活稳定，此时的水分管理很重要，小苗根系浅，土壤应经常保持湿润。浇水之后土壤略微湿润，更容易将杂草拔除。生长期由浅逐渐加深中耕，防止草荒，减少杂草。植株进入营养生长期，此时生长速度很快，需要供给充足的养分和水分才能保障其正常的生长发育。生长期间15～20天灌水1次；灌水要遵循勤而薄的原则，灌水过多容易烂根引起死亡。生长期根据长势可以随水施入尿素10～20kg/亩。多次叶面喷施0.02%的磷酸二氢钾溶液，可提高分枝数、结实率和增加千粒重。

3.病虫害防治： 容易发生立枯病引起植株死亡，病菌通过浇水、沾有带菌土壤的农具以及带菌的堆肥传播，从幼苗茎基部或根部伤口侵入，也可穿透寄主表皮直接侵入。病菌生长适温17～28℃，土壤湿度偏高、土质黏重以及排水不良的低洼地发病重。光照不足，光合作用差，植株抗病能力弱，也易发病。发病

费利菊

蓝雏菊（左）和费利菊种子（右）

后及时剔除病苗。浇水后应中耕破除板结，以提高地温，使土质疏松透气，增强抗病力。发病初期可喷洒38%噁霜嘧铜菌酯800倍液，或41%聚砹·嘧霉胺600倍液，或20%甲基立枯磷乳油1200倍液，或72.2%普力克水剂800倍液，隔7～10天喷1次。用药次数视病情而定。

4.隔离要求：费利菊属是两性花，既能自花授粉也能异花授粉，深受蜜蜂青睐，是典型的虫媒花，天然异交率很高。不同品种间容易串粉混杂，为保持品种的优良性状。品种间必须隔离1000m以上。在初花期，分多次根据品种叶形、叶色、株型、长势、花序形状和花色等清除杂株。

5.种子采收：费利菊属种子因开花时间不同而果实成熟期也不一致，成熟后飞出，要随熟随采，掉落在地上的种要用吸尘器或吸种机收回来、晒干。不要一次性收割，否则很难清选出来；收获的种子可用风压式精选机去除秕籽，装入袋内，写上品种名称、采收日期、地点等在通风干燥处贮藏。产量偏低，种子产量和田间管理水平、天气因素有直接关系。

㊳ 天人菊属 *Gaillardia*

【原产地】原产热带美洲，中国各地有栽培。

一、生物学特性

一年生或多年生草本。茎直立。叶互生，或叶全部基生。头状花序大，边花辐射状，中性或雌性，结实，中央有多数结实的两性花，或头状花序仅有同型的两性花；总苞宽大；总苞片2～3层，覆瓦状，基部革质；花托突起或半球形，托片长刚毛状；边花舌状，顶端，3浅裂或3齿，少有全缘的；中央管状花两性，顶端浅5裂，裂片顶端被节状毛；花药基部短耳形，两性花花柱分枝顶端画笔状，附片有丝状毛。瘦果长椭圆形或倒塔形，有5棱，冠毛6～10个，鳞片状，有长芒。种子千粒重1.82～2.86g。

二、同属植物

（1）宿根天人菊"梅萨"系列 *G*. Pursh，株高70～90cm，花径6～9cm，有单瓣混色、黄色、红色。天人菊"阳光"系列 *G. pulchella* Foug，株高40～60cm，花径6～7cm，有复瓣混色、红色黄边、黄色红边等品种。"侏儒"系列，株高20～25cm，花径7～8cm，有复瓣混色、红色黄边、黄色、红色等品种。

（2）矢车天人菊 *G. sundance*，一年生，株高30～40cm，花瓣和矢车菊一样，管状花有混色、红色、黄色、红黄双色等，播种到开花需80天左右，表现优良，花期长；种子比宿根品种小。

（3）国外已培育出杂交一代天人菊品种。'米萨'（'Mesa'），'亚利桑那阳光'（'Arizona Sun'）等，是AAS和FS得奖品种。花园表现显著，株型整齐性佳。

宿根天人菊

矢车天人菊

天人菊种子

三、种植环境要求

比较耐干旱，并且耐炎热，喜欢高温，一年生品种不耐寒，宿根品种耐寒性好。生长适温20～30℃，喜欢光照，也可以耐半阴。选择砂质土壤即可，要求排灌性良好。

四、采种技术

1.种植要点：宿根品种一般在陕西关中地区采种比较适宜。夏季8月初育苗，可用育苗盘育苗便于移栽，10月中旬玉米收获后定植，采种田以选用阳光充足、通风良好、灌溉良好的土地为宜。施腐熟有机肥4～5m³/亩最好，也可用复合肥15kg或磷肥50kg耕翻于地块。采用黑色除草地膜覆盖平畦栽培，一垄两行，高秆品种种植行距50cm，株距30cm，亩保苗不能少于4400株。矮秆品种种植行距40cm，株距30cm，亩保苗不能少于5000株。矢车天人菊可在3月底温室育苗，采用育苗基质72孔穴盘育苗，也可以4月中旬在露地直播。露地直播的选择黑色除草地膜覆盖，播期选择在霜冻完全解除后，平均气温稳定在13℃以上，表层地温在10℃以上时，用直径3～5cm的播种打孔器在地膜上打孔，垄两边孔位呈三角形错开，每穴点3～4粒，覆土以湿润微砂的细土为好。也可以用手推式点播机播种。种植行距40cm，株距35cm，亩保苗不能少于4700株。

2.田间管理：移栽后要及时灌水。缓苗后及时中耕松土、除草。随着幼苗生长要及时间苗，每穴保留壮苗1～2株。宿根品种越冬前要灌水1次，保持湿度，安全越冬。早春及时灌溉返青水，3～4月生长期根据长势可以随水入尿素10～20kg/亩。5月进入盛花期。一年生品种7月进入盛花期，要加强田间管理，天人菊与其他草花一样，对肥水要求较多，但要遵循"淡肥勤施、量少次多、营养齐全"的施肥（水）原则，并且在施肥过后晚上要保持叶片和花朵干燥。夏、秋季是它的生长旺季。进入开花期后适当控肥，以利种子成熟。

3.病虫害防治：宿根天人菊的主要病害为炭疽病，危害叶片，未发现虫害。炭疽病症状：发病初期在叶片上出现淡黄色圆斑，后期病斑边缘为黑褐色，中央为灰褐色。严重时叶片发黄，继而发黑，最后焦枯，病叶一般为中下部叶片。防治坚持"预防为主、综合防治"的方针，合理密植，及时中耕除草，第1茬花后合理修剪，增施有机肥或化肥，提高宿根天人菊抗病能力。发病时采用药剂防治，如10%苯醚甲环唑75～112.5g/hm²或50%代森锌600倍液喷施。

4.隔离要求：天人菊属是两性花，既能自花授粉也能异花授粉，但是天然异交率很高。品种间应隔离600～800m。在初花期，分多次根据品种叶形、叶色、株型、长势、花序形状和花色等清除杂株。

5.种子采收：天人菊属因开花时间不同而果实成熟期也不一致，宿根品种通常在5～6月间陆续成熟，头状花序干枯脱水是成熟的标志，要随熟随采，采收的花头要及时晾干。这些年种植者采用汽油机驱动的大吸力机器采种，待成熟种子落下及时吸收。采收的种子切不可放入袋内返热霉变。因种子有冠毛，切不可一次性收割打碾，而是要晾干后用木棍轻轻捶打花头部分，随时采收随时脱粒入袋保存。天人菊种子要脱毛加工后才能更好地精选。品种间差异较大，其水量和春季降雨量和采收有关，矮秆品种和重瓣品种产量低，高秆品种产量相对稳定，亩产30～50kg。

㊴ 勋章菊属 *Gazania* 勋章花

【原产地】南非，中国多有栽培。

一、生物学特性

多年生草本，常作一年生栽培。株高20～40cm，株型高矮不一，有丛生和蔓生两种；具根茎。叶由根际丛生，叶片披针形或倒卵状披针形，全缘或有浅羽裂，叶背密被白毛，叶形丰富。头状花序单生，具长总梗，花径7～12cm，内含舌状花和管状花两种，舌状花单轮或1～3轮，花色丰富多彩，有白、黄、橙红等色，花瓣有光泽，部分具有条纹，花心处多有黑色、褐色或白色的眼斑。花期5～10月。种子千粒重2.22～2.5g。

二、同属植物

（1）勋章花 *G. rigens* "奖章"系列，株高25～35cm，花有混色、黄色、橙红色。"火焰"系列，株高15～25cm，花有条纹、混色，如黄色、白色条纹，红色、白色条纹等。

（2）勋章菊种类多得数不胜数，也有重瓣和双色的品种，国外已培育出杂交品种，常见的勋章菊品种有：

"黎明"（Daybreak）系列，早花种，比所有勋章菊早7～20天开花，花色有黄色、橙色、红褐色、粉色、白色和橙黄双色，其中有新品种鲜橙（Bright Orange）和红条（Red Stripe）。

"丑角"（Harleguin）系列，株高40cm，花色有黄色、橙色、红色、粉色、褐色等。

"铁索尼特"（Chansonette）系列，株高20cm，早花种，花径10cm。

"戴纳星"（Dynastar）系列，株高20cm，短茎。

"迷你星"（Mini star）系列，株高20cm，叶片银绿色，花径7～8cm，星状花。

"阳光"（Sunshine）系列，株高25cm，叶片银绿色，花大，花径10cm，每朵花具有4～5种颜色。

"天才"（Talent）系列，矮生种，株高20cm，叶片银白色，花径8～10cm，花色有黄色、橙色、白色、粉红色等。

"日出"（Sunburst）系列，花橙色，具有黑眼。

"黄日出"（Sunrise Yellow）系列，花大，黄色，具黑眼。

"晚霞"（Sunglow）系列，花黄色。

"太阳之舞"（Sundance）系列，株高25～30cm。

"月光"（Moonglow）系列，花重瓣，鲜黄色。

另外，还有多花类型的阿兹特克皇后（Aztec Queen）、红色葡萄酒（Burgundy）、铜王（Copper King）和红色节日（Fiesta Red）等。

勋章花采种田

勋章花

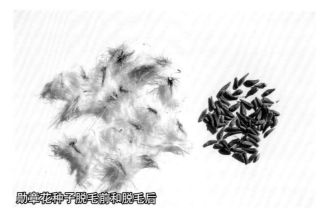

勋章花种子脱毛前和脱毛后

三、种植环境要求

性喜温暖向阳，适宜在疏松、肥沃、排灌良好的砂壤土中生长；适宜生长温度20～35℃，对水分比较敏感，耐旱、耐热、耐贫瘠。也具有一定的抗寒能力，冬季温度不低于5℃，但能耐短时间0℃低温，如时间长易发生冻害。生长和开花期需充足阳光。如栽培场所光照不足，则叶片柔软、花蕾减少、花朵变小、花色变淡。相反，阳光充足则花色鲜艳、开花不断。

四、采种技术

1. 种植要点：采种一般采用春播的方法，我国北方大部分地区均可制种，甘肃河西走廊一带是最佳制种基地。河西走廊一般在2月底3月初温室育苗，发芽适温18～25℃；采用育苗基质128孔穴盘，用专用育苗基质育苗，出苗后注意通风，降低日温；苗龄约45天，及早通风炼苗，晚霜后定植。采种田施用复合肥15kg/亩耕翻于地块。采用地膜覆盖小高垄栽培，定植时一垄两行，高秆品种种植行距40cm，株距35cm，亩保苗不能少于4700株。矮秆品种种植行距40cm，株距25cm，亩保苗不能少于6670株。

2. 田间管理：移栽后要及时灌水。缓苗后及时中耕松土、除草。随着幼苗增长要及时间苗，每穴保留壮苗1～2株。生长期15～20天灌水1次，根据长势可以随水施入尿素10～20kg/亩。喷施2次0.2%磷酸二氢钾，现蕾到开花初期再施1次。浇水后及时除草松土，大面积垄作的应铲糊几遍，保持土壤疏松和无杂草。因株型紧凑，不用摘心。

3. 病虫害防治：常见有根腐病和叶斑病危害，可用50%根腐灵可湿性粉剂800倍液喷洒防治根腐病，25%多菌灵可湿性粉剂1000倍液喷洒防治叶斑病。虫害有红蜘蛛和蚜虫，蚜虫用2.5%鱼藤精乳油1000倍液喷杀。也会发生白粉病和叶腐病。尤其叶腐病在叶子出现斑点后会扩散到整个植物并导致枯死。发现要尽快清除病叶。

4.隔离要求：勋章菊属是两性花，既能自花授粉也能异花授粉，主要靠昆虫、蜜蜂传粉结实，天然异交率很高。品种间应隔离2000～3000m。在初花期，分多次根据品种叶形、叶色、株型、长势、花序形状和花色等清除杂株。

5.种子采收：勋章菊属种子因开花时间不同而果实成熟期也不一致，成熟后带毛飞出，要随熟随采，掉落在地上的种要用吸尘器或吸种机收回来、晒干。不要一次性收割，否则很难清选出来；勋章菊属种子要脱毛加工后才能更好地精选。品种间差异较大，矮秆品种产量低，高秆品种只要及时采收产量相对稳定，亩产20～30kg。

⑩ 堆心菊属 *Helenium*

【原产地】分布于美国及加拿大，我国有引种。

一、生物学特性

一年生或多年生直立草本。叶互生，全缘或具齿，有黑色腺点。头状花序单生或排成伞房花序状，多数具异型花；总苞片2～3层，通常草质；花序托凸起，球形或长圆形，无毛；舌状花1轮，舌瓣黄色，3～5裂；盘状花管状；冠毛具5～6鳞片。种子千粒重0.22～0.28g。

二、同属植物

（1）秋花堆心菊 *H. autumnale*，多年生，特别耐寒，株高120～150cm，花径4～5cm，叶片卵状披针形，边缘舌状花，中心盘花管状，极多，两性花，花色有混色、黄色和红色。

（2）金色海伦娜堆心菊 *H. autumnale*，一年生，株高30～40cm，花黄色。

（3）同属还有紫心菊 *H. nudiflorum*，芳香堆心菊 *H. aromaticum*，比奇洛堆心菊 *H. bigelovii* 等。

三、种植环境要求

性喜热、喜光，耐高温高湿也耐高温干燥。生长适温20～30℃，对土壤要求不严，但喜疏松、排灌良好的砂质土壤。

四、采种技术

1.种植要点：我国北方大部分地区均可制种。可在3月底温室育苗，采用专用育苗基质128孔穴盘，播后覆盖基质，厚度为种子直径的1倍。播后用竹竿撑盖农用薄膜，留出缝隙以便通风。发芽温度18～22℃，发芽时间6～9天，出苗后撤去农用薄膜注意通风，降低日温增加夜温；苗龄约45天，及早通风炼苗，晚霜后定植。采种田以选用阳光充足、灌溉良好、土质疏松肥沃的壤土为宜。用复合肥15kg/亩耕翻于地块。采用地膜覆盖平畦栽培，定植时一垄两行，种植行距40cm，株距35cm，亩保苗不能少于4700株。

2.田间管理：移栽后要及时灌水。缓苗后及时中耕松土、除草，以利于安全越冬。定植成苗后至冬前的田间管理主要为勤追肥水、勤防病虫害，使植株快速而正常的生长，以保证入冬前植株长到一定的大小，第二年100%的植株能够开花结籽，以提高产量。翌年开春后气温回升，植株地上部开始重新生长，此时应重施追肥，以利发棵分枝，提高单株的产量。5～6月生长期根据长势可以随水再次施入化肥10～20kg/亩。多次叶面喷施0.02%的磷酸二氢钾溶液，可提高分枝数、结实率和增加千粒重。在生长中期大量分枝，应及早设立支架，防止倒伏。

3.病虫害防治：堆心菊属抗性较强，病害较少，偶尔可见粉霉病、茎腐病。可用65%代森锌600～800倍液、50%速克灵1000～1200倍液喷洒防治。常见虫害为蓟马、蚜虫，可分别施用氧化乐果、吡虫啉1000～1200倍液防治。

4.隔离要求：堆心菊属是两性花，既能自花授粉

秋花堆心菊

秋花堆心菊种子

也能异花授粉，深受蜜蜂、蝴蝶喜爱，属于虫媒花，天然异交率很高。品种间应隔离1000～2000m。在初花期，分多次根据品种叶形、叶色、株型、长势、花序形状和花色等清除杂株。

5.种子采收：堆心菊属因开花时间不同而果实成熟期也不一致，要随熟随采，头状花序。通常在9～10月间陆续成熟，选择瘦果大部分成熟的头状花序剪下，将其晒干后置于阴凉干燥处，集中去杂，清选出种子。后期一次性采收，采收后要及时晾干清选，然后再用比重机选出未成熟的种子，产量基本稳定，亩产20～30kg。

41 向日葵属*Helianthus* 观赏向日葵

【原产地】本属约有100种，主要分布于美洲北部，少数分布于南美洲的秘鲁、智利等地，其中一些种在世界各地栽培很广。原产北美洲，世界各地均有栽培。

一、生物学特性

一年或多年生草本。通常高大，被短糙毛或白色硬毛。叶对生，或上部或全部互生，有柄，常有离基三出脉。头状花序大或较大，单生或排列成伞房状，各有多数异形的小花，外围有一层无性的舌状花，中央有极多数结果实的两性花；总苞盘形或半球形；总苞片2至多层，膜质或叶质；花托平或稍凸起；托片折叠，包围两性花；舌状花的舌片开展，黄色；管状花的管部短，上部钟状，上端黄色、紫色或褐色，有5裂片。瘦果长圆形或倒卵圆形，稍扁或具4厚棱。冠毛膜片状，具2芒，有时附有2～4个较短的芒刺，脱落。品种间种子差异化很大，种子千粒重2.38～100g。

二、同属植物

（1）观赏向日葵 *H. annuus* "黄色系"，株高150～160cm，有混色、黄色黑心、淡黄色、柠檬黄、乳白等。"红色系"，株高150～160cm，花有胭脂红、铜

重瓣向日葵

观赏向日葵

红色向日葵

红、棕红等色。重瓣系列，花色有柠檬黄色、金黄色，有高秆和矮秆之分。

（2）狭叶向日葵 *H. angustifolius*，又名沼泽向日葵、窄叶向日葵，是多年生宿根品种，耐–20℃低温，株高180～200cm，花单瓣，黄色，种子千粒重2.8～2.4g。

（3）菊科星菊属（*Lindheimera*）的五星菊 *L. texana*，株高70～90cm，花单瓣，黄色，和向日葵很接近，采种技术也相同，种子千粒重5.3～5.8g。

（4）市场又出现杂交一代向日葵品种，常见有：

①'芭奇多'，株高仅为50cm，具有矮生性，株型紧凑，能产生大量的分枝，这些侧生花头可确保植株形成一个饱满的圆球。'芭奇多'是一个完美的盆

混色向日葵

花品种。从播种到开花只需60天。有金黄黑心、金黄黄心、柠檬黄、红色、红黄双色5种花色。

②'哇噢'，株高90cm，繁茂的花朵绽放于植株顶端，黑色的花心将金黄色的花瓣衬托得更加明艳，其极富装饰性的深绿色革质叶片同样非常迷人。'哇噢'寿命较长，通常开花时间会晚于其他品种的向日葵，是给夏末带来缤纷色彩的理想植物材料。

③'秋日时光'，株高120cm，是第一个中高型的向日葵混色品种，花色有金黄色、红色、棕色。主茎能产生大量的分枝，非常适合用作切花。

④向日葵'金辉'，一个非常引人注目的向日葵品种。能长出大量金黄色的花头，形成一个金黄色的隔离带。株高160cm，冠幅90cm，具有很强的分枝性，植株非常紧凑。开花极其繁茂，明艳的金黄色大花，花径可达15cm。从播种到开花只需60天时间，是一个理想的切花品种。

⑤向日葵'金秋'，唯一一个花心带有令人惊叹的几何花纹的向日葵品种。株高70cm，艳丽的金黄色花瓣环绕着清新的绿色花心，十分诱人。是用作向日葵鲜切花束的完美选择。

⑥向日葵'艳阳'，是一个矮化的重瓣向日葵品种。株高60cm，花径达15cm，金黄色大花高度重瓣，开花繁茂。

⑦向日葵'月光'，绿色花心是它的特点，与一般黑色花心的向日葵不同，所以它让人有种清新的感觉。

⑧向日葵'可可'，红色品种的向日葵，很特别但不太容易栽培，有时还会"红到发黑"。

（5）同属还有毛叶向日葵 H. mollis，及其心叶变种 var. cordatus，千瓣葵 H. decapetalus，糙叶向日葵 H. maxillianii，黑紫向日葵 H. atrorubens 等。

三、种植环境要求

观赏向日葵为喜光性花卉，整个生长发育期均需充足阳光。茎叶生长健壮，花色鲜艳，舌状花有光泽。如阴雨连绵或长期在半阴环境中生长，茎秆不挺拔，叶片柔软、下垂、呈黄绿色，花盘小而不整齐。土壤以疏松、肥沃的壤土为宜，生长适温21～27℃，如早春温度偏低，植株生长迟缓，直接影响开花时间。生长期若温度超过30℃，温差过小，茎叶容易徒长，花期缩短。

四、采种技术

1.种植要点：采种一般采用春播的方法，我国北方大部分地区均可制种。一般在4月底5月初露地直播，在播种前首先要选择土质疏松，地势平坦，土层较厚，排灌良好，土壤有机质含量高的地块。地块选好后，结合整地施入基肥，以农家肥为主，施用复合肥10～25kg/亩或磷肥50kg/亩，结合翻地施入土中，要细整地，耙压整平。采用黑色除草地膜覆盖平畦栽培。播期选择在霜冻完全解除后，平均气温稳定在20℃以上，用直径3～5cm的播种打孔器在地膜上打孔，垄两边孔位呈三角形错开，每穴点2～3粒，覆盖细砂或细土为好。发芽适温21～24℃。播后7～10天发芽。也可以用手推式点播机播种。高秆种植行距60cm，株距40cm，亩保苗不能少于2800株。矮秆种植行距50cm，株距40cm，亩保苗不能少于3300株。狭叶向日葵8月育苗，在苗床越冬，翌年4月初定植，行距70cm，株距40cm。

2.田间管理：向日葵对土壤要求不严格，在各类土壤上均能生长良好。生长最适宜土壤为pH 5.8～6.5的砂壤土。良好的土壤通透性对向日葵的生长是至关重要的。土壤在灭菌和播种之前要翻耕和松土，以改良土壤的结构和排水性。随着幼苗增长要及时间苗，每穴保留壮苗1株。生长期间25～35天灌水1次。及时中耕松土、除草。从播种到现蕾比较抗旱，需水不多；而且适当干旱有利于根系生长，增强抗旱性。现蕾期应适当控制水分，但在光照强、气温高的条件

向日葵种子

下，由于植株高大、叶片繁茂，水分消耗量大，应及时浇水，以防叶片萎蔫，影响植株正常生长。现蕾到开花，是需水高峰期，不能缺水，生长期根据长势可以随水施入尿素10～20kg/亩。喷施2次0.2%磷酸二氢钾，在多风的季节，应立支柱拉网支撑以防植株倒伏。也可用0.25%～0.4%比久溶液喷洒叶面来控制植株高度。

3. 病虫害防治：病害主要有白粉病和黑斑病，危害观赏向日葵叶片，除用等量式波尔多液喷洒预防外，发病初期可用50%甲基托布津可湿性粉剂500倍液喷洒防治。虫害有盲蝽和红蜘蛛，可用40%氧化乐果乳油1000倍液喷杀。

4. 隔离要求：向日葵是两性花，既能自花授粉也能异花授粉，主要靠蜜蜂传粉结实，天然异交率很高。品种间应隔离2000～3000m。为保证纯度，可以借助纱网隔离，纱网还能防止麻雀偷食。在初花期，分多次根据品种叶形、叶色、株型、长势、花序形状和花色等清除杂株。也可在开花时进行人工辅助授粉，可提高结实率。特别是重瓣品种不易结实，在开花时需进行人工授粉，以提高结实率。授粉时间每天上午9：00～11：00，一般可授粉2～3次。

5. 种子采收：向日葵属种子因开花时间不同而果实成熟期也不一致，头状花序干枯脱水是成熟的标志，要随熟随采，采收的花头要及时晾干。后期90%成熟时割下花头，用脱粒机脱粒种子，收获的种子可用风压式精选机和比重精选机去除秕籽，用色选机选去色泽不一致的种子装袋贮藏。向日葵属只要及时采收，产量相对稳定，亩产30～90kg。

42 蜡菊属 *Xerochrysum*

【原产地】澳大利亚。现各地广泛栽培，供观赏用。

一、生物学特性

一年或二年生草本。茎直立，高20～120cm，分枝直立或斜升。叶长披针形至线形，长达12cm，光滑或粗糙，全缘，基部渐狭窄，上端尖，主脉明显。头状花序径2～5cm，单生于枝端；总苞片外层短，覆瓦状排列，内层长，宽披针形，基部厚，顶端渐尖，有光泽，黄色或白、红、紫色。小花多数；冠毛有近羽状糙毛。瘦果无毛。种子千粒重0.59～0.69g。

二、同属植物

广义的蜡菊属约500种，广布于东半球各地，栽培种众多，分高型、中型、矮型品种。有大花型、小花型之分。

（1）麦秆菊 *X. bracteatum*（异名 *Helichrysum bracteatum*），"迷人"系列，株高25～35cm，混色和单色。"彩梦"系列，株高70～80cm，有混色、红色、金黄色、亮玫瑰色、紫红、深红、白色、柠檬黄、橘色、橙色等。

（2）柳叶麦秆菊 *Schoenia cassiniana*，又名舌苞菊，在最新的被子植物分类系统中列为舌苞菊属 *Schoenia*；株高30～40cm，单瓣粉红色，种子每克约500粒，带毛。采种方法近同于麦秆菊，本书中就不单独描述了。

（3）银叶蜡菊 *X. thianschanicum*，在最新的被子植物分类系统中列为拟蜡菊属 *Helichrysum*；原产我国新疆，株高30～60cm，全株密被茸毛，叶片狭披针形，头状花序呈伞房状，黄色，种子带毛。采种方法近同于麦秆菊，本书中就不单独描述了。

（4）同属还有毛叶蜡菊 *X. bellidioides*，伞花蜡菊 *X. petiolatum* 等。

三、种植环境要求

不耐寒，怕暑热，喜向阳处生长。生长适温18～28℃，喜肥沃、湿润而排灌良好的土壤。

麦秆菊

麦秆菊红色

麦秆菊种子

四、采种技术

1.种植要点：采种一般采用春播的方法，我国北方大部分地区均可制种，甘肃河西走廊一带是最佳制种基地。河西走廊一般在2～3月初温室育苗，发芽适温15～20℃，约7天出苗。采用育苗基质128孔穴盘，用专用育苗基质育苗，出苗后注意通风，降低日温；苗龄约45天，及早通风炼苗，晚霜后定植。采种田施用复合肥15kg/亩耕翻于地块。采用地膜覆盖平畦栽培，定植时一垄两行，高秆品种种植行距40cm，株距35cm，亩保苗不能少于4700株。矮秆品种种植行距40cm，株距25cm，亩保苗不能少于6670株。

2.田间管理：移栽后要及时灌水；缓苗后及时中耕松土、除草。随着幼苗增长要及时间苗，每穴保留壮苗1～2株。生长期间20～30天灌水1次。为促使多发分枝，多开花，生长期可摘心1次。生长期根据长势可以随水施入尿素10～20kg/亩。喷施2次0.2%磷酸二氢钾。为了提高结实率，促进种子早熟，在现蕾期前，增施1次磷肥。在生长中期大量分枝，应及早设立支架，防止倒伏。

3.病虫害防治：病害主要有锈病，分黑锈病、白锈病、褐锈病等。锈病主要危害叶和茎，以叶受害为重。黑锈病是锈病中危害较大的一种，表现为叶片表面出现白色的小斑点，逐渐扩大，使叶片干枯。出现锈病时，要加强栽培管理。在栽植过程中，避免密植，加强通风透光。发现病叶、病枝要及时剪除，以防病菌蔓延。在发病期间可以喷洒80%代森锰锌500倍液、25%粉锈宁可湿性粉剂1500倍液、20%萎锈灵乳油400倍液等进行治疗，每7～10天喷1次，交替使用，连喷3～4次，可达到良好的防治效果。

4.隔离要求：蜡菊属为是两性花，既能自花授粉也能异花授粉，天然异交率很高。不同品种间容易串粉混杂，为保持品种的优良性状。品种间必须隔离500m以上。在初花期，分多次根据品种叶形、叶色、株型、长势、花序形状和花色等清除杂株。

5.种子采收：蜡菊属种子因开花时间不同而成熟期也不一致，成熟后带毛飞出，要随熟随采。采种尽量选择花色深的花头，清晨进行手摘，以免种子散落。种子成熟不一致，采种到霜降。在种子收获期内，特别是晴天，要坚持每天采收，以免种子脱落造成损失。收获的种子可用风压式精选机去除秕籽，装入袋内在通风干燥处贮藏。产量偏低，种子产量和田间管理水平、天气因素有直接关系。

43 赛菊芋属 *Heliopsis*

【原产地】加拿大安大略省，美国佛罗里达州、密苏里州。

一、生物学特性

多年生植物。高80～150cm。叶片三角形至狭卵状披针形，长6～12cm，宽2～5cm，表面有中度到浓密的细小粗糙点，或具粗糙点。头状花序具柄，放射状，美丽；总苞片2～3列；舌状花黄色，雌性1列，结实或不孕，宿存于果上；盘花两性，结实，一部分为花序的托片所包藏。瘦果无冠毛或有具齿的边缘。开花期长，花期6～9月；种子千粒重3.7～6.5g。

二、同属植物

赛菊芋属植物因开花习性相近，很难区分，同属植物有：

（1）赛菊芋 *H. helianthoides*，株高120～150cm，花径5～7cm，叶片卵状披针形，舌状花阔线形，鲜黄色，因为花型很接近菊芋，故称为赛菊芋。

（2）糙叶赛菊芋 *H. helianthoides* var. *scabra*，株高90～120cm，花径5～7cm，舌状花花瓣紧凑，黄色，株高比赛菊芋矮，叶片呈长卵圆形，花朵丛生，非常漂亮。

（3）花叶赛菊芋 *H. helianthoides* var. *scabra* ‘Venus’，

赛菊芋

株高90~120cm，花径6~6cm，叶子更加密集，呈阔披针形。花瓣比较大，舌状花花瓣两层至多层，中心花蕊呈堆芯状，鲜黄色，观赏价值更高，这是和糙叶赛菊芋最大的区别。

三、种植环境要求

耐寒、喜光、耐阴、耐热、耐湿、耐旱、耐瘠薄，花期长，适应性强，生长适温20~35℃；对土壤要求不严，但喜疏松、排灌良好的砂质土壤。

四、采种技术

1.种植要点：我国北方大部分地区均可制种。一般在夏季6月初育苗，可用育苗盘育苗便于移栽，8月中旬小麦收获后定植。也可以在4月中旬直播，播种前用温水浸泡种子1天出苗快，选择无宿根性杂草的地块，腐熟有机肥4~5m³/亩施最好，也可用复合肥15kg/亩施或磷肥50kg/亩施耕翻于地块。采用黑色除草地膜平畦覆盖，用直径3~5cm的播种打孔器在地膜上打孔，垄两边孔位呈三角形错开，每穴点3~4粒，覆土以湿润微砂的细土为好。也可以用手推式点播机播种。种植行距40cm，株距35cm，亩保苗不能少于4700株。春播当年开花量少。

2.田间管理：移栽或直播后要及时灌水。随着幼苗增长要及时间苗，每穴保留壮苗1~2株。缓苗后及时中耕松土、除草。定植成苗后至冬前的田间管理主要为勤追肥水、勤防病虫害，使植株快速而正常的生长，以保证入冬前植株长到一定的大小，第二年100%的植株能够开花结籽，以提高产量。翌年开春后气温回升，植株地上部开始重新生长，此时应重施追肥，以利发棵分枝，提高单株的产量。5~6月生长期根据长势可以随水再次施入化肥10~20kg/亩。对于肥料的要求并不是特别高，但在土地肥沃的环境下，生长状态会更好，在一些贫瘠的土壤也可以正常生长，在生长的不同时期所选择的肥料会有所不同，例如在开花期之前以及开花期应以磷钾肥为主，但也不能够完全忽略氮肥。多次叶面喷施0.02%的磷酸二氢钾溶液，可提高分枝数、结实率和增加千粒重。在生长中期大量分枝，应及早设立支架，防止倒伏。

3.病虫害防治：抗性较强，但是30℃以上高温，会有叶斑病、蚜虫等发生。因此，要设法降低田间温度，改善通风透光条件。可用72%农用链霉素800倍液，3%中生菌素600倍液或20%噻菌铜600倍液喷雾防治，几种药剂交替使用或者配合使用，喷药时注意应注意叶片的正反两面都要喷施均匀。

4.隔离要求：赛菊芋属是两性花，既能自花授粉也能异花授粉，深受蜜蜂、蝴蝶喜爱，属于虫媒花，天然异交率很高。品种间应隔离600~800m。在初花期，分多次根据品种叶形、叶色、株型、长势、花序形状和花色等清除杂株。

5.种子采收：赛菊芋属因开花时间不同而果实成熟期也不一致，要随熟随采，头状花序。通常在8~9月间陆续成熟，选择瘦果大部分成熟的头状花序剪下，晒干后置于阴凉干燥处，集中去杂，清选出种子。后期一次性采收，采收后要及时晾干清选，然后再用比重机选出未成熟的种子。产量基本稳定，亩产40~50kg。

㊹ 小麦秆菊属 *Syncarpha* 永生菊

【原产地】澳大利亚，中国多地都有栽培。

一、生物学特性

一年生草本。株高30~60cm，茎直立。叶片披针形至线形，头状花序，多花性，半重瓣；中央部分为黄色的管状花，外侧包围着粉红色或白色、带点银色的纸质鳞状苞片，径3~5cm，总苞片干膜质，内片渐大，呈花瓣状，粉红或白色，花朵持久不褪色，极适合做切花和干燥花材，花期7~8月。种子被白色茸毛包裹，种子千粒重2.86~3.33g。

二、同属植物

（1）永生菊 *S. roseum*，株高40~60cm，花径4~5cm，花色有混色、粉红黄心、白色黄心和白色黑心等品种。

（2）同属还有小麦秆菊 *S. manglesii*，千年菊 *S. floribundum* 等。

三、种植环境要求

喜欢温暖而凉爽的环境，忌高温多湿。生长适温15~30℃；适宜在砂质土壤中栽培。为喜温植物，土壤以疏松肥沃为佳，栽培的土壤中应当保持适当的湿度。

赛菊芋种子

四、采种技术

1.种植要点：我国北方大部分地区均可制种。可在3月底温室育苗，采用专用育苗基质128孔穴盘，播后覆盖基质，厚度为种子直径的1倍。发芽适温15～25℃，发芽时间5～6天，出苗后注意通风，降低日温增加夜温；苗龄约35天，及早通风炼苗，晚霜后定植。采种田以选用阳光充足、灌溉良好、土质疏松肥沃的壤土为宜。施用复合肥15kg/亩耕翻于地块。采用地膜覆盖平畦栽培，定植时一垄两行，种植行距40cm，株距30cm，亩保苗不能少于5500株。

2.田间管理：移栽后要及时灌水。随着幼苗增长要及时间苗，每穴保留壮苗1～2株。缓苗后及时中耕松土、除草。可以选择适当的施肥方式，在生长期根据长势可以随水施入尿素10～20kg/亩。7～8月底进入盛花期，生长期间15～20天灌水1次。茎秆脆弱，如遇大风大雨容易倒伏，应及早设立支架，防止倒伏。

3.病虫害防治：常见的病害有褐斑病、黑斑病、白粉病及根腐病等。以上几种病的病原菌均属真菌，皆因土壤湿度太大，排水及通风透光不良所致。故宜选生态条件良好处栽培，并需注意排涝，清除病株、病叶，烧毁残根。生长期可用波尔多液、80%代森锌600～800液或50%甲基托布津600～800液喷洒。虫害有蚜虫、红蜘蛛、尺蠖、菊虎（菊天牛）、蛴螬、潜叶蛾幼虫等，可通过人工捕杀及喷药进行防治。

4.隔离要求：小麦秆菊属是两性花，既能自花授粉也能异花授粉，深受蜜蜂、蝴蝶喜爱，属于虫媒花，天然异交率很高。品种间应隔离1000～2000m。在初花期，分多次根据品种叶形、叶色、株型、长势、花序形状和花色等清除杂株。

5.种子采收：小麦秆菊属种子通常在8～9月间陆续成熟，分批成熟，成熟后带毛飞出，要及时采收。掉落在地上的种子要用吸尘器或吸种机收回来。因为

永生菊

永生菊粉色

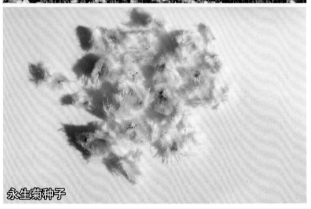
永生菊种子

种子带白色茸毛很难清选，不要一次性收割，否则很难清选出来；收获的种子可用风选机去除秕籽，然后用色选机人工投料选取别色杂质，在通风干燥处贮藏。种子产量很不稳定，和田间管理、采收有关。

🄝 雪顶菊属 *Layia* 莱雅菜

【**原产地**】美国加利福尼亚州。

一、生物学特性

一年生草本。株高50～60cm，直立生长，多分枝。叶互生，条形至狭长圆形，下部叶有齿或羽裂，上部叶全缘。头状花序，径5～6cm，舌状花10～12枚、黄色，花瓣边缘为白色，花期7～9月。种子千粒重0.67～0.71g。

二、同属植物

（1）莱雅菜 *L. platyglossa* '荷包蛋'，株高50～60cm，花径5～6cm，花黄色白边。

（2）同属还有宽舌菊 *L.chrysanthemoides*，齐顶菊 *L.platyglossa* 等。

三、种植环境要求

耐寒性弱，也不耐暑热。性喜凉爽的气候，生育适温10～25℃。对土壤要求不严，但喜疏松、排灌良好的砂质土壤。

莱雅莱

莱雅莱种子

四、采种技术

1.种植要点： 采种可在3月中旬温室育苗，采用专用育苗基质128孔穴盘，发芽适温15～25℃，发芽时间6～8天。也可以在4月中旬直播，采种地块施腐熟有机肥4～5m³/亩最好，也可用复合肥15kg/亩或磷肥50kg/亩耕翻于地块。采用黑色除草地膜平畦覆盖，用直径3～5cm的播种打孔器在地膜上打孔，垄两边孔位呈三角形错开，每穴点3～4粒，覆土以湿润微砂的细土为好。也可以用手推式点播机播种。种植行距40cm，株距35cm，亩保苗不能少于4700株。

2.田间管理： 移栽后要及时灌水，如果气温升高蒸发量过大要再补灌一次保证成活。若田间有移栽不当未能成活的要及时补苗。小苗定植后需10～15天才可成活稳定，此时的水分管理很重要，小苗根系浅，土壤应经常保持湿润。浇水之后土壤略微湿润，更容易将杂草拔除。生长期由浅逐渐加深中耕，防止草荒，减少杂草。植株进入营养生长期，此时生长速度很快，需要供给充足的养分和水分才能保障其正常的生长发育。生长期间10～20天灌水1次。生长期根据长势可以随水施入尿素10～20kg/亩。多次叶面喷施0.02%的磷酸二氢钾溶液，可提高分枝数、结实率和增加千粒重。茎秆脆弱，如遇大风大雨容易倒伏，应及早设立支架，防止倒伏。

3.病虫害防治： 常见病害主要为褐斑病、白粉病和草茎枯病，其中草茎枯病最常见，主要危害茎和叶，发病初期喷洒药物，可以选用苯菌灵·环己锌乳油，百菌清悬浮剂和绿得保悬浮剂的特定配制溶液。喷药周期为7天，喷洒2～3次即可。

4.隔离要求： 雪顶菊属是两性花，既能自花授粉也能异花授粉，深受蜜蜂、蝴蝶喜爱，属于虫媒花，天然异交率很高。品种间应隔离500～1000m。在初花期，分多次根据品种叶形、叶色、株型、长势、花序形状和花色等清除杂株。

5.种子采收： 雪顶菊属种子通常在7～8月间陆续成熟，分批成熟，成熟后绒毛飞出，要及时采收。掉落在地上的种要用吸尘器或吸种机收回来。因为种子带白色茸毛很难清选，不要一次性收割，否则很难清选出来；收获的种子可用风选机去除秕籽，在通风干燥处贮藏。种子产量很不稳定，和田间管理、采收有关。

46 火绒草属 *Leontopodium* 高山火绒草

【原产地】 原产欧洲、亚洲和南美洲的高山地区，在比利牛斯山、阿尔卑斯山和喀尔巴阡山等山区，都可以发现高山火绒草的踪迹。

一、生物学特性

多年生草本。高10～25cm。植株生有白色绵毛；茎稍细弱，被蛛丝状密毛或灰白色绵毛；腋芽常在花后生长，呈长达10cm而叶密集的分枝。叶宽或狭线形，长10～40mm或更长，宽1.3～6.5mm，基部心形或箭形，抱茎，上面被灰色棉状或绢状毛，下面被白色茸毛。苞叶多数，与茎上部叶多少等长或长于其2～4倍，披针形或线形，两面被白色或灰白色密茸毛，开展成直径2～7cm的星状苞叶群，或有长总苞梗而成数个分苞叶群。头状花序径4～5mm，5～30个密集，少有单生；总苞长3～4mm，被白色长柔毛状密茸毛；总苞片约3层，先端无毛，干膜质，渐尖或近圆形，远超出毛茸之上；小花异型，有少数雌花，或雌雄异株；花冠长约3mm，雄花花冠漏斗状；雌花花冠丝状；冠毛白色，基部稍黄色；雄花冠毛上部多少粗厚，有短毛状密齿或细锯齿；雌花冠毛丝状，有细齿或密锯齿，不育的子房和瘦果有乳头状突起或短粗毛。7～8月开灰白色或淡黄色花，伞房花序，花卉由数个相对较大的花瓣组成，种子千粒重0.13～0.14g。

二、同属植物

（1）高山火绒草 *L. alpinum*，株高 20～30cm，花白色。

（2）同属还有毛香火绒草 *L. stracheyi*，小叶火绒草 *L. microphyllum*，黄毛火绒草 *L. aurantiacum* 等。

三、种植环境要求

最适合在夏季凉爽的环境中生长，不喜欢夏季的炎热和潮湿，高温容易导致雪绒花的生长不良和死亡。生长适温 10～15℃，对土壤要求不严，但喜疏松、排灌良好的砂质土壤。

四、采种技术

1. 种植要点：采种可在 3 月中旬温室育苗，也可以在夏季 6 月初育苗，采用专用育苗基质 128 孔穴盘。

火绒草种子

由于种子比较细小，在播种前首先要选择好苗床，整理苗床时要细致，深翻碎土两次以上，碎土均匀，刮平地面，将苗床浇透，待水完全渗透苗床后，将种子和沙按 1:5 比例混拌后均匀撒于苗床，播后不再覆土或薄盖过筛细沙。播种后在苗床加盖小拱棚，盖上地膜保持苗床湿润，温度 18～22℃，播后 10～15 天即可出苗。当小苗长出 2 片叶时，可结合除草进行间苗，使小苗有一定的生长空间。3 月育苗的在 4 月底定植；6 月初育苗的在 8 月中旬小麦收获后定植。选择无宿根性杂草的地块，用复合肥 15kg/亩或磷肥 50kg/亩耕翻于地块。采用黑色除草地膜平畦覆盖，种植行距 30cm，株距 25cm，亩保苗不能少于 8800 株。春播当年开花量少。

火绒草大田

火绒草

2. 田间管理：移栽后要及时灌水。如果气温升高蒸发量过大要再补灌一次保证成活。若田间有移栽不当未能成活的要及时补苗。小苗定植后需 10～15 天才可成活稳定，此时的水分管理很重要，小苗根系浅，土壤应经常保持湿润。浇水之后土壤略微湿润，更容易将杂草拔除。生长期由浅逐渐加深中耕，防止草荒，减少杂草。定植成苗后至冬前的田间管理主要为勤追肥水、勤防病虫害，使植株快速而正常的生长，以保证入冬前植株长到一定的大小，第二年 100% 的植株能够开花结籽，以提高产量。翌年开春后气温回升，植株地上部开始重新生长，此时应重施追肥，以利发棵分枝，提高单株的产量。5～6 月生长期根据长势可以随水再次施入化肥 10～20kg/亩。多次叶面喷施 0.02% 的磷酸二氢钾溶液，可提高分枝数、结实率和增加千粒重。

3. 病虫害防治：火绒草属一般是生活在高寒环境中的，所以在气温较低的情况下，其病虫害发生的概率不大，但还是要做好病虫害的预防工作。

4. 隔离要求：火绒草属为异花授粉植物，雄株常较矮小，有明显的苞叶群；雌株常较高大，且常有较大的头状花序和较长的冠毛，常有散生的苞叶。在雌雄同株的头状花序中常有多数雌花和极少雄花。主要靠蜜蜂授粉，也属于虫媒花范畴，天然异交率很高。由于该品种较少，和其他品种无须隔离。

5.种子采收：火绒草属种子通常在9～10月间陆续成熟，分批成熟，成熟后带毛飞出，要及时采收。不要一次性收割，否则很难清选出来；收获的种子可用风选机去除秕籽，在通风干燥处贮藏。种子产量很不稳定，和田间管理、采收有关。

47 蛇鞭菊属 *Liatris* 蛇鞭菊

【原产地】美国马萨诸塞州。

一、生物学特性

多年生草本。茎基部膨大呈扁球形，地上茎直立，株形锥状。基生叶线形，长达30cm。叶线形或披针形，由上至下逐渐变小，下部叶长约17cm，宽约1cm，平直或卷曲，上部叶长约5cm，宽约4mm，平直，斜向上伸展。头状花序排列成密穗状，长60cm，因多数小头状花序聚集成长穗状花序，呈鞭形而得名；花葶长70～120cm，花序部分约占整个花葶长的1/2；小花由上而下次第开放，花色分淡紫和纯白两种。花期7～8月。种子千粒重3～3.3g。

二、同属植物

（1）蛇鞭菊 *L. spicata*，株高90～110cm，有粉红色和白色品种。其变种矮蛇鞭菊，株高30～40cm，可盆栽。

（2）其他变种还有聚花蛇鞭菊 *L. spicata* var. *racemosa*，蔷薇蛇鞭菊 *L. spicata* var. *resinosa*。

三、种植环境要求

耐寒、耐水湿、耐贫瘠，喜欢阳光充足、气候凉爽的环境。生长适温10～25℃，土壤以疏松肥沃、排水良好、pH 6.5～7.2的砂壤土为宜。

四、采种技术

1.种植要点：采种可在3月中旬温室育苗，采用

蛇鞭菊

蛇鞭菊种子

专用育苗基质128孔穴盘，发芽适温13～17℃，发芽时间10～12天。也可以在夏季6月初育苗，8月中旬小麦收获后定植。选择无宿根性杂草的地块，施腐熟有机肥4～5m³/亩最好，也可用复合肥15kg/亩或磷肥50kg/亩耕翻于地块。采用黑色除草地膜平畦覆盖，种植行距40cm，株距30cm，亩保苗不能少于5500株。春播当年开花量少。

2.田间管理：移栽后要及时灌水。每穴保留壮苗3～4株。缓苗后及时中耕松土、除草。定植成苗后至冬前的田间管理主要为勤追肥水、勤防病虫害，使植株快速而正常的生长，以保证入冬前植株长到一定的大小，第二年100%的植株能够开花结籽，以提高产量。翌年开春后气温回升，植株地上部开始重新生长，此时应重施追肥，以利发棵分枝，提高单株的产量。在开花期之前以及开花期应以磷钾肥为主，但也不能完全忽略氮肥。多次叶面喷施0.02%的磷酸二氢钾溶液，可提高分枝数、结实率和增加千粒重。在生长中期大量分枝，应及早设立支架，防止倒伏。秋播的翌年6月底进入盛花期，盛花期人工摘除花穗顶端以利于成熟。

3.病虫害防治：常有叶斑病、锈病和根结线虫危害，可用稀释800倍的75%百菌清可湿性粉剂喷洒。对于根结线虫可施用3%呋喃丹颗粒剂进行防治。

4.隔离要求：蛇鞭菊属是两性花，既能自花授粉也能异花授粉，深受蜜蜂、蝴蝶喜爱，主要靠蜜蜂授粉，属于虫媒花，天然异交率很高。品种间应隔离500～1000m。在初花期，分多次根据品种叶形、叶色、株型、长势、花序形状和花色等清除杂株。

5.种子采收：蛇鞭菊属种子通常在9～10月间陆续成熟，穗状花自下而上分批成熟，大部分花穗干枯后要及时剪下。待80%～90%植株干枯时一次性收割，晾晒打碾。采收的种子集中去杂，及时晾干清选，然后再用比重机选出未成熟的种子，装入袋内。

产量基本稳定，亩产30～40kg。

48 黄藿香属 *Lonas* 罗纳菊

【原产地】非洲。

一、生物学特性

多年生植物常作一年生栽培。叶窄披针形，有蜡质，被灰白色柔毛，叶色灰绿、莲座化基生，植株丛生。花茎直立少分枝，顶生亮黄色的球形花，由多数管状花组成团伞花序，鼓槌状或金球状，基部莲座状、丛生。花金黄色，由无数筒状花组成球形，花期7～8月。种子千粒重0.24～0.25g。

二、同属植物

（1）罗纳菊 *L. annusa*，株高40～60cm，花金黄色。

（2）同属还有黄藿香 *L. annuities* 等。

三、种植环境要求

喜光，适宜温暖、凉爽环境，耐低温，生长适温10～25℃；土壤要求疏松肥沃、排灌良好。

四、采种技术

1. 种植要点：采种一般采用春播的方法，我国北方大部分地区均可制种。可在2月底3月初温室育苗，采用育苗基质128孔穴盘育苗，播种后7～10天萌芽，出苗后注意通风，降低日温增加夜温；苗龄约50天，及早通风炼苗，晚霜后定植。采种田以选用阳光充足、灌溉良好、土质疏松肥沃的壤土为宜。施用复合肥15kg/亩耕翻到地块。采用地膜覆盖平畦栽培，定植时一垄两行，种植行距40cm，株距35cm，亩保苗不能少于4700株。

2. 田间管理：移栽后要及时灌水，如果气温升高、蒸发量过大要再补灌一次保证成活。若田间有移栽不当未能成活的要及时补苗。小苗定植后需10～15天才可成活稳定，此时的水分管理很重要，小苗根系浅，

罗纳菊种子

土壤应经常保持湿润。浇水之后土壤略微湿润，更容易将杂草拔除。生长期由浅逐渐加深中耕，防止草荒，减少杂草。植株进入营养生长期，此时生长速度很快，需要供给充足的养分和水分才能保障其正常的生长发育。生长期间10～20天灌水1次。在开花期之前以及开花期应以磷钾肥为主，但也不能完全忽略氮肥。多次叶面喷施0.02%的磷酸二氢钾溶液，可提高分枝数、结实率和增加千粒重。

3. 病虫害防治：植株的嫩茎很易受蚜虫侵害，应及时防治。可拔除并销毁病株，用吡虫啉10～15g，兑水5000～7500倍喷洒。

4. 隔离要求：黄藿香属是两性花，既能自花授粉也能异花授粉，但是天然异交率仍很高。不同品种间容易串粉混杂，为保持品种的优良性状。留种品种间必须隔离200m以上。在初花期，分多次根据品种叶形、叶色、株型、长势、花序形状和花色等清除杂株。

5. 种子采收：黄藿香属种子分批成熟，花序变黄后应及时采收，花朵凋谢干枯，在早晨有露水时人工采摘。一次性收获的，一定要在霜冻前收割，收获的种子用比重精选机去除秕籽，装入袋内，写上品种名称、采收日期、地点等，晾晒种子使含水量低于8%，在通风干燥处贮藏。种子产量和田间管理水平、天气因素有直接关系。

罗纳菊

49 黏菊属 *Madia* 马迪菊

【原产地】美国加利福尼亚州。

一、生物学特性

一年生草本。全株被毛。株高90～130cm。茎分枝或不分枝。叶线状至披针形，长可达18cm；具香气。边花（舌状花）多数，盘花少数；边花深柠檬黄色，基部白色至栗色，午前、半休眠状态的马迪菊，边花微卷。瘦果。花期7～8月，种子千粒重3.13～3.23g。

二、同属植物

（1）马迪菊 *M. elegans*，株高80～100cm，花黄色。

（2）同属还有 *M. chilensis*，黏菊 *M. citrigracilis* 等。

三、种植环境要求

喜光和温暖，适宜凉爽环境下生长，当年能开花，生长适温10～25℃，土壤要求疏松肥沃、排灌良好。

四、采种技术

1.种植要点：采种一般采用春播的方法，我国北方大部分地区均可制种。可在2月底3月初温室育苗，在播种前首先要选择好苗床，整理苗床时要细致，深翻碎土两次以上，碎土均匀，刮平地面，一定要精细整平，有利于出苗，均匀撒上种子，覆盖厚度以不见种子为宜，播后立即灌透水；在苗床加盖地膜保持苗床湿润，温度18～25℃，播后8～12天即可出苗。采用育苗基质128孔穴盘，出苗后注意通风，降低日温增加夜温；苗龄约50天，及早通风炼苗，晚霜后定植。采种田以选用阳光充足、灌溉良好、土质疏松肥沃的壤土为宜。用复合肥15kg/亩耕翻于地块。采用地膜覆盖平畦栽培，定植时一垄两行，种植行距40cm，株距35cm，亩保苗不能少于4700株。

2.田间管理：移栽后要及时灌水，如果气温升高、蒸发量过大要再补灌一次保证成活。若田间有移栽不当未能成活的要及时补苗。小苗定植后需10～15天才可成活稳定，此时的水分管理很重要，小苗根系浅，土壤应经常保持湿润。浇水之后土壤略微湿润，更容易将杂草拔除。生长期由浅逐渐加深中耕，防止草荒，减少杂草。植株进入营养生长期，此时生长速度很快，需要供给充足的养分和水分才能保障其正常的生长发育。株高20～30cm时摘心一次，促进分枝。生长期间15～20天灌水1次。生长期根据长势可以随水施入氮肥10～20kg/亩或复合肥15kg/亩。多

马迪菊种子

次叶面喷施0.02%的磷酸二氢钾溶液，可提高分枝数、结实率和增加千粒重。

3.病虫害防治：植株的嫩茎很易受蚜虫侵害，应及时防治。可拔除并销毁病株，用吡虫啉10～15g，兑水5000～7500倍喷洒。

4.隔离要求：马迪菊是两性花，既能自花授粉也能异花授粉，但是天然异交率仍很高。不同品种间容易串粉混杂，为保持品种的优良性状。留种品种间必须隔离200m以上。在初花期，分多次根据品种叶形、叶色、株型、长势、花序形状和花色等清除杂株。

5.种子采收：种子分批成熟，花序变黄后应及时采收，花朵凋谢干枯，在早晨有露水时人工才采摘。一次性收获的，一定要在霜冻前收割，收获的种子用比重精选机去除秕籽，装入袋内，写上品种名称、采收日期、地点等，晾晒种子使含水量低于8%，在通风干燥处贮藏。种子产量和田间管理水平、天气因素有直接关系。

50 母菊属 *Matricaria*

【原产地】原产英国，栽种于欧洲、亚洲的一些国家和地区。

一、生物学特性

一年生草本或多年生草本。常有香味。叶一至二回羽状分裂。头状花序同型或异型；舌状花1列，雌性，舌片白色；管状花黄色或淡绿色，4～5裂；花柱分枝顶端截形，画笔状；花药基部钝，顶端有三角形急尖的附片；花托圆锥状，中空。瘦果小，圆筒状，长0.8～1.5mm，宽0.3～0.5mm，顶端斜截形，基部收狭，背面凸起，无肋，腹面有3～5条细肋，褐色或淡褐色，光滑，无冠状冠毛或有极短的有锯齿的冠状冠毛。种子千粒重0.1～0.14g。

马迪菊

二、同属植物

（1）纽扣母菊 *M.* 'Vegmo Snowball'，株高20～30cm。叶片羽状深裂，有浓烈香味。头状花序生于枝顶，花黄色和白色，花期长，花枝挺，管状花形似雏菊，常作一年生栽培；当年春播夏季开花。

（2）西洋甘菊 *M. chamomilla*，多年生。株高20～30cm。叶无柄无毛，羽状长披针形，暗绿色。花顶生，头状花序，有甜香；花序由18～22个白色舌状花和黄色的筒状花组成，盛开时舌状花有向下摆动的特征。当年播种不能开花，越冬后翌年5月开花。

三、种植环境要求

喜温暖湿润的气候，既耐寒，又较耐热，在冬季不太寒冷的地区植株可露地越冬，表现为多年生。在10～30℃温度范围内均能正常生长，而以18～25℃最适宜。生长期对土壤要求不严格，但以肥沃疏松、保水保肥的砂壤土为宜。

四、采种技术

1. 种植要点：采种一般采用春播和秋播的方法，母菊可在2～3月初温室育苗，西洋甘菊在7月育苗，采用育苗基质128孔穴盘育苗，因种子非常细小，可与细沙混合进行播种，种子发芽5～8天。出苗后防止

母菊

徒长，主要从温度和湿度上控制。在真叶长出前，以用喷雾器喷水为主，供给小苗所需水分，促进小苗扎根，在温度管理上，要比出苗时温度低，早晨太阳出来时，让小苗充分见光，母菊4月中下旬定植，采用地膜覆盖平畦栽培，定植时一垄两行，种植行距40cm，株距25cm，亩保苗不能少于6600株。

2. 田间管理：移栽后要及时灌水，如果气温升高、蒸发量过大要再补灌一次保证成活。小苗定植后需10～15天才可成活稳定，此时的水分管理很重要，小苗根系浅，土壤应经常保持湿润。浇水之后土壤略微湿润，更容易将杂草拔除。生长期由浅逐渐加深中耕，防止草荒，减少杂草。植株进入营养生长期，此时生长速度很快，需要供给充足的养分和水分才能保障其正常的生长发育。生长期间15～20天灌水1次。生长期根据长势可以随水施入氮肥10～20kg/亩或复合肥10～15kg/亩。多次叶面喷施0.02%的磷酸二氢钾溶液，可提高分枝数、结实率和增加千粒重。甘菊在关中一带采种，于10月定植；行距40cm，株距30cm，亩保苗不能少于5000株。在立冬前后要及时加盖小拱棚，拱棚上覆盖一层白色地膜保湿保温，以利于安全越冬。翌年3～4月根据长势可以随水施入尿素10～20kg/亩。小苗必须经过28～40天的低温环境，才能顺利开花，应力求通风良好，使温度降低，以防枯萎死亡。生长期中耕除草3～4次。

3. 病虫害防治：常有叶斑病和茎腐病危害，可用65%代森锌可湿性粉剂600倍液喷洒。虫害有盲蝽和潜叶蝇，用25%西维因可湿性粉剂500倍液喷杀。

4. 隔离要求：母菊属是两性花，既能自花授粉也能异花授粉，但是天然异交率仍很高。不同品种间容易串粉混杂，为保持品种的优良性状，留种品种间必须隔离200m以上。在初花期，分多次根据品种叶形、叶色、株型、长势、花序形状和花色等清除杂株。

母菊种子

5.种子采收：母菊属种子分批成熟，花穗先从主茎到侧枝，自下而上逐渐成熟，花穗变黄后，种子自行掉落。最有效的方法是在封垄前铲平未铺膜的工作行或者铺除草布，成熟的种子掉落在地膜表面，要及时用笤帚扫起来集中精选加工。由于种子细小无法分批采收，待80%~90%植株干枯时一次性收割，收割后后熟6~7天，然后将其放置到水泥地晾干。用木棍将里面的种子打落出来。收获的种子用精选机去除秕籽，在通风干燥处贮藏。种子产量和田间管理水平、天气因素有直接关系。

51 黑足菊属*Melampodium* 皇帝菊

【原产地】中美洲。

一、生物学特性

一年生草木。株高20~30cm。叶对生，下缘具疏锯齿。茎圆形、无毛、直立，二歧分叉，分叉点处抽生花梗。头状花序，总苞黄褐色，半球状，周边花舌状，金黄色，花直径约3cm。株型紧凑，不断分枝，不断抽生花序，故花多繁盛，开花不绝。种子千粒重4.17~5g。

二、同属植物

（1）皇帝菊 M. butter，株高30~50cm，黄色。

（2）同属还有梅兰抱鸡菊 M. paludosum，银毛星花 M. cinereum 等。

三、种植环境要求

性强健，喜温暖、干燥、阳光充足的环境，忌积水，适应性强，不择土壤，容易栽培，在稍阴处亦能生长。花期特别长且花朵多，具有耐热、耐干旱、耐瘠薄的能力。在40℃高温酷暑下亦生长良好。

四、采种技术

1.种植要点：我国北方大部分地区均可制种，甘肃河西走廊一带为最佳制种基地。采种一般采用春播的方法，可在3月初温室育苗，采用育苗基质128孔穴盘育苗，也可在4月中下旬在露地直播。通过整地，改善土壤的耕层结构和地面状况，施腐熟有机肥4~5m³/亩最好，或施复合肥15kg/亩或磷肥50kg/亩耕翻于地块。采用黑色除草地膜覆盖平畦栽培，一垄两行，也可以用手推式点播机播种。种植行距40cm，株距30cm，亩保苗不能少于5500株。

2.田间管理：移栽后要及时灌水，如果气温升高、蒸发量过大要再补灌一次保证成活。若田间有移栽不当未能成活的要及时补苗。小苗定植后需10~15天才可成活稳定，此时的水分管理很重要，小苗根系浅，土壤应经常保持湿润。浇水之后土壤略微湿润，更容易将杂草拔除。生长期由浅逐渐加深中耕，防止草荒，减少杂草。植株进入营养生长期，此时生长速度很快，需要供给充足的养分和水分才能保障其正常的生长发育。黄帝菊特别耐干旱，生长期间25~30天灌水1次。生长期根据长势可以随水施入氮肥10~20kg/亩或者复合肥10~15kg/亩。多次叶面喷施0.02%的磷酸二氢钾溶液，可提高分枝数、结实率和增加千粒重。

3.病虫害防治：生性强健，抗病虫性强，生长期间少有病虫侵害。偶有蜗牛取食叶片，可在发现蜗牛取食时撒施蜗牛诱杀药物嘧达颗粒剂，每亩撒施0.425kg，一般施一次即可，如是幼螺取食，补施一次即可完全控制。病害主要是9~10月发生的疫病，一般由叶片开始发病，继而扩展到基部，再扩展到根部引起植株死亡。如有疫病发生，可及时剪去枯叶和枯枝条，喷施瑞毒霉或敌克松等杀菌剂来加以控制。

4.隔离要求：黑足菊属是两性花，既能自花授粉也能异花授粉，主要靠蜜蜂授粉，属于虫媒花，天然异交率很高。由于该品种较少，和其他品种无须隔离。

5.种子采收：黑足菊属因开花时间不同而果实成熟期也不一致，要随熟随采。头状花序通常在7~9月间陆续成熟，待80%~90%植株干枯时一次性收割，

皇帝菊

皇帝菊种子

晾晒打碾。采收的种子集中去杂，及时晾干清选，然后再用比重机选出未成熟的种子，装入袋内。产量基本稳定，亩产20～30kg。

52 骨子菊属 *Osteospermum* 南非万寿菊

【原产地】南非。

一、生物学特性

多年生宿根草本，常作一二年生栽培。矮秆品种株高20～30cm，在株高12cm即可开花；高秆品种株高60～70cm。茎绿色，分枝多，开花早，花期长。头状花序，多数簇生呈伞房状，花径5～6cm，有白、粉、红、蓝、紫等色；花单瓣，中心呈放射状；有时在花瓣的尖端会有不同的阴影颜色，或由花瓣尖端向花瓣根部加深。一些变种还有长柄勺状花瓣。花期2～7月，气候适宜的地区可一直开到秋季。种子千粒重13～15g。

二、同属植物

（1）南非万寿菊 *O. ecklonis*，高秆株高60～70cm，混色。矮生品种株高20～30cm，有混色、玫红、白色、黄色等品种。

（2）同属的有盖膜菊 *O. vaillantii*；骨子菊 *O. marginatum* 等。

三、种植环境要求

性喜冷凉、通风的环境。不耐严寒，忌酷热，喜光照。在排水良好、pH 6.5左右、富含有机质的砂壤土中种植较好。生长适温10～18℃。自然分枝力强，无须摘心。

四、采种技术

1. 种植要点：我国北方大部分地区均可制种。采种一般采用春播的方法，可在3月初温室育苗，采用育苗基质128孔穴盘育苗，播种比较容易，操作也较安全。苗期生长较快，一般8～9天出苗，30～40天成苗。也可4月中下旬在露地直播。通过整地，改善土壤的耕层结构和地面状况，施腐熟有机肥4～5m³/亩最好，也可用复合肥15kg/亩或磷肥50kg/亩耕翻于地块。采用黑色除草地膜覆盖平畦栽培，一垄两行，也可以用手推式点播机播种。矮生品种种植行距40cm，株距25cm，亩保苗不能少于6600株。高秆亩保苗不能少于5000株。

2. 田间管理：点播后或移栽后要及时灌水。随着幼苗生长要及时间苗，每穴保留壮苗1～2株。及时中耕松土、除草。生长期间15～25天灌水1次。生长期根据长势可以随水施化肥，多施磷钾肥，少施铵态氮肥。通常苗期可多施含氮量高的肥料，用15-0-15或20-10-20的复合肥交替施用。喷施0.2%磷酸二氢钾，现蕾到开花初期再施1次。

3. 病虫害防治：病虫害较少。但一旦发病就不易控制。主要病害是根腐病、灰霉病和叶片病毒病。生长期间保证植株健壮，可避免一部分病害发生。药物防治：用50%的多菌灵1200倍液在早上喷施，3～4天一次，连续防治3次。和其他杀菌剂交替使用，效果会更好。虫害主要有潜叶蝇、蚜虫。潜叶蝇可用75%的灭蝇胺可湿性粉剂3000倍液喷施，蚜虫可用吡虫啉10%可湿性粉剂1000倍液防治。

4. 隔离要求：南非万寿菊是两性花，既能自花授粉也能异花授粉，品种间应隔离500～600m。在初花期，分多次根据品种叶形、叶色、株型、长势、花序形状和花色等清除杂株。

5. 种子采收：南非万寿菊种子通常在9～10月间陆续成熟，花序变黄后应及时采收，花朵凋谢干枯，在早晨有露水时人工采摘。一次性收获的，一定要在霜冻前收割，收获的种子用比重精选机去除秕籽，装入袋内，写上品种名称、采收日期、地点等，检测种子含水量低于8%，在通风干燥处贮藏。种子产量和田间管理水平、天气因素有直接关系。

南非万寿菊

南非万寿菊种子

53 匹菊属 *Pyrethrum*

【原产地】原产欧洲东南部，现广泛生长于欧洲、北美洲及澳大利亚。

一、生物学特性

多年生草本、半小灌木或半灌木。叶互生，羽状或二回羽状分裂，被弯曲的长单毛、叉状分枝的毛或无毛。头状花序异型，单生茎顶或茎生少数头状花序，排成不规则伞房花序或不成伞房状排列，或头状花序多数，在茎枝顶端排成规则伞房花序。边花1层或2层，雌性，舌状，中央两性花管状；总苞浅盘状，总苞片3～5层，草质或厚草质，边缘白色或褐色或黑褐色，膜质；花托突起，无托毛，少数种有托毛，托毛易脱落；舌状花白色、红色、黄色，舌片卵形、椭圆形或线形；管状花黄色，有短管部，上半部微扩大或突然扩大，顶端5齿裂；花药基部钝，顶端附片卵状披针形或宽披针形；花柱分枝线形，顶端截形。瘦果圆柱状或三棱状圆柱形，有5～10（12）条多少突起的椭圆形纵肋；边缘雌花瘦果的肋常集中于腹面。冠状冠毛长0.1～1.5mm，或不足0.1mm，冠缘浅裂或分裂至基部，或瘦果背面的冠缘分裂至基部，或冠缘锯齿状。品种间差异化很大，种子千粒重0.15～2g。

二、同属植物

匹菊属品种繁多。分为黄匹菊组 Sect. *Chrysoglossa*；除虫菊组 Sect. *Cinerariifolia*；岩匹菊组 Sect. *Lithophytum*；伞房组 Sect. *Parthenium*；匹菊组 Sect. *Pyrethrum*；细裂组 Sect. *Richteria* 等，这里介绍几个常见的种类。

（1）玲珑菊 *P. pyrethrellum*，多年生草本；也可以作一年生栽培。株高25～35cm，头状花序径2.5～3.0cm，数个集生茎枝顶端，外层舌状白色，管状花淡黄色，当年就开花。整株有香味。

（2）短舌匹菊 *P. parthenium*，也称之为切花洋甘菊。多年生草本；也可以作一年生栽培。高50～60cm，茎直立，自基部或上部分枝，有较多的叶；中

玲珑菊

玲珑菊种子

上部茎叶卵形，花序下部叶小，羽状分裂；整株有香味。

（3）白花除虫菊 *P. cinerariifolium*，多年生草本，高可达60～75cm。茎直立，花序的中央长着黄色的细管状的花朵，外周镶着一圈洁白的舌状花瓣，看起来淡雅而别致。白花除虫菊头状花序中含有4种0.4%～2%的杀虫成分，即除虫菊素甲、乙（pyrethrin I、II）及灰菊素甲、乙（cinerin I、II）。杀虫效力以除虫素甲最强。是提取生物杀虫剂的主要原料。这里简单提一下，红花除虫菊属于菊蒿属 *Tanacetum*，不含除虫菊酯，是纯观赏植物。

三、种植环境要求

耐寒，不耐高温，生长适温15～25℃，花坛露地栽培 –5℃以上能安全越冬，–5℃以下长时间低温叶片受冻、干枯变黄，当温度升高后仍能萌叶、孕蕾开花。忌高温多湿，夏季随着温度升高，花朵凋谢加快，30℃以上生长不良。

四、采种技术

1. 种植要点：采种一般采用春播的方法，我国北方大部分地区均可制种。可2月底3月初温室育苗，在播种前首先选择好苗床，整理苗床时要细致，深翻碎土两次以上，碎土均匀，刮平地面，一定要精细整平，有利于出苗，均匀撒上种子，覆盖厚度以不见种子为宜，播后立即灌透水；在苗床加盖地膜保持苗床湿润，温度18～25℃，播后8～12天即可出苗。采用育苗基质128孔穴盘，出苗后注意通风，降低日温增加夜温；苗龄约50天，及早通风炼苗，晚霜后定植。采种田选用阳光充足、灌溉良好、土质疏松肥沃的壤土为宜。施用复合肥15kg/亩耕翻于地块。采用地膜覆盖平畦栽培，定植时一垄两行，种植行距40cm，株距35cm，亩保苗不能少于4700株。

2. 田间管理：移栽后要及时灌水，如果气温升高

蒸发量过大要再补灌一次保证成活。若田间有移栽不当未能成活的要及时补苗。小苗定植后需10～15天才可成活稳定，此时的水分管理很重要，小苗根系浅，土壤应经常保持湿润。浇水之后土壤略微湿润，更容易将杂草拔除。生长期由浅逐渐加深中耕，防止草荒，减少杂草。植株进入营养生长期，此时生长速度很快，需要供给充足的养分和水分才能保障其正常的生长发育。生长期间15～20天灌水1次。生长期根据长势可以随水施入氮肥10～20kg/亩或者复合肥10～15kg/亩。多次叶面喷施0.02%的磷酸二氢钾溶液，可提高分枝数、结实率和增加千粒重。

3.病虫害防治：植株的嫩茎很易受蚜虫侵害，应及时防治。可拔除并销毁病株，用吡虫啉10～15g，兑水5000～7500倍喷洒。

4.隔离要求：匹菊属为是两性花，既能自花授粉也能异花授粉，但是天然异交率仍很高。不同品种间容易串粉混杂，为保持品种的优良性状。留种品种间必须隔离200m以上。在初花期，分多次根据品种叶形、叶色、株型、长势、花序形状和花色等清除杂株。

5.种子采收：匹菊属种子分批成熟，花序变黄后应及时采收，花朵凋谢干枯，在早晨有露水时人工采摘。一次性收获的，一定要在霜冻前收割，收获的种子用比重精选机去除秕籽，装入袋内，写上品种名称、采收日期、地点等，检测种子含水量低于8%，在通风干燥处贮藏。种子产量和田间管理水平、天气因素有直接关系。

⑤ 草光菊属 *Ratibida* 草原松果菊

【原产地】原产加拿大，现北美洲乃至墨西哥均有分布。

一、生物学特性

二年生或多年生草本。具粗毛，高30～100cm。枝条基生。叶互生，有羽状分裂，裂片线状至狭披针形，全缘；中盘花柱状，长1.5～4cm，形如松果，比一般所谓松果菊及黑心菊的中盘花更为突出，四周的舌状花黄色，管状花红褐色或黄色，花期早夏乃至秋季，6～9月，连绵不断。暖地成为多年生，或当年育苗翌年开花。寒地甚至成了一年生草花，也必须防寒。种子千粒重1.1～1.8g。

二、同属植物

（1）草原松果菊 *R. columnifera*，株高60～80cm，花序直径4～5cm，单瓣，褐红色和黄色。

（2）同属还有小黑心菊 *R. columnifera* var. *appendiculata*，*R. columnifera* var. *breviradiata* 等。

三、种植环境要求

稍耐寒，喜生于温暖向阳处，喜肥沃、深厚、富含有机质的土壤。

四、采种技术

1.种植要点：我国北方大部分地区均可制种。关中地区秋季播种，露地越冬。北方春播一般3月底或4月中下旬育苗移栽或在露地直播，播种前首先要选择土质疏松，地势平坦，土层较厚，排灌良好，土壤有机质含量高的地块。地块选好后，结合整地施入基肥，以农家肥为主，施用复合肥10～25kg/亩或磷肥50kg/亩，结合翻地施入土中，要细整地，耙压整平。采用黑色除草地膜覆盖平畦栽培。当气温稳定通过15℃时开始播种，采用点播机进行精量直播，也可以也可用直径3～5cm的播种打孔器在地膜上打孔，垄两边孔位呈三角形错开，种植深度2～3cm为宜；每穴点3～4粒，覆土以湿润微砂的细土为好。一垄两行或多行，种植行距45cm，株距35cm，亩保苗不能少于4200株。

2.田间管理：直播后要及时灌水，出苗后要及时查苗，发现漏种和缺苗断垄时，应采取补种。长出5～6叶时间苗，按照留大去小的原则，每穴保留1～2株。浇水之后土壤略微湿润，及时进行中耕松土，清

草原松果菊

草原松果菊种子

除田间杂草。出苗后至封行前要及时中耕松土。生长期间20～25天灌水1次。植株进入营养生长期，此时生长速度很快，需要供给充足的养分和水分才能保障其正常的生长发育。在生长期根据长势可以随水施入尿素10～30kg/亩。多次叶面喷施0.02%的磷酸二氢钾溶液，可提高分枝数、结实率和增加千粒重。冬季稍加保护即可露地安全越冬，翌年种子产量会比第一年提高1倍。

3.病虫害防治： 虫害主要是蚜虫。在蚜虫多发时，一旦发现需要及时进行治疗。以人工捕杀为主，注意保持环境通风。灰霉病多是在湿度较大的时候发生，因此需要加强管理，合理浇水施肥，并要注意通风，雨季要及时排水，并保持卫生。需要及时喷洒药剂进行治疗。

4.隔离要求： 草原松果菊是两性花，既能自花授粉也能异花授粉，天然异交率很高。品种间应隔离200～300m。在初花期，分多次根据品种叶形、叶色、株型、长势、花序形状和花色等清除杂株。

5.种子采收： 通常在8～9月间，选择瘦果大部分成熟的头状花序剪下，晒干后置于干燥阴凉处，集中去杂，清选出种子。采收后要及时晾干清选，然后再用色选机选出颜色差异的种子，装入袋内，检测种子含水量低于8%，可以将种子置于干燥避光、通风良好、环境温度在5～10℃之处进行贮藏。种子产量基本稳定，亩产可达20～40kg。

55 鳞托菊属 *Rhodanthe* 鳞托菊

【原产地】澳大利亚西部，中国云南多有栽培。

一、生物学特性

一年生草本。株高30～50cm，茎直立，茎秆细长，枝叶婆娑。叶互生，灰绿色，叶片心形或椭圆，与永生菊是近亲，为同科不同属植物。花苞质地如稻草，花蕾银色，花围绕黄色中心的白色或粉红色纸

质苞片，有蜡质感，至花朵枯萎而花色不褪，花朵不蔫，是极好的干花花材，花瓣透明似羽毛，常见粉、白两色，花形灵动如小鸟。花期6～7月。种子被白色茸毛包裹，种子千粒重1.1～1.3g。

二、同属植物

（1）鳞托菊 *R. manglesii*，株高30～50cm，花径2～4cm，花色有粉色和白色。

（2）同属还有罗丹斯小蜡菊 *R. chlorocephala*，千年干菊 *R. anthemoides*。

三、种植环境要求

性喜温暖凉爽的气候，半耐寒性，忌高温多湿，半日照或阴凉处生育不良。生育适温10～25℃。夏季要注意防暑；没有充足的光照会开花少，而光照过强，容易导致叶片日灼。畏惧大风，种植不当容易倒伏。

四、采种技术

1.种植要点： 采种可在2月底或3月初温室育苗，采用专用育苗基质128孔穴盘，播后覆盖基质，厚度为种子直径的1倍。发芽适温15～25℃，发芽时间8～10天，出苗后注意通风，降低日温增加夜温；苗龄40～50天，长出真叶后及早通风炼苗，晚霜前后定植。采种田以选用灌溉良好、土质疏松肥沃的壤土为宜。施复合肥15kg/亩耕翻于地块。采用地膜覆盖平畦栽培，定植时一垄两行，种植行距40cm，株距25cm，亩保苗不能少于6670株。

2.田间管理： 移栽后要及时灌水，如果气温升高蒸发量过大要再补灌一次保证成活。若田间有移栽不当未能成活的要及时补苗。小苗定植后需10～15天才可成活稳定，此时的水分管理很重要，小苗根系浅，土壤应经常保持湿润。浇水之后土壤略微湿润，更容易将杂草拔除。生长期由浅逐渐加深中耕，防止草荒，减少杂草。植株进入营养生长期，此时生长速

鳞托菊

鳞托菊种子

度很快，需要供给充足的养分和水分才能保障其正常的生长发育。生长期间15～20天灌水1次。灌水不能太深，否则会烂根引起死亡。生长期根据长势可以随水施入尿素10～20kg/亩。多次叶面喷施0.02%的磷酸二氢钾溶液，可提高分枝数、结实率和增加千粒重。每隔一定时间喷1次磷、硼、锰等微量元素或复合有机肥的水溶液，可防止花而不实。茎秆脆弱，如遇大风大雨容易倒伏，应及早设立支架，防止倒伏。

3.病虫害防治：常见的病害有褐斑病、黑斑病、白粉病及根腐病等。以上几种病的病原菌均属真菌，皆因土壤湿度太大，排水及通风透光不良所致。故宜选生态条件良好处栽培，并需注意排涝、清除病株、病叶，烧毁残根。生长期中再用波尔多液、80%代森锌可湿性粉剂，或50%甲基托布津可湿性粉剂喷洒。虫害有蚜虫、红蜘蛛、尺蠖、菊虎（菊天牛）、蛴螬、潜叶蛾幼虫等，可通过人工捕杀及喷药进行防治。

4.隔离要求：鳞托菊属是两性花，既能自花授粉也能异花授粉，深受蜜蜂、蝴蝶喜爱，属于虫媒花，天然异交率很高。品种间应隔离500～600m。在初花期，分多次根据品种叶形、叶色、株型、长势、花序形状和花色等清除杂株。

5.种子采收：鳞托菊属种子通常在7～8月间陆续成熟，分批成熟，成熟后带毛飞出，要及时采收。掉落在地上的种要用吸尘器或吸种机收回来。因为种子带白色茸毛很难清选，不要一次性收割，否则很难清选出来；收获的种子可用风选机去除秕籽，然后用色选机人工投料选取别色杂质，在通风干燥处贮藏。种子产量很不稳定，和田间管理、及时采收有关。

56 金光菊属 *Rudbeckia*

【原产地】北美洲东部。中国各地常见栽培。

一、生物学特性

二年生或多年生，稀一年生草本。叶互生，稀对生，全缘或羽状分裂。头状花序大或较大，有多数异型小花，周围有一层不结实的舌状花，中央有多数结实的两性花；总苞碟形或半球形；总苞片2层，叶质，覆瓦状排列；花托凸起，圆柱形或圆锥形，结果实时更增长；托片干膜质，对折或呈龙骨爿状。舌状花黄色，橙色或红色；舌片开展，全缘或顶端具2～3短齿；管状花黄棕色或紫褐色，管部短，上部圆柱形，顶端有5裂片；花药基部截形，全缘或具2小尖头。花柱分枝顶端具钻形附器，被锈毛。瘦果具4棱或近圆柱形，稍压扁，上端钝或截形。冠毛短冠状或无冠毛。种子千粒重0.38～0.42g。

二、同属植物

金光菊属约有26个种，自然分布于美国中西部的平原与大草原。分一年生品种和多年生品种。

（1）黑心菊 *R. hirta*，矮秆品种株高30～50cm，有重瓣黄色，单瓣混色等；高秆品种株高50～70cm，花有混色、黄红心、黄色黑心等品种。

（2）抱茎金光菊 *R. amplexicaulis*，一年生，株高90～100cm，花橘黄色。

黑心菊采种田

金光菊

（3）全缘金光菊 *R. fulgida*，株高70～90cm，花黄色。

（4）宿根金光菊 *R. laciniata*，株高70～80cm，有复瓣混色、铜红、黄色黄心、黄色绿心、棕红、黄色等品种。

（5）同属还有二色金光菊 *R. bicolor*，光叶金光菊 *R. glaucescens*，柔毛金光菊 *R. mollis*，齿叶金光菊 *R. speciosa*，棕眼金光菊 *R. triloba* 等。

三、种植环境要求

喜阳光充足，耐寒性强，也适应夏热，生长旺盛。土壤适应性广，耐干旱，怕水涝。

四、采种技术

1. 种植要点：我国北方大部分地区均可制种。春播可在3月底温室育苗，采用育苗基质72孔穴盘育苗，也可以4月中下旬在露地直播。露地直播的选择黑色除草地膜覆盖，播期选择在霜冻完全解除后，平均气温稳定在20℃以上，表层地温在10℃以上时，用直径3～5cm的播种打孔器在地膜上打孔，垄两边孔位呈三角形错开，每穴点3～4籽，覆土以湿润微砂的细土为好。也可以用手推式点播机播种。宿根品种在中原地区制种。于秋季8月育苗，10月定植。高秆种植行距40cm，株距35cm，亩保苗不能少于4700株。矮秆品种，种植行距35cm，株距30cm，亩保苗不能少于6000株。

2. 田间管理：移栽后要及时灌水，如果气温升高蒸发量过大要再补灌一次保证成活。若田间有移栽不当未能成活的要及时补苗。小苗定植后需10～15天才可成活稳定，此时的水分管理很重要，小苗根系浅，土壤应经常保持湿润。浇水之后土壤略微湿润，更容易将杂草拔除。生长期由浅逐渐加深中耕，防止草荒，减少杂草。植株进入营养生长期，此时生长速度很快，需要供给充足的养分和水分才能保障其正常的生长发育。生长期间15～25天灌水1次。生长期根据

金光菊种子

长势可以随水施入尿素10～20kg/亩。多次叶面喷施0.02%的磷酸二氢钾溶液，可提高分枝数、结实率和增加千粒重。高秆品种在生长中期大量分枝，应及早设立支架，防止倒伏。

3. 病虫害防治：虫害主要是蚜虫，一旦发现需要及时进行治疗，用一些安全的杀虫剂来杀虫，注意保持环境通风。灰霉病是黑心菊常见的病害之一，主要危害植株的叶片和茎部，使其出现斑点或腐烂，可使用50%异菌脲1000～1500倍液喷施，5天用药1次；连续用药2次，即能有效控制病情，使病害症状消失。

4. 隔离要求：金光菊属是两性花，既能自花授粉也能异花授粉，天然异交率很高。品种间应隔离500～800m。在初花期，分多次根据品种叶形、叶色、株型、长势、花序形状和花色等清除杂株。

5. 种子采收：金光菊属因开花时间不同而果实成熟期不一致，要随熟随采。秋播的通常在6～7月间陆续成熟，春播的在9～10月间陆续成熟，选择瘦果大部分成熟的头状花序剪下，晒干后置于干燥阴凉处，后期一次性收割，采收的种子集中去杂，及时晾干清选，然后再用比重机选出未成熟的种子，装入袋内。产量基本稳定，亩产20～50kg。

57 蛇目菊属 *Sanvitalia* 匍匐蛇目菊

【原产地】原产墨西哥及危地马拉。

一、生物学特性

一年生草本。株高15～20cm，平卧或匍匐状。叶对生，卵状披针形，全缘。头状花序单生茎顶，舌状花鲜黄色，雌性；筒状花暗紫色，两性；花径2～2.5cm，花期夏至晚秋。栽培简易，花期长。适用于布置花坛、岩石园，亦可盆栽或垂吊观赏。种子千粒重0.67～0.69g。这里描述的是匍匐蛇目菊 *Sanvitalia procumbens*，需要注意的是不要与另外一种更常见的蛇目菊 *Coreopsis tinctoria* 混淆，此种又名蛇目金鸡菊

宿根金光菊

或两色金鸡菊，是金鸡菊属的。

二、同属植物

（1）匍匐蛇目菊 S. procumbens，株高25～35cm，花径2～2.5cm，花有黄色黑心、黄绿色黑心。

（2）同属还有铺地蛇目菊 S. aberti，蛇纹菊 S. 'Mandarin Orange'等。

三、种植环境要求

喜阳光充足，耐干旱，耐瘠薄，栽培简易，花期长。在肥沃土壤中栽培易徒长倒伏，花能经受微霜，喜富含腐殖质的疏松砂质土壤。

四、采种技术

1.种植要点：我国北方大部分地区均可制种。可在3月底温室育苗，采用育苗基质128孔穴盘育苗，发芽适温18～21℃，7天左右发芽，5月底定植。也可以4月中下旬在露地直播。露地直播的选择黑色除草地膜覆盖，播期选择在霜冻完全解除后，平均气温稳定在20℃以上，用直径3～5cm的播种打孔器在地膜上打孔，垄两边孔位呈三角形错开，每穴点3～4粒，覆土以湿润微砂的细土为好。也可以用手推式点播机播种。种植行距40cm，株距35cm，亩保苗不能少于4700株。

匍匐蛇目菊种子

匍匐蛇目菊

2.田间管理：移栽后要及时灌水，如果气温升高蒸发量过大要再补灌一次保证成活。若田间有移栽不当未能成活的要及时补苗。小苗定植后需10～15天才可成活稳定，此时的水分管理很重要，小苗根系浅，土壤应经常保持湿润。浇水之后土壤略微湿润，更容易将杂草拔除。生长期由浅逐渐加深中耕，防止草荒，减少杂草。植株进入营养生长期，此时生长速度很快，需要供给充足的养分和水分才能保障其正常的生长发育。生长期间15～20天灌水1次。生长期根据长势可以随水施入尿素10～20kg/亩。多次叶面喷施0.02%的磷酸二氢钾溶液，可提高分枝数、结实率和增加千粒重。

3.病虫害防治：蛇目菊属主要病害为疫病和褐斑病。防治方法：一是摘除病叶，拔除重病株，带出田外销毁；二是药剂防治，用75%的辛硫磷乳油1000倍液，每5～7天用药1次，连喷3次。

4.隔离要求：蛇目菊属是两性花，既能自花授粉也能异花授粉，天然异交率很高。品种间应隔离600～800m。在初花期，分多次根据品种叶形、叶色、株型、长势、花序形状和花色等清除杂株。

5.种子采收：蛇目菊属因开花时间不同而果实成熟期也不一致，种子通常在8～9月间陆续分批成熟，成熟后带毛飞出，要及时采收。掉落在地上的种要用吸尘器或吸种机收回来。因为种子片状，比重很轻，不要一次性收割，否则很难清选出来；收获的种子可用风选机去除秕籽，在通风干燥处贮藏。种子产量很不稳定，和田间管理、及时采收有关。

58 瓜叶菊属 Pericallis 瓜叶菊

【原产地】加那利群岛。

一、生物学特性

多年生草本。茎直立，高20～30cm，被密白色长柔毛。叶具柄，叶片大，肾形至宽心形，有时上部叶三角状心形，长10～15cm，宽10～20cm，顶端急尖或渐尖，基部深心形，边缘不规则三角状浅裂或具钝锯齿，上面绿色，下面灰白色，被密茸毛；叶脉掌状，在上面下凹，下面凸起，叶柄长4～10cm，基部扩大，抱茎；上部叶较小，近无柄。头状花序直径3～5cm，多数，在茎端排列成宽伞房状；花序梗粗，长3～6cm；小花紫红色、淡蓝色、粉红色或近白色；舌片开展，长椭圆形，长2.5～3.5cm，宽1～1.5cm，顶端具3小齿；管状花黄色，长约6mm。瘦果长圆形，长约1.5mm，具棱，初时被毛，后变无毛。冠毛白色，长4～5mm。花果期3～7月。有紫色、红色、粉色、紫色，紫色和白色比较常见。种子千粒重0.24～0.29g。

二、同属植物

园艺品种极多。大致可分为大花型、星型、中间型和多花型四类，不同类型中又有不同重瓣和高度不一的品种，主栽品种有欧洲的"红色花"、非洲的"粉红色花"、地中海的"花红镶斑点"等。瓜叶菊学名不统一，异名 *Senecio cruentus* 也是可以的。

（1）瓜叶菊 *P. cruentus*，株高20～25cm，花混色、玫红、蓝色、紫色、红色等。

（2）双色瓜叶菊 *P. × hybrida*，株高20～25cm，花双色。

瓜叶菊

大花瓜叶菊

（3）同属还有野瓜叶菊 *P. cruenta*，款冬状瓜叶菊 *P. tussilaginis* 等。

三、种植环境要求

喜凉爽湿润、阳光充足的环境；不耐寒，也不耐高温，宜在通风凉爽的环境及疏松肥沃的黏质土壤栽植。生长最适温度15～25℃，在25℃时萌枝力最强。

四、采种技术

1. 种植要点：云南、汉中盆地、四川盆地、山东半岛都适合瓜叶菊制种。一般在8月底苗床育苗，因这时气温逐渐转凉，雨季已过，幼苗不受高温和雨涝影响，生长迅速。苗床要建在地势高的地方，搭上小拱棚，顶部用塑料布防雨，然后用50%～70%的遮阳网全覆盖以减少太阳的辐射热。采用pH 6.0～6.5的育苗基质，用128孔穴盘育苗，发芽适温18～21℃，7天左右发芽，出苗前后土壤表面保持湿润，出苗后要适当打开遮阳网，让太阳照射幼苗；温度控制在25℃左右，湿度控制在60%左右。10月底选择壮苗定植，种植行距30cm，株距25cm，亩保苗不能少于8800株。

2. 田间管理：采种田以选用阳光充足、排水良好、土质疏松肥沃的壤土为宜。施用复合肥15kg/亩耕翻于地块。采用白色地膜覆盖，10cm的小高垄栽培，垄宽50cm，定植时一垄两行，定植完全成活后，应看具体情况，在生长旺盛期保证充足的肥水供应，但如表现有徒长趋势时，则应适当挖水控肥。进入霜降以后，需提前扣小拱棚进行防霜冻措施，棚内温度保持在4～16℃，以保证瓜叶菊的生长。夜间室温不低于8℃。要注意温度的急骤变化，温度太低应采用棉被帘覆盖小拱棚，使幼苗安全越冬。越冬后气温升高可打开小拱棚两头通风，逐渐揭开边缘，等幼苗适应后完全揭开拱棚塑料。生长期每15天施1次2%左右的淡饼肥或1%的氮、磷、钾复合肥，交替使用效果

大花瓜叶菊种子

更好。在现蕾期可叶面喷布0.2%磷酸二氢钾1~2次。以促进花蕾生长而控制叶片生长。遇到大雨应再次覆盖拱棚防止大雨侵袭。

3.病虫害防治：气温升高，湿度过大通风不好，易产生白粉病，一经发现，可施用粉锈灵进行防治，时间为每10天1次，交替喷施使用。发现红蜘蛛和蚜虫，在虫害发生期，若瓜叶菊尚未现蕾开花，可用2000倍40%三氯杀螨醇乳剂或者40%氧化乐果1000倍液每7天喷1次。已现蕾开花，为避免伤害蜜蜂，尽量不喷施农药。发现根腐病和茎腐病，最简单的预防方法是保证充足光照，及时通风，同时剪除病叶并销毁，在根部敷上硫黄粉，若已经发病，在初期即需用1000倍的70%甲基托布津药液或稀释2000倍的50%代森铵药液控制病情。

4.隔离要求：瓜叶菊属是两性花，既能自花授粉也能异花授粉，主要靠蜜蜂授粉，天然异交率很高。品种间应隔离1000~3000m。在初花期，分多次根据品种叶形、叶色、株型、长势、花序形状和花色等清除杂株。

5.种子采收：瓜叶菊属因开花时间不同而果实成熟期也不一致，花盘微裂，花萼开始脱落，伞茸毛已开始出现，种皮变黑，用手挤出里面的絮状物，絮状物也变黑了，这说明种子已完全成熟了。这时是采收种子的最佳时期，如果采收过迟，种子会自然散发、飞走。采收时连同花盘采下来，放在阳光下晒干、取种，放在阴凉、通风、干燥处贮藏。种子产量很不稳定，和田间管理、及时采收有关。

59 金纽扣属 Acmella 桂圆菊

【原产地】巴西。中国广有分布。

一、生物学特性

一年生草本。节间长2~6cm。叶卵形、宽卵圆形或椭圆形，长3~5cm，宽0.6~2cm，顶端短尖或稍钝，基部宽楔形至圆形，全缘、波状或具波状钝锯齿，侧脉细，2~3对，在下面稍明显，两面无毛或近无毛，叶柄长3~15mm，被短毛或近无毛。头状花序单生，或圆锥状排列，卵圆形，径7~8mm，有或无舌状花；花序梗较短，长2.5~6cm，少有更长，顶端有疏短毛；总苞片约8个，2层，绿色，卵形或卵状长圆形，顶端钝或稍尖，长2.5~3.5mm，无毛或边缘有缘毛；花托锥形，长3~5mm，托片膜质，倒卵形；花黄色，雌花舌状，舌片宽卵形或近圆形，长1~1.5mm，顶端3浅裂；两性花花冠管状，长约2mm，有4~5个裂片；花序形状独特，橄榄状；花初开时为酒红色，盛开时为黄色。全日照下，叶片呈棕绿色。种子千粒重0.27~0.29g。

二、同属植物

（1）桂圆菊 A. oleracea（异名 Spilanthes oleracea），株高20~30cm，花褐色和黄色。

（2）同属还有白花金纽扣 A. radicans，白头金纽扣 A. radcans，短舌花金纽扣 A. brachyglossa，金纽扣 A. paniculata 等。

三、种植环境要求

喜温暖、耐热；喜光照充足、也耐半阴。要求疏

桂圆菊

桂圆菊种子

松、肥沃、湿润的土壤。

四、采种技术

1.种植要点：一般采用春播的方法，我国北方大部分地区均可制种。可在2月底3月初温室育苗，采用专用育苗基质128孔穴盘育苗，播种后8～12天萌芽，出苗后注意通风，降低温室温度；苗龄约60天，及早通风炼苗，4月底定植于大田。采种田选用阳光充足、灌溉良好的地块。施用复合肥10～25kg/亩耕翻于地块。采用黑色除草地膜覆盖平畦栽培，定植时一垄两行，种植行距35cm，株距30cm，亩保苗不能少于6300株。

2.田间管理：移栽后要及时灌水，如果气温升高蒸发量过大要再补灌一次保证成活。若田间有移栽不当未能成活的要及时补苗。小苗定植后需10～15天才可成活稳定，此时的水分管理很重要，小苗根系浅，土壤应经常保持湿润。浇水之后土壤略微湿润，更容易将杂草拔除。生长期由浅逐渐加深中耕，防止草荒，减少杂草。植株进入营养生长期，此时生长速度很快，需要供给充足的养分和水分才能保障其正常的生长发育。生长期间15～20天灌水1次。生长期根据长势可以随水施入尿素10～20kg/亩。多次叶面喷施0.02%的磷酸二氢钾溶液，可提高分枝数、结实率和增加千粒重。到8月底控制水分。

3.病虫害防治：花芽形成或开花期注意预防螨虫的危害。平时注意通风。虫害发生时可用吡虫啉1000～1200倍液或20%三氯杀螨醇1000倍液喷洒防治。

4.隔离要求：金纽扣属是两性花，既能自花授粉也能异花授粉，由于该品种较少，和其他品种无须隔离。但是同属之间要隔离200m以上。

5.种子采收：金纽扣属因开花时间不同而成熟期也不一致，要随熟随采，花序枯黄后即可采种，选择成熟的花序剪下，茎秆未干枯不能采收，种子轻而薄，选种时需轻扬，以防损失种子；同时勿与苞片混

杂。在通风干燥处贮藏。种子产量和田间管理水平、天气因素有直接关系。

60 万寿菊属 *Tagetes*

【原产地】约30种，产美洲中部及南部，其中有许多是观赏植物。我国广泛分布。

一、生物学特性

一年生草本。茎直立，有分枝，无毛。叶通常对生，少有互生，羽状分裂，具油腺点。头状花序通常单生，少有排列成花序，圆柱形或杯形，总苞片1层，几全部连合成管状或杯状，有半透明的油点；花托平，无毛；舌状花1层，雌性，金黄色、橙黄色或褐色；管状花两性，金黄色、橙黄色或褐色；全部结实；瘦果线形或线状长圆形，基部缩小，具棱；冠毛有具3～10个不等长的鳞片或刚毛，其中一部分连合，另一部分多少离生。种子千粒重0.77～3.33g。

二、同属植物

万寿菊的品种根据植株的高低来分类：高茎种，株高70～90cm，花形大；中茎种，株高50～70cm；矮生种，株高30～40cm，花形小。根据花形来分类，可分为蜂窝型、散展型、卷钩型和菊花型。万寿菊和孔雀草开的花是极为相似的，但是二者有着一些明显的不同。万寿菊的花朵更大一些，花朵直径6～8cm，而孔雀草花朵相对较小，花朵直径3～5cm。万寿菊和孔雀草花朵的颜色也很像，大多是开黄色或橙黄色的花，不过孔雀草开花花瓣上会带着红色斑块，万寿菊则没有红色斑块。如果花朵看起来呈现红色，那就是孔雀草，因为它带有红色斑块。而另一方面，万寿菊的花朵花瓣浓密，看起来比较饱满，而孔雀草的花朵花瓣比较稀疏，没有万寿菊那么层层叠叠。孔雀草的花瓣更加平滑，万寿菊的花瓣则是有许多的裂齿。花朵的颜色和花瓣的密度不同，就是区分二者的最佳方法，乍一看万寿菊和孔雀草实在是太像了，不过稍加

万寿菊黄色

孔雀草采种田

密花孔雀草采种田

观察,就能发现二者的区别了。这里只描述常规的制种方法。

(1)万寿菊 *T.erecta*,高秆品种株高80~90cm,大部分为重瓣或蜂窝状,有混合色、橘色、黄色、乳白色等。中矮秆品种株高20~40cm,大部分为重瓣或蜂窝状,花有混合色、橘色、黄色等。

(2)香万寿菊 *T. lucida*,又名甜万寿菊、香叶万寿菊、莱蒙万寿菊。株高30~40cm,单瓣黄色,与其他万寿菊不一样,它全株都散发着香气,主要是园林观赏、药用食用、驱虫除味、天然黄色素染色等。

(3)孔雀草 *T. patula*,又名小万寿菊、杨梅菊、宴菊、红黄草。孔雀草的品种较多,株高20~30cm,花径5~8cm,因为种间反复杂交,除红黄色外,还培育出鸿运系列Bonanza、火焰系列Flame、西班牙舞曲Bolero、珍妮系列Janie等,花色有亮黄色、深橙色、火焰色、金色、樱草色等色。还有单瓣、复色等品种。

(4)密花孔雀草 *T. tenuifolia*,株高30~40cm,株型圆润。单株开花300朵以上,花径2~3cm,花有单瓣混色、橙色、黄色、红色等。

(5)近年来园艺工作者对万寿菊与孔雀草杂交育种进行了研究,通过雄性不育系为母本,孔雀草为父本,从而为万寿菊开辟多倍体育种的新途径。

三、种植环境要求

喜阳光、喜温暖、耐热、不耐寒,但在半阴处栽植也能开花。对土壤要求不严。既耐移栽,又生长迅速,栽培管理很容易。

四、采种技术

1.种植要点:一般采用春播的方法,我国北方大部分地区均可制种。可在2月底3月初温室育苗,采用专用育苗基质128孔穴盘育苗,播种后4~5天萌芽,出苗后注意通风,降低温室温度;苗龄约40天,及早通风炼苗,4月底定植于大田。采种田选用阳光充足、灌溉良好的地块。施用复合肥10~25kg/亩耕翻于地块。也可以4月中下旬在露地直播。露地直播的选择黑色除草地膜覆盖,播期选择在霜冻完全解除后,平均气温稳定在15℃以上,用直径3~5cm的播种打孔器在地膜上打孔,垄两边孔位呈三角形错开,每穴点3~4粒,覆土以湿润微砂的细土为好。也可以用手推式点播机播种。高秆品种种植行距40cm,株距35cm,亩保苗不能少于4700株。矮秆品种种植行距40cm,株距30cm,亩保苗不能少于5500株。

2.田间管理:移栽后要及时灌水,如果气温升高蒸发量过大要再补灌一次保证成活。若田间有移栽不当未能成活的要及时补苗。小苗定植后需10~15天才可成活稳定,此时的水分管理很重要,小苗根系浅,土壤应经常保持湿润。浇水之后土壤略微湿润,更容易将杂草拔除。生长期由浅逐渐加深中耕,防止草荒,减少杂草。植株进入营养生长期,此时生长速度很快,需要供给充足的养分和水分才能保障其正常的生长发育。生长期间15~20天灌水1次。生长期根据长势可以随水施入尿素10~20kg/亩。多次叶面喷施0.02%的磷酸二氢钾溶液,可提高分枝数、结实率和增加千粒重。高秆品种在生长中期大量分枝,应及早设立支架,防止倒伏。

3.病虫害防治:常见的病害有褐斑病、白粉病等,属真菌性病害,应选择好栽培地点,并注意排灌,清除病株、病叶,烧毁残枝,及时喷粉锈宁等杀菌药。发病重的地区于发病初期喷药,药剂可选用25%苯菌灵·环己锌乳油800倍液,40%百菌清悬浮剂500倍液,30%绿得保悬浮剂400倍液。隔7天喷药1次,共用2~3次。虫害主要是红蜘蛛,可加强栽培管理,在虫害发生初期可用20%三氯杀螨醇乳油500~600倍液进行喷药防治。

4.隔离要求:万寿菊属是两性花,既能自花授粉

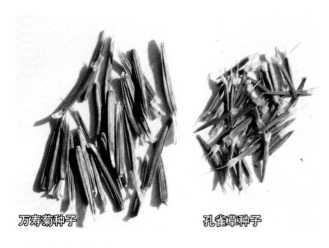

万寿菊种子　　　　　　　　　孔雀草种子

也能异花授粉，但是品种间隔离不好容易变异，品种间隔离重瓣品种应该不少于300m，单瓣或复瓣品种不少于500m。在初花期和盛花期，分多次根据品种叶形、株型、长势、花序形状和花色等清除杂株。

5.种子采收：万寿菊属瘦果成熟的时间参差不齐，采种要分期分批进行。花朵凋谢干枯，在早晨有露水时人工采摘。一次性收获的，一定要在霜冻前收割，收获的果枝在田间自然风干，不能拉回场地脱粒，以免场地混杂。干燥后然后用木棍轻轻捶打花头部分，切不可用石碾或镇压器打压，种子带毛，一旦将秸秆碾碎混入种子不好清选。收获的种子用比重精选机去除秕籽，装入袋内，写上品种名称、采收日期、地点等，检测种子含水量低于8%，在通风干燥处贮藏。品种间差异较大，重瓣率高的品种和矮生品种产量较低，单瓣品种的产量较高。种子产量和田间管理水平、天气因素有直接关系。

⑥ 菊蒿属 *Tanacetum* 红花除虫菊

【原产地】原产欧洲。我国陕西、山东、黑龙江、吉林、辽宁、江苏、浙江、安徽、江西、湖南、四川、广东、云南都有栽培。

一、生物学特性

多年生草本。全株有单毛、"丁"字毛或星状毛。叶互生，羽状全裂或浅裂。头状花序异型；茎生2～80个头状花序，排成疏松或紧密、规则或不规则的伞房花序，极少单生；边缘雌花1层，管状或舌状；中央两性花管状；总苞钟状；总苞片硬草质或草质，3～5层，有膜质狭边或几无膜质狭边；花托凸起或稍凸起，无托毛；如边缘为舌状花，则舌片有各种式样，或肾形而顶端3齿裂或宽椭圆形而顶端有多少明显的2～3齿裂，长可达11mm。舌状花和雌性管状花之间有一系列过渡变化，很类似两性的管状花，但雄

蕊极退化，花冠顶端2～5齿裂，齿裂形状及大小不一。两性管状花上半部稍扩大或逐渐扩大，顶端5齿裂。全部小花黄色。花药基部钝，顶端附片卵状披针形。花柱分枝线形，顶端截形。全部瘦果同形，三棱状圆柱形，有5～10个椭圆形突起的纵肋。冠状冠毛长0.1～0.7mm，冠缘有齿或浅裂，有时分裂几达基部。种子千粒重2.2～2.3g。

二、同属植物

（1）红花除虫菊 *T. coccineum*，株高60～90cm，花色有混色、红色、粉色等。

（2）同属还有艾菊 *T. vulgare*，又名菊蒿；美丽匹菊 *T. pulchrum*，白艾菊 *T. niveum*，密头菊蒿 *T. crassipes* 等。

三、种植环境要求

耐寒性极强，在-20℃地区可正常越冬。生长季节耐旱，对生境要求比较粗放，南北方均可以种植。在土层深厚、肥沃疏松的砂质壤土地生长良好。黏重、水渍地不宜种植。

四、采种技术

1.种植要点：我国北方大部分地区均可制种，甘肃河西走廊一带是最佳制种基地。河西走廊一般在6月初育苗，在播种前首先要选择好苗床，整理苗床时要细致，深翻碎土两次以上，碎土均匀，刮平地面，

红花除虫菊

除虫菊混色

除虫菊种子

一定要精细整平，有利于出苗。均匀撒上种子，覆盖厚度以不见种子为宜，播后立即灌透水；播种后必须保持土壤湿润；这样出苗整齐。也可以采用专用育苗基质128孔穴盘育苗，8月移栽于大田。采种田以选用无宿根型杂草、灌溉良好、土质疏松肥沃的壤土为宜。施用复合肥25kg/亩或过磷酸钙50kg/亩耕翻于地块，并喷洒克百威或呋喃丹，用于预防地下害虫。采用黑色除草地膜覆盖平畦栽培，一垄两行，行距40cm，株距35cm，亩保苗不能少于4700株。

2.田间管理：移栽后要及时灌水，夏季气温高，蒸发量过大，1周后要二次灌水保证成活。生长速度慢，注意水分控制，定植成苗后至冬前的田间管理主要为勤追肥水、勤防病虫害，使植株快速而正常的生长，入冬前植株长到一定的大小，从而保证翌年100%的植株能够开花结籽，以提高产量。翌年开春后气温回升，植株地上部开始重新生长，此时应重施追肥，以利发棵分枝，提高单株的产量。4～5月生长期根据长势可以随水再次施入化肥10～20kg/亩。多次叶面喷施0.02%的磷酸二氢钾溶液，可提高分枝数、结实率和增加千粒重。在生长中期大量分枝，应及早设立支架，防止倒伏。

3.病虫害防治：除虫菊无须治虫，但需防止枯萎病，用50%甲基托布津或石灰粉对除虫菊田进行防疫消毒，可有效防治。一旦发现有个别枯萎菊苗，应连根拔除，用火烧毁处理掉。

4.隔离要求：除虫菊属是两性花，既能自花授粉也能异花授粉，天然异交率很高。品种间应隔离600～800m。在初花期，分多次根据品种叶形、叶色、株型、长势、花序形状和花色等清除杂株。

5.种子采收：除虫菊因开花时间不同而果实成熟期也不一致，要随熟随采。通常在7～8月间成熟，选择瘦果大部分成熟的头状花序剪下、晒干后置于干燥阴凉处，集中去杂，清选出种子。采收后要及时晾干

清选，然后再用比重机选出未成熟的种子，装入袋内，检测种子含水量低于8%，品种间差异较大，其产量和秋季定植成活率有关，越冬后保苗齐且成活率高的，亩产20～30kg。

62 蒲公英属 *Taraxacum* 蒲公英

【原产地】北半球广大地区。

一、生物学特性

多年生草本。根略呈圆锥状，弯曲，长4～10cm，表面棕褐色，皱缩，根头部有棕色或黄白色的茸毛。叶倒卵状披针形、倒披针形或长圆状披针形，长4～20cm，宽1～5cm，先端钝或急尖，边缘有时具波状齿或羽状深裂，有时倒向羽状深裂或大头羽状深裂，顶端裂片较大，三角形或三角状戟形，全缘或具齿，每侧裂片3～5片，裂片三角形或三角状披针形，通常具齿，平展或倒向，裂片间常夹生小齿，基部渐狭成叶柄，叶柄及主脉常带红紫色，疏被蛛丝状白色柔毛或几无毛。种子千粒重0.5～0.53g。

二、同属植物

（1）蒲公英 *T. mongolicum*，株高20～30cm，黄色，也有大叶品种和白花品种。

（2）同属的还有毛叶蒲公英 *T. minutilobum*，小叶蒲公英 *T. goloskokovii*，多裂蒲公英 *T. dissectum*，朝鲜蒲公英 *T. coreanum* 等。

三、种植环境要求

耐寒、耐水湿、耐贫瘠，喜欢凉爽的气候。生长适温10～25℃，土壤要求疏松的砂壤土为宜。

四、采种技术

1.种植要点：春、夏、秋三季均可播种，可用专用育苗基质128孔穴盘，也可以平畦撒播育苗法。先把畦整细、整平，然后浇水，水深5cm左右，水渗后即可播种，因种子较小，可掺些颗粒相当的细砂或细土进行均匀撒播，播后可少覆土或不覆土，出苗可考

蒲公英

蒲公英种子

虑覆细土1～2次。温度控制在20℃左右，7天左右即可出苗，当小苗长出2片叶时，可结合除草进行间苗，使小苗有一定的生长空间。苗期应注意温度、光照、水分、杂草的管理工作。

2.田间管理：苗龄40～50天即可定植，最好选择无宿根型杂草、向阳通风的地块，整地、施肥；土壤深耕30cm，耙碎、整平，施入腐熟有机肥3000kg/亩、复合肥50kg/亩，充分与土壤混合，平畦种植，行距25cm，株距25cm，亩保苗10000株以上。移栽或直播后要及时灌水。每穴保留壮苗1～2株。及时中耕松土、除草。可以选择适当的施肥方式，在生长期根据长势随水施入尿素10～20kg/亩。生长期间20～25天灌水1次。越冬前要灌水1次，保持湿度，安全越冬。早春及时灌溉返青水，在花期之前以及花期应以磷钾肥为主，但也不能完全忽略氮肥。秋播的翌年5月底进入盛花期。

3.病虫害防治：抗病、抗旱、抗虫能力很强，一般不需进行病虫害防治，但若管理不善，也会发生根腐病、白锈病、霜霉病等，可均匀喷施70%甲基托布津可湿性粉剂500倍液进行防治。

4.隔离要求：蒲公英属是两性花，既能自花授粉也能异花授粉，深受蜜蜂、蝴蝶喜爱，主要靠蜜蜂授粉，属于虫媒花，同属不同种之间要隔离1000m以上。

5.种子采收：蒲公英属种子通常在5～6月间陆续成熟，当花盘外壳由绿变黄时，种子由乳白色变为褐色，可以选择9:00之前露水还没有干的时候采集，不能等到花开裂时再采收，否则种子易飞散失落。花盘采摘后放入室内后熟1天，待花盘全部散开，再阴干1～2天至种子半干时，用手搓掉种子尖端细茸毛晒干备用。大面积采种应使用改装的吸种机收取种子，在通风干燥处贮藏，种子产量和田间管理水平、天气因素有直接关系。

㊿ 肿柄菊属 *Tithonia* 墨西哥向日葵

【原产地】北美洲、墨西哥。

一、生物学特性

一年生草本。高100～120cm。茎直立，有粗壮的分枝，被稠密的短柔毛或通常下部脱毛。叶卵形或卵状三角形或近圆形，长7～20cm，3～5深裂，有长叶柄，上部的叶有时不分裂，裂片卵形或披针形，边缘有细锯齿，下面被尖状短柔毛，沿脉的毛较密，基出三脉。头状花序大，宽5～15cm，顶生于假轴分枝的长花序梗上；总苞片4层，外层椭圆形或椭圆状披针形，基部革质；内层苞片长披针形，上部叶质或膜质，顶端钝；舌状花1层，黄色，舌片长卵形，顶端有不明显的3齿；管状花黄色。瘦果长椭圆形，长约4mm，扁平，被短柔毛。花果期9～11月。种子千粒重7.69～8.33g。

二、同属植物

（1）圆叶肿柄菊 *T. rotundifolia*，株高100～120cm，单瓣花，有混色、红色、黄色和橘红色。

（2）同属的还有肿柄菊 *T. diversifolia*，异叶肿柄菊 *T. brachypappa* 等。

三、种植环境要求

耐热，耐旱，耐贫瘠；喜温暖、向阳的环境；生长适温25～35℃，土壤以疏松的砂壤土为宜。

四、采种技术

1.种植要点：我国北方大部分地区均可制种。一般4月中下旬或5月上旬在露地直播。在播种前首先要选择砂质化瘠薄一点、排灌良好的地块。地块选好后，每亩施入复合肥10kg或磷肥50kg，结合翻地施入土中，要细整地，耙压整平。采用黑色除草地膜覆盖平畦栽培。平均气温稳定在20℃以上，采用点播机进行精量直播，也可以也可用直径3～5cm的播种打孔器在地膜上打孔，垄两边孔位呈三角形错开，种植深度以1～2cm为宜；每穴点3～4粒，覆土以湿润微砂的细土为好。

圆叶肿柄菊

圆叶肿柄菊种子

2.田间管理：直播后要及时灌水，出苗后要及时查苗，发现漏种和缺苗断垄时，应采取补种。长出5～6叶时间苗，按照留大去小的原则，每穴保留1～2株。浇水之后土壤略微湿润，及时进行中耕松土，清除田间杂草。出苗后至封行前要及时中耕、松土。生长期间20～25天灌水1次。植株进入营养生长期，此时生长速度很快，需要供给充足的养分和水分才能保障其正常的生长发育。人工摘除顶端以利于分枝。在生长期根据长势可以随水施入氮肥或复合肥。肥量过大容易徒长影响产量，多次叶面喷施0.02%的磷酸二氢钾溶液，可提高分枝数、结实率和增加千粒重。在生长中期大量分枝，应及早设立支架，防止倒伏。

3.病虫害防治：高温季节到来前要预防白粉病，病害严重时，叶片干枯，植株死亡。要注意通风透光。在发病初期喷洒15%粉锈宁可湿性粉剂1500倍液。虫害有蚜虫，可用10%除虫精乳油2500倍液喷杀。炎热时易发生红蜘蛛危害，宜及早防治。

4.隔离要求：肿柄菊属是两性花，既能自花授粉也能异花授粉，主要靠蜜蜂授粉，天然异交率很高。品种间应隔离1000～2000m。在初花期，分多次根据品种叶形、叶色、株型、长势、花序形状和花色等清除杂株。

5.种子采收：肿柄菊属因开花时间不同而果实成熟期也不一致，要随熟随采，瘦果成熟时黑褐色，易从果盘脱落。通常在9～10月间陆续成熟，选择瘦果干枯成熟的头状花序剪下，把它们晒干后清选晾干入袋。该植物麻雀喜欢偷食，应在种子成熟前在田间绑稻草人或用纱网防止野鸟偷食。产量基本稳定，亩产20～40kg。

64 婆罗门参属 *Tragopogon* 黄花婆罗门参

【原产地】我国主要分布于新疆、内蒙古；俄罗斯、哈萨克斯坦也有分布。生于山坡草地及林草间草地。

一、生物学特性

二年生草本。高60～100cm。根垂直直伸，圆柱状。茎直立，不分枝或分枝，有纵沟纹，无毛。下部叶长，线形或线状披针形，基部扩大，半抱茎，向上渐尖，边缘全缘，有时皱波状，中上部茎叶与下部叶同形，但渐小。头状花序单生茎顶或植株含少数头状花序，但头状花序生枝端，花序梗在果期不扩大；总苞圆柱状，长2～3cm，总苞片8～10枚，披针形或线状披针形，长2～3cm，宽8～12mm，先端渐尖，下部棕褐色；舌状小花黄色，干时蓝紫色。瘦果灰黑色或灰褐色，长约1.1cm，有纵肋，沿肋有小而钝的疣状突起，向上急狭成细喙，喙长0.8～1.1cm，喙顶不增粗，与冠毛连结处有蛛丝状毛环。冠毛灰白色，长1～1.5cm。花果期5～9月。种子千粒重7.69～8.33g。

二、同属植物

（1）黄花婆罗门参 *T.orientalis*，又名超级蒲公英，株高70～100cm，花黄色，白色冠毛形成的毛球直径可达10～15cm，拳头大小，毛茸茸的十分可爱。

（2）本属植物常见栽培的还有头状婆罗门参 *T. capitatus*，长茎婆罗门参 *T. elongatus*，北疆婆罗门参 *T. pseudomajor*，红花婆罗门参 *T. ruber* 等。

三、种植环境要求

喜温暖、向阳的环境，生长适温20～25℃，土壤以疏松的砂壤土为宜。

黄花婆罗门参

黄花婆罗门参种子

四、采种技术

1.种植要点：一般采用春播的方法，我国北方大部分地区均可制种。发芽适温15～25℃，可在2月底3月初温室育苗，采用专用育苗基质育苗，用128孔穴盘育苗，播种后8～10天萌芽，出苗后注意通风，降低温室温度；苗龄约45天，及早通风炼苗，4月底定植于大田。采种田选用阳光充足、灌溉良好的地块。施用复合肥10～25kg/亩耕翻于地块。也可以4月中下旬在露地直播。高秆品种种植行距40cm，株距35cm，亩保苗不能少于4700株。

2.田间管理：移栽后要及时灌水，如果气温升高蒸发量过大要再补灌一次保证成活。若田间有移栽不当未能成活的要及时补苗。小苗定植后需10～15天才可成活稳定，此时的水分管理很重要，小苗根系浅，土壤应经常保持湿润。浇水之后土壤略微湿润，更容易将杂草拔除。生长期由浅逐渐加深中耕，防止草荒，减少杂草。植株进入营养生长期，此时生长速度很快，需要供给充足的养分和水分才能保障其正常的生长发育。生长期间15～20天灌水1次。生长期根据长势可以随水施入尿素10～20kg/亩。多次叶面喷施0.02%的磷酸二氢钾溶液，可提高分枝数、结实率和增加千粒重。在生长中期大量分枝，应及早设立支架，防止倒伏。

3.病虫害防治：高温季节到来前要预防白粉病，要注意通风透光。在发病初期喷洒15%粉锈宁可湿性粉剂1500倍液。虫害有蚜虫，可用10%除虫精乳油2500倍液喷杀。

4.隔离要求：婆罗门参属是两性花，既能自花授粉也能异花授粉，由于该属品种较少，和其他品种间无须隔离。

5.种子采收：婆罗门参属种子通常在9～10月间陆续成熟，当白色毛球散开时，可以选择9:00之前，露水还没有干的时候采集，不能等到花开裂时再采收，否则种子易飞散失落。采摘后放入室内后熟1天，

待花盘全部散开，再阴干1～2天至种子半干时，用手搓掉种尖端细茸毛晒干备用。大面积采种应使用改装的吸种机收取种子，在通风干燥处贮藏，种子产量和田间管理水平、天气因素有直接关系。

65 熊菊属*Ursinia*春黄熊菊

【原产地】南非。

一、生物学特性

一年生草本。植株低矮，分枝密集丛生，通常株高约30cm，冠径20cm，全体被有腺点。叶互生，披针形或倒卵形，长4cm，羽状深裂成柱状细条。头状花序小，雏菊状，舌状花橘黄色，基部暗红并有黑色斑点，管状花黄色，花朵盛开在每年的夏季秋季节，适合于成片种植，开花时金黄映目，每花有1鳞片包围。瘦果基部有1层细毛，冠毛为1行鳞片。种子千粒重0.9～1.0g。

二、同属植物

（1）春黄熊菊*U. anethoides*，株高30～40cm，头状花序径3cm，花梗长达20cm，橘黄色，有褐晕。

（2）同属还有熊菊*U. dentata*，鸟寝花*U. discolor*等。

三、种植环境要求

喜冷凉、湿润和阳光充足，耐热。生长适温20～30℃，土壤以疏松的砂壤土为宜。

四、采种技术

1.种植要点：一般采用春播的方法，我国北方大部分地区均可制种。发芽适温20～25℃，可在3月初温室育苗，采用专用育苗基质128孔穴盘育苗，播种后5～7天萌芽，出苗后注意通风，降低温室温度；苗龄约45天，及早通风炼苗，4月底定植于大田。采种田选用阳光充足、灌溉良好的地块。施用复合肥10～25kg/亩耕翻于地块。也可以4月中下旬在露地直播。种植行距40cm，株距35cm，亩保苗不能少于4700株。

春黄熊菊

春黄熊菊种子

2.田间管理：移栽后要及时灌水，如果气温升高蒸发量过大要再补灌一次保证成活。若田间有移栽不当未能成活的要及时补苗。小苗定植后需10~20天才可成活稳定，此时的水分管理很重要，小苗根系浅，土壤应经常保持湿润。浇水之后土壤略微湿润，更容易将杂草拔除。生长期由浅逐渐加深中耕，防止草荒，减少杂草。植株进入营养生长期，此时生长速度很快，需要供给充足的养分和水分才能保障其正常的生长发育。生长期间10~20天灌水1次。生长期根据长势可以随水施入磷钾肥。多次叶面喷施0.02%的磷酸二氢钾溶液，可提高分枝数、结实率和增加千粒重。在生长中期大量分枝，纸条细软，应及早设立支架，防止倒伏。

3.病虫害防治：高温季节到来前要预防白粉病，要注意通风透光。在发病初期喷洒15%粉锈宁可湿性粉剂1500倍液。虫害有蚜虫，可用10%除虫精乳油2500倍液喷杀。

4.隔离要求：熊菊属是两性花，既能自花授粉也能异花授粉，由于该属品种较少，品种间无须隔离。

5.种子采收：熊菊属种子通常在9~10月间陆续成熟，成熟后带毛飞出，要及时分批采收。因种子带毛，不要一次性收割，否则很难清选出来；收获的种子可用风选机去除秕籽，在通风干燥处贮藏。种子产量很不稳定，和田间管理、采收有关。

66 干花菊属 *Xeranthemum* 干花菊

【原产地】欧洲南部。

一、生物学特性

一年生草本。被浓密茸毛，茎匍匐，上部近直立，株高40~60cm。叶无柄，长条形或线形，下方有白色茸毛。具有单生苞片或银色的头状花序，苞片呈鳞片状，紫色、粉红色或白色，形成单独的头状体，管状花呈浅紫色。是天然的干燥花，可在花朵刚刚开

始开放的早晨采收作切花，在通风良好的房间内倒挂成束。瘦果具茸毛。花果期7~10月，种子千粒重1.11~1.25g。

二、同属植物

（1）干花菊 *X. annuum*，株高60~70cm，花径4~6cm，花色有混色、紫红、白色等品种。

（2）同属还有筒苞干花菊 *X. cylindraceum* 等。

三、种植环境要求

适应性广泛，耐热耐干旱，非常适合凉爽气候，生长适温15~30℃，在干旱的石灰岩土壤上也能生长，在肥沃且排灌良好的土壤上生长最好。

四、采种技术

1.种植要点：一般采用春播的方法，我国北方大部分地区均可制种。可在2月底3月初温室育苗，发芽适温20~25℃，采用专用育苗基质128孔穴盘育苗，播种后7~10天萌芽出苗，出苗后注意通风，降低温室温度；苗龄约50天，及早通风炼苗，4月底定植于大田。采种田以选用阳光充足、灌排良好、土质疏松肥沃的砂壤土地为宜。施腐熟有机肥3~5m³/亩最好，也可用复合肥10~25kg/亩耕翻于地块。采用黑色除草地膜覆盖平畦栽培，定植时一垄两行，种植行距40cm，株距30cm，亩保苗不能少于5500株。

干花菊

干花菊种子

2.田间管理：移栽后要及时灌水以利成活。缓苗结束后要及时松土，铲除田内杂草。20～30天灌水1次。生长期根据长势可以随水施入尿素或硝酸铵10～20kg/亩。喷施1～2次0.2%磷酸氢钾，现蕾到开花初期再施1次。在生长中期大量分枝，应及早设立支架，防止倒伏。

3.病虫害防治：常见的病害有褐斑病、黑斑病、白粉病及根腐病等。以上几种病的病原菌均属真菌，皆因土壤湿度太大，排水及通风透光不良所致。故宜选生态条件良好处栽培，并需注意清除病株、病叶，烧毁残根。生长期中再用80%代森锌可湿性粉剂，或50%甲基托布津可湿性粉剂喷治。虫害有蚜虫、红蜘蛛等，可通过人工捕杀及喷药进行防治。

4.隔离要求：干花菊属是两性花，既能自花授粉也能异花授粉，深受蜜蜂、蝴蝶喜爱，属于虫媒花，天然异交率很高。品种间应隔离300～500m。在初花期，分多次根据品种叶形、叶色、株型、长势、花序形状和花色等清除杂株。

5.种子采收：干花菊属种子通常在9～10月间陆续成熟，分批成熟，成熟后带毛飞出，要及时采收。掉落在地上的种要用吸尘器或吸种机收回来。因为种子带白色茸毛很难清洗，不要一次性收割，否则很难清洗出来；收获的种子可用风选机去除秕籽，在通风干燥处贮藏。种子产量很不稳定，和田间管理、采收有关。

67 百日菊属 *Zinnia*

【原产地】原产墨西哥，是著名的观赏植物，在中国各地栽培很多。

一、生物学特性

一年生草本。茎直立，高30～100cm，被糙毛或长硬毛。叶宽卵圆形或长圆状椭圆形，长5～10cm，宽2.5～5cm，基部稍心形抱茎，两面粗糙，下面被密的短糙毛，基出三脉。头状花序径5～6.5cm，单生枝端，无中空肥厚的花序梗；总苞宽钟状；总苞片多层，宽卵形或卵状椭圆形；外层长约5mm，内层长约10mm，边缘黑色。托片上端有延伸的附片；附片紫红色，流苏状三角形；舌状花深红色、玫瑰色、紫堇色或白色，舌片倒卵圆形，先端2～3齿裂或全缘，上面被短毛，下面被长柔毛；管状花黄色或橙色，长7～8mm，先端裂片卵状披针形，上面被黄褐色密茸毛。雌花瘦果倒卵圆形，长6～7mm，宽4～5mm，扁平，腹面正中和两侧边缘各有1棱，顶端截形，基部狭窄，被密毛；管

状花瘦果倒卵状楔形，长7～8mm，宽3.5～4mm，极扁，被疏毛，顶端有短齿。花期6～9月，果期7～10月。品种繁多，种子差异很大，种子千粒重1.82～10g。

二、同属植物

百日草经过长期人工选育，栽培类型极多，有单瓣、重瓣、卷叶、皱叶和各种不同颜色的园艺品种。国外早已开展雄性不育技术用于杂交制种，常见品种有梦境、冲击者、阳伞、纽扣盒、彩色火焰、小世界等。在隔离区内用两用系人工辅助授粉繁殖。这里只描述常规采种要点。

（1）大花百日草 *Z.elegans*，株高80～100cm，花序直径10～15cm，复瓣至重瓣的舌状花型，花色有混色、绿色、深红、粉红、白色、黄色、紫红、橘色、深玫瑰、鲜红等。

（2）小花百日草 *Z.lilliput*，高秆品种株高80～100cm，矮秆品种株高20～30cm；花序直径4～5cm，复瓣至重瓣的舌状花型，花色有混色、粉红、白色、黄色、紫红、橘色、鲜红等。

（3）大丽花型百日草 *Z. 'Cactus Flowered'*，株高80～100cm，花序直径10～15cm，复瓣至重瓣的卷瓣大丽花花型，花色有混色、粉红、白色、黄色、紫红、橘色、鲜红等。

（4）矮秆百日草 *Z. elegans 'Dwarf'*，株高30～50cm，

大花百日草

矮秆百日菊

花序直径6～8cm，复瓣至重瓣的舌状花型，花色有混色、粉红、白色、黄色、紫红、橘色、鲜红等。

（5）小百日菊 Z. angustifolia，株高15～30cm，花序直径4～7cm，单瓣的舌状花型，花色有混色、粉红、白色、黄色、紫红、橘色、鲜红等。

（6）细叶百日菊 Z. baageana，株高15～30cm，花序直径4～6cm，复瓣的舌状花型，花色品种有混色、粉红、黄、紫红、鲜红等。

三、种植环境要求

喜温暖，不耐寒，喜阳光，怕酷暑，性强健，耐干旱，耐瘠薄，忌连作。根深茎硬不易倒伏。宜在肥沃深厚土壤中生长。生长期日温15～30℃，夜温15～16℃。夏季生长尤为迅速。若日照不足则植株容易徒长，抵抗力亦较弱，此外，开花亦会受影响。

四、采种技术

1.种植要点：我国北方大部分地区均可制种，常规品种甘肃河西走廊一带是最佳制种基地，可在3月底温室育苗，采用育苗基质72孔穴盘育苗，也可以4月中下旬在露地直播，播种前种子用50%多菌灵1000倍液浸泡10分钟，或用福尔马林消毒。发芽适温20～25℃，5～8天发芽出苗。出苗后注意通风，降低日温；苗高10cm时，留2对叶摘心，促进萌发侧枝。苗龄约40天，苗龄过长容易徒长，及早通风炼苗，晚霜后定植。采种田以选用阳光充足、地下水位高、灌溉良好、土质疏松肥沃的砂壤土地为宜。施腐熟有机肥3～5m³/亩最好，也可用复合肥15～30kg/亩耕翻于地块。采用地膜覆盖平畦栽培，种植时一垄两行，高秆品种种植行距45cm，株距35cm，亩保苗不能少于4200株。矮秆品种行距40cm，株距25cm为宜，亩保苗不能少于6600株。直播应在4月中下旬；采用点播机进行精量直播，也可用直径3～5cm的播种打孔器在地膜上打孔，垄两边孔位呈三角形错开，种植深度1～2cm为宜；每穴点3～4粒，覆土以湿润微砂的细土为好。

2.田间管理：播种或移栽后要及时灌水。移栽后要及时灌水，如果气温升高蒸发量过大要再补灌一次保证成活。若田间有移栽不当未能成活的要及时补苗。小苗定植后需20～25天才可成活稳定，此时的水分管理很重要，小苗根系浅，土壤应经常保持湿润。浇水之后土壤略微湿润，更容易将杂草拔除。生长期由浅逐渐加深中耕，防止草荒，减少杂草。植株进入营养生长期，此时生长速度很快，需要供给充足的养分和水分才能保障其正常的生长发育。株高15cm以上要人工摘心，促进分枝。生长期间15～20天灌水

1次。百日草不耐酷暑，高温季节加强灌溉。生长期根据长势可以随水施入尿素或复合肥15～30kg/亩。多次叶面喷施0.02%的磷酸二氢钾溶液，可提高分枝数、结实率和增加千粒重。高秆品种在生长中期大量分枝，应及早设立支架，防止倒伏。

3.隔离要求：百日草属是两性花，既能自花授粉也能异花授粉，但是品种间隔离不好容易变异，品种间隔离重瓣品种应该不少于200m，单瓣或复瓣品种不少于500m。在初花期和盛花期，分多次根据品种叶形、株型、长势、花序形状和花色等清除杂株。

4.病虫害防治：百日草属容易发生白星病，叶上发病。初生暗褐色的小斑点，后成周边暗褐色而中心灰白色、直径2～4mm的病斑。多在下部叶上发病，严重时叶卷枯。病斑表面有暗绿色霉状物。发病初期，及时摘除病叶，然后立即喷药防治，可用1∶0.5∶200倍的波尔多液加0.1%硫黄粉，或65%代森锌可湿性粉剂500倍液防治。褐斑病发生时，被侵染植株的叶子变褐干枯，花瓣皱缩，叶、茎、花均可遭受此病危害。叶片上最初出现黑褐色小斑点，不久扩大为不规则形状的大斑，直径2～10mm，红褐色。随着斑点的扩大和增多，整个叶片变褐干枯。茎上发病从叶柄基部开始，纵向发展，成为黑褐色长条状斑。花器受害症状与叶片相似，不久花瓣皱缩干枯。幼苗期，茎的基部受害时，形成深褐色中心下陷的溃

细叶百日菊黄色

疡斑，病斑逐渐包围茎部，使小苗呈立枯病症状。用50%代森锌或代森锰锌5000倍液喷雾防治。喷药时，要特别注意叶背表面喷匀。

5. 种子采收：百日草瘦果成熟的时间参差不齐，采种要分期分批进行。花朵凋谢干枯在早晨有露水时人工采摘。一次性收获的，一定要在霜冻前收割，收获的果枝在田间自然风干，不能拉回场地脱粒，以免场地混杂。干燥后然后用木棍轻轻捶打花头部分，切不可用石碾或镇压器打压，一旦将秸秆碾碎混入种子不好清选，收获的种子用比重精选机去除秕籽，装入袋内，写上品种名称、采收日期、地点等，检测种子含水量低于8%，在通风干燥处贮藏。品种间差异较大，重瓣率高的品种和矮生品种产量较低，单瓣品种

百日草种子（左）和百日菊种子（右）

的产量较高。种子产量和田间管理水平、天气因素有直接关系。

十一、Balsaminaceae 凤仙花科

凤仙花属 *Impatiens*

【原产地】中国、印度、非洲东部。

一、生物学特性

凤仙花属是本科中最大的属，有900余种，分布于旧大陆热带、亚热带山区和非洲，少数种类也产于亚洲和欧洲温带及北美洲。在我国已知的220余种。众所周知，凤仙花属在植物分类学上是十分困难的一个类群。下面重点描述中国凤仙花。

一年生草本。高15～60cm。茎粗壮，肉质，直立，不分枝或有分枝，无毛或幼时被疏柔毛，基部直径可达8mm，具多数纤维状根，下部节常膨大。叶互生，最下部叶有时对生；叶片披针形、狭椭圆形或倒披针形，长4～12cm，宽1.5～3cm，先端尖或渐尖，

凤仙花红色

基部楔形，边缘有锐锯齿，向基部常有数对无柄的黑色腺体，两面无毛或被疏柔毛，侧脉4～7对；叶柄长1～3cm，上面有浅沟，两侧具数对具柄的腺体。花单生或2～3朵簇生于叶腋，无总花梗，白色、粉红色或紫色，单瓣或重瓣。蒴果宽纺锤形，长10～20mm，两端尖，密被柔毛。果实为多少肉质弹裂的蒴果。果实成熟时种子从裂片中弹出，黑褐色。种子千粒重5.56～7.14g。

二、同属植物

凤仙花的栽培品种极多，花色丰富，花型有单瓣、重瓣、复瓣、蔷薇型及茶花型等。株型有分枝向上直伸的，有较开展或甚开展的，有龙游状或向下呈拱曲形的。株高有达1.5m以上，株幅达1m者，最矮的只有20cm。凤仙花形似蝴蝶，花色有粉红、大红、紫、白黄、洒金等，善变异。有的品种同一株上能开数种颜色的花瓣。

（1）中国凤仙花 *I. balsamina*，株高15～60cm，茶花型，有鲜红色、粉红、白色、紫丁香色。"繁花"系列株高40～60cm，有混色、玫红色、粉红色、红色、紫丁香色、雪青色等色。

（2）同属还有水金凤 *I. noli-tangere*，分布于东北、华北、西北及华中各地，朝鲜、日本和俄罗斯远东地区；辐射凤仙花 *I. radiata*，从西藏至云南、四川、贵州有分布；锐齿凤仙花 *I. arguta* 等。

（3）非洲凤仙 *I. walleriana*，株高20～30cm，多年生肉质草本，花顶生，又名顶花凤仙，有混色和各

凤仙花紫色

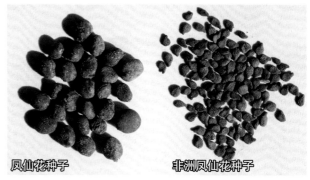
凤仙花种子　　　　非洲凤仙花种子

种单色，性喜温暖、湿润的气候。以及引种栽培的赞比亚凤仙花 *I. usambarensis* 等。

三、种植环境要求

性喜阳光，怕湿，耐热不耐寒。生长适温20～30℃，喜向阳的地势和疏松肥沃的土壤，但在较贫瘠的土壤中也可生长。

四、采种技术

1.种植要点：这里只描述中国凤仙花 *I. balsamina*。我国北方大部分地区均可制种。可以选择育苗移栽，一般在4月中下旬在露地直播。播期选择在霜冻完全解除后，平均气温稳定在20℃以上，通过整地，改善土壤的耕层结构和地面状况。采种田选用阳光充足、灌溉良好、土质疏松肥沃的壤土为宜。地力条件较好的可以不用施底肥，地力条件差的可以用复合肥15kg/亩或磷肥50kg/亩耕翻于地块，黑色除草地膜覆盖，采用点播机进行精量直播，也可用直径3～5cm的播种打孔器在地膜上打孔，垄两边孔位呈三角形错开，种植深度2～3cm为宜；每穴点3～4粒，覆土以湿润微砂的细土为好。高秆品种膜面种植2行，行距40cm，株距30cm，亩保苗不能少于5500株。矮秆品种，种植行距40cm，株距25cm，亩保苗不能少于6600株。

2.田间管理：直播后要及时灌水，出苗后要及时查苗，发现漏种和缺苗断垄时，应采取补种。长出5～6叶时间苗，按照留大去小的原则，每穴保留1～2株。浇水之后土壤略微湿润，及时进行中耕松土，清除田间杂草。出苗后至封行前要及时中耕松土。生长期间20～25天灌水1次。生长期根据长势可以随水施入氮肥10～15kg/亩。喷施2次0.2%磷酸二氢钾，肥量过大容易徒长影响产量，要根据长势适量施肥。生长期间20～30天灌水1次，种子成熟期间减少灌水。

3.病虫害防治：高温季节到来前要预防白粉病，要注意通风、透光。可用50%甲基托布津可湿性粉剂800倍液喷洒防治。如发生叶斑病，可用50%多菌灵可湿性粉剂500倍液防治。虫害主要是红天蛾，其幼虫会啃食凤仙花叶片。如发现有此虫危害，可人工捕捉灭除或用10%除虫精乳油2500倍液喷杀。

4.隔离要求：凤仙花属是自花授粉植物，天然异交率很高。品种间应隔离300～500m。在初花期，分多次根据品种叶形、叶色、株型、长势、花序形状和花色等及早清除杂株。

5.种子采收：凤仙花属因开花时间不同而果实成熟期也不一致，要随熟随采。种子通常在8～9月间陆续成熟，尖卵形蒴果由绿变黄即可采收，采收过晚果皮开裂，成熟的种子被弹出去，很难收回来。为了方便一次性收获，常用的办法是封垄前平整未铺膜裂缝，种子开始成熟前停止灌水，等成熟种子全部掉落于地膜表面，用人工清扫或吸种机械收获，集中去杂，然后用螺旋式清选机选出砂石及秸秆，必要的话可以用清水淘洗种子表面泥土以达到净度标准。产量基本稳定，矮生品种和重瓣品种亩产10～20kg，高秆品种亩产30～40kg。

十二、紫葳科 Bignoniaceae

悬果藤属 *Eccremocarpus* 智利垂果藤

【原产地】秘鲁东部、智利中南部。

一、生物学特性

常绿多年生植物，当年为草本，2～3年后为木质化藤本。枝蔓长达400cm。二回羽状复叶对生；小

智利垂果藤

智利垂果藤种子

叶卵形，长4cm，全缘或具齿。总状花序顶生；花冠筒状二唇形，长3cm，橙红色，花是管状簇，从春末到秋天持续开花，花色从最初的奶油色到金色和橙色，再到最深的红色。果实椭圆形。种子千粒重0.30～0.32g。

二、同属植物

（1）智利垂果藤 *E. scaber*，株高200～400cm，橙红渐变。

（2）同属还有悬果藤 *E. viridis*，*E. huianaccapac* 等。

三、种植环境要求

喜微潮偏干的土壤，喜日光充足，喜温暖，怕寒冷，生长适温18～35℃，在18～28℃的温度范围内生长较好，越冬温度不宜低于5℃。

四、采种技术

1. 种植要点：一般采用春播的方法。可在2月底3月初温室育苗，采用专用育苗基质128孔穴盘育苗，发芽适温15～20℃；播种后10～12天萌芽，出苗后注意通风，降低温室温度；苗龄约60天，及早通风炼苗，4月底定植于土温室田块。采种田选用无加温设备的土建温室内，施用复合肥10～25kg/亩耕翻于地块。采用黑色除草地膜覆盖小高垄栽培，定植时一垄1行，种植行距40cm，株距35cm，亩保苗不能少于3000株。

2. 田间管理：移栽后要及时灌水以利成活。缓苗结束后要及时松土，铲除田内杂草。第一年15～20天灌水1次。5～6月真叶长出三四片后，中心开始生蔓，及时要用细竹竿或铁丝做成支架，引其攀缘生长，长势太强要合理剪除部分枝条，立冬前要扣上塑料布让其安全越冬。冬季植株进入休眠期，要把瘦弱、病虫、枯死、过密等枝条剪掉。翌年4月底提前通风揭去塑料布，随水施入尿素10～20kg/亩，也可除草松土，对枝条进行整理。

3. 病虫害防治：白粉病可用50%甲基托布津可湿性粉剂500倍液喷洒，蚜虫、金龟子用10%除虫精乳油2500倍液喷杀。

4. 隔离要求：悬果藤属为自花授粉植物，由于该属品种较少，品种间无须隔离。

5. 种子采收：悬果藤属种子分批成熟，成熟后带毛飞出，要及时采收。种子很轻，很难清选；所以采收时不能混入秸秆和花头，收获的种子用簸箕扇去花瓣等杂质，装入袋内，写上品种名称、采收日期，在通风干燥处贮藏。种子产量和田间管理水平、天气因素有直接关系。

十三、紫草科 Boraginaceae

① 牛舌草属 *Anchusa*

【原产地】欧洲。

一、生物学特性

一年生草本。叶缘细齿裂；叶狭披针形至线形；萼片三角形，狭窄而柔软，有柔毛，亮绿色。在较短的分枝上着生许多亮蓝色的花，每个小花有5枚花瓣，5枚羽毛状的苞叶；花小，簇生，喉部白色，花冠筒中部半闭状、具条纹，口部裂开，花冠十分有趣，开花较早，花期从春季至夏季。种子千粒重1.54～1.67g。

二、同属植物

（1）南非牛舌草 *A.capensis*，株高25～35cm，有混色、蓝色和白色和粉色。适合盆栽的品种有'蓝鸟''Blue Bird'，花为蓝色；'粉鸟''Pink Bird'，花为粉红色。

（2）还有簇生牛舌草 *A.cespitosa*，药用牛舌草 *A.officinalis* 等。

三、种植环境要求

性喜温和湿润气候，喜夏季凉爽、忌高温，喜阳光充足，也稍耐阴。生长适温15～25℃，要求肥沃、土层深厚及排灌良好的土壤，不耐水湿。

四、采种技术

1.种植要点：我国北方大部分地区均可制种。常以早春温室种植，发芽适温18～25℃，播后覆土3mm，7～10天发芽。采种田应选土层深厚、疏松、排水透气性好的土壤，前茬以小麦、玉米、豆类为宜。露地直播的选择黑色除草地膜覆盖，播期选择在霜冻完全解除后，平均气温稳定在13℃以上，表层地温在10℃以上时，及时播种。用直径3～5cm的播种打孔器在地膜上打孔，垄两边孔位呈三角形错开，每

南非牛舌草种子

穴点3～4粒，覆土以湿润微砂的细土为好。也可以用手推式点播机播种。种植行距40cm，株距30cm，亩保苗不能少于5500株。

2.田间管理：在幼苗长出4～6片真叶，苗高约10cm时间苗，把弱苗、小苗、病苗拔除，每穴留1～2株壮苗。生长期间应每隔20～30天浇水一次，宜浅浇。生长期根据长势可以随水施入尿素20kg/亩。喷施1～2次0.2%磷酸二氢钾，若是叶片太繁茂时，则应减少氮肥的比例，至开花前宜多施磷钾肥，才能得到更高的产量。

3.病虫害防治：发现蚜虫及时用10%吡虫啉可湿性粉剂或一片净乳剂1000～1500倍液于傍晚喷施。如发生叶斑病，要清理枯枝残叶，及时摘除病叶，发病初期用70%甲基托布津800～1000倍液喷施。

4.隔离要求：牛舌草属为异花授粉植物，是很好的蜜源植物，深受蜜蜂青睐，是典型的虫媒花，天然异交率很高。不同品种间容易串粉混杂，为保持品种的优良性状，品种间必须隔离1000m以上。在初花期，分多次根据品种叶形、叶色、株型、长势、花序形状和花色等清除杂株。

5.种子采收：牛舌草属种子分批成熟，花序变黄后应及时采收，花朵凋谢干枯，在早晨有露水时人工采摘。一次性收获的，要在90%植株成熟后收割，收获的种子用比重精选机去除秕籽，装入袋内，写上品种名称，在通风干燥处贮藏。产量基本稳定，亩产20～40kg。

② 玻璃苣属 *Borago* 琉璃苣

【原产地】地中海沿岸、小亚细亚。

一、生物学特性

一年生草本芳香植物。全株密生粗毛，株高60～100cm。茎直，中空，有棱，近圆形。单叶互生，卵形，叶长12～20cm，宽2～12cm。聚伞花序，深蓝

南非牛舌草蓝色

南非牛舌草混色

琉璃苣

琉璃苣种子

色，有黄瓜香味，花冠5瓣，雌雄同花，雄蕊鲜黄色，5枚。长圆形小坚果，有种子1～4粒，种子黑色，种子千粒重16～20g。

二、同属植物

琉璃苣 *B. officinalis*，株高70～90cm，花有混色、蓝色和白色。

三、种植环境要求

性喜冷凉温和的气候，同时也耐热，在温度5～30℃范围内能正常生长发育；耐旱怕涝，对水分要求不严格，土壤湿度达35%～40%即可生长；喜阳光，对光照要求较为严格；抗病耐肥，对土壤的适应性强，一般在pH 4.5～8.3的土壤中均能生长。

四、采种技术

1. 种植要点：我国北方大部分地区均可制种。一般3月中下旬或4月上旬在露地直播。发芽适温18～25℃，播期选择在霜冻完全解除后，平均气温稳定在15℃以上，通过整地，改善土壤的耕层结构和地面状况。采种田以选用阳光充足、灌溉良好、土质疏松肥沃的壤土为宜。地力条件较好的可以不施底肥，地力条件差的可以用复合肥15kg/亩或磷肥50kg/亩耕翻于地块，选择黑色除草地膜覆盖，用手推式点播机播种。高秆品种膜面种植3行，行距50cm，株距40cm，亩保苗不能少于3300株。

2. 田间管理：点播后要及时灌水。随着幼苗生长要及时间苗，每穴保留壮苗1～2株。缓苗后及时中耕松土、除草，每次除草后都应整理操作道，保证地表无裂缝。生长期间25～30天灌水1次，切忌在风雨天气浇水，否则会造成倒伏减产。生长期根据长势可以随水施入氮肥5～10kg/亩。叶面喷施2次0.2%磷酸二氢钾以促进籽粒成熟饱满。肥量过大容易徒长影响产量，在生长中期大量分枝，应及早设立支架，防止倒伏。

3. 病虫害防治：土壤过度潮湿，或者通风不佳，容易感染白粉病、叶斑病或根腐病等。一旦发现琉璃苣感染真菌病害，一定要及时剪掉病叶、病枝，妥善处理，及时喷洒杀菌药，包括常见的百菌清溶液或代森锌溶液等。

4. 隔离要求：琉璃苣属是异花授粉植物，是典型蜜源植物，开花期间常有蜜蜂光顾，天然异交率很高。品种间应隔离3000～4000m。在初花期，分多次根据品种叶形、叶色、株型、长势、花序形状和花色等及早清除杂株。

5. 种子采收：琉璃苣属因开花时间不同而果实成熟期也不一致，通常在7～8月间陆续成熟，黑色小坚果成熟后迅速脱落。为了方便一次性收获，常用的办法是封垄前平整未铺膜裂缝，种子开始成熟前停止灌水，等成熟种子全部掉落于地膜表面，用割草机割去植株，用人工清扫或吸种机械收获，集中去杂，收获后用迎风机吹去尘土和秸秆，然后用窝眼清选机选出沙石及秸秆，必要时可以用清水淘洗种子表面泥土以达到净度标准。产量基本稳定，亩产60～100kg。

❸ 蜜蜡花属 *Cerinthe* 蓝蜡花

【原产地】地中海沿岸。

一、生物学特性

一年生草本。茎翠绿，直立，天然分枝较少，株高80～100cm。互生，椭圆形，有灰白斑，叶片基部抱茎，中肋明显，叶片有被粉的质感。复蝎尾花序自茎端伸出，苞片心形或圆形，绿色或蓝紫色，苞片内有1～3朵壶状花下垂，萼片圆形或心形，雌蕊略伸出花外，花凋谢后宿存，这植物的属名 *Cerinthe*，是由希腊文keros（蜡）与anthos（花）两字组合成，基部紫褐色。花果期7～9月。种子千粒重3.8～4.2g。

二、同属植物

（1）蓝蜡花 C. major，株高70～90cm，有紫色花和花朵黄色、基部紫褐色等品种。

（2）同属还有小花蜜蜡花 C. minor 等。

三、种植环境要求

喜欢日照充足的环境，也耐阴，忌高温。生长适温20～30℃；土质以肥沃、排灌良好的土壤为宜，在黏重的土壤中生长不良。

四、采种技术

1. 种植要点：我国北方大部分地区均可制种。一般4月上旬在露地直播。发芽适温18～25℃，播期选择在霜冻完全解除后，平均气温稳定在15℃以上。采种田以选用阳光充足、灌溉良好、土质疏松肥沃的壤土为宜。地力条件较好的可以不施底肥，地力条件差的可以用复合肥15kg/亩或磷肥50kg/亩耕翻于地块，选用黑色除草地膜覆盖，膜面种植2行，用直径3～5cm的播种打孔器在地膜上打孔，垄两边孔位呈三角形错开，每穴点1～3粒；也可用手推式点播机播种。种植行距60cm，株距40cm，亩保苗不能少于2800株。

2. 田间管理：点播后要及时灌水。随着幼苗生长要及时间苗，每穴保留壮苗1～2株。缓苗后及时中耕松土、除草，每次除草后都应整理操作道，保证地表无裂缝。生长期间25～30天灌水1次，切忌在风雨天气浇水，否则会造成倒伏减产。生长期根据长势可

以随水施入氮肥5～10kg/亩。叶面喷施2次0.2%磷酸二氢钾以促进籽粒成熟饱满。肥量过大容易徒长影响产量，在生长中期大量分枝，应及早设立支架，防止倒伏。

3. 病虫害防治：抗性较强，很少有病虫害发生。一旦发现感染真菌病害，一定要及时剪掉病叶、病枝，及时喷洒杀菌药。

4. 隔离要求：蜡花属是自花授粉植物，开花期间常有蜜蜂光顾，天然异交率也很高。品种间应隔离500～600m。在初花期，分多次根据品种叶形、叶色、株型、长势、花序形状和花色等及早清除杂株。

5. 种子采收：蜡花属因开花时间不同而果实成熟期也不一致，通常在8～9月间陆续成熟，种子成熟后迅速脱落。为了方便一次性收获，常用的办法是封垄前平整未铺膜裂缝，种子开始成熟前停止灌水，等成熟种子全部掉落到地膜表面，用割草机割去植株，用人工清扫或吸种机械收获，集中去杂，收获后用迎风机吹去尘土和秸秆，然后用窝眼清选机选出沙石及秸秆，必要时可以用清水淘洗种子表面泥土以达到净度标准。产量基本稳定，亩产50～60kg。

④ 琉璃草属 Cynoglossum 琉璃草

【原产地】尼泊尔中部、中国中部。

一、生物学特性

多年生草本，常作一年生栽培。高可达60～100cm。茎密生贴伏短柔毛。基生叶，长圆状披针形或披针形，茎生叶长圆形或披针形，无柄。花序锐角分枝，紧密，向上直伸，圆锥状，无苞片；裂片卵形或长圆形，花冠通常蓝色，稀白色，裂片圆形，花柱线状圆柱形。小坚果卵形，长3～4mm，背面微凹，密生锚状刺，边缘锚状刺基部连合，成狭或宽的翅状边，腹面中部以上有三角形着生面。花果期6～8月，种子千粒重3.85～4.17g。

二、同属植物

（1）琉璃草 C. amabile，民间常称之为倒提壶。株高70～90cm，有混色、蓝色、粉色和白色品种。

（2）同属还有红花琉璃草 C. officinale，高山倒提壶 C.alpestre 等。

（3）很多人将同科植物勿忘草和倒提壶混淆，花形相近，但是勿忘草 Myosotis alpestris 又名勿忘我，为勿忘草属植物，是同科不同属的植物。

三、种植环境要求

适应性强，喜干燥、凉爽的气候，忌湿热，喜

蓝蜡花

蓝蜡花种子

倒提壶

倒提壶种子

光、耐旱，生长适温15～25℃，适合在疏松、肥沃、排灌良好的微碱性土壤中生长。

四、采种技术

1. 种植要点：我国北方大部分地区均可制种。种子较大，适合直播，一般4月上旬在露地直播。发芽适温18～25℃，播期选择在霜冻完全解除后，平均气温稳定在15℃以上。采种田以选用阳光充足、灌溉良好、土质疏松肥沃的壤土为宜。地力条件较好的可以不施底肥，地力条件差的可以用复合肥15kg/亩或磷肥50kg/亩耕翻于地块，选用黑色除草地膜覆盖，膜面种植2行，用直径3～5cm的播种打孔器在地膜上打孔，垄两边孔位呈三角形错开，每穴点1～3粒；也可用手推式点播机播种。种植行距40cm，株距35cm，亩保苗不能少于4700株。

2. 田间管理：点播后要及时灌水。随着幼苗生长要及时间苗，每穴保留壮苗1～2株。缓苗后及时中耕松土、除草，每次除草后都应整理操作道，保证地表无裂缝。生长期间20～25天左右灌水1次。生长期根据长势可以随水施入氮肥10～15kg/亩。叶面喷施2次0.2%磷酸二氢钾以促进籽粒成熟饱满。肥量过大容易徒长影响产量，在生长中期大量分枝，应及早设立支架，防止倒伏。

3. 病虫害防治：抗性较强，很少有病虫害发生。高温高湿会发生灰霉病，可用百菌清、甲基托布津800～1000倍液连续喷洒3～4次防治。

4. 隔离要求：琉璃草属是自花授粉植物，开花期间常有蜜蜂光顾，天然异交率也很高。品种间应隔离500～600m。在初花期，分多次根据品种叶形、叶色、株型、长势、花序形状和花色等及早清除杂株。

5. 种子采收：琉璃草属因开花时间不同而果实成熟期也不一致，通常在8～9月间陆续成熟，种子成熟后迅速脱落。为了方便一次性收获，常用的办法是封垄前平整未铺膜裂缝，种子开始成熟前停止灌水，等成熟种子全部掉落于地膜表面，用割草机割去植株晾晒打碾。掉在田内的种子用人工清扫或吸种机械收获，集中去杂，收获后用迎风机吹去尘土和秸秆，然后用窝眼清选机选出砂石及秸秆，必要时可以用清水淘洗种子表面泥土以达到净度标准。产量基本稳定，亩产50～60kg。

⑤ 蓝蓟属 *Echium*

【原产地】西欧、南欧、北非、亚洲西南部。

一、生物学特性

一年生草本。通常多分枝。基生叶和茎下部叶线状披针形，两面有长糙伏毛。花序狭长，花多数，较密集；苞片狭披针形，长4～15mm；花萼5裂至基部，外面有长硬毛，裂片披针状线形，长约6mm，果期增大至10mm；花冠斜钟状，两侧对称，蓝紫色，外面有短伏毛，花药短，长圆形，柱头顶生，细小。小坚果卵形，表面有疣状突起。种子千粒重3.33～4.35g。

二、同属植物

（1）蓝蓟 *E. plantagineum*，株高70～80cm，有混色、蓝色、粉色和白色品种。

（2）同属还有矮小蓝蓟 *E. pitardii*，车前叶蓝蓟 *E. plantagineum* 等。

三、种植环境要求

稍耐寒，不耐高温，耐半阴。生长适温15～25℃，

蓝蓟

蓝蓟种子

喜温暖而凉爽的环境。适宜生长在疏松肥沃、排灌良好的壤土中。

四、采种技术

1. 种植要点：我国北方大部分地区均可制种。种子较大，适合直播，一般4月上旬在露地直播。发芽适温18~22℃，采种田以选用阳光充足、灌溉良好、土质疏松肥沃的壤土为宜。可以用复合肥15kg/亩或磷肥50kg/亩耕翻于地块，选用黑色除草地膜覆盖，膜面种植2行，用直径3~5cm的播种打孔器在地膜上打孔，垄两边孔位呈三角形错开，每穴点2~3粒；种子在播种前最好提前用温水浸泡2~3小时，这样出苗快而整齐。也可用手推式点播机播种。种植行距40cm，株距35cm，亩保苗不能少于4700株。

2. 田间管理：点播后要及时灌水。随着幼苗生长要及时间苗，每穴保留壮苗1~2株。缓苗后及时中耕松土、除草，每次除草后都应整理操作道，保证地表无裂缝。生长期20~25天灌水1次。生长期根据长势可以随水施入氮肥10~15kg/亩。叶面喷施2次0.2%磷酸二氢钾以促进籽粒成熟饱满。肥量过大容易徒长影响产量，在生长中期大量分枝，应及早设立支架，防止倒伏。

3. 病虫害防治：抗性较强，很少有病虫害发生。浇水过多会发生根腐病，一旦发现有生病的植株，一定要及时拔除，并且要带出田间烧毁，并且用多菌灵防治。

4. 隔离要求：蓝蓟属是自花授粉植物，开花期间常有蜜蜂光顾，天然异交率也很高。品种间应隔离500~600m。在初花期，分多次根据品种叶形、叶色、株型、长势、花序形状和花色等及早清除杂株。

5. 种子采收：蓝蓟属因开花时间不同而果实成熟期也不一致，花序变黄后应及时采收，花朵凋谢干枯，在早晨有露水时人工采摘。一次性收获的，一定要在霜冻前收割。收获的种子用比重精选机去除秕籽，装入袋内，写上品种名称、采收日期、地点等，

检测种子含水量低于8%，在通风干燥处贮藏。种子产量和田间管理水平、天气因素有直接关系。

⑥ 天芥菜属 _Heliotropium_ 香水草

【原产地】玻利维亚、哥伦比亚、秘鲁。

一、生物学特性

多年生草本。茎直立或斜升，基部木质化，不分枝或茎上部分枝，密生黄色短伏毛及开展的稀疏硬毛。茎下部叶具长柄，中部及上部叶具短柄；叶片卵形或长圆状披针形，长4~8cm，宽1.5~4cm，先端渐尖，基部宽楔形，上面粗糙，被硬毛及伏毛，下面柔软，密生柔毛，侧脉8~9对，上下两面均明显；叶柄长0.5~1.5cm，密生硬毛及伏毛。镰状聚伞花序顶生，集成伞房状，花期密集，直径4~6cm，花后开展，直径约10cm；花无梗或稀具短梗；花萼长2~2.5mm，裂至中部或中部以下，外面散生短硬毛，内面无毛或中部以上被稀疏伏毛，裂片披针形，大小不等；花冠紫罗兰色或紫色，稀白色，芳香，长3~6mm，基部直径约1mm，檐部直径5~7mm，外面裂片中肋及喉部具短伏毛，内面无毛，裂片短宽，极平展；花药卵状长圆形，长1.2~1.5mm，花丝极短，着生花冠筒基部以上1mm处；子房圆球形，无毛，花柱明显，长约

香水草

香水草种子

0.5mm，柱头较花柱稍长，上方不育部分锥形，长约0.5mm，下方能育部分盘状。核果圆球形，无毛，成熟时裂为4个具单种子的分核。花期2～6月。种子千粒重0.4～0.45g。

二、同属植物

（1）香水草 *H. arborescens*，株高20～50cm，紫蓝色。

（2）同属还有细叶天芥菜 *H. strigosum*，大苞天芥菜 *H. marifolium*，台湾天芥菜 *H. formosanum*，小花天芥菜 *H. micranthum* 等。

三、种植环境要求

性喜高温，不耐寒冷，喜欢阳光照射，但怕夏季的烈日暴晒。要求在疏松肥沃、通透良好的砂质土壤中生长。最适宜的生长温度为22～35℃。

四、采种技术

1.种植要点：本属制种难度大，可以选择秋季在温室育苗，温室越冬后晚春移栽于露天。也可以于春季育苗，可在2～3月初温室育苗，采用育苗基质128孔穴盘育苗，播种后12～16天萌芽，出苗慢而不整齐，发芽适温18～25℃，出苗后保持高温幼苗生长迅速，苗龄约60天，及早通风炼苗，晚霜后定植。采种田选用无加温设备的土建温室内，施用复合肥10～25kg/亩耕翻于地块。采用黑色除草地膜覆盖小高垄栽培，定植时一垄2行，种植行距40cm，株距25cm，亩保苗不能少于6600株。

2.田间管理：移栽后要及时灌水以利成活。缓苗结束后及时松土，铲除田内杂草。春季育苗的，在夏季高温时每15～20天灌水1次。立冬前要在温室扣上塑料布，降低温室内湿度，让其安全越冬。冬季植株进入休眠期，要把瘦弱、病虫、枯死、过密等枝条剪掉。翌年4月底提前通风揭去塑料布，随水施入尿素10～20kg/亩，也可除草松土，对枝条进行整理。在盛花季节，用人工辅助的方法进行人工授粉，提高结实率。

3.病虫害防治：病害比较少。若种植的环境不适，例如通风太差，温度高且湿度大，容易有介壳虫危害，要及时用药防治。药物可选敌百虫，控制好药物浓度，避免产生药害。此外，喷药后还要改变所处的环境，一定要加强通风，控制好温度和湿度。环境适宜长势才会更旺盛。

4.隔离要求：天芥菜属为自花授粉植物，由于品种较少，品种间无须隔离。

5.种子采收：天芥菜属种子分批成熟，因为果熟期不一致，小坚果容易脱落，要及时采收。采收后后熟3～5天，及时晾晒清选，收获的种子用簸箕扇去花瓣杂质，装入袋内，写上品种名称、采收日期，在通风干燥处贮藏。种子产量很低，和田间管理水平、天气因素有直接关系。

❼ 勿忘草属 *Myosotis* 勿忘草

【原产地】北美洲。

一、生物学特性

多年生草本，常作二年生栽培。茎直立，单一或数条簇生，高20～45cm，通常具分枝，疏生开展的糙毛，有时被卷毛。基生叶和茎下部叶有柄，狭倒披针形、长圆状披针形或线状披针形，长达8cm，宽5～12mm，先端圆或稍尖，基部渐狭，下延成翅，两面被糙伏毛，毛基部具小型的基盘；茎中部以上叶无柄，较短而狭。花序在花期短，花后伸长，长达15cm，无苞片；花梗较粗，在果期直立，长4～6mm，与萼等长或稍长，密生短伏毛；花冠蓝色，裂片5，近圆形，小果球形，黑色，平滑有光泽。种子千粒重0.56～0.59g。

二、同属植物

（1）勿忘草 *M. alpestris*，株高50～70cm，海蓝

勿忘草粉色

勿忘草蓝色

勿忘草种子

色。矮生品种株高20～30cm，株型紧凑，有混色、白色、粉红色、深蓝色、浅蓝色等。

（2）沼泽勿忘草 *M. scorpioides*，又名欧洲勿忘草，它和勿忘草非常相似。

很多人把琉璃草 *Cynoglossum amabile* 和勿忘草 *Myosotis alpestris* 混淆，两者的区别从种子上可以区分出来，勿忘草种子小，球形，黑色光滑。琉璃草种子卵形，种粒大，密生锚状刺。还有些人把勿忘草 *Myosotis alpestris* 和勿忘我 *Limonium bicolor* 混淆，勿忘我是蓝雪科补血草属 *Limonium* 植物。请注意甄别。

三、采种技术

1.种植要点：陕西关中、汉中盆地一带是最佳制种基地。可在8月底露地育苗，采用育苗基质128孔穴盘育苗，也可直播在培养土上，种子嫌光，覆土厚约0.2cm；8月气温偏高，需在冷凉处设立苗床，苗床上加盖遮阳网和防雨塑料，发芽适温15～22℃，覆土约0.3cm，7～8天出苗。出苗后注意通风。苗龄约45天，白露前后定植。采种田以选用阳光充足、灌排良好、土质疏松肥沃的砂壤土为宜。施腐熟有机肥3～5m³/亩最好，也可用复合肥15kg/亩耕翻于地块。采用地膜覆盖平畦栽培，定植时一垄两行，高秆品种种植行距50cm，株距35cm，亩保苗不能少于3800株。矮秆品种行距40cm，株距30cm，亩保苗不能少于5500株。

2.田间管理：最好选择雨前移栽，如栽植后不下雨要及时灌水。缓苗后及时中耕松土、除草。随着幼苗生长要及时间苗，每穴保留壮苗1～2株。生长期间如遇旱情，20～30天灌水1次。生长期根据长势可以随水施入尿素10kg/亩。喷施2次0.2%磷酸二氢钾，现蕾到开花初期再施1次。高秆品种在生长中期大量分枝，应及早设立支架，防止倒伏。

3.病虫害防治：病害有灰霉病、白粉病、病毒病等。灰霉病可用稀释800～1000倍的百菌清、甲基托布津连续喷洒3～4次防治。白粉病可用粉锈宁等喷洒防治，病毒病主要采取及时拔除病株烧毁，喷洒杀虫剂防止昆虫传病等措施防治。

4.隔离要求：勿忘草属为自花授粉植物，但也依赖蜜蜂授粉，品种间隔离不好容易变异，品种间隔离应不少于500m。在初花期和盛花期，分多次根据品种叶形。株型、长势、花序形状和花色等清除杂株。

5.种子采收：勿忘草属瘦果成熟的时间参差不齐，采种要分期分批进行。花朵凋谢干枯，在早晨有露水时人工采摘。收获的种子在晴天及时晾干，全部采摘完后用比重精选机去除秕籽，装入袋内，在通风干燥处贮藏。品种间差异较大，高秆品种亩产30～40kg，矮秆品种亩产20～30kg，其产量和春夏交替时雨水有关，如遇连阴天或大的降雨会影响产量。

⑧ 粉蝶花属 *Nemophila*

【原产地】美国加利福尼亚州、俄勒冈州，墨西哥。

一、生物学特性

一年生或二年生草本。其茎多汁，被短毛。叶片薄，对生，有多个羽状圆边的深裂，可进一步形成齿状。花冠艳丽，5瓣半旋成碗状花冠，花冠向基部分

蓝色喜林草

斑花喜林草

3/4瓣，淡蓝色，花心较浅，有时有蓝色脉和（或）深色点，花蕊为白色，花药卷曲，颜色深。种子千粒重2.3～9g。粉蝶花属在分类上一直存有争议，有的认为是田基麻科 Hydroleaceae 或水叶草科 Hydrophyllaceae；但一般被划入紫草科 Boraginaceae。

二、同属植物

（1）喜林草'纯净之蓝'N. menziesii 'Baby-blue-eyes'，又名婴儿的眼睛，开花之时成为蓝色海洋，甚为壮观。N. menziesii 'Snowstorm' 暴雪，白色带黑色斑纹。

（2）幌菊'黑便士'N. discoidalis 'Pennie Black'，花冠外围为白色，中部为深紫色。

（3）斑花喜林草'五个点'N. maculata 'Five Spot'，花有紫色斑点。

（4）同属还有小花粉蝶花 N. parviflora，铃花状喜林草 N. phacelioides，白粉蝶花 N. heterophylla 等。

三、种植环境要求

喜阳光也耐半阴，耐寒。比较适合在冷凉的气候条件下栽植。适合在疏松肥沃、排水良好的微酸、微碱性土壤中生长。

四、采种技术

1.种植要点：陕西关中、汉中盆地一带是最佳制种基地，可9月底10月初在露地苗床育苗，苗床上需加盖遮阳网和防雨塑料。采用育苗基质128孔穴盘育苗，发芽适温15～22℃，9～12天出苗。出苗后注意通风。由于不耐移栽，苗龄30～40天，白露前后定植。采种田以选用阳光充足、灌排良好、土质疏松肥沃的砂壤土地为宜。采用地膜覆盖10cm小高垄栽培，定植时一垄两行，行距40cm，株距30cm，亩保苗不能少于5500株。

2.田间管理：最好选择雨前移栽，如栽植后不下雨要及时灌水。缓苗后及时中耕松土、除草。最低能耐−3～−2℃的低温，在光照和通风条件良好的地方培育，可适度徒长，但不要过度下垂。在冬季来临前要加盖小拱棚保护越冬。安全越冬后如遇旱情，20～30天灌水1次。遇到大雨要及时排水。喷施2次0.2%磷酸二氢钾，现蕾到开花初期再施1次。3月底最好在小

喜林草种子对比

高垄水塘内铺设除草布，除草布的作用：一是防止杂草蔓延；二是种子成熟后会掉落在除草布上，便于采收。

3.病虫害防治：常见的病害有叶斑病和根腐病、炭疽病等，平时可用农药百菌清或甲基托布津1000～1500倍液防治，每隔七八天喷1次，连喷3次。这些药液沾在叶上留有白色痕迹可不必抹去，以利于继续发挥杀菌作用。

4.隔离要求：粉蝶花属为自花授粉植物，但是也依赖蜜蜂授粉，盛花期不能喷施农药，品种间隔离不好容易变异，品种间隔离应该不少于500m。在初花期和盛花期，分多次根据品种叶形、株型、长势、花序形状和花色等清除杂株。

5.种子采收：粉蝶花属蒴果成熟的时间参差不齐，蒴果成熟后裂开，种子会自动脱落，采种要分期分批进行。轻轻地拿起秧苗摘取植株下部的果实。掉在除草布的种子要及时收走，防止雨水浸泡；收获的种子在晴天及时晾干去除秕籽，装入袋内，在通风干燥处贮藏。其产量和春夏交替时雨水有关，如遇连阴天或大的降雨会影响产量。

⑨ 沙铃花属 Phacelia

【原产地】美国、墨西哥。

一、生物学特性

艾菊叶法色草为一年生草本。高可达90～120cm，全株被腺毛及硬毛。分枝多，叶二回羽状裂，小叶片边缘具齿，长5cm，边缘有齿牙。花为顶生总状花序，花数朵，上唇淡蓝色，开张如翅，中间突尖，下唇3裂，裂片深蓝紫色，中间裂片基部黄色，喉部黄色，深浅蓝堇相配十分雅致，雄蕊4。花钟形，长小于1cm，花冠蓝色至淡紫色，雄蕊明显长于花冠。蒴果，胞间开裂。花期6～8月。种子千粒重约1.54g。

加州蓝铃花为一年生草本。高达30～80cm，全株也有糙毛，但全株具有淡雅香气，具芳香。花冠长达4cm，漏斗形或钟状，管颈部位有白色斑点，雄蕊发达，非常显眼，钴蓝色。开花很早，性强健，种子掉到地面上可以发芽，花期5～7月，种子千粒重0.14～0.15g

二、同属植物

（1）艾菊叶法色草 P. tanacetifolia，株高90～120cm，花蓝色，蜜源植物。

（2）加州蓝铃花 P. campanularia，株高30～80cm，花钴蓝色，蜜源植物。

（3）同属还有高山钟穗花 P. sericea，株高30～40cm，蓝色，多年生。珀什沙铃花 P. purshii 等。

三、种植环境要求

喜冷凉，耐半阴，不耐高温、适生温度15～25℃；不择土壤，田园土、砂壤土、微碱或微酸性土均能生长。

四、采种技术

1.种植要点：可在3月底温室育苗，采用育苗基质128孔穴盘育苗，播种后7～10天萌芽，待长出3～5片真叶后进行移苗。也可以4月中下旬在露地直播，出苗后注意通风，降低夜温；苗龄约40天，及早通风炼苗，晚霜后定植。采种田选用阳光充足、灌溉良好、土质疏松肥沃的壤土为宜。施腐熟有机肥3～5m³/亩最好，也可用复合肥15kg/亩耕翻于地块。采用地膜覆盖平畦栽培，定植时一垄两行，艾菊叶法色草种植行距45cm，株距35cm，亩保苗不能少于4200株。蓝铃花种植行距40cm，株距30cm，亩保苗不能少于5500株。

2.田间管理：点播后要及时灌水。随着幼苗生长要及时间苗，每穴保留壮苗1～2株。缓苗后及时中耕松土、除草，每次除草后都应整理操作道，保证地表无裂缝，也可在操作道铺除草布。生长期间15～25天灌水1次。生长期根据长势可以随水施入氮肥10～15kg/亩。叶面喷施2次0.2%磷酸二氢钾以促进籽粒成熟饱满。肥量过大容易徒长影响产量，在生长中期大量分枝，应及早设立支架，防止倒伏。

艾菊叶法色草

蓝铃花

艾菊叶法色草（左）和蓝铃花（右）种子

3.病虫害防治：抗性较强，很少有病虫害发生。生长过程中如发现有病虫害，应立即咨询农药店选择合适的药剂进行喷施。

4.隔离要求：沙铃花属是异花授粉植物，花朵芬芳，花蜜丰富，是重要的蜜源植物，天然异交率也很高。品种间应隔离3000～4000m。在初花期，分多次根据品种叶形、叶色、株型、长势、花序形状和花色等及早清除杂株。

5.种子采收：沙铃花属因开花时间不同而成熟期也不一致，花序变黄后应及时采收，花朵凋谢干枯，在早晨有露水时剪下成熟花序。晾干后脱粒初种子，收获的种子用比重精选机去除秕籽，装入袋内，写上品种名称、采收日期等，在通风干燥处贮藏。种子产量和田间管理水平、天气因素有直接关系。

❿ 聚合草属 *Symphytum* 聚合草

【原产地】欧洲、亚洲。

一、生物学特性

丛生型多年生草本。高30～90cm，全株被向下稍弧曲的硬毛和短伏毛。根发达、主根粗壮，淡紫褐色。茎数条，直立或斜升，有分枝。基生叶通常50～80片，最多可达200片，具长柄，叶片带状披针形、卵状披针形至卵形，长30～60cm，宽10～20cm，稍肉质，先端渐尖；茎中部和上部叶较小，无柄，基部下延。花序含多数花；花萼裂至近基部，裂片披针形，先端渐尖；花冠长14～15mm，淡紫色、紫红色至黄白色，裂片三角形，先端外卷，喉部附属物披针形，长约4mm，不伸出花冠檐；花药长约3.5mm，顶端有稍突出的药隔，花丝长约3mm，下部与花药近等宽；子房通常不育，偶尔个别花内成熟1个小坚果。小坚果歪卵形，长3～4mm，黑色，平滑，有光泽。花期5～10月，种子千粒重9～10g。

二、同属植物

（1）聚合草 *S. officinale*，株高70～90cm，花淡紫色。

聚合草

聚合草种子

（2）同属还有伊比利亚聚合草 *S. ibericum*，糙叶聚合草 *S. asperum* 等。

三、种植环境要求

适宜地域较广，既耐寒又抗高温，不受地域限制；对土壤也无严格要求，除盐碱地、瘠薄地以及排水不良的低洼地外，一般土地均可种植。

四、采种技术

1.种植要点：我国北方大部分地区均可制种。甘肃河西走廊一带是最佳制种基地，河西走廊一般在夏季6月初育苗，可用育苗盘育苗便于移栽，15～25℃条件下容易萌发，而且出苗率高，8月中旬小麦收获后定植，采种田以选用阳光充足、通风良好、灌溉良好的土地为宜。施腐熟有机肥4～5m³/亩最好，也可用复合肥15kg/亩或磷肥50kg/亩耕翻于地块。采用黑色除草地膜覆盖平畦栽培，一垄两行，种植行距40cm，株距35cm，亩保苗不能少于4700株。

2.田间管理：移栽后要及时灌水。缓苗后及时中耕松土、除草。随着幼苗增长要及时间苗，每穴保留壮苗3～4株。越冬前要灌水1次，保持湿度安全越冬。早春及时灌溉返青水，4月生长期根据长势可以随水施入尿素20kg/亩。生长期间20～25天灌水1次。灌水不可过深，浇水过多湿涝容易死苗；7月进入盛花期。

3.病虫害防治：在高温高湿的环境下易患褐斑病和立枯病，要及早掘出病株烧毁或深埋，同时用80%多菌灵500倍液或80%代森锰锌800倍液泼浇土壤和喷洒邻近植株。聚合草苗期有地老虎及蝼蛄等地下害虫，可用90%敌百虫1000～1500倍液灌根。生长期主要有黄条跳甲危害。发生时采用1：400倍二二三保幼素乳剂混合1：1500倍敌敌畏喷雾。若有粉虱吸食叶片汁液，可用3%高氯·吡虫啉600～700倍液喷洒灭虫。

4.隔离要求：聚合草属自花授粉植物，由于此属品种较少，基本未发现杂株，可与其他品种同田采种。

5.种子采收：聚合草属因开花时间不同而果实成熟期也不一致，但是种子不易脱落。头状花90%干枯时可一次性收获，把它们晒干后置于干燥阴凉处。花序有刺，晾干后的花头用专用种子脱粒机脱粒，然后再用比重机选出小粒的种子，装入袋内。其产量和越冬后成活率有关，越冬后保苗齐且成活率高的，亩产40～50kg。

十四、十字花科 Brassicaceae

① 庭荠属 *Alyssum*

【原产地】北美洲、欧洲。

一、生物学特性

多年生常绿草本。茎自基部向上分枝，具有一定的匍匐特性。叶灰绿色，披针形。两端渐窄，全缘，

岩生庭荠

岩生庭荠种子

花序伞房状，花梗丝状，萼片长圆卵形，内轮的窄椭圆形或窄卵状长圆形，花小，黄色，4瓣，叶小花繁，开花芳香四溢。短角果椭圆形，果瓣扁压而稍膨胀，果梗末端上翘。种子悬垂于子房室顶，长圆形，淡红褐色，3～5月开花，种子千粒重0.29～0.31g。

二、同属植物

（1）黄花香雪球 *A. argenteum*，株高15～30cm，花金黄色。

（2）岩生庭荠 *A. saxatile*，株高15～30cm，花黄色。

三、种植环境要求

耐寒，喜日光充足，宜排灌良好，较干燥土壤。露地越冬容易，低温春化可有利于早开花。

四、采种技术

1.种植要点：陕西关中、汉中盆地及中原一带是最佳制种基地。可在8月底露地育苗，采用育苗基质128孔穴盘育苗，也可直播在培养土，覆土厚约0.2cm；8月气温偏高，需在冷凉处设立苗床，苗床上加盖遮阳网和防雨塑料布，直播在培养土的，出苗后注意通风。苗龄约45天，白露前后定植。采种田以选用阳光充足、灌排良好、土质疏松肥沃的砂壤土地为宜。施腐熟有机肥3～5m³/亩最好，也可用复合肥15kg耕翻于地块。采用地膜覆盖平畦栽培，定植时一垄两行，行距40cm，株距35cm，亩保苗不能少于4700株。

2.田间管理：移栽后要及时灌水。缓苗后及时中耕松土、除草。如果移栽幼苗偏弱，在立冬前后要再覆盖一层白色地膜保湿保温，以利于安全越冬。翌年3月，如遇旱季要及时灌溉返青水，随着幼苗增长要及时间苗，每穴保留壮苗1～2株。生长期根据长势可以随水施入尿素10～20kg/亩。在生长中期大量分枝，应及早设立支架，防止倒伏。5月进入盛花期。

3.病虫害防治：主要有蚜虫和菜青虫危害，造成叶片卷曲、肿胀、畸形，还可传播多种病毒病。应设黄板诱蚜。黄板上涂机油插于田间，诱杀有翅蚜，降低田间蚜虫密度；首选药为50%抗蚜威（辟蚜雾）2000～3000倍液，其次为10%吡虫啉可湿性粉剂1000～2000倍液。还可选用2.5%鱼藤酮乳油500倍液，或30%松脂酸钠乳剂150～300倍液，或15%乐溴乳油2000～3000倍液，或1.3%鱼藤氰戊乳油400～500倍液，或10%氯菊辛乳油1200～2400倍液。注意交替喷施2～4次，视虫情、苗情、天气等隔7～10天喷1次。叶正面出现淡黄色小病斑，逐渐扩大成黄绿色不规则病斑。天气潮湿时，叶背面产生白色霜层，这是霜霉病，加强田间管理；喷施1：0.5：240的波尔多液、75%百菌清可湿性粉剂800倍液等防治。

4.隔离要求：庭荠属是常规异花授粉植物，也是典型的蜜源植物，属于虫媒花，天然异交率很高。品种间应隔离1000～2000m。在初花期，分多次根据品种叶形、叶色、株型、长势、花序形状和花色等清除杂株。

5.种子采收：庭荠属因开花时间不同而果实成熟期也不一致，通常在5～6月间陆续成熟，伞房状花干枯，种子飞出时要随熟随采。将成熟的花序剪下，把它们晒干后置于干燥阴凉处，集中去杂，清选出种子装入袋内，在通风干燥处贮藏。品种间产量差异较大，其产量和田间管理和采收有关。

❷ 南庭荠属 *Aubrieta* 南庭荠

【原产地】欧洲东南部（意大利和马耳他），归化于英国和法国。中国有引种。

一、生物学特性

多年生草本。株高15～20cm，茎纤细，上升至平卧状，基生叶或茎生叶，丛生，分蘖性强，冠幅20～25cm。叶倒卵形、倒披针形或菱形，叶缘有缺刻，叶面有刚毛。顶生总状花序，花瓣十字形排列，辐射对称，花径1～3cm，花紫色、玫瑰红、蓝色，有黄色"花心"，单花期7～13天，单株一次开花34～57朵，整体花期3月至6月初，蒴果成熟7～8月，种子为深褐色或黑色。种子千粒重0.29～0.31g。

二、同属植物

（1）南庭荠 A. cultorum，株高15～20cm，有混色、蓝色、粉红、玫红等。

（2）同属还有匙叶南庭荠 A. deltoidea，是优良的地被花卉，花叶南庭荠 A. variegata，美丽南庭荠 A. hybrida 等。

三、种植环境要求

耐寒力较强，喜阳光充足、冷凉干燥的气候，炎热多雨的夏季处于半休眠状态，常枯死；喜疏松肥沃、排灌良好的砂质壤土，也能耐瘠。

四、采种技术

1. 种植要点： 陕西关中、汉中盆地及中原一带是最佳制种基地，可在8月底露地育苗，采用育苗基质128孔穴盘育苗，8月气温偏高，需在冷凉处设立苗床，

南庭荠

南庭荠种子

苗床上加盖遮阳网和防雨塑料，发芽温度15～20℃，10～14天发芽，苗龄约45天，出苗后注意通风。白露前后定植。对养分和水分的需求比较持久，同时吸收能力也较强，因此，栽培土壤应具备土层深厚、富含腐殖质、排灌良好的特点。施腐熟有机肥3～5m³/亩最好，也可用复合肥15～25kg/亩耕翻于地块。采用地膜覆盖平畦栽培，定植时一垄两行，行距40cm，株距25cm，亩保苗不能少于6600株。

2. 田间管理： 移栽后要及时灌水。缓苗后及时中耕松土、除草。如果移栽幼苗偏弱，在立冬前后要再覆盖一层白色地膜保湿保温，以利于安全越冬。翌年3月，如遇旱季要及时灌溉返青水，随着幼苗生长要及时间苗，每穴保留壮苗1～2株。追肥均应控制氮肥使用，增大钾肥、微量元素肥料的使用，以保证蒴蘖枝的增加与后期开花的养分需求，若水肥充足，单株一次着花数达34～56朵。进入旺盛生长期后每15天结合浇水追施磷钾肥1次。5月进入盛花期，盛花期不能缺水。

3. 病虫害防治： 易受菜青虫、蓟马等害虫啃食或吸食嫩叶，虫害严重时可喷菊酯类杀虫剂。栽培过程中白天温度超过30℃、降雨频繁时，茎基部易霉烂；可喷洒1000倍代森锰锌、甲霜锰锌等杀菌剂。

4. 隔离要求： 南庭荠属常规异花授粉植物，也是典型的蜜源植物，属于虫媒花，天然异交率很高。品种间应隔离1000～2000m。在初花期，分多次根据品种叶形、叶色、株型、长势、花序形状和花色等清除杂株。

5. 种子采收： 南庭荠属种子通常在5～6月陆续成熟，伞房状花干枯要及时采收。将成熟的花序剪下，晒干集中去杂，清选出种子，成熟的种子为深褐色或黑色，装入袋内，在通风干燥处贮藏。品种间产量差异较大，其产量与田间管理和采收有关。

❸ 芸薹属 *Brassica*

【原产地】地中海沿岸、小亚细亚。

一、生物学特性

一二年或多年生草本。无毛或有单毛；根细或呈块状。基生叶常成莲座状，茎生叶有柄或抱茎。总状花序伞房状，结果时延长；花中等大，黄色，少数白色；萼片近相等，内轮基部囊状；侧蜜腺柱状，中蜜腺近球形、长圆形或丝状。子房有5～45枚胚珠。长角果线形或长圆形，圆筒状，少有近压扁，常稍扭曲，喙多为锥状，喙部有1～3种子或无种子；果瓣无毛，有1显明中脉，柱头头状，近2裂；隔膜完全，

透明。种子每室1行，球形或少数卵形，棕色，网孔状，子叶对折。

本属植物为重要蔬菜，少数种类的种子可榨油；为蜜源植物；某些种类可供药用。关于本属的种的分类有不同意见。传统的看法把每种蔬菜作为种来处理。有人主张用 *B. rapa* 为合并的种名，下面设许多亚种；有人主张用 *B. chinensis* 作各类白菜的总学名；近来又有人主张用 *B. campestris* 作为中国白菜类的种的总称。鉴于群众已广泛使用，仍保留传统办法，把每种蔬菜作为独立种处理。这里只描述观赏用的羽衣甘蓝（种子千粒重3.0～3.3g）和彩色油菜花（种子千粒重2.2～2.5g）。

二、同属植物

（1）羽衣甘蓝 *B. oleracea* var. *acephala* f. *tricolor*，二年生观叶草本花卉，为甘蓝的园艺变种。基生叶片紧密互生呈莲座状，叶片有光叶、皱叶、裂叶、波浪叶之分，外叶较宽大，叶片翠绿、黄绿或蓝绿，叶柄粗壮而有翼，叶脉和叶柄呈浅紫色，内部叶叶色极为丰富，园艺品种形态多样，按高度可分高型和矮型；按叶的形态分皱叶、不皱叶及深裂叶品种；

羽衣甘蓝/油菜花种子

按颜色，边缘叶有翠绿色、深绿色、灰绿色、黄绿色，中心叶则有纯白、淡黄、肉色、玫瑰红、紫红等品种。国外早已开展自交不亲和系的杂交品种和切花品种。如波叶类：东京（Tokyo）、大阪（Osaka）、鸽子（Pigeon）。皱叶类：名古屋（Nagoya）、千鹤（Chidori）。羽叶类：孔雀（Peacock）、起重机（Crane Red）。切花类：日出（Sunrise）、日落（Sunset）。

（2）彩色油菜花 *B. campestris*，花有黄色、白色、粉色、橙色等。

三、种植环境要求

喜冷凉气候，生长适温20～25℃，极耐寒，能忍受多次短暂的霜冻而不枯萎，抗高温能力达35℃以上，转色需有15℃左右的低温刺激；喜充足阳光，对土壤的适应性很强。

四、采种技术

1.种植要点：陕西关中、汉中盆地及中原一带是最佳制种基地。可在7月底露地育苗，采用育苗基质128孔穴盘育苗，7月气温偏高，需在冷凉处立苗床，苗床上加盖遮阳网和防雨塑料，发芽温度20～25℃，5～7天出苗，苗龄约50天，出苗后注意通风防止染病。白露前后定植。对养分和水分的需求比较持久，同时吸收能力也较强，因此，栽培土壤应具备土层深厚、富含腐殖质、排灌良好的特点。施腐熟有机肥3～5m³/亩最好，也可用复合肥15～25kg/亩耕翻于地块。采用地膜覆盖平畦栽培，定植时一垄两行，行距50cm，株距40cm，亩保苗不能少于3300株。

2.田间管理：移栽后要及时灌水。缓苗后及时中耕松土、除草。如果移栽幼苗偏弱，在立冬前后要再覆盖一层白色地膜保湿保温，以利于安全越冬。翌年3月，如遇旱季要及时灌溉返青水。到生长旺盛的前期和中期重点追肥，结合浇水施氮、磷、钾复合肥25kg/亩；同时注意中耕除草，顺便摘掉下部老叶、黄叶。在薹期，每隔一定时间喷1次磷、硼、锰等微量

羽衣甘蓝

观赏油菜花

元素或复合有机肥的水溶液，可防止花而不实。叶面喷施0.02%的硼酸溶液，可提高分枝数、单株荚果数和增加千粒重。在荚果成熟期叶面喷施2%～3%的过磷酸钙水溶液。

3.病虫害防治：注意菜青虫、蚜虫、黑斑病等病虫害的发生。要及时除去基部的老叶、黄叶，基部留5～6片优质功能叶，以利植株间的通风透光。还可在发病初期用75%百菌清粉剂600倍液加50%多菌灵粉剂500倍液防治炭疽病1次；用21%的灭杀毙乳油2000倍液防治菜青虫及蚜虫1次。

4.隔离要求：芸薹属是常规异花授粉植物，也是典型的蜜源植物，属于虫媒花，天然异交率很高。品种间应隔离1000～2000m。在初花期，分多次根据品种叶形、叶色、株型、长势、花序形状和花色等清除杂株。

5.种子采收：芸薹属种子通常在6～7月陆续成熟。先将最早成熟的花薹剪下，待80%～90%花薹变黄时一次性收割，收割回去在水泥地将花薹向上后熟晾晒4～6天，遇到下雨要用塑料布盖住，千万不能淋雨以防出芽。晒干后集中打碾清选出种子，成熟的种子黑褐色，扁球形，装入袋内，在通风干燥处贮藏。品种间产量差异较大，其产量和田间管理、采收有关。

④ 糖芥属 *Erysimum*

【原产地】南欧。

一、生物学特性

一二年或多年生草本。有时基部木质化，且呈灌木状；茎稍4棱或圆筒状，多从基部分枝，具贴生2～4叉"丁"字毛，少数具星状毛。单叶，全缘至羽状浅裂，条形至椭圆形，有柄至无柄。总状花序具多数花，呈伞房状，果期伸长；花中等大，黄色或橘黄色，少数白色或紫色；花梗短，果期增粗，上升或开展；萼片直立，内轮基部稍成囊状；花瓣长为萼片的2倍，具长爪，雄蕊6，花丝无附属物，花药线状长圆形；侧蜜腺环状或半环状，中蜜腺短，常2～3裂，不和侧蜜腺连结；子房有多数胚珠，柱头头状，稍2裂。长角果稍4棱或圆筒状，有柔毛，果瓣具1显明中脉，隔膜膜质，常坚硬，无脉。种子多数，排成1行，长圆形，常有棱角，子叶背倚胚根，有时缘倚胚根。种子千粒重1.05～1.35g。

二、同属植物

（1）桂竹香 *E. cheiri*（异名 *Cheiranthus cheiri*），株高50～70cm，有混色、红色、玫瑰色、黄色等品种。国外早已开展了杂交育种，培育出了矮生品种。

（2）七里黄 *E. cheiranthus*，又名糖芥或七里香，茎长达40～60cm，花色以黄色和橘黄为主。还有矮糖芥 *E. schlagintweitianum* 等。

三、种植环境要求

性耐寒。喜向阳地势、冷凉干燥的气候和排灌良好、疏松肥沃的土壤。畏涝、忌热，雨水过多生长不良。在长江流域可露地越冬，在北方需温室或冷床越冬。

四、采种技术

1.种植要点：陕西关中、汉中盆地及中原一带是最佳制种基地。以秋播为好，一般于8～9月进行，大约经1周便可出苗，因幼苗不耐移栽，所以直播比较好。发芽适温18～25℃，栽培土壤宜选择阳光充足，未种过其他十字花科植物而土质疏松、排水良好的地块。采用地膜覆盖平畦栽培，一垄两行，行距40cm，株距35cm，亩保苗不能少于4700株。如果移栽幼苗

七里黄

桂竹香

七里黄种子　　　　　　桂竹香种子

偏弱，在立冬前后要再覆盖一层白色地膜保湿保温，以利于安全越冬。

2.田间管理：经过冬季的低温，翌年春季及时中耕松土、除草。顺便摘掉下部老叶、黄叶。经常保持土壤湿润，3周左右施一次稀薄液肥即可。及时追施1～2次速效液肥，勤浇水，促使其尽快生长，在薹期，每隔一定时间喷1次磷、硼、锰等微量元素或复合有机肥的水溶液，可防止花而不实。叶面喷施0.02%的硼酸溶液，可提高分枝数、单株荚果数和增加千粒重。在荚果成熟期叶面喷施2%～3%的过磷酸钙水溶液。

3.病虫害防治：在高湿高温、通风不良的环境下，易发生病虫害，如黑斑病、蚜虫、红蜘蛛等，要及时防治，参考药剂：40%氧化乐果、50%多菌灵等。

4.隔离要求：糖芥属是常规异花授粉植物，也是典型的蜜源植物，属于虫媒花，天然异交率很高。品种间应隔离1000～2000m。在初花期，分多次根据品种叶形、叶色、株型、长势、花序形状和花色等清除杂株。

5.种子采收：糖芥属通常在6～7月间陆续成熟。当长角果颜色变黄时，可分批采收种子，待80%～90%花薹变黄时一次性收割，收割回去在水泥地将花薹向上后熟晾晒4～6天，遇到下雨要用塑料布盖住，千万不能淋雨以防出芽。晒干后集中打碾清选出种子，成熟的种子黑褐色，扁球形，装入袋内，在通风干燥处贮藏。品种间产量差异较大，其产量和田间管理、采收有关。

⑤ 香花芥属 *Hesperis* 欧亚香花芥

【原产地】欧洲、中亚。

一、生物学特性

为生长期较短的多年生或二年生草本。茎垂直、多枝，高60～90cm，通常不超过120cm，冠幅30～60cm。叶缘锯齿状，椭圆形至披针形，暗绿色。花有白色、淡紫色或紫色，花径1.2～2.4cm，4片花瓣，总状花序，与二月蓝极为相似。又因为花与福禄考也相似，都在一根长柄上簇生，因此亦常被称作"野福禄考"，但香花芥花瓣比福禄考少一片。花具有丁香般的清新香味，尤其是在傍晚，香味浓郁。种子千粒重1～1.2g。

二、同属植物

（1）欧亚香花芥 *H. matronalis*，株高60～90cm，花丁香紫色，还有蓝色和白色品种。

（2）同属还有北香花芥 *H. sibirica* 等。

三、种植环境要求

喜光照充足，又稍耐阴，要求中度湿润、排灌良好的土壤。适应性较强；在夏季炎热气候下的部分遮阴处种植最好。

四、采种技术

1.种植要点：我国北方大部分地区均可制种，甘肃河西走廊一带是最佳制种基地。8月中旬小麦收获后，用复合肥15kg/亩或磷肥50kg/亩耕翻了地块。采用黑色除草地膜覆盖平畦栽培，种植行距40cm，株距35cm，亩保苗不能少于4700株。每穴点播种子5～6粒，覆盖细砂或细土为好。也可以用手推式点播机播种。播后及时灌水利于出苗。

2.田间管理：越冬前要灌水1次，保持湿度安全越冬。早春及时灌溉返青水，随着幼苗生长要及时

欧亚香花芥

欧亚香花芥种子

间苗，每穴保留壮苗2～3株。及时中耕松土、除草。4月生长期根据长势可以随水施入尿素20～30kg/亩。生长期间10～15天灌水1次。灌水不可过深，浇水过多，湿涝容易死苗；5～6月进入盛花期。

3.病虫害防治：适应性较强；无严重的病虫害问题。偶尔也会有蚜虫危害，用21%灭杀毙乳油2000倍液防治。

4.隔离要求：香花芥属是自花授粉植物，是典型的虫媒花，天然异交率很高。但是此属品种较少，可与其他品种同田采种。

5.种子采收：香花芥属因开花时间不同而果实成熟期也不一致，但是种子不易脱落。90%花穗干枯时可一次性收获，把它们晒干后脱粒，置于干燥阴凉处。然后再用比重机选出小粒的种子，装入袋内。其产量和越冬后成活率有关，越冬后保苗齐且成活率高的，亩产50～80kg。

6 屈曲花属 *Iberis*

【原产地】地中海地区。

一、生物学特性

一年或多年生草本或半灌木。茎无或有分枝，具锐棱，无毛或有短单毛，近乳突状。叶线形或匙形，全缘，有牙齿或羽状半裂。总状花序伞房状；萼片近直立、宽卵形，有宽膜质边缘，基部不呈囊状；花瓣白色、玫瑰紫色或紫色，美丽，大小不等，外向的2片常比内向的2片大；花丝窄，花药长椭圆形，顶端钝；侧蜜腺半球形或三角形，无中蜜腺；子房卵形，有2胚珠，花柱明显，约和子房等长，柱头半球形，2裂。短角果宽卵形、球形或横卵形，和隔膜垂直方向压扁，开裂，顶端深凹缺，基部圆形。种子大，卵形或近圆形，扁平，常有边缘；子叶缘倚胚根。种子千粒重2.22～3.03g。

二、同属植物

（1）园艺品种较多，有大型品种和矮生品种。蜂室花 *I. amara*，株高30～40cm，花有混色、红色、白色、紫红色、粉红色等。

（2）同属还有伞形屈曲花 *I. umbellata*，株高25～35cm，花雪白色；香屈曲花 *I. odorata* 等。

三、种植环境要求

耐寒性好，喜冷凉的环境，生长适温10～25℃。在含丰富腐殖质、疏松、排灌良好的壤土上生长最佳。

四、采种技术

1.种植要点：我国北方大部分地区均可制种，甘肃河西走廊一带是最佳制种基地。为直根性植物，不耐移植；以直播为好，通过整地，改善土壤的耕层结构和地面状况，协调土壤中水、气、肥、热等，为作物播种出苗、根系生长创造条件。发芽适温15～22℃，选择黑色除草地膜覆盖，播期选择在霜冻完全解除后，平均气温稳定在13℃以上，表层地温在10℃以上时，用直径3～5cm的播种打孔器在地膜上打孔，垄两边孔位呈三角形错开，每穴点3～4粒，覆土以湿润微砂的细土为好。也可以用手推式点播机播种。高秆种植行距40cm，株距35cm，亩保苗不能少于4700株。矮秆品种，种植行距35cm，株距30cm，亩保苗不能少于5500株。

2.田间管理：点播后要及时灌水。随着幼苗生长要及时间苗，每穴保留壮苗1～2株。加强田间管理，多次中耕松土、铲除杂草。生长期间15～20天灌水1次。生长期根据长势可以随水施入尿素10～20kg/亩。喷施2次0.2%磷酸二氢钾，现蕾到开花初期再施1次。

3.病虫害防治：注意菜青虫、蚜虫等危害，发生虫害用21%的灭杀毙乳油2000倍液防治。发生黑斑病可在发病初期用75%百菌清粉剂600倍液加50%多菌灵粉剂500倍液防治。

蜂室花

蜂室花种子

4.隔离要求：屈曲花属是常规异花授粉植物，是典型的虫媒花，天然异交率很高。品种间应隔离800～1000m。在初花期，分多次根据品种叶形、叶色、株型、长势、花序形状和花色等清除杂株。

5.种子采收：屈曲花属因开花时间不同而果实成熟期也不一致。90%花穗干枯时可一次性收获，把它们晒干后脱粒，置于阴凉干燥处。然后再用比重机选出小粒的种子，装入袋内。其产量田间管理有关，亩产20～30kg。

❼ 香雪球属 *Lobularia* 香雪球

【原产地】南欧。

一、生物学特性

一年生草本。高10～30cm，全株被"丁"字毛，毛带银灰色。茎自基部向上分枝，常呈密丛。叶条形或披针形，长1.5～5cm，宽1.5～5mm，两端渐窄，全缘。花序伞房状，果期极伸长，花梗丝状，长2～6mm；萼片长约1.5mm，外轮的宽于内轮的，外轮的长圆卵形，内轮的窄椭圆形或窄卵状长圆形；花瓣淡紫色或白色，长圆形，长约3mm，顶端钝圆，基部突然变窄呈爪状。短角果椭圆形，长3～3.5mm，种子每室1粒，悬垂于子房室顶，长圆形，长约1.5mm，淡红褐色，遇水有胶黏物质。花期5～7月。种子千粒重0.26～0.27g。

二、同属植物

（1）园艺品种较多，有松散型品种和紧凑型品种。香雪球 *L.maritima* "香菇"系列，松散型，株高20～40cm，花有混色、白色、蓝紫色、紫丁香色。"奇境"系列，松散型，株高15～20cm，花有混色、白色、紫红、玫瑰色、紫红渐变色。

（2）同属还有阿拉伯香雪球 *L. arabica* 等。

三、种植环境要求

喜欢冷凉气候，忌酷热，耐霜寒。喜欢较干燥的空气环境，阴雨天过长，易受病菌侵染。怕雨淋，晚上应保持叶片干燥。空气相对湿度以40%～60%为宜。

四、采种技术

1.种植要点：全国北方大部分地区均可制种。可在2月底温室育苗，采用育苗基质128孔穴盘育苗移栽。也可以3月中下旬在露地直播。通过整地，改善土壤的耕层结构和地面状况，用复合肥15kg/亩或磷肥50kg/亩耕翻于地块。采用黑色除草地膜覆盖平畦栽培，用直径3～5cm的播种打孔器在地膜上打孔，垄两边孔位呈三角形错开，每穴点3～4粒，覆土以湿润微砂的细土为好。种植行距35cm，株距30cm，亩保苗不能少于6000株。播后采用铁丝或树枝做骨架，用白色宽地膜做小拱棚，两边用土压紧，播后立即灌水。

2.田间管理：随着气温升高，小拱棚内幼苗迅速生长，要注意观察温度，高温时撕开棚膜通风，霜冻过后撤去小拱棚，幼苗生长期间要及时间苗，每穴保留壮苗1～2株。加强田间管理，多次中耕松土、铲除杂草。生长期间15～20天灌水1次。生长期根据长势可以随水施入尿素10～20kg/亩。喷施2次0.2%磷酸二氢钾，现蕾到开花初期再施1次。

3.病虫害防治：注意红蜘蛛和蚜虫等危害，发生虫害用21%灭杀毙乳油2000倍液防治。

4.隔离要求：香雪球属是自花授粉植物，是典型的虫媒花，天然异交率很高。品种间应隔离800～1000m。在初花期，分多次根据品种叶形、叶色、株型、长势、花序形状和花色等清除杂株。

5.种子采收：香雪球属因开花时间不同而果实成熟期也不一致，通常在7～8月间伞房状花干枯、种子飞出时要随熟随采。选择早晨有露水时一次性收割，

香雪球

香雪球种子

收割时高度10～20cm，收割后再次灌水施肥可二次生长开花，秋季10月又可以二次采收种子。为了方便一次性收获，常用的办法是封垄前平整未铺膜裂缝，种子开始成熟前停止灌水，等成熟种子全部掉落于地膜表面，割去植株，用人工清扫或吸种机械收获，收获后用迎风机吹去尘土和秸秆，装入袋内。其产量和田间管理有关，亩产10～30kg。

8 银扇草属*Lunaria*银扇草

【原产地】巴尔干半岛、西南亚。

一、生物学特性

二年生或多年生草本。株高60～100cm。叶呈卵形至椭圆形，边缘为粗糙的锯齿状，全株被有粗毛。分枝位于上部，开紫红色或白色花，具香气；花很淡雅，生长在茎的顶端，下部为筒形，上部看起来就像古代的青铜酒爵。花谢后，子房会急速肥大，形成扁平的圆形果荚，直径3～4cm，下部果荚比上部果荚更快成熟，果荚颜色会从绿色转为茶褐色。种子千粒重16.6～20g。

二、同属植物

（1）银扇草 *L. biennis* 银扇草，株高40～60cm，花紫红、白色。

（2）同属还有花叶银扇草 *L. annua* 'Alba Variegata'，

银扇草种子

巴尔干银扇草 *L. telekiana* 等。

三、种植环境要求

耐寒性强，对高温敏感，往往不易越夏，害怕强烈的日照，只有在半阴凉的环境中才能生长。刚刚播种的幼苗不容易长大，所以花期往往要推迟一年，很多都是在第三年才开花。

四、采种技术

1.种植要点：我国北方大部分地区均可制种。关中地区在8月育苗，10月移栽。河西走廊可在2月底温室育苗，采用育苗基质128孔穴盘育苗移栽。也可以3月中下旬在露地直播。通过整地，改善土壤的耕层结构和地面状况，用复合肥15kg/亩或磷肥50kg/亩耕翻于地块。采用黑色除草地膜覆盖平畦栽培，用直径3～5cm的播种打孔器在地膜上打孔，垄两边孔位呈三角形错开，每穴点1～2粒，播种深度0.5cm；覆土以湿润微砂的细土为好。种植行距40cm，株距30cm，亩保苗不能少于5500株。

2.田间管理：当年不开花，越冬前要灌水1次，保持湿度，立冬前植株压土保温以利于安全越冬。早春及时灌溉返青水，随着幼苗生长要及时中耕松土，铲除杂草。生长期根据长势可以随水施入尿素20～30kg/亩。生长期间10～15天灌水1次。现蕾到开花初期喷施2次0.2%磷酸二氢钾。

3.病虫害防治：叶片硕大，注意红蜘蛛和蚜虫等危害，发生虫害用21%灭杀毙乳油2000倍液防治，要在晴天下午喷药，一定要在叶片背面喷药才能彻底杀死蚜虫。发生叶斑病可在发病初期用75%百菌清粉剂600倍液加50%多菌灵粉剂500倍液防治。

4.隔离要求：银扇草属是自花授粉植物，也是典型的虫媒花，天然异交率很高。品种间应隔离800～1000m。在初花期，分多次根据品种叶形、叶色、株型、长势、花序形状和花色等清除杂株。

5.种子采收：银扇草属因开花时间不同而果实成

银扇草

熟期也不一致，下部果荚会比上部果荚更快成熟，果荚颜色从绿色转为茶褐色时就要开始采收，选择成熟的果荚剪下晾干，等采收一定的量开始集中脱粒。然后再用比重机选出小粒的种子，装入袋内置于干燥阴凉处。品种间产量差异较大，其产量和田间管理、采收有关。

⑨ 希腊芥属 *Malcolmia* 涩荠

【原产地】希腊、阿尔巴尼亚。

一、生物学特性

一年生草本。高15～35cm，密生单毛或叉状硬毛。茎直立或近直立，多分枝，有棱角。叶长圆形，先端圆钝，基部楔形，具波状齿或全缘，具柄或无柄。总状花序顶生，果期伸长；萼片长圆形；花瓣紫色或粉红色，具长爪。长角果线状圆柱形或近圆柱形，直立，密生短或长分叉毛，或二者间生，或具刚毛；果梗加粗，短。种子长圆形，浅棕色。花期5～7月。种子千粒重0.54～0.56g。

二、同属植物

（1）涩荠 *M. maritima*，株高40～60cm，花混色，有明显香味。

（2）同属还有滨海涩荠 *M.africana* 等。

涩荠

涩荠种子

三、种植环境要求

对土壤要求不严。生长适温10～25℃，喜欢温和凉爽的气候，耐寒，喜全光照，在半阴条件下也可生长良好。微酸至微碱性土壤均可，对水分需求不高。

四、采种技术

1.种植要点：我国北方大部分地区均可制种，甘肃河西走廊一带是最佳制种基地。为直根性植物，不耐移植；以直播为好，通过整地，改善土壤的耕层结构和地面状况，协调土壤中水、气、肥、热等，为作物播种出苗、根系生长创造条件。发芽适温10～20℃，选择黑色除草地膜覆盖，播期选择在霜冻完全解除后，平均气温稳定在13℃以上，表层地温在10℃以上时，用直径3～5cm的播种打孔器在地膜上打孔，垄两边孔位呈三角形错开，每穴点3～4粒，覆土以湿润微砂的细土为好。也可以用手推式点播机播种，行距40cm，株距35cm，亩保苗不能少于4700株。

2.田间管理：点播后要及时灌水。随着幼苗生长要及时间苗，每穴保留壮苗1～2株。加强田间管理，多次中耕松土、铲除杂草。生长期间15～20天灌水1次。生长期根据长势可以随水施入尿素10～20kg/亩。喷施2次0.2%磷酸二氢钾，现蕾到开花初期再施1次。

3.病虫害防治：注意菜青虫、蚜虫等危害，发生虫害用21%灭杀毙乳油2000倍液防治。

4.隔离要求：涩荠是常规异花授粉植物，是典型的虫媒花，天然异交率很高。由于品种较少，和其他品种无须隔离。

5.种子采收：涩荠因开花时间不同而果实成熟期也不一致。90%花穗干枯时可一次性收获，把它们晒干后脱粒，置于干燥阴凉处。然后再用比重机选出小粒的种子，装入袋内。其产量和田间管理有关，亩产30～40kg。

⑩ 紫罗兰属 *Matthiola*

【原产地】地中海沿岸。

一、生物学特性

二年生或多年生草本。高达30～90cm，全株密被灰白色具柄的分枝柔毛。茎直立，多分枝，基部稍木质化。叶片长圆形至倒披针形或匙形，连叶柄长6～14cm，宽1.2～2.5cm，全缘或呈微波状，顶端钝圆或罕具短尖头，基部渐狭成柄。总状花序顶生和腋生，花多数，较大，花序轴果期伸长；花梗粗壮，斜上开展，长达1.5mm；萼片直立，长椭圆形，长约15mm，内轮萼片基部呈囊状，边缘膜质，白色透明

紫罗兰

紫罗兰粉色

花瓣紫红、淡红或白色，近卵形，长约12mm，顶端浅2裂或微凹，边缘波状，下部具长爪；花丝向基部逐渐扩大；子房圆柱形，柱头微2裂。长角果圆柱形，长7～8cm，直径约3mm，果瓣中脉明显，顶端浅裂；果梗粗壮，长10～15mm。种子近圆形，直径约2mm，扁平，深褐色，边缘具有白色膜质的翅。花期4～7月。种子千粒重1.18～1.67g。

二、同属植物

（1）紫罗兰 *M. incana*，园艺品种极多，有单瓣和重瓣两种品系。重瓣品系观赏价值高，单瓣品系能结种，而重瓣品系不能。按株高来划分，高生种的紫罗兰一般会用于切花，株高60～90cm；中矮生种的紫罗兰，株高30～40cm，一般用于盆栽。依花期不同分有夏紫罗兰、秋紫罗兰及冬紫罗兰等品种。花色有混色、粉色、紫罗兰本色、玫瑰红、黄色、白色、浅玫红色、深玫红色。

（2）同属还有单瓣紫罗兰 *M. longipetala* subsp. *bicornis*，株高40～60cm，花有混色、蓝色、红色等；香紫罗兰 *M. odoratissima*，新疆紫罗兰 *M. stoddartii* 等。

三、种植环境要求

喜冷凉的气候，忌燥热。喜通风良好的环境，冬季喜温和气候，但也能耐短暂的-5℃低温。生长适温白天15～18℃、夜间10℃左右；对土壤要求不严，但在排灌良好、中性偏碱的土壤中生长较好，忌酸性土壤。

四、采种技术

1.种植要点：我国北方大部分地区均可制种，甘肃河西走廊一带是最佳制种基地。为直根性植物，不耐移植；最好采用育苗基质128孔穴盘育苗，可在3月中旬温室育苗，发芽适温18～22℃，每穴点播3～5粒种子，播后1周左右即可发芽。出苗后控制苗床湿度。紫罗兰花瓣形态的遗传遵循基因分离定律，重瓣花与单瓣花是由常染色体上基因B、b控制的一对相对性状，单瓣和重瓣紫罗兰各占50%～70%，单瓣花开花有花粉能结实，而重瓣花只开花没有花粉不结实。所以重瓣系制种时注意清除单瓣花植株。可以在苗床通过选择幼苗来获得单瓣植株。单瓣幼苗生长不旺盛，子叶为椭圆形、淡绿色，真叶后边缘波浪形、缺刻大，植株多弯曲；叶色暗绿，叶端圆形并呈弓状下垂；这样的是单瓣花；要保留下来。要拔除长势强健，浅绿色叶片的重瓣植株。

2.田间管理：采种地块要选择没有种植过十字花科作物的地块，施复合肥15kg/亩或磷肥50kg/亩耕翻于地块。采用黑色除草地膜平畦覆盖。矮秆品种定植行距30cm，株距25cm，亩保苗不能少于8800株。矮秆品种定植行距35cm，株距25cm，亩保苗不能少于7600株。移栽后要及时灌水，缓苗后及时中耕松土、除草。在生长期根据长势可以随水施入尿素10～20kg/亩；生长期间15～20天灌水1次，盛花期末期要认真摘心1次，将花序顶梢摘除，立秋后要严格控水以防返青。在初花期及时辨别重瓣花，发现后要用剪刀从根部剪除，切不可拔除伤害单瓣植株。每隔一定时间喷1次磷及硼、锰等微量元素或复合有机肥的水溶液，可防

紫罗兰种子

止花而不实。叶面喷施0.02%的磷酸二氢钾溶液，可提高分枝数、单株荚果数和增加千粒重。

3.病虫害防治：紫罗兰常遭到病虫危害，主要是蚜虫，积聚在叶、嫩芽及花蕾上，以刺吸式口器刺入植物组织内吸取汁液，使受害部位出现黄斑或黑斑，受害叶片皱缩、脱落，花蕾萎缩或畸形生长，严重时可使植株死亡。蚜虫能分泌蜜露，导致细菌生长，诱发煤烟病等病害。发现虫害要喷施杀灭菊酯2000～3000倍液或21%灭杀毙乳油2000倍液防治。主要病害有枯萎病、黄萎病、白锈病及花叶病。生长季节根据发病情况喷65%代森锌可湿性粉剂500～600倍液，或敌锈钠250～300倍液防治。

4.隔离要求：紫罗兰属是常规异花授粉植物，也是典型的虫媒花，天然异交率很高。品种间隔离不能少于3000m。在初花期，分多次根据品种叶形、叶色、株型、长势、花序形状和花色等清除杂株。

5.种子采收：紫罗兰属因开花时间不同而果实成熟期也不一致。主枝先成熟，侧枝晚成熟，盛花期末期摘心和立秋后控水很重要。待90%花穗种荚干枯时可一次性收获，收割后后熟1周以上，晒干后脱粒，然后再用比重机选出小粒的种子，再用色选机选出绿色未成熟的种子，装入袋内。品种间产量差异较大，其产量和田间管理、采收有关。

⑪ 诸葛菜属 *Orychophragmus* 二月蓝

【原产地】中国、朝鲜有分布。

一、生物学特性

二年生或多年生草本。高30～50cm，无毛；茎单一，直立，基部或上部稍有分枝，浅绿色或带紫色。基生叶及下部茎生叶大头羽状全裂，顶裂片近圆形或短卵形，长3～7cm，宽2～3.5cm，顶端钝，基部心形，有钝齿，侧裂片2～6对，卵形或三角状卵形，长3～10mm，越向下越小，偶在叶轴上杂有极小裂片，全缘或有牙齿，叶柄长2～4cm，疏生细柔毛；上部叶长圆形或窄卵形，长4～9cm，顶端急尖，基部耳状，抱茎，边缘有不整齐牙齿。花蓝紫色或褪成白色，直径2～4cm；花瓣宽倒卵形。长角果线形，长7～10cm，具4棱。种子卵形至长圆形，稍扁平，黑棕色，有纵条纹。花期2～5月，果期5～6月。种子千粒重1.67～2g。

二、同属植物

（1）二月蓝 *O. violaceus*，株高50～70cm，花有深蓝色、浅蓝色或白色等。

（2）同属还有圆齿二月蓝 *O. violaceus* var. *odontopetalus*，彩瓣二月蓝 *O. violaceus* var. *variegatus* 等。

三、种植环境要求

适应性强，耐寒，萌发早，喜光，对土壤要求不严，酸性土和碱性土均可生长，但在疏松、肥沃、土层深厚的地块，根系发达、生长良好。

四、采种技术

1.种植要点：我国北方大部分地区均可制种，采种地块要选择没有种植过十字花科作物的地块，施复合肥25kg/亩或磷肥50kg/亩耕翻于地块。采用黑色除草地膜平畦覆盖，北方一般在7～8月播种，用直径3～5cm的播种打孔器在地膜上打孔，垄两边孔位呈三角形错开，每穴点3～4粒，覆土以湿润微砂的细土为好。也可以用手推式点播机播种，行距40cm，株距35cm，亩保苗不能少于4700株。播种后立即灌水保持湿润，6～9天出苗整齐。

2.田间管理：出苗后及时中耕松土、除草。随着幼苗生长要及时间苗，每穴保留壮苗1～2株。越冬前要灌水1次，保持湿度安全越冬。翌年早春及时灌溉返青水，生长期根据长势可以随水施入氮肥10～30kg/亩。每隔一定时间喷1次磷及硼、锰等微量元素或复合有机肥的水溶液，可防止花而不实。叶面喷施0.02%的

二月蓝

二月蓝种子

磷酸二氢钾溶液，可提高分枝数、单株荚果数和增加千粒重。在生长中期大量分枝，应及早设立支架，防止倒伏。

3.病虫害防治：有蚜虫、红蜘蛛及锈病危害。锈病多发生在天气干旱时，其病症始于植株下部叶片，叶背出现突起的黄褐色小斑，后期破裂散出黄褐色粉末，叶片正面相应部位产生黄绿色斑点，危害严重时叶片枯黄卷缩。要加强肥水管理，增强植株抗病能力，减少发病率，在发病初期喷1∶1∶100的波尔多液进行防治。蚜虫吸取嫩茎叶的汁液，引起叶片和花蕾卷曲，生长缓慢，产量锐减，在虫害发生期喷40%

乐果乳油1500～2000倍液。防治红蜘蛛可用杀螨灵。

4.隔离要求：诸葛菜是自花授粉植物，也是典型的虫媒花，天然异交率很高。不同品种间隔离不能少于1000m。在初花期，分多次根据品种叶形、叶色、株型、长势、花序形状和花色等清除杂株。

5.种子采收：诸葛菜属因开花时间不同而果实成熟期也不一致。主枝先成熟，侧枝晚成熟。待90%花穗种荚干枯时可一次性收获，收割后后熟1周以上，晒干后脱粒，然后再用比重机选出小粒的种子，再用色选机选出绿色未成熟的种子，装入袋内。其产量和田间管理、采收有关，亩产50～70kg。

十五、桔梗科 Campanulaceae

1 风铃草属 *Campanula*

【原产地】南欧、西欧和温带亚洲，喀尔巴阡山地区至东欧。

一、生物学特性

多数为多年生草本。有的具细长而横走的根状茎，有的具短的茎基而根加粗，多少肉质，少为一年生草本。叶全互生，基生叶有的呈莲座状。花单朵顶生，或多朵组成聚伞花序，聚伞花序有时集成圆锥花序，也有时退化，既无总梗，亦无花梗，成为由数朵花组成的头状花序；花萼与子房贴生，裂片5枚，有时裂片间有附属物；花冠钟状、漏斗状或管状钟形，有时几乎辐状，5裂；雄蕊离生，极少花药不同程度地相互黏合，花丝基部扩大成片状，花药长棒状；柱头3～5裂，裂片弧状反卷或螺旋状卷曲；无花盘；子房下位，3～5室。蒴果3～5室，带有宿存的花萼裂片，在侧面的顶端或在基部孔裂。种子多数，椭圆状，平滑。种子千粒重0.1～0.25g。

二、同属植物

风铃草属有200多种，几乎全在北温带，多数种类产于欧亚大陆北部，少数在北美洲。中国近20种，主产西南山区，少数种类产北方，个别种也产广东、广西和湖北西部。国外早已开展杂交育种工作，这里只描述几个常规栽培种：

（1）大花风铃草 *C. grossekii*，多年生，直立，株高40～60cm，花径6～7cm，花有混色、蓝色、粉色和白色。

（2）风铃草 *C. medium*，多年生，直立，株高20～30cm，花径4～5cm，花有混色、蓝色、粉色和白色。

（3）丛生风铃草 *C. carpatica*，多年生，丛生，株高20～30cm，花径2～4cm，花有混色、蓝色和白色。

（4）聚花风铃草 *C. glomerata*，多年生，直立穗状，株高50～60cm，花深蓝色。

三、种植环境要求

具有极度耐寒的优良品质；怕炎热和多湿。喜光照充足环境，也耐半阴，生长适温13～18℃；对土

大花风铃草

丛生风铃草

壤要求不严，以含丰富腐殖质、疏松透气的砂质土壤为好。

四、采种技术

1.种植要点： 可在3月中旬温室育苗，由于种子较细小，在播种前首先要选择好苗床，整理苗床时要细致，深翻碎土两次以上，碎土均匀，刮平地面，将苗床浇透，待水完全渗透苗床后，将种子和沙按1：5比例混拌后均匀撒于苗床，播后不再覆土或薄盖过筛细沙。播种后在苗床加盖小拱棚，盖上地膜保持苗床湿润，温度20～24℃，播后14～16天即可出苗。当小苗长出2片叶时，可结合除草进行间苗，使小苗有一定的生长空间。有条件的也可以采用专用育苗基质128孔穴盘育苗，种子细小，播种要精细。也可以在夏季6月初育苗，8月中旬小麦收获后定植。选择无宿根性杂草的地块，施腐熟有机肥4～5m³/亩最好，也可用复合肥15kg/亩或磷肥50kg/亩耕翻于地块。采用黑色除草地膜平畦覆盖，种植行距40cm，株距25cm，亩保苗不能少于6600株。春播当年开花量少。

2.田间管理： 移栽后要及时灌水，如果气温升高蒸发量过大要再补灌一次保证成活。若果田间有移栽不当未能成活的要及时补苗。缓苗后及时给未铺膜的工作行中耕松土，清除田间杂草，生长期间20～25天灌水1次。浇水之后土壤略微湿润，更容易将杂草拔除。记得及时把杂草清理掉，不要留在田间，以防留下死而复生的机会。如果杂草难以清除，可以先砍断杂草根茎底部，防止杂草蔓延。在生长期根据长势可以随水施入尿素10～20kg/亩。越冬前要灌水1次，保持湿度安全越冬。早春及时灌溉返青水，正常生长后根据长势可以选择适当施肥量或多次叶面喷施0.02%的磷酸二氢钾溶液，可提高分枝数、结实率和增加千粒重。植株营养生长过于旺盛时要适当控制水肥，摘心打顶人工干预促进开花结实，盛花期尽量不要喷洒

杀虫剂，以免杀死蜜蜂等授粉媒介。盛花期后进入生殖阶段，灌浆期要尽量勤浇薄浇，种子成熟期要控制灌水。在生长中期大量分枝，应及早设立支架，防止倒伏。

3.病虫害防治： 蚜虫通常集中在嫩芽、嫩枝上刺吸汁液，造成植株受害部位萎缩变形。可用万灵600～800倍液或25%鱼藤精乳油稀释800倍液喷杀，也可用40%速扑杀乳油800～1000倍液喷杀。每周喷1次，连续2～3次。发现真菌性病害如白粉病、锈病、立枯病等，要到附近农药店咨询对症下药。

4.隔离要求： 风铃草属为异花授粉植物，主要靠野生蜜蜂和一些昆虫授粉，天然异交率很高。不同品种间隔离不能少于500m。在初花期，分多次根据品种叶形、叶色、株型、长势、花序形状和花色等清除杂株。

5.种子采收： 风铃草属因开花时间不同而果实成熟期也不一致。果实是蒴果，内含有大量细小的种子，成熟后蒴果开裂，要随熟随采收，后期一次性收割，收割后后熟1周以上，晒干后脱粒，然后再用比重机选出未成熟的种子装入袋内，在通风干燥处保存。品种间产量差异较大，其产量和田间管理、采收有关。

② 神鉴花属 *Legousia* 神鉴花

【原产地】地中海地区至西亚。

一、生物学特性

一年生草本。株高20～30cm，分枝纤细。叶对生，多叶，茎枝细密；茎下部叶匙形，具圆齿，先端钝，上部叶倒披针形，近顶部叶宽线形而尖。总状花序顶生，开花时整株呈现膨胀的圆形，植株几乎被花朵占满，小花5瓣，蓝紫色。花期7～8月，种子千粒重0.24～0.25g。

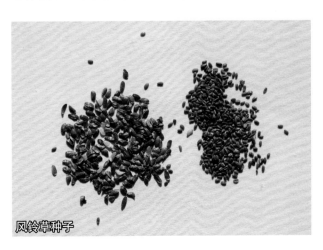

风铃草种子

神鉴花

神鉴花种子

二、同属植物

（1）神鉴花 *L. speculum-veneris*，又名迷你紫英花，株高20～30cm，花紫色。

（2）同属还有 *L. falcata*，*L. hybrida* 等。

三、种植环境要求

喜欢温暖湿润环境，耐寒力不强，忌酷热，生长适温18～25℃。以含丰富腐殖质、疏松透气的砂质土壤为好。

四、采种技术

1.种植要点：我国北方大部分地区均可制种。可在2月底3月初温室育苗，采用育苗基质128孔穴盘育苗，播种后7～10天萌芽，出苗后注意通风，降低日温增加夜温；苗龄40～50天，及早通风炼苗，晚霜后定植。采种田以选用阳光充足、灌溉良好、土质疏松肥沃的壤土为宜。施用复合肥15kg/亩耕翻于地块。采用地膜覆盖平畦栽培，定植时一垄两行，种植行距40cm，株距35cm，亩保苗不能少于4700株。

2.田间管理：移栽后要及时灌水，如果气温升高蒸发量过大要再补灌一次保证成活。若田间有移栽不当未能成活的要及时补苗。缓苗后及时给未铺膜的工作行中耕松土，清除田间杂草，生长期间20～25天灌水1次。浇水之后土壤略微湿润，及时将杂草拔除。不要留在田间，以防留下死而复生的机会。在生长期根据长势可以随水施入尿素10～20kg/亩。多次叶面喷施0.02%的磷酸二氢钾溶液，可提高分枝数、结实率和增加千粒重。盛花期尽量不要喷洒杀虫剂，以免杀死蜜蜂等授粉媒介。盛花期后进入生殖阶段，灌浆期要尽量勤浇薄浇，种子成熟期要控制灌水。

3.病虫害防治：发现蚜虫危害用抗蚜威、吡虫啉防治。枯萎病用41%聚砹·嘧霉胺600～800倍液进行喷洒。

4.隔离要求：神鉴花属为异花授粉植物，主要靠野生蜜蜂和一些昆虫授粉，天然异交率很高。由于该属品种较少，和其他品种无须隔离。

5.种子采收：神鉴花属因开花时间不同而果实成熟期也不一致。成熟后蒴果开裂，要随熟随采收，后期一次性收割，收割后后熟1周以上，晒干后脱粒，然后再用比重机选出未成熟的种子装入袋内，在通风干燥处保存。产量基本稳定，亩产10～20kg。

❸ 半边莲属 *Lobelia*

【原产地】非洲南部、美洲。

一、生物学特性

多年生草本，多作一年生栽培。株高15～30cm，匍匐，具分枝。茎生叶下部较大，上部较小，对生，下部叶匙形，具疏齿或全缘，先端钝，上部叶披针形，近顶部叶宽线形而尖。总状花序，花冠蓝色、粉红、紫、白等色，冠檐二唇形，上唇2裂，披针形，下部3裂，卵圆形。种子细小，千粒重0.03～0.04g。

翠蝶花混色

翠蝶花蓝色

二、同属植物

（1）翠蝶花 *L. erinus*，松散型株高 25～40cm，花有混色、淡蓝色、蓝色、白色等。紧凑型株高 10～20cm，花有混色、淡蓝色、红色、粉色、蓝色、白色等。

（2）宿根山梗菜 *L.cardinalis*，多年生，穗状花序，株高 80～90cm，花红色和粉色。

三、种植环境要求

喜温暖，需要在长日照、低温环境下才会开花。耐寒力不强，忌酷热，喜富含腐殖质疏松的壤土。

四、采种技术

1.种植要点：甘肃河西走廊一带为最佳制种基地。采种一般采用春播的方法，可在3月初温室育苗，可采用育苗基质128孔穴盘育苗。由于种子比较细小，也可以在苗床撒播育苗，在播种前首先要选择好苗床，整理苗床时要细致，深翻碎土两次以上，碎土均匀，刮平地面，将苗床浇透，待水完全渗透苗床后，将种子和沙按1∶5比例混拌后均匀撒于苗床，播后不再覆土或薄盖过筛细沙。播种后在苗床加盖小拱棚，盖上地膜保持苗床湿润，温度18～25℃，播后10～12天即可出苗。当小苗长出2片叶时，可结合除草进行间苗，使小苗有一定的生长空间。出苗后注意通风，降低日温增加夜温；苗龄40～50天，及早通风炼苗，晚霜后定植。采种田以选用阳光充足、灌溉良好、土质疏松肥沃的壤土为宜。施用复合肥10～15kg/亩耕翻于地块。采用地膜覆盖平畦栽培，定植时一垄两行，高秆品种种植行距40cm，株距35cm，亩保苗不能少于4700株。矮秆品种种植行距30cm，株距25cm，亩保苗不能少于8800株。

2.田间管理：移栽后要及时灌水，如果气温升高蒸发量过大要再补灌一次保证成活。若田间有移栽不当未能成活的要及时补苗。缓苗后及时给未铺膜的工

翠蝶花种子

作行中耕松土，清除田间杂草，生长期间15～20天灌水1次。浇水之后土壤略微湿润，及时拔除杂草。在生长期根据长势可以随水施入尿素10～20kg/亩。多次叶面喷施0.02%的磷酸二氢钾溶液，可提高分枝数、结实率和增加千粒重。初花期在未铺地膜的工作行再铺一遍地膜，地膜两头用木棍缠绕拉紧呈弓形固定住，方便浇水从地膜下流入。盛花期尽量不要喷洒杀虫剂，以免杀死蜜蜂等授粉媒介。盛花期后进入生殖阶段，灌浆期要尽量勤浇薄浇，种子成熟会掉落在地膜表面，这个时期要控制灌水。高秆品种在生长中期大量分枝，应及早设立支架，防止倒伏。

3.病虫害防治：生长期间需要经常观察植株的生长状况。提前使用一些杀菌、杀虫类药剂，来预防霉菌或者是红蜘蛛的侵害。

4.隔离要求：半边莲属为异花授粉植物，主要靠野生蜜蜂和一些昆虫授粉，天然异交率很高。不同品种间隔离不能少于600m。在初花期，分多次根据品种叶形、叶色、株型、长势、花序形状和花色等清除杂株。

5.种子采收：半边莲属因开花时间不同而果实成熟期也不一致。果实是蒴果，内含有大量细小的种子，成熟后蒴果开裂掉落在地膜表面，要及时用笤帚扫起来或者用锂电池吸尘器回收种子，后期一次性收割，收割后后熟1周以上，晒干后脱粒，种子细小用使用布袋，在通风干燥处保存。品种间产量差异较大，其产量和田间管理、采收有关。

❹ 桔梗属 *Platycodon* 桔梗

【原产地】东亚。

一、生物学特性

多年生草本。有白色乳汁；根胡萝卜状。茎直立。叶轮生至互生。花萼5裂；花冠宽漏斗状钟形，5裂；雄蕊5枚，离生，花丝基部扩大成片状，且在扩大部分生有毛；无花盘；子房半下位，5室，柱头5裂。蒴果在顶端（花萼裂片和花冠着生位置之上）室背5裂，裂片带着隔膜。种子多数，黑色，一端斜截，一端急尖，侧面有一条棱。花期7～9月。种子千粒重0.77～0.83g。

二、同属植物

（1）桔梗 *P. grandiflorum*，株高30～40cm，花蓝色和白色。

（2）白花桔梗 *P. grandlflorus* var. *album*，多作为药材栽培。

桔梗白色

桔梗蓝色

三、种植环境要求

喜凉爽湿润环境；对土质要求不严，但以栽培在富含磷、钾的中性类砂土里生长较好；喜阳光耐干旱，但忌积水。

四、采种技术

1. 种植要点：我国北方大部分地区均可制种。种子用40～50℃的温水浸泡8～12小时，将种子捞出，沥干水分，置于布上，拌上湿砂，在25℃左右的温度下催芽，注意及时翻动喷水，待种子萌动时即可播种。可春播也可夏播。春季播种应在5月中旬，即在地温达到15℃以上时播种，夏季应在7月下旬之前播种。采用黑色除草地膜覆盖平畦栽培，一垄两行，用直径3～5cm的播种打孔器在地膜上打孔，垄两边孔位呈三角形错开，每穴点3～4粒，覆土以湿润微砂的细土为好。行距40cm，株距35cm，亩保苗不能少于4700株。播种后立即灌水保持湿润，6～9天出苗整齐。

2. 田间管理：移栽后要及时灌水，如果气温升高蒸发量过大要再补灌1次保证成活。若田间有移栽不当未能成活的要及时补苗。缓苗后及时给未铺膜的工作行中耕松土，清除田间杂草，生长期间15～20天灌水1次。浇水之后土壤略微湿润，更容易将杂草拔除。在生长期根据长势可以随水施入尿素10～20kg/亩。越冬前要灌水1次，保持湿度安全越冬。早春及时灌溉返青水，正常生长后根据长势可以选择适当施肥量，多次叶面喷施0.02%的磷酸二氢钾溶液，可提高分枝数、结实率和增加千粒重。

3. 病虫害防治：虫害主要是地下害虫，如地老虎、

桔梗种子

蛴螬、金针虫等。若发生地老虎可用敌杀死40mL/亩进行防治，蛴螬可于翻犁时用人工清除，出苗后期可用辛硫磷稀释2000倍进行泼浇防治。桔梗的病害主要有腐烂病，即在根与外界的交界处发生腐烂，进而全株死亡。可用抗枯灵配链霉素进行喷洒防治。每支抗枯灵兑链霉素1支，加水20kg，喷施0.5亩地。

4. 隔离要求：桔梗属为自花授粉植物，主要靠野生蜜蜂和一些昆虫授粉，天然异交率很高。不同品种间隔离不能少于600m。在初花期，分多次根据品种叶形、叶色、株型、长势、花序形状和花色等清除杂株。

5. 种子采收：二年生以上的桔梗开花结实多，成熟饱满。8月下旬至9月下旬种子先后成熟，可分批将外表变成黄色、果瓣即将开裂的果实带果柄剪下，晒干后脱粒。除去果皮，将种子在低温、通风、干燥处贮存。桔梗的花期较长，种子成熟时间早晚不等，要随熟随采，防止果瓣自然开裂种子落地。

十六、忍冬科 Caprifoliaceae

① 缬草属 *Valeriana* 缬草

【原产地】我国东北至西南的广大地区，欧洲和亚洲西部也广为分布。

一、生物学特性

多年生草本。株高达150cm。根茎及根供药用，根或根状茎有浓烈气味，多数人称香，为天然香料，可提缬草油。匍枝叶、基出叶和基部叶花期常凋萎；茎生叶卵形或宽卵形，羽状深裂，裂片披针形或线形，基部下延，全缘或有疏锯齿。伞房状三出聚伞圆锥花序顶生，花冠淡紫红或白色，裂片椭圆形；雌、雄蕊约与花冠等长。瘦果长卵圆形，基部近平截。花期5～7月，果期6～9月。种子千粒重0.67～0.69g。

二、同属植物

（1）缬草 *V. officinalis*，株高120～140cm，花白色。

（2）宽叶缬草 *V. officinalis* subsp. *nemorensis*，该亚种与原种的区别在于叶裂较宽，中裂片较大。

三、种植环境要求

性喜湿润，耐寒性好，耐涝，也较耐旱。土壤以

缬草种子

中性或弱碱性的砂质壤土为好。

四、采种技术

1.种植要点：陕西关中、汉中盆地及中原一带是最佳制种基地。可在7月底露地育苗，在播种前首先要选择好苗床，整理苗床时要细致，深翻碎土两次以上，碎土均匀，刮平地面，将苗床浇透，待水完全渗透苗床后，将种子和沙按1∶5比例混拌后均匀撒于苗床，播后不再覆土或薄盖过筛细沙。7月气温偏高，需在冷凉处设立苗床，苗床上加盖遮阳网和防雨塑料，发芽适温18～23℃，15～20天出苗，苗龄50～60天，出苗后注意通风。白露前后定植。对养分和水分的需求比较持久，同时吸收能力也较强，因此，栽培土壤应具备土层深厚、富含腐殖质、排灌良好的特点。采用地膜覆盖平畦栽培，定植时一垄两行，行距50cm，株距40cm，亩保苗不能少于3300株。

2.田间管理：宜选择靠近水源、灌溉方便的低地，于播种前进行整地，深耕25～30cm，整细耙平，结合翻耕施复合肥15～25kg/亩。移栽后要及时灌水。缓苗后及时中耕松土、除草。如果移栽幼苗偏弱，在立冬前后要再覆盖一层白色地膜保湿保温，以利于安全越冬。翌年3月，如遇旱季要及时灌溉返青水，随着幼苗生长要及时间苗，每穴保留壮苗1～2株。一般全年要追肥2次，第1次追肥在苗高5～10cm时进行，移栽田在返青后进行；第2次施肥在6月底进行。施尿素15kg/亩。施肥方法最好采用开沟条施，即在距植株10cm左右处开浅沟，施后盖土。以保证萌蘖枝的增加与后期开花的养分需求，5月进入盛花期，植株高大，有条件及时设立支架防止倒伏。

缬草

3.病虫害防治：病害较少。危害缬草的害虫主要有蝼蛄、蚜虫等。蝼蛄可用90%晶体敌百虫50倍液与饵料配成毒饵诱杀。蚜虫可用洗衣粉兑成水溶液，或敌敌畏乳油1000倍液喷雾防治。

4.隔离要求：缬草属为异花授粉植物，也是典型的蜜源植物，属于虫媒花，天然异交率很高。由于品种较少，品种间无须隔离。

5.种子采收：缬草属种子通常在6～7月陆续成熟，成熟后种子带毛飞出，伞房状花干枯要及时采收。将成熟的花序剪下，晒干集中去杂，清选出种子，装入袋内，在通风干燥处贮藏。品种间产量差异较大，其产量和田间管理、采收有关。

红缬草

红缬草种子

② 距缬草属 *Centranthus* 红缬草

【原产地】欧洲地中海地区，我国中北部栽培较多。

一、生物学特性

多年生草本。高60～100cm。须根簇生。茎中空，直立、丛生。叶对生，长卵形，蓝绿色；茎生叶片卵形至宽卵形，羽状深裂，裂片披针形或条形，顶端渐窄，基部下延。花序顶生，呈伞房状；小苞片中央纸质，两侧膜质，裂片椭圆形，花冠紫红色，花小而繁星状，密集成伞房花序，大而艳丽，非常别致。瘦果长卵形，5～7月开花。种子千粒重0.67～0.69g。

二、同属植物

（1）红缬草 *C. ruber*，株高80～100cm，花红色和白色。

（2）长茎缬草 *C. baeticus*，花粉色和白色，茎叶柔垂，极为美丽。

三、种植环境要求

喜湿润，耐低温性好；在土层深厚、富含腐殖质的土壤上生长良好。

四、采种技术

1.种植要点：陕西关中、汉中盆地及中原一带是最佳制种基地。可在7月底露地育苗，在播种前首先要选择好苗床，整理苗床时要细致，深翻碎土两次以上，碎土均匀，刮平地面，将苗床浇透，待水完全渗透苗床后，将种子和沙按1∶5比例混拌后均匀撒于苗床，播后不再覆土或薄盖过筛细沙。7月气温偏高，需在冷凉处设立苗床，苗床上加盖遮阳网和防雨塑料布，发芽适温18～23℃，15～20天出苗，苗龄50～60天，出苗后注意通风。白露前后定植。对养分和水分的需求比较持久，同时吸收能力也较强，因此，栽培土壤应具备土层深厚、富含腐殖质、排灌良好的特点。采用地膜覆盖平畦栽培，定植时一垄两行，行距50cm，株距40cm，亩保苗不能少于3300株。

2.田间管理：宜选择靠近水源、灌溉方便的低地，于播种前进行整地，深耕25～30cm，整细耙平，结合翻耕施复合肥15～25kg/亩。移栽后要及时灌水。缓苗后及时中耕松土、除草。如果移栽幼苗偏弱，在立冬前后要再覆盖一层白色地膜保湿保温，以利于安全越冬。翌年3月，如遇旱季要及时灌溉返青水，随着幼苗生长要及时间苗，每穴保留壮苗1～2株。一般全年要追肥2次，第1次追肥在苗高5～10cm时进行，移栽田在返青后进行；第2次施肥在6月底进行。施尿素15kg/亩。施肥方法最好采用开沟条施，即在距植株10cm左右处开浅沟，施后盖土。以保证萌蘖枝的增加与后期开花的养分需求，5月进入盛花期，植株高大，有条件及时设立支架防止倒伏。

3.病虫害防治：病害较少。害虫主要有蝼蛄、蚜虫等。蝼蛄可用90%晶体敌百虫50倍液与饵料配成毒饵诱杀。蚜虫可用洗衣粉兑成水溶液，或敌敌畏乳油1000倍液喷雾防治。

4.隔离要求：距缬草属异花授粉植物，深受蜜蜂、蝴蝶喜爱，属于虫媒花，天然异交率很高。由于品种较少，品种间无须隔离。

5.种子采收：距缬草属种子通常在6～7月陆续成熟，成熟后种子带毛飞出，伞房状花干枯要及时采收。将成熟的花序剪下，晒干集中去杂，清选出种子，装入袋内，在通风干燥处贮藏。品种间产量差异较大，其产量和田间管理、采收有关。

十七、石竹科 Caryophyllaceae

1 麦仙翁属 *Agrostemma* 麦仙翁

【原产地】分布于欧洲、亚洲、非洲北部和北美洲；在中国分布于黑龙江、吉林、内蒙古、新疆。

一、生物学特性

一年生草本。高60～90cm。全株密被白色长硬毛。茎单生，直立，不分枝或上部分枝。叶片线形或线状披针形，长4～13cm，基部微合生，抱茎，顶端渐尖，中脉明显。花单生，直径约30mm，花梗极长；花萼长椭圆状卵形，长12～15mm，后期微膨大，萼裂片线形，叶状，长20～30mm；花瓣紫红色，比花萼短，爪狭楔形，白色，无毛，瓣片倒卵形，微凹缺；雄蕊微外露，花丝无毛；花柱外露，被长毛。蒴果卵形，长12～18mm，微长于宿存萼，裂齿5，外卷；蒴果硬，无隔膜；种子肾状，多数，黑色。花期6～8月，果期7～9月。种子千粒重11.1～12.5g。

二、同属植物

（1）麦仙翁 *A. githago*，株高100～130cm，花色有粉红、淡蓝、白色等。

（2）小麦仙翁 *A. brachyloba*（异名 *Viscaria oculaia*），株高20～30cm。

三、种植环境要求

喜阳光照射，耐寒冷，耐干旱，耐贫瘠；常生长于麦田中或路旁草地，很多地方视为田间杂草。

四、采种技术

1.种植要点：我国北方大部分地区均可制种。4月上中旬在露地直播。不择土壤，一般地块均可种植，选择黑色除草地膜覆盖，播期选择在霜冻完全解除后，平均气温稳定在12℃以上，用直径3～5cm的播种打孔器在地膜上打孔，垄两边孔位呈三角形错开，每穴点3～4粒，播种深度0.8cm；覆土以湿润微砂的细土为好。也可以用手推式点播机播种，种植行距40cm，株距35cm，亩保苗不能少于4700株。

2.田间管理：播种后要及时灌水，出苗不齐要及时补种。正常生长期间及时给未铺膜的工作行中耕松土，清除田间杂草，生长期间20～25天灌水1次。浇水之后土壤略微湿润，更容易将杂草拔除。在生长期根据长势可以随水施肥。为了控制植株高度，可在生长期摘心促进分枝，或者在拔节期分两次喷施

麦仙翁

麦仙翁种子

500～800倍的矮壮素水剂。多次叶面喷施0.02%的磷酸二氢钾溶液，可促进种子饱满，颗粒硕大。在生长中期大量分枝，应及早设立支架，防止倒伏。

3. 病虫害防治：抗性较强，暂未发现病虫害，但个别地块个别年份也偶有病虫危害，常见有蚜虫、红蜘蛛等。如发生病虫害需及早咨询农药店并对症防治。

4. 隔离要求：麦仙翁属为自花授粉植物，主要靠蜜蜂等昆虫授粉，天然异交率也很高。品种间应隔离600～800m。在初花期，分多次根据品种叶形、叶色、株型、长势、花序形状和花色等清除杂株。

5. 种子采收：麦仙翁属虽开花时间不同但果实成熟期基本一致。蒴果开裂但是种子不易脱落，待90%以上植株干枯时可一次性收获，收割后后熟1周以上，晒干后脱粒装入袋内。其产量和田间管理有关，亩产50～70kg。

② 卷耳属 *Cerastium* 绒毛卷耳

【原产地】欧洲和西亚。我国分布于宁夏、四川、内蒙古、陕西、青海、山西、河北、甘肃、新疆等地。

一、生物学特性

多年生疏丛草本。高10～35cm。茎基部匍匐，上部直立，绿色并带淡紫红色，下部被向下的毛，上部混生腺毛。叶片线状披针形或长圆状披针形，长1～2.5cm，宽1.5～4mm，顶端急尖，基部楔形，抱茎，被疏长柔毛，叶腋具不育短枝。聚伞花序顶生，具3～7花；苞片披针形，草质，被柔毛，边缘膜质；花梗细，长1～1.5cm，密被白色腺柔毛；萼片5，披针形，长约6mm，宽1.5～2mm，顶端钝尖，边缘膜质，外面密被长柔毛；花瓣5，白色，倒卵形，比萼片长1倍或更长，顶端2裂深达1/4～1/3；雄蕊10，短于花瓣；花柱5，线形。蒴果长圆形，长于宿存萼

1/3，顶端倾斜，10齿裂；种子肾形，褐色，略扁，具瘤状突起。花期5～8月，果期7～9月。种子千粒重1.11～1.25g。

二、同属植物

（1）绒毛卷耳 *C. tomentosum*，株高25～30cm，白色。

（2）同属还有六齿卷耳 *C. cerastoides*，疏花卷耳 *C. pauciflorum*，大卷耳 *C. maximum*，细叶卷耳 *C. subpilosum* 等。

三、种植环境要求

耐寒性好，喜冷凉，喜阳光照射，也耐半阴或干旱；喜富含腐殖质、疏松的壤土。

四、采种技术

1. 种植要点：我国北方大部分地区均可制种，在6～7月下旬之前播种。采用育苗基质128孔穴盘育苗，发芽适温18～21℃，7～10天发芽，8月中旬小麦收获后定植，采种田以选用阳光充足、通风良好、灌溉良好、无宿根性杂草的土地为宜。施腐熟有机肥4～5m³/亩最好，也可用复合肥15kg/亩或磷肥50kg/亩耕翻于地块。采用黑色除草地膜覆盖平畦栽培，一垄两行，种植行距40cm，株距40cm，亩保苗不能少于4100株。

2. 田间管理：出苗后及时中耕松土、除草。越冬前要灌水1次，保持湿度安全越冬。翌年早春及时灌溉返青水，3～4月生长期根据长势可以随水施入氮肥10～30kg/亩。浇水要适量，若浇水太多就会产生积水，很容易会导致根部腐烂，而出现黄叶或烂叶的现象。叶面喷施0.02%的磷酸二氢钾溶液，可提高分枝数、单株荚果数和增加千粒重。在生长中期大量分枝并蔓生，应及早设立支架，防止枝条泡水腐烂。

3. 病虫害防治：很少有病虫害发生，如发生病虫害需及早咨询农药店并对症防治。

4. 隔离要求：卷耳属为自花授粉植物，由于品种较少，品种间无须隔离。但是同属不同种之间要隔离200m以上。

绒毛卷耳

绒毛卷耳种子

5. 种子采收：卷耳属因开花时间不同而果实成熟期也不一致，要随熟随采，通常在7～8月间成熟，选择蒴果大部分成熟的头状花序剪下，晒干后置于干燥阴凉处，集中去杂，清选出种子。采收后要及时晾干清选，其产量和秋季定植成活率有关，越冬后保苗齐且成活率高的可以采收到种子。

❸ 石竹属 *Dianthus*

【原产地】地中海地区、西亚、欧洲，中国各地。

一、生物学特性

多年生草本，稀一年生。根有时木质化。茎多丛生，圆柱形或具棱，有关节，节处膨大。叶禾草状，对生，叶片线形或披针形，常苍白色，脉平行，边缘粗糙，基部微合生。花红色、粉红色、紫色或白色，单生或成聚伞花序，有时簇生成头状，围以总苞片；花萼圆筒状，5齿裂，无干膜质接着面，有脉7、9或11条，基部贴生苞片1～4对；花瓣5，具长爪，瓣片边缘具齿或缲状细裂，稀全缘；雄蕊10；花柱2，子房1室，具多数胚珠，有长子房柄。蒴果圆筒形或长圆形，稀卵球形，顶端4齿裂或瓣裂；种子多数，圆形或盾状；胚直生，胚乳常偏于一侧。种子千粒重0.19～1.25g。

二、同属植物

石竹属种类较多，有300余种，经过园艺工作者的不懈努力，已经培育出很多优秀品种，西方国家早已开展石竹的雄性不育系杂交育种，推出了许多优良品种，这里描述的是我们常见的常规品种采种方法。

（1）五彩石竹 *D. chinensis*，又名中国石竹、三寸石竹，株高20～40cm，花有重瓣或复瓣、单瓣，花色有混色、黑紫色、红色、粉色、白色、紫色等。

（2）美国石竹 *D. barbatus*，又名须苞石竹，株高40～60cm，花有重瓣或复瓣、单瓣，花色有混色、红色、紫色等。

（3）香石竹 *D. caryophyllus*，又名康乃馨，株高40～60cm，重瓣，混色。

（4）少女石竹 *D. deltoides*，又名美女石竹，匍匐状，株高15～25cm，单瓣花，有混色、深红、粉红和白色。

（5）常夏石竹 *D. plumarius*，又名地被石竹，叶常绿，株高20～60cm，有混色、粉色等。

（6）瞿麦 *D. superbus*，又名巨麦，株高50～70cm，混色。常作为药材使用。

（7）紫花石竹 *D. carthusianorum*，又名卡尔特石

五彩石竹

少女石竹

常夏石竹

美国石竹

竹，株高90～120cm，紫红色，主要用作切花。

（8）欧石竹 *D. gratianopolitanus*，株高20～25cm，单瓣花，有粉红色、鲜红色等。

三、种植环境要求

耐寒耐旱，怕热忌涝，喜阳光充足、干燥、通风凉爽环境，夏季以半阴为宜；要求肥沃、疏松、排灌良好的石灰质壤土，pH 7～8.5均可。

四、采种技术

1.种植要点：我国北方大部分地区均可制种。可以采用春播的方法，可在2月底3月初温室育苗，采用专用育苗基质128孔穴盘育苗，种子萌发适温18～20℃。播种后7～10天出苗，出苗后注意通风，降低温室温度；苗龄约60天，及早通风炼苗，4月底定植于大田。也可以在7～9月育苗，10月白露节前后定植于大田，采种田选用阳光充足、灌溉良好的地块，不宜在黏性土壤种植。施用复合肥10～25kg/亩耕翻于地块。采用黑色除草地膜覆盖平畦栽培，定植时一垄两行，种植行距40cm，株距30cm，亩保苗不能少于5000株。

2.田间管理：小苗定植后需10～15天才可成活稳定，此时的水分管理很重要，小苗根系浅，土壤应经常保持湿润。小苗成活后即可进行摘心，促进侧芽萌生，此时施1次肥。施肥量不可过大，植株进入营养生长期，生长速度很快，需要供给充足的养分和水分才能保障其正常的生长发育。越冬前要灌水1次，保持湿度安全越冬。翌年早春及时灌溉返青水。根据长势可以随水施入氮肥，补充必需的营养元素，多以花无缺叶面肥1500倍液喷施。浇水要适量，若浇水太多会产生积水，很容易导致根部腐烂。多次清除田间杂草，定期喷施杀虫药剂和杀菌剂，预防病虫害发生。

3.病虫害防治：早春预防潜叶蝇和菜青虫、蚜虫等害虫的危害。定期喷洒杀虫农药，同时也可减少病

毒的扩散传播。营养生长期要注意通风透光，高温高湿会引发真菌性病害，如叶枯病、褐斑病等，以预防为主，每隔1周喷施50%多菌灵800倍液和50%扑海因1500倍液交替使用。及时拔除病株，防止蔓延引起病毒病，对于发病植株，可以用75%五氯硝基苯可湿性粉剂加水对土壤进行淋溶，防治区域应超出发病处1m左右。

4.隔离要求：石竹属为自花授粉植物，花朵散发香味吸引蜜蜂授粉，天然杂交率也很高。品种间应隔离600～800m。在初花期，分多次根据品种叶形、叶色、株型、长势、花序形状和花色等清除杂株。

5.种子采收：石竹属因开花时间不同，蒴果成熟期不一致，需分批及时采收。果实变黄焦枯时即可采收种子。可以用剪刀在清晨有露水时剪去成熟的枝条，晾干后脱粒，集中去杂装在透气的袋子里，置于干燥阴凉处保存，品种间产量差异较大，其产量和田间管理、采收有关。

④ 石头花属 *Gypsophila*

【原产地】欧洲、亚洲、非洲、大洋洲。

一、生物学特性

一年生或多年生草本。茎直立或铺散，通常丛生，有时被白粉，无毛或被腺毛，有时基部木质化。叶对生，叶片披针形、长圆形、卵形、匙形或线形，有时钻状或肉质。花两性，小型，呈二歧聚伞花序，有时伞房状或圆锥状，有时密集成近头状；苞片干膜质，少数叶状；花萼钟形或漏斗状，稀筒状，具5条绿色或紫色宽纵脉，脉间白色，少数无白色间隔，无毛或被微毛，顶端5齿裂；花瓣5，白色或粉红色，有时具紫色脉纹，长圆形或倒卵形，长于花萼，顶端圆、平截或微凹，基部常楔形；雄蕊10，花丝基部稍宽；花柱2，子房球形或卵球形，1室，具多数胚珠，

石竹种子对比

宿根满天星

无子房柄。蒴果球形、卵球形或长圆形，4瓣裂；种子数颗，扁圆肾形，具疣状凸起；种脐侧生；胚环形，围绕胚乳，胚根显。品种繁多，种子差异大，千粒重0.03～0.83g。

二、同属植物

（1）满天星 *G. paniculata*，多年生，株高80～100cm，花白色和粉色。

（2）大花满天星 *G. elegans*，一年生，株高80～100cm，花白色、粉色。

（3）霞草 *G. repens*，多年生，株高20～30cm，花粉红、白色。

（4）迷你满天星 *G. muralis*，一年生，株高15～25cm，花粉红色、红色、白色。

（5）同属还有二色霞草 *G. bicolor*，高石头花 *G. altissima* 等。

三、种植环境要求

耐寒，喜温暖阳光充足环境。土壤要求疏松、富含有机质、含水量适中、pH 7左右。

四、采种技术

1. 种植要点：我国北方大部分地区均可制种。可以采用春播和秋播的方法，但是北方一般都是春播为主，可在2月底3月初温室育苗，采用专用育苗基质，

迷你满天星

宿根满天星

满天星种子对比

用70～128孔穴盘育苗，种子萌发适温20～25℃。播种后7～10天出苗，当小苗长出2片叶时，可结合除草进行间苗，使小苗有一定的生长空间。出苗后注意通风，白天降低温室温度，夜间加温；苗龄50～60天，及早通风炼苗，4月底定植于大田。采种田以选用阳光充足、灌溉良好、土质疏松肥沃的壤土为宜。施用复合肥10～15kg/亩或磷肥50kg/亩耕翻于地块。采用地膜覆盖平畦栽培，定植时一垄两行，高秆品种种植行距40cm，株距35cm，亩保苗不能少于4700株。矮秆品种种植行距为30cm，株距25cm，亩保苗不能少于8800株。

2. 田间管理：移栽后要及时灌水，如果气温升高蒸发量过大要再补灌一次保证成活。若田间有移栽不当未能成活的要及时补苗。缓苗后及时给未铺膜的工作行中耕松土，清除田间杂草，生长期间15～20天灌水1次。浇水之后土壤略微湿润，更容易将杂草拔除。在生长期根据长势可以随水施入尿素10～20kg/亩。多次叶面喷施0.02%的磷酸二氢钾溶液，可提高分枝数、结实率和增加千粒重。初花期在未铺地膜的工作行再铺一遍地膜，地膜两头用木棍缠绕拉紧呈弓形固定住，方便浇水从地膜下流入。盛花期尽量不要喷洒杀虫剂，以免杀死蜜蜂等授粉媒介。盛花期后进入生殖阶段，灌浆期要尽量勤浇薄浇，种子成熟会掉落在地膜表面，这个时期要控制灌水。高秆品种在生长中期大量分枝，应及早设立支架，防止倒伏。

3. 病虫害防治：夏季高温易发生疫病，主要表现为茎部或根部软腐或植株死亡。防治方法：定植前用福尔马林或高锰酸钾消毒土壤，发病初期可用甲基托布津1000倍液灌根消毒。夏季注意防雨、降温、通风。

4. 隔离要求：石头花属为自花授粉植物，花朵吸引蜜蜂授粉，天然杂交率也很高。品种间应隔离1000～2000m。在初花期，分多次根据品种叶形、叶色、株型、长势、花序形状和花色等清除杂株。

5.种子采收：石头花属因开花时间不同，蒴果成熟期不一致，需分批及时采收。果实变黄焦枯掉落在地膜表面的种子，要及时用笤帚扫起来或者用锂电池吸尘器回收种子，后期一次性收割，收割后后熟1周以上，晒干后脱粒，种子细小使用布袋，在通风干燥处保存。品种间产量差异较大，其产量和田间管理、采收有关。

⑤ 剪秋罗属*Lychnis*

【原产地】欧洲、亚洲、北非，中国有8种，其中栽培2种。

一、生物学特性

多年生草本。茎直立，不分枝或分枝。叶对生，无托叶。花两性，呈二歧聚伞花序或头状花序；花萼筒状棒形，稀钟形，常不膨大，无腺毛，具10条凸起纵脉，脉直达萼齿端，萼齿5，远比萼筒短；萼、冠间雌雄蕊柄显著；花瓣5，白色或红色，具长爪，瓣片2裂或多裂，稀全缘；花冠喉部具10枚片状或鳞片状副花冠；雄蕊10；雌蕊心皮与萼齿对生，子房1室，具部分隔膜，有多数胚珠；花柱5，离生。蒴果5齿或5瓣裂，裂齿（瓣）与花柱同数；种子多数，细小，肾形，表面具凸起；脊平或圆钝；胚环形。种子千粒重0.38～1.05g。

二、同属植物

（1）皱叶剪秋罗 *L. chalcedonica*，株高80～100cm，花猩红色、粉红色和白色。

（2）阿克莱特剪秋罗 *L. arkwrightii*，株高20～30cm，花深红色。

（3）同属还有毛剪秋罗 *L. coronaria*，丝瓣剪秋罗 *L. wilfordii*，剪秋罗 *L. fulgens*，剪春罗 *L. coronata* 等。

三、种植环境要求

性强健而很耐寒，要求日照充足，夏季喜凉爽气候，又稍耐阴。土壤以排灌良好的砂质壤土为好、又

大花剪秋罗

阿克莱特剪秋罗

剪秋罗种子

耐石灰质及石砾土壤。

四、采种技术

1.种植要点：我国北方大部分地区均可制种，可在6月底7月初温室育苗，采用专用育苗基质70～128孔穴盘育苗，种子萌发适温20～25℃。播种后7～10天出苗，当小苗长出2片叶时，可结合除草进行间苗，使小苗有一定的生长空间。出苗后注意通风，降低温度；苗龄40～50天，及早通风炼苗，8月底定植于大田。采种地块要选择没有宿根型杂草的地块，施复合肥25kg/亩或磷肥50kg/亩耕翻于地块。采用黑色除草地膜平畦覆盖，行距40cm，株距35cm，亩保苗不能少于4700株。

2.田间管理：移栽后要及时灌水，如果气温升高蒸发量过大要再补灌一次保证成活。若田间有移栽不当未能成活的要及时补苗。缓苗后及时给未铺膜的工作行中耕松土，清除田间杂草，幼苗期间15～20天灌水1次。浇水之后土壤略微湿润，更容易将杂草拔除。越冬前要灌水1次，保持湿度安全越冬。翌年早春及时灌溉返青水，4～5月生长期根据长势可以随水施入氮肥10～30kg/亩。分多次叶面喷施0.02%的磷酸二氢钾溶液，可提高分枝数、单株荚果数和增加千粒重。在生长中期大量分枝，应及早设立支架，防止倒伏。

3.病虫害防治：剪秋罗叶斑病，病原为链格孢菌、点霉等。可在植株上喷洒波尔多液等铜素杀菌剂防

治。锈病，病原为卷耳柄锈菌、单胞锈菌。可在植株上喷洒福美铁、粉锈宁等防治。

4.隔离要求： 剪秋罗属为自花授粉植物，蜜蜂是授粉的天使，天然杂交率也很高。品种间应隔离600～800m。在初花期，分多次根据品种叶形、叶色、株型、长势、花序形状和花色等清除杂株。

5.种子采收： 剪秋罗属因开花时间不同，蒴果成熟期不一致，需分批及时采收。果实变黄焦枯时即可采收种子。可以用剪刀在清晨有露水时剪去成熟的枝条，后期一次性收割，收割后后熟1周以上，晒干后脱粒，集中去杂装在透气的袋子里，置于干燥阴凉处保存，品种间产量差异较大，其产量和田间管理、采收有关。

6 肥皂草属 *Saponaria* 肥皂草

【原产地】加利福尼亚。

一、生物学特性

多年生草本。高50～100cm。主根肥厚，肉质；根茎细、多分枝。茎直立，不分枝或上部分枝，常无毛。叶片椭圆形或椭圆状披针形，长5～10cm，宽2～4cm，基部渐狭成短柄状，微合生，半抱茎，顶端急尖，边缘粗糙，两面均无毛，具3或5基出脉。聚伞圆锥花序，小聚伞花序有3～7花；苞片披针形，长渐尖，边缘和中脉被稀疏短粗毛；花梗长3～8mm，被稀疏短毛；花萼筒状，长18～20mm，直径2.5～3.5mm，绿色，有时暗紫色，初期被毛，纵脉20条，不明显，萼齿宽卵形，具凸尖；雌雄蕊柄长约1mm；花瓣白色或淡红色，爪狭长，无毛，瓣片楔状倒卵形，长10～15mm，顶端微凹缺；副花冠片线形；雄蕊和花柱外露。蒴果长圆状卵形，长约15mm；种子圆肾形，长1.8～2mm，黑褐色，具小瘤。种子千粒重1.54～1.67g

二、同属植物

（1）肥皂草 *S. officinalis*，株高70～90cm，花白色和淡粉色。

（2）同属还有岩生肥皂草 *S. ocymoides*。

三、种植环境要求

生性健壮，耐粗放管理，喜光也耐半阴，耐寒，耐修剪，栽培管理粗放、对土壤要求不严，在干燥地及湿地上均可正常生长。

四、采种技术

1.种植要点： 我国北方大部分地区均可制种，可在6月底7月初温室育苗，采用专用育苗基质，

70～128孔穴盘育苗，发芽适温13～24℃。播种后10～14天出苗，可结合除草进行间苗，使小苗有一定的生长空间。出苗后注意通风；苗龄40～50天，8月底定植于大田。采种地块要选择没有宿根型杂草的地块，施复合肥15kg/亩或磷肥50kg/亩耕翻于地块。采用黑色除草地膜平畦覆盖，也可以用手推式点播机直接播种。分枝能力强，种植行距50cm，株距30cm，亩保苗不能少于4400株。

2.田间管理： 移栽和直播后要及时灌水，如果气温升高蒸发量过大要再补灌1次保证成活。若田间有移栽不当未能成活的要及时补苗。缓苗后及时给未铺膜的工作行中耕松土，清除田间杂草，幼苗期间15～20天灌水1次。浇水之后土壤略微湿润，更容易将杂草拔除。越冬前要灌水1次，保持湿度安全越冬。翌年早春及时灌溉返青水，需肥量不大，对肥料的要求也不严。分多次叶面喷施0.02%的磷酸二氢钾溶液，可提高分枝数、单株荚果数和增加千粒重。在生长中期大量分枝，应及早设立支架，防止倒伏。

3.病虫害防治： 在7～8月的高温季节，易发生叶斑病，常用药剂有25%多菌灵可湿性粉剂300～600倍液、50%甲基托布津1000倍液等。要注意药剂的交替使用，以免病菌产生抗药性。虫害多为蛴螬和地老虎，常危害根及根茎部，导致植株枯死，造成缺苗断

肥皂草

肥皂草种子

垄，可用90%敌百虫粉剂1000倍液或50%辛硫磷乳油1500倍液等喷雾防治。

4.隔离要求：肥皂草属为自花授粉植物，天然杂交率也很高。品种间应隔离600～800m。在初花期，分多次根据品种叶形、叶色、株型、长势、花序形状和花色等清除杂株。

5.种子采收：肥皂草属因开花时间不同，蒴果成熟期不一致，需分批及时采收。果实变黄焦枯时即可采收种子。可以用剪刀在清晨有露水时剪去成熟的枝条，后期一次性收割，收割后后熟1周以上，晒干后脱粒，集中去杂装在透气的袋子里，置于阴凉干燥处保存，品种间产量差异较大，其产量和田间管理、采收有关。

⑦ 蝇子草属 *Silene*

【原产地】欧亚大陆、北非，我国分布于华北、西北及长江流域以南各地。

一、生物学特性

一、二年生或多年生草本，稀亚灌木状。茎直立、上升、俯仰或近平卧。叶对生，线形、披针形、椭圆形或卵形，近无柄；托叶无。花两性，稀单性，雌雄同株或异株，呈聚伞花序或圆锥花序，稀呈头状花序或单生；花萼筒状、钟形、棒状或卵形，稀呈囊状或圆锥形，花后多少膨大，具10、20或30条纵脉，萼脉平行，稀网结状，萼齿5，萼冠间具雌雄蕊柄；花瓣5，白色、淡黄绿色、红色或紫色，瓣爪无毛或具缘毛，上部扩展呈耳状，稀无耳，瓣片外露，稀内藏，平展，2裂，稀全缘或多裂，有时微凹缺；花冠喉部具10枚片状或鳞片状副花冠，稀缺；雄蕊10，2轮，外轮5枚较长，与花瓣互生，常早熟，内轮5枚基部多少与瓣爪合生，花丝无毛或具缘毛；子房基部1、3或5室，具多数胚珠；花柱3，稀5（偶4或6）。

矮雪轮

大蔓樱草

蒴果基部隔膜常多变化，顶端6或10齿裂，裂齿为花柱数的2倍，稀5瓣裂，与花柱同数；种子肾形或圆肾形；种皮表面具短线条纹或小瘤，稀具棘凸，有时平滑；种脊平、圆钝，具槽或具环翅；胚环形。种子千粒重0.21～0.69g。

二、同属植物

（1）矮雪轮 *S. pendula*，株高20～40cm，花粉红、白色。

（2）大蔓樱草 *S. armeria*，株高60～80cm，花玫红和白色。

（3）蝇子草 *S. gallica*，株高30～40cm，花淡紫色。

（4）樱雪轮 *S. coeli-rosa*，又名红蓝蝇子草、细叶麦瓶草、鞠翠花、红粉雪轮花，也被称之为小花麦仙翁，株高30～40cm。叶片线形至披针形，灰绿色。花稀疏簇生，花径1.5～2.5cm，花瓣5枚，先端缺刻，有紫色、玫瑰色、桃红色、白色等品种。

三、种植环境要求

性喜温暖和充足的阳光照射，要求在疏松肥沃、通透性好的砂质土壤中生长。

四、采种技术

1.种植要点：我国北方大部分地区均可制种。可在3月底温室育苗，可采用育苗基质128孔穴盘育苗，发芽适温18～21℃，7天左右发芽，5月底定植。也可以4月中下旬在露地直播。露地直播的选择黑色除草地膜覆盖，播期选择在霜冻完全解除后，平均气温稳定在15℃以上，用直径3～5cm的播种打孔器在地膜上打孔，垄两边孔位呈三角形错开，每穴点3粒或4粒，覆土以湿润微砂的细土为好。也可以用手推式点播机播种。高秆品种行距40cm，株距35cm，亩保苗不能少于4700株。低秆品种不能少于5500株。

2.田间管理：移栽和点播后要及时灌水。如果气温升高蒸发量过大要再补灌一次保证成活。若田间有移栽不当未能成活的要及时补苗。缓苗后及时给未

矮雪轮种子

铺膜的工作行中耕松土，清除田间杂草，幼苗期间15～20天灌水1次。浇水之后土壤略微湿润，更容易将杂草拔除。随着幼苗生长要及时间苗，每穴保留壮苗1～2株。促进植株健壮生长。当长到30～35cm以上时，根据长势可以随水施入尿素5～10kg/亩。喷施2次0.2%磷酸二氢钾。这对植株孕蕾开花极为有利；促进果实和种子的生长。在生长季节，喜欢土壤湿润。20～30天灌水1次。在生长中期大量分枝，应及早设立支架，防止倒伏。

3.病虫害防治：在7～8月的高温季节，会有红蜘蛛和蚜虫危害，如发生病虫害需及早咨询农药店并对症防治。

4.隔离要求：蝇子草属为自花授粉植物，天然杂交率很高。品种间应隔离500～700m。在初花期，分多次根据品种叶形、叶色、株型、长势、花序形状和花色等清除杂株。

5.种子采收：蝇子草属因开花时间不同，蒴果成熟期不一致，需分批及时采收。花穗变黄焦枯时即可采收种子。可以用剪刀在清晨有露水时剪去成熟的枝条，后期一次性收割，收割后后熟1周以上，晒干后脱粒，集中去杂装在透气的袋子里，置于阴凉干燥处保存，品种间产量差异较大，其产量和田间管理、采收有关。

8 麦蓝菜属 *Vaccaria* 麦蓝菜

【原产地】广泛分布于欧洲和亚洲。中国除华南外，都有分布。

一、生物学特性

一年生草本。高60～80cm，全株无毛，微被白粉，呈灰绿色。根为直根系。茎单生，直立，上部分枝。叶片卵状或披针形，长3～9cm，宽1.5～4cm，基部圆形或近心形，微抱茎，顶端急尖，具基生

三出脉。伞房花序稀疏；花梗细，长1～4cm；苞片披针形，着生花梗中上部；花萼卵状圆锥形，长10～15mm，宽5～9mm，后期微膨大呈球形，棱绿色，棱间绿白色，近膜质，萼齿小，三角形，顶端急尖，边缘膜质；雌雄蕊柄极短；花瓣淡红色，长14～17mm，宽2～3mm，爪狭楔形，淡绿色，瓣片狭倒卵形，斜展或平展，微凹缺，有时具不明显的缺刻；雄蕊内藏；花柱线形，微外露。蒴果宽卵形或近圆球形，长8～10mm；种子近圆球形，直径约2mm，红褐色至黑色。花期5～7月，果期6～8月。种子千粒重4.7～5g。

二、同属植物

（1）麦蓝菜 *V. hispanica*，株高60～80cm，花有混色、粉色和白色。

（2）由于麦蓝菜花形和满天星 *Gypsophila paniculata* 很相似，很多人混淆为大花满天星，这个很好区分，麦蓝菜叶片卵状，宽2～4cm；满天星叶披针形或线状披针形，宽2.5～7mm。

三、种植环境要求

性耐寒，怕高温，喜凉爽、湿润气候。对土壤要求不严，一般土地均可种植，但忌低洼积水的土地。

四、采种技术

1.种植要点：属浅根系植物，种粒大，适合直播。我国北方大部分地区均可制种。一般4月中下旬或5月上旬在露地直播。播期选择在霜冻完全解除后，

麦蓝菜白色

麦蓝菜粉色

麦蓝菜种子

平均气温稳定在15℃以上，采种田以选用阳光充足、灌溉良好、土质疏松肥沃的砂质土为宜。地力条件较好的可以不用施底肥，地力条件差的可以用复合肥15kg/亩或磷肥50kg/亩耕翻于地块，选择1.4m黑色除草地膜覆盖，用手推式点播机播种，10天左右可出苗。行距40cm，株距35cm，亩保苗不能少于4700株。

2.田间管理：点播后要根据墒情决定是否灌水。如果气温升高蒸发量过大要灌水1次保证出苗。若出苗不整齐的要及时补种。随着幼苗生长要及时间苗，

每穴保留壮苗1～2株。及时给未铺膜的工作行中耕松土，清除田间杂草，幼苗期间15～20天灌水1次。浇水之后土壤略微湿润，更容易将杂草拔除。促进植株健壮生长。当长到30～35cm以上时，根据长势可以随水施入尿素5～10kg/亩。喷施2次0.2%磷酸二氢钾。这对植株孕蕾开花极为有利；促进果实和种子的成长。

3.病虫害防治：如发生黑斑病，发病初期用40%多菌灵800倍液或20%甲基托布津1000倍液喷施。发生红蜘蛛危害叶片。发生期可用20%双甲脒乳油1000倍液喷施防治。

4.隔离要求：麦蓝菜属为自花授粉植物，天然杂交率也很高。品种间应隔离300～500m。在初花期，分多次根据品种叶形和花色等清除杂株。

5.种子采收：6～7月种子成熟，成熟期不一致，易自裂脱落，应在种子接近成熟时收获。将全株割下或拔起，晒干，打下种子，去净杂质，以籽粒均匀、饱满、色黑、无沙土和杂质者为佳。置于阴凉干燥处保存，其产量和田间管理有关，亩产50～70kg。

十八、藜科 Chenopodiaceae

① 滨藜属 *Atriplex* 山菠菜

【原产地】亚洲、欧洲，美国佛罗里达州。

一、生物学特性

一年生草本。高可达200cm，无粉或幼嫩部分稍有粉。茎直立，粗壮；枝斜伸，钝四棱形，有绿色色条。叶片卵状矩圆形至卵状三角形，长5～25cm，宽3～18cm，先端微钝，基部戟形至宽楔形，两面均为绿色，下面稍有粉，全缘或具不整齐锯齿；叶柄长1～3cm。花序穗状圆锥形，腋生及顶生；雄花花被片5，雄蕊5；雌花二型：有花被雌花的花被裂片5，矩圆形，无苞片；种子横生，扁球形，直径1.5～2mm，种皮薄壳质，黑色，有光泽；无花被的雌花具2苞片，苞片仅基部着生点合生；苞片果时近圆形，直径1～1.5cm，先端急尖，全缘，基部截形或微凹，有很短的柄，表面有浮凸的网状脉，无粉；种子直立，扁平，圆形，直径3～4mm，种皮通常为膜质，黄褐色，无光泽。花果期8～9月。种子千粒重1.82～2g。

二、同属植物

（1）山菠菜 *A. hortensis*，株高100～200cm，有叶

片红色和黄色品种，也可以食用；作为观叶植物，其黄色或红色叶子及其果荚很有观赏价值，用作干花装饰。

（2）同属还有榆钱菠菜 *A. hortensis*，野榆钱菠菜 *A. aucheri* 等。

三、种植环境要求

喜欢阳光充足的环境，耐旱耐瘠薄，并且能够耐受盐碱和强碱性土壤，在任何温带气候中都能茁壮成长，耐受炎热的天气。

四、采种技术

1.种植要点：我国北方大部分地区均可制种，适合直播。一般4月中下旬在露地直播。播期选择在平均气温稳定在15℃以上，采种田以选用阳光充足、灌溉良好的砂质土为宜。地力条件较好的可以不用施底肥，地力条件差的可以用复合肥15kg/亩或磷肥50kg/亩耕翻于地块，选择黑色除草地膜覆盖，用手推式点播机播种，10天左右可出苗。行距60cm，株距35cm，亩保苗不能少于3700株。

2.田间管理：点播后要及时灌水。如果气温升高蒸发量过大要灌水1次保证出苗。若出苗不整齐的要及时补种。随着幼苗生长要及时间苗，每穴保留壮

山菠菜

山菠菜种子（左为脱壳，右为未脱壳）

来传递花粉，品种间隔离不能少于5000m；采种田应和同属其他品种严格隔离。

5.种子采收：滨藜属因开花时间不同而果实成熟期也不一致，但是种子不易脱落，通常在9～10月间陆续成熟，待90%以上植株干枯时可一次性收获，收割后后熟1周以上，晒干后脱粒装入袋内。其产量和田间管理有关，如果倒伏可能会导致大量减产，亩产50～60kg。

② 甜菜属*Beta*

【原产地】地中海。

一、生物学特性

株高因品种而异，矮秆品种30～50cm，高秆品种60～110cm；根部较粗短，入土亦浅。叶阔卵形，绿叶红茎或红叶红茎，光滑，肥厚多肉质，叶柄长而宽。叶片整齐美观，可作为冬季露地布置花坛，也可作为特菜食用。果实褐色，外皮粗糙而坚硬，聚合果。种子千粒重1.82～2g。

二、同属植物

（1）甜菜属品种很多，这里描述的是观叶植物红柄藜菜*B. vulgaris* var. *cicla*，株高20～30cm，绿叶红茎和红叶红茎、黄茎、白茎等；也作为特菜食用。

（2）根用甜菜*B. macrorhiza*，根部较粗短，入土亦浅。叶阔卵形，淡绿色或浓绿色，光滑，肥厚多肉质，叶柄长而宽。

三、种植环境要求

耐寒性颇强，能忍受-10℃左右的短期低温，需要中等强度的光照，如光照过强，生长不良，但光照弱则下叶往往先期黄萎。喜肥沃、潮湿、排水良好的黏质壤土及砂质壤土。

苗1～2株。及时给未铺膜的工作行中耕松土，清除田间杂草，生长期间20～30天灌水1次。浇水之后土壤略微湿润，更容易将杂草拔除。根据长势决定是否施肥。喷施2次0.2%磷酸二氢钾。这对植株孕蕾开花极为有利；促进果实和种子的成长。植株高大，容易倒伏，浇水要避开风雨，有条件及时支架防止倒伏。

3.病虫害防治：主要有蚜虫、菜青虫、小菜蛾、夜蛾类等害虫危害叶片，可用40%绿菜宝乳油1000～1500倍液或拟除虫菊酯类农药防治。

4.隔离要求：滨藜属为异花授粉植物，主要靠风

红柄藜菜

四、采种技术

1. **种植要点**：河西走廊、关中、汉中盆地及中原一带是最佳制种基地。可在7月底露地育苗，采用育苗基质128孔穴盘育苗，7月气温偏高，需在冷凉处设立苗床，苗床上加盖遮阳网和防雨塑料布，发芽温度20～25℃，6～9天出苗，苗龄50天左右，出苗后注意通风。白露前后定植。对养分和水分的需求比较持久，同时吸收能力也较强，因此，栽培土壤应具备土层深厚、富含腐殖质、排灌良好的特点。施腐熟有机肥3～5m³/亩最好，也可用复合肥15～25kg/亩耕翻于地块。采用地膜覆盖平畦栽培，定植时一垄两行，行距50cm，株距40cm，亩保苗不能少于3300株。

2. **田间管理**：移栽后要立即灌水。缓苗后及时中耕松土、除草。如果移栽幼苗偏弱，在立冬前后要再覆盖一层白色地膜保湿保温，以利于安全越冬。翌年3月，如遇旱季要及时灌溉返青水。到生长旺盛的前期和中期重点追肥，结合浇水施氮、磷、钾复合肥25kg/亩；同时注意中耕除草，顺便摘掉下部老叶、黄叶。在薹期，每隔一定时间喷1次0.2%的磷酸二氢钾溶液。

3. **病虫害防治**：容易感染褐斑病，发病时叶片出现圆形斑点，初为红色以至紫色，病斑上有灰白色的霉状；叶柄上病斑呈卵圆形，严重时叶片皱缩以至枯死脱落，可用石灰硫黄合剂、多菌灵、甲基托布津等药剂防治。害虫主要有蚜虫、潜叶蝇等，可用乐果、敌百虫等药剂防治。

4. **隔离要求**：甜菜属为异花授粉植物，主要靠风来传递花粉，品种间隔离不能少于3000m。

5. **种子采收**：甜菜属因开花时间不同而果实成熟期也不一致，但是种子不易脱落，种子成熟时间为6～7月；种子成熟时全株变成黄色，果皮变褐色，此时可用刀从植株基部一次砍断，运回晒干。脱粒后贮藏在干燥凉爽的地方。亩产30～50kg。

红柄藜菜种子

③ 藜属 *Chenopodium*

【原产地】南美洲安第斯山区、玻利维亚、厄瓜多尔、秘鲁。

一、生物学特性

一年生或多年生草本。有囊状毛（粉）或圆柱状毛，较少为腺毛或完全无毛，很少有气味。叶互生，有柄；叶片通常宽阔扁平，全缘或具不整齐锯齿或浅裂片。花两性或兼有雌性，不具苞片和小苞片，通常数花聚集成团伞花序（花簇），较少为单生，并再排列成腋生或顶生的穗状，圆锥状或复二歧式聚伞状的花序；花被球形，绿色，5裂，较少为3～4裂，裂片腹面凹，背面中央稍肥厚或具纵隆脊，果时花被不变化，较少增大或变为多汁，无附属物；雄蕊5或较少，与花被裂片对生，下位或近周位，花丝基部有时合生；花药矩圆形，不具附属物；花盘通常不存在；子房球形，顶基稍扁，较少为卵形；柱头2，很少3～5，丝状或毛发状，花柱不明显，极少有短花柱；胚珠几无柄。胞果卵形，双凸镜形或扁球形；果皮薄膜质或稍肉质，与种子贴生，不开裂。种子横生，较少为斜生或直立；种皮壳质，平滑或具点洼，有光泽；胚环形、半环形或马蹄形；胚乳丰富，粉质。种子千粒重0.42～2.5g。

三色藜麦

球花藜

三色藜麦和球花藜种子

二、同属植物

（1）三色藜麦 *C. quinoa*，株高120～180cm，叶色红黄绿多变。

（2）吉祥果 *C. foliosum*，又名球花藜、对叶藜、绿叶鹅掌。株高40～60cm，果红色，桑葚形，也可以食用，作为观果植物，春季育苗定植，秋季采收种子。

（3）同属还有灰绿藜 *C. glaucum*，红叶藜 *C. rubrum*，多为野生。

三、种植环境要求

具有一定的耐旱、耐寒、耐盐性，海拔20～4500m均可。

四、采种技术

1. 种植要点：我国北方大部分地区均可制种，适合直播。一般4月中下旬在露地直播。播期选择在平均气温稳定在15℃以上，采种田选择地势较高、阳光充足、通风条件好及肥力较好的地块种植。藜麦不宜重茬，忌连作，应合理轮作倒茬。前茬以大豆、薯类最好，其次是玉米、高粱等。地力条件较好的可以不用施底肥，如果土壤比较贫瘠，可以用复合肥15kg/亩或磷肥50kg/亩耕翻于地块，选择黑色除草地膜覆盖，用手推式点播机播种，10天左右可出苗。行距50cm，株距30cm，亩保苗不能少于4400株。

2. 田间管理：出苗后要及时查苗，发现漏种和缺苗断垄时，应采取补种。对少数缺苗断垄处，可在幼苗长出4～5叶时雨后移苗补栽。移栽后，适度浇水，确保成活率。对缺苗较多的地块，采用催芽补种，先将种子浸入水中3～4小时，捞出后用湿布盖上，放在20～25℃条件下闷种10小时以上，然后开沟补种。出苗后应及早间苗，并注意拔除杂草。当幼苗长到10cm，长出5～6叶时间苗，按照留大去小的原则，每穴保留1～2株。中耕结合间苗进行，应掌握浅锄、细锄、破碎土块，围正幼苗，做到深浅一致，草净地平，防止伤苗压苗。中耕后如遇大雨，应在雨后表土稍干时破除板结。当藜麦长到50cm以上时，还需除草1～2次。同时，进行根部培土，防止后期倒伏。如果生长中后期发现有缺肥症状，可适当追肥。一般在植株长到40～50cm时，撒施三元复合肥10kg/亩。在藜麦生育后期，叶面喷洒磷肥和微量元素肥料，可促进开花结实和籽粒灌浆。藜麦主要以旱作为主，如发生严重干旱，应及时浇水。

3. 病虫害防治：主要防治叶斑病，可使用12.5%的烯唑醇可湿性粉剂3000～4000倍液喷雾防治，一般防治1～2次即可收到效果。

4. 隔离要求：藜属为异花授粉植物，主要靠风来传播花粉。由于品种较少，无须隔离。

5. 种子采收：在成熟期，要严防麻雀危害，及时收获。成熟的标准是看外观，叶变黄变红，叶大多脱落，开始变干，种子用指甲掐已无水分。割取藜麦大小穗即可，收割后放在田间或打谷场晾晒，晾干后及时脱粒。也可以使用四分离脱粒机脱粒。亩产60～80kg。

④ 地肤属*Kochia* 地肤

【原产地】欧洲、亚洲。

一、生物学特性

一年生草本。高50～100cm。根略呈纺锤形。茎

细叶地肤

彩色地肤

直立，圆柱状，淡绿色或带紫红色，有多数条棱，稍有短柔毛或下部几近无毛；分枝稀疏，斜上。叶为平面叶，披针形或条状披针形，长2～5cm，宽3～9mm，无毛或稍有毛，先端短渐尖，基部渐狭入短柄，通常有3条明显的主脉，边缘有疏生的锈色绢状缘毛；茎上部叶较小，无柄，1脉。花两性或雌性，通常1～3个生于上部叶腋，构成疏穗状圆锥花序，花下有时有锈色长柔毛；花被近球形，淡绿色，花被裂片近三角形，无毛或先端稍有毛；翅端附属物三角形至倒卵形，有时近扇形，膜质，脉不很明显，边缘微波状或具缺刻；花丝丝状，花药淡黄色；柱头2，丝状，紫褐色，花柱极短。胞果扁球形，果皮膜质，与种子离生。种子卵形，黑褐色，长1.5～2mm，稍有光泽；胚环形，胚乳块状。花期6～9月，果期7～10月。种子千粒重0.83～1g。

二、同属植物

（1）宽叶地肤 *K. sieversiana*（异名 *Bassia sieversiana*），株高120～160cm，宽叶深绿。

（2）细叶地肤 *K. scoparia*（异名 *Bassia scoparia*），株高80～100cm，细叶鲜绿色。

（3）红地肤 *K. scoparia* f. *trechophylla*（异名 *Bassia scoparia* f. *trechophylla*），株高70～90cm，叶绿色转红。

（4）彩色地肤 *K. vermelha*（异名 *Bassia vermelha*），

株高60～80cm，有混色、绛红色、粉红色、黄色等。

三、种植环境要求

适应性较强，喜温，喜光，耐干旱，不耐寒；对土壤要求不严，较耐碱性土壤，肥沃、疏松、含腐殖质多的壤土利于地肤旺盛生长。

四、采种技术

1.种植要点：我国北方大部分地区均可制种。一般采用春播的方法，可在3月初温室育苗，可采用育苗基质128孔穴盘育苗。4月中下旬定植于大田。也可以直播。一般在4月中下旬露地直播。采种田选择地势较高、阳光充足、通风条件好的地块种植。地力条件较好的可以不用施底肥，选择黑色除草地膜覆盖，也可以用手推式点播机播种，10天左右可出苗。行距60cm，株距35cm，亩保苗不能少于3700株。

2.田间管理：移栽和直播后要及时灌水，如果气温升高蒸发量过大要再补灌一次。出苗后，要及时查苗，发现漏种和缺苗断垄时，应采取补种。缓苗后及时给未铺膜的工作行中耕松土，清除田间杂草，长出5～6叶时间苗，按照留大去小的原则，每穴保留1～2株。同时，进行根部培土，防止后期倒伏。一般在植株长到30～40cm时用镰刀或大型剪刀割去顶部叶片，达到矮化和增加分枝的作用，如果生长中后期发现有缺肥症状，可适当追肥。在封垄前铲平未铺膜的工作行或者铺除草布，以利于秋季收获掉落的种子。生长期间20～30天灌水1次。灌浆期不能缺水，种子成熟会掉落在地膜表面，这个时期要控制灌水。在生长中期大量分枝，应及早设立支架，防止倒伏。

3.病虫害防治：生长季节易受蚜虫危害，可喷洒1000～2000倍40%的乐果乳剂防治。地肤也易被菟丝子寄生，导致植株成片枯萎，发现菟丝子要及时清除。

4.隔离要求：地肤属为异花授粉植物，主要靠风来传递花粉，品种间隔离不能少于3000m；在生长期间，分多次根据品种叶形、叶色、株型等清除杂株。

地肤种子

由于品种较少，品种间无须隔离。

5.种子采收：地肤属因开花时间不同而果实成熟期也不一致，种子于9～10月成熟，种子成熟时全株变成黄色或红色，果皮变褐色，此时可用镰刀从植株根部一次砍断，晾干后在田内铺上篷布，然后用木棍捶打花穗部分。掉落在地膜表面的种子，要及时用笤帚扫起来或者用锂电池吸尘器回收种子，集中精选加工。亩产60～80kg。

十九、半日花科 Cistaceae

半日花属 *Helianthemum* 半日花

【原产地】欧洲及西亚。

一、生物学特性

多年生常绿蔓生植物。叶半日花对生或上部互生，具托叶或无；叶深绿色，椭圆形。花单生或蝎尾状聚伞花序；萼片5，外面2片短小，比内面3片短一半，内面3片几同大，具3～6棱脉，结果时扩大。花瓣5，花浅碟状，黄色、白色、粉色等，花冠直径1.5～2cm；雄蕊多数；雌蕊花柱丝状，柱头大，头状。蒴果具3棱，3瓣裂，1室或不完全的3室；种子多数。花期5～7月。种子千粒重1.25～1.33g。

二、同属植物

（1）铺地半日花 *H. nummularium*，株高25～30cm，花有混色、红色、粉色等。

（2）大花半日花 *H. grandiflorum*，花黄色、粉色，花期5～8月。

（3）半日花 *H.songaricum*，花黄色。

三、种植环境要求

性喜冷凉，耐寒性强，-15℃可安全越冬，生长适温18～25℃；喜向阳的环境；土壤以疏松的砂壤土为宜。

四、采种技术

1.种植要点：我国北方大部分地区均可制种。河西走廊一般在6月初育苗，采用专用育苗基质70～128孔穴盘育苗，种子萌发适温20～25℃。播种后7～10天出苗，当小苗长出2片叶时，可结合除草进行间苗，使小苗有一定的生长空间。出苗后注意通风，8月中旬小麦收获后定植，采种田选用阳光充足、通风良好、无宿根性杂草、灌溉良好的土地。施腐熟有机肥4～5m³/亩最好，也可用复合肥15kg/亩或磷肥50kg/亩耕翻于地块。采用黑色除草地膜覆盖平畦栽培，一垄两行，种植行距40cm，株距25cm，亩保苗不能少于6600株。

2.田间管理：移栽后要及时灌水，如果气温升高蒸发量过大要再补灌一次保证成活。若田间有移栽不当未能成活的要及时补苗。缓苗后及时给未铺膜的工作行中耕松土，清除田间杂草，生长期间15～20天灌水1次。浇水之后土壤略微湿润，更容易将杂草拔除。在生长期根据长势可以随水施入尿素10～20kg/亩。多次叶面喷施0.02%的磷酸二氢钾溶液，可提高分枝数、结实率和增加千粒重。初花期在未铺地膜的工作行再铺一遍地膜，地膜两头用木棍缠绕拉紧呈弓形固定住，方便浇水从地膜下流入。盛花期尽量不要喷洒杀虫剂，以免杀死蜜蜂等授粉媒源。盛花期后进入生殖阶段，灌浆期要尽量勤浇薄浇，种子成熟会掉落在地膜表面，这个时期要控制灌水。

3.病虫害防治：立枯病，发病初期可喷洒38%噁霜嘧铜菌酯800倍液，或41%聚砹·嘧霉胺600倍液，隔7～10天喷1次。

4.隔离要求：半日花属自花授粉植物，花朵吸引

铺地半日花

铺地半日花种子

蜜蜂授粉，天然杂交率也很高。由于品种较少，和其他品种间无须隔离。

5.种子采收：半日花属开花时间不同而果实成熟期也不一致，种子通常在7~8月成熟，选择蒴果大部分成熟的花序剪下，晒干后置于干燥阴凉处，成熟后蒴果开裂掉落在地膜表面，要及时用笤帚扫起来或者用吸尘器回收种子，集中去杂，清选出种子。其产量和秋季定植成活率有关。

二十、白花菜科 Cleomaceae

醉蝶花属 *Tarenaya* 醉蝶花

【原产地】原产热带美洲，全球热带至温带有栽培供观赏。

一、生物学特性

一年生强壮草本植物。高100~150cm，全株被黏质腺毛，其茎上长有黏质细毛，会散发一股强烈的特殊气味；有托叶刺，刺长达4mm，尖利，外弯。叶为具5~7小叶的掌状复叶，小叶草质，椭圆状披针形或倒披针形；总状花序顶生，花由底部向上次第开放，花瓣披针形向外反卷，花苞红色，花瓣呈玫瑰红色或白色，雄蕊特长；果时略有增长；子房线柱形，长3~4mm，无毛；几无花柱，柱头头状。种子浅褐色。花期6~9月，其花茎长而壮实，花朵盛开时，总状花序形成一个丰满的花球，朵朵小花犹如翩翩起舞的蝴蝶，非常美观。种子千粒重1.61~1.72g。

二、同属植物

（1）醉蝶花 *T. hassleriana*（异名 *Cleome spinosa*），株高130~150cm，花有混色、紫红、粉红、白色。

（2）同属还有异叶醉蝶花 *T. pernambucensis* 等。

三、种植环境要求

适应性强。性喜高温、较耐暑热、忌寒冷。生长适温25~35℃；喜阳光充足地，半遮阴地亦能生长良好。对土壤要求不苛刻，水肥充足的肥沃地、植株高

醉蝶花紫红色

醉蝶花粉色

大；一般肥力中等的土壤，也能生长良好；砂壤土或带黏重的土壤或碱性土生长不良，喜湿润土壤，亦较耐干旱、忌积水。

四、采种技术

1.种植要点：我国北方大部分地区均可制种。可在3月底温室育苗，采用育苗基质72孔穴盘育苗，播种前先把种子放于冰箱冷冻2天以上，然后用40℃左右温水把种子浸泡3~10个小时，直到种子吸水并膨胀起来再播种，种子发芽时气温需在20℃以上，这样出苗整齐；晚霜后移栽于大田。也可以4月中上旬在露地直播。通过整地，将复合肥15kg/亩或磷肥50kg/亩耕翻于地块，改善土壤的耕层结构，深耙压实，为播种出苗、根系生长创造条件。选择黑色除草地膜覆盖，平均气温稳定在20℃以上时，用直径3~5cm的播种打孔器在地膜上打孔，垄两边孔位呈三角形错开，每穴点3~4粒，覆土以湿润微砂的细土为好。也可以用手推式点播机播种。种植行距60cm，株距35cm，亩保苗3100株以上。

2.田间管理：播后要及时灌水。如果气温升高蒸发量过大要灌水1次保证出苗。出苗后要及时查苗，发现漏种和缺苗断垄时，应采取补种。对少数缺苗断垄处，可在幼苗4~5叶时雨后移苗补栽。长出5~6叶时间苗，按照留大去小的原则，每穴保留1~2株。浇水之后土壤略微湿润，及时进行中耕松土，清除田间

杂草。当长到30～35cm以上时，根据长势可以随水施入尿素10～20kg/亩。生长期间20～30天灌水1次，植株长到80cm左右，使用浓度为100～125mg/L的矮壮素喷洒，使植株矮化、茎秆粗壮、节间缩短，防止植物徒长和倒伏。在后期喷施2次0.2%磷酸二氢钾。这对植株孕蕾开花极为有利；促进果实和种子的成长。

3.病虫害防治：叶斑病用50%甲基托布津可湿性粉剂500倍液喷洒，锈病可用50%萎锈灵可湿性粉剂3000倍液喷洒防治。也容易出现鳞翅目虫害，可以用阿维菌素4000倍液进行叶面喷施。

4.隔离要求：白花菜属为自花授粉植物，但也是一种优良的蜜源植物。长长的雄蕊伸出花冠之外，是蝴蝶和蜜蜂喜爱的种类，天然杂交率很高。品种间应隔离1000～2000m。在初花期，分多次根据品种叶形、株型、长势、花序形状和花色等清除杂株。

醉蝶花种子

5.种子采收：醉蝶花很容易结出种子，授粉后子房在花朵的上端呈线柱形。当角果开始由绿色转成黄色时，要及时采收，采收过晚种荚裂开种子掉落。最有效的方法是在封垄前铲平未铺膜的工作行或者铺除草布，成熟的种子掉落在地膜表面，要及时用笤帚扫起来或者用吸尘器回收种子，集中精选加工。亩产30～40kg。

二十一、鸭跖草科 Commelinaceae

紫露草属 *Tradescantia* 紫露草

【原产地】分布于美洲，我国有引种栽培。

一、生物学特性

多年生草本植物。茎直立分节、壮硕、簇生；株丛高大，高度可达25～50cm。叶互生，线形或披针形。花序顶生、伞形，花紫色，花瓣、萼片均3片，卵圆形萼片为绿色，广卵形花瓣为蓝紫色；雄蕊6枚，3枚退化、2枚可育，1枚短而纤细、无花药；雌蕊1枚，子房卵圆形，具3室，花柱细长，柱头锤状。蒴果近圆形，长5～7mm，无毛；种子橄榄形，长3mm。花期5～7月，种子千粒重3～3.3g。

二、同属植物

（1）紫露草 *T. ohiensis*，株高70～80cm，蓝色。

（2）同属还有白花紫露草 *T. fluminensis*，无毛紫露草 *T. virginiana*，粉花紫露草 *T. tucumanensis*等。

三、种植环境要求

喜温湿半阴环境，耐寒，在−20℃可露地越冬，最适温度15～25℃；对土壤要求不高，砂土、壤土中均可正常生长，忌土壤积水，在中性或偏碱性的土壤中生长良好。

四、采种技术

1.种植要点：我国北方大部分地区均可制种。一

紫露草

般采用春播的方法，可在3月初温室育苗，用育苗基质72～128孔穴盘育苗，播种前先把种子放置于冰箱冷冻7天以上，然后用35℃左右温水把种子浸泡6～12小时，直到种子吸水并膨胀起来再播种，这样出苗整齐，发芽适温13～21℃，10～15天出苗；出苗后注意通风，降低夜温；苗龄约60天，及早通风炼苗，晚霜后移栽于大田。采种田选用无宿根型杂草、灌溉良好、土质疏松肥沃的壤土。施用复合肥25kg/亩或过磷酸钙50kg/亩耕翻于地块，并喷洒克百威或呋喃丹，用于预防地下害虫。采用黑色除草地膜覆盖平畦栽培，一垄两行，行距40cm，株距30cm，亩保苗不能少于5000株。

2.田间管理：移栽后要及时灌水。如果气温升高蒸发量过大要二次灌水保证成活。生长速度慢，注意水分控制，保证土壤湿度，每20～25天浇水1次。正常生长季根据长势可以随水施入尿素10～20kg/亩。浇水之后土壤略微湿润，及时进行中耕松土，清除田间杂草。越冬前要灌水1次，保持湿度安全越冬。早春及时灌溉返青水，3～4月生长期根据长势可以随水再次施入化肥10～20kg/亩。在生长中期大量分枝，应及早设立支架，防止倒伏。5月进入盛花期。

3.病虫害防治：抗逆性极强，很少有病害发生，如发生病虫害需及早咨询农药店并对症防治。植株的嫩茎很易受蚜虫侵害，喷抗蚜威防治。

4.隔离要求：紫露草属有3个花瓣和6个黄色的雄蕊。雄蕊毛细胞是蓝色的，在太阳照射下，颜色变为粉红色。它的汁液是黏稠而透明的。一些物种在清晨开花，吸引大量野生蜜蜂授粉。天然杂交率很高。品

紫露草种子

种间应隔离1000～2000m。在初花期，在田间要清除花色变异株来保证其纯度。

5.种子采收：在大量的野生蜜蜂帮助下很容易结出种子，广卵形蒴果成熟后容易脱落，要随熟随采。后期90%植株干枯时，在清晨有露水时可一次性收获，晾干后脱粒入袋保存。种子产量和田间管理水平、安全越冬有直接关系，亩产20～30kg。

二十二、旋花科 Convolvulaceae

① 旋花属 *Convolvulus* 旋花

【原产地】地中海沿岸、北非。

一、生物学特性

一、二年生草本。株高20～40cm。枝条伸长蔓生具匍匐性。叶长椭圆形，先端尖。花为漏斗状，花径4～5cm，形似朝颜，花内有白色星型区块和黄色花心，加上外圈围绕红、蓝、粉或白色的单一花色，花只能开放1天的时间。花期6～8月，多在早晨开放。蒴果。种子千粒重6.67～8.33g。

二、同属植物

（1）三色旋花 *C. tricolor*，株高20～40cm，花有混色、蓝色、红色、粉色和白色。

（2）同属的还有田旋花 *C. arvensis*，鹰爪柴 *C. gortschakovii*，刺旋花 *C. tragacanthoides*，都是多年生，也有观赏价值，常被视为杂草。

三、种植环境要求

喜温暖、潮湿、阳光充足的环境，生长适温25～28℃、不耐寒。对土壤要求不严。

四、采种技术

1.种植要点：我国北方大部分地区均可制种。可在3月底温室育苗，采用育苗基质72孔穴盘育苗，发

芽适温18～25℃，10～14天即可发芽，晚霜后移栽于大田。由于旋花不耐移栽，一般选择4月中下旬在露地直播。通过整地，将复合肥15kg/亩或磷肥50kg/亩耕翻于地块，深耙压实，为播种出苗、根系生长创造条件。选择黑色除草地膜覆盖，平均气温稳定在20℃以上时，用直径3～5cm的播种打孔器在地膜上打孔，垄两边孔位呈三角形错开，每穴点3～4粒，覆土以湿润微砂的细土为好。也可以用手推式点播机播种。种植行距40cm，株距35cm，亩保苗4700株以上。

2.田间管理：播后要及时灌水。如果气温升高蒸发量过大要灌水1次保证出苗。出苗后要及时查苗，发现漏种和缺苗断垄时，应采取补种。长出5～6叶时间苗，按照留大去小的原则，每穴保留1～2株。浇水

三色旋花

三色旋花种子

之后土壤略微湿润，及时进行中耕松土，清除田间杂草。生长期间15～20天灌水1次，根据长势可以随水施入氮肥10～20kg/亩，有利于营养生长。在生殖生长期间喷施2次0.2%磷酸二氢钾。这对植株孕蕾开花极为有利；促进果实和种子的成长。

3.病虫害防治：生长期间会滋生蚜虫，发生期可用抗蚜威、溴氰菊酯喷施防治。在天气炎热的时候容易感染真菌，需及早咨询农药店并对症防治。

4.隔离要求：旋花属为自花授粉植物，是靠着昆虫来传播花粉的，是典型的虫媒花。开花的时候，花朵鲜艳的颜色和香味会吸引蝴蝶和蜜蜂等昆虫来采食花蜜，这样昆虫的就会把花粉传播到别的花朵上。天然杂交率很高。品种间应隔离1000～2000m。在初花期，分多次根据品种叶形、株型、长势、花序形状和花色等清除杂株。

5.种子采收：旋花属果实为蒴果，卵球形或球形，表面无毛，通常在9～10月成熟，成熟后自行掉落，要及时采收。最有效的方法是在封垄前铲平未铺膜的工作行或者铺除草布，成熟的种子掉落在地膜表面，要及时用笤帚扫起来或者用锂电池吸尘器回收种子，采收的种子集中去杂。产量偏低，种子产量和田间管理水平、天气因素有直接关系。

② 虎掌藤属 *Ipomoea*

【原产地】美洲热带。

一、生物学特性

草本或灌木。通常缠绕，有时平卧或直立，很少漂浮于水上。叶通常具柄，全缘，或有各式分裂。花单生或组成腋生聚伞花序或伞形至头状花序；苞片各式；萼片5，相等或偶有不等，通常钝，等长或内面3片（少有外面的）稍长，无毛或被毛，宿存，

常于结果时多少增大；花冠整齐，漏斗状或钟状，具五角形或多少5裂的冠檐，瓣中带以2条明显的脉清楚分界；雄蕊内藏，不等长，插生于花冠的基部，花丝丝状，基部常扩大而稍被毛，花药卵形至线形，有时扭转；花粉粒球形，有刺；子房2～4室，4胚珠，花柱1，线形，不伸出，柱头头状，或瘤状突起或裂成球状；花盘环状。蒴果球形或卵形，果皮膜质或革质，4（少有2）瓣裂。种子4或较少，无毛或被短毛或长绢毛。种子有白色和黑色之分，千粒重16～25g。

二、同属植物

（1）圆叶牵牛 *I. purpurea*，株高200～400cm，花有混色、蓝色、粉色、红色、白色、复色条纹，还有重瓣品种。

（2）爪叶牵牛 *I. tricolor*，株高200～400cm，花蓝色、复色等。

（3）同属还有扁平牵牛 *I. welwitschii*，变色牵牛 *I. indica*，槭叶小牵牛 *I. wrightii*，五爪金龙 *I. cairica*，其中五爪金龙为外来入侵植物，已成为恶性杂草。

三、种植环境要求

适应性较强，喜阳光充足，可耐半阴，耐暑热高温，但不耐寒、怕霜冻。能耐水湿和干旱，较耐盐碱；喜肥沃、疏松土壤。

大花牵牛

四、采种技术

1.种植要点: 我国北方大部分地区均可制种。种粒较大,一般采用直播方式。4月下旬或5月初在露地直播。通过整地,将复合肥15kg/亩或磷肥50kg/亩耕翻于地块,改善土壤的耕层结构,深耙压实,为播种出苗、根系生长创造条件。选择黑色除草地膜覆盖,平均气温稳定在20℃以上时在播种。种子具较硬的外壳,播前浸种24小时以上或浸种后置于20~25℃环境中催芽,出芽后播种。用直径3~5cm的播种打孔器在地膜上打孔,垄两边孔位呈三角形错开,每穴点2~3粒,覆土厚度约2cm,不宜太薄,否则容易带帽出土。种植行距60cm,株距35cm,亩保苗3100株以上。

2.田间管理: 播后要及时灌水。如果气温升高蒸发量过大要灌水1次保证出苗。出苗后要及时查苗,发现漏种和缺苗断垄时,应采取补种。长出5~6叶时间苗,按照留大去小的原则,每穴保留1~2株。浇水之后土壤略微湿润,及时进行中耕松土,清除田间杂草。长出三四片叶后,中心开始生蔓,这时应该除心。第一次摘心后,叶腋间又生枝蔓,待枝蔓生出三四片叶后,再次摘心。这个时候就应该及时设立竹竿支架,支架要用铁丝拉紧固定牢,令其攀缘生长。生长期间20~30天灌水1次。在后期喷施2次0.2%磷酸二氢钾。这对植株孕蕾开花极为有利;促进果实和种子的成长。

3.病虫害防治: 高温高湿、通风不良会引发褐斑病,危害植株的叶子和嫩茎,起初会出现浅绿色的斑点,之后会变成淡黄色,后期形成白色突起,导致植株死亡。在患病初期,可以用波尔多液或疫霉净防治,每10~15天喷1次即可。患病后期需要将植株拔除销毁,以免病菌传播。发现蚜虫危害及时剪掉带有害虫的叶片,并喷洒抗蚜威治疗。

4.隔离要求: 虎掌藤属为自花授粉植物,是靠着昆虫来传播花粉的,是典型的虫媒花,天然杂交率很高。品种间应隔离1000~2000m。在初花期,分多次根据品种叶形、株型、长势、花序形状和花色等清除杂株。

5.种子采收: 虎掌藤属果实通常在9~10月成熟,且成熟后易开裂,要及时采收。最有效的方法是在封垄前铲平未铺膜的工作行或者铺除草布,成熟的种子掉落在地膜表面,要及时用笤帚扫起来,采收的种子集中去杂。如果受到早霜侵袭就不能采收种子了,受过霜冻的种子很少发芽。亩产30~80kg。

③ 茑萝属 *Quamoclit*

【原产地】产热带美洲,我国有栽培。

一、生物学特性

一年生柔弱缠绕草本,大多无毛。叶心形或卵形,通常有角或掌状3~5裂,稀羽状深裂。花大多腋生,通常为二歧聚伞花序,稀单生;萼片5,草质至膜质,无毛,顶端常为芒状,近等长或外萼片较短;花冠小或中等大小,通常亮红色,稀黄色或白色,无毛,高脚碟状,管长,上部稍扩大,冠檐平展,全缘或浅裂;雄蕊5,外伸,花丝不等长;子房无毛,4室,4胚珠;花柱伸出,柱头头状。蒴果4室,4瓣裂。

牵牛花种子

茑萝

槭叶茑萝

种子4，无毛或稀被微柔毛，暗黑色。种子千粒重10～14.29g。

二、同属植物

（1）羽叶茑萝 *Q. pennata*，株高300～600cm，花有混色、红色、粉色、白色、黄色等。

（2）圆叶茑萝 *Q. coccinea*，株高300～600cm，花橙红色、黄色。

（3）槭叶茑萝 *Q. sloteri*，株高300～600cm，花红色。

（4）直立茑萝 *I. rubra*，又名为红衫花，株高100～120cm，花红色；种子细小。

三、种植环境要求

喜光、喜温暖湿润环境，不耐寒，能自播，要求土壤肥沃。抗逆性强、管理简便。

四、采种技术

1.种植要点：我国北方大部分地区均可制种。可在3月底温室育苗，采用育苗基质72孔穴盘育苗，播种前用40℃左右温水把种子浸泡3～10个小时，直到种子吸水并膨胀起来再播种，种子发芽时气温需在20℃以上，这样出苗整齐；晚霜后移栽于大田。4月下旬或5月初在露地直播。通过整地，将复合肥15kg/亩或磷肥50kg/亩耕翻于地块，改善土壤的耕层结构，深耙压实，为播种出苗、根系生长创造条件。选择黑色除草地膜覆盖，用直径3～5cm的播种打孔器在地膜上打孔，垄两边孔位呈三角形错开，每穴点2～3粒，覆土厚度约2cm，不宜太薄，否则容易带帽出土。也可以每0.5m²种植1棵玉米作为牵引支架。行距50cm，株距35cm，亩保苗4400株以上。

2.田间管理：播后要及时灌水。如果气温升高蒸发量过大要灌水1次保证出苗。出苗后要及时查苗，发现漏种和缺苗断垄时，应采取补种。长出5～6叶时间苗，按照留大去小的原则，每穴保留1～2株。浇水之后土壤略微湿润，及时进行中耕松土，清除田间杂草。长出三四片叶后，中心开始生蔓，这时应该摘心。第一次摘心后，叶腋间又生枝蔓，待枝蔓生出三四片叶后，再次摘心。这个时候就应该及时设立竹竿支架，支架要用铁丝拉紧固定牢，令其攀缘生长。生长期间20～30天灌水1次。在后期喷施2次0.2%磷酸二氢钾。这对植株孕蕾开花极为有利；促进果实和种子的成长。

3.病虫害防治：在高温期间如发生叶斑病、白粉病，可用50%甲基托布津可湿性粉剂500倍液喷洒，发生蚜虫、金龟子用10%除虫精乳油2500倍液喷杀。

4.隔离要求：茑萝属为自花授粉植物，是靠着昆虫来传播花粉的，是典型的虫媒花，天然杂交率很高。品种间应隔离1000～2000m。在初花期，分多次根据品种叶形、株型、长势、花序形状和花色等清除杂株。

5.种子采收：果实成熟期不一致，每个果实含种子3～4粒，成熟后容易脱落，要随熟随采。最有效的方法是在封垄前铲平未铺膜的工作行或者铺除草布，成熟的种子掉落在地膜表面，要及时用笤帚扫起来，采收的种子集中去杂。如果受到早霜侵袭就不能采收种子了，受过霜冻的种子很少发芽。品种间差异很大，管理好的一般每亩可收种子20～40kg。

茑萝种子对比

二十三、景天科 Crassulaceae

景天属 *Sedum*

【原产地】北半球。

一、生物学特性

一年生或多年生草本。少有茎基部呈木质，无毛或被毛，肉质，直立或外倾，有时丛生或藓状。叶各式，对生、互生或轮生，全缘或有锯齿，少有线形的。花序聚伞状或伞房状，腋生或顶生；花白色、黄色、红色、紫色；常为两性，稀退化为单性；常为不等5基数，少有4～9基数；花瓣分离或基部合生；雄蕊通常为花瓣数的2倍，对瓣雄蕊贴生在花瓣基部或稍上处；鳞片全缘或有微缺；心皮分离，或在基部合生，基部宽阔，无柄，花柱短。蓇葖果有种子多数或少数。种子千粒重0.05～0.08g。

二、同属植物

（1）小叶景天 *S. ellacombianum*，株高10～30cm，花黄色。

（2）红花景天 *S. stoloniferum*，株高20～30cm，花红色。

（3）大叶景天 *S. hsinganicum*，株高30～50cm，花黄色。

（4）费菜 *S. aizoon*，株高10～20cm，花黄色。

（4）同属还有垂盆草 *S. sarmentosum*，佛甲草 *S. parvisepalum* 等。

三、种植环境要求

管理简单，喜欢光照充足的环境，但也稍耐阴。大部分都可以耐受极端低温和极为干燥的天气。耐干旱瘠薄，在山坡岩石上和荒地上也能旺盛生长。

四、采种技术

1. 种植要点：可在3月中旬温室育苗，由于种子细小，在播种前首先要选择好苗床，整理苗床时要细致，深翻碎土两次以上，碎土均匀，刮平地面，将苗床浇透，待水完全渗透苗床后，将种子和沙按1∶5比例混拌后均匀撒于苗床，播后不再覆土或薄盖过筛细沙。播种后在苗床加盖小拱棚，盖上地膜保持苗床湿润，温度20～24℃，播后10～12天即可出苗。当小苗长出2片叶时，可结合除草进行间苗，使小苗有一定的生长空间。有条件的也可以采用专用育苗基质128孔穴盘育苗，种子细小，播种要精细。也可以在6月初育苗，8月中旬小麦收获后定植。选择无宿根性杂草的地块，施腐熟有机肥4～5m³/亩最好，也可用复合肥15kg/亩或磷肥50kg/亩耕翻于地块。采用黑色除草地膜平畦覆盖，种植行距40cm，株距25cm，亩保苗不能少于6600株。春播当年开花量少。

2. 田间管理：移栽后要及时灌水，如果气温升高蒸发量过大要再补灌一次保证成活。若田间有移栽不当未能成活的要及时补苗。缓苗后及时给未铺膜的工作行中耕松土，清除田间杂草，生长期间20～25天灌水1次。浇水之后土壤略微湿润，更容易将杂草拔除。记得及时把杂草清理掉，不要留在田间，以防留下死而复生的机会。如果杂草难以清除，可以先砍断杂草根茎底部，防治杂草蔓延。在生长期根据长势可以随水施入尿素10～20kg/亩。越冬前要灌水1次，保持湿度安全越冬。早春及时灌溉返青水，正常生长后根据长势可以选择适当施肥量或多次叶面喷施0.02%的磷酸二氢钾溶液，可提高分枝数、结实率和增加千粒重。植株营养生长过于旺盛要适当控制水肥，采用摘心、打顶等人工干预促进开花结实，盛花期尽量不要喷洒杀虫剂，以免杀死蜜蜂等授粉媒源。盛花期后进入生殖阶段，灌浆期要尽量

小叶景天

大叶景天

勤浇薄浇，种子成熟期要控制灌水。

3.病虫害防治：蚜虫通常集中在嫩芽，可用万灵600～800倍液或25%鱼藤精乳油稀释800倍液喷杀。白粉病可用0.5波尔浓度石硫合剂或用粉锈宁防治。

4.隔离要求：景天属为自花授粉植物，主要靠野生蜜蜂和一些昆虫授粉，天然异交率很高。不同品种间隔离不能少于500m。在初花期，分多次根据品种叶形、叶色、株型、长势、花序形状和花色等清除杂株。

5.种子采收：景天属因开花时间不同而果实成熟期也不一致。蒴果内含有大量细小的种子，成熟后蒴果开裂，种子细小无法分批采收。果穗干枯及时收割，收割后后熟1周以上，晒干后脱粒，在通风干燥处保存。品种间产量差异较大，其产量和田间管理、采收有关。

景天种子

二十四、葫芦科 Cucurbitaceae

① 南瓜属 *Cucurbita* 玩具南瓜

【原产地】墨西哥一带。

一、生物学特性

一年生蔓性草本植物，根系强大。被半透明毛刺，卷须多分叉。叶片大，浓绿色，掌状有浅裂，叶面有茸毛。雌雄同株异花，花色鲜黄或橙黄色，筒状。果型多样，具有各种斑纹。玩具南瓜果实精美，小巧可爱，观赏性极强，可种植于花盆中，作为陈列性花艺陪衬或装饰。种子扁平，椭圆形，多为白色、淡黄色或淡褐色。种子形状大小不一，千粒重33.3～166.6g。

二、同属植物

（1）玩具南瓜 *C. pepo* var. *ovifera*，有很多品种，可分为爬蔓型、短蔓型。有大果和小果，根据果形分为飞碟形、球形、梨形、皇冠形、帽形等，品种有飞碟、玩偶、巨人、寿星、福星、上帝、顽皮、宝玉、墨绿宝、青春豆、稀奇、金童、玉女、奇特等几十种。

（2）同属的有臭瓜 *C. foetidissima*，黑子南瓜 *C. ficifolia*，墨西哥南瓜 *C. argyrosperma*，心形南瓜 *C. cordata* 等。

三、种植环境要求

对土壤要求不严，但以肥沃、湿润、排灌良好的壤土为好。喜光，光照充足生长良好，果实发育快且品质好。喜温，耐高温能力较强。根系发达，吸水和抗旱能力强，但不耐涝。

四、采种技术

1.种植要点：我国北方大部分地区均可制种。可在3月底温室育苗，播种前用50℃温水浸种消毒，要不停搅动直到水温降到30℃，恒温箱28℃进行催芽，种子露白后采用穴盘播种，穴盘规格以32或50穴为宜，播种深度3cm左右，种子发芽时气温需在20℃以上，这样出苗整齐；晚霜后移栽于大田。也可以4月下旬或5月初在露地直播。选择3年以上没有种植过瓜类的土地，以砂壤土最为适宜，平整土地，深耙压实。行距180cm、南北方向进行画线，在线内15cm开沟，将三元复合肥（15-15-15）35kg/亩，加入呋喃丹混合均匀后撒入沟内，采用起垄机起垄，垄宽180cm，高20～30cm，水沟宽30～40cm，起垄后整理好水沟和旱塘后再灌水，切记水沟要渗透，旱塘内不能见水。水沟地表见干后在水沟铺设黑色除草地膜等待播种和移栽。株距25cm，每穴1～2粒种子，覆土深2～3cm，防止带帽出土，种子发芽适温25～30℃。

2.田间管理：管理同一般瓜类，只是在瓜蔓伸长时就要引蔓上架，另行搭架的要注意搭架材料与架形的美观、牢固，生长期间要搞好植株调整，让其多结瓜。出苗后每15天左右浇水1次，选择上午或晚上浇水，在生长期根据长势可以追肥，若生长旺盛，应减少氮肥，追肥的方式是距离小苗10cm开外穴施复合肥。多次叶面喷施0.02%的磷酸二氢钾溶液，育苗期间要注意做好蚜虫和白粉病的预防工作，多次喷施粉锈宁。植株长到5～6片叶时进行摘心，促进侧蔓及时萌发，选择3条生长一致的侧蔓进行培养，其余侧蔓全部去除，开花期间要人工辅助进行授粉，清早摘取雄花给雌花授粉利于结实。

3.病虫害防治：虫害主要有蚜虫和白粉虱；蚜虫与白粉虱均可传播病毒病，应注意观察，小心防治。蚜虫可用40%乐果乳剂，或20%灭扫利乳剂，或50%辟蚜雾可湿性乳剂2000倍液，每隔7～10天喷1次，交替使用，连喷2～3次；白粉虱可采用2.5%功夫乳油5000倍液，或20%灭扫利乳油或扑虱蚜粉剂2000倍液等进行防治。病害主要是病毒病、白粉

玩具南瓜

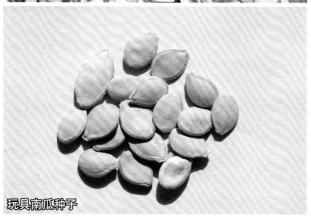

玩具南瓜种子

病和叶斑病。防治病毒病，关键是做好种子消毒，防治传播昆虫；白粉病可用20%粉锈宁乳剂2000倍液，或50%硫悬浮剂300倍液，或甲基托布津600倍液等防治，叶斑病用百菌清或杀毒矾500倍液防治。

4.隔离要求：南瓜属雌雄同株异花，为异花授粉植物，开花期间主要靠野生蜜蜂和一些昆虫授粉，天然异交率很高。同属间品种间隔离不能少于2000m，在初花期，应根据品种叶形、株型、长势和果实形状等清除杂株。

5.种子采收：南瓜授粉后45～55天成熟，将成熟后变老的瓜摘下，放在通风处进行后熟15天左右，采用瓜类打籽机将种子分离，清洗种皮表面果瓤，晾晒3天，同时将种子进行风选去除瘪子和有种皮破损等情况，入袋保存。

❷ 黄瓜属 *Cucumis* 观赏黄瓜

【原产地】原产非洲，朝鲜也有，我国山东单县有大量种植基地，普遍为野生。

一、生物学特性

一年生蔓生或攀缘草本植物。蔓上每节有一根卷须。叶有柄，呈楔形或心脏形，叶面较粗糙，有刺毛。7～8月间开花，花黄色，雌雄同株同花，花冠具3～5裂，子房长椭圆形，花柱细长，柱头3枚。瓜有大有小，最大的像鹅蛋，最小的像纽扣。瓜味有香有甜，有酸有苦，瓜皮颜色有青的，花的，白有带青条的，成熟后为黄色，为香甜口味，不熟的为苦味。种子淡黄色，扁平，长椭圆形，表面光滑，种仁白色。种子千粒重4.55～5.26g。

二、同属植物

（1）拇指黄瓜 *C. melo* var. *agrestis*，有爬蔓型、短蔓型，果实小，圆形，绿白等色。

（2）可爱多黄瓜 *C. dipsaceus*；果实长圆形或圆柱形，熟时黄绿色，浑身有毛刺，但不刺人，肉质香甜，可以榨汁饮用或观赏。

（3）海参果 *C. metuliferus*，又名火参果、非洲角瓜、非洲蜜瓜、火星果、金刺猬、奇瓦诺果、火天桃等。果皮呈金黄色，表皮坚硬，上面凹凸不平，且表面长有瘤刺，既可观赏又可以食用。

三、种植环境要求

喜温暖，对寒冷抵抗力较弱，比较喜欢阳光；喜欢潮湿的土壤，但土壤不能积水，pH 5.5～7，这样的土壤会比较有利于生长。

四、采种技术

1. **种植要点**：我国北方大部分地区均可制种。可以4月下旬或5月初在露地直播。选择3年以上没有种植过瓜类的土地，以砂壤土最为适宜，平整土地，深耙压实。行距1.0m、南北方向进行画线，在线内15cm开沟，施复合肥25kg/亩，加入呋喃丹混合均匀后撒入沟内，采用起垄机起垄，垄宽100cm，高15～20cm，水沟30～40cm，起垄后整理好水沟和旱塘后再水沟灌水，切记水沟要渗透，旱塘内不能见水。水沟地表见干后在水沟铺设黑色除草地膜等待播种和移栽。株距25cm，每穴1～2粒种子，覆土深1～2cm，防止带帽出土，种子发芽适温25～30℃。

2. **田间管理**：出苗后每15天左右浇水1次，选择上午或晚上浇水，在生长期根据长势可以追肥，若生长旺盛，应减少氮肥，育苗期间要注意做好蚜虫和白粉病的预防工作，多次喷施粉锈宁。植株长到5～6片叶时进行摘心，促进侧蔓及时萌发，选择3条生长一致的侧蔓进行培养，其余侧蔓全部去除。苗生长到25～30cm高时，应及时插竹竿或设置铁丝架引其向上生长，搭架的要注意搭架牢固，生长期间要及时清理多余侧枝，让其多结瓜。

3. **病虫害防治**：虫害主要有蚜虫和白粉虱；蚜虫

观赏可爱多黄瓜种子

与白粉虱均可传播病毒病，应注意观察，小心防治。蚜虫可用40%乐果乳剂，或20%灭扫利乳剂，或50%辟蚜雾可湿性乳剂2000倍液，每隔7～10天喷1次，交替使用，连喷2～3次；白粉虱可采用2.5%功夫乳油5000倍液，或20%灭扫利乳油或扑虱蚜粉剂2000倍液等进行防治。病害主要是病毒病、白粉病和叶斑病。防治病毒病，关键是做好种子消毒，防治传播昆虫；白粉病可用20%粉锈宁乳剂2000倍液，或50%硫悬浮剂300倍液，或甲基托布津600倍液等防治，叶斑病用百菌清或杀毒矾500倍液防治。

4. **隔离要求**：黄瓜属雌雄同株异花，为异花授粉植物，开花期间主要靠野生蜜蜂和一些昆虫授粉，天然异交率很高。同属间品种间隔离不能少于2000m，在初花期，应根据品种叶形、株型、长势和果实形状等清除杂株。

5. **种子采收**：结果后45～55天成熟，将成熟后变老的瓜摘下，放在通风处进行后熟15天左右，采用瓜类打籽机将种子分离，清洗种皮表面果瓤，晾晒3天，同时将种子进行风选去除瘪子和有种皮破损等情况，入袋保存。

❸ 葫芦属 *Lagenaria* 观赏葫芦

【原产地】非洲。

一、生物学特性

一年生蔓生草本植物。密被茸毛，卷须分二叉，边缘具小齿。茎节着地处容易产生不定根。蔓长800～1000cm，子蔓多，生长势极旺盛。叶互生，较大，浅缺刻近似圆形。雌雄同株异花，花梗长，花单生、白色，花期7～9月。成熟果淡黄白色或绿色，中部缢缩，像两个摞起来的球体，上小下大，中间有一个纤细的"蜂腰"。品种间差异很大，果实有大有小，种子千粒重30～125g。

观赏可爱多黄瓜

二、同属植物

（1）观赏葫芦 *L. siceraria var. microcarpa*，品种繁多，株高200～600cm，全部蔓生，有鹤首、长柄、天鹅、大兵丹、干成兵丹、小兵丹、收捻小葫芦、腰葫芦、圆葫芦、牛腿葫芦、梨形葫芦、青葫芦、长乐、线葫芦等品种，果实有大有小。

（2）同属还有东非葫芦 *L. abyssinica* 等。

三、种植环境要求

喜欢温暖、湿润、阳光充足的环境，不耐寒。要求肥沃、湿润而排灌良好的中性壤土，微酸、微碱土亦能适应。

四、采种技术

1.种植要点：我国北方大部分地区均可制种。4月下旬或5月初在露地直播。选择3年以上没有种植过瓜类的土地，以砂壤土最为适宜，平整土地，深耙压实。行距200cm、南北方向进行画线，在线内15cm开沟，用复合肥20～35kg/亩，加入呋喃丹混合均匀后撒入沟内，采用起垄机起垄，垄宽200cm，高20～30cm，水沟30～40cm，起垄后整理好水沟和旱塘后再灌水，切记水沟要渗透，旱塘内不能见水。地表见干后在水沟铺设黑色除草地膜等待播种和移

栽。种子外皮坚硬，为使发芽整齐，种子先浸水8小时，采用人工破壳，破壳的方法也很简单，和嗑瓜子一样，种尖开裂就可以。株距25cm，每穴1～2粒种子，覆土深2～3cm，防止带帽出土，种子发芽适温25～30℃。

2.田间管理：出苗后每15天左右浇水1次，选择上午或晚上浇水，在生长期根据长势可以追肥，若生长旺盛，应减少氮肥，追肥应距离小苗10cm开外穴施复合肥。多次叶面喷施0.02%的磷酸二氢钾溶液，育苗期间要注意做好蚜虫和白粉病的预防工作，多次喷施粉锈宁。植株长势较强，在自然生长状态下，主蔓上和由主蔓基部10～15节以内发生的子蔓上，通常只有雄花，没有雌花，雌花只发生在子蔓（第二次侧蔓）第1～2节后或主蔓第15节以后所发生的子蔓上的第13节上。为使雌花提早发生，主蔓留15～20叶开始摘心，促使侧蔓萌芽，从而自然生长出二级侧蔓。一般在雌花上留2片叶后摘心，同时在结果节位的叶腋所抽出的第3次侧芽留1叶后摘掉顶芽和多余雄花，以减少养分消耗，促进雌花发生，从而达到保雌花保果的作用。开花期间要人工辅助进行授粉，清早摘取雄花给雌花授粉利于结实。为了结果多，前期主要施氮肥，开花结果期则多施磷、钾肥。每次追肥后应中耕松土，保持土壤疏松，有利于根系生长。同时叶面喷施0.4%～0.5%的磷酸二氢钾，每15天1次。前期要严格控制营养生长，防止徒长，影响坐果率。

3.病虫害防治：虫害主要有瓜蚜、瓜蝇、黄守瓜、夜蛾等。用菊酯类农药混合杀虫双喷施即可防治。病害症状为开花结瓜后发现淡黄色、近圆形病斑，后病斑中央破裂。严重时叶片枯死，叶柄出现淡褐色条斑，果实染病呈淡绿色水渍状，后出现中间凹陷近圆形深褐色病斑，有时表面溢出橙色黏稠物或腐烂。可选用70%甲基托布津600倍稀释液、75%百菌清500倍稀释液。白粉病多以预防为主。

观赏葫芦

观赏葫芦种子

4.隔离要求：葫芦属雌雄同株异花，为异花授粉植物，开花期间主要靠人工辅助授粉，野生蜜蜂和一些昆虫也是花粉传播者，天然异交率也很高。同属间品种间隔离不能少于500m，在初花期，应根据品种叶形、株型、长势和果实形状等清除杂株。

5.种子采收：葫芦属授粉后45～55天果实成熟，将成熟后变老的瓜摘下，放在通风处进行后熟15天左右，采用瓜类打籽机将种子分离，清洗种皮表面果瓤，晾晒3天，同时将种子进行风选去除瘪子和有种皮破损等情况，入袋保存。

④ 番马㼝儿属*Melothria* 拇指西瓜

【原产地】墨西哥。

一、生物学特性

一年生藤本。瓜蔓偏细，株高可达200～250cm。茎、枝有棱沟，密被白色或稍黄色的糙硬毛。卷须纤细，不分歧。叶片掌状，3～7浅裂（与常春藤叶形相似），具锯齿，两面粗糙，被短刚毛。最大叶子长在

拇指西瓜

植物的根部附近，约5cm长，叶子沿藤爬行生长，顶端叶小。藤能达到数米长，形成棚架状或蜘蛛网状的垂帘。瓜叶大小为黄瓜的1/5～1/3，触摸时有粗糙感。开花期较晚、开花节位较高，一般在第11～14节出现第1朵花；成熟的瓜蔓开黄色花，雌雄异体，先开雄花，紧随其后的是坐果雌花，温度低时为单生，需进行人工授粉。果实椭圆形，肉质，通常不开裂，平滑或具瘤状凸起。果实外观小巧，大小和鸽子蛋、樱桃番茄相似，成熟后果实长约2.5cm，单瓜重5～8g，呈椭圆形，表皮深绿色覆有银绿色条纹，外观像小西瓜，表面光滑无刺，内瓤青绿色，既有黄瓜的清香，又有柠檬的酸甜。种子多数，压扁，光滑，无毛，种子边缘不拱起。种子千粒重2.63～2.78g。

二、同属植物

（1）拇指西瓜*M. scabra*，株高200～300cm，小果绿色条纹。

（2）同属还有美洲马㼝儿*M. pendula*，三裂美洲马㼝儿*M. trilobata*等。

三、种植环境要求

不耐霜冻，在温和、阳光充足的夏季生长良好；耐旱能力强，适宜生长温度22～35℃。适宜在肥沃、湿润、排水良好的中性砂壤土、泥炭土中生长。

四、采种技术

1.种植要点：我国北方大部分地区均可制种。可在3月底温室育苗，穴盘规格以50或75穴为宜，播种深度2cm左右，种子发芽时气温需在20℃以上，这样出苗整齐；晚霜后移栽于大田。也可以4月下旬或5月初在露地直播。选择3年以上没有种植过瓜类的土地，以砂壤土最为适宜，平整土地，深耙压实。行距1m、南北方向进行画线，在线内15cm开沟，施复合肥25kg/亩，加入呋喃丹混合均匀后撒入沟内，采用起垄机起垄，垄宽60cm，高15～20cm，水沟30～40cm，起垄后整理好水沟和旱塘后再水沟灌水，地表见干后在水沟铺设黑色除草地膜等待播种和移栽。株距25cm，每穴1～2粒种子，每亩种植4500株，覆土深1～2cm，防止带帽出土，种子发芽适温25～30℃。

2.田间管理：出苗后每15天左右浇水1次，植株长至5～7片叶时开始插竹竿或设置铁丝架引其向上生长，搭架的要注意搭架牢固。定植后25天左右，在第11～14节出现第1雌花，植株前期生长势较弱，在第15节以后开始迅速生长，为保证植株健壮生长，前15节果实需摘除。生长期间无须整枝、落蔓，但要及时修剪和清除老弱枝叶，保证植株正常开花结实。拇指西瓜坐果较难，应在雌花开放时用20mg/L氯吡脲

（KT-30）药液浸渍幼果以促进坐果。根据天气状况可适当调整浇水间隔。长到15节时开始追肥，每10天追施1次，施全氮磷钾复合肥10～15kg/亩，随水追施。

3. 病虫害防治：拇指西瓜抗病虫害能力很强，生长期间很少发生病虫害，但偶尔也会有蚜虫、白粉虱等虫害和白粉病、霜霉病等病害。全生长期可用10%吡虫啉可湿性粉剂4000～6000倍液防治虫害；用25%嘧菌酯悬浮液1500倍液防治霜霉病；选用25%三唑酮可湿性粉剂2000倍液防治白粉病。

4. 隔离要求：番马瓝儿属雌雄同株异花，为异花授粉植物，开花期间主要靠野生蜜蜂和一些昆虫授粉，由于品种较少，品种间无须隔离。

5. 种子采收：结果后45～55天成熟，果皮软化后及时采收，每隔3～4天采收1次；或待其自然落果后

拇指西瓜种子

收集，放在通风处进行后熟15天左右，采用瓜类打籽机将种子分离，清洗种皮表面果瓤，晾晒3天，同时将种子进行风选去除瘪子和有种皮破损等情况，入袋保存。

二十五、川续断科 Dipsacaceae

❶ 川续断属 *Dipsacus* 起绒草

【原产地】欧洲。

一、生物学特性

二年生或多年生草本。高60～120cm；茎直立，中空粗壮，具5～7棱，棱上具刺。基生叶具柄，呈镶嵌状，叶片长倒卵形，长18～35cm，叶背面脉上具刺；茎生叶对生，叶基抱茎，合生呈杯状，叶片为长披针形，不裂或有波状锯齿，叶背主脉具刺。头状花序长椭圆形，长5～7cm，直径3.5～4cm，总苞片线状披针形，具疏刺，弓形；小苞片长卵形，边缘具纤毛，开花时长达8～11mm，顶端具直伸的喙尖，喙尖两侧具疏短刺，小苞片比花长；花紫色或白色，花萼盘状，顶端4裂，被短毛；花冠管长6～10mm，基部细管长3～5mm，顶端4裂，裂片不相等；雄蕊4，着生在花冠管上；柱头侧生，子房下位，包于囊状小总苞内，小总苞具4棱，长约5mm，向上渐窄。瘦果椭圆形，褐色。花期6～7月，果期8～9月。种子千粒重2.5～2.86g。

二、同属植物

（1）起绒草 *D. fullonum*，株高90～120cm，花蓝色。

（2）同属还有拉毛果 *D. sativus*，劲直续断 *D. inermis*，日本续断 *D. japonicus*，紫花续断 *D. atratus* 等。

三、种植环境要求

耐寒性好，不耐阴、不耐旱、怕高温，喜凉爽湿润的气候条件以及土质深厚、排灌性好的微酸或微碱性土壤。

四、采种技术

1. 种植要点：我国北方大部分地区均可制种。一般采用春播的方法，可在3月初温室育苗，用育苗基质，72～128孔穴盘育苗。采种田以选用无宿根型杂草、灌溉良好、土质疏松肥沃的壤土为宜。施优质腐熟人畜粪750～1000kg/亩，过磷酸钙20～25kg/亩，土肥混合均匀，并喷洒克百威或呋喃丹，用于预防地下害虫。采用黑色除草地膜覆盖平畦栽培，一垄两行，行距40cm，株距30cm，亩保苗不能少于5000株。

起绒草

起绒草种子

2. 田间管理：移栽后要及时灌水以利成活。如果气温升高蒸发量过大要二次灌水保证成活。生长速度慢，注意水分控制，每20～25天浇水1次。正常生长季根据长势可以随水施入尿素10～20kg/亩。浇水之后土壤略微湿润，及时进行中耕松土，清除田间杂草。越冬前要灌水1次，保持湿度，安全越冬。早春及时灌溉返青水，3～4月生长期根据长势可以随水再次施入化肥10～20kg/亩。在生长中期大量分枝，应及早设立支架，防止倒伏。

3. 病虫害防治：病害主要有霜霉病、病毒病。实行轮作，及时疏枝疏叶，合理密植。在药剂防治上用75%百菌清500倍、64%杀毒矾500倍、58%甲霜灵500倍、代森锰锌500倍、病毒A、病毒K等药剂在病害发生初期进行交替防治。

4. 隔离要求：川续断属为自花授粉植物，开花期间吸引大量野生蜜蜂和昆虫授粉，天然杂交率很高。由于该属品种较少，品种间无须隔离。

5. 种子采收：在大量的野生蜜蜂帮助下很容易结出种子，全株有毛刺，不便于分批采收种子。当90%植株干枯时，在清晨有露水时可一次性收获，晾干后脱粒入袋保存，种子产量和田间管理水平、安全越冬有直接关系，亩产30～50kg。

❷ 蓝盆花属 *Scabiosa*

【原产地】欧洲、北非。

一、生物学特性

多年生草本，有时基部木质化成亚灌木状，或为二年生草本，稀为一年生草本。叶对生，茎生叶基部连合，叶片羽状半裂或全裂，稀全缘。头状花序扁球形或卵形至卵状圆锥形，顶生，具长梗，或在上部成聚伞状分枝；总苞苞片草质，1～2列；花托在结果时呈拱形至半球形，有时可成圆柱状，花托具苞片，

苞片线状披针形，具1脉，背部常呈龙骨状；小总苞（外萼）广漏斗形或方柱状，结果时具8条肋棱，全长具沟槽，或仅上部具沟槽而基部圆形，上部常裂成2～8窝孔，末端成膜质的冠，冠钟状或辐射状，具15～30条脉，边缘具齿牙；花萼（内萼）具柄，盘状，5裂成星状刚毛；花冠筒状，蓝色、紫红色、黄色或白色，4～5裂，边缘花常较大，二唇形，上唇通常2裂，较短，下唇3裂，较长，中央花通常筒状，花冠裂片近等长；雄蕊4；子房下位，包于宿存小总苞内，花柱细长，柱头头状或盾形。瘦果包藏在小总苞内，顶端冠以宿存萼刺。品种繁多，品种间种子差异大，千粒重5.88～40g。

二、同属植物

（1）轮锋菊 *S. atropurpurea*，株高70～90cm，品种花色有混色、蓝色、黄色、红色、粉色、黑紫色、白色等。

（2）星花轮锋菊 *S. stellata*，株高70～90cm，花瓣退去后种子球有着纸月亮（Paper Moon）的美誉，每颗种子的头部都有华丽的扇形褶皱般的五边形纸质苞片，种子球直径一般6～7cm。日常养护与一般植物无异。花蓝色。

（3）有高加索蓝盆花 *S. caucasica*，多年生，花有蓝色、粉色及白色。

（4）同属还有日本蓝盆花 *S. japonica*，台湾蓝盆花 *S. lacerifolia* 等。

三、种植环境要求

喜向阳，通风，耐寒；忌炎热、高湿和雨涝。要求排灌良好、疏松肥沃、酸碱度适中的土壤。

四、采种技术

1. 种植要点：我国北方大部分地区均可制种。一般采用春播的方法，可在3月初温室育苗，用育苗基质72～128孔穴盘育苗，发芽条件适宜温度18～22℃，为使秧苗定植后到大田后能适应环境，缩短缓苗期，必须在移栽前炼苗，一般炼苗5～7天。

轮锋菊

星花轮锋菊

轮锋菊种子对比

选择生长良好、无病虫害、根系完整、80%以上真叶达到3～4片的幼苗移栽。采种田以选用阳光充足，通风、灌溉良好的土地为宜。施腐熟有机肥4～5m³/亩最好，也可用复合肥15kg/亩或磷肥50kg/亩耕翻于地块。采用黑色除草地膜覆盖平畦栽培，一垄两行，种植行距40cm，株距35cm，亩保苗不能少于4700株。

2.田间管理：移栽后要及时灌水。缓苗后及时中耕松土、除草。随着幼苗生长要及时间苗，每穴保留壮苗1～2株。生长期间20～30天灌水1次。生长期根据长势可以随水施入尿素10～20kg/亩。浇水之后土壤略微湿润，及时进行中耕松土，清除田间杂草。喷施2次0.2%磷酸二氢钾，现蕾到开花初期再施1次，促进果实和种子的成长。在生长中期大量分枝，应及早设立支架，防止倒伏。

3.病虫害防治：植株的嫩茎很易受蚜虫侵害，喷抗蚜威防治。在天气炎热的时候容易感染真菌，需及早咨询农药店并对症防治。

4.隔离要求：蓝盆花属为自花授粉植物，开花很容易吸引蜜蜂等，天然异交率很高。不同品种间隔离不能少于600m。在初花期，分多次根据品种叶形、叶色、株型、长势、花序形状和花色等清除杂株。

5.种子采收：蓝盆花属因开花时间不同而果实成熟期也不一致，成熟后带毛飞出，要随熟随采，掉落在地上的种子要用吸尘器或吸种机收回来、晒干。不要一次性收割，否则很难清选出来；收获的种子不打碾，要用木棍轻轻捶打，用风机慢慢清理种子，晾干后装入袋内，写上品种名称在通风干燥处贮藏。产量偏低，种子产量和田间管理水平、天气因素有直接关系。

二十六、大戟科 Euphorbiaceae

① 大戟属 *Euphorbia* 银边翠

【原产地】原分布于北美洲，现广泛栽培于中各地。

一、生物学特性

一年生草本。根纤细，极多分枝，茎单一，自基部向上极多分枝，高可达60～80cm。叶互生，椭圆形，绿色，苞叶椭圆形。花序单生苞叶内或数序聚伞状着生，基部具柄，密被柔毛；总苞钟状，被柔毛，边缘5裂，裂片三角形或圆形，边缘与内侧均被柔毛，腺体4，半圆形，边缘具宽大白色附属物；雄花多数，伸出总苞；雌花1枚，伸出总苞，被柔毛；花柱分离。种子圆柱状，淡黄色至灰褐色。花果期6～9月。种子千粒重16.6～20g。

二、同属植物

（1）银边翠 *E. marginata*，株高80～90cm，绿叶白缘。

（2）同属还有海滨大戟 *E. atoto*，小叶大戟 *E. makinoi* 等。

三、种植环境要求

喜充足的阳光，不耐阴、喜高温、怕潮湿。要求排水良好、土层深厚、肥沃疏松的土壤，耐干旱、忌积水、不耐瘠薄，能在轻碱土中生长。

四、采种技术

1.种植要点：甘肃河西走廊一带为最佳制种基地，直根性，宜直播。种子用40～50℃的温水浸泡8～12小时，将种子捞出，沥干水分，置于布上，拌上湿沙，在25℃左右的温度下催芽，注意及时翻动喷水，待种子萌动时即可播种。春季播种应在4月中旬左右，即在地温达到15℃以上时播种，采用黑色除草地膜覆盖平畦栽培，一垄两行，用直径3～5cm的播种打孔器在地膜上打孔，垄两边孔位呈三角形错开，每穴点3～4粒，覆土以湿润微砂的细土为好。行距40cm，株距35cm，亩保苗不能少于4700株。播种后立即灌水保持湿润，6～9天出苗整齐。

2.田间管理：移栽后要及时灌水以利成活。如果气温升高蒸发量过大要二次灌水保证成活。为保证土壤湿度，每20～25天浇水一次。正常生长季根据长势可以随水施入尿素或复合肥10～20kg/亩。浇水之后土壤略微湿润，及时进行中耕松土，清除田间杂草。以促进分枝，抑制高度，生长期间可用10%多效唑可湿性粉剂150～180g，兑水50～60L喷雾1～2次，可

银边翠

银边翠种子

改进株型，减轻倒伏。田间操作请勿裸手摘下叶片，叶片会有白色乳汁流出，粘在皮肤上会使皮肤发黑，要注意防范。

3.病虫害防治：此花生长健壮，几乎无病虫危害。会有苍蝇穿飞在花丛间舐吸花朵分泌的蜜汁，一般可喷洒乐果乳剂1200倍液防治。

4.隔离要求：大戟属为自花授粉植物，吸引大量野生蜜蜂和昆虫授粉。在初花期，在田间要清除叶色变绿的变异株来保证其纯度。

5.种子采收：大戟属很容易结出种子，授粉后子房伸出在花朵的上端。当果实开始由绿色转成黄色时，要及时采收，采收过晚种子会掉落。最有效的方法是在封垄前铲平未铺膜的工作行或者铺除草布，成熟的种子掉落在地膜表面，要及时用笤帚扫起来集中精选加工。亩产30～40kg。

❷ 蓖麻属 *Ricinus* 观赏蓖麻

【原产地】非洲。

一、生物学特性

一年生粗壮草本。高达100～200cm；小枝、叶和花序通常被白霜，茎多液汁，茎有绿色、玫瑰色、紫色等。叶近圆形，长和宽达40cm或更大，掌状7～11裂，裂缺几达中部，裂片卵状长圆形或披针形，顶端急尖或渐尖，边缘具锯齿；掌状脉7～11条。网脉明显；叶柄粗壮，中空，长可达40cm，顶端具2枚盘状腺体，基部具盘状腺体；托叶长三角形，长2～3cm，早落。叶鲜紫红色，掌状分裂，一般7～11个裂片，叶缘锯齿状。雌雄同株异花，雌花位于花序上方，雄花位于下方，为聚伞状花序。蒴果红色。种子千粒重333～1000g。

二、同属植物

（1）观赏蓖麻 *R. communis*，株高150～170cm，有红叶红花、绿叶红花、绿叶绿果等品种。

（2）同属的油用蓖麻 *R. morifolius*，白蓖麻 *R. pulchellus*，都是油料作物。

三、种植环境要求

喜温暖，耐旱，耐瘠薄，耐盐碱，适应性和抗逆性强，不耐积水，对土壤要求不严。

四、采种技术

1.种植要点：我国北方大部分地区均可制种。一般采用春播的方法，4月下旬或5月上旬在露地直播。对于土壤的要求也不高，杂草太多就要铺黑色除草地膜。播种前一定要将种子放在45℃左右的温水当中浸

观赏蓖麻

泡1天，然后将其捞出，立即播种。一般采用人工挖穴点种，每穴播种2～3粒，播种深度以5cm为宜。行距70cm，株距50cm，每亩大约1900株即可。

2.田间管理：缓苗后及时给未铺膜的工作行中耕松土，清除田间杂草，生长期间15～20天灌水1次，主茎穗开花后特别干旱可适当浇水。浇水之后土壤略微湿润，更容易将杂草拔除。在生长期根据长势可以随水施入尿素10～20kg/亩。追肥要在分枝孕蕾期和花期进行，一般施尿素10～20kg/亩。切忌在分枝生长期肥水猛攻。要根据土壤含水量适时在分枝生长前期进行化学控制，方法是用多效唑1000～1500倍液喷洒。

3.病虫害防治：生长健壮，嫩叶会有蚜虫危害。可用除虫菊酯类农药防治。黑斑病是蓖麻上常见病害，危害严重，降低蓖麻产量和品质。主要危害叶片和果穗。严重时病斑融合致病叶枯死。果穗染病变黑腐烂。发病初期可喷波尔多液、百菌清等，每间隔7～10天喷2～3次。

4.隔离要求：蓖麻属为异花授粉植物，靠风传播花粉授粉。在初花期，在田间要清除变异株来保证其纯度。

5.种子采收：蓖麻属种子成熟期不一致，成熟的蓖麻籽外壳和毛刺变干，由绿色变紫褐色，手摸有扎手感，底部叶片变黄或干枯。成熟一茬摘一茬。采收后的蓖麻籽，不宜放大堆，不宜堆放时间太久。及时晾晒，摊得薄些，勤翻动使蓖麻籽干得快。晒干后要及时脱粒，用脱壳机脱粒或人工脱粒。放干燥处保存。

观赏蓖麻种子

二十七、豆科 Fabaceae

① 决明属 Senna

【原产地】美洲热带、俄罗斯远东地区、亚洲。

一、生物学特性

一年生亚灌木状草本。茎直立、粗壮。叶柄上无腺体；小叶倒卵形或倒卵状长椭圆形，膜质，顶端圆钝而有小尖头，上面被稀疏柔毛，下面被柔毛；托叶线状，早落。花腋生，常2朵聚生；花梗丝状；萼片稍不等大，卵形或卵状长圆形，膜质，花瓣黄色，花药四方形，子房无柄。荚果纤细，近四棱形，种子菱形，光亮。花果期8～11月。种子千粒重11.7～13.3g。

二、同属植物

（1）草决明 S. tora（异名 Cassia tora、Emelista tora），株高70～90cm，花黄色。

（2）同属还有长穗决明 S. didymobotrya，翅荚决明 S. alata 等。

注：披针叶野决明 Thermopsis lanceolata 归类为野决明属（Thermopsis），株高30～50cm，花黄色。是很好的水土保持类景观植物，这里就不单独描述了。

三、种植环境要求

选择耕作层厚、土质疏松、腐殖质丰富的土壤，pH 6.2～7.0为宜，若pH低于5.5，应施用石灰中和。

四、采种技术

1.种植要点： 我国北方大部分地区均可制种。以4月上中旬在露地直播。采种田选用无宿根性杂草、阳光充足、灌溉良好的肥沃地块。通过整地，将复合肥15kg/亩或过磷酸钙50kg/亩耕翻于地块，改善土壤的耕层结构，深耙压实，为播种出苗、根系生长创造条件。选择黑色除草地膜覆盖，平均气温稳定在20℃以上时，播种前用50℃温水加入新高酯膜浸泡24小时，捞出稍晾干后。用直径3～5cm的播种打孔器在地膜上打孔，垄两边孔位呈三角形错开，每畦种2行，每穴播2～3粒种子，覆土3cm，稍加镇压，浇水，10～15天就可出苗。也可以用手推式点播机播种。种植行距60cm，株距35cm，亩保苗3100株以上。

2.田间管理： 出苗后要及时查苗，发现漏种和缺苗断垄时，应采取补种。对少数缺苗断垄处，可在幼苗4～5叶时雨后移苗补栽。长出5～6叶时间苗，按照留大去小的原则，每穴保留1～2株。浇水之后土壤略微湿润，及时进行中耕松土，清除田间杂草。出苗后至封行前，要勤于中耕、浇水，保持土壤湿润，雨后土壤易板结，要及时中耕、松土。结合间苗，进行第一次追肥，施腐熟人粪尿500kg/亩；第二次在分枝初期，中耕除草后，施人粪尿1000kg/亩，加过磷酸钙40kg，促进多分枝，多开花结果；第三次在封行前，中耕除草后，施腐熟饼肥150kg/亩，加过磷酸钙50kg，促进果实发育充实，籽粒饱满。当苗高60cm时，进行培土以防倒苗。植株长到80cm左右，使用浓度为100～125mg/L的矮壮素喷洒，使植株矮化、茎秆粗壮、节间缩短，能防止植物徒长和倒伏。在后期喷施2次0.2%磷酸二氢钾。这对植株孕蕾开花极为有利，促进果实和种子的成长。

3.病虫害防治： 植株生性强健，病虫害较少发生。但是在潮湿环境下偶尔发生灰斑病、轮纹病。发现病株，及时拔除，集中烧毁深埋；发病的病穴用3%石灰乳进行土壤消毒；发病初期用50%多菌灵

草决明种子

800～1000倍液喷雾防治，7～10天1次，连续2次；严重时，喷0.3波美度石硫合剂。遇到蚜虫危害嫩茎、嫩叶、荚果，可用40%乐果2000倍液喷雾防治；发病严重时，可用90%敌百虫1000倍液喷雾防治，7～10天1次，连续2次。

4.隔离要求： 决明属是闭花授粉植物，在花未开放之前就完成了授粉，但还是会有2%～3%异交率，品种间要有一定的隔离。

5.采种技术： 决明属当年秋季9～10月果实成熟。当荚果变成黑褐色时适时采收，将全株割下，运回晒场、晒干，打出种子，除净杂质，再将种子晒至全干，在通风干燥处贮藏。以种干、籽粒饱满、棕褐色、有光泽者为佳。

② 冠花豆属 *Coronilla* 多变小冠花

【原产地】欧洲、亚洲西南部。在我国已有20多年应用历史，在美国有70多年应用历史。

一、生物学特性

多年生草本。匍匐生长，匍匐茎长达100cm以上，自然株丛高20～50cm。茎呈半蔓生或匍匐状。茎、小枝圆柱形，具条棱，髓心白色，幼时稀被白色短柔毛，后变无毛。奇数羽状复叶，具小叶11～17；托叶小，膜质，披针形，长3mm，分离，无毛；叶柄

草决明

多变小冠花

短，长约5mm，无毛；小叶薄纸质，椭圆形或长圆形，长15～25mm，宽4～8mm，先端具短尖头，基部近圆形，两面无毛；侧脉每边4～5条，可见，小脉不明显；小托叶小；小叶柄长约1mm，无毛。伞形花序腋生，长5～6cm，比叶短；总花梗长约5cm，疏生小刺，花5～10朵，密集排列成绣球状，苞片2，披针形，宿存；花梗短；小苞片2，披针形，宿存；花萼膜质，萼齿短于萼管；花冠紫色、淡红色或白色，有明显紫色条纹，长8～12mm，旗瓣近圆形，翼瓣近长圆形；龙骨瓣先端成喙状，喙紫黑色，向内弯曲。荚果细长圆柱形，稍扁，具4棱，先端有宿存的喙状花柱，荚节长约1.5cm，各荚节有种子1颗；种子长圆状倒卵形，光滑，黄褐色，长约3mm，宽约1mm，种脐长0.7mm。因花序似冠，并且花色多变（即由粉红变为后期的紫红），故得别名多变小冠花。花期6～7月，果期8～9月。种子千粒重16.6～20g。

多变小冠花种子

二、同属植物

（1）多变小冠花 *C. varia*，匍匐茎生长，株高80～100cm，花粉红色。

（2）同属还有蝎子小冠花 *C. emerus*，冠花豆 *C. valentina* 等。

三、种植环境要求

喜温暖湿润气候。根系发达，在西北地区用于公路护坡；抗旱性好，一般在年降水量400～450mm的地方，无灌溉条件也能正常生长。喜光照充足，不太耐涝，长期积水可能会导致植株死亡。对土壤要求不严，在pH 5.0～8.2的土壤上均可生长。

四、采种技术

1. 种植要点：陕西关中、关北、汉中盆地及中原一带是最佳制种基地，可在8月底至9月初露地直播，一般每亩播种量为400～500g，播种深度一般为2～3cm。由于种皮坚硬，播种前应进行种子处理，用40℃水浸泡种子12～24小时，种子膨胀后播种。采种田以选用阳光充足、灌排良好、土质疏松肥沃的砂壤土地为宜。施腐熟有机肥3～5m³/亩最好，也可用复合肥15kg/亩耕翻于地块。可撒播、条播或穴播，穴播的株行距以100cm×100cm为宜，条播行距以100～150cm为宜。

2. 田间管理：小冠花苗期生长缓慢，易受杂草危害，要勤中耕除草。当植株封垄后，由于它抑制杂草的能力很强，除草的次数可以少一些。生长第2年以后的小冠花，如果植株过密，可隔行或隔株挖去部分植株，以改善通风透光条件，促进开花、结实。小冠花栽培时，除播种前施足底肥外，生长期应追施氮肥

10～15kg/亩，促进生长。生产种子的地块，为提高种子产量和品质，在现蕾至初花期，每亩用0.6%的磷酸二氢钾溶液100kg，喷洒植株茎叶。

3. 病虫害防治：极少发生病虫害。地势低洼、积水严重、土壤黏度高、土壤板结严重会导致一些病害发生，需及早咨询农药店并对症防治。

4. 隔离要求：小冠花属是闭花授粉植物，在花未开放之前就完成了授粉，但还是会有2%～3%异交率，品种间要有一定的隔离。

5. 种子采收：小冠花荚果细长如指状，3～12节共长2～3cm，节易断，每节含1粒种子；种子细长、肾状，黑褐色。当荚果由青绿渐变黄褐色时即可采收，此时采收到的种子出苗率高。采种时间也不宜迟，否则荚果会自然裂开，种子弹落。一般将采收到的果荚在阳光下晒干开裂，除掉果壳取得种子，在通风干燥处贮藏。以种干、籽粒饱满、棕褐色、有光泽者为佳。

❸ 甸苜蓿属 *Dalea* 达利菊

【原产地】北美洲大平原。

一、生物学特性

多年生草本。高80～110cm，全株无毛。根圆锥形，外表暗紫红色，中央干脊直立，分蘖并发出了多个茎，产生浓密效果。基生叶丛生，叶通常具羽状3小叶，无腺点，稀具钩状毛；小叶具托叶和小托叶；奇数羽状复叶交替上升，3～7片，6～11cm长，小叶深绿色，上部线状，约2.5cm长，3.2mm宽；茎上部叶互生，较基生叶为短，全缘或波状全缘。聚伞花序密集于茎顶，近头状，花朵呈薰衣草紫色、玫瑰色、粉红色或紫色，并有一个超出雄蕊伸出的亮橙色小花瓣；花瓣常被短柔毛，龙骨瓣常沿边缘贴生；花柱常

紫色达利菊

膨胀，具髯毛围绕柱头，柱头顶生；苞片线状披针形，具硬毛，花萼短筒状，5深裂，圆柱形花穗约一半在植物的顶端，花冠长筒状，雄蕊5，子房4深裂。小坚果骨质。花期5～9月，种子千粒重1.36～1.52g。

二、同属植物

（1）紫色达利菊 D. purpurea，株高80～110cm，花紫色。

（2）同属还有二色甸苜蓿 D. bicolor，D. bacchantum等。

三、种植环境要求

耐寒性好，耐旱。适应性广，可以在各种地形、土壤中生长。但最适宜的条件是土质松软的砂质壤土、pH 6.5～7.5。冬季可耐-20℃左右低温，耐阴，但更喜欢阳光和干燥条件。

四、采种技术

1.种植要点：可在3月中旬温室育苗。由于种子比较细小，在播种前首先要选择好苗床，整理苗床时要细致，深翻碎土两次以上，碎土均匀，刮平地面，将苗床浇透，待水完全渗透苗床后，将种子和沙按1:5比例混拌后均匀撒于苗床，播后不再覆土或薄盖过筛细沙。播种后在苗床加盖小拱棚，盖上地膜保持苗床湿润，温度18～21℃，播后8～12天即可出苗。当小苗长出2片叶时，可结合除草进行间苗，使小苗有一定的生长空间。有条件的也可以采用专用育苗基质128孔穴盘育苗，播种要精细。采种田以选用阳光充足、灌排良好、土质疏松肥沃的砂壤土地为宜。苗期生长慢，易受杂草的危害，播前一定要精细整地。整地时间最好在夏季，深翻、深耙一次，将杂草翻入深层。秋播前如杂草多，还要再深翻一次或旋耕一次，然后耙平，达到播种要求。播前结合整地施有机

肥2～3m³/亩、磷肥10～30kg/亩一次施入。采用黑色除草地膜平畦覆盖，种植行距40cm，株距25cm，亩保苗不能少于6000株。

2.田间管理：移栽后要及时灌水，如果气温升高蒸发量过大要再补灌一次保证成活。若果田间有移栽不当未能成活的要及时补苗。缓苗后及时给未铺膜的工作行中耕松土，清除田间杂草，生长期间15～20天灌水1次。浇水之后土壤略微湿润，更容易将杂草拔除。记得及时把杂草清理掉，不要留在田间，以防留下死而复生的机会。如果杂草难以清除，可以先砍断杂草根茎底部，防止杂草蔓延。在生长期根据长势可以随水施入尿素10～20kg/亩。有利于营养生长。越冬前要灌水1次，保持湿度安全越冬。早春及时灌溉返青水，生长期中耕除草3～4次。根据长势可以随水在春、夏季各施1次氮肥或复合肥，喷施2次0.2%磷酸二氢钾，现蕾到开花初期再施1次，促进果实和种子的成长。6～7月进入盛花期，盛花期要保证水肥管理。在生殖生长期间喷施2次0.2%磷酸二氢钾。这对植株孕蕾开花极为有利；促进果实和种子的生长。

3.病虫害防治：最常见的有锈病、霜霉病、褐斑病、白粉病等，可以使用多菌灵、百菌清或甲基托布津等药剂进行防治。

4.隔离要求：甸苜蓿属为两性花，是典型的异花授粉植物。但是，花具有独特形态和特殊的开花机制，雌、雄蕊必须借助于昆虫和外力作用，才能完成授粉。由于该属品种较少，无须隔离。

5.采种技术：甸苜蓿属结荚率随开花早晚、成熟期也不一样。当荚果变褐色时即可采收，在清晨有露水时用镰刀割去成熟的花穗，应充分利用较好的天气条件进行暴晒或摊晾，晾晒场地以水泥晒场为好。脱粒后使用种子清选机对干燥后的种子进行清选，除去

紫色达利菊种子

种子中的混杂物或其他植物种子。在通风干燥处贮藏。以种干、籽粒饱满、有光泽者为佳。

④ 黄芪属 *Hedysarum* 红花岩黄芪

【原产地】中国新疆北部、青海柴达木东部、甘肃河西走廊、内蒙古、宁夏。哈萨克斯坦额尔齐斯河沿河沙丘和蒙古南部。

一、生物学特性

半灌木。高可达50～70cm。茎直立，多分枝。叶片灰绿色，线状长圆形或狭披针形，无柄或近无柄，先端锐尖，基部楔形，表面被短柔毛或无毛，背面被较密的长柔毛。总状花序腋生，花少数，苞片卵形，花萼钟状，上萼齿宽三角形，稍短于下萼齿；花冠紫红色，旗瓣倒卵形或倒卵圆形，翼瓣线形，龙骨瓣通常稍短于旗瓣；子房线形。荚果节荚宽卵形，种子圆肾形，淡棕黄色。花期6～9月，果期8～10月。种子千粒重16.6～20g。

二、同属植物

（1）红花岩黄芪 *H. multijugum*（异名 *Corethrodendron multijugum*），又名红花羊柴，株高80～100cm，花红色和粉红色。

（2）同属还有细枝岩黄芪 *H. scoparium*，藏西岩黄芪 *H. falconeri*，长白岩黄芪 *H. ussuriense* 等。

红花岩黄芪

红花岩黄芪种子

三、种植环境要求

抗寒、抗旱、抗风沙、耐热，耐瘠薄能力很强，喜生于沙区荒漠生境。

四、采种技术

1. 种植要点：采种田以砂质、轻壤质的土地为好。在春季播种前一年秋天施肥、深翻、整地、灌底水，播种前5～10天，把种子用温水浸泡2～3天后，混合湿沙堆放催芽，注意观察，适当加水，保持湿润，看到少量种子开始裂口露白尖时即可播种。每亩播种量6～8kg。播种方法采用大田式育苗，多为行距25cm的条播，或行距15～20cm、带距40cm的3或4行式带状条播，深3～4cm，覆土后轻镇压使接上底墒。苗期的抚育大致同一般树种。但幼苗阶段，土壤不过于干旱时，不宜多浇水，浇水过量，常出现死苗。细枝岩黄芪当年生苗高可达50～70cm。一般高40cm以上，地径0.4cm以上就可移栽于大田。

2. 田间管理：定植后要及时灌水。如果气温升高蒸发量过大要二次灌水保证出苗。长出5～6叶时间苗，按照留大去小的原则，每穴保留1～2株。浇水之后土壤略微湿润，及时进行中耕松土，清除田间杂草。生长期间25～25天灌水1次，根据长势可以随水施入氮肥10～20kg/亩，有利于营养生长。越冬前要灌水1次，保持湿度，安全越冬。早春及时灌溉返青水，生长期中耕除草3～4次。根据长势可以随水在春、夏季各施1次氮肥或复合肥，6～7月进入盛花期，盛花期要保证水肥管理。

3. 病虫害防治：高温高湿容易引发白粉病，注意通风。发病后用0.3波美度石硫合剂每隔半月喷洒1次，或于刚发现时即用波尔多液喷洒，防止蔓延。发生蚜虫喷洒40%乐果乳剂2000～3000倍液进行防治。

4. 隔离要求：岩黄芪属是自花授粉植物，也是典型的蜜源植物，属于虫媒花，天然异交率很高。由于该属品种较少，无须隔离。

5. 采种技术：岩黄芪属种子在6～7月陆续成熟。当荚果由绿色转变为灰色时就应及时采收。采种时，在清晨有露水时用镰刀割去成熟的花穗，应充分利用较好的天气条件进行暴晒或摊晾。脱粒后使用种子清选机对干燥后的种子进行清选。以身干、籽粒饱满、有光泽者为佳。除去种子中的混杂物或其他植物种子；在通风干燥处贮藏。

⑤ 山黧豆属 *Lathyrus*

【原产地】欧洲、北非。

一、生物学特性

一年生或多年生草本。具根状茎或块根。茎直立、上升或攀缘，有翅或无翅。偶数羽状复叶，具1至数小叶，稀无小叶而叶轴增宽叶化或托叶叶状，叶轴末端具卷须或针刺；小叶椭圆形、卵形、卵状长圆形、披针形或线形，具羽状脉或平行脉；托叶通常半箭形，稀箭形，偶为叶状。总状花序腋生，具1至多花；花紫色、粉红色、黄色或白色，有时具香味；萼钟状，萼齿不等长或稀近相等；雄蕊二体（9+1），雄蕊管顶端通常截形稀偏斜；花柱先端通常扁平，线形或增宽成匙形，近轴一面被刷毛。荚果通常压扁，开裂。种子2至多数。品种繁多，品种间种子差异大，千粒重28.5～71.4g。

二、同属植物

（1）香豌豆 L.odoratus，株高90～120cm，品种花色有条纹混色、樱桃色、红花白边双色、深红色、鲜红色、粉红色、亮蓝色、白色、深蓝色。

（2）矮香豌豆 L.vernus，株高30～40cm，品种花色有混色、粉红色。

（3）智利香豌豆 L.tingitanus，株高150～200cm，多年生，品种花色有混色、玫红色。

（4）同属的尚有矮山黧豆 L.humilis，大花香豌豆 L. grandiflorus 等。

三、种植环境要求

喜凉爽、阳光充足、空气潮湿的环境，最忌干热风吹袭。根具有直根性，要求土层深厚、肥沃、排水良好的湿润黏质壤土。

四、采种技术

1. 种植要点：我国北方大部分地区均可制种。采种田要选择瘠薄一点的砂质土层。一年生品种可在3月中旬到4月初直播于露地。要适时尽量早播。一般当土壤化冻达5～6cm深时，就可以开始播种。播种前把地整平耙细达到播种状态，推荐施用底肥量为尿素10～15kg/亩，磷酸二铵10～15kg/亩，整地后耕层

香豌豆红色

香豌豆混色

香豌豆种子

土壤达到细碎疏松、地表平整。无须铺设地膜，行距20cm，株距15cm点播种子，播种深度为5～6cm，覆土深浅一致。播种后充分灌水，适当遮阴，约13天出芽。宿根品种一般在8月育苗，白露前后定植。

2. 田间管理：香豌豆为少肥作物，但磷、钾的比例要适当增加，氮肥使用量过大枝条徒长很少结实，酸性土地区，可用石灰来调整酸碱度。适当控制水分，促使根系充分发育。在植株进入生长旺盛期，需结合追肥，充分灌水。适时摘心和整枝、搭架与整蔓。当幼苗主蔓长至15～20cm时打顶，选留1～2个主枝让其向上伸展，随时剪去其他侧枝和卷须，当枝蔓的高度超过180cm就要对其进行第2次引蔓，使着花部位始终保持在100～150cm的高度上，便于采花和管理，整个采花期要进行3～4次重新引蔓。在现蕾前后每7～10天用喷施0.2%磷酸二氢钾，促进果实和种子的成长。

3. 病虫害防治：发现白粉病喷洒200倍液25%粉锈宁可湿性粉剂。高温多湿时会引发根腐病和菌核病，喷洒500倍50%多菌灵可湿性粉剂或100倍70%甲基托布津或50%苯来特。发现红蜘蛛与蚜虫，喷洒800～1200倍25%鱼藤精或40%硫酸烟精。

4. 隔离要求：山黧豆属是闭花授粉植物，在花未开放之前就完成了授粉，因为花香，会吸引蜜蜂采蜜。在昆虫的作用下有5%～10%天然异交率，品种

间要有一定的隔离，不同品种间隔离不能少于500m。在初花期，分多次根据品种叶形、叶色、株型、长势、花序形状和花色等清除杂株。

5. 采种技术：山黧豆属种子一般7～8月陆续成熟。当荚果由青绿渐变黄褐色时即可采收，采种时间也不宜迟，否则荚果会自然裂开、种子弹落。最有效的方法是在封垄前铲平未铺膜的工作行或者铺除草布，成熟的种子掉落在地膜表面，要及时用笤帚扫起来集中精选加工。将采收到的果荚在阳光下晒干开裂，除掉果壳取得种子。以种干、籽粒饱满、棕褐色、有光泽者为佳；在通风干燥处贮藏。

翅荚百脉根

⑥ 百脉根属Lotus 蝶恋花

【原产地】地中海区域、欧亚大陆、美洲和大洋洲温带地区。

一、生物学特性

一年生草本。茎匍匐、上升或直立，肉质，高15～40cm，分枝，具棱，通常被伸展长柔毛。羽状复叶有小叶5枚，叶轴长达1.2cm；顶端3小叶卵状菱形，长2～5cm，宽约3cm，先端渐尖，基部楔形，下端2小叶呈托叶状，卵形，长不到1cm，先端急尖，基部贴生于叶轴，均肉质，两面被微柔毛。花1～2朵，长达2cm，着生于较短的总花梗顶端；苞片3枚，叶状，萼钟形，长达1.5cm，密被柔毛，常具紫黑色斑纹，萼齿长于萼筒，披针形至钻形；花冠深红色，干后变紫色，旗瓣阔倒卵形或近圆形，宽10～13mm，先端微凹缺，基部骤狭至瓣柄，瓣柄长约8mm，翼瓣先端钝圆，前缘部分合生，龙骨瓣具长喙；子房线形，无毛，稍扁，具短柄，胚珠多数，花柱上弯，柱头侧生。荚果圆柱形，长30～60mm，宽5～8mm，两端狭尖，边缘增厚，内壁具隔膜，种子处隆起，背腹两缝线的两侧共具4翅，翅宽2～4mm，呈波浪形。种子近球形，径3.5～4.5mm，褐色，光滑，种脐小。种子千粒重28.5～33.3g。

二、同属植物

（1）蝶恋花 *L. tetragonolobus*，株高40～60cm，花红色，为观赏品种。

（2）同属还有百脉根 *L. corniculatus*，细叶百脉根 *L. tenuis* 等，多为牧草。

三、种植环境要求

喜欢适宜的光照，不耐阴，喜欢温暖的气候，不耐寒。需要给予长日照，日照时间足够，才能较好地开花。如果日照时间较短，就会使开花减少，并且匍匐生长。百脉根生长的适宜温度18～25℃、开花温度21～27℃。冬季如果气温过低容易受冻害，-3℃以下会使百脉根茎叶枯黄。具有一定耐热的能力。最忌干热风吹袭。要求土层深厚、肥沃、排灌良好的湿润黏质壤土。

四、采种技术

1. 种植要点：我国北方大部分地区均可制种，甘肃河西走廊一带是最佳制种基地，在海拔1500m以上山区种植最佳。在3月中旬温室育苗，采用专用育苗基质128孔穴盘育苗。发芽适温10～15℃；种子播下后，要保持土壤湿润，7～9天就会发芽，出苗后降低温度和湿度。4月中下旬就可以定植于大田。也可以选择露地直播。播期选择在霜冻完全解除后，平均气温稳定在15℃以上，用直径3～5cm的播种打孔器在地膜上打孔，垄两边孔位呈三角形错开，每穴点3～4粒，覆土以湿润微砂的细土为好。种植行距40cm，株距25cm，亩保苗不能少于6000株。采种田选用无宿根性杂草、阳光充足、灌溉良好的肥沃地块。每亩施用复合肥10～25kg或磷肥50kg耕翻于地块。采用黑色除草地膜覆盖平畦栽培。

2. 田间管理：移栽或直播后要及时灌水，种子小，子叶也小，幼苗拱土能力弱，出苗前后应防止土壤板结，另外幼苗生长缓慢，蹲苗期30天左右，此时应防止水淹或地表温度过高灼烧致死，同时还应防止杂草危害。生长期间15～25天灌水1次。浇水之后土壤略微湿润，更容易将杂草拔除。及时把杂草清理掉，不要留在田间，以防留下死而复生的机会。如果杂草难以清除，可以先砍断杂草根茎底部，防止杂草蔓延。在生长期根据长势可以随水施入尿素10～20kg/亩，有利于营养生长。

3. 病虫害防治：病虫害较轻。偶见种荚内有豆荚螟危害，可喷杀灭菊酯800倍液防治。

翅荚百脉根种子

4.隔离要求：百脉根属为两性花、异花授粉。主要依靠昆虫传粉，大多数种子都是异花授粉的结果。花冠艳丽，有招引昆虫的香味；两体雄蕊，花丝分离略短于雄蕊筒；柱头点状，子房线形，开花顺序是先从主枝上部的花序开花，然后植株侧枝生长的一次分枝的花序开花。开花受温度、湿度、光照等因子的影响。花期持续时间很长，6～7月开花，延续到9月，由于品种较少，品种间无须隔离。

5.采种技术：百脉根属于无限花序类植物。花着生于很长的花序梗顶端，呈伞状。9～10月种子陆续成熟，从授粉到种子成熟需要40～50天。荚果由绿色变为浅棕色时，标志着种子生理上已成熟，最后变成黑色，荚果两瓣扭转而开裂。种子很小，深棕色或黑色，种皮常有大小不同的黑色斑点。将采收到的果荚在阳光下晒干开裂，除掉果壳取得种子，在通风干燥处贮藏。

❼ 羽扇豆属 *Lupinus*

【原产地】地中海地区、安第斯山脉。

一、生物学特性

一年生或多年生草本，偶为半灌木，多少被毛。掌状复叶（单叶种类我国未见有引种），互生；具长柄；托叶通常线形，锥尖，基部与叶柄合生；小叶全缘，长圆形至线形，近无柄。总状花序大多顶生，多花；苞片通常早落；花色多，美丽，轮生或互生；小苞片2枚，贴萼生；花萼二唇形，萼齿4～5，短尖，上下萼齿不等长，萼筒短，上侧常呈囊状隆起；旗瓣圆形或卵形，翼瓣先端常连生，包围龙骨瓣，龙骨瓣弯头，并具尖喙；雄蕊单体，形成闭合的雄蕊筒，花药二型，长短交互；子房无柄或近无柄，被毛，胚珠2至多数，花柱上弯，无毛，柱头顶生，下侧常具1圈须毛。荚果线形，多少扁平，种子间呈斜向凹陷的分

隔，稍缢缩，2瓣裂，果瓣革质，通常密被毛；有种子2～6粒。种子大，扁平，珠柄短，无种阜；胚厚，并具长胚根。品种繁多，品种间种子差异大，千粒重22.2～500g。

二、同属植物

（1）鲁冰花 *L. polyphylla*，株高50～90cm，花色有混色、白色、蓝色、黄色、红色、粉红色等。

（2）白花羽扇豆 *L. albus*，一年生草本，高50～90cm，白色。

（3）二色羽扇豆 *L. hartwegii*，一年生草本，有高矮之分，株高40～90cm，混色或单色。

（4）柔毛羽扇豆 *L. pilosus*，二年生草本，株高50～70cm，深蓝过渡色，种粒大。

（5）黄羽扇豆 *L. luteus*，一年生草本，高40～100cm。茎直立或上升，下部分枝，被白色柔毛，有时呈锈色。花鲜黄色，花期4～7月。鲜种子含羽扇豆碱，有毒，但原产地经加工处理后可代咖啡。

三、种植环境要求

性喜凉爽，阳光充足，忌炎热，稍耐阴。深根性、少有根瘤。要求土层深厚、肥沃疏松、排水良好

鲁冰花混色

鲁冰花红色

的酸性砂壤土质（pH 5.5），中性及微碱性土壤植株生长不良。

四、采种技术

1. 种植要点：中原地带，秦岭以南地区，土壤为酸性的地区是最佳采种基地。可在8月底露地育苗，采用育苗基质72孔或128孔穴盘育苗，8月气温偏高，需在冷凉处设立苗床，苗床上加盖遮阳网和防雨塑料。播种前用40℃左右温水把种子浸泡2～3天，用手搓脱种子外层胶质，直到种子吸水并膨胀起来再播种。播时1kg种子用福美双或多菌灵10～20g拌种20分钟左右，直播在培养土，覆盖。育苗土宜疏松均匀、透气保水，专用育苗土或是草炭土、珍珠岩混合使用为好。保证介质湿润，7～10天种子出土发芽。出苗后注意通风。白露前后定植。采种田以选用阳光充足、地势较高，排水良好、土质疏松肥沃的砂壤土地为宜。施腐熟有机肥3～5m³/亩最好，也可用复合肥15～25kg/亩耕翻于地块。采用地膜覆盖高垄栽培。种植行距60cm，株距30cm，亩保苗不能少于3700株。

2. 田间管理：苗期30～35天，待真叶完全展开后移苗分栽。根系发达，移苗时保留原土，以利于缓苗。越冬时应做相应的防寒措施，温度宜在5℃以上，避免叶片受冻害，影响前期的营养生长。依据羽扇豆的生长习性，栽培过程中控制和调节栽培基质的酸碱度对于羽扇豆的正常生长和开花至关重要。一般情况下较简便有效的调节方法是对栽培基质施用硫黄粉。由于硫黄在基质中需一定时间的分解（40天以上）才能起到调节作用，因此施用应尽早进行，一般在移苗后2～3片真叶出现时开始，施用量视栽培基质原有酸碱度而定。另外，硫酸亚铁、硫酸铝等酸性肥料虽具有短期内降低pH值的效果，但过高的盐离子浓度会对植物根系造成毒害，生产中要少用。生长期中耕除草3～4次。根据长势可以随水在春、夏季各施1次氮

二色羽扇豆

羽扇豆种子对比

肥或复合肥，4～5月进入盛花期，这个时期要多次打顶，促使下部枝干种荚养分积累并同时成熟。在现蕾前后每7～10天用喷施0.2%磷酸二氢钾，促进果实和种子的成长。

3. 病虫害防治：清明节后要注意预防病虫，发现蚜虫和菜青虫要用21%灭杀毙乳油2000倍液防治。多雨高湿要注意排水，长时间阴雨会引发炭疽病，发病初期植株上会出现很多的白色小粉点，温度较高、湿度较大的时候，病斑会逐渐扩大，甚至扩散到全株的叶片上。发病严重时，叶片会出现很多白色菌丝，慢慢会形成黑色或褐色的菌落。受害植株的叶片明显增厚，花朵畸形。发现病株及时修剪，及时将植株拔除，并用杀菌剂灌根，避免感染其他植株。发病初期，及时喷洒药剂，按照说明书使用就好。也会发生锈病，发病时叶片的下面会有很多锈褐色的粉末状物质，逐渐向上蔓延，叶片上会出现褐色的、排成线状的孢子。随后叶片会逐渐萎蔫发黄，若没有及时治疗，整个植株会逐渐萎蔫甚至死亡。做好预防，每月喷洒1次杀菌药剂，尤其是叶片背面。发病初期喷施农抗120或抗菌BO-10乳剂100倍液，或50%加瑞农可湿性粉剂或75%十三吗啉乳剂1000倍液，10天喷1次，连喷几次可控制病害发生和蔓延。

4. 隔离要求：羽扇豆属是闭花授粉植物，在花未开放之前就完成了授粉，因为花香，会吸引蜜蜂采蜜。在昆虫的作用下有5%～10%天然异交率，品种间要有一定的隔离，不同品种间隔离不能少于200m。在初花期，分多次根据品种叶形、叶色、株型、长势、花序形状和花色等清除杂株。

5. 采种技术：羽扇豆属种子一般6～7月陆续成熟。当荚果由青绿渐变黄褐色时即可采收，采种时间也不宜迟，否则荚果会自然裂开、种子弹落；采收过早影响种子发芽率。种荚是从主枝到侧枝陆续成熟，先剪除成熟主枝，随熟随剪。将采收到的果荚在阳光下晒干开裂，除掉果壳取得种子，在通风干燥处贮藏。

【原产地】热带美洲，少数广布于全世界的热带、温带地区。

一、生物学特性

多年生有刺草本或灌木，稀为乔木或藤本。托叶小，钻状。二回羽状复叶，常很敏感，触之即闭合而下垂，叶轴上通常无腺体；小叶细小，多数。花小，两性或杂性，通常4～5数，组成稠密的球形头状花序或圆柱形的穗状花序，花序单生或簇生；花萼钟状，具短裂齿；花瓣下部合生；雄蕊与花瓣同数或为花瓣数的2倍，分离，伸出花冠之外，花药顶端无腺体；子房无柄或有柄，胚珠2至多数。荚果长椭圆形或线形，扁平，直或略弯曲，有荚节3～6，荚节脱落后具长刺毛的荚缘宿存在果柄上；种子卵形或圆形，扁平。花期3～10月，果期5～11月。种子千粒重5.8～6.25g。

二、同属植物

（1）含羞草 *M. pudica*，株高20～30cm，有刺，花粉红色。

（2）无刺含羞草 *M. diplotricha* var. *inermis*，株高20～60cm，无刺。

（3）光荚含羞草 *M. sepiaria*，落叶灌木，高3～6m；小枝无刺，密被黄色茸毛。原产热带美洲。

三、种植环境要求

生性强健、生长迅速。生长季节可放在阳台上或院子里。要求土壤深厚、肥沃、湿润。冬季应移到室内窗台上，室内温度在10℃左右即可安全过冬。

四、采种技术

1. 种植要点：秦岭以南地区，湖南、广西、湖北、台湾、福建、广东、海南、云南等地为最佳制种基地。以春、秋季播种为佳。播种前应用35～40℃的

含羞草种子

温水浸种1天；直到种子吸水并膨胀起来再播种。然后将种子均匀撒播在苗床上，盖一层薄草，淋足水。播后应据天气情况浇水，晴天每天早晚喷水1次，约半个月后开始出土。待幼苗长出4片真叶时移栽。我国南方冬暖地区可以露地直播。露地播种的，每穴种1～2粒，不宜过多，下种后覆土约4cm深，要盖住种子。播种后充分灌水，适当遮阴，约15天出芽。种子开始出芽时，即除去遮阴。

2. 田间管理：采种田以选用阳光充足、地势较高、排水良好、土质疏松肥沃的砂壤土地为宜。施腐熟有机肥3～5m³/亩最好，也可用复合肥15～25kg/亩耕翻于地块。采用地膜覆盖高垄栽培。种植行距60cm，株距30cm，亩保苗不能少于3700株。如果移栽幼苗偏弱，在立冬前后要再覆盖一层白色地膜保湿保温，以利于安全越冬。在阳光充足的条件下，根系生长很快，如遇旱情需要每天浇水。根据长势可以随水在春、夏季各施1次氮肥或复合肥，喷施2次0.2%磷酸二氢钾，现蕾到开花初期再施1次，促进果实和种子的生长。

3. 病虫害防治：含羞草基本无病虫害。偶有蛞蝓，可在早晨用新鲜石灰粉防治。如有金龟子、地老虎地下害虫，可以埋点呋喃丹，或灌点呋喃丹水，不过这是剧毒农药，要注意安全。

4. 隔离要求：含羞草属异花授粉，也能自花授粉，主要依靠昆虫传粉，大多数种子都是异花授粉的结果。在昆虫的作用下有5%～10%天然异交率，品种间要有一定的隔离，不同品种间隔离不能少于500m。在初花期，分多次根据品种叶形、叶色、株型、长势、花序形状和花色等清除杂株。

5. 采种技术：含羞草属荚果长圆形，边缘及荚节有刺毛。荚果扁平，每荚节有1颗种子，成熟时节间脱落、荚缘宿存，不易脱落，等完全成熟后晾晒干燥、除掉果壳取得种子、在通风干燥处贮藏。以种干、籽粒饱满、棕褐色、有光泽者为佳。

含羞草

⑨ 沙耀花豆属 *Swainsona* 沙漠豆

【原产地】澳大利亚干旱地区。

一、生物学特性

多年生常绿植物，常作一年生栽培。茎具淡红色柔毛，有匍匐爬地的特性，茎长可达200cm。茎上主要节间上生有柔软的灰绿色叶片，叶为奇数羽状复叶。茎的节间处都可抽生花茎，一般1柱有6～8个花朵生于短直的花茎上。花大而奇丽，通常长9～11cm，下垂。单花一般包括5个部分：2枚龙骨瓣、1枚旗瓣及2枚翼瓣。单朵花期20天左右。澳洲沙漠豆在澳大利亚分布很广，尤其在南澳大利亚州比其他任何花卉分布得都更为广泛。它极耐干旱，作为沙漠植物，很容易栽培。澳洲沙漠豆偶尔会生长成灌木状直立的形态，很适合盆栽。种子千粒重12.5～14.3g。

二、同属植物

（1）澳洲沙漠豆 *S. formosa*，株高自控，花猩红色有黑眼。

（2）有美丽华耀豆 *S. acuticarinata*，有白花和粉色品种。

三、种植环境要求

极耐干旱，作为沙漠植物，很容易栽培。喜高温、干燥和阳光充足的环境；忌水湿、忌涝、忌浓肥和生肥，不耐寒，稍耐阴。在热带和亚热带地区可全年生长，生长适温为22～33℃，能耐40℃高温，在我国北回归线以南地区可露地栽培，而长江流域及以北地区，应在中温或高温温室越冬。喜富含石灰质、疏松、肥沃、透气及排水良好的砂质壤土。

四、采种技术

1.种植要点：我国北方大部分地区均可制种。北方一般在2月底或3月初温室育苗，采用育苗基质72孔或128孔穴盘育苗，种子有很厚实的外皮，十分坚硬，不易发芽，故播种前需先用50℃热水浸泡30分钟，再移到温水中浸泡1～2天，直到种子吸水并膨胀起来再播种。然后将种子均匀撒播在穴盘上，覆盖草炭土和珍珠岩混合土1cm。出苗后降低湿度注意通风。5月1日前后移栽，在移栽时一定要注意带土，不要伤到根系。采种田要选择瘠薄一点的砂质土层，地势较高通风良好的区域。移栽前把地整平耙细达到要求，推荐施用底肥量为磷酸二铵10～15kg/亩，整地后耕层土壤达到细碎疏松、地表平整。无须铺设地膜，行距100cm，株距25cm移栽。

2.田间管理：移栽后要及时灌水。如果气温升高蒸发量过大要二次灌水保证出苗。缓苗后及时中耕松土、除草。生长期间20～30天灌水1次，根据长势可以追磷钾肥，有利于营养生长。每隔一定时间喷1次磷、硼、锰等微量元素或复合有机肥的水溶液，可防止花而不实。叶面喷施0.02%的硼酸溶液，可提高分枝数、单株荚果数和增加千粒重。为促进分枝，抑制高度可人工摘心，也可喷施800～1000倍液的矮壮素水剂2～3次，就可有效抑制生长过高，使植株匀称。

3.病虫害防治：澳洲沙漠豆生长迅速并强劲，植株有良好的抗病能力，在整个生长过程中，未发现病害，但需要注意苗期根腐病和白粉病，可喷施1次1000倍的百菌清，菜青虫和蚜虫可选喷敌杀死即可。

4.隔离要求：澳洲沙漠豆是闭花授粉植物，在花未开放之前就完成了授粉，在昆虫的作用下有5%～10%天然异交率，品种间要有一定的隔离。

5.采种技术：澳洲沙漠豆花大而奇丽，通常长9～11cm、下垂。单朵花期20天左右。荚果长扁形，具两棱，长5～6cm、宽约20mm，每荚节有4～6颗种子，荚缘宿存，不易脱落，等完全成熟后采摘、晾晒干燥，除掉果壳取得种子，在通风干燥处贮藏。

澳洲沙漠豆

澳洲沙漠豆种子

种子产量差异较大，和田间管理、采收有关。

⑩ 蝎尾豆属 *Scorpiurus* 蝎尾豆

【原产地】欧洲南部、叙利亚地区。

一、生物学特性

一年生草本。茎高30～100cm，麦秆色或紫红色，疏生刺毛和细糙伏毛，几不分枝。叶膜质，宽卵形或近圆形，长5～19cm，宽4～18cm，先端短尾状或短渐尖，基部近圆形、截形或浅心形，稀宽楔形，边缘有8～13枚缺刻状的粗牙齿或重牙齿，稀在中部3浅裂，上面疏生纤细的糙伏毛，下面有稀疏的微糙毛，两面生很少刺毛，基出脉3，侧脉3～5对，稍弧曲，在边缘处彼此不明显的网结；叶柄长2～11cm，疏生刺毛和细糙伏毛；托叶披针形或三角状披针形，长6～10mm，外面疏生细伏毛。花雌雄同株，雌花序单个或雌雄花序成对生于叶腋；雄花序穗状，长1～2cm；雌花序短穗状，常在下部有一短分枝，长1～6cm；团伞花序枝密生刺毛，连同主轴生近贴生的短硬毛；雄花具梗，在芽时直径约1mm；花被片4深裂，卵形，丙凹，外面疏生短硬毛；退化雌蕊杯状，雌花近无梗，花被片大的1枚近盔状，顶端3齿。瘦果宽卵形，双凸透镜状，熟时灰褐色，有不规则的粗疣点。花期7～9月，果期9～11月。种子千粒重

蝎子草

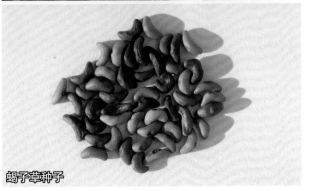
蝎子草种子

11.1～13.3g。

二、同属植物

（1）蝎子草 *S. muricatus*，株高20～40cm，匍匐型生长，黄色，蝶形。荚果弯曲，被短柔毛，形如毛虫，有黏虫作用，植物组织内含有高浓度的植物抗毒素，该植物的萃取物对镰刀菌属具有克生作用。喜欢温暖气候。

（2）同属还有矮小蝎尾豆 *S. minimus*，虫荚蝎尾豆 *S. vermiculatus* 等。

三、种植环境要求

喜欢温暖气候，不耐寒。喜富含石灰质、疏松、肥沃、透气及排灌良好的砂质壤土。

四、采种技术

1. 种植要点：我国北方大部分地区均可制种，甘肃河西走廊一带是最佳制种基地。种子坚硬，宜以苗床育苗。种子经浸泡、清洗、催芽后播种。播种前，应将苗床和待播穴施足农家肥并接细土壤，浇透水。然后将事先已泡胀或催芽的种子播下，将种子均匀撒播在穴盘中，覆盖草炭土和珍珠岩混合土0.3cm。

2. 田间管理：定植后要及时灌水。如果气温升高，蒸发量过大要二次灌水保证出苗。长出5～6叶时间苗，按照留大去小的原则，每穴保留1～2株。浇水之后土壤略微湿润，及时进行中耕松土，清除田间杂草。生长期间15～20天灌水1次，根据长势可以随水施入氮肥10～20kg/亩，有利于营养生长。在生殖生长期间喷施2次0.2%磷酸二氢钾。这对植株孕蕾开花极为有利；促进果实和种子的成长。

3. 病虫害防治：注意菜青虫、蚜虫等危害，发生虫害用21%灭杀毙乳油2000倍液防治。

4. 隔离要求：蝎尾豆为两性花、异花授粉。主要依靠昆虫传粉，大多数种子都是异花授粉的结果。由于该属品种较少，无须隔离。

5. 种子采收：蝎尾豆因开花时间不同而果实成熟期也不一致。成熟时弯曲荚果表层干枯开裂，形如毛虫，就像多刺毛毛虫。要戴手套慢慢采收，防止刺破手，把它们晾晒干燥，除掉果壳取得种子，在通风干燥处贮藏。产量差异较大，其产量和田间管理、采收有关。

⑪ 胡卢巴属 *Trigonella*

【原产地】中国、地中海东岸、中东、伊朗高原以至喜马拉雅地区。

香囊草

一、生物学特性

一年生或多年生草本。无毛或具单柔毛，或具腺毛，有特殊香气。茎直立、平卧或匍匐，多分枝。羽状三出复叶，顶生小叶通常稍大，具柄；小叶边缘多少具锯齿或缺刻状；托叶具明显脉纹，全缘具或齿裂。花序腋生，呈短总状、伞状、头状或卵状，偶为1～2朵着生叶腋；总花梗发达或不发达，在果期与花序轴同时伸长；花梗短，通常不到5mm，纤细，花后增粗，挺直；萼钟形，偶为筒形，萼齿5枚，近等长，稀上下近二唇形；花冠普通型或"苜蓿型"，黄色、蓝色或紫色，偶为白色；雄蕊两体，与花瓣分离，花丝顶端不膨大，花药小，同型。荚果线形、线状披针形或圆锥形，直或弧形弯曲，成为半月形，但不作螺旋状转曲，膨胀或稍扁平，有时缝线具啮蚀状窄翅，两端狭尖或钝，表面有横向或斜向网纹；有种子1至多数。种子具皱纹或细疣点，有时具暗色或紫色斑点，稍光滑；种子千粒重2.2～11.1g。

二、同属植物

（1）香囊草 *T. foenum-graecum*，株高30～50cm，花白色。

（2）同属还有蓝香草 *T. caerulea*，又名蓝胡卢巴、寿州香草；喜马拉雅胡卢巴 *T. emodi*，重齿胡卢巴 *T. fimbriata* 等。

三、种植环境要求

喜欢温暖气候，不耐寒，适合种植在略微干燥、日照通风良好的砂质壤土或土质深厚壤土上。

四、采种技术

1.种植要点：我国北方大部分地区均可制种。多于早春15～20℃露地直播，种子发芽迅速，播种前用二开一凉的温水浸种3～5分钟，捞出晾干，即可播种。采种田以选用阳光充足、灌排良好、土质疏松肥沃的砂壤土地为宜。施腐熟有机肥3～5m³/亩最好，也可用复合肥15kg/亩耕翻于地块。采用地膜覆盖平

蓝香草

畦栽培，定植时一垄两行，行距40cm，株距35cm，亩保苗不能少于4700株。

2.田间管理：幼苗出土后，保持土壤湿润，避免土壤过干，要视墒情适当浇水1～2次，不可过多，以免徒长，苗高6～10cm时，按株距3～6cm定苗，留"拐子苗"，每穴留壮苗2～3株，同时补苗。定苗后，及时松土除草，植株高25cm时，要及时培土。生长期根据长势可以随水施入尿素10～20kg/亩。在生长中期大量分枝，应及早设立支架，防止倒伏。

3.病虫害防治：叶梢极易发生蚜虫危害，可用21%灭杀毙乳油2000倍液防治，每7～10天1次，喷1～2次即可。高温高湿会发生白粉病，主要表现在叶正面有白色粉状物，后期可见小黑点。可于种植前清地，烧毁病残株；摘除病叶病株，并集中烧毁；发病初期可用50%甲基托布津可湿性粉剂800～1000倍液

香囊草（左）和蓝香草种子（右）

或BD-10生物制剂喷雾。

4.隔离要求：胡卢巴属是闭花授粉植物，在花未开放之前就完成了授粉，不易串粉。由于该属品种较少，无须隔离。

5.采种技术：胡卢巴属待种荚成熟、种子呈黄棕色或红棕色时将全株割下、打出种子，除净杂质备用。在通风干燥处贮藏。

二十八、牻牛儿苗科 Geraniaceae

① 老鹳草属 *Geranium* 老鹳草

【原产地】西班牙、葡萄牙。

一、生物学特性

多年生草本。高30～50cm。根茎直生，粗壮，具簇生纤维状细长须根，上部围以残存基生托叶。茎直立，单生，具棱槽，假二叉状分枝，被倒向短柔毛，有时上部混生开展腺毛。叶基生和茎生叶对生；托叶卵状三角形或上部为狭披针形，长5～8mm，宽1～3mm，基生叶和茎下部叶具长柄，柄长为叶片长的2～3倍，被倒向短柔毛，茎上部叶柄渐短或近无

老鹳草

柄；基生叶片圆肾形，长3～5cm，宽4～9cm，5深裂达2/3处，裂片倒卵状楔形，下部全缘，上部不规则状齿裂，茎生叶3裂至3/5处，裂片长卵形或宽楔形，上部齿状浅裂，先端长渐尖，表面被短伏毛，背面沿脉被短糙毛。花序腋生和顶生，稍长于叶，总花梗被倒向短柔毛，有时混生腺毛，每梗具2花；苞片钻形，长3～4mm；花梗与总花梗相似，长为花的2～4倍，花、果期通常直立；萼片长卵形或卵状椭圆形，长5～6mm，宽2～3mm，先端具细尖头，背面沿脉和边缘被短柔毛，有时混生开展的腺毛；花瓣白色或淡红色，倒卵形，与萼片近等长，内面基部被疏柔毛；雄蕊稍短于萼片，花丝淡棕色，下部扩展，被缘毛；雌蕊被短糙状毛，花柱分枝紫红色。蒴果长约2cm，被短柔毛和长糙毛。花期6～8月，果期8～9月。种子千粒重6.7～7.7g。

二、同属植物

（1）老鹳草 *G. iberic*，株高30～40cm，花淡蓝色或粉红色。

（2）同属还有汉荭鱼腥草 *G. robertianum*，二色老鹳草 *G. ocellatum*，圆叶老鹳草 *G. rotundifolium*，大花老鹳草 *G. himalayense* 等。

三、种植环境要求

喜温暖湿润气候，耐寒性好，耐湿。喜生于气候温暖、较潮湿、土壤疏松而肥沃、土层深厚、微酸性、排水良好的山坡或山谷、疏林中或林缘。

四、采种技术

1.种植要点：我国北方大部分地区均可制种，甘肃河西走廊一带是最佳制种基地。在夏季6月初育苗，采用72～128孔穴盘，填入基质。要求土质透气松软。如果土质达不到，可以加一些砂质土，也可以用泥炭、蛭石混合珍珠岩，搅拌均匀作基质。点播完成后上面覆盖一层粗砂。约10天陆续发芽，各地气候条件不一样会有所差异。8月中旬小麦收获后定植。选择无宿根性杂草的地块，施腐熟有机肥4～5m³/亩最好，也可用复合肥15kg/亩或磷肥50kg/亩耕翻于地

老鹳草种子

块。采用黑色除草地膜平畦覆盖，种植行距40cm，株距30cm，亩保苗不能少于5500株。

2.田间管理：移栽后要及时灌水，如果气温升高、蒸发量过大要再补灌一次保证成活。缓苗后及时给未铺膜的工作行中耕松土，清除田间杂草，生长期间20～30天灌水1次。越冬前要灌水1次，保持湿度，安全越冬。早春及时灌溉返青水，浇水之后土壤略微湿润，更容易将杂草拔除。及时把杂草清理掉，不要留在田间，以防留下死而复生的机会。根据长势可以随水再次施入复合肥或速效氮肥10～20kg/亩。喷施2次0.2%磷酸二氢钾，现蕾到开花初期再施1次，促进果实和种子的成长。秋播的翌年6月底进入盛花期，盛花期人工摘除花穗顶端以利于成熟。

3.病虫害防治：病害有茎腐病。定植前土壤要用甲醛溶液消毒，发现病害需喷洒杀菌药剂进行防治。若发现蚜虫，可采取诱杀的方式使用敌百虫等化学药剂喷洒进行防治。

4.隔离要求：老鹳草属为自花授粉植物，但是自花授粉结实率很低，主要靠野生蜜蜂和一些昆虫授粉，天然异交率很高。由于该属品种较少，可与其他植物同田块栽植。

5.采种技术：老鹳草属种荚开始成熟的时候会慢慢变颜色，部分会开始向外弹种子。最有效的方法是在封垄前铲平未铺膜的工作行或者铺除草布，成熟的种子掉落在地膜表面，要及时用笤帚扫起来集中精选加工。再将种子晒至全干，在通风干燥处贮藏。品种间种子产量差异较大，和田间管理、采收有关。

❷ 天竺葵属*Pelargonium*天竺葵

【原产地】非洲南部。

一、生物学特性

多年生草本。高30～60cm。茎直立，基部木质化，上部肉质，多分枝或不分枝，具明显的节，密被短柔毛，具浓烈鱼腥味。叶互生；托叶宽三角形或卵形，长7～15mm，被柔毛和腺毛；叶柄长3～10cm，被细柔毛和腺毛；叶片圆形或肾形，基部心形，直径3～7cm，边缘波状浅裂，具圆形齿，两面被透明短柔毛，表面叶缘以内有暗红色马蹄形环纹。伞形花序腋生，具多花，总花梗长于叶，被短柔毛；总苞片数枚，宽卵形；花梗长3～4cm，被柔毛和腺毛；芽期下垂，花期直立；萼片狭披针形，长8～10mm，外面密被腺毛和长柔毛，花瓣红色、橙红、粉红或白色，宽倒卵形，长12～15mm，宽6～8mm，先端圆形，基部具短爪，下面3枚通常较大；子房密被短柔毛。蒴果长约3cm，被柔毛。花期5～7月，果期6～9月。品种不同，千粒重各有差异，通常2.2～4.1g。

二、同属植物

（1）天竺葵属植物约有250种，按生长习性分为直立型和垂吊型，按花瓣分类为单瓣和重瓣，颜色繁多，近几年来国内外都开展了杂交育种工作，培育出了很多优良品种，如'公主''糖果双色''天使之眼''晨曲''玛格瑞特碗''丹尼斯碗''粉碗''杜

天竺葵红色

天竺葵粉色

天竺葵混色

德碗'等，国内能买到的就有200多种。这里只介绍常规品种采种的方法。

（2）天竺葵 *P. hortorum*，株高25～35cm，品种花色有混色、猩红、桃红、粉红、白色、鲜红、橙红等。

（3）苹果香天竺葵 *P. odoratissimum*，株高25～35cm，叶片散发苹果的香味，花白色。

（4）同属还有盾叶天竺葵 *P. peltatum*，菊叶天竺葵 *P. elargonium*，马蹄纹天竺葵 *P. zonale* 等。

三、种植环境要求

喜温暖、湿润和阳光充足环境。耐寒性差，怕水湿和高温。3～9月生长适温为13～19℃，冬季为10～12℃。6～7月间呈半休眠状态，应严格控制浇水。宜肥沃、疏松和排水良好的砂质壤土。冬季温度不低于10℃，能耐短时间5℃低温。

四、采种技术

1.种植要点：我国北方大部分地区均可制种。一般在2月初至3月初育苗，采用72～128孔穴盘，填入专用育苗基质。点播种子，覆盖蛭石混合珍珠岩，浇透水后再覆盖地膜小拱棚，保持90%以上湿度，在合适的条件下，播种第4～8天，降至潮湿；第9天以后保持介质干湿交替。空气湿度一直到幼根出现前保持100%，然后降至40%。出苗后注意通风，降低日温，增加夜温以利于幼苗苗壮生长。苗龄50～60天即可移栽。5月移栽，选择无宿根性杂草的地块，施腐熟有机肥4～5m³/亩最好，也可用复合肥15kg/亩或磷肥50kg/亩耕翻于地块。通过整地，改善土壤的耕层结构和地面状况，协调土壤中水、气、肥、热等，为作物播种出苗、根系生长创造条件。以南北走向搭建塑料拱棚，材料用竹片、细竹竿、钢筋等；棚高2.5m，宽度8m为宜，长度根据地块决定。购买0.04～0.07m的农用聚乙烯塑料薄膜（PE）或聚氯乙烯长寿膜（PVC）覆盖。将塑料薄膜展平，

拉紧、盖严、四边埋入土中固定。为使拱架牢固，跨度较大的小拱棚可设三道左右的横拉杆，盖膜后再在膜上压拱条，每隔一拱压一条，以防风吹和便于放风管理。除压拱条外，也可用细绳在棚膜上边呈"之"字形勒紧，两侧拴在木桩上，以防薄膜被风吹起而损坏。

2.田间管理：在搭建好的拱棚内以南北走向起垄，垄宽60cm，水沟40cm，垄高10～15cm。起垄后平整好垄面灌水固定，地表干燥后修正垄面，采用白色地膜覆盖。定植时要按行距40cm，株距30cm，用直径4～7cm的播种打孔器在地膜上打孔，垄两边孔位呈三角形错开，定植及时灌水。缓苗后及时中耕松土、除草。棚内白天保持10～15℃，夜间温度8℃以上，即能正常生长。高燥通风的环境，浇水要适当控制，长期过湿会引起植株徒长，花枝着生部位上移，叶子渐黄而脱落，夏季要打开拱棚两头通风。可以选择适当的施肥方式，在生长期根据长势可以随水施入尿素10～20kg/亩。在开花期之前以及开花期应以磷钾肥为主，但是也不能够完全忽略氮肥，开花期喷施0.2%硝酸钙和0.2%的磷酸二氢钾混合液。疏去内部过密、过细的枝条，保留3～5个主枝。对主枝和主枝上发生的侧枝进行适度短剪，使之形成矮壮、均衡的丰满株型。

3.病虫害防治：因为叶片气味难闻，所以害虫一般很少。土壤过湿会引发茎腐病和叶斑病，发现病害及时清除病叶，避免感染其他叶片，需喷洒杀菌药剂进行防治。发病初期以50%扑海因1000倍液、75%甲基托布津800～1000倍液，或50%多菌灵800倍液喷雾并灌根，隔7～10天喷1次，连续防治2～3次。

4.隔离要求：天竺葵属为自花授粉植物，但是自花授粉结实率很低，所以要人工辅助授粉才能取得种子。用一支毛笔，先蘸取花粉，然后轻轻抹到花的柱头上就可以。没有授粉成功的花蕊就会慢慢枯死，要

天竺葵带壳（左）和脱壳种子（右）对照

将枯萎的花蕊及时修剪掉。授粉成功后，会慢慢长出尖尖的种荚，在果实未成熟之前，注意防止水肥过多引起落花落果。及时清除侧芽减少养分流失。种子在授粉后40～50天成熟。为保持品种的优良性状，留种品种间必须隔离500m以上。在初花期，分多次根据品种叶形、叶色、株型、长势、花序形状和花色等清除杂株。

5.采种技术：天竺葵开花授粉时间不同而果实成熟期也不一致。种荚由绿变黄后开裂，白色带毛种子被风一吹就可能吹跑；所以种子一旦成熟，就要尽快采集收获。判断种荚是否成熟的标志就是看种荚上是否出现了褐色的条纹，如果种荚的颜色变深，就说明种荚马上就要成熟了。收获后的种子要及时晾干，等待脱壳处理，在通风干燥处保存。品种间产量差异较大、其产量和田间管理、采收有关。

二十九、鸢尾科 Iridaceae

① 射干属 *Belamcanda*

【原产地】喜马拉雅山、俄罗斯远东地区。

一、生物学特性

多年生草本。叶互生，嵌迭状排列，剑形，长20～60cm，宽2～4cm，基部鞘状抱茎，顶端渐尖，无中脉。花序顶生，叉状分枝，每分枝的顶端聚生有数朵花；花梗细，长约1.5cm；花梗及花序的分枝处均包有膜质的苞片，苞片披针形或卵圆形；花橙红色，散生紫褐色的斑点，直径4～5cm；花被裂片6，2轮排列，外轮花被裂片倒卵形或长椭圆形，长约2.5cm，宽约1cm，顶端钝圆或微凹，基部楔形，内轮较外轮花被裂片略短而狭；雄蕊3，长1.8～2cm，着生于外花被裂片的基部，花药条形，外向开裂，花丝近圆柱形，基部稍扁而宽；花柱上部稍扁，顶端3裂，裂片边缘略向外卷，有细而短的毛，子房下位，倒卵形，3室，中轴胎座，胚珠多数。蒴果倒卵形或长椭圆形，黄绿色，长2.5～3cm，直径1.5～2.5cm，顶端无喙，常残存有凋萎的花被，成熟时室背开裂，果瓣外翻，中央有直立的果轴；种子圆球形，黑紫色，有光泽，直径约5mm，着生在果轴上。花期6～8月，果期7～9月。种子千粒重25～30g。

二、同属植物

（1）射干 *B. chinensis*，株高100～120cm，花橘色。

（2）同属种类很少，全世界只有2种。

三、种植环境要求

生于林缘或山坡草地，大部分生于海拔较低的地方，但在我国西南山区，海拔2000～2200m处也可生长。喜温暖和阳光，耐干旱和寒冷，对土壤要求不严，山坡旱地均能栽培，以肥沃疏松、地势较高、排水良好的砂质壤土为好，中性壤土或微碱性均可，忌低洼地和盐碱地。

四、采种技术

1.种植要点：河北、河南、山东、陕西一带是最佳制种基地。可在6月底露地育苗。6月气温偏高，需在冷凉处设立苗床，苗床上加盖遮阳网和防雨塑料布。射干种子外包一层黑色有光泽且坚硬的假种皮，内还有一层胶状物质，通透性差，较难发芽，因而要

射干

射干种子

对种子进行处理。播前1个月取出种子，用清水浸泡1周，期间换水3～4次，并加入1/3细沙搓揉，1周后捞出，淋干水分，20～23天后即可点播在培养土，出苗后注意通风。白露前后定植。采种田以选用阳光充足、排水良好、土质疏松肥沃的砂壤土地为宜。施腐熟有机肥3～5m³/亩最好，也可用复合肥15kg/亩耕翻于地块。采用地膜覆盖平畦栽培，定植时一垄两行，行距40cm，株距25cm，亩保苗不能少于6600株。

2.田间管理：移栽后需多次中耕除草，使土壤表层疏松，通透性好，促进养分的分解转化，保持水分，提高地温，控制浅根生长，促根下扎，防止土壤板结。耐肥植物，叶片肥大，每年均需大量的营养物质才能使其正常生长，在7月中旬以前，根据长势可以施入尿素10～30kg/亩。7月中旬以后不再施肥，一般不灌水，只有当土壤含水量下降到20%，植株叶片呈萎蔫状态时才灌溉。这样能促使当年萌发根茎膨大加粗，提高产量和质量。早春返青后开始抽薹，不耐涝，在每年的梅雨季节要加强防涝工作，以免渍水烂根，造成减产。

3.病虫害防治：锈病在幼苗和成株时均有发生，但成株发生早，秋季危害叶片，呈褐色隆起的病斑。初期喷95%敌锈钠400倍液，每7～10天喷1次，连续2～3次即可。

4.隔离要求：射干属是自花授粉不亲和性植物，自然授粉结实率也较高，人为异花授粉结实效果很好，但是主要靠野生蜜蜂和一些昆虫授粉，由于该属品种较少，无须隔离。

5.种子采收：通常在8月下旬至10月上旬陆续成熟，当果实变为绿黄色或黄色，果实略裂开时采收，果期较长，可分批采收，连果柄剪下。集中晒干后将种子和果壳脱粒，除去杂质。采收后的种子切勿暴晒，否则增加种皮的坚硬性。射干种子具有后熟性，必须在低温湿润条件下才能完成生理后熟。

② 鸢尾属 *Iris*

〔原产地〕土耳其、希腊、中国、日本等地。

一、生物学特性

多年生草本。根状茎长条形或块状，横走或斜伸，纤细或肥厚。叶多基生，相互套迭，排成2列，叶剑形，条形或丝状，叶脉平行，中脉明显或无，基部鞘状，顶端渐尖。大多数的种类只有花茎而无明显的地上茎，花茎自叶丛中抽出，多数种类伸出地面，少数短缩而不伸出，顶端分枝或不分枝；花序生于分枝的顶端或仅在花茎顶端生1朵花；花及花序基部着生数枚苞片，膜质或草质；花较大，蓝紫色、紫色、红紫色、黄色、白色；花被管喇叭形、丝状或甚短而不明显，花被裂片6枚，2轮排列，外轮花被裂片3枚，常较内轮的大，上部常反折下垂，基部爪状，多数呈沟状，平滑，无附属物或具有鸡冠状及须毛状的附属物，内轮花被裂片3枚，直立或向外倾斜；雄蕊3，着生于外轮花被裂片的基部，花药外向开裂，花丝与花柱基部离生；雌蕊的花柱单一，上部3分枝，分枝扁平，拱形弯曲，有鲜艳的色彩，呈花瓣状，顶端再2裂，裂片半圆形、三角形或狭披针形，柱头生于花柱顶端裂片的基部，多为半圆形、舌状，子房下位，3室，中轴胎座，胚珠多数。蒴果椭圆形、卵圆形或圆球形，顶端有喙或无，成熟时室背开裂；种子梨形、扁平半圆形或为不规则的多面体。种子千粒重25～50g。

二、同属植物

全世界约300种，分布于北温带；我国约产60种、13变种及5变型，广布于全国，主要分布于西南、西北及东北。这里只描述几种。

（1）马蔺 *I. lactea*，又名马莲、马兰、马兰花、旱蒲、马韭，株高20～40cm，花蓝色。

（2）燕子鸢尾 *I. orientalis*，株高70～90cm，花浅黄色。

蓝花鸢尾

燕子鸢尾

黄花鸢尾

（3）蓝花鸢尾 I. setosa，株高30～40cm，花深蓝色。

（4）黄花鸢尾 I. pseudoacorus，又名黄鸢尾、黄菖蒲，株高70～80cm，花黄色。

三、种植环境要求

鸢尾属植物大多具有较高的观赏价值和较强的抗逆性、广泛的适应性，耐寒耐旱，耐盐碱，耐践踏，根系发达，可用于水土保持和改良盐碱土。

四、采种技术

1. 种植要点：鸢尾属植物种子普遍具有休眠特性，种子萌发有很大差异，有些种类种子的能迅速萌发，而有些种类的种子在自然状态下往往需经1年左右的休眠才能萌发，且萌发缓慢。种子变温储藏和室外埋土越冬处理比室温下储藏发芽率高。鸢尾在播种前需将种子放置在清水中浸泡1天的时间，用塑料袋先将种子和沙子拌湿，放置于10～15℃冷棚，保持湿润，待种子露白时取出。马蔺种子播种前30～40天先进行种子消毒，目的是消除种子表面上的病原菌，防止和减轻病害发生的程度。再将种子倒入50℃温水中，顺时针方向搅动，水温降到30℃浸泡8～10小时，滤去浸泡水，用75%代森锰锌可湿性粉剂500～800倍液，或50%多菌灵可湿性粉剂500～600倍液将泡好的种子再浸泡2～3小时，捞出后用清水洗去药液。用细沙与

种子体积3∶1比例混拌均匀，湿度以手握成团、松后即散为宜。拌好后装入箱里，放在0～5℃低温处，沙藏处理的地方应向阳、通风、透气，并覆膜保温，每日上、下午各搅拌1次，使受热均匀，半月后观察种子有30%露白时，即可进行点播。夏末秋初需选择地势高燥或平地砂质壤土，在冷凉处设立苗床，苗床上加盖遮阳网。按株行距为25cm×30cm开沟定穴，沟深5cm左右，然后播入催过芽的种子5～6粒，播后覆土压实，适量浇水。也可以在地冻前不处理直播于土中，翌年3月下旬出苗。

2. 田间管理：移栽后需多次中耕除草，使土壤表层疏松，通透性好，促进养分的分解转化，保持水

鸢尾种子对比

分，提高地温，控制浅根生长，促根下扎，防止土壤板结。耐肥植物，叶片肥大，每年均需大量的营养物质才能使其正常生长，在7月中旬以前，根据长势可以施入尿素10～30kg/亩。7月中旬以后不再施肥，一般不灌水，只有当土壤含水量下降到20%，植株叶片呈萎蔫状态时才灌溉。这样能促使当年萌发根茎膨大加粗，提高产量和质量。早春返青后开始抽薹，不耐涝，在每年的梅雨季节要加强防涝工作，以免渍水烂根，造成减产。

3.病虫害防治：防治小地老虎用5%的辛硫磷颗粒加上细土拌匀后，再撒在草坪上面；或喷洒50%辛硫磷液1000倍液。这样就可以直接杀死幼虫，不让其繁衍生长。鸢尾软腐病用1∶1∶100的波尔多液防治。发生叶斑病可摘除病叶，并喷洒50%代森锌1000倍液。发生锈病在发病初期可用25%粉锈宁400倍液防治。

4.隔离要求：鸢尾属具较高的自交率，是自花授粉不亲和性植物，自然授粉结实率也较高。人为异花授粉结实效果很好，但是主要靠野生蜜蜂和一些昆虫授粉，单花开放时间为8小时左右，开放当天即凋谢，连续花期为20天左右。由于该属品种间差异大，品种间很难串粉。

5.种子采收：通常在6月下旬至7月上旬陆续成熟，当果实变为绿黄色或黄色，果实略开时采收，果期较长，分批采收，连果柄剪下。集中晒干后将种子和果壳脱粒，除去杂质，采收后的种子切勿暴晒，否则增加种皮的坚硬性。

三十、唇形科 Lamiaceae

1 藿香属 *Agastache*

【原产地】北美洲。

一、生物学特性

多年生高大草本。叶具柄，边缘具齿。花两性；轮伞花序多花，聚集成顶生穗状花序；花萼管状倒圆锥形，直立，具斜向喉部，具15脉，内面无毛环；花冠筒直，逐渐而不急骤扩展为喉部，微超出花萼或与之等长，内面无毛环，冠檐二唇形，上唇直伸，2裂，下唇开展，3裂，中裂片宽大，平展，基部无爪，边缘波状，侧裂片直伸；雄蕊4，均能育，比花冠长许多，后对较长，向前倾，前对直立上升，药室初彼此几平行，后来多少叉开；花柱先端短2裂，具几相等的裂片；花盘平顶，具不太明显的裂片。小坚果光

茴藿香紫红色

滑，顶部被毛。种子千粒重0.56～0.6g。

二、同属植物

（1）茴藿香 *A. foeniculum*，株高50～80cm，花色有紫丁香色、橙色等。

（2）墨西哥藿香 *A. mexicana*，株高40～70cm，花色有蓝色、红色、白色。

（3）同属还有藿香 *A. rugosa*，橙黄藿香 *A. aurantiaca*，荆芥状藿香 *A.nepetoides* 等。

三、种植环境要求

喜温暖湿润和阳光充足环境；地下部分耐寒，地上部分不耐寒，怕干燥和积水，对土壤要求不严，宜生长于疏松肥沃和排灌良好的砂壤土。

四、采种技术

1.种植要点：我国北方大部分地区均可制种，甘肃河西走廊一带是最佳制种基地。可以采用春播的方

墨西哥藿香

茴藿香种子

法，2月底3月初温室育苗，采用专用育苗基质128孔穴盘育苗，在播种之前将藿香种子拿出来进行醒种催芽处理，放在温水中浸泡24小时，可以很好地软化外壳，加速种子的萌发。种子萌发适温18～20℃。播种后7～10天出苗，出苗后注意通风，降低温室温度；苗龄约50天，及早通风炼苗，4月底定植于大田。也可以在5～6月育苗，8月小麦收获后定植于大田。采种田选用阳光充足、灌溉良好的地块，不宜在黏性土壤种植。施用复合肥10～25kg/亩耕翻到地块。采用黑色除草地膜覆盖平畦栽培，定植时一垄两行，种植行距40cm，株距30cm，亩保苗不能少于5000株。

2.田间管理：小苗定植后需10～15天才可成活稳定，此时的水分管理很重要，小苗根系浅，土壤应经常保持湿润。小苗成活后即可进行摘心，促进侧芽萌生，此时施一次肥，施肥量不可过大。植株进入营养生长期，生长速度很快，需要供给充足的养分和水分才能保障其正常的生长发育。浇水之后土壤略微湿润，更容易将杂草拔除。记得及时把杂草清理掉，不要留在田间，以防留下死而复生的机会。越冬前要灌水1次，保持湿度安全越冬。早春及时灌溉返青水。生长期中耕除草3～4次。根据长势可以随水在春、夏季各施1次氮肥或复合肥，喷施2次0.2%磷酸二氢钾，现蕾到开花初期再施1次，促进果实和种子的成长。7～8月进入盛花期，盛花期要保证水肥管理。在生长期根据长势可以随水施肥，合理施用氮磷钾肥，避免施氮肥过多。在生殖生长期间喷施2次0.2%磷酸二氢钾。这对植株孕蕾开花极为有利；促进果实和种子的成长。

3.病虫害防治：植株的嫩茎很易受蚜虫和红蜘蛛侵害，应及时防治。可拔除并销毁病株，喷吡虫啉10～15g，兑水5000～7500倍喷洒。高温高湿容易发生褐斑病，发病前及发病初期喷用70%敌克松粉剂1000倍液或40%多菌灵胶悬液500倍液防治，控制病害蔓延。

4.隔离要求：藿香属为自花授粉植物，但是花器结构决定了它又是异花授粉，雄蕊及柱头为向下弓曲的上唇所保护，蜜腺生于花盘的下边。有较长的管部及鲜艳颜色的花，吸引蝶类及蛾类，主要靠野生蜜蜂和一些昆虫授粉，天然异交率也很高。品种间应隔离500～1000m。在初花期，分多次根据品种叶形、叶色、株型、长势、花序形状和花色等清除杂株。

5.种子采收：藿香属种子分批成熟，花穗先从主茎到侧枝，自下而上逐渐成熟，花穗变黄后，在开裂的花穗就能够发现一些小种子了，果实是小的坚果，椭圆形，里面都是黑色的种子。种子成熟后可以自行脱落，最好在早晨有露水时，一手扶花穗上部，沿根部将花序剪下。不要倒置撒落种子。将其放置到水泥地上晾干。后期花朵凋谢干枯一次性收获的，一定要在霜冻前收割，收获的种子用比重精选机去除秕籽，装入袋内，写上品种名称，在通风干燥处贮藏。种子产量和田间管理水平、天气因素有直接关系。

❷ 青兰属Dracocephalum 香青兰

【原产地】中国、东欧、中欧等。

一、生物学特性

一年生草本。茎直立，四棱形，被倒向的短毛，常带紫色。单叶对生；具短柄；叶片披针形至卵状披针形，长1.5～4cm，宽0.7～1.3cm，先端钝或稍尖，基部圆形或宽楔形，两面仅在脉上被短毛，下面有腺点，边缘具三角形牙齿或疏锯齿，有时基部牙齿呈长刺状。轮伞花序生于茎或分枝上端，每轮有花4～6朵；苞叶边缘下部有细长芒状刺，小苞片两侧各有2～5长芒状刺毛；花萼长8～10mm，被金黄色腺点及短毛，脉常带紫色，2裂至近中部，上唇3浅裂，3齿

香青兰

近等大，三角状卵形，先端锐尖，下唇2裂较深，裂片被针形；花冠淡蓝紫色，长1.5~3cm，唇形，外面被白色短毛和金黄色腺点，上唇稍向下弯，先端微凹，下唇3裂，中裂片较大，2裂，具深紫色斑点；雄蕊4，后1对较长，花药叉状分开，花丝无毛；子房4裂，花柱无毛，柱头2裂。小坚果长圆形，光滑。花期7~8月，果期8~9月。种子千粒重1.75~1.9g。

二、同属植物

（1）香青兰*D. moldavica*，株高50~70cm，花蓝色。

（2）同属还有大理青兰*D. taliense*，美叶青兰*D. calophyllum*，多枝青兰*D. propinquum*等。

三、种植环境要求

喜冷凉，喜阳光照射，也耐半阴或干旱，喜富含腐殖质、疏松的壤土。

四、采种技术

1.种植要点：我国北方大部分地区均可制种，甘肃河西走廊一带是最佳制种基地。要选择土质疏松，地势平坦，土层较厚，灌水良好的土壤，地块选好后要细整地，结合整地施入基肥，以农家肥为主，并与过磷酸钙混合作底肥，结合翻地或起垄时施入土中。选择黑色除草地膜覆盖，播期选择在平均气温稳定在13℃以上，表层地温在10℃以上时，用直径3~5cm的播种打孔器在地膜上打孔，垄两边孔位呈三角形错开，每穴点3~4粒，覆土以湿润微砂的细土为好。也可以用手推式点播机播种。高秆种植行距40cm，株距35cm，亩保苗不能少于4700株。

2.田间管理：播种后土壤太干要及时灌水。如果田间有播种不当未能出苗的要及时补种。苗后3~4叶期间苗，留壮苗、正苗。及时给未铺膜的工作行中耕松土，清除田间杂草，生长期间15~20天灌水1次，浇水之后土壤略微湿润，更容易将杂草拔除。在生长期根据长势可以随水施入尿素10~30kg/亩。多次叶面喷施0.02%的磷酸二氢钾溶液，可提高分枝数、结

实率和增加千粒重。盛花期尽量不要喷洒杀虫剂，以免杀死蜜蜂等授粉媒介。盛花期后进入生殖阶段，灌浆期要尽量勤浇薄浇。在生长中期大量分枝，应及早设立支架，防止倒伏。

3.病虫害防治：发现锈病要及时摘叶打叉，以利通风透光；及时清除病株残体，深埋或烧毁，以免病菌留存传播。发病初期，喷波尔多液2~3次；粉锈宁2000倍液，连喷2~3次。

4.隔离要求：青兰属为自花授粉植物，但是花器结构决定了它又是异花授粉，雄蕊及柱头为向下弓曲的上唇所保护，蜜腺生于花盘的下边。有较长的管部及鲜艳颜色的花，吸引蝶类及蛾类，主要靠野生蜜蜂和一些昆虫授粉，天然异交率也很高。品种间应隔离500~1000m。在初花期，分多次根据品种叶形、叶色、株型、长势、花序形状和花色等清除杂株。

5.种子采收：青兰属种子分批成熟，花穗先从主茎到侧枝，自下而上逐渐成熟，花穗变黄后，在开裂的花穗就能够发现一些小种子了，果实小的坚果，椭圆形，里面都是黑色的种子。种子成熟后可以自行脱落，最好在早晨有露水时，一手扶花穗上部，沿根部将花序剪下。最有效的方法是在封垄前铲平未铺膜的工作行或者铺除草布，成熟的种子掉落在地膜表面，要及时用笤帚扫起来集中精选加工。收获的种子用比重精选机去除秕籽，装入袋内，写上品种名称，在通风干燥处贮藏。品种间产量差异较大，其产量和田间管理、采收有关。

❸ 鞘蕊花属*Coleus* 彩叶草

【原产地】印度经马来西亚、印度尼西亚、菲律宾至波利尼西亚，各地亦见栽培。

一、生物学特性

多年生草本。茎通常紫色，四棱形，被微柔毛，具分枝。叶膜质，其大小、形状及色泽变异很大，通常卵圆形，先端钝至短渐尖，基部宽楔形至圆形，边缘具圆齿状锯齿或圆齿，色泽多样，有黄、暗红、紫色及绿色，两面被微柔毛，下面常散布红褐色腺点，侧脉4~5对，斜上升，与中脉两面微突出；叶柄伸长，长1~5cm，扁平，被微柔毛。轮伞花序多花，花直径约1.5cm，多数密集排列简单或分枝的圆锥花序；花梗长约2mm，与序轴被微柔毛；苞片宽卵圆形，长2~3mm，先端尾尖，被微柔毛及腺点，脱落；花萼钟形，外被短硬毛及腺点，果时花萼增大，萼檐二唇形，上唇3裂，中裂片宽卵圆形，大，果时外翻，侧

香青兰种子

裂片短小，卵圆形，约为中裂片之半，下唇呈长方形，较长，2裂片高度靠合，先端具2齿，齿披针形；花冠浅紫至紫或蓝色，外被微柔毛，冠筒骤然下弯，至喉部增大至2.5mm，冠檐二唇形，上唇短，直立，4裂，下唇延长，内凹，舟形；雄蕊4，内藏，花丝在中部以下合生成鞘状；花柱超出雄蕊，伸出，先端相等2浅裂；花盘前方膨大。小坚果宽卵圆形或圆形，压扁，褐色，具光泽，长1~1.2mm。花期7月。种子千粒重0.22~0.25g。

二、同属植物

（1）彩叶草 C. blumei，株高15~25cm，品种颜色有混色、红天鹅绒色、黄色、玫红绿边等。

（2）同属还有毛喉鞘蕊花 C. forskohlii，五彩苏 C. scutellarioides，大鞘蕊花 C. grandis 等。

三、种植环境要求

喜温性植物，耐高温，适应性强，冬季温度不低于10℃，夏季高温时稍加遮阴；喜充足阳光，光线充足能使叶色鲜艳。

四、采种技术

1.种植要点：云南、四川、汉中盆地一带是最佳制种基地。可在3月育苗，播种前先在育苗盘中装满基质，然后用喷头将基质淋湿。彩叶草的种子较小，直接播种很难撒播均匀，可在种子中掺细土再进行播种。播种时捏起掺有细土的种子，将种子与细土一起撒放至育苗盘。也可以采用专用育苗基质128孔穴盘

彩叶草

彩叶草种子

育苗，每个穴孔内撒放2~3粒种子。种子播好后，为防止种子风干，还要覆土。覆土使用装有细土的筛子向穴盘表面筛土，覆土厚度为1~2mm，覆土完成后就可将育苗盘放置到育苗床上发芽。出苗后防止徒长，主要从温度和湿度上控制。在真叶长出前，以用喷雾器喷水为主，供给小苗所需水分，促进小苗扎根，在温度管理上，要比出苗时温度低，早晨太阳出来时，让小苗充分见光，4月上中旬气温稳定时定植，采用地膜覆盖小高垄栽培，定植时一垄两行，种植行距40cm，株距30cm，亩保苗不能少于5500株。

2.田间管理：采种田以选用阳光充足、排水良好、土质疏松肥沃的砂壤土地为宜。施腐熟有机肥3~5m³/亩最好，也可用复合肥15kg/亩耕翻于地块。对水分的需求较为严格，生长期间需要保持盆土及环境的湿润度，忌干旱，防积涝。生长季每月施1~2次以氮肥为主的稀薄肥料。幼苗期应多次摘心，以促发侧枝，使株形饱满。下雨之后土壤略微湿润，更容易将杂草拔除。多次叶面喷施0.02%的磷酸二氢钾溶液，可提高分枝数、结实率和增加千粒重。盛花期尽量不要喷洒杀虫剂，以免杀死蜜蜂等授粉媒介。

3.病虫害防治：彩叶草在幼苗期容易发生猝倒病，应注意在种植时对土壤进行消毒。生长期会发生叶斑病，可以用50%甲基托布津溶液喷洒杀菌。家庭室内栽培彩叶草时，容易发生介壳虫、红蜘蛛和白粉虱危害，可以选择氧化乐果1000倍溶液喷雾。

4.隔离要求：鞘蕊花属为异花授粉植物，雄蕊及柱头为向下弓曲的上唇所保护，蜜腺生于花盘的下边。有较长的管部及鲜艳颜色的花，吸引蝶类及蛾类，主要靠野生蜜蜂和一些昆虫授粉，也是典型的虫媒花，天然异交率也很高。品种间应隔离500~1000m。在初花期，分多次根据品种叶形、叶色、株型、长势、花序形状和花色等清除杂株。

5.种子采收：彩叶草种子分批成熟，花穗先从主茎到侧枝，自下而上逐渐成熟，花穗变黄后，在开裂

的花穗就能够发现一些小种子，果实是小的坚果，里面都是黑色的种子。种子成熟后是可以自己脱落，最好在早晨有露水时，一手扶花穗上部，沿根部将花序剪下。不要倒置撒落种子。将种子放置到水泥地晾干。收获的种子用簸箕去除秕籽，装入袋内，写上品种名称，在通风干燥处贮藏。种子产量和田间管理水平、天气因素有直接关系。

❹ 神香草属 *Hyssopus* 神香草

【原产地】欧洲。

一、生物学特性

多年生草本。茎多分枝，钝四棱形，具条纹，被短柔毛。叶线形、披针形或线状披针形，先端钝，基部渐狭至楔形，无柄，两面无毛，具腺点，中脉在上面不显著，下面明显隆起，边缘粗糙且有短的糙伏毛，稍内卷。轮伞花序具3～7花，腋生，常偏向于一侧，具长不及1mm的总梗，组成通常长4cm的伸长的顶生穗状花序，在上部者较密集，在下部者远离，有时在主轴顶端由于侧生花枝紧缩而聚集成圆锥花序，此时花序甚伸长，长达10cm；苞片及小苞片线状钻形，锐尖，比花梗长，长3～5mm，被微柔毛；花梗长0.5～1.5mm，与总梗均被微柔毛；花萼管状，连齿长约7.5mm，常具色泽，外面在脉上被微柔毛，脉间具腺点，内面无毛，显著15脉，齿间凹陷由于二脉连结而多少呈瘤状，萼齿5，三角状披针形，先端具短刺尖头；花冠浅蓝至紫色，外面除下唇中裂片及冠筒基部外均被微柔毛，内面无毛，先端2裂，下唇开张，3裂，中裂片宽大，宽超过侧裂片，侧裂片卵圆形；雄蕊4，前对较长，明显伸出花冠，后对较短，稍伸出花冠，花丝丝状，无毛，花药卵圆形，2室，室叉开。花柱略超出雄蕊，向前弯，先端相等2浅裂；花盘平顶。子房无毛。花期6月。种子千粒重1.1～1.2g。

神香草开花

神香草

神香草种子

二、同属植物

（1）神香草 *H. officinalis*，株高40～60cm，花色有粉红色、蓝色、白色或混色等。

（2）同属还有宽唇神香草 *H. latilabiatus*，硬尖海索草 *H. seravschanicus*，大花神香草 *H. macranthus* 等。

三、种植环境要求

耐寒耐旱，适合砂质土壤及干燥地区种植，怕涝，一般田间持水量在60%有利于生长。最适生长温度20～30℃，在-20℃可安全越冬。早春地表温度达到5℃开始萌芽，幼苗可耐瞬间-5℃的低温。

四、采种技术

1.种植要点：我国北方大部分地区均可制种，甘肃河西走廊一带是最佳制种基地。可以采用春播的方法，可在2月底3月初温室育苗，采用专用育苗基质128孔穴盘育苗，在播种之前将种子拿出来进行醒种催芽处理，放在温水当中浸泡24小时，可以很好地软化外壳，加速种子的萌发。种子萌发适温18～20℃，播种后7～10天出苗。出苗后注意通风，降低温室温度；苗龄约50天，及早通风炼苗，4月底定植于大田。也可以在5～6月育苗，8月小麦收获后定植于大田。采种田选用阳光充足、灌溉良好的地块，不宜在黏性土壤种植。施用复合肥10～25kg/亩耕翻于地块。采用黑色除草地膜覆盖平畦栽培，定植时一垄两行，种植行距40cm，株距30cm，亩保苗不能少于5000株。

2.田间管理：小苗定植后需10～15天才可成活

稳定，此时的水分管理很重要，小苗根系浅，土壤应经常保持湿润。小苗成活后即可进行摘心，促进侧芽萌生，此时施一次肥，施肥量不可过大，植株进入营养生长期，生长速度很快，需要供给充足的养分和水分才能保障其正常的生长发育。浇水之后土壤略微湿润，更容易将杂草拔除。越冬前要灌水1次，保持湿度安全越冬。早春及时灌溉返青水。生长期中耕除草3~4次。神香草对氮、磷、钾要求为N∶P∶K=1∶0.6∶0.4，一般在植株生长旺期，根据土地肥力追施腐熟粪肥2~3次，每次200kg/亩，尿素25kg/亩，促进营养生长、花芽分化。每次灌水后，由浅逐渐加深中耕，防止草荒，减少杂草。现蕾到开花初喷施2次0.2%磷酸二氢钾，促进果实和种子的成长。

3.病虫害防治：一般具有香味的植物都会有一定的防虫作用，这种植物也不例外。一般情况下，不需要农药就可以防止病虫害，种植的数量以及品种越多，防虫作用就会越明显。平时只需要去除田地内的杂草即可。

4.隔离要求：神香草属为异花授粉植物，雄蕊及柱头为向下弓曲的上唇所保护，蜜腺生于花盘的下边。有较长的管部及鲜艳颜色的花，吸引蝶类及蛾类，主要靠野生蜜蜂和一些昆虫授粉，也是典型的虫媒花，天然异交率也很高。品种间应隔离500~1000m。在初花期，分多次根据品种叶形、叶色、株型、长势、花序形状和花色等清除杂株。

5.种子采收：神香草属种子分批成熟，花穗先从主茎到侧枝，自下而上逐渐成熟，花穗变黄后，在开裂的花穗就能够发现一些小种子，果实是个小的坚果，里面都是黑色的种子。种子成熟后可以自行脱落，最好在早晨有露水时沿根部将花序剪下。后期花朵凋谢干枯一次性收获，将其放置到水泥地晾干。收获的种子用簸箕去除秕籽，装入袋内，写上品种名称，在通风干燥处贮藏。种子产量和田间管理水平、天气因素有直接关系。

⑤ 薰衣草属 *Lavandula*

【原产地】欧洲、大洋洲群岛、非洲部分地区。

一、生物学特性

半灌木、小灌木或多年生草本。叶线形至披针形或羽状分裂。轮伞花序具2~10花，通常在枝顶聚集成顶生间断或近连续的穗状花序；苞片形状多样，比萼短或超过萼，具脉纹或无；小苞片小，存在或无；

花蓝色或紫色，具短梗或近无梗；花萼卵状管形或管形，直立，具13~15脉，5齿，二唇形，上唇1齿，有时较宽大或稍伸长成附属物，下唇4齿，短而相等，有时上唇2齿，较下唇3齿狭；果期稍增大；花冠筒外伸，在喉部近扩大，冠檐二唇形，上唇2裂，下唇3裂；雄蕊4，内藏，前对较长，花药汇合成1室；子房4裂；花柱着生在子房基部，顶端2裂，裂片压扁，卵圆形，常黏合；花盘相等4裂，裂片与子房裂片对生。小坚果光滑，有光泽，具有一基部着生面。种子千粒重0.85~1.11g。

二、同属植物

（1）狭叶薰衣草 *L. angustifolia*，株高50~70cm，花蓝紫色、紫色。

（2）羽叶薰衣草 *L. multifida*，株高50~70cm，花淡紫色。

（3）法国薰衣草 *L. stochas*，株高40~60cm，花蓝色。

（4）同属还有宽叶薰衣草 *L. latifolia*，齿叶薰衣草 *L. dentata*，西班牙薰衣草 *L. stoechas* 等。

三、种植环境要求

耐寒、耐旱、喜光、怕涝。为长日照植物，以全年日照时数在2000小时以上为宜。对土壤要求不严，石砾土、微酸性土、偏碱性土均能生长。宜选择地势高燥、排水良好、冬季比较温暖湿润、夏季比较凉爽干燥的地区栽培。种子发芽的适宜温度为20~23℃，

狭叶薰衣草

西班牙薰衣草

羽叶薰衣草

在平均气温为11℃开始萌动、14℃时返青生长、19℃左右现蕾、25℃左右为盛花期，种子成熟期的适宜温度为22.5℃。

四、采种技术

1. 种植要点：我国北方大部分地区均可制种，采种基地主要在新疆霍城县一带和甘肃河西走廊一带。狭叶薰衣草种子发芽很困难，其主要原因是种子结构引起的休眠，种皮光滑不易吸水，有3种方法可以打破其休眠：

①狭叶薰衣草种子发芽需要低温，所以要尽量早播，播期选择在霜冻完全解除后，平均气温稳定在13℃以上，表层地温在10℃以上时，先整理好苗床，苗床喷水让土壤湿度达到40%～50%，行距15cm开小沟，以条播方式播上种子，覆细沙土1cm左右，然后喷湿细沙土，在细沙土上覆盖地膜，四周压紧保持湿度，15～20天开始出苗，即可撤去地膜。

②用含量为75%～80%的赤霉素（GA₃或GA₄）粉剂，取0.5g用3～5mL酒精将其化开，然后兑水5kg，即为50mg/L的稀释液，先将干燥的种子放入40～50℃温水中浸泡20～30分钟（时间不可过长），其间不断搅拌，随时将漂浮的种子除去。然后将种子捞出滤干水，再倒入配制好的赤霉素溶液中浸泡48小时，其间每隔3～5小时用木棍搅拌1次，以使种子充分吸水。最后将种子捞出，滤净水即可播种。

③将干燥的种子放在细砂纸上，再拿另一张细砂纸反复打磨种子，直到种皮打毛后将种子倒入温水浸泡24小时，用干净毛巾裹上种子，上面再盖一层毛巾，装入保鲜盒，放入冰箱冷藏层，温度10℃左右，经过约10天，当种子有30%露白时，即可进行播种。

羽叶薰衣草和法国薰衣草都可以在春季正常播种，无须处理。采用专用育苗基质128孔穴盘育苗。采种田宜要选择土质疏松，地势平坦，土层较厚，灌水良好，土壤有机质含量高的地块上。地块选好后，

要细整地，整好地。结合整地施入基肥，以农家肥为主，施优质农家肥2500～4000kg/亩，并与过磷酸钙混合作底肥，结合翻地或起垄时施入土中。种植行距60cm，株距30cm，亩保苗3700株。

2. 田间管理：小苗定植后需20～30天才可成活稳定，此时的水分管理很重要，小苗根系浅，土壤应经常保持湿润。浇水要在早上，避开阳光，水不要溅在叶子及花上，否则易腐烂且滋生病虫害。持续潮湿的环境会使根部没有足够的空气呼吸而生长不良，甚至突然全株死亡，栽培薰衣草失败的原因常常就在这里。浇水之后土壤略微湿润，更容易将杂草拔除。小苗成活后为促进侧芽萌生，此时施一次肥。施肥量不可过大，植株进入营养生长期，生长速度很快，需要供给充足的养分和水分才能保障其正常的生长发育。此次中耕要和追肥、培土相结合，搞好除草和松土，促进根系发育。狭叶薰衣草越冬前要灌水1次，保持湿度安全越冬。早春及时灌溉返青水。生长期由浅逐渐加深中耕，防止草荒，减少杂草。在生长期根据长势可以随水施入尿素10～30kg/亩。多次叶面喷施0.02%的磷酸二氢钾溶液，可提高分枝数、结实率和增加千粒重。盛花期尽量不要喷洒杀虫剂，以免杀死蜜蜂等授粉媒介。盛花期后进入生殖阶段，灌浆期要尽量勤浇薄浇。

3. 病虫害防治：薰衣草少有虫害，但常见的病害是枯萎病。被害株常常从靠近地面的根颈部开始感染，先为水渍状，暗绿色斑，后扩展为不规则形、失水状，维管束变褐，在潮湿条件下病部产生大量白色菌丝体，并有琥珀状胶状物，由于根部维管束坏死，地上部逐渐淡水分供应不足，植株长势变弱，最后全株死亡。防治方法是适度灌溉，注意通风透光，及时剪除病枝，清除重病株，并喷40%灭菌灵乳油250倍液或50%多菌灵可湿性粉剂300倍液，也可用50%代森铵300倍液淋或50% DT杀菌剂350倍液，14%络氨铜300倍液灌病株周围的土壤。发病初期喷洒25%苯菌灵乳油800倍液或40%灭菌灵乳油500倍液，隔7～10天

薰衣草种子对照

喷1次，共防2～3次。

4.隔离要求：薰衣草属为自花授粉植物，但是花器结构决定了它又是异花授粉，雄蕊及柱头为向下弓曲的上唇所保护，蜜腺生于花盘的下边。有奇特气味的芬芳，蜜汁在上面分泌；昆虫在探入花中时其腹部及腿沾满花粉。吸引蝶类及蛾类，主要靠野生蜜蜂和一些昆虫授粉，天然异交率也很高。品种间应隔离500～1000m。在初花期，分多次根据品种叶形、叶色、株型、长势、花序形状和花色等清除杂株。

5.种子采收：薰衣草属种子分批成熟，花穗先从主茎到侧枝，自下而上逐渐成熟，花穗变黄后，在开裂的花穗就能够发现一些小种子，果实是小的坚果，椭圆形，里面都是黑色的种子。种子成熟后是可以自行脱落，最好在早晨有露水时，一手扶花穗上部，沿根部将花序剪下。不要倒置撒落种子。将其放置到水泥地晾干。狭叶薰衣草在7月初花穗凋谢干枯一次性收获，晾干后打碾，收获的种子用精选机去除秕籽，种子以干燥、籽粒饱满、棕褐色、有光泽者为佳。装入袋内，写上品种名称，在通风干燥处贮藏。种子产量和田间管理水平、天气因素有直接关系。

6 薄荷属 *Mentha*

【原产地】美国、西班牙、意大利、法国、英国、巴尔干半岛等，而中国大部分地方都有出产。

一、生物学特性

芳香多年生或稀为一年生草本。茎直立或上升，不分枝或多分枝。叶具柄或无柄，上部茎叶靠近花序者大都无柄或近无柄，叶片边缘具牙齿、锯齿或圆齿，先端通常锐尖或为钝形，基部楔形、圆形或心形；苞叶与叶相似，变小。轮伞花序稀2～6花，通常为多花密集，具梗或无梗；苞片披针形或线状钻形及线形，通常不显著；花梗明显；花两性或单性，雄性花有退化子房，雌性花有退化的短雄蕊，同株或异株，同株时常常不同性别的花序在不同的枝条上或同一花序上有不同性别的花；花萼钟形、漏斗形或管状钟形，10～13脉，萼齿5，相等或近3/2式二唇形，内面喉部无毛或具毛；花冠漏斗形，大都近于整齐或稍不整齐，冠筒通常不超出花萼，喉部稍膨大或前方呈囊状膨大，具毛或否，冠檐具4裂片，上裂片大都稍宽，全缘或先端微凹或2浅裂，其余3裂片等大，全缘。雄蕊4，近等大，叉开，直伸，大都明显从花冠伸出，也有不超出花冠筒，后对着生稍高于前对，花丝无毛，花药2室，室平行；花柱伸出，先

端相等2浅裂；花盘平顶。小坚果卵形，干燥，无毛或稍具瘤，顶端钝，稀于顶端被毛。种子千粒重0.06～0.53g。

二、同属植物

由于多型性及种间杂交的关系，本属种数极不确切，约30种。广布于北半球的温带地区，在南半球1种见于非洲南部，1种见于南美，1种见于热带亚洲至澳大利亚；我国连栽培种共约有12种，其中薄荷 *M. canadensis*、留兰香 *M. spicata*、皱叶留兰香 *M. crispata* 及柠檬留兰香 *M. citrata* 常作为芳香及药用植物栽培；胡椒薄荷（Peppermint）及绿薄荷（Spearmint）为最常用的品种，而植物的不同来源使薄荷有600多个品种。最早期于欧洲地中海地区及西亚一带盛产。这里只描述部分常见品种。

（1）柠檬留兰香 *M. citrata*，多年生，株高30～40cm，绿叶。

（2）科西嘉薄荷 *M.requienii*，又名小叶薄荷、匍匐薄荷，一年生，株高3～15cm。

（3）普列薄荷 *M.pulegium*，又名欧洲薄荷、除蚤薄荷、胡薄荷、唇萼薄荷，一年生，株高30～40cm，直立型。

（4）薄荷 *M. canadensis*，又名胡椒薄荷、银丹草、夜息香，多年生，株高50～60cm，花淡紫色。

胡椒薄荷

皱叶薄荷

（5）鱼香草 *M. rotundifolia*，又名埃及薄荷、圆叶薄荷，多年生，株高30～50cm，花淡紫色。

（6）皱叶薄荷 *M. arvensis*，又名薄荷香脂，多年生，株高40～50cm，花淡紫色。

（7）柠檬香蜂草 *M. officinalis*，又名蜜蜂花、柠檬香水薄荷，多年生，株高40～50cm，花白色。

（8）留兰香 *M. spicata*，又名苹果薄荷、羊毛薄荷，多年生，株高40～50cm，花白色。

（9）同属还有东北薄荷 *M. sachalinensis*，欧薄荷 *M. longifolia*，苹果薄荷 *M. suaveolens* 等。

三、种植环境要求

薄荷对温度适应能力较强，其根茎宿存越冬，能耐 -15℃低温。其生长最适温度为25～30℃，气温低于15℃时生长缓慢、高于20℃时，生长加快。在20～30℃时，只要水肥适宜，温度越高生长越快。一般土壤均能种植，以砂质壤土、冲积土为好，土壤pH 6～7.5。

四、采种技术

1. 种植要点：由于种子比较细小，在播种前首先要选择好苗床，整理苗床时要细致，深翻碎土两次以上，碎土均匀，刮平地面，将苗床浇透，待水完全渗透苗床后，将种子和沙按1：5比例混拌后均匀撒于苗床，播后不再覆土或薄盖过筛细沙。播种后在苗床加盖小拱棚，盖上地膜保持苗床湿润，温度18～25℃，大多数种子1～2周后发芽。当小苗长出2片叶时，可结合除草进行间苗，使小苗有一定的生长空间。有条件的也可以采用专用育苗基质128孔穴盘育苗。多年生品种在6月初育苗，8月中旬小麦收获后定植。苗龄不可过长，应该在30～40天。采种田选择无宿根性杂草，地势平坦、通风良好、灌溉良好、土壤有机质含量高的地块，用复合肥15kg/亩或磷肥50kg/亩耕翻于地块。采用黑色除草地膜平畦覆盖，种植行距40cm，株距25cm，亩保苗不能少于6600株。

2. 田间管理：移栽后要及时灌水，如果气温升高蒸发量过大要再补灌一次保证成活。若田间有移栽不当未能成活的要及时补苗。小苗定植后需10～15天才可成活稳定，此时的水分管理很重要，小苗根系浅，土壤应经常保持湿润。浇水之后土壤略微湿润，更容易将杂草拔除。生长期由浅逐渐加深中耕，防止草荒，减少杂草。植株进入营养生长期，生长速度很快，需要供给充足的养分和水分才能保障其正常的生长发育。生长期间15～20天灌水1次。除了科西嘉薄荷，其他品种在营养生长期间要割穗2～3次，就是用镰刀割去嫩叶生长点，促使分枝和尽快转入生殖

普利薄荷

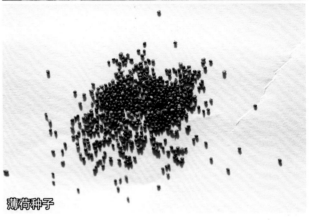

薄荷种子

生长，多次叶面喷施0.02%的磷酸二氢钾溶液，可提高分枝数、结实率和增加千粒重。根据长势可以随水施入尿素10～30kg/亩。开花期尽量不要喷洒杀虫剂，以免杀死蜜蜂等授粉媒介。盛花期后进入生殖阶段，要适量控制浇水促进种子成熟，再次清除田间杂草，因为杂草种子会混入难以清选。

3. 病虫害防治：植株的嫩茎很易受蚜虫侵害，应及时防治。可拔除并销毁病株，用吡虫啉10～15g，兑水5000～7500倍喷洒。发生锈病喷施20%三唑酮乳油1000～1500倍液或用敌锈钠300倍液。发生斑枯病就要摘除并烧毁。喷施70%代森锰锌和75%百菌清500～700倍液。

4. 隔离要求：薄荷属为自花授粉植物，但是花器结构决定了它又是异花授粉，雄蕊及柱头散发香味，分泌蜜汁；吸引蝶类及蛾类，主要靠野生蜜蜂和一些昆虫授粉，天然异交率也很高。品种间应隔离500～1000m。在初花期，分多次根据品种叶形、叶色、株型、长势、花序形状等清除杂株。

5. 种子采收：薄荷属种子分批成熟，花穗先从主茎到侧枝，自下而上逐渐成熟，花穗变黄后，由于种子细小无法分批采收，待80%～90%植株干枯时一次性收割，收割后后熟6～7天，将其放置到水泥地晾

干。用木棍将里面的种子打落出来。收获的种子用精选机去除秕籽，在通风干燥处贮藏。种子产量和田间管理水平、天气因素有直接关系。

❼ 美国薄荷属 *Monarda*

【原产地】美国西部、墨西哥北部。

一、生物学特性

一年生或多年生的直立草本。叶具柄，边缘具齿。苞片与茎叶同形，较小，常具艳色，小苞片小。轮伞花序密集多花，在枝顶成单个头状花序，或为多个而远离；花萼管状，伸长，直立或稍弯，具15脉，萼齿5，近相等，在喉部常常有长柔毛或硬毛；花冠鲜艳，有红、紫、白、灰白、黄色，常具斑点，冠筒伸出花萼或内藏，内无毛环，喉部稍扩大，冠檐二唇形，上唇狭窄，直伸或弓形，全缘或微凹，下唇开展，浅3裂，中裂片较大，先端微缺；前对雄蕊能育，插生于下唇下方冠筒内，常常靠上唇伸出，花丝分离，无齿，花药线形，中部着生，初时2室，室极叉开，后贯通为1室，后对雄蕊退化，极小或不存在。花柱先端2裂，裂片钻形，近相等；花盘平顶。小坚果卵球形，光滑。种子千粒重0.36～0.5g。

二、同属植物

（1）美国薄荷 *M. didyma*，多年生，株高90～130cm，花有混色、粉色、红色等。

（2）马薄荷 *M. fistulosa*，又名拟美国薄荷，多年生，株高90～130cm，花有混色、红色、淡粉红色。

（3）柠檬千层薄荷 *M. citriodora*，又名柠檬香蜂草，一年生，株高70～80cm，花粉红色。

（4）同属还有细斑香蜂草 *M. punctata*，柔叶美国薄荷 *M. clinopodia* 等。

三、种植环境要求

性喜凉爽、湿润、向阳的环境，亦耐半阴。适应性强、不择土壤。耐寒，忌过于干燥。在湿润、半阴的灌丛及林地中生长最为旺盛。

四、采种技术

1.种植要点：由于种子比较细小，在播种前首先要选择好苗床，整理苗床时要细致，深翻碎土两次以上，碎土均匀，刮平地面，将苗床浇透，待水完全渗透苗床后，将种子和沙按1：5比例混拌后均匀撒于苗床，播后薄盖过筛细沙。播种后在苗床加盖小拱棚，盖上地膜保持苗床湿润，温度18～25℃，种子10～15天发芽。当小苗长出2片叶时，可结合除草进行间苗，使小苗有一定的生长空间。也可以采用专用育苗基质

美国薄荷

柠檬千层薄荷

128孔穴盘育苗。多年生品种在6月初育苗，8月中旬小麦收获后定植。苗龄不可过长，应该在30～40天。采种田选择无宿根性杂草，地势平坦、通风良好、灌溉良好、土壤有机质含量高的地块，用复合肥15kg/亩或磷肥50kg/亩耕翻于地块。采用黑色除草地膜平畦覆盖，种植行距40cm，株距35cm，亩保苗不能少于4500株。

2.田间管理：移栽后要及时灌水，夏季移栽的如果气温升高蒸发量过大要再补灌一次保证成活。小苗定植后成活稳定，此时的水分管理很重要，小苗根系浅，土壤应经常保持湿润。浇水之后土壤略微湿润，更容易将杂草拔除。生长期由浅逐渐加深中耕，防止草荒，减少杂草。植株进入营养生长期，此时生长速度很快，需要供给充足的养分和水分才能保障其正常的生长发育。生长期间20～25天灌水1次。正常生长季应进行摘心，以控制高度和促发分枝，5～6月再进行一次修剪，以调整植株高度与花期，有利于形成丰满的株形和集中营养。注意保持通风良好，及时疏剪去除病虫枝叶。多次叶面喷施0.02%的磷酸二氢钾溶液，可提高分枝数、结实率和增加千粒重。根据长势可以随水施入尿素10～20kg/亩。开花期尽量不要喷洒杀虫剂，以免杀死蜜蜂等授粉媒介。盛花期后进入生殖阶段，要适量控制浇水促进种子成熟，再次清除田间杂草，因为杂草种子会混入难以清选。

美国薄荷种子

3.病虫害防治：当植株种植过密或土壤过于潮湿的情况下，容易发生白粉病。一定要提早预防，否则孢子传播速度非常快，发病初期及时喷施10%苯醚·甲环唑水分散粒剂1000倍液，或25%嘧菌酯悬浮剂1000倍液或25%戊唑醇水剂2000倍液或25%丙环唑乳油3000倍液等。每隔7天1次，交替用药，连续2～3次。

4.隔离要求：美国薄荷属为自花授粉植物，但是花器结构决定了它又是异花授粉，雄蕊及柱头散发香味，分泌蜜汁；吸引蝶类及蛾类，主要靠野生蜜蜂和一些昆虫授粉，天然异交率也很高。品种间应隔离500～1000m。在初花期，分多次根据品种叶形、叶色、株型、长势、花序形状等清除杂株。

5.种子采收：美国薄荷因开花时间不同而果实成熟期也不一致，要随熟随采，花序通常在8～10月陆续成熟。花朵凋谢后变黄、有种子飞出时及时采收。后期待80%～90%植株干枯时一次性收割，收割后后熟6～7天，将其放置到水泥地晾干。用木棍将里面的种子打落出来。收获的种子用精选机去除秕籽，在通风干燥处贮藏。种子产量和田间管理水平、天气因素有直接关系。

⑧ 贝壳花属 *Molucella* 领圈花

【原产地】土耳其、叙利亚。

一、生物学特性

一年生草本。株高40～100cm。叶对生，阔卵形，呈深贝壳状。花6～8朵轮生，花唇状，芳香，白色或淡紫粉色，花朵被淡绿色的杯形萼片包围。种子三角形。花萼似贝壳，素雅美观，常用作插花的配花，也可用作干花及盆栽观赏。干燥后白色，是干、鲜花的好材料。每盆贝壳花每年可以吸收150g二氧化碳，

释放56g的氧气，是一种非常绿色环保的植物。花期6～7月，种子千粒重4.35～4.55g。

二、同属植物

（1）领圈花 *M. laevis*，株高70～90cm，绿色花萼。

（2）同属还有异叶领圈花 *M. aucheri*, *M. bucharica* 等。

三、种植环境要求

性喜凉爽、湿润、向阳的环境，亦耐半阴。适应性强，不择土壤。耐寒，忌过于干燥。在湿润、半阴的灌丛及林地中生长最为旺盛。

四、采种技术

1.播种育苗：我国北方大部分地区均可制种，甘肃河西走廊一带是最佳制种基地，在海拔2000m以上山区种植最佳。采种可在3月中旬温室育苗，采用专用育苗基质128孔穴盘，播种前种子用温水浸泡20～30小时，覆土厚约1cm，发芽适温13～17℃，10～15天出苗。幼苗生长缓慢，20天后才长真叶，1个多月后还是小苗。由于缓苗期过长加之生长缓慢，成熟期短，所以大部分制种基地都采用直播的方法。采种田选用无宿根性杂草、阳光充足、灌溉良好的肥沃地块。施用复合肥10～25kg/亩或磷肥50kg/亩耕翻于地块。采用黑色除草地膜覆盖平畦栽培。种植行距

领圈花

领圈花种子

40cm，株距25cm，亩保苗不能少于6000株。平均气温稳定在15℃以上，用直径3～5cm的播种打孔器在地膜上打孔，垄两边孔位呈三角形错开，每穴点3～4粒，覆土以湿润微砂的细土为好。

2.田间管理：移栽和直播后要及时灌水，如果气温升高蒸发量过大要再补灌一次保证成活。若田间有移栽不当未能成活的要及时补苗。缓苗后及时给未铺膜的工作行中耕松土，清除田间杂草。生长期间15～20天灌水1次。灌水不能太深，否则会烂根引起死亡。根据长势可以随水再次施入复合肥或速效氮肥10～20kg/亩。多次叶面喷施0.02%的磷酸二氢钾溶液，可提高分枝数、结实率和增加千粒重。盛花期尽量不要喷洒杀虫剂，以免杀死蜜蜂等授粉媒介。

3.病虫害防治：常见病害有苗期枯萎病，用25%甲基托布津可湿性粉剂1000倍液喷洒。通常子叶出苗后每周用1000倍液百菌清或甲基托布津喷施，连续2～3次。常见虫害有蚜虫，成虫、若虫密集于嫩梢，吮吸汁液。常采用50%灭蚜灵乳油1000～1500倍液，10%氯氰菊酯乳油3000倍液喷杀。

4.隔离要求：贝壳花属为异花虫媒花授粉植物，自花不能结实，主要靠野生蜜蜂和一些昆虫授粉，天然异交率很高，品种间需要隔离。由于该属品种较少，可与其他植物同田块栽植。

5.种子采收：贝壳花种子分批成熟，花穗先从主茎到侧枝，自下而上逐渐成熟，花穗变黄后，由于花萼背面有长刺，无法分批采收，待80%～90%植株干枯时一次性收割，掉落在地表的种子可以扫起来，收割后后熟6～7天，将其放置到水泥地晾干。用木棍将里面的种子打落出来。收获的种子用精选机去除秕籽，在通风干燥处贮藏。种子产量和田间管理水平、天气因素有直接关系。

⑨ 荆芥属 *Nepeta*

【原产地】欧洲、亚洲。

一、生物学特性

多年生或一年生草本。叶指状三裂或羽状或二回羽状深裂。花序为由轮伞花序组成的顶生穗状花序；花萼具15脉，通常齿间弯缺处的2脉不相会成结，稀形成不明显的结，倒圆锥形，具斜喉，内面无毛环；花冠浅紫色至蓝紫色，略超出萼，冠筒内面无毛，向上部急骤增大成喉部，冠檐二唇形，上唇直立，先端2裂，下唇平伸，3深裂，中裂片宽大，先端微凹，基部爪状变狭，边缘全缘或具齿，侧裂片较之小许多；雄蕊4，均能育，后对上升至上唇片之下或超过之，前对向前面直伸，药室初平行，最后水平叉开；花柱先端2裂，裂片近相等；花盘4浅裂，前裂片明显地较大，无毛，极少于先端微被小毛，基着于花盘裂片间，着生面小，白色。小坚果平滑，种子千粒重0.59～0.83g。

二、同属植物

（1）猫薄荷 *N. cataria*，多年生作一年生栽培，株高80～100cm，花色有白色、粉色等。

（2）地被荆芥 *N. faassenii*，多年生，株高40～50cm，花蓝色。

（3）山荆芥 *N. × faassenii* 'Six Hills Giant'，一年生，株高50～60cm，花蓝色。

（4）同属还有白绵毛荆芥 *N. leucolaena*，长苞荆芥 *N. longibracteata*，齿叶荆芥 *N. dentata*，大花荆芥 *N. sibirica* 等。

三、种植环境要求

适于温暖湿润的气候环境，喜阳光，山区、平原均可生长。对土壤要求不严，但以肥沃疏松的砂质土壤为佳。荆芥怕旱又怕积水，短期积水会造成死亡，所以低洼地不宜种植；而且荆芥也不宜连作。

四、采种技术

1.种植要点：我国北方大部分地区均可制种，甘

猫薄荷

肃河西走廊一带是最佳制种基地。采种可在3月中旬温室育苗，荆芥种子细小，苗床整地必须细致，一定要精细整平，有利于出苗，也可以采用专用育苗基质128孔穴盘，4月移栽于大田。大部分制种基地都采用直播的方法。采种田选用无宿根性杂草、阳光充足、灌溉良好的肥沃地块。施用复合肥10～25kg/亩或磷肥50kg/亩耕翻于地块。采用黑色除草地膜覆盖平畦栽培。种植行距40cm，株距35cm，亩保苗不能少于4700株。平均气温稳定在15℃以上，用手推式点播机播种。也可以用直径3～5cm的播种打孔器在地膜上打孔，垄两边孔位呈三角形错开，每穴点3～4粒，覆土以湿润微砂的细土为好。

2.田间管理：移栽和直播后要及时灌水，如果气温升高蒸发量过大要再补灌一次保证成活。若田间有移栽不当未能成活的要及时补苗。缓苗后及时给未铺膜的工作行中耕松土，清除田间杂草。生长期间20～25天灌水1次。根据长势可以随水再次施入复合肥或速效氮肥10～20kg/亩。宿根品种越冬前要灌水1次，保持湿度安全越冬。早春及时灌溉返青水，浇水要适量。生长期中耕除草3～4次。根据长势可以随水在春、夏季各施1次氮肥或复合肥，喷施2次0.2%磷酸二氢钾，现蕾到开花初期再施1次，促进果实和种子的成长。6～7月进入盛花期，盛花期要保证水肥管理。盛花期尽量不要喷洒杀虫剂，以免杀死蜜蜂等授粉媒介。

3.病虫害防治：高温高湿会引发根腐病，发病初期用五氯硝基苯200倍液浇灌根际。也可用50%甲基托布津1500倍液防治。

4.隔离要求：荆芥属为异花虫媒花授粉植物，主要靠野生蜜蜂和一些昆虫授粉，天然异交率很高。品种间应隔离500～1000m。在初花期，分多次根据品种叶形、叶色、株型、长势、花色等清除杂株。

5.种子采收：荆芥属种子分批成熟，花穗先从主茎到侧枝，自下而上逐渐成熟，花穗变黄后，在开裂的花穗上就能够发现一些小种子，种子成熟后可以自行脱落，最好在早晨有露水时沿根部将花序剪下。后期花朵凋谢干枯一次性收获，将其放置到水泥地晾干。成熟的种子籽粒饱满，呈深褐色或棕褐色，收获的种子用簸箕去除秕籽，装入袋内，写上品种名称，在通风干燥处贮藏。种子产量和田间管理水平、天气因素有直接关系。

荆芥种子

⑩ 罗勒属 Ocimum

【原产地】非洲、亚洲。

一、生物学特性

草本、半灌木或灌木，极芳香。叶具柄，具齿。轮伞花序通常6花，极稀近10花，多数排列成具梗的穗状或总状花序，此花序单一顶生或多数复合组成圆锥花序；苞片细小，早落，常具柄，极全缘，极少比花长；花通常白色，小或中等大，花梗直伸，先端下弯；花萼卵珠状或钟状，果时下倾，外面常被腺点，内面喉部无毛或偶有柔毛，萼齿5，呈二唇形，上唇3齿，中齿圆形或倒卵圆形，宽大，边缘呈翅状下延至萼筒，花后反折，侧齿常较短，下唇2齿，较狭，先端渐尖或刺尖，有时十分靠合；花冠筒稍短于花萼或极稀伸出花萼，内面无毛环，喉部常膨大呈斜钟形，冠檐二唇形，上唇近相等4裂，稀有3裂，下唇几不或稍伸长，下倾，极全缘，扁平或稍内凹；雄蕊4，伸出，前对较长，均下倾于花冠下唇，花丝丝状，离生或前对基部靠合，均无毛或后对基部具齿或柔毛簇附属器，花药卵圆状肾形，汇合成1室，或其后平铺。花盘具齿，齿不超过子房，或前方1齿呈指状膨大，其长超过子房；花柱超出雄蕊，先端2浅裂，裂片近等大，钻形或扁平。小坚果卵珠形或近球形，光滑或有具腺穴陷，湿时具黏液，基部有1白色果脐。种子千粒重1.33～1.67g。

地被荆芥

二、同属植物

（1）甜罗勒 *O. basilicum*，株高30～50cm，绿叶。

（2）紫罗勒 *O. basilicum* 'Purple Ruffles'，株高30～50cm，紫叶。

（3）特大叶罗勒 *O. basilicum* 'Large Leaf'，株高30～50cm，绿叶。

（4）丁香罗勒 *O. gratissimum*，株高40～60cm，绿叶。

（5）法莫罗勒 *O. basilicum* 'Morpha'，株高30～50cm，绿叶红花。

（6）桂皮罗勒 *O. basilicum* 'Cinnamon' 桂皮罗勒，株高60～70cm，绿叶紫茎。

（7）密叶香罗勒 *O. basilicum* 'Compactbushbasil'，株高30～50cm，绿叶。

三、种植环境要求

喜温暖湿润气候，不耐寒，耐干旱，不耐涝，以排水良好、肥沃的砂质壤土或腐殖质壤土为佳。

四、采种技术

1. 种植要点：我国北方大部分地区均可制种，甘肃河西走廊一带是最佳制种基地。在播种前首先要选择好苗床，整理苗床时要细致，深翻碎土两次以上，碎土均匀，刮平地面，一定要精细整平，有利于出苗，均匀撒上种子，覆盖厚度以不见种子为宜，播后立即灌透水；在苗床加盖地膜保持苗床湿润，温度18～25℃，播后7～9天即可出苗。也可以采用专用育苗基质128孔穴盘，每穴2～3粒。当小苗长出2～4叶时，可结合除草进行间苗，使小苗有一定的生长空间。选择土质疏松、地势平坦、土层较厚、排灌良好、土壤有机质含量高的地块，施用复合肥10～25kg/亩或磷肥50kg/亩，结合翻地或起垄时施入土中。采用黑色除草地膜覆盖平畦栽培。种植行距40cm，株距30cm，亩保苗不能少于5000株。也可于4月中下

大叶罗勒

紫罗勒

法莫罗勒

旬气温升高时直播，采用手推式点播机播种，省时省力，覆土以湿润微砂的细土为好。

2. 田间管理：移栽直播后要及时灌水，苗后3～4叶期间苗，留壮苗、正苗，不留双株苗。在苗期一般中耕2～3次，搞好除草和松土，促进根系发育。一般25～35天灌水1次，浇水之后土壤略微湿润，更容易将杂草拔除。植株进入营养生长期，此时生长速度很快，需要供给充足的养分和水分才能保障其正常的生长发育。在生长期根据长势可以随水施入尿素10～30kg/亩。多次叶面喷施0.02%的磷酸二氢钾溶液，可提高分枝数、结实率和增加千粒重。盛花期尽量不要喷洒杀虫剂，以免杀死蜜蜂等授粉媒介。盛花期后进入生殖阶段，灌浆期要尽量勤浇薄浇。

3. 病虫害防治：罗勒的病害极少，虫害主要有蚜虫、红蜘蛛和白粉虱。叶部蚜虫喷敌敌畏或抗蚜威2000倍液都能有效防治；根部蚜虫可以通过灌根防治，还应及时清除感病株。用一些化学药物防治白粉虱，如吡虫啉、爱福丁、阿克泰等。一般杀虫剂需要连喷一个生活周期，以达到彻底杀虫的效果。高温高湿会引发罗勒灰霉病的发生，要尽量避免与生菜、芹菜、草莓等容易发生灰霉病的作物接茬。在发病始见后2～5天防治，每隔5～7天防治1次，连续3～4次。可选5400g/L嘧霉胺悬浮剂（施佳乐）800～1000倍

罗勒种子

液（每亩用量100～125g）；也可用50%乙烯菌核利可湿性粉剂（农利灵）800～1000倍液（每亩用量100～125g）；50%异菌脲可湿性粉剂（扑海因）800～1000倍液（每亩用量100～125g）等喷雾。

4.隔离要求：罗勒属为异花虫媒花授粉植物，自花结实率低，主要靠野生蜜蜂和一些昆虫授粉，天然异交率很高。品种间应隔离500～1000m。在初花期，分多次根据品种叶形、叶色、株型、长势、花色等清除杂株。

5.种子采收：罗勒属种子分批成熟，花穗先从主茎到侧枝，自下而上逐渐成熟，花穗变黄后，在开裂的花穗就能够发现一些小种子，果实是小的坚果，里面都是黑色的种子。种子成熟后是可以自己脱落，最好在早晨有露水时，一手扶花穗上部，沿根部将花序剪下。不要倒置撒落种子。将其放置到水泥地晾干。收获的种子用簸箕去除秕籽，装入袋内，写上品种名称，在通风干燥处贮藏。种子产量和田间管理水平、天气因素有直接关系。

⑪ 牛至属 *Origanum*

[原产地]欧洲、亚洲、地中海、土耳其。

一、生物学特性

多年生草本或半灌木。叶大多卵形或长圆状卵形，全缘或具疏齿。常为雌花、两性花异株；小穗状花序圆形或长圆形，果时伸长或否，由多花密集组成，有覆瓦状排列的小苞片，小穗状花序复组成伞房状圆锥花序；苞片及小苞片绿色或紫红色，卵圆形、倒卵圆形、倒长圆状卵圆形至披针形；花萼钟形，外面被毛或否，内面在喉部有柔毛环，约13脉，萼齿5，近三角形，锐尖或钝，几等大；花冠白色或粉红至紫色，钟状，冠筒稍伸出或甚伸出于花萼外，冠檐二唇形，上唇直立，扁平，先端凹陷，下唇开张，

3裂，中裂片较大；雄蕊4，在两性花中通常短于上唇或稍超过上唇，在雌性花中则内藏，花药卵圆形，2室，由三角状楔形的药隔所分隔，花丝无毛；花柱伸出花冠，先端不相等2浅裂；花盘平顶。小坚果干燥，卵圆形，略具棱角，无毛。种子千粒重0.11～0.2g。

二、同属植物

（1）牛至 *O. vulgare*，多年生，株高40～50cm，花白色及紫色。

（2）甘牛至 *O. majorana*，又名马约兰，一年生，株高30～40cm，花白色。

（3）同属还有红花牛至 *O. laevigatum*，圆叶牛至 *O. rotundifolium* 等。

三、种植环境要求

喜温暖湿润气候，适应性较强。以向阳、土层深厚、疏松肥沃、排水良好的砂质壤土栽培为宜。

四、采种技术

1.种植要点：我国北方大部分地区均可制种，甘肃河西走廊一带是最佳制种基地。在播种前首先要选择好苗床，整理苗床时要细致，深翻碎土两次以上，碎土均匀，刮平地面，一定要精细整平。由于种子较细小，将苗床浇透，待水完全渗透苗床后，将种子和沙按1∶5比例混拌后均匀撒于苗床，播后不再覆土或薄盖过筛细沙。播种后在苗床加盖地膜保持苗床湿润，温度18～25℃，播后7～9天即可出苗。当

牛至

小苗长出2片叶时，可结合除草进行间苗，使小苗有一定的生长空间。有条件的也可以采用专用育苗基质128孔穴盘育苗。选择土质疏松，地势平坦，土层较厚，排灌良好，土壤有机质含量高的地块，施用复合肥10～25kg/亩或磷肥50kg/亩，结合翻地或起垄时施入土中。采用黑色除草地膜覆盖平畦栽培。种植行距40cm，株距30cm，亩保苗不能少于5000株。

2.田间管理：移栽后要及时灌水，如果气温升高蒸发量过大要再补灌一次保证成活。小苗定植后需15～20天才可成活稳定，此时的水分管理很重要，小苗根系浅，土壤应经常保持湿润。浇水之后土壤略微湿润，更容易将杂草拔除。一般15～20天灌水1次，在生长期根据长势可以随水施入尿素10～30kg/亩。多次叶面喷施0.02%的磷酸二氢钾溶液，盛花期尽量不要喷洒杀虫剂，以免杀死蜜蜂等授粉媒介。多年生品种越冬前要灌水1次，保持湿度安全越冬。早春及时灌溉返青水，生长期中耕除草3～4次。根据长势可以随水在春、夏季各施1次氮肥或复合肥，但是结籽后易倒伏，要想提高种子产量，应及早设立支架。

3.病虫害防治：病害有根腐病、菌核病，虫害有地老虎等，栽培过程要注意防治。发病时需及早咨询农药店并对症防治。

4.隔离要求：牛至属为虫媒花异花授粉植物，主要靠野生蜜蜂和一些昆虫授粉，天然异交率很高，品种间须隔离。由于该属品种较少，可和其他植物同田栽植。

5.种子采收：牛至属种子分批成熟，花穗先从主茎到侧枝，自下而上逐渐成熟，花穗变黄后，由于种子细小无法分批采收，待80%～90%植株干枯时一次性收割，收割后后熟6～7天，将其放置到水泥地晾干。用木棍将里面的种子打落出来。收获的种子用精选机去除秕籽，在通风干燥处贮藏。种子产量和田间管理水平、天气因素有直接关系。

⑫ 紫苏属 *Perilla* 紫苏

【原产地】喜马拉雅山地区。

一、生物学特性

一年生草本植物。绿色或紫色，钝四棱形，具4槽，密被长柔毛。叶阔卵形或圆形，长7～13cm，宽4.5～10cm，先端短尖或突尖，侧脉7～8对，位于下部者稍靠近，斜上升；叶柄长3～5cm，背腹扁平，密被长柔毛。轮伞花序2花，组成长1.5～15cm、密被长柔毛、偏向一侧的顶生及腋生总状花序；苞片宽卵圆形或近圆形，长宽约4mm，先端具短尖，外被红褐色腺点，无毛，边缘膜质；花梗长1.5mm，密被柔毛；花萼钟形，10脉，长约3mm，直伸，下部被长柔毛，夹有黄色腺点；花柱先端相等2浅裂；花盘前方呈指状膨大。小坚果近球形，灰褐色，直径约1.5mm，具网纹。花期6～7月，果期8～9月。种子千粒重1.1～1.3g。

二、同属植物

（1）紫苏 *P. frutescens*，株高50～70cm，品种有皱叶紫红、平叶紫红、绿叶苏子等。

（2）同属还有日本紫苏 *P. cavaleriei* 等。

三、种植环境要求

适应性强，对土壤要求不严，在排水较好的砂质壤土、壤土、黏土上均能良好生长，适宜土壤pH 6.0～6.5。较耐高温，生长适宜温度为35℃，但高温伴随干旱时对植株生长影响较大。

四、采种技术

1.种植要点：中原、关中、汉中盆地一带是最佳制种基地。3月育苗，在播种前首先要选择好苗床，整理苗床时要细致，深翻碎土两次以上，碎土均匀，刮平地面，一定要精细整平。播种前，将种子用100mg/L的赤霉素溶液浸泡15分钟左右，有利于提高发芽率和发芽势。或者在冰箱冷冻处理湿种

牛至种子

紫苏

子，亦可起到破除休眠的作用。宜撒播，每平方米播种10～15g，按大田面积的8%～10%确定播种苗床面积。播后不再覆土或薄盖过筛细沙。播种后在苗床加盖地膜保持苗床湿润，温度18～25℃，播后7～9天即可出苗。当小苗长出2片叶时，可结合除草进行间苗，使小苗有一定的生长空间。选择地势高、土层较厚、排水良好的地块，施用复合肥10～25kg/亩或磷肥30kg/亩，结合翻地或起垄时施入土中。采用黑色除草地膜覆盖平畦栽培。种植行距60cm，株距30cm，亩保苗不能少于3800株。

2.田间管理：选择雨前栽苗，若田间有移栽不当未能成活的要及时补苗。小苗定植后需10～15天才可成活稳定，生长期由浅逐渐加深中耕，防止草荒，减少杂草。植株进入营养生长期，此时生长速度很快，根据植株长势在营养生长期间要割穗1次，用镰刀割去嫩叶生长点，促使分枝和尽快转入生殖生长，多次叶面喷施0.02%的磷酸二氢钾溶液，可提高分枝数、结实率和增加千粒重。根据长势可以随水施入氮肥5～10kg/亩。开花期尽量不要喷洒杀虫剂，以免杀死蜜蜂等授粉媒介。雨后再次清除田间杂草，因为杂草种子会混入难以清选。在生长中期大量分枝，应及早设立支架，防止倒伏提高种子产量。

3.病虫害防治：种植过密，高温高湿容易引发白粉病，一定要稀植，增加株间通风透光性。发生白粉病用4%农抗120水剂200倍液或50%加瑞农可湿性粉剂800倍液喷雾防治。锈病可用25%粉锈宁（三唑酮）可湿性粉剂1000倍液和50%代森锰锌可湿性粉剂600倍液交替喷雾防治。蚜虫宜于发生初期用40%乐果乳油1000倍液和50%辟蚜雾可湿性粉剂1000倍液交替喷雾防治。用药防治时，应注意安全间隔期，即喷药至采收一般不宜少于10天。

4.隔离要求：紫苏属为异花虫媒花授粉植物，自花结实率低，主要靠野生蜜蜂和一些昆虫授粉，天然异交率很高。品种间应隔离500～1000m。在初花期，分多次根据品种叶形、叶色、株型、长势、花色等清除杂株。

5.种子采收：紫苏属种子在10月底陆续成熟，花穗先从主茎到侧枝，自下而上逐渐成熟，花穗变黄后，种子成熟后可以自己脱落，由于种子细小无法分批采收，待80%～90%植株干枯时，选择早晨有露水或雨后，一次性收割，收割后熟6～7天，将其放置到水泥地晾干。用木棍将里面的种子打落出来。收获的种子用精选机去除秕籽，在通风干燥处贮藏。种子产量和田间管理水平、天气因素有直接关系。

⑬ 假龙头花属 *Physostegia* 假龙头花

【原产地】北美洲。

一、生物学特性

多年生草本。地下具匍匐状根茎。茎丛生而直立，四棱形。叶片披针形，亮绿色，长达12cm。先端渐尖，缘有锐齿。穗状花序顶生，小花花冠唇形，花筒长2.5cm，花色粉色、白色、淡紫红，8～10月开花。因其花朵排列在花序上酷似芝麻的花，唯密度稠一些，故别名芝麻花。假龙头花可片植于街道绿地、居民区绿地等向阳面的花境、花带中，整体效果非常美观。种子千粒重2.3～2.5g。

假龙头白色

假龙头粉色

紫苏种子

二、同属植物

（1）假龙头花 *P. virginiana*，株高70～90cm，花色有白色、粉色、红色等。

（2）同属还有大花随意草 *P. angustifolia*，*P. correllii* 等。

三、种植环境要求

性喜温暖，较耐寒，耐旱，耐肥，适应能力强。喜欢阳光充足和疏松肥沃、排灌良好的砂质壤土。

四、采种技术

1. 种植要点：我国北方大部分地区均可制种，甘肃河西走廊一带是最佳制种基地。6月育苗，在播种前首先要选择好苗床，整理苗床时要细致，深翻碎土两次以上，碎土均匀，刮平地面，一定要精细整平。有利于出苗，均匀撒上种子，覆盖厚度0.5cm为宜，播后立即灌透水；在苗床加盖地膜保持苗床湿润，温度18～25℃，播后8～10天即可出苗。也可以采用专用育苗基质128孔穴盘，每穴2～3粒。当小苗长出2～4叶时，可结合除草进行间苗，使小苗有一定的生长空间。采种田宜选用无宿根性杂草、阳光充足、灌溉良好的肥沃地块。施用复合肥10～25kg/亩或磷肥50kg/亩，结合翻地或起垄时施入土中。采用黑色除草地膜覆盖平畦栽培。种植行距40cm，株距30cm，亩保苗不能少于5000株。8月中旬小麦收获后定植。

2. 田间管理：移栽后要及时灌水，8月气温高蒸发量过大，1周后要再补灌一次保证成活。小苗定植后需15～20天才可成活稳定，此时的水分管理很重要，小苗根系浅，土壤应经常保持湿润。浇水之后土壤略微湿润，更容易将杂草拔除。一般15～20天灌水1次，越冬前要灌水1次，保持湿度安全越冬。早春及时灌溉返青水，生长期中耕除草3～4次。根据长势可以随水在春、夏季各施1次氮肥或复合肥，当腋芽长至25～30cm高时，摘心一次，可以使每株能有4～6个侧枝，降低植株高度和增大植株的丰满整齐度。盛花期可再次打顶促使种子尽快成熟，多次叶面喷施0.02%的磷酸二氢钾溶液。

3. 病虫害防治：发生螟蛾危害时，用40%乐果混合有机肥料中施入，以减少成虫产卵；发现幼虫危害时用40%氧化乐果1000倍液，或敌百虫800倍液浇灌根部，毒杀幼虫。发生叶斑病，发病初期喷洒50%甲基硫菌灵硫黄悬浮剂800倍液防治。

4. 隔离要求：假龙头花属为自花授粉植物，但是花器结构决定了它又是异花授粉，雄蕊及柱头为向下弓曲的上唇所保护，蜜腺生于花盘的下边。有较长的管部及鲜艳颜色的花，吸引蝶类及蛾类，主要靠野生蜜蜂和一些昆虫授粉，天然异交率也很高。品种

假龙头种子

间应隔离500～1000m。在初花期，分多次根据品种叶形、叶色、株型、长势、花序形状和花色等清除杂株。

5. 种子采收：假龙头花属种子分批成熟，花穗先从主茎到侧枝，自下而上逐渐成熟，花穗变黄后，在开裂的花穗就能够发现一些小种子，果实是小的坚果，椭圆形，里面都是黑色的种子。种子成熟后可以自行脱落，最好在早晨有露水时，一手扶花穗上部，沿根部将花序剪下。不要倒置撒落种子。将其放置到水泥地晾干。后期花朵凋谢干枯一次性收获，收获的种子用比重精选机去除秕籽，装入袋内，写上品种名称，在通风干燥处贮藏。种子产量和田间管理水平、天气因素有直接关系。

⑭ 夏枯草属 *Prunella* 夏枯草

【原产地】欧洲。

一、生物学特性

多年生草本。具直立或上升的茎。叶具锯齿，或羽状分裂，或几近全缘。轮伞花序6花，多数聚集成卵状或卵圆状穗状花序，其下承以苞片；苞片宽大，膜质，具脉，覆瓦状排列，小苞片小或无；花梗极短或无；花萼管状钟形，近背腹扁平，不规则10脉，其间具网脉纹，外面上方无毛，下方具毛，内面喉部无毛，二唇形，上唇扁平，先端宽截形，具短的3齿，下唇2半裂，裂片披针形，果时花萼缢缩闭合；花盘近平顶。小坚果圆形、卵圆形或长圆形，无毛，光滑或具瘤，棕色，具数脉或具二脉及中央小沟槽，基部有一锐尖白色着生面，先端钝圆。种子千粒重1.5～1.7g。

二、同属植物

（1）大花夏枯草 *P. grandiflora*，株高25～30cm，花混色。

（2）同属还有夏枯草 *P. vulgaris*，硬毛夏枯草 *P. hispida*，裂叶夏枯草 *P. laciniata* 等。

大花夏枯草

大花夏枯草种子

三、种植环境要求

喜温暖湿润的环境。能耐寒，适应性强，但以阳光充足、排水良好的砂质壤土为好。也可在旱坡地、田野种植，但低洼易涝地不宜栽培。

四、采种技术

1. 种植要点：我国北方大部分地区均可制种，甘肃河西走廊一带是最佳制种基地。6月育苗，在播种前首先要选择好苗床，整理苗床时要细致，深翻碎土两次以上，碎土均匀，刮平地面，一定要精细整平。有利于出苗，均匀撒上种子，覆盖厚度0.3cm为宜，播后立即灌透水；在苗床加盖地膜保持苗床湿润，温度15～25℃，播后10～12天即可出苗。也可以采用专用育苗基质128孔穴盘，每穴2～3粒。当小苗长出2～4叶时，可结合除草进行间苗，使小苗有一定的生长空间。采种田选用无宿根性杂草、阳光充足、灌溉良好的肥沃地块。施用复合肥10～25kg/亩或磷肥50kg/亩，结合翻地或起垄时施入土中。采用黑色除草地膜覆盖平畦栽培。种植行距40cm，株距25cm，亩保苗不能少于6000株。8月中旬小麦收获后定植。

2. 田间管理：移栽后要及时灌水，8月气温高蒸发量过大，1周后要再补灌一次保证成活。小苗定植后需15～20天才可成活稳定，此时的水分管理很重要，小苗根系浅，土壤应经常保持湿润。浇水之后土壤略微湿润，更容易将杂草拔除。一般15～20天灌水1次，越冬前要灌水1次，保持湿度安全越冬。早春及时灌溉返青水，生长期中耕除草3～4次。根据长势可以随水在春、夏季各施1次氮肥或复合肥。多次叶面喷施0.02%的磷酸二氢钾溶液。

3. 病虫害防治：高温高湿会引发花叶病毒病，用20%菌毒清可湿性粉剂500倍液、1.5%植病灵乳剂、20%盐酸吗啉胍可湿性粉剂400倍液喷雾，每隔10天喷1次，连喷2～3次。焦叶病发生前期用70%甲基硫菌灵可湿性粉剂800倍液、75%百菌清可湿性粉剂600～800倍液喷雾防治，注意交替用药。

4. 隔离要求：夏枯草属为自花授粉植物，但是花器结构决定了它又是异花授粉，雄蕊及柱头为向下弓曲的上唇所保护，蜜腺生于花盘的下边。有较长的管部及鲜艳颜色的花，吸引蝶类及蛾类，主要靠野生蜜蜂和一些昆虫授粉，天然异交率也很高。品种间应隔离500～1000m。在初花期，分多次根据品种叶形、叶色、株型、长势、花序形状和花色等清除杂株。

5. 种子采收：夏枯草属种子分批成熟，花穗先从主茎到侧枝，自下而上逐渐成熟，花穗变黄后，在开裂的花穗就能够发现一些小种子，果实是小的坚果，椭圆形，里面都是黑色的种子。种子成熟后可以自己脱落，最好在早晨有露水时，一手扶花穗上部，沿根部将花序剪下。不要倒置撒落种子。然后把它放置到水泥地晾干。后期花朵凋谢干枯一次性收获，收获的种子用比重精选机去除秕籽，装入袋内，写上品种名称，在通风干燥处贮藏。种子产量和田间管理水平、天气因素有直接关系。

⑮ 迷迭香属 *Rosmarinus* 迷迭香

【原产地】地中海地区。

一、生物学特性

多年生草本，生长3年生后为石南状常绿灌木，高达30～200cm。茎及老枝圆柱形，皮层暗灰色，不规则的纵裂，块状剥落，幼枝四棱形，密被白色星状细茸毛。叶常在枝上丛生，具极短的柄或无柄，叶片线形，长1～2.5cm，宽1～2mm，先端钝，基部渐狭，全缘，向背面卷曲，革质，上面稍具光泽，近无毛，下面密被白色的星状茸毛。花近无梗，对生，少数聚集在短枝的顶端组成总状花序；苞片小，具柄。花萼卵状钟形，长约4mm，外面密被白色星状茸毛及腺体，内面无毛，11脉，二唇形，上唇近圆形，全缘或具很短的3齿，下唇2齿，齿卵圆状三角形；花冠蓝紫色，长不及1cm，外被疏短柔毛，内面无毛，冠筒稍外伸，冠檐二唇形，上唇直伸，2浅裂，裂片卵圆形，下唇宽大，3裂，中裂片最大，内凹，下倾，边缘为齿状，基部缢缩成柄，侧裂片长圆形。雄蕊2枚发育，着生于花冠下唇的下方，花丝中部有1向下的小齿，药室平行，仅1室能育；花柱细长，远超过雄蕊，先端不相等2浅裂，裂片钻形，后裂片短；花盘平顶，具相等的裂片；子房裂片与花盘裂片互生。花期11月。种子千粒重1.18～1.25g。

二、同属植物

（1）迷迭香*R. officinalis*，株高30～150cm，花淡紫色。含2亚种*R. officinalis* subsp. *officinalis*和*R. officinalis* subsp. *palaui*。

（2）尾叶香茶菜*R. eriocalyx*有变种*R. eriocalyx* var. *eriocalyx*，*R. eriocalyx* var. *pallescens*等。

三、种植环境要求

性喜温暖气候，但在中国台湾平地高温期生长缓慢，冬季没有寒流的气温较适合它的生长。较耐旱，土壤以富含砂质、排水良好较有利于生长发育。

四、采种技术

1. 种植要点：云南省中部、长江三角洲一带适合种植，一般于早春温室内进行育苗。土法育苗、穴盘育苗均可。土法育苗需先整理好苗床。苗床可平畦或小高畦，床土应整碎耙平。撒播或条播均可。但种子尽量稀播，或与细干土拌匀，播于苗床上，浇小水，使种子与土壤充分接触。种子靠苗床底水发育，但要一直保持土壤表层湿润。待芽顶出土，再浇水，以小水勤灌为原则。迷迭香芽率很低，一般只有10%～20%，所以生产上一般采用无性繁殖方式。多在冬季至早春进行，选取新鲜健康尚未完全木质化的茎作为插穗，从顶端算起10～15cm处剪下，去除枝条下方约1/3的叶子，直接插在介质中，介质保持湿润，3～4周即会生根，7周后可定植到露地，扦插最低夜温为13℃。利用迷迭香茎上能产生不定根的特性，把植株接近地面的枝条压弯覆土，留顶部于空气中，待长出新根，从母体剪下，形成新的个体，定植到露地。

2. 田间管理：大田移栽苗是扦插枝生根成活的母苗。移栽株行距为60cm×40cm，每亩种植数量4000～4300株。平整好的土地按株行距先打塘，施少量底肥，然后在底肥上覆盖薄土，即可移栽。移栽后要浇足定根水，浇水时不可使苗倾倒，如有倒伏要及时扶正固稳。栽植迷迭香最好选择阴天、雨天和早、

迷迭香

迷迭香花期

迷迭香种子

晚阳光不强的时候。栽后5天（视土壤干湿情况）浇第二次水。待苗成活后，可减少浇水。发现死苗要及时补栽，栽植时要以垄沟之间成直线，以利通风。幼苗期根据土壤条件在中耕除草后施少量复合肥，施肥后要将肥料用土壤覆盖，追施以速效肥，以氮、磷肥为主，一般每亩施尿素15kg，普通过磷酸钙25kg。种植成活后3个月就可修枝，为方便管理及增加产量，在种植后开始生长时要剪去顶端，侧芽萌发后再剪2～3次，这样植株才会低矮整齐。第二年或第三年都要清理老枝残叶并多次修剪。

3.病虫害防治：通风不良容易遭受病虫危害。花叶病毒病用20%菌毒清可湿性粉剂500倍液、1.5%植病灵乳剂、20%盐酸吗啉胍可湿性粉剂400倍液喷雾，每隔10天喷1次，连喷2～3次。发现焦叶病前期用70%甲基硫菌灵可湿性粉剂800倍液、75%百菌清可湿性粉剂600～800倍液喷雾防治，注意交替用药。大灰象甲用1.8%阿维菌素乳油2000倍液、20%氯虫苯甲酰胺胶悬剂3000倍液。

4.隔离要求：迷迭香属为异花虫媒花授粉植物，自花不能结实，主要靠野生蜜蜂和一些昆虫授粉，天然异交率很高。由于该属品种较少，可和其他植物同田栽植。

5.种子采收：收集种子首先要选好母株，作为选种的母株应该观赏性好、枝叶茂盛、树冠开展、没有病虫害，正处壮年，只有这样和母株所结的种子才是好的。采集种子一般要等种子完全成熟后及时采收，收集种子后，最好先放在通风良好的半阴处，使其完全干燥，切不可在强烈的直射太阳光下晒干。种子干燥后用筛子除掉杂物，要放在干燥、密封、低温的条件下保存。

⑯ 鼠尾草属 *Salvia*

【原产地】地中海地区、中欧、西亚、巴西南部、乌拉圭、阿根廷、中国、南欧、中亚、北非。

一、生物学特性

草本或半灌木、灌木。叶为单叶、羽状复叶。轮伞花序2至多花，组成总状或总状圆锥或穗状花序，稀全部花为腋生；苞片小或大，小苞片常细小；花萼卵形、筒形或钟形，喉部内面有毛或无毛，二唇形，上唇全缘或具3齿或具3短尖头，下唇2齿；花冠筒内藏或外伸，平伸或向上弯或腹部增大，有时内面基部有斜生或横生、完全或不完全毛环，或具簇生的毛或无毛，冠檐二唇形，上唇平伸或竖立，两侧折合，稀平展，直或弯镰形，全缘或顶端微缺，下唇平展，或长或短，3裂，中裂片通常最宽大，全缘或微缺或流

蓝花鼠尾草

粉萼鼠尾草

红花鼠尾草

苏状或分成2小裂片，侧裂片长圆形或圆形，展开或反折；能育雄蕊2，生于冠筒喉部的前方，花丝短，水平生出或竖立，药隔延长，线形，横架于花丝顶端，以关节相连结，呈"丁"字形，其上臂顶端着生椭圆形或线形有粉的药室，下臂或粗或细，顶端着生有粉或无粉的药室或无药室，二下臂分离或连合；退化雄蕊2，生于冠筒喉部的后边，呈棍棒状或小点，或不存在；花柱直伸，先端2浅裂，裂片钻形或线形或圆形，等大或前裂片较大或后裂片极不明显。花盘前面略膨大或近等大；子房4全裂。小坚果卵状三棱形或长圆状三棱形，无毛，光滑。鼠尾草属为唇形科第一大属，全球980种左右，物种识别与鉴定极其困难，属下分类系统长期饱受争议。分三部分描述，另外两部分就不单独描述生物学特性了。

鼠尾草种子对比

二、同属植物（一年生部分）

（1）粉萼鼠尾草 *S. horminum*，株高70～90cm，品种花色有混色、蓝色、白色、粉红等。种子千粒重2～2.27g。

（2）红花鼠尾草 *S. coccinea*，又名朱唇，株高70～90cm，品种花色有红色、粉色、胭脂红等。种子千粒重1.43～1.54g。

（3）蓝花鼠尾草 *S. farinacea*，株高70～90cm，品种花色有深蓝色、蓝色、白色、混色等。种子千粒重0.9～1.1g。

三、种植环境要求

喜光照充足和湿润环境，以排灌良好的砂质壤土或土质深厚壤土为宜，但一般土壤均可生长。适应性强。

四、采种技术

1. 种植要点：我国北方大部分地区均可制种，蓝花鼠尾草在内蒙古赤峰一带是最佳制种基地。粉萼鼠尾草和红花鼠尾草在甘肃河西一带是最佳制种基地。播种前首要选择好苗床，整理苗床时要细致，深翻碎土两次以上，碎土均匀，刮平地面，一定要精细整平。覆盖厚度以不见种子为宜，播后立即灌透水；在苗床加盖地膜保持苗床湿润，温度18～20℃。也可以采用专用育苗基质128孔穴盘，每穴2～3粒。当小苗长出2～4叶时，可结合除草进行间苗，使小苗有一定的生长空间。选择土质疏松，地势平坦，通风良好，有排灌条件，土壤有机质含量高的地块，施用复合肥10～25kg/亩或磷肥50kg/亩，结合翻地或起垄时施入土中。采用黑色除草地膜覆盖平畦栽培。高秆品种种植行距40cm，株距30cm，亩保苗不能少于5000株。低秆品种种植行距40cm，株距20cm，亩保苗不能少于6000～8000株。

2. 田间管理：定植过程中注意保护根系，移栽后要及时灌水保证成活率。在苗期一般中耕2～3次，搞好除草和松土，促进根系发育。一般15～20天灌水1次，浇水之后土壤略微湿润，更容易将杂草拔除。植株进入营养生长期，生长速度很快，需要供给充足的养分和水分才能保障其正常的生长发育。在生长期根据长势可以随水施入氮磷钾成分的化肥10～30kg/亩。多次叶面喷施0.02%的磷酸二氢钾溶液，可提高分枝数、结实率和增加千粒重。生殖生长后期，结籽后易倒伏，要想提高种子产量，应及早设立支架。

3. 病虫害防治：鼠尾草属常见病害有猝倒病、叶斑病。猝倒病在出苗后用50%百菌清可湿性粉剂800倍液，或70%甲基托布津可湿性粉剂1000倍液喷雾防治，每隔7天喷1次，连续3～4次；叶斑病用50%甲基托布津可湿性粉剂600倍液喷洒植株；发生白粉虱、蚜虫用30%除虫菊酯800～1200倍液叶面喷雾防治。

4. 隔离要求：鼠尾草属为自花授粉植物，自花结实率很低，主要靠野生蜜蜂和一些昆虫授粉，是虫媒花。品种间应隔离400～600m。在初花期，分多次根据品种叶形、叶色、株型、长势、花序形状和花色等清除杂株。

5. 种子采收：鼠尾草属种子分批成熟，花穗先从主茎到侧枝，自下而上逐渐成熟，花穗变黄后，在开裂的花穗就能够发现一些小种子，果实是小的坚果，椭圆形，里面都是黑色的种子。种子成熟后可以自行脱落，最好在早晨有露水时，一手扶花穗上部，沿根部将花序剪下。不要倒置洒落种子。将其放置到水泥地晾干。收集种子后，最好先放在通风良好的半阴处，使其完全干燥，切不可在强烈的直射太阳光下晒干。收获的种子用比重精选机去除秕籽，装入袋内，写上品种名称，在通风干燥处贮藏。种子产量和田间管理水平、天气因素有直接关系。

【原产地】地中海地区、中欧、西亚、巴西南部、乌拉圭、阿根廷、中国、南欧、中亚、北非。

一、同属植物（宿根部分）

（1）药用鼠尾草 S. officinalis，株高70～90cm，品种花色有蓝色、混色等。种子千粒重5.88～6.25g。

（2）林下鼠尾草 S. nemorosa，株高70～90cm，品种花色有蓝色、紫红等。种子千粒重1.25～1.28g。

（3）草原鼠尾草 S. deserta，株高70～90cm，花蓝紫色。种子千粒重1.25～1.43g。

（4）草甸鼠尾草 S. pratensis，株高70～90cm，品种花色有蓝色、粉红色等。种子千粒重1.5～2.3g。

（5）莲座鼠尾草 S. sclarea，又名香紫苏或南欧丹参，可作一年生栽培，株高70～90cm，花紫红色。小坚果卵圆形，非褐色，光滑。种子千粒重3.6～3.8g。

（6）墨西哥鼠尾草 S. leucantha，又名紫绒鼠尾草，一年生或多年生草本，茎直立多分枝，茎基部稍木质化；株高约1m，全株被柔毛；穗状花序紫红色。

三、种植环境要求

耐旱性好，耐寒性较强、可耐-15℃的低温，怕炎热、干燥。适应性强。喜光照充足和湿润环境，宜

鼠尾草种子

排水良好的砂质壤土或土质深厚壤土，但一般土壤均可生长。

四、采种技术

1.种植要点：我国北方大部分地区均可制种。北方一般6～7月育苗，8月定植，有些地区8月育苗，10月定植。在播种前首先要选择好苗床，整理苗床时要细致，深翻碎土两次以上，碎土均匀，刮平地面，一定要精细整平。覆盖厚度以不见种子为宜，播后立即灌透水；在苗床加盖地膜保持苗床湿润，温度18～20℃。也可以采用专用育苗基质128孔穴盘，每穴2～3粒。当小苗长出2～4叶时，可结合除草进行间苗，使小苗有一定的生长空间。选择土质疏松，地势平坦，通风良好，有排灌条件，土壤有机质含量高的地块，施用复合肥10～25kg/亩或磷肥50kg/亩，结合翻地或起垄时施入土中。采用黑色除草地膜覆盖平畦栽培。高秆品种种植行距40cm，株距30cm，亩保苗不能少于5000株。低秆品种种植行距40cm，株距20cm，亩保苗不能少于8000株。

2.田间管理：定植过程中注意保护根系，移栽后要及时灌水保证成活率。在苗期一般中耕2～3次，搞好除草和松土，促进根系发育。一般15～20天灌水1次，浇水之后土壤略微湿润，更容易将杂草拔除。植株进入营养生长期，生长速度很快，需要供给充足的养分和水分才能保障其正常的生长发育。定植成苗后至冬前的田间管理主要为勤追肥水、勤防病虫害，使植株快速而正常的生长，入冬前植株长到一定的大小，从而保证翌年100%的植株能够开花结籽，以提高产量。翌年开春后气温回升，植株地上部开始重新生长，此时应重施追肥，以利发棵分枝，提高单株的产量。4～5月生长期根据长势可以随水再次施入化肥10～20kg/亩。多次叶面喷施0.02%的磷酸二氢钾溶液，可提高分枝数、结实率和增加千粒重。在生长中期大量分枝，应及早设立支架，防止倒伏。

草甸鼠尾草

林下鼠尾草

3.病虫害防治：鼠尾草属主要病害有猝倒病、叶斑病。猝倒病在出苗后用50%百菌清可湿性粉剂800倍液，或70%甲基托布津可湿性粉剂1000倍液喷雾防治，每隔7天喷1次，连续3～4次；叶斑病用50%甲基托布津可湿性粉剂600倍液喷洒植株；发生白粉虱、蚜虫用30%的除虫菊酯800～1200倍液叶面喷雾防治。

4.隔离要求：鼠尾草属为自花授粉植物，自花结实率很低，主要靠野生蜜蜂和一些昆虫授粉，是虫媒花。品种间要隔离400～600m。在初花期，分多次根据品种叶形、叶色、株型、长势、花序形状和花色等清除杂株。

5.种子采收：鼠尾草属种子分批成熟，花穗先从主茎到侧枝，自下而上逐渐成熟，花穗变黄后，在开裂的花穗就能够发现一些小种子，果实是小的坚果，椭圆形，里面都是黑色的种子。种子成熟后可以自行脱落，最好在早晨有露水时，一手扶花穗上部，沿根部将花序剪下。不要倒置撒落种子。将其放置到水泥地晾干。收集种子后，最好先放在通风良好的半阴处，使其完全干燥，切不可在强烈的直射太阳光下晒干。收获的种子用比重精选机去除秕籽，装入袋内，写上品种名称，在通风干燥处贮藏。种子产量和田间管理质量、天气因素有直接关系。

⑱ 鼠尾草属 *Salvia* 一串红

【原产地】巴西，中国各地庭园中广泛栽培。

一、生物学特性

亚灌木状草本，高可达30～90cm。茎钝四棱形，具浅槽，无毛。叶卵圆形或三角状卵圆形，先端渐尖，基部截形或圆形，稀钝，边缘具锯齿，上面绿色，下面较淡，两面无毛，下面具腺点。轮伞花序2～6花，组成顶生总状花序，花序长达20cm或以上；

矮串红

一串红

苞片卵圆形，红色，大，在花开前包裹着花蕾，先端尾状渐尖；花梗长4～7mm，密被染红的具腺柔毛，花序轴被微柔毛；花萼钟形，红色；能育雄蕊2，近外伸，花雄蕊短小；花柱与花冠近相等，先端不相等2裂，前裂片较长；花盘等大。小坚果椭圆形，长约3.5mm，暗褐色，顶端具不规则极少数的皱褶突起，边缘或棱具狭翅。千粒重3.33～3.7g。

二、同属植物

一串红园艺品种繁多，分为高串红和矮串红（var. *nana*）两种大分类。花色有猩红、白、粉、玫瑰红、深红、淡紫等色。一串红的观赏品种：萨尔萨（Salsa）系列，其中双色品种更为著名，玫瑰红双色、橙红双色更加诱人，从播种至开花仅60～70天。赛兹勒（Si-zzler）系列，是目前欧洲最流行的品种，多次获得英国皇家园艺学会品种奖，其中橙红双色、勃艮第（Burgundy）、奥奇特（Orchid）等品种在国际上十分流行，具有花序丰满、色彩鲜艳、矮生性强、分枝性好、早花等特点。绝代佳人（Cleopatra）系列，株高30cm，分枝性好，花色有白、粉、玫瑰红、深红、淡紫等，从株高10cm开始开花。火焰（Blaze of fire）系列，株高30～40cm，早花种，花期长，从播种至开花55天左右。另外，还有红景（Red vista）、红箭（Red arrow）和长生鸟（Phoenix）等矮生品种。一串红的变种有一串白（var. *alba*），花及萼片均为白色。一串紫（var. *atropurpura*），花及萼片均为紫色。丛生一串红（var. *compacta*），株型较矮，花序紧密。矮串红，株高仅约20cm，花亮红色，花朵密集于总花梗上。

（1）一串红 *S. splendens*，株高60～90cm，红色。

（2）矮串红 *S. splendens* var. *nana*，展望系列，株高仅20～30cm，花猩红色。太阳神系列，株高30～40cm，花期长。

一串红种子

三、种植环境要求

喜阳、也耐半阴，要求疏松、肥沃和排水良好的砂质壤土。而对用甲基溴化物处理土壤和碱性土壤反应非常敏感，适宜于pH 5.5～6.0的土壤中生长。耐寒性差，生长适温20～25℃，15℃以下停止生长，10℃以下叶片枯黄脱落。

四、采种技术

1.种植要点：我国北方大部分地区均可制种，内蒙古赤峰一带是最佳制种基地。12月至翌年2月育苗。在播种前首先要选择好苗床，整理苗床时要细致，深翻碎土两次以上，碎土均匀，刮平地面，一定要精细整平。覆盖厚度以不见种子为宜，播后立即灌透水；在苗床加盖地膜保持苗床湿润，温度18～20℃。也可以采用专用育苗基质128孔穴盘，每穴2～3粒。当小苗长出2～4叶时，可结合除草进行间苗，使小苗有一定的生长空间。选择土质疏松、地势平坦、通风良好、有排灌条件、有机质含量高的地块，施用复合肥10～25kg/亩或磷肥50kg/亩，结合翻地或起垄时施入土中。采用黑色除草地膜覆盖平畦栽培。高秆品种种植行距40cm，株距30cm，亩保苗不能少于5000株。低秆品种种植行距40cm，株距20cm，亩保苗不能少于8000株。

2.田间管理：4～5月定植。定植过程中注意保护根系，移栽后要及时灌水保证成活率。在苗期一般中耕2～3次，搞好除草和松土，促进根系发育。一般15～20天灌水1次，浇水之后土壤略微湿润，更容易将杂草拔除。植株进入营养生长期，生长速度很快，需要供给充足的养分和水分才能保障其正常的生长发育。在生长期根据长势可以随水施入含氮磷钾成分的化肥10～30kg/亩不等。由于强光照射会导致花苞被烧坏，很多种植户也采取和玉米套种的方法，南北行种植，可以起到部分遮阴作用。生长期间多次叶面喷施0.02%的磷酸二氢钾溶液，可提高分枝数、结实率

和增加千粒重。整个生长期间需要摘心1～2次，摘心能使植株丰满，从营养生长尽快转入生殖生长。

3.病虫害防治：一串红苗期病害主要有猝倒病、疫病、灰霉病等。苗床要尽量选择平坦而干燥的地块，苗床土要消毒，注意通风透光，高温多雨季节注意排水倒盆。必要时可喷一些药剂防止病害的发生。生产田易发生红蜘蛛、蚜虫等虫害，用30%的除虫菊酯800～1200倍液叶面喷雾防治。叶斑病用50%百菌清可湿性粉剂800倍液，或70%甲基托布津可湿性粉剂1000倍液喷雾防治，每隔7天喷1次，连续3～4次。

4.隔离要求：一串红为自花授粉植物，自花结实率很低，主要靠野生蜜蜂和一些昆虫授粉，是虫媒花。品种间要隔离200～300m。在初花期，分多次根据品种叶形、叶色、株型、长势、花序形状和花色等清除杂株。

5.种子采收：一串红为无限花序，在花穗上种子的成熟期不一致，而且种子成熟后很容易脱落。6～10月整个花期内不断有种子成熟，要想获得更多种子，就需要安排多次采收，不仅用工量大，且采收种子的成熟度难以掌控，易采收到大量不合格的种子，而成熟度好即质量好的种子则非常易脱落而采收不到，造成种子资源的浪费，不仅影响种子的产量，种子的质量也难以保证。最好的方法是花穗长到10～15cm时进行打尖处理，打尖结束后5～10天，花朵凋谢后，这个时候在开裂的花穗上就能够发现一些小果实，果实是小的坚果，椭圆形，里面都是黑色的种子。这个时候即可采收。最好在早晨有露水时，一手扶花穗上部，沿根部将花序剪下；不要倒置撒落种子。收集种子后，最好先放在通风良好的半阴处，使其完全干燥，切不可在强烈的直射太阳光下晒干。收获的种子用比重精选机去除秕籽，装入袋内，写上品种名称，在通风干燥处贮藏。种子产量和田间管理水平、天气因素有直接关系。

⑲ 风轮菜属 *Clinopodium* 芳香菜

【原产地】美洲热带。

一、生物学特性

一年生草本。叶具柄或无柄，具齿。轮伞花序，多少呈圆球状，具梗或无梗，梗多分枝或少分枝，生于主茎及分枝的上部叶腋中，花萼管状，直伸或微弯，喉部内面疏生毛茸，但不明显成毛环，二唇形，上唇3齿，较短，后来略外反或不外反，下唇

2齿，较长，平伸，齿尖均为芒尖，齿缘均被睫毛；花冠紫红、淡红或白色，花柱不伸出或微露出，先端极不相等2裂，前裂片扁平，披针形，后裂片常不显著。小坚果极小，卵球形或近球形，种子千粒重0.42～0.43g。

二、同属植物

（1）芳香菜 *C. cuneifolia*，株高70～90cm，花淡紫色。

（2）同属还有匍匐风轮菜 *C. repens*，长梗风轮菜 *C. longipes*，风轮菜 *C. chinense* 等。

三、种植环境要求

耐旱性好，怕炎热、干燥。喜光照充足和湿润环境；宜排水良好的砂质壤土或土质深厚壤土，但一般土壤均可生长。

四、采种技术

1.种植要点：我国北方大部分地区均可制种，甘肃河西走廊一带是最佳制种基地。在播种前首先要选择好苗床，整理苗床时要细致，深翻碎土两次以上，碎土均匀，刮平地面，一定要精细整平。由于种子比较细小，将苗床浇透，待水完全渗透苗床后，将种子和沙按1∶5比例混拌后均匀撒于苗床，播后不再覆土或薄盖过筛细沙。播种后在苗床加盖地膜保持苗床湿润，温度15～20℃，播后5～7天即可出苗。当小苗长出2片叶时，可结合除草进行间苗，使小苗有一定的生长空间。有条件的也可以采用专用育苗基质128孔穴盘育苗。要选择土质疏松，地势平坦，土层较厚，灌水良好的土壤。地块选好后，结合整地施入基肥，以农家肥为主，并与过磷酸钙混合作底肥，结合翻地时施入土中。选择黑色除草地膜覆盖种植，行距40cm，株距30cm，亩保苗不能少于5500株。

2.田间管理：移栽后要及时灌水。小苗定植后需15～20天才可成活稳定，此时的水分管理很重要，小

芳香菜种子

苗根系浅，土壤应经常保持湿润。浇水之后土壤略微湿润，更容易将杂草拔除。一般15～20天灌水1次，在生长期根据长势可以随水施入尿素10～30kg/亩。多次叶面喷施0.02%的磷酸二氢钾溶液，管理相对简单。

3.病虫害防治：病虫害较少，故可以不用药防治。

4.隔离要求：风轮菜属为虫媒花授粉植物，主要靠野生蜜蜂和一些昆虫授粉，天然异交率很高，品种间需要隔离。由于该属品种较少，可和其他植物同田栽植。

5.种子采收：风轮菜种子通常在9～10月陆续成熟，种子成熟后易落地，故要经常检查，见种子变褐色即可收集。穗状花自下而上分批成熟，大部分花穗干枯后要及时剪下。待80%～90%植株干枯时一次性收割，晾晒打碾。采收的种子集中去杂，及时晾干清选，然后再用比重机选出未成熟的种子，装入袋内，在通风干燥处贮藏。以身干、籽粒饱满，色棕褐、有光泽者为佳。

20 黄芩属 *Scutellaria* 黄芩

【原产地】中国。

一、生物学特性

多年生草本。根茎肥厚，肉质，径达2cm，伸长而分枝。茎基部伏地，上升，钝四棱形，具细条纹，近无毛或被上曲至开展的微柔毛，绿色或带紫色，自基部多分枝。叶坚纸质，披针形至线状披针形，顶端钝，基部圆形，全缘，上面暗绿色，无毛或疏被贴生至开展的微柔毛，下面色较淡，无毛或沿中脉疏被微柔毛，密被下陷的腺点，侧脉4对，与中脉上面下陷下面凸出；叶柄短，腹凹背凸，被微柔毛。花序在茎及枝上顶生，总状，常再于茎顶聚成圆锥花序；与序轴均被微柔毛；苞片下部者似叶，上部者远较小，

芳香菜

黄芩

黄芩

小疏柔毛；花柱细长，先端锐尖，微裂；花盘环状，前方稍增大，后方延伸成极短子房柄；子房褐色，无毛。小坚果卵球形黑褐色，具瘤，腹面近基部具果脐。花期7～8月，果期8～9月。种子千粒重0.9～1g。

二、同属植物

（1）黄芩 *S. baicalensis*，株高40～60cm，花蓝色。

（2）同属还有异色黄芩 *S. discolor*，蓝花黄芩 *S. formosana*，红茎黄芩 *S. yunnanensis* 等，均作为药材栽培。

三、种植环境要求

喜温暖，耐严寒，成年植株地下部分在-35℃低温下仍能安全越冬，35℃高温不致枯死，但不能经受40℃以上连续高温天气。耐旱怕涝，地内积水或雨水过多生长不良，重者烂根死亡。排水不良的土地不宜种植，土壤以壤土和砂质壤土，酸碱度以中性和微碱性为好，忌连作。

四、采种技术

1.种植要点：我国北方大部分地区均可制种，河北、内蒙古、安徽、甘肃均为产地。春秋播种均可，在播种前首先要选择好苗床，整理苗床时要细致，深翻碎土两次以上，碎土均匀，刮平地面，一定要精细整平。由于种子比较细小，将苗床浇透，待水完全渗透苗床后，将种子和沙按1∶5比例混拌后均匀撒于苗床，播后不再覆土或薄盖过筛细沙。播种后在苗床加盖地膜保持苗床湿润，温度15～20℃，播后10～15天即可出苗。当小苗长出2片叶时，可结合除可结合除草进行间苗，使小苗有一定的生长空间。有条件的也可以采用专用育苗基质128孔穴盘育苗。要选用无宿根性杂草、阳光充足、灌排良好的肥沃地块。施用复合肥10～25kg/亩或磷肥50kg/亩，结合翻地或起垄时施入土中。采用黑色除草地膜覆盖平畦栽培。种植行距40cm，株距35cm，亩保苗不能少于5000株。

卵圆状披针形至披针形，近于无毛；花萼开花时长4mm，外面密被微柔毛，萼缘被疏柔毛，内面无毛，果时花萼长5mm，有高4mm的盾片；花冠紫、紫红至蓝色，外面密被具腺短柔毛，内面在囊状膨大处被短柔毛；冠筒近基部明显膝曲，上唇盔状，先端微缺，下唇中裂片三角状卵圆形，两侧裂片向上唇靠合；雄蕊4，稍露出，前对较长，具半药，退化半药不明显，后对较短，具全药，药室裂口具白色髯毛，背部具泡状毛；花丝扁平，中部以下前对在内侧后对在两侧被

黄芩种子

2.田间管理：栽后浇水，以利成活。应经常保持土壤湿润，土干要及时浇水，成株以后抗旱力增强，可少浇水，雨季还要注意排水防涝。平时也要注意随时进行松土除草。除加强一般管理外，还要注意施肥，定苗后每亩施稀的人粪尿500kg或尿素3～5kg，于6～7月追施磷铵30kg；第2年和第3年返青后施腐熟饼肥40～50kg，6月下旬封垄前施磷铵颗粒肥30～40kg。施肥时应开沟施入，施后盖土并浇水。一年需要除草3～4次。耐旱怕涝，雨季需注意排水，田间不可积水，否则易烂根。遇严重干旱时或追肥后，可适当浇水。在抽出花序前，将花梗减掉，可减少养分消耗，促使根系生长，提高产量。

3.病虫害防治：虫害有黄芩舞蛾，可用90%敌百虫防治。高温高湿会发生叶枯病，喷洒50%多菌灵1000倍液防治。

4.隔离要求：黄芩属为虫媒花授粉植物，主要靠野生蜜蜂和一些昆虫授粉，天然异交率很高。由于该属品种较少，可和其他植物同田栽植。

5.种子采收：黄芩属种子通常在8～10月陆续成熟，待果实呈淡棕色时采收。成熟期很不一致，且极易脱落，所以应分期分批采收，需随剪随收。为了防止自然脱粒，最好在早晨有露水时，一手扶花穗上部，沿根部整个花序剪下。不要倒置撒落种子。将其放置到水泥地晾干。也可以用专用的收种设备采收，省时省力。收获的种子用精选机去除秕籽，在通风干燥处贮藏。种子产量和田间管理水平、天气因素有直接关系。

㉑ 百里香属 *Thymus*

【原产地】欧洲、北非、地中海地区。

一、生物学特性

矮小半灌木。叶小，全缘或每侧具1～3小齿；苞叶与叶同形，至顶端变成小苞片。轮伞花序紧密排成头状花序或疏松排成穗状花序；花具梗；花萼管伏钟形或狭钟形，具10～13脉，二唇形，上唇开展或直立,3裂，裂片三角形或披针形，下唇2裂，裂片钻形，被硬缘毛，喉部被白色毛环；花冠筒内藏或外伸，冠檐二唇形，上唇直伸，微凹，下唇开裂，3裂，裂片近相等或中裂片较长；雄蕊4，分离，外伸或内藏，前对较长，花药2室，药室平行或叉开；花盘平顶；花柱先端2裂，裂片钻形，相等或近相等。小坚果卵珠形或长圆形，光滑。种子千粒重0.13～0.17g。

百里香

二、同属植物

（1）匍匐百里香 *T. vulgaris*，株高10～20cm，花淡紫色。

（2）欧百里香 *T. serpyllum*，株高20～40cm，花淡紫色。

（3）同属还有长齿百里香 *T. disjunctus*，异株百里香 *T. marschallianus*，百里香 *T. mongolicus* 等。

三、种植环境要求

喜温暖，喜光照充足和干燥的环境；对土壤要求不高，但以在排灌良好的石灰质土壤中生长良好。

四、采种技术

1.种植要点：我国北方大部分地区均可制种，甘肃河西走廊一带是最佳制种基地。一般在6月育苗，在播种前首先要选择好苗床，整理苗床时要细致，深翻碎土两次以上，碎土均匀，刮平地面，一定要精细整平。在苗床上绑好支架，盖上密度为60%～70%的遮阳网。由于种子比较细小，将种子和沙按1∶5比例混拌后均匀撒于苗床，播后不再覆土或薄盖过筛细沙。一定要浇透水，1周左右再二次灌水保证苗床湿度，播后7～9天即可出苗。当小苗长出2片叶时，及时清除苗床杂草，使小苗有一定的生长空间。可根据幼苗生长情况追施尿素1～2次，每次每亩用量5kg左右。并要注意保持土壤湿润，越冬前要灌水1次，在棚架上覆盖塑料布保持湿度，让幼苗在苗床安全越冬。

2.田间管理：早春土壤解冻后及时灌溉返青水，可在4月初定植于大田；要选择土质疏松、地势平坦、土层较厚、灌水良好的土壤。地块选好后，结合整地施入基肥，以农家肥为主，并与过磷酸钙混合作底肥，结合翻地时施入土中。选择黑色除草地膜覆盖，定植行距40cm，株距25cm，亩保苗不能少于6600株。定植时要注意在苗床挖苗，一定要带土坨保证成活。移栽后要及时灌水。小苗定植后需15～20天才可成活稳定，此时的水分管理很重要，小苗根系浅，土壤应经常保持湿润。浇水之后土壤略微湿润，更容易将杂草拔除。一般15～20天灌水1次，在生长期根据长势可以随水施入尿素10～30kg/亩。多次叶面喷施0.02%的磷酸二氢钾溶液。再次清除田间杂草，因为杂草种子会混入难以清选。盛花期尽量不要喷洒杀虫剂，以免杀死蜜蜂等授粉媒介。盛花期后进入生殖阶段，灌浆期要尽量勤浇薄浇。在生长中期大量分枝，应及早设立支架，防止倒伏。

3.病虫害防治：百里香养护不得当会滋生病虫害，也可能会感染褐斑病、枯斑病、炭疽病等，要加强栽培管理，施肥要合理，科学使用药剂喷洒，发病初期喷施多菌灵等药剂。也可能会感染红蜘蛛、刺蛾、介壳虫等，一旦发现感染虫害后，需要及时治疗，然后使用药剂喷杀。

百里香种子

4.隔离要求：百里香属为自花授粉植物，但是花器结构决定了它又是异花授粉，雄蕊及柱头散发香味，分泌蜜汁；吸引蝶类及蛾类，主要靠野生蜜蜂和一些昆虫授粉，天然异交率也很高。品种间应隔离300～500m。在初花期，分多次根据品种叶形、叶色、株型、长势、花色等清除杂株。

5.种子采收：百里香属种子分批成熟，花穗先从主茎到侧枝，自下而上逐渐成熟，花穗变黄后，种子自行掉落。最有效的方法是在封垄前铲平未铺膜的工作行或者铺除草布，成熟的种子掉落在地膜表面，要及时用笤帚扫起来集中精选加工。由于种子细小无法分批采收，待80%～90%植株干枯时一次性收割，收割后后熟6～7天，将其放置到水泥地晾干。用木棍将里面的种子打落出来。收获的种子用精选机去除秕籽，在通风干燥处贮藏。种子产量和田间管理水平、天气因素有直接关系。

三十一、沼沫花科 Limnanthaceae

沼沫花属 *Limnanthes* 荷包蛋花

【原产地】美国加利福尼亚州、俄勒冈州。

一、生物学特性

一年生草本。*Limnanthes*源于希腊语，意为"沼泽、湿地花儿"。冠幅约15cm。叶子是鲜嫩的黄绿色，有深缺裂，看起来很像是蕨类的叶片。植株能够开放出繁茂的具白边的黄色花朵，在贴近地面处聚群开放。花瓣5片，花形好像一个荷包蛋。气味芬芳，可以从夏季一直盛开到秋季。种子千粒重7.5～8.1g。

二、同属植物

（1）荷包蛋花 *L. douglasii*，株高20～30cm，花黄色白边。

（2）同属还有白花沼沫花 *L. alba*，短柱沼沫花 *L. bakeri*，大花沼沫花 *L. vinculans* 等。

三、种植环境要求

喜温暖、潮湿、阳光充足的环境，生长适温15～25℃，能耐受0℃以下的低温；也喜欢水分，但不能积水，喜欢疏松透气、排灌良好的肥沃土壤。

四、采种技术

1.种植要点：秦岭以北地区制种。可在12月温室育苗，采用育苗基质72～128孔穴盘育苗，播种前将种子放入35℃左右的温开水浸泡一昼夜后播种，这样出苗整齐。发芽适温15～20℃，10～14天即可发芽。通过整地，将复合肥15kg/亩或磷肥50kg/亩耕翻于地块，深耙压实，起垄高度8～10cm；3月初建立拱棚

荷包蛋花

荷包蛋花种子

并扣上塑料膜，3月底4月初移栽于拱棚内。种植行距40cm，株距25cm，亩保苗不能少于6600株。气温升高后加强通风，为根系生长创造条件。5月初揭去棚膜增加透光并吸引蜜蜂授粉。最好在小高垄水塘内铺设除草布，除草布的作用一是防止杂草蔓延，二是种子成熟后会掉落在除草布上，便于采收。

秦岭以南地区制种，可在9月育苗，苗床上需加盖遮阳网和防雨塑料。出苗后注意通风。苗龄40～80天，10月中下旬定植。采种田选用阳光充足、排灌良好、土质疏松肥沃的砂壤土为宜。采用地膜覆盖10cm小高垄栽培，定植时一垄两行，行距40cm，株距30cm，亩保苗不能少于5500株。早春气温回升及

时灌溉施肥，4月为盛花期。

2.田间管理：移栽后要及时灌水，如果气温升高蒸发量过大要灌水1次保证成活。缓苗结束后，及时进行中耕松土，清除田间杂草。生长期间10～15天灌水1次，根据长势可以随水施入尿素10～20kg/亩。在初花期喷施2次0.2%磷酸二氢钾。这对植株孕蕾开花极为有利；促进果实和种子的成长。

3.病虫害防治：如发生蚜虫，可用万灵600～800倍液或25%鱼藤精乳油稀释800倍液喷杀。白粉病如已发病，可用粉锈宁防治。

4.隔离要求：沼沫花属自花授粉植物，花朵吸引昆虫和蜜蜂授粉，天然杂交率也很高。由于该品种较少，可和其他植物同田栽植。

5.种子采收：沼沫花开花时间不同，种子成熟期也不一致，春播的种子通常在5～7月陆续成熟，春播的种子通常在4～5月陆续成熟，成熟的特征是果实由绿色变为褐色，成熟后会脱落到在地膜表面或沟内，要及时用笤帚扫起来或者用锂电池吸尘器回收种子，集中去杂，清选出种子。种子产量很不稳定，和田间管理、采收水平有关。

三十二、亚麻科 Linaceae

亚麻属 *Linum*

【原产地】西亚、欧洲、北非。

一、生物学特性

一年生或多年生草本。根为直根，粗壮，根颈木

质化。茎多数，直立或仰卧，中部以上多分枝，基部木质化，具密集狭条形叶的不育枝。叶互生；狭条形或条状披针形，全缘内卷，先端锐尖，基部渐狭。花多数，组成聚伞花序，花梗细长，长1～2.5cm，直立或稍向一侧弯曲；有红色、粉色、蓝色和白色。蒴果

近球形，草黄色，开裂。种子倒卵形、灰褐色。品种间差异很大，种子千粒重1.4～3.3g。

二、同属植物

（1）花亚麻 *L. usitatissimum*，株高60～80cm，花混色、白色带红斑、浅鲑红、蓝色。

（2）蓝花亚麻 *L. perenne*，株高50～80cm，花蓝色。本种为宿根型草本，耐寒耐旱，耐肥，不耐湿，喜半阴、排水良好的高岗地势。

（3）红花亚麻 *L. grandiflorum*，株高70～90cm，花红色和粉色。

三、种植环境要求

不耐严寒，忌酷热。不耐湿涝，不耐肥，要求排灌良好的砂质土壤。

四、采种技术

1. 种植要点：我国北方大部分地区均可制种。花亚麻一般采用春播的方法，不耐移栽，一般在4月上中旬露地直播。采种田选用无宿根型杂草、灌溉良好、土质疏松肥沃的砂土地为宜。施用复合肥15kg/亩或过磷酸钙50kg/亩耕翻于地块，平整土地，深耙压实。采用黑色除草地膜平畦覆盖，用直径3～5cm的播种打孔器在地膜上打孔，垄两边孔位呈三角形错

亚麻种子

开，每穴点3～4粒，覆土以湿润微砂的细土为好。也可以用手推式点播机播种。行距40cm，株距35cm，亩保苗不能少于4700株，切不可过密。播种后立即灌水保持湿润，6～9天出苗整齐。蓝花亚麻在7～8月播种，播种方法相同。

2. 田间管理：出苗后及时中耕松土、除草。随着幼苗生长要及时间苗，每穴保留苗壮苗1～2株。生长期间20～25天灌水1次。亚麻属植物营养生长过于旺盛会花而不实，所以在生长期根据长势适量施肥，地力条件好的不能施肥，地力条件差的追肥。每隔一定时间喷1次磷及硼、锰等微量元素或复合有机肥的水溶液，可防止花而不实。叶面喷施0.02%的磷酸二氢钾溶液，可提高分枝数、单株荚果数和增加千粒重。蓝花亚麻在越冬前要灌水1次，保持湿度安全越冬。翌年早春及时灌溉返青水，3～4月生长期根据长势可以随水施入氮肥10～30kg/亩。

3. 病虫害防治：生长期间如发生立枯病，发病初期可喷洒38%噁霜嘧铜菌酯800倍液，或41%聚砹·嘧霉胺600倍液，隔7～10天喷1次。

4. 隔离要求：亚麻属异花授粉植物，花朵吸引昆虫和蜜蜂授粉，是典型的虫媒花，天然异交率很高。不同品种间隔离不能少于1000m。在初花期，分多次根据品种叶形、叶色、株型、长势和花色等清除杂株。

5. 种子采收：亚麻属开花时间不同，种子成熟期也不一致，宿根亚麻种子通常在7～8月成熟，花亚麻在9～10月成熟。90%植株干枯、球形蒴果变成草黄色、顶部开裂时，选择早晨有露水时一次性收割，晾晒打碾。采收的种子集中去杂，及时晾干清选。亚麻种子不能见水；晾晒期间不能淋雨，否则种子会黏连到一起。然后再用比重机选出未成熟的种子，装入袋内，在通风干燥处贮藏。种子产量和田间管理水平、天气因素有直接关系。

红花亚麻

蓝花亚麻

三十三、刺莲花科 Loasaceae

耀星花属 *Mentzelia*

【原产地】北美洲加利福尼亚的海岸山脉和亚利桑那州。

一、生物学特性

一年生植物。基生叶持续存在；多毛、多分枝。叶片披针形至线形，边缘通常深裂，裂片圆形，形似羽毛状。苞片绿色，卵形至披针形，叶柄存在或不存在，5个黄色花瓣组成花朵，花瓣上方有20多枚雄蕊和1朵复合雌蕊；每朵花的直径7～8cm；花朵上午和下午开放，中午闭合。开花繁茂，散乱的茎上开出25～35朵花，花瓣中心橙色，上部黄色，倒卵形，花丝异形，5个最外面线形，内部丝状。花期晚春和早夏。种子千粒重2.5～3.2g。

二、同属植物

（1）黄金莲花*M. lindleyi*，株高40～70cm，花金黄色。

（2）同属还有耀星花*M. oligosperma*，*M. oreophila*，*M. pachyrhiza*等。

三、种植环境要求

半耐寒、喜温暖、怕涝。能够忍受干旱、贫瘠的土壤，在松散、排灌良好的砂质土壤中表现最佳。

四、采种技术

1. 种植要点：可在2～3月初温室育苗，采用育苗基质128孔穴盘，播种后7～10天萌芽，出苗后注意通风，降低日温增加夜温；苗龄40～50天，及早通风炼苗，4月中旬定植。采种田以选用阳光充足、灌溉良好、土质疏松的砂质土为宜。施用复合肥15kg/亩耕翻于地块。采用地膜覆盖小高垄栽培，垄高8～10cm。定植时一垄两行，种植行距40cm，株距35cm，亩保苗不能少于4700株。

2. 田间管理：移栽后要及时灌水，如果气温升高蒸发量过大要再补灌一次保证成活。若田间有移栽不当未能成活的要及时补苗。缓苗后及时给未铺膜的工作行中耕松土，清除田间杂草，生长期间15～20天灌水1次。灌水不能太深，灌水过深排水不良，会烂根引起死亡。浇水之后土壤略微湿润，更容易将杂草拔除。在生长期根据长势可以随水施入尿素10～20kg/亩。多次叶面喷施0.02%的磷酸二氢钾溶液，可提高分枝数、结实率和增加千粒重。盛花期尽量不要喷洒杀虫剂，以免杀死蜜蜂等授粉媒介。盛花期后进入生殖阶段，灌浆期要尽量勤浇薄浇。

3. 病虫害防治：发现蚜虫危害用抗蚜威、吡虫啉防治。枯萎病用41%聚砹·嘧霉胺600～800倍液稀进行喷洒。

4. 隔离要求：耀星花属为异花授粉植物，主要靠野生蜜蜂和一些昆虫授粉，天然异交率很高。由于该属品种较少，可和其他植物同田栽植。

5. 种子采收：耀星花属因开花时间不同，种子成熟期也不一致。隐藏的蒴果不易开裂，下部早开花的种荚成熟早，要随熟随采收，后期一次性收割，收割后后熟1周以上，晒干后脱粒，然后再用比重机选出未成熟的种子装入袋内，在通风干燥处保存。种子产量和田间管理有直接关系，一定要选择砂质土起垄种植，黏土或浇水过多会引起死苗，从而影响产量。

黄金莲花

黄金莲花种子

三十四、千屈菜科 Lythraceae

❶ 萼距花属 *Cuphea*

【原产地】原产墨西哥，现热带、南亚热带地区多有栽培。

一、生物学特性

草本或灌木。全株多数具有黏质的腺毛。叶对生或轮生，稀互生。花左右对称，单生或组成总状花序，生于叶柄之间，稀腋生或腋外生；小苞片2枚；萼筒延长而呈花冠状，有颜色，有棱12条，基部有距或驼背状凸起，口部偏斜，有6齿或6裂片，具同数的附属体；花瓣6，不相等，稀只有2枚或缺；雄蕊11，稀9、6或4枚，内藏或凸出，不等长，2枚较短，花药小，2裂或矩圆形；子房通常上位，无柄，基部有腺体，具不等的2室，每室有3至多数胚珠，花柱细长，柱头头状，2浅裂。蒴果长椭圆形，包藏于萼管内，侧裂。种子千粒重2.5~3.2g。

二、同属植物

（1）萼距花 *C. lanceolata*，株高30~50cm，花混色。

（2）粉兔萼距花 *C. hookeriana* 'Pink Bunny'，花紫红色。

三、种植环境要求

耐热，喜高温，不耐寒。喜光，也能耐半阴，在全日照、半日照条件下均能正常生长。生长快，萌芽力强，喜排灌良好的砂质土壤。

四、采种技术

1.种植要点：可3月中旬在温室育苗，由于种子比较细小，在播种前首先要选择好苗床，整理苗床时要细致，深翻碎土两次以上，碎土均匀，刮平地面，将苗床浇透，待水完全渗透苗床后，将种子和沙按1:5比例混拌后均匀撒于苗床，播后不再覆土或薄盖过筛细沙。播种后在苗床加盖小拱棚，盖上地膜保持苗床湿润，温度20~24℃，播后14~16天即可出苗。当小苗长出2片叶时，可结合除草进行间苗，使小苗有一定的生长空间。有条件的也可以采用专用育苗基质128孔穴盘育苗，种子细小，播种要精细。采种田以选用阳光充足、灌溉良好、土质肥沃的土壤为宜。施用复合肥15~25kg/亩耕翻于地块。采用地膜覆盖平垄栽培，定植时一垄两行，种植行距40cm，株距35cm，亩保苗不能少于4700株。

2.田间管理：移栽后要及时灌水，如果气温升高蒸发量过大要再补灌一次保证成活。若田间有移栽不当未能成活的要及时补苗。缓苗后及时给未铺膜的工作行中耕松土，清除田间杂草，生长期间15~20天灌水1次。夏季不耐干旱，8月需水量最大。浇水之后土壤略微湿润，更容易将杂草拔除。在生长期根据长势可以随水施入尿素10~20kg/亩。初花期在未铺地膜的工作行再铺一遍地膜，地膜两头用木棍缠绕拉紧呈弓形固定住，方便浇水从地膜下流入。多次叶面喷施0.02%的磷酸二氢钾溶液，可提高分枝数、结实率和增加千粒重。盛花期尽量不要喷洒杀虫剂，以免杀死蜜蜂等授粉媒介。盛花期后进入生殖阶段，灌浆期要尽量勤浇薄浇。

3.病虫害防治：蚜虫用抗蚜威稀释或者中性洗衣粉进行喷洒；此法能杀死蚜虫。根腐病用根腐灵800倍液灌根即可。

4.隔离要求：萼距花属为异花授粉植物，主要靠野生蜜蜂和一些昆虫授粉，天然异交率很高。品种间距离不能少于600m。由于该属品种较少，可和其他植物同田栽植。

萼距花

萼距花种子

5.种子采收：萼距花属果实为蒴果，因其开花时间不定，果熟期不集中，加之种子极其细小，不易收集。要随熟随采收，成熟后蒴果开裂掉落在地膜表面，要及时用笤帚扫起来或者用锂电池吸尘器回收种子，后期一次性收割，收割后后熟1周以上，晒干后脱粒，装入布袋，在通风干燥处保存。品种间种子产量差异较大，和田间管理、采收有关。

② 千屈菜属 *Lythrum*

【原产地】欧亚大陆。

一、生物学特性

多年生草本。根茎横卧于地下，粗壮；茎直立，多分枝，全株青绿色，略被粗毛或密被茸毛，枝通常具4棱。叶对生或3叶轮生，披针形或阔披针形，长4～6（10）cm，宽8～15mm，顶端钝形或短尖，基部圆形或心形，有时略抱茎，全缘，无柄。花组成小聚伞花序，簇生，因花梗及总梗极短，因此花枝全形似一大型穗状花序；苞片阔披针形至三角状卵形，长5～12mm；萼筒长5～8mm，有纵棱12条，稍被粗毛，裂片6，三角形；附属体针状，直立，长1.5～2mm；花瓣6，红紫色或淡紫色，倒披针状长椭圆形，基部楔形，长7～8mm，着生于萼筒上部，有短爪，稍皱缩；雄蕊12，6长6短，伸出萼筒之外；子房2室，花柱长短不一。蒴果扁圆形。种子千粒重0.05～0.06g。

二、同属植物

（1）千屈菜 *L. salicaria*，株高80～100cm，花玫红色。

（2）同属还有寻枝千屈菜 *L. virgatum*，具翅千屈菜 *L. alatum* 等。

三、种植环境要求

生于河岸、湖畔、溪沟边和潮湿草地。喜强光，耐寒性强，喜水湿，对土壤要求不严，在深厚、富含腐殖质的土壤上生长更好。

四、采种技术

1.种植要点：甘肃河西走廊一带为最佳制种基地，可春播也可夏播。春季播种应在3月中旬左右，夏季应在7月下旬之前播种。可采用育苗基质128孔穴盘育苗。由于种子比较细小，也可以在苗床撒播育苗，在播种前首先要选择好苗床，整理苗床时要细致，深翻碎土两次以上，碎土均匀，刮平地面，将苗床浇透，待水完全渗透苗床后，将种子和沙按1：5比例混拌后均匀撒于苗床，播后不再覆土或薄盖过筛细沙。播种后在苗床加盖小拱棚，盖上地膜保持苗床湿润，温度18～25℃，播后10～12天即可出苗。当小苗长出2片叶时，可结合除草进行间苗，使小苗有一定的生长空间。出苗后注意通风，降低日温增加夜温；苗龄40～50天，及早通风炼苗，晚霜后定植。采种田以选用无宿根性杂草、阳光充足、灌溉良好、土质疏松肥沃的壤土为宜。用复合肥20～30kg/亩耕翻于地块。采用地膜覆盖平畦栽培，定植时一垄两行，种植行距40cm，株距25cm，亩保苗不能少于6600株。

2.田间管理：移栽或直播后要及时灌水。如果气温升高蒸发量过大要二次灌水保证成活。保证土壤湿度，每20～25天浇水一次。正常生长季根据长势可以随水施入尿素10～20kg/亩。浇水之后土壤略微湿润，及时进行中耕松土，清除田间杂草，第一年分蘖性不强，一般不抽薹。越冬前要灌水1次，保持湿度安全越冬。早春及时灌溉返青水，生长期中耕除草3～4次。根据长势可以随水在春、夏季各施1次氮肥或复合肥，喷施2次0.2%磷酸二氢钾，现蕾到开花初期再施1次，促进果实和种子的成长。7月进入盛花期，盛花期要保证水肥管理。

3.病虫害防治：蚜虫、红蜘蛛用万灵600～800倍

千屈菜

液或25%鱼藤精乳油稀释800倍液喷杀，也可用40%速扑杀乳油800～1000倍液喷杀。每周喷1次，连续喷2～3次。发现真菌性病害要到附近农药店咨询对症下药。

4.隔离要求：千屈菜属为异花授粉植物，主要靠野生蜜蜂和一些昆虫授粉，天然异交率很高。由于该属品种较少，可和其他植物同田栽植。

5.种子采收：千屈菜属果实为蒴果，因其开花时间不定，果熟期不集中，加之种子极其细小，不易收集。要随熟随采收，成熟后蒴果开裂掉落在地膜表面，要及时用笤帚扫起来或者用锂电池吸尘器回收种子，后期一次性收割，收割后后熟1周以上，晒干后

千屈菜种子

脱粒，装入布袋，在通风干燥处保存。品种间种子产量差异较大，和田间管理、采收有关。

三十五、锦葵科 Malvaceae

① 秋葵属 *Abelmoschus*

【原产地】热带和亚热带地区。

一、生物学特性

一、二年生或多年生草本。叶全缘或掌状分裂。花单生于叶腋；小苞片5～15，线形，很少为披针形；花萼佛焰苞状，一侧开裂，先端具5齿，早落；花黄色或红色，漏斗形，花瓣5；雄蕊柱较花冠为短，基部具花药；子房5室，每室具胚珠多颗，花柱5裂；角果长尖，室背开裂，密被长硬毛；种子肾形或球形，多数，无毛。种子千粒重50～56g。

二、同属植物

（1）黄秋葵 *A. esculentus*，株高90～150cm，角果颜色有绿色、黄色、红色。

（2）金花葵 *A.manihot*，又名黄蜀葵，花黄色。

（3）同属还有黄葵 *A. moschatus*，长毛黄葵 *A. crinitus* 等。

三、种植环境要求

喜温暖、怕严寒、耐热力强。耐旱、耐湿、但不耐涝。要求光照时间长、光照充足。对土壤适应性较强，不择地力，但以土层深厚、疏松肥沃、排水良好的壤土或砂壤土较宜。

四、采种技术

1.种植要点：以春播为佳。一般在4月底至5月初终霜后、地温15℃以上时直播较好。播前浸种12小时，后置于25～30℃下催芽，约24小时后种子开始出芽，待60%～70%种子"破嘴"时播种。播种以穴播为宜，每穴3粒，穴深2～3cm。先浇水，后播种，再覆土厚2cm左右。采种田以选择土层深厚、肥沃疏松、保水保肥的壤土较宜。及时深耕，撒施腐熟厩肥4～5m³/亩，氮磷钾复合肥20～30kg/亩，混匀耙平作畦。采用黑色除草地膜覆盖，一垄两行，种植行距50cm，株距33cm，亩保苗不能少于4400株，要做到通风透光，便于管理。

2.田间管理：出苗后2～3片真叶时第一次间苗，间去残弱小苗。4～6片真叶时第二次间苗，选留壮苗。每穴留1株。初夏气温较低，应连续中耕2次，提高地温，促进生长。及时中耕除草与培土。夏季不耐干旱，8月需水量最大，应15～20天灌水1次。浇水之后土壤略微湿润，更容易将杂草拔除。植株长到30～40cm时及时摘心，以控制营养生长，可促进侧枝结果，提高种子产量。在生长期根据长势可以随水施入尿素20～30kg/亩。生长中后期，酌情多次少量追肥，防止植株早衰。植株高大，容易倒伏，浇水要避

金花葵

秋葵种子

观赏苘麻

开风雨天气，有条件及时支架防止倒伏。

3.病虫害防治：苗期、成株期均可染病。当幼苗高20cm以后，疫病病斑由叶片向主茎蔓延，使茎变细并褪色，致全株萎蔫或折倒。叶片染病多从植株下部叶尖或叶缘开始，发病初期为暗绿色水渍状不规则病斑，扩大后转为褐色。在发病初期用72%代森锰锌、霜脲可湿性粉剂（克露）500倍液或69%安克锰锌可湿性粉剂900倍液或64%杀毒矾可湿性粉剂400倍液或58%甲霜灵或代森锰锌可湿性粉剂500倍液隔7～10天喷雾1次，防治2～3次。生长期发生蚜虫危害，可用吡虫啉类农药，如10%一遍净、10%蚜虱净、10%大功臣等3000倍液。

4.隔离要求：秋葵属是自花授粉为主，部分为异花授粉，天然异交率很高。品种间距离不能少于600m。在生长期间，分多次根据品种叶形、叶色、株型、果实颜色等清除杂株。

5.种子采收：秋葵属果实为角果，因其开花时间不定，果熟期不集中，要随熟随采收。角果种荚外表变成黄褐色，而且有开裂的情况，即可以进行采收。采收完成之后需要迅速晒干、脱粒，在通风干燥处保存。品种间种子产量差异较大，和田间管理、采收有关。

② 苘麻属 *Abutilon* 美丽苘麻

【原产地】南美，现我国南北均有种植。

一、生物学特性

一年生或二年生草本。如不摘心，能长到100～150cm，茎枝被柔毛，当年枝近草质。叶互生，叶掌状3～5深裂，先端渐尖，基部弯缺。花腋生，单瓣或重瓣，花冠桃红色、浅粉色、白色等，花期春季；花形有呈钟形的，也有全部伸展开张的，花半开时形如风铃，绽放时则与扶桑花形似。种子肾形，褐色，种子千粒重3.8～4.2g。

二、同属植物

（1）美丽苘麻 *A. hybridum*，株高40～60cm，花混色。

（2）同属还有红萼苘麻 *A.milleri*，葡萄叶苘麻 *A.ochsenii* 等。

三、种植环境要求

性喜温暖，喜阳光，但怕强光直射。喜湿润，耐高温，不耐寒，保持10℃就可安全越冬，5℃左右时落叶休眠。

四、采种技术

1.种植要点：采用春播的方法。可在2月底至3月初温室育苗，采用专用育苗基质128孔穴盘育苗，种子萌发适温18～25℃。播种后9～12天出苗，出苗后注意通风，降低温室温度；苗龄50～60天，及早通风炼苗，4月底或5月初定植于大田。汉中盆地可以8～9月育苗。白露节前后定植于大田，采种田选用阳光充足、灌溉良好的地块。施用复合肥10～25kg/亩耕翻于地块。采用黑色除草地膜覆盖平畦栽培，定植时一垄两行，种植行距40～50cm，株距30cm，亩保苗不能少于4500株。

2.田间管理：小苗定植后需10～15天才可成活稳定，此时的水分管理很重要，小苗根系浅，土壤应经常保持湿润。小苗成活后即可进行摘心，促进侧芽萌

观赏苘麻种子

生，此时施一次肥。施肥量不可过大，植株进入营养生长期，生长速度很快，需要供给充足的养分和水分才能保障其正常的生长发育。汉中盆地如果移栽幼苗偏弱，在立冬前后要再覆盖一层白色地膜保湿保温，以利于安全越冬。根据长势可以随水施入氮肥，补充必需的营养元素，多次叶面喷施0.02%的磷酸二氢钾溶液。植株长到20～30cm时及时摘心，以利分枝。

3.病虫害防治：早春预防潜叶蝇和蚜虫等害虫。定期喷洒杀虫农药，同时也可减少病毒的扩散传播。营养生长期要注意通风透光，高温高湿会引发真菌性病害，如斑点病、露菌病、胴枯病、立枯病等，应以综合防治为主，包括拔除病株、增施钾肥、生长期间喷波尔多液等。

4.隔离要求：苘麻属是自花授粉为主。天然杂交率很高，一些蜜蜂和昆虫会带走花粉引起品种间变异。品种间距离不能少于800m。在生长期间，分多次根据品种叶形、叶色、株型、花色等清除杂株。

5.种子采收：当苘麻属果实变黄、可以看到种子变成黑色，这个时候不急于采收，因为成熟的种子不易脱落。可多次进行侧枝摘心打顶，让植株上部的种子也尽快成熟。大部分果实成熟后可批量采摘。采摘回来的果实晾干后用木棍轻轻捶打，随时脱粒入袋保存，如果受到早霜侵袭就不能采收种子了，受过霜冻的种子很少发芽。品种间种子产量差异较大，和田间管理水平、天气因素有直接关系。

③ 蜀葵属*Alcea*蜀葵

【原产地】 中国四川，亚洲中部、西部各温带地区。

一、生物学特性

由于它原产于中国四川，四川简称"蜀"，故名曰"蜀葵"。一年生至多年生草本。茎直立，被长硬毛。叶近圆形，多少浅裂或深裂；托叶宽卵形，先端3裂。花单生或排列成总状花序式生于枝端，腋生；小苞片6～9，杯状，裂片三角形，基部合生，密被绵毛和刺，萼钟形，5齿裂，基部合生，被绵毛和密刺；花冠漏斗形，各色，花瓣倒卵状楔形，爪被髯毛；雄蕊柱顶端着生有花药；子房室多数，每室具胚珠1个，花柱丝形，柱头近轴。果盘状，分果爿有30枚至更多，成熟时与中轴分离。花期夏季，种子千粒重9～11g。

二、同属植物

蜀葵品种繁多，花朵颜色丰富，植株的高度有高秆和矮秆之分，有一年生和多年生，花色有重瓣、复瓣和单瓣之分。

（1）蜀葵*A. rosea*"堆心"系列，一年生，株高130～150cm，堆盘型单瓣系列，花有混色、杏色、白色、红色、黄色等。

（2）蜀葵*A. rosea*"相思"系列，多年生，株高130～160cm，单瓣系列，花有混色、玫瑰、白色、红色、黑色等。

（3）蜀葵*A. rosea*"狂欢"系列，多年生，株高150～180cm，复瓣系列，花有混色、红色、深红、红色、玫红等。

（4）盆栽蜀葵*A. rosea*"娇人"系列，一年生，株高40～70cm，裂叶堆盘型单瓣系列，花有混色、深红、白色、红色、粉色等。

（5）宿根蜀葵*A. rosea*"丰满"系列，多年生，株高150～180cm，重瓣，花有混色、红色、紫红、粉红、黄色等。

蜀葵黄色

蜀葵粉色

蜀葵种子

（6）同属还有裸花蜀葵 A. nudiflora，药蜀葵 A. officinalis 等。

三、种植环境要求

喜阳光充足，耐半阴，但忌涝，耐寒冷。耐盐碱能力强，在含盐0.6%的土壤中仍能生长。在疏松肥沃、排水良好、富含有机质的砂质土壤中生长良好。

四、采种技术

1.种植要点：全国北方大部分地区均可制种。一年生品种可在3月中旬温室育苗，4月底定植于大田。多年生品种在6月育苗，8月定植。可采用专用育苗基质128孔穴盘育苗，种子萌发适温18～23℃。播种后9～11天出苗，出苗后注意通风，降低温室温度；苗龄30～40天，及早通风炼苗。也可以选择露地直播，用直径3～5cm的播种打孔器在地膜上打孔，垄两边孔位呈三角形错开，每穴点2～3粒，覆土以湿润微砂的细土为好。也可以用手推式点播机播种。采种田选用无宿根性杂草、阳光充足、灌溉良好的地块。施用复合肥10～25kg/亩耕翻于地块。采用黑色除草地膜覆盖平畦栽培，种植行距45cm，株距30cm，亩保苗不能少于4500株。

2.田间管理：移栽或直播后要及时灌水以利成活。浇水之后土壤略微湿润，及时进行中耕松土，清除田间杂草。生长期间每20～25天浇水一次。正常生长季根据长势可以随水施入尿素或复合肥10～20kg/亩。为促进分枝，抑制高度可人工摘心，也可喷施800～1000倍液的矮壮素水剂2～3次，就可有效抑制生长过高，使植株匀称。宿根品种越冬前要灌水1次，保持湿度安全越冬。早春及时灌溉返青水，生长期中耕除草3～4次。根据长势可以随水在春、夏季各施1次氮肥或复合肥，喷施2次0.2%磷酸二氢钾，现蕾到开花初期再施1次，促进果实和种子的成长。7月进入盛花期，盛花期要保证水肥管理。

3.病虫害防治：生长期间有红蜘蛛危害。发生严重时，用1.8%阿维菌素乳油7000～9000倍液均匀喷雾防治；或使用15%哒螨灵乳油2500～3000倍液均有较好的防治效果。有时还有棉大卷叶螟危害蜀葵叶片，发生时可喷施含量为16000IU/mg的Bt可湿性粉剂500～700倍液，或25%灭幼脲悬浮剂1500～2000倍液，或20%m满悬浮剂1500～2000倍液等。多年生老株蜀葵易发生锈病，感病植株叶片变黄或枯死，叶背可见到棕褐色、粉末状的孢子堆。发病初期可喷15%粉锈宁可湿性粉剂1000倍液，或70%甲基托布津可湿性粉剂1000～1500倍液，或75%百菌清可湿性粉剂600倍液等，每隔7～10天喷1次，连喷2～3次，均有良好防治效果

4.隔离要求：蜀葵属是异花授粉植物，靠蜜蜂和昆虫传播花粉授粉，容易杂交。在初花期，在田间要清除变异株来保证其纯度，品种间距离不能少于2000m。在生长期间，分多次根据品种叶形、叶色、株型、花色等清除杂株。

5.种子采收：蜀葵果实因开花时间不同而果实成熟期也不一致，前期要随熟随采。花朵凋谢后花盘干枯变黄、种子变黑即可采收。下部分先成熟，要随时摘取，上半部分成熟晚。可多次进行侧枝摘心打顶，让上部种子也尽快成熟。大部分果实成熟后可批量采摘，采摘回来的果实晾干后用木棍轻轻捶打，随时脱粒入袋保存，品种间种子产量差异较大，和田间管理水平、天气因素有直接关系，单瓣品种和一年生品种产量高，宿根品种和重瓣率较高的品种产量偏低。

❹ 木槿属 *Hibiscus*

【原产地】北美洲。

一、生物学特性

多年生宿根草本，植株呈亚灌木状。根系发达，深达50～60cm。总状分枝，分枝力较强，粗壮、丛生，斜出，光滑被白粉。单叶互生，叶长8～22cm，叶背及叶柄生灰色星状毛，叶形多变，基部圆形，缘具疏齿。花大，直径15～28cm，单生茎上不叶腋，花色玫瑰红或白色，花萼宿存。花期6～9月。种子肾形，成熟种子黑褐色，背部被黄白色长柔毛。种子千粒重7.6～14g。

二、同属植物

（1）大花芙蓉葵 *H. moscheutos*，多年生，株高80～100cm，花混色、白色和红色。国外已培育出杂交品种。

（2）木槿花 *H. rrionum*，多年生，常作一年生栽培，株高80～90cm，花有红色和黄色。

大花芙蓉葵

大花芙蓉葵种子

（3）同属还有朱槿 *H. rosa-sinensis*，木槿 *H. syriacus*，红秋葵 *H. coccineus* 等。

三、种植环境要求

喜阳光充足、温暖的环境，较耐寒、耐热，喜湿，耐盐碱，较耐干燥和贫瘠，好水湿而又耐旱，对土壤要求不严，在重黏土中也能生长。萌蘖性强。

四、采种技术

1.种植要点：我国北方大部分地区均可制种。直根系，移栽苗垂直根易受伤，水平根生长较旺，较脆易断，须根及侧根较少，故尽量少移栽。春播的要在4月直播于露地。播种前需将种子用55℃温水浸种10～15小时后再播种，种子播下后，要保持土壤湿润，1～2周就会发芽，发芽适温18～25℃。采种田选用无宿根性杂草、阳光充足、灌溉良好的肥沃地块。施用复合肥10～25kg/亩或磷肥50kg/亩耕翻于地块。采用黑色除草地膜覆盖平畦栽培，种植行距40～60cm，株距30cm，用直径3～5cm的播种打孔器在地膜上打孔，垄两边孔位呈三角形错开，每穴点2～3粒，覆土以湿润微砂的细土为好。一年生品种可在4月中旬播种。多年生品种在8月播种。

2.田间管理：播种后要及时灌水。如果气温升高蒸发量过大要二次灌水保证出苗。出苗后，要及时查苗，发现漏种和缺苗断垄时，应采取补种。长出5～6叶时间苗，按照留大去小的原则，每穴保留1～2株。浇水之后土壤略微湿润，及时进行中耕松土，清除田间杂草。生长期间15～20天灌水1次，根据长势可以随水施入氮肥10～20kg/亩，有利于营养生长。在生殖生长期间喷施2次0.2%磷酸二氢钾。这对植株孕蕾开花极为有利；促进果实和种子的成长。为促进分枝、抑制高度可人工摘心，也可喷施800～1000倍液的矮壮素水剂2～3次，就可有效抑制高生长，使植株匀称。宿根品种越冬前要灌水1次，保持湿度安全越冬。早春及时灌溉返青水，生长期中耕除草3～4次。根据长势可以随水在春、夏季各施1次氮肥或复合肥，喷施2次0.2%磷酸二氢钾，现蕾到开花初期再施1次，促进果实和种子的成长。6～7月进入盛花期，盛花期要保证水肥管理。长期干旱无雨天气，应注意灌溉，而雨水过多时要排水防涝。

3.病虫害防治：主要有叶斑病和锈病，用65%代森锌可湿性粉剂600倍液喷洒。

4.隔离要求：木槿属是自花授粉植物，部分为异花授粉。天然异交率很高。品种间距离不能少于600m。在生长期间，分多次根据品种叶形、叶色、株型、花朵颜色等清除杂株。

5.种子采收：木槿属果实因开花时间不同而果实成熟期也不一致，前期要随熟随采。花朵凋谢后花盘干枯变黄、种子变黑即可采收。下部分先成熟，要随时摘取，上半部分成熟晚。可多次进行侧枝摘心打顶，让上部种子也尽快成熟。大部分果实成熟后可批量采摘，采摘回来的果实晾干后用木棍轻轻捶打，随时脱粒入袋保存，品种间种子产量差异较大，和田间管理水平、天气因素有直接关系，一年生品种产量低，宿根品种产量高。

⑤ 花葵属*Lavatera* 花葵

【原产地】分布在欧洲及中国等地。

一、生物学特性

一年生草本。多分枝，被短柔毛。叶肾形，上部的卵形，常3～5裂，长2～5cm，宽2.5～7cm，边缘具锯齿或牙齿，上面被疏柔毛，下面被星状疏柔毛；叶柄长3～7cm，被长柔毛；托叶卵形，长4～5mm，先端渐尖头，被长柔毛。花紫色，单生于叶腋间，花梗长1.5～4cm，被粗伏毛状疏柔毛；小苞片3枚，正三角形，具齿，长8mm，宽14mm，下半部合生，两面均被疏柔毛；萼杯状，5裂，裂片三角状卵形，略长于小苞片，密被星状柔毛；花冠直径约6cm，花瓣5枚，倒卵圆形，长约3cm，先端圆形，基部狭，秃净；雄蕊柱长约8mm；花柱基部膨大，盘状，直径约1cm，具无色透明平展的条纹，部分条纹网状；花色红、粉或白，花大，花径10cm左右。花期夏、秋季。种子千粒重5.5～6g。

二、同属植物

（1）美丽花葵 *L. trimestris*，株高80～90cm，花有混色、玫红、粉红和白色等。

（2）同属还有花葵 *L. arborea*，新疆花葵 *L. cachemiriana*，欧亚花葵 *L. thuringiaca* 等。

三、种植环境要求

性喜阳光充足、凉爽湿润之地，较耐寒，适应性较强，对土壤要求不严，在富含有机质、排灌良好的土壤上生长良好。

四、采种技术

1.种植要点：我国北方大部分地区均可制种。直根系，适合直播。北方在4月直播于露地。播种前需将种子用40℃温水浸种8小时后再播种，种子播下后，要保持土壤湿润，8～10天出苗，发芽适温18～20℃。采种田选用阳光充足、灌溉良好的肥沃地块。施用复合肥10～25kg/亩或磷肥50kg/亩耕翻于地块。采用

美丽花葵种子

黑色除草地膜覆盖平畦栽培，种植行距50cm，株距30cm，亩保苗4400株以上。用直径3～5cm的播种打孔器在地膜上打孔，垄两边孔位呈三角形错开，每穴点2～3粒，覆土以湿润微砂的细土为好，也可以用手推式点播机播种。

2.田间管理：播种后要及时灌水。如果气温升高蒸发量过大要二次灌水保证出苗。出苗后要及时查苗，发现漏种和缺苗断垄时，应采取补种。长出5～6叶时间苗，按照留大去小的原则，每穴保留1～2株。浇水之后土壤略微湿润，及时进行中耕松土，清除田间杂草。生长期间15～25天灌水1次，根据长势可以随水施入氮肥10～20kg/亩，有利于营养生长。在生殖生长期间喷施2次0.2%磷酸二氢钾。这对植株孕蕾开花极为有利；促进果实和种子的成长。为促进分枝、抑制高度可人工摘心，也可喷施800～1000倍液的矮壮素水剂2～3次，就可有效抑制高生长，使植株匀称。

3.病虫害防治：发生叶斑病的时候，叶片上会出现病斑，病斑近圆形或不规则形，中央为暗褐色至灰白色，边缘呈红褐色，该种病害多发生于小叶的中下部叶，影响植株的生长。防治叶斑病需要加强养护，增强抗性，若发病可用多菌灵溶液喷洒植物。叶枯病，也是一种叶面病害，小叶容易叶枯痤病侵染，出现成段枯死或全叶枯死的状况。防治叶枯病可用70%甲基托布津1000倍液或50%多菌灵500倍液喷洒植株，7～10天1次，连续2～3次。

4.隔离要求：花葵属是自花授粉植物，部分为异花授粉，故称为常异花授粉作物。天然异交率很高。品种间距离不能少于600m。在生长期间，分多次根据品种叶形、叶色、株型、花朵颜色等清除杂株。

5.种子采收：花葵属果实因开花时间不同而果实成熟期也不一致，采种需在萼片变褐时进行。成熟后自行掉落，要及时采收。最有效的方法是在封垄前铲平未铺膜的工作行或者铺除草布，成熟的种子掉落在

美丽花葵大田

美丽花葵

地膜表面，要及时用笤帚扫起来回收种子，采收的种子集中去杂。种子产量和田间管理水平、天气因素有直接关系。

6 心萼葵属 *Malope* 马络葵

【原产地】葡萄牙、西班牙、马耳他、非洲。

一、生物学特性

一年生草本。全株光滑。茎多分枝。叶互生，3裂，裂片先端尖，有锯齿，有长柄，带紫红色晕。花单生于叶腋，下具3枚分离苞片，花红色微带紫，瓣基色较深，倒卵圆形，长约3cm，先端圆形；雄蕊柱长约8mm；花柱基部膨大，盘状，直径约1cm。花期7～8月。种子千粒重2.8～3.2g。

二、同属植物

（1）马络葵 *M. trifida*，株高80～100cm，花粉红色、玫红色。

（2）同属还有 *M. anatolica*，软牧葵 *M. malacoides*，*M. rhodoleuca*，*M. rotundifolia* 等。

三、种植环境要求

性喜阳光充足、凉爽湿润之地，较耐寒，适应性较强，对土壤要求不严，在疏松肥沃的微酸性砂质壤土中生长最佳。

四、采种技术

1.种植要点：我国北方大部分地区均可制种。直根系，适合直播。北方在4月直播于露地。种子播下后，要保持土壤湿润，8～10天出苗，发芽适温18～20℃。采种田选用阳光充足、灌溉良好的肥沃地块。施用复合肥10～25kg/亩或磷肥50kg/亩耕翻于地块。采用黑色除草地膜覆盖平畦栽培，种植行距50cm，株距30cm，亩保苗4400株以上。用直径3～5cm的播种打孔器在地膜上打孔，垄两边孔位呈三

马络葵种子

角形错开，每穴点2～3粒，覆土以湿润微砂的细土为好，也可以用手推式点播机播种。

2.田间管理：播种后要及时灌水。如果气温升高蒸发量过大要二次灌水保证出苗。出苗后要及时查苗，发现漏种和缺苗断垄时，应采取补种。长出5～6叶时间苗，按照留大去小的原则，每穴保留1～2株。浇水之后土壤略微湿润，及时进行中耕松土，清除田间杂草。生长期间15～25天灌水1次，根据长势可以随水施入氮肥10～20kg/亩，有利于营养生长。在生殖生长期间喷施2次0.2%磷酸二氢钾。这对植株孕蕾开花极为有利；促进果实和种子的成长。为促进分枝、抑制高度可人工摘心。在生长中期大量分枝，应及早设立支架，防止倒伏。

3.病虫害防治：发生叶斑病的时候，叶片上会出现病斑，病斑近圆形或不规则形，中央为暗褐色至灰白色，边缘呈红褐色，该种病害多发生于小叶的中下部叶，影响植株的生长。防治叶斑病需要加强养护，增强抗性，若发病可用多菌灵溶液喷洒植株。叶枯病也是一种叶面病害，小叶容易被侵染，出现成段枯死或全叶枯死的状况。防治叶枯病可用70%甲基托布津1000倍液或50%多菌灵500倍液喷洒植株，7～10天1次，连续2～3次。

4.隔离要求：心萼葵属是自花授粉植物，部分为异花授粉，天然异交率很高。由于该属品种较少，可和其他植物同田栽植。

5.种子采收：心萼葵属果实因开花时间不同而果实成熟期也不一致，采种需在萼片变褐时进行。成熟后自行掉落，要及时采收。最有效的方法是在封垄前铲平未铺膜的工作行或者铺除草布，成熟的种子掉落在地膜表面，要及时用笤帚扫起来回收种子，采收的种子集中去杂。种子产量和田间管理水平、天气因素有直接关系。

7 锦葵属 *Malva*

【原产地】欧洲、亚洲、北非。

马络葵

锦葵

一、生物学特性

一年生或多年生草本。叶互生，有角或掌状分裂。花单生于叶腋间或簇生成束，有花梗或无花梗；有小苞片（副萼）3，线形，常离生，萼杯状，5裂；花瓣顶端常凹入，白色或玫红色至紫红色；雄蕊柱的顶端有花药；子房有心皮9～15，每心皮有胚珠1枚，柱头与心皮同数。果由数个心皮组成，成熟时各心皮彼此分离，且与中轴脱离而成分果。种子千粒重1.9～2.1g。

二、同属植物

（1）锦葵 *M. sylvestris*，株高80～100cm，花有混色、浅粉、紫红等。

（2）蔓锦葵 *M. moschata*，株高40～60cm，花粉红色。

（3）同属还有矮锦葵 *M. neglecta*，滨海锦葵 *M. subovata*，锦葵 *M. cathayensis*，欧亚锦葵 *M. thuringiaca*等。

三、种植环境要求

适应性强，在各种土壤上均能生长，以砂质土壤最适宜。耐寒、耐干旱、喜阳光充足。

四、采种技术

1.种植要点：我国北方大部分地区均可制种。直根系，适合直播。北方在4月直播于露地。种子播下后，要保持土壤湿润，8～10天出苗，发芽适温18～20℃。采种田选用阳光充足、灌溉良好的肥沃地块。施用复合肥10～25kg/亩或磷肥50kg/亩耕翻于地块。采用黑色除草地膜覆盖平畦栽培，种植行距50cm，株距30cm，亩保苗4400株以上。用直径3～5cm的播种打孔器在地膜上打孔，垄两边孔位呈三角形错开，每穴点2～3粒，覆土以湿润微砂的细土为好，也可以用手推式点播机播种。

2.田间管理：播种后要及时灌水。如果气温升高蒸发量过大要二次灌水保证出苗。出苗后要及时查苗，发现漏种和缺苗断垄时，应采取补种。长出5～6叶时间苗，按照留大去小的原则，每穴保留1～2株。浇水之后土壤略微湿润，及时进行中耕松土，清除田间杂草。生长期间15～25天灌水1次，根据长势可以随水施入氮肥10～20kg/亩，有利于营养生长。在生殖生长期间喷施2次0.2%磷酸二氢钾。这对植株孕蕾开花极为有利；促进果实和种子的成长。为促进分枝、抑制高度可人工摘心。在生长中期大量分枝，应及早设立支架，防止倒伏。

3.病虫害防治：虫害主要是蚜虫和介壳虫。可用25%功夫乳油2000倍液、10%氧化乐果2000倍液喷洒防治；病害主要是煤污病，可用50%退菌特1000～1500倍液喷洒，同时，注意通风透光。

4.隔离要求：锦葵属是自花授粉植物，部分为异花授粉，天然异交率很高。品种间距离不能少于600m。在生长期间，分多次根据品种叶形、叶色、株型、花朵颜色等清除杂株。

5.种子采收：锦葵属果实因开花时间不同而果实成熟期也不一致，采种需在萼片变褐时进行。成熟后自行掉落，要及时采收。最有效的方法是在封垄前铲平未铺膜的工作行或者铺除草布，成熟的种子掉落在地膜表面，要及时用笤帚扫起来回收种子，采收的种子集中去杂。种子产量和田间管理水平、天气因素有直接关系。

锦葵种子脱壳后（左）和脱壳前（右）

三十六、紫茉莉科 Nyctaginaceae

紫茉莉属*Mirabilis* 紫茉莉

【原产地】原产热带美洲，我国南北各地常栽培。

一、生物学特性

一年生草本植物。根肥粗，倒圆锥形，黑色或黑褐色。茎直立，圆柱形，多分枝，无毛或疏生细柔毛，节稍膨大。叶片卵形或卵状三角形，长3～15cm，宽2～9cm，顶端渐尖，基部截形或心形，全缘，两面均无毛，脉隆起；叶柄长1～4cm，上部叶几无柄。花常数朵簇生枝端；花梗长1～2mm；总苞钟形，长约1cm，5裂，裂片三角状卵形，顶端渐尖，无毛，具脉纹，果时宿存；花被紫红色、黄色、白色或杂色，高脚碟状，筒部长2～6cm，檐部直径2.5～3cm，5浅裂；花午后开放，有香气，翌日午前凋萎；雄蕊5，花丝细长，常伸出花外，花药球形；花柱单生，线形，伸出花外，柱头头状。瘦果球形，直径5～8mm，革质，黑色，表面具皱纹；种子胚乳白粉质。花期7～10月，果期8～11月。种子千粒重76～125g。

二、同属植物

（1）紫茉莉*M. jalapa*，株高80～100cm，花有混色、玫红色、黄色、粉红色、白色、红色、彩条等品种。

（2）同属还有夜香紫茉莉*M. nyctaginea*，长筒紫茉莉*M. longiflora*等。

三、种植环境要求

性喜温和而湿润的气候条件，不耐寒，冬季地上部分枯死，在江南地区地下部分可安全越冬而成为宿根草花，翌年春季续发长出新的植株。露地栽培要求土层深厚、疏松肥沃的壤土。花朵在傍晚至清晨开放，在强光下闭合，夏季有树荫则生长开花良好。喜通风良好环境。

四、采种技术

1.种植要点：我国北方大部分地区均可制种。直根系，适合直播。北方在4月中旬至5月初直播于露地。种子播下后，要保持土壤湿润，8～10天出苗，发芽适温20～30℃。采种田选用阳光充足、灌溉良好的肥沃地块。施用复合肥10～25kg/亩或磷肥50kg/亩耕翻于地块。采用黑色除草地膜覆盖平畦栽培，种植行距50cm，株距30cm，亩保苗4400株以上。用直径3～5cm的播种打孔器在地膜上打孔，垄两边孔位呈三角形错

开，每穴点2～3粒，覆土以湿润微砂的细土为好。

2.田间管理：播种后要及时灌水。如果气温升高

紫茉莉

彩斑紫茉莉

蒸发量过大要二次灌水保证出苗。出苗后要及时查苗，发现漏种和缺苗断垄时，应采取补种。长出4～6片真叶时间苗，按照留大去小的原则，每穴保留1～2株。浇水之后土壤略微湿润，及时进行中耕松土，清除田间杂草。管理较为粗放，在生长期间浇水即可。根据长势可以随水施入氮肥10～20kg/亩，有利于营养生长。在生殖生长期间喷施2次0.2%磷酸二氢钾。这对植株孕蕾开花极为有利；促进果实和种子的成长。为促进分枝、抑制高度可人工摘心。在生长中期大量分枝，应及早设立支架，防止倒伏。

3.病虫害防治：天气干燥易长蚜虫，平时注意保湿可预防蚜虫。多年来未发现病害。

4.隔离要求：紫茉莉属是异花授粉植物，是典型的风媒授粉，品种间极易杂交。为了保证采收的种子能保持优良特性，应将不同品种进行隔离栽培。品种间种植距离不能少于2000m。在生长期间，分多次根据品种叶形、叶色、株型、花朵颜色等清除杂株。

5.种子采收：紫茉莉属在风媒的作用下很容易结

紫茉莉种子

种子，种子形似地雷，所以也叫地雷花。种子慢慢由绿色变为黑色，这时也就完全成熟了。成熟后种子容易脱落，要分批采收。最有效的方法是在封垄前铲平未铺膜的工作行或者铺除草布，成熟的种子掉落在地膜表面，要及时用笤帚扫起来集中精选加工。亩产80～100kg。

三十七、柳叶菜科 Onagraceae

1 仙女扇属 Clarkia

【原产地】北美洲西南部。

一、生物学特性

一年生草本。茎直立，分枝少，光滑无毛。叶互生，长2.5～5cm，有疏齿，叶片披针形、椭圆形或卵圆形。花单生叶腋在枝顶聚成总状花序，无柄；花漏斗状，边缘皱，花瓣4枚呈"十"字状；花有紫、橙粉、淡紫、红、深紫红等色，很少有白色，有时花瓣基部颜色稍浅，花径1.5～4cm。花期5～6月。适合作切花。种子千粒重0.42～0.43g。

二、同属植物

（1）山字草 C. elegans，株高60～70cm，有混色、紫红、橙红、玫红色、鲜红色、粉红、白色等品种。

（2）古代稀 C. amoena（异名 Godetia amoena）株高30～40cm，花有混色、粉红色、玫红色、鲜红色、紫丁香色、粉红间红斑、白色。

（3）同属还有克拉花 C. pulchella，菱瓣仙女扇 C. rhomboidea 等。

三、种植环境要求

喜光，喜冷凉气候，忌酷热和严寒。在温暖湿润的环境中生长繁茂，适于夏季凉爽的地区种植。喜排水良好而肥沃的砂质壤土。

山字草

古代稀

四、采种技术

1.种植要点: 可在3月中旬温室育苗,由于种子细小,在播种前首先要选择好苗床,整理苗床时要细致,深翻碎土两次以上,碎土均匀,刮平地面,将苗床浇透,待水完全渗透苗床后,将种子和沙按1:5比例混拌后均匀撒于苗床,播后不再覆土或薄盖过筛细沙。播种后在苗床加盖小拱棚,盖上地膜保持苗床湿润,温度18~21℃,播后8~12天即可出苗。当小苗长出2片叶时,可结合除草进行间苗,使小苗有一定的生长空间。有条件的也可以采用专用育苗基质128孔穴盘育苗,种子细小,播种要精细。阳光充足、灌溉良好的肥沃地块,施腐熟有机肥4~5m³/亩最好,也可用复合肥15kg/亩或磷肥50kg/亩耕翻于地块。采用黑色除草地膜平畦覆盖,种植行距40cm,株距25cm,亩保苗不能少于6000株。

2.田间管理: 移栽后要及时灌水,如果气温升高蒸发量过大要再补灌一次保证成活。若田间有移栽不当未能成活的要及时补苗。缓苗后及时给未铺膜的工作行中耕松土,清除田间杂草,生长期间15~20天灌水1次。浇水之后土壤略微湿润,更容易将杂草拔除。及时把杂草清理掉,不要留在田间,以防留下死而复生的机会。如果杂草难以清除,可以先砍断杂草根茎底部,防止杂草蔓延。在生长期根据长势可以随水施入尿素10~20kg/亩。有利于营养生长。在生殖生长期间喷施2次0.2%磷酸二氢钾。这对植株孕蕾开花极为有利;促进果实和种子的成长。

3.病虫害防治: 蚜虫通常集中在嫩芽,可用万灵600~800倍液或25%鱼藤精乳油稀释800倍液喷杀。生长期间如发生立枯病,发病初期可喷洒38%噁霜嘧铜菌酯800倍液,或41%聚砹·嘧霉胺600倍液,隔7~10天喷1次。

4.隔离要求: 仙女盏属为自花授粉植物,但也主要靠野生蜜蜂和一些昆虫授粉,天然异交率很高。不同品种间隔离不能少于500m。在初花期,分多次根据品种叶形、叶色、株型、长势、花序形状和花色等清除杂株。

5.种子采收: 仙女盏属开花时间不同而果实成熟期也不一致。蒴果成熟后开裂,采收种子必须等籽粒充分成熟后进行。在晴天时采收颜色深的饱满种子。采收后及时清理、脱粒、除去杂质,然后风干,最后放在通风、干燥、阴暗、温度较低而又变化不大的地方贮存。品种间种子产量差异较大,和田间管理、采收有关。

❷ 山桃草属 *Gaura* 山桃草

【原产地】 北美洲温带地区。

一、生物学特性

多年生草本。常丛生;茎直立,常多分枝,入秋变红色,被长柔毛与曲柔毛。叶无柄,椭圆状披针形或倒披针形,长3~9cm,宽5~11mm,向上渐变小,先端锐尖,基部楔形,边缘具远离的齿突或波状齿,两面被近贴生的长柔毛。花序长穗状,生茎枝顶部,不分枝或有少数分枝,直立,长20~50cm;苞片狭椭圆形、披针形或线形,长0.8~3cm,宽2~5mm。花管长4~9mm,内面上半部有毛;萼片长10~15mm,宽1~2mm,被伸展的长柔毛,花开放时反折;花瓣白色,后变粉红,排向一侧,倒卵形或椭圆形,长12~15mm,宽5~8mm;花丝长8~12mm;花药带红色,长3.5~4mm;花柱长20~23mm,近基部有毛;柱头深4裂,伸出花药之上。蒴果坚果状,狭纺锤形,长6~9mm,径2~3mm,熟时褐色,具明显的棱。种子1~4粒,有时只部分胚珠发育,卵状,长2~3mm,径1~1.5mm,淡褐色。花期6~8月,果期9~10月。种子千粒重11~13g。花近拂晓开放。

二、同属植物

(1)山桃草 *G. lindheimeri*,株高90~120cm,花有白色、红色和混色。

(2)同属还有紫叶山桃草 *G. lindheimeri* 'Crimson Butterflies',小花山桃草 *G. parviflora*,阔果山桃草 *G. biennis*。

三、种植环境要求

较耐寒,喜凉爽及半湿润气候,要求阳光充足、肥沃、疏松及排水良好的砂质土壤,耐干旱,耐半阴。

四、采种技术

1.种植要点: 我国北方大部分地区均可制种,甘

古代稀和山字草种子

山桃草

山桃草种子

肃河西走廊一带是最佳制种基地。采种可在3月中旬温室育苗，采用专用育苗基质72孔穴盘育苗。4月中下旬定植。当年播种当年即可采收种子；采种田阳光充足、灌溉良好的肥沃地块，施腐熟有机肥4~5m³/亩最好，也可用复合肥15kg/亩或磷肥50kg/亩耕翻于地块。也可以选择露地直播。播期选择在霜冻完全解除后，平均气温稳定在13℃以上，表层地温在10℃以上时，用直径3~5cm的播种打孔器在地膜上打孔，垄两边孔位呈三角形错开，每穴点3~4粒，覆土以湿润微砂的细土为好。种植行距40cm，株距25cm，亩保苗不能少于6000株。

2.田间管理：移栽或直播后要及时灌水，如果气温升高蒸发量过大要再补灌一次保证成活。若田间有移栽不当未能成活的要及时补苗。缓苗后及时给

未铺膜的工作行中耕松土，清除田间杂草，生长期间15~20天灌水1次。浇水之后土壤略微湿润，更容易将杂草拔除。在生长期根据长势可以随水施入尿素10~20kg/亩。有利于营养生长。盛花期末期要认真摘心一次，将花序顶梢摘除，每隔一定时间喷1次磷、硼、锰等微量元素或复合有机肥的水溶液，可防止花而不实。叶面喷0.02%的磷酸二氢钾溶液，可提高分枝数、单株荚果数和千粒重。

3.病虫害防治：发现蚜虫用抗蚜威、吡虫啉防治。在天气炎热的时候容易感染真菌，需及早咨询农药店并对症防治。

4.隔离要求：山桃草属为自花授粉植物，但是开花期间会吸引大量野生蜜蜂和蝴蝶，昆虫会造成天然杂交。不同品种间隔离不能少于1000m。在初花期，分多次根据品种叶形、叶色、株型、长势、花序形状和花色等清除杂株。

5.种子采收：山桃草属开花时间不同而果实成熟期也不一致。花穗下部种子先成熟，随熟随落，要及时采收。最有效的方法是在封垄前铲平未铺膜的工作行或者铺除草布，成熟的种子掉落在地膜表面，要及时用笤帚扫起来集中精选加工。品种间种子产量差异较大，和田间管理、采收有关。

❸ 月见草属 *Oenothera*

【原产地】加拿大、美国、墨西哥。

一、生物学特性

一、二年生或多年生草本。有明显的茎或无茎；茎直立、上升或匍匐生，具垂直主根，稀只具须根，有时自伸展的侧根上生分枝，稀具地下茎。叶在未成年植株常具基生叶，以后具茎生叶，螺旋状互生，有柄或无柄、边缘全缘、有齿或羽状深裂；托叶不存在。花大，美丽，4数，辐射对称，生于茎枝顶端叶腋或退化叶腋，排成穗状花序、总状花序或伞房花序，通常花期短，常傍晚开放，至翌日日出时萎凋；花管发达（指子房顶端至花喉部紧缩成管状部分，由花萼、花冠及花丝一部分合生而成），圆筒状，至近喉部多少呈喇叭状，花后迅速凋落；萼片4，反折，绿色、淡红或紫红色；花瓣4，黄色，紫红色或白色，有时基部有深色斑，常倒心形或倒卵形；雄蕊8，近等长或对瓣的较短；花药"丁"字形着生，花粉粒以单体授粉，但彼此间有孢黏丝连接；子房4室，胚珠多数；柱头深裂成4线形裂片，裂片授粉面全缘。蒴果圆柱状，常具4棱或翅，直立或弯曲，室背开裂；

直立月见草

大花月见草

美丽月见草

稀不裂。种子多数，每室排成2行。品种繁多，种子差异很大，千粒重0.6g～4.55g。

二、同属植物

（1）月见草 *O. biennis*，二年生，株高70～90cm，花黄色。

（2）拉马克月见草 *O. pallida*，一年生，株高30～50cm，花黄色和白色。

（3）大花夜来香 *O. missouriensis*，多年生，株高20～30cm，花径9～11cm，花黄色。

（4）美丽月见草 *O. speciosa*，一年生，株高30～40cm，花粉红色。

（5）同属还有待宵草 *O. stricta*，粉花月见草 *O. rosea* 等。

三、种植环境要求

耐寒耐旱、耐贫瘠，性喜温暖湿润、阳光充足、通风良好，对环境适应能力强，生命力旺盛，对土壤要求不严。

四、采种技术

1. 种植要点：我国北方大部分地区均可制种。一年生品种和宿根品种均可在春季育苗，采用专用育苗基质72～128孔穴盘育苗。发芽适温10～15℃；种子播下后，要保持土壤湿润，1～2周就会发芽，出苗后降低温度和湿度。4月中下旬可以定植于大田。采种田选用无宿根性杂草、阳光充足、灌溉良好的肥沃地块。施用复合肥10～25kg/亩或磷肥50kg/亩耕翻于地块。采用黑色除草地膜覆盖平畦栽培，种植行距40～60cm，株距30cm，亩保苗不能少于5000株。

2. 田间管理：定植后要及时灌水。如果气温升高蒸发量过大要二次灌水保证出苗。出苗后，要及时查苗，发现缺苗断垄时，应采取补栽。长出5～6叶时间苗，按照留大去小的原则，每穴保留1～2株。浇水之后土壤略微湿润，及时进行中耕松土，清除田间杂草。生长期间15～20天灌水1次，根据长势可以随水施入氮肥10～20kg/亩，有利于营养生长。在生殖生长期间喷施2次0.2%磷酸二氢钾。这对植株孕蕾开花极为有利；促进果实和种子的成长。为促进分枝、抑制高度可人工摘心，也可喷施800～1000倍液的矮壮素水剂2～3次，就可有效抑制高生长，使植株匀称。宿根品种越冬前要灌水1次，保持湿度安全越冬。早春及时灌溉返青水，生长期中耕除草3～4次。根据长势可以随水在春、夏季各施1次氮肥或复合肥，喷施2次0.2%磷酸二氢钾，现蕾到开花初期再施1次，促进果实和种子的成长。6～7月进入盛花期，盛花期要保证水肥管理。

3. 病虫害防治：铜绿丽金龟用90%晶体敌百虫

月见草种子对比

30倍液拌成毒饵诱杀；腐烂病用1%石灰水，或用50%甲基托布津1500倍液，也可用75%百菌清1000倍液浇灌。间隔10～15天。

4.隔离要求：月见草属为自花授粉植物，但是开花期间会吸引大量野生蜜蜂和蝴蝶，昆虫会造成天然杂交。不同品种间隔离不能少于1000m。在初花期，分多次根据品种叶形、叶色、株型、长势、花序形状和花色等清除杂株。

5.种子采收：月见草属为无限花序，果实陆续成熟，一般底荚有3～4个变黄、并要开裂时，为最佳收获期，迟了则早熟的果实干裂、种子自行散落。最有效的方法是在封垄前铲平未铺膜的工作行或者铺除草布，成熟的种子掉落在地膜表面，要及时用笤帚扫起来集中精选加工。收获后种子分级清选，除去杂质，保存在干燥处。品种间种子产量差异较大，和田间管理、采收有关。

三十八、酢浆草科 Oxalidaceae

酢浆草属 Oxalis 黄花酢浆草

【原产地】南非。

一、生物学特性

多年生草本，常作一年生栽培。全株有疏柔毛；根具肉质鳞茎状或块茎状地下根茎。茎匍匐或斜升，多分枝。叶互生，掌状复叶有多叶，倒心形。花瓣黄色，宽倒卵形，长为萼片的4～5倍，先端圆形、微凹，基部具爪；雄蕊10个，2轮，内轮长为外轮的2倍，花丝基部合生；花瓣5，覆瓦状排列；子房被柔毛。果为室背开裂的蒴果，果瓣宿存于中轴上；蒴果圆柱形，被柔毛。种子具2瓣状的假种皮，种子千粒重0.5～0.53g。

二、同属植物

（1）黄花酢浆草 O. pes-caprae，株高30～40cm，花单瓣、黄色。

（2）同属还有白花酢浆草 O. acetosella，红花酢浆草 O. corymbosa，三角紫叶酢浆草 O. triangularis 等，均为球根繁殖。

三、种植环境要求

喜向阳、温暖、湿润的环境，夏季炎热地区宜遮半阴，抗旱能力较强，不耐寒，喜阴湿环境，对土壤适应性较强，一般园土均可生长，但以腐殖质丰富的砂质壤土生长旺盛。夏季有短期的休眠。在阳光极其灿烂时开放。

四、采种技术

1.种植要点：我国北方大部分地区均可制种。可

黄花酢浆草

黄花酢浆草花朵

黄花酢浆草种子

在3月中旬温室育苗，由于种子较细小，在播种前首先要选择好苗床，整理苗床时要细致，深翻碎土两次以上，碎土均匀，刮平地面，将苗床浇透，待水完全渗透苗床后，将种子和沙按1：5比例混拌后均匀撒于苗床，播后不再覆土或薄盖过筛细沙。播种后在苗床加盖小拱棚，盖上地膜保持苗床湿润，温度18～24℃，播后6～9天即可出苗。当小苗长出2片叶时，可结合除草进行间苗，使小苗有一定的生长空间。有条件的也可以采用专用育苗基质128孔穴盘育苗。采种田要选择阳光充足、灌溉良好的肥沃地块，施腐熟有机肥4～5m³/亩最好，也可用复合肥15～20kg/亩耕翻于地块。采用黑色除草地膜平畦覆盖，种植行距40cm，株距25cm，亩保苗不能少于6000株。

2. 田间管理：移栽后要及时灌水，如果气温升高蒸发量过大要再补灌一次保证成活。若田间有移栽不当未能成活的要及时补苗。缓苗后及时给未铺膜的工作行中耕松土，清除田间杂草，生长期间15～20天灌水1次。灌水不能太厚，灌水过厚排水，否则会烂根引起死亡。浇水之后土壤略微湿润，更容易将杂草拔除。在生长期根据长势可以随水施入尿素10～20kg/亩。多次叶面喷施0.02%的磷酸二氢钾溶液，可提高分枝

数、结实率和增加千粒重。盛花期后进入生殖阶段，灌浆期要尽量勤浇薄浇。枝条细软，应及早设立支架，防止倒伏。

3. 病虫害防治：酢浆草生长茂密，下部通风透光差，高温高湿易发生白粉病，叶子发黄霉烂，可喷三唑酮、甲基托布津等杀菌剂。另外，5月初红蜘蛛开始危害。由于酢浆草叶浓密，防治困难，所以必须以预防为主。6月温度升高时开始喷施杀螨剂，不能在红蜘蛛大发生时才防治。

4. 隔离要求：酢浆草属为自花授粉植物，天然异交率不是很高。由于该属品种较少，可和其他植物同田栽植。

5. 种子采收：酢浆草属因开花时间不同而果实成熟期也不一致。蒴果成熟后开裂，成熟的种子会掉落。在8月底陆续成熟，要随熟随采。最有效的方法是在封垄前铲平未铺膜的工作行或者铺除草布，成熟的种子掉落在地膜表面，要及时用笤帚扫起来回收种子。后期待90%花穗干枯时可一次性收获，收割后后熟1周以上，晒干后脱粒，然后再用比重机选出小粒的种子，采收的种子集中去杂，装入袋内。其产量和田间管理有关，产量偏低。

三十九、罂粟科 Papaveraceae

① 秃疮花属 *Dicranostigma* 秃疮花

【原产地】亚洲，我国分布于云南西北部、四川西部、西藏南部、青海东部、甘肃南部至东南部、陕西秦岭北坡、山西南部、河北西南部和河南西北部。

一、生物学特性

多年生草本，常作一年生栽培。全体含淡黄色液汁，被短柔毛，稀无毛。主根圆柱形。茎多，绿色，具粉，上部具多数等高的分枝。基生叶丛生，叶片狭倒披针形，长10～15cm，宽2～4cm，羽状深裂，裂片4～6对，再次羽状深裂或浅裂，小裂片先端渐尖，顶端小裂片3浅裂，表面绿色，背面灰绿色，疏被白色短柔毛；叶柄条形，长2～5cm，疏被白色短柔毛，具数条纵纹；茎生叶少数，生于茎上部，长1～7cm，羽状深裂、浅裂或二回羽状深裂，裂片具疏齿，先端三角状渐尖；无柄。花1～5朵于茎和分枝先端排列成

秃疮花

秃疮花种子

聚伞花序；花梗长2～2.5cm，无毛；具苞片；花芽宽卵形，长约1cm；萼片卵形，长0.6～1cm，先端渐尖成距，距末明显扩大呈匙形，无毛或被短柔毛；花瓣倒卵形至圆形，长1～1.6cm，宽1～1.3cm，黄色；雄蕊多数，花丝丝状，长3～4mm，花药长圆形，长1.5～2mm，黄色；子房狭圆柱形，长约6mm，绿色，密被疣状短毛，花柱短，柱头2裂，直立。蒴果线形，长4～7.5cm，粗约2mm，绿色，无毛，2瓣自顶端开裂至近基部。种子卵珠形，长约0.5mm，红棕色，具网纹。花期3～5月，果期6～7月。种子千粒重0.5～0.53g。

二、同属植物

（1）秃疮花 D. leptopodum，株高60～90cm，花黄色。

（2）同属还有宽果秃疮花 D. platycarpum，苣叶秃疮花 D. lactucoides，河南秃疮花 D. henanensis 等，均为野生种。

三、种植环境要求

生长在海拔400～3700m的草坡或路旁、田埂、墙头、屋顶。适应性强，耐干旱和瘠薄，任何土壤都能生长，也容易入侵农田，通常作为杂草根除。可以作为野生观赏植物引种栽培。

四、采种技术

1.种植要点：关中、中原一带是最佳制种基地。可在8月底露地育苗，8月气温偏高，需在冷凉处设立苗床，苗床上加盖遮阳网和防雨塑料布。由于种子比较细小，在播种前首先要选择好苗床，整理苗床时要细致，深翻碎土两次以上，碎土均匀，刮平地面，将苗床浇透，待水完全渗透苗床后，将种子和沙按1：5比例混拌后均匀撒于苗床，播后不再覆土或薄盖过筛细沙。播种后在苗床加盖小拱棚，盖上地膜保持苗床湿润，温度20～30℃，播后15～25天即可出苗。当小苗长出2片叶时，可结合除草进行间苗，使小苗有一定的生长空间。也可以在9月底直播于露地，直播用种量要大。由于种子发芽势弱，出苗参差不齐，不建议直播。10月初定植于大田，最好种植于果园果树种间，种植密度宜稀不宜密，果园冬春覆盖率高，保墒效果好。

2.田间管理：关中地区冬春干旱，风大风多，气候干燥，地表土壤水分散失严重。秃疮花匍匐生长，叶大而多，可有效覆盖果园地面。与果树争肥、争水的矛盾较小。从10月至翌年3月，果树处于缓慢生长期、休眠期和萌芽生长初期，生理代谢缓慢，对肥水需求较少。增加土壤有机质含量，改善土壤理化性质。连年种植，腐烂的枝叶可有效增加土壤有机质含

量。招蜂引蝶，有助授粉。秃疮花的花期较长，与果树花期相遇，可招引蜜蜂和其他昆虫于园内，有助于果树授粉，提高坐果率。种植管理简单易行。秃疮花抗逆性、抗旱性强，易出苗，按自然生长规律自生自灭。果园栽培秃疮花生产中，前半年只除掉秃疮花以外的杂草，待秃疮花植株自然死亡后，一般可在7月对园内杂草进行锄除；若要使用除草剂除杂草，一定要赶在秃疮花发芽前，否则，会将秃疮花幼苗一起除掉。连续养护3～4年后，可对果园实行隔行深翻，2年完成一茬，既能留种，又能使土壤进一步熟化。

3.病虫害防治：秃疮花抗性较强，很少发生病虫害。

4.隔离要求：秃疮花属是两性花，属虫媒花，由昆虫帮助授粉；可自花传粉也可异花传粉。由于该属品种较少，可和其他植物同田栽植。

5.种子采收：5月上旬至6月中旬，种荚变为黄褐色时采收种子，以免种荚破裂种子掉落。90%植株干枯时可一次性收获，选择清晨有露水时收割，收割后后熟1周以上，晒干后脱粒，然后再用比重机选出小粒的种子，采收的种子集中去杂，装入袋内。其产量和田间管理有关。

❷ 花菱草属 *Eschscholzia* 花菱草

【原产地】美国西部、墨西哥。

一、生物学特性

多年生草本，常作一年生栽培。无毛，植株带蓝灰色。茎直立，明显具纵肋，分枝多，开展，呈二歧状。基生叶数枚，长10～30cm，叶柄长，叶片灰绿色，多回三出羽状细裂，裂片形状多变，线形锐尖、长圆形锐尖或钝、匙状长圆形，顶生3裂片中，中裂片大多较宽和短；茎生叶与基生叶同，但较小和具短柄。花单生于茎和分枝顶端；花梗长5～15cm，花托凹陷，漏斗状或近管状，长3～4mm，花开后成杯状，边缘波状反折；花萼卵珠形，长约1cm，顶端呈短圆锥状，萼片2，花期脱落；花瓣4，三角状扇形，长2.5～3cm，黄色，基部具橙黄色斑点；雄蕊多数，40枚以上，花丝丝状，基部加宽，长约3mm，花药条形，长5～6mm，橙黄色；子房狭长，花柱短，柱头4，钻状线形，不等长。蒴果狭长圆柱形，长达5～8cm，自花托上脱落后，2瓣自基部向上开裂，具多数种子。种子球形，直径1～1.5mm，具明显的网纹。花期6～7月，果期8～9月。种子千粒重1.18～1.25g。

二、同属植物

花菱草园艺品种较多，有单瓣、半重瓣、皱瓣品

种，花色繁多。

（1）花菱草 *E. californica*，株高40～60cm，单瓣系列，花有混色、黄色、玫红、红色、橘色、奶油黄。皱瓣系列，花有混色、粉红、黄色、红色等。

（2）同属还有加州罂粟 *E. papastillii*，教区罂粟 *E. parishii* 等。

三、种植环境要求

较耐寒，喜冷凉干燥气候，怕涝，宜疏松肥沃、排灌良好、土层深厚的砂质壤土，也耐瘠薄土壤。

四、采种技术

1.种植要点：我国北方大部分地区均可制种。直根性，具备长主根，不耐移植，以直播为主。一定要早播，这个很重要，河西地区一般在3月中下旬播种。惊蛰后选阳光充足、灌溉良好的肥沃地块，施腐熟有机肥4～5m³/亩最好，也可用复合肥25kg/亩或磷肥50kg/亩、浅耕耙地、疏松土壤、翻埋肥料、耙平镇压。地块最好大块改小块，每块1亩比较适宜，这样才能利于薄水灌溉。采用1.4m宽幅的黑色除草地膜，用小型拖拉机覆盖地膜，覆盖地膜后一定要在地膜表面分段压土，防止大风破坏地膜。用手推式种子点播机播种，地膜上面种植4行，每穴播种量10～20粒。种植深度

0.5cm，最好在穴口覆盖细沙。播种量每亩0.5～1kg。种植行距30cm，株距20cm，亩种植10000穴/株。

2.田间管理：随着气温升高，地膜下土壤会潮湿，种子在15～20℃时就会发芽。如果土壤太干，要在播后浇薄水一次以利出苗。出苗后再浇水一次，当小苗长出2片叶时，可结合除草进行间苗，每穴保留4～5棵为宜；使小苗有一定的生长空间。浇水之后土壤略微湿润，更容易将杂草拔除。及时给未铺膜的工作行中耕松土，生长期间20～30天灌水1次。灌水不能太深，要适量浇水，灌水过深应及时排水，宜干不宜湿，避免根颈部发黑糜烂引起死亡。在生长期根据长势可以随水施入尿素10～20kg/亩。最怕乱施肥、施浓肥和偏施氮、磷、钾肥，要求遵循"淡肥勤施、量少次多、营养齐全"。长势越强能覆盖地面，给地表降温。多次叶面喷施0.02%的磷酸二氢钾溶液，可提高分枝数、结实率和增加千粒重。

3.病虫害防治：花菱草属忌连作，以前种植过花菱草的地块要间隔4年以上。在高温、高湿的条件下，或施肥过多，都可以导致病虫害的发生。发现病株时，除及时进行药物防治外，还要将病株拔除进行烧毁或深埋处理。同时注意田间卫生。

4.隔离要求：花菱草属是两性花，属虫媒花，由蜜蜂帮助授粉；可自花传粉也可异花传粉。天然杂交率很高。不同品种间隔离不能少于1000m。在初花期，分多次根据品种叶形、叶色、株型、长势、花序形状和花色等清除杂株。

5.种子采收：花菱草属蒴果成熟会自行开裂，种荚变为黄褐色时采收种子，以免种荚破裂种子掉落。90%植株干枯时可一次性收获，选择清晨有露水时收割，收割后后熟1周以上，晒干后脱粒。最有效的方法是在封垄前铲平未铺膜的工作行或者铺除草布，成熟的种子掉落在地膜表面，要及时用笤帚扫起来集中精选加工。然后再用比重机选出小粒的种子，采收的

花菱草橘色

花菱草混色

花菱草种子

种子集中去杂，装入袋内。其产量和田间管理有关，单瓣品种产量比较稳定，亩产40～50kg。

③ 金杯罂粟属 *Hunnemannia* 金杯花

【原产地】墨西哥1500～2000m的高原地区，包括奇瓦瓦沙漠以及南部腹地。生于砂石地区。现被广为引种。

一、生物学特性

多年生植物，常作二年生栽培。基部茎木质化。叶灰绿色，深裂为细条状，似花菱草叶。开花时花冠杯状，四花被黄色，相互重叠，长5～7cm，类似郁金香；短雄蕊多数，花药橙色。鲜艳的黄色花从春天到秋天盛开。蒴果细长。种子千粒重3.7～4g。

二、同属植物

（1）金杯花 *H. fumariifolia*，株高25～35cm，花黄色。

（2）同属还有墨西哥金杯罂粟 *H. hintoniorum*。

三、种植环境要求

较耐热，喜冷凉干燥气候，怕涝，宜疏松肥沃、排灌良好、土层深厚的砂质壤土。

四、采种技术

1.种植要点：直根性，不耐移植，以直播为主。一定要早播，这个很重要，河西地区一般在3月中下旬播种。惊蛰后选阳光充足、灌溉良好的肥沃地块，施腐熟有机肥4～5m³/亩最好，也可用复合肥25kg/亩或磷肥50kg/亩，浅耕耙地、疏松土壤、翻埋肥料、耙平镇压。地块最好大块改小块，每块1亩比较适宜，这样才能利于薄水灌溉。采用黑色除草地膜，覆盖地膜后一定要在地膜表面分段压土，防止大风破坏地膜。平均气温稳定在13℃以上，用直径3～5cm的播种打孔器在地膜上打孔，垄两边孔位呈三角形错开，每穴点3～4粒，覆土以湿润微砂的细土为好。种植行距30cm，株距25cm，亩保苗不能少于8800株。

2.田间管理：随着气温升高，地膜下土壤会潮湿，种子会迅速发芽。如果土壤太干，要在播后浇薄水一次以利出苗。出苗后再浇水一次，当小苗长出2片叶时，可结合除草进行间苗，每穴保留2～3棵为宜；使小苗有一定的生长空间。浇水之后土壤略微湿润，更容易将杂草拔除。生长期间20～30天灌水1次。灌水不能太深，要适量浇水，灌水过深应及时排水，宜干不宜湿，避免根颈部发黑糜烂引起死亡。在生长期根据长势可以随水施入尿素10～20kg/亩。多次叶面喷施0.02%的磷酸二氢钾溶液，可提高分枝数、结实率

金杯花

金杯花种子

和增加千粒重。

3.病虫害防治：金杯罂粟属忌连作，以前种植过罂粟科的地块均不能种植。在高温、高湿的条件下易发生根腐病。发病后，植株根部逐渐变色腐烂，叶片萎蔫干枯，后致全株枯死。可用1%石灰水或用50%甲基托布津1500倍液，也可用75%百菌清1000倍液浇灌。间隔10～15天浇1次。

4.隔离要求：金杯罂粟属是两性花，属虫媒花，由蜜蜂帮助授粉；可自花传粉也可异花传粉。由于该属品种较少，可和其他植物同田栽植。

5.种子采收：金杯罂粟属8～9月下旬果实陆续成熟。蒴果会自行开裂，种荚变为黄褐色时采收种子，以免种荚破裂种子掉落。90%植株干枯时可一次性收获，选择清晨有露水时收割，收割后后熟1周以上，晒干后脱粒。其产量和田间管理有关。

【原产地】欧洲、亚洲、北美洲。

一、生物学特性

一、二年生或多年生草本，稀亚灌木。根纺锤形或渐狭，单式。茎1或多，圆柱形，不分枝或分枝，极缩短或延长，直立或上升，通常被刚毛，稀无毛，具乳白色、恶臭的液汁，具叶或不具叶。基生叶形状多样，羽状浅裂、深裂、全裂或二回羽状分裂，有时为各种缺刻、锯齿或圆齿，极稀全缘，表面通常具白粉，两面被刚毛，具叶柄；茎生叶若有，则与基生叶同形，但无柄，有时抱茎。花单生，稀为聚伞状总状花序；具总花梗或有时为花葶，延长，直立，通常被刚毛。花蕾下垂，卵形或球形；萼片2，极稀3，开花前即脱落，大多被刚毛；花瓣4，极稀5或6，着生于短花托上，通常倒卵形，2轮排列，外轮较大，大多红色，稀白色、黄色、橙黄色或淡紫色，鲜艳而美丽，常早落；雄蕊多数，花丝大多丝状，白色、黄色、绿色或深紫色，花药近球形或长圆形；子房1室，上位，通常卵珠形，稀圆柱状长圆形，心皮4～8，连合，被刚毛或无毛，胚珠多数，花柱无，柱头4～18，辐射状，连合成扁平或尖塔形的盘状体盖于子房之

东方虞美人

上；盘状体边缘圆齿状或分裂。蒴果狭圆柱形、倒卵形或球形，被刚毛或无毛，稀具刺，明显具肋或无肋，于辐射状柱头下孔裂。种子多数，小，肾形，黑色、褐色、深灰色或白色，具纵向条纹或蜂窝状；胚乳白色、肉质且富含油分；胚藏于胚乳中。种子千粒重0.13～0.29g。

二、同属植物

全世界共有约230种罂粟，大部分罂粟含有麻醉生物碱，包括吗啡及可卡因，只能作为特殊药材种植，国家严令禁止种植。这里只介绍观赏型的罂粟属植物——虞美人，从外形上看，虞美人和罂粟很相似，但实际上区别却非常大。虞美人的全株被毛，果实较小；而罂粟花植株光滑无毛，果实较大。

（1）虞美人 *P. rhoeas*，一年生，株高70～90cm，有重瓣混色，单瓣混色、红色、橙红、白色、粉红、红带黑斑等品种。

（2）高山虞美人 *P. apine*，多年生，株高40～50cm，花黄色。

（3）冰岛虞美人 *P. nudicaule*，多年生，株高50～80cm，花有混色、白色、红色、粉色和黄色。

（4）东方虞美人 *P. orientale*，多年生，株高70～90cm，花有猩红色和粉色。

（5）天山红花 *P. pavoninum*，一年生，株高70～90cm，花红色具黑斑。

三、种植环境要求

要求雨水少但土壤要湿润，日照长但不干燥，土壤养分充足而酸性小，海拔在900～1300m为好。一年生品种喜温暖、怕暑热、喜阳光充足的环境。多年生品种耐寒性强，-20℃可安全越冬。对土壤要求不严，但以疏松肥沃砂壤土最好。

四、采种技术

1.种植要点：我国北方大部分地区均可制种，甘

冰岛虞美人

虞美人

虞美人种子

肃河西走廊一带为最佳制种基地。一年生品种可在3月中旬温室育苗，由于种子比较细小，在播种前首先要选择好苗床，整理苗床时要细致，深翻碎土两次以上，碎土均匀，刮平地面，将苗床浇透，待水完全渗透苗床后，将种子和沙按1：5比例混拌后均匀撒于苗床，播后不再覆土或薄盖过筛细沙。播种后在苗床加盖小拱棚，盖上地膜保持苗床湿润，温度18～25℃，播后7～9天即可出苗。当小苗长出2片叶时，可结合除草进行间苗，使小苗有一定的生长空间。有条件的也可以采用专用育苗基质128孔穴盘育苗。多年生品种在夏季6月初育苗，8月中旬小麦收获后定植。直根系植物，苗龄不可过长，应该在30～40天。也可以直播于露地，直播用种量大，种子细小，播种要精耕细作，不能过深，种植深度以不见种子为宜。采种田选择无宿根性杂草的地块，用复合肥15kg/亩或磷肥50kg/亩耕翻于地块。采用黑色除草地膜平畦覆盖，种植行距40cm，株距25cm，亩保苗不能少于6600株。

2.田间管理：移栽或直播后要及时灌水，如果气温升高蒸发量过大要再补灌一次保证成活。若田间有移栽不当未能成活的要及时补苗。缓苗后及时给未铺膜的工作行中耕松土，清除田间杂草，生长期

间15～20天灌水1次。浇水之后土壤略微湿润，更容易将杂草拔除。多年生品种越冬前要灌水1次，保持湿度安全越冬。早春及时灌溉返青水，在生长期根据长势可以随水施入尿素10～30kg/亩。多次叶面喷施0.02%的磷酸二氢钾溶液，可提高分枝数、结实率和增加千粒重。盛花期尽量不要喷洒杀虫剂，以免杀死蜜蜂等授粉媒介。盛花期后进入生殖阶段，灌浆期要尽量勤浇薄浇。在生长中期大量分枝，应及早设立支架，防止倒伏。

3.病虫害防治：常见病害有苗期枯萎病，用25%甲基托布津可湿性粉剂1000倍液喷洒。通常子叶出苗后每周用1000倍液百菌清或甲基托布津喷施，连续2～3次。常见虫害有蚜虫危害，成虫若虫密集于嫩梢，吮吸叶上汁液。常采用35%卵虫净乳油1000～1500倍液，2.5%天王星乳油3000倍液，50%灭蚜灵乳油1000～1500倍液，10%氯氢菊酯乳油3000倍液，2.5%功夫乳油3000倍液，40%毒死蜱乳油1500倍液，40%氧化乐果1000倍液，2.5%鱼藤精乳油1500倍喷杀。

4.隔离要求：虞美人是两性花，属虫媒花，由蜜蜂帮助授粉；可自花传粉也可异花传粉。天然杂交率很高。不同品种间隔离不能少于1000m。在初花期，分多次根据品种叶形、叶色、株型、长势、花序形状和花色等清除杂株。

5.种子采收：虞美人在8～9月果实陆续成熟，在花谢后果实干枯变黄褐色，采收不可过晚或过早，过晚果实自然开裂，种子掉落，过早采收的种子成熟度不好，影响发芽。应选择清晨有露水时采摘，采摘回来的果实后熟后晒干，轻轻捶打即可脱离出种子，然后再用比重机选出未成熟的种子装入袋内，在通风干燥处保存。品种间种子产量差异较大，和田间管理、采收有关。

四十、西番莲科 Passifloraceae

西番莲属 *Passiflora*

【原产地】南美洲。

一、生物学特性

草质或木质藤本，罕有灌木或小乔木。单叶，少有复叶，互生，偶有近对生，全缘或分裂，叶下面和叶柄通常有腺体；托叶线状或叶状，稀无托叶。聚伞

花序，腋生，有时退化仅存1～2花，成对生于卷须的两侧或单生于卷须和叶柄之间，偶有复伞房状；花序梗有关节，具1～3枚苞片，有时成总苞状；花两性；萼片5枚，常呈花瓣状，有时在外面顶端具1角状附器；花瓣5枚，有时不存在；外副花冠常由1至数轮丝状、鳞片状或杯状体组成；内副花冠膜质，扁平或褶状、全缘或流苏状，有时呈雄蕊状，其内或下部具

百香果

西番莲

有蜜腺环，有时缺；在雌雄蕊柄基部或围绕无柄子房的基部具有花盘，有时缺；雄蕊5枚，偶有8枚，生于雌雄蕊柄上，花丝分离或基部连合，花药线形至长圆形，2室；花柱3（4），柱头头状或肾状；子房1室，胚珠多数，侧膜胎座。果为肉质浆果、卵球形、椭圆球形至球形，含种子数颗；种子扁平，长圆形至三角状椭圆形；种皮具网状小窝点；胚乳肉质，胚劲直；子叶扁平，叶状。种子千粒重16～20g。

二、同属植物

（1）百香果 *P. edulia*，爬蔓型，株高200～400cm，花紫色，目前已经培育出杂交品种。

（2）西番莲 *P. caerulea*，株高260～360cm，花紫色，优良的爬蔓耐热植物。

（3）同属还有长叶西番莲 *P. siamica*，心叶西番莲 *P. eberhardtii*，圆叶西番莲 *P. henryi* 等。

三、种植环境要求

西番莲属热带、亚热带水果，喜光、向阳及温暖的环境。适应性强，对土壤要求不严，房前屋后、山地、路边均可种植，但以富含有机质、疏松、土层深厚、排水良好、阳光充足的向阳园地生长最佳。忌积水，不耐旱，应保持土壤湿润。

四、采种技术

1. 种植要点：秦岭以南地区，湖南、广西、湖北为最佳制种基地。一年四季均可进行，但以春、秋季播种为佳。播种前用40℃左右温水把种子浸泡2～3天，用手搓脱种子外层胶质，直到种子吸水并膨胀起来再播种。播时1kg种子用多菌灵10～20g拌种20分钟左右，然后将种子均匀撒播在苗床上，盖一层薄草，淋足水。播后应据天气情况浇水，晴天每天早晚喷水1次，约半个月后开始出土。待幼苗长出4片真叶时移栽。

2. 田间管理：要求种植带宽、穴大、表土充足、根圈大、架高和密度合理。种植带宽110cm以上，内倾5°～8°，内壁倾斜70°以上，种植带、内壁光滑整齐，种植带外缘筑20cm×30cm的小埂；植距3cm×4m，穴口宽60cm、底口宽和深各40cm；表土肥且充足，便于回穴和修根圈；根圈土高20cm，直径70cm以上；攀缘架高度，迎风坡为2.2m，背风坡为2.5m。在一排直立的柱子上拉一道或两道铁丝，柱高约2m，柱距6m，其间可栽两株；水泥杆的桩间距4m，与西番莲植株行间走向同，亩用量56根。成片栽培行株距为3cm×2m。亩栽111株。定植时要理顺根系，分层填土，踏紧压实。栽后及时浇根水。小苗恢复生长后，每5天抹1次芽，促使主蔓速生、粗壮。每年2月底前完成果园修剪，剪去病虫枝和结过果的枝；在雨季来临前挖好排水沟，修整根圈，防止植株积水；6月下旬至7月上旬大花期，对叶面喷施磷酸二氢钾250倍液进行促花；当幼树长到40～50cm时，要及时立支柱，牵引幼树藤蔓上架。幼树主要采用单主蔓双层四大枝整形法，当主蔓长到70～80cm时留侧蔓2枝，分别牵引上架，作第一层主蔓。植株长到150～160cm时，再留壮侧枝1枝，与主蔓延长枝同时作为二层主枝，分别牵引向反方向上架，形成双层四枝蔓整形。此期间应将主蔓80cm以下和80～160cm间的侧枝、萌枝全部剪除或抹掉。人工授粉能提高产量。方法是在花刚开时收集花药，再用毛笔蘸花粉授在柱头上。盛花期和盛果期追施以人粪尿为主的有机肥加复合肥。施肥方法为在离植株基部30～40cm处挖环沟均匀施入并覆土，以免伤根。西番莲对氮肥较敏感，开花前施用过多易导致徒长，应适当多施磷肥和钾肥。

百香果种子

3.病虫害防治：西番莲的病虫害主要有根腐病、炭疽病、花叶病、蛀果虫、白蚁、红蜘蛛、蚜虫等。应以预防为主，及时修剪、疏叶，保证通风透光，并做好排水工作，可减少病虫害发生。发生根腐病可用70%甲基托布津800～1000倍液喷施；发生炭疽病可用50%多菌灵500倍液或40%灭病威悬剂400倍液防治。发生蚜虫用20%的吡虫啉2500倍液喷雾；蛀果虫危害时可在上午8：00左右，用90%敌百虫1000倍液加3%红糖，每隔4～5天喷1次，连喷3～4次。

4.隔离要求：西番莲属是异花授粉植物，雌雄异花，雌花结果，雄花用于授粉，其授粉媒介主要是蜜蜂等昆虫，也可通过人工授粉提高坐果率。天然杂交率很高，为保证品种纯度，品种间要注意隔离种植。

5.种子采收：西番莲属果实成熟所需的时间因开花季节的不同而异，5～6月开的花，花后50～60天成熟，8～9月开的花需要70～90天成熟，10月以后开的花需要100～120天成熟。每年6月中旬至翌年2月初都有成熟果实可采摘，其中最集中的采收期分别在7月上旬和10月下旬。成熟的果实采摘后需要后熟8～10天，果实变软开始腐烂时，可以用果浆取籽机打碎果实，发酵1天，种子自然会沉入下面，倒去果浆后用清水反复清洗几次，直到清洗出干净的黑色的种子；然后在阳光处晾晒，晒干水分，种子再用比重机精选，用色选机清理色别不一的种子，检测含水量不能高于9%，装袋置于干燥处保存。

四十一、透骨草科 Phrymaceae

沟酸浆属 *Mimulus* 猴面花

【原产地】南美洲智利。

一、生物学特性

多年生草本植物，常作一二年生栽培。茎粗壮，中空，伏地处节上生根。叶交互对生，卵圆形、宽卵圆形，长宽近相等，上部略狭，不裂，全缘或具齿。稀疏总状花序，花对生在叶腋内，漏斗状，黄色，通常有紫红色斑块或斑点，花萼具5肋，肋有的稍作翅状，萼齿5，齿短而齐或长短不等；花冠二唇形，花冠筒状，上部稍膨大，常超出于花萼，喉部通常具一隆起成2瓣状褶皱，多少被毛，上唇2裂，直立或反曲，下唇3裂，常开展；雄蕊4，二强，着生于花冠筒内，内藏；子房2室，具中轴胎座，胚珠多数，花柱通常内藏，柱头扁平。蒴果形状和质地多样，2裂；种子多数，通常为卵圆形或长圆形，细小。花期6～8月。种子千粒重0.04～0.05g。

二、同属植物

（1）猴面花 *M. hybridus*，株高20～30cm，花混色。

（2）同属还有匍生沟酸浆 *M. bodinieri*，锦花沟酸浆 *M. luteus*，多斑沟酸浆 *M. guttatus* 等。

三、种植环境要求

对环境适应性较强，可耐0℃低温，忌炎热。为长日照植物，喜湿润、温暖及阳光充足的环境，喜生于肥沃、疏松和排灌良好的壤土。

四、采种技术

1.种植要点：我国北方大部分地区均可制种，甘

猴面花

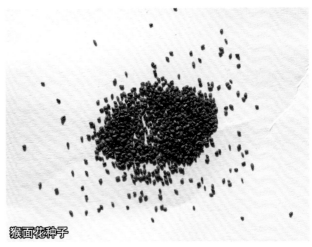
猴面花种子

肃河西走廊一带是最佳制种基地。3月温室育苗，在播种前首先要选择好苗床，整理苗床时要细致，深翻碎土两次以上，碎土均匀，刮平地面，一定要精细整平。由于种子比较细小，将苗床浇透，待水完全渗透苗床后，将种子和沙按1∶5比例混拌后均匀撒于苗床，播后不再覆土或薄盖过筛细沙。播种后在苗床加盖地膜保持苗床湿润，温度18～25℃，播后7～9天即可出苗。当小苗长出2片叶时，可结合除草进行间苗，使小苗有一定的生长空间。有条件的也可以采用专用育苗基质128孔穴盘育苗。选择土质疏松、地势平坦、土层较厚、排灌良好、有机质含量高的地块，施用复合肥10～25kg/亩或磷肥50kg/亩，结合翻地时施入土中。采用黑色除草地膜覆盖平畦栽培。种植行距40cm，株距20cm，亩保苗不能少于8000株。

2.田间管理：移栽后要及时灌水，如果气温升高蒸发量过大要再补灌一次保证成活。小苗定植后需15～20天才可成活稳定，此时的水分管理很重要，小苗根系浅，土壤应经常保持湿润。浇水之后土壤略微湿润，更容易将杂草拔除。一般15～20天灌水1次，在生长期根据长势可以随水施肥，可少施氮肥，适

量增加磷、钾肥，为增加种子产量可多次叶面喷施0.02%的磷酸二氢钾溶液，盛花期尽量不要喷洒杀虫剂，以免杀死蜜蜂等授粉媒介。盛花期后进入生殖阶段，灌浆期要尽量勤浇薄浇。

3.病虫害防治：积极预防各种病害，可选用70%甲基托布津可湿性粉剂1000～1200倍液，或95%敌可松可溶性粉剂600倍液防治叶部病害，用14.5%多效灵水溶性粉剂150～200倍液等防治根部病害。植株的嫩茎很易受蚜虫侵害，应及时喷吡虫啉防治。

4.隔离要求：猴面花为异花授粉植物，主要靠野生蜜蜂和一些昆虫授粉，但是天然异交率很高。同属间容易串粉混杂，为保持品种的优良性状。留种品种间要严格隔离。由于该属品种较少，可和其他植物同田栽植。

5.种子采收：猴面花在8～10月果实陆续成熟，在花谢后果实干枯变黄褐色，采收不可过晚或过早，过晚果实自然开裂，种子掉落，过早采收的种子成熟度不好，影响发芽。应选择清晨有露水时采摘，采摘回来的果实后熟后晒干，轻轻捶打即可脱离出种子，在通风干燥处保存。其产量和田间管理、采收有关。

四十二、白花丹科 Plumbaginaceae

① 补血草属 *Limonium*

【原产地】美国、墨西哥、欧亚大陆。

一、生物学特性

多年生或一年生草本、半灌木或小灌木。叶基生，少有互生或集生枝端，通常宽阔。花序伞房状或圆锥状，罕为头状；花序轴单生或丛出，常作数回

分枝，有时部分小枝不具花（称为不育枝）；穗状花序着生在分枝的上部和顶端；小穗含1至数花；外苞明显短于第一内苞，有较草质部为窄的膜质边缘，或有时几全为膜质，先端无或有小短尖，第一内苞通常与外苞相似而多有宽膜质边缘，包裹花的大部或局部；萼漏斗状、倒圆锥状或管状，干膜质，有5脉，萼筒基部直或偏斜；萼檐先端有5裂片，有时具间生

补血草

小裂片，或者裂片不显或而呈锯齿状；花冠由5个花瓣基部连合而成，下部以内曲的边缘密接成筒，上端分离而外展；雄蕊着生于花冠基部；子房倒卵圆形，上端骤缩细；花柱5，分离，光滑，柱头伸长，丝状圆柱形或圆柱形。蒴果倒卵圆形。种子千粒重0.15～0.71g。

二、同属植物

（1）深波叶补血草 *L. sinuata*，又名勿忘我，一年生，株高70～90cm，花色有混色、蓝色、玫红、白色、黄色。

（2）黄花补血草 *L. latifolium*，多年生，株高30～40cm，花黄色。

（3）阔叶补血草 *L. aureum*，多年生，株高50～70cm，花淡蓝色。

（4）苏沃补血草 *L. suworowii*，又名情人草，一年生，株高50～70cm，花粉红色。

三、种植环境要求

适应力强，喜干燥、凉爽的气候，忌湿热，喜光，耐旱，生长适温20～25℃，适合在疏松、肥沃、排水良好的微碱性土壤中生长。

四、采种技术

1.种植要点：可在3月中旬温室育苗，有条件的也可以采用专用育苗基质128孔穴盘育苗。种子具有嫌光性，将种子撒播后要稍加覆土、保持湿度。在15～20℃条件下，经10～15天发芽。播种要注意温度不要超过25℃，萌芽出土后需通风，小苗具5片以上叶时定植。采种田选择阳光充足、灌溉良好的肥沃地块，施腐熟有机肥4～5m³/亩最好，也可用复合肥20kg/亩或磷肥50kg/亩耕翻于地块。采用黑色除草地膜平畦覆盖，种植行距40cm，株距30cm，亩保苗不能少于5500株。

2.田间管理：移栽后要及时灌水，如果气温升高蒸发量过大要再补灌一次保证成活。若田间有移栽不当未能成活的要及时补苗。缓苗后及时给未铺膜的工

作行中耕松土，清除田间杂草，生长期间15～20天灌水1次。在生长期根据长势可以随水施肥，氮、磷、钾比例为3∶2∶4，生产上施用复合肥即可，每月1～2次，观察以叶色不变淡、叶尖不发红来控制施肥量及施肥次数。在生长期间，植株间叶片基本封行的植株，每株保留4～5个花枝让其生长开花；定期摘除新抽生的细弱花枝，以集中养分供应开花枝，并改善植株内部的通风透光条件，有利于营养生长。在生殖生长期间喷施2次0.2%磷酸二氢钾。这对植株孕蕾开花极为有利；促进果实和种子的生长。花枝较长，易倒伏，要拉网固定花枝或立支架防倒伏。

3.病虫害防治：病害有灰霉病、白粉病、病毒病等。灰霉病可用百菌清、甲基托布津800～1000倍液连续喷洒3～4次防治。白粉病可用粉锈宁等喷洒防治，病毒病主要采取及时拔除病株烧毁，喷洒杀虫剂

补血草混色

情人草

情人草（左）和补血草（右）种子

防止昆虫传病等措施防治。

4.隔离要求：补血草属花部具二态性，为自花和异花授粉植物，自花也能结实，自然状态下结实率为20%～30%。有花蜜，传粉者主要为蜜蜂科和食蚜蝇科昆虫，在9:00～14:00昆虫为其授粉，也可以人工用软毛刷扫动花枝辅助授粉以提高结实率。天然杂交率低，但是为保证品种纯度，品种间要严格隔离至少500m。在初花期，分多次根据品种叶形、叶色、株型、长势、花序形状和花色等清除杂株。

5.种子采收：补血草属花期较长，一般到10月底花穗陆续成熟，等完全干枯后一次性收割，收割后后熟10～15天。晾干后打碾去除秸秆，只保留花穗，因其种子结构特殊，种子被3～4层胞质干膜包裹，且小坚果卵形，长2～3mm，无法通过人工取出种子，只能用改进的专用脱粒机脱粒。脱粒前要在晾干的花穗喷水让其返潮一点，然后用脱粒机脱粒2～3次，脱粒出来的有20%～30%会断裂，用风选机清选出黑色的种子，然后用0.6孔径的窝眼机剔除断裂和破碎的种子；晒干水分在干燥处保存。其产量很低，品种间产量差异较大。

② 海石竹属 *Armeria* 海石竹

【原产地】欧洲中南部。

一、生物学特性

多年生宿根草花。植株低矮，丛生状。叶基生，叶线状长剑形，全缘，深绿色。花茎细长，头状花序聚生于花茎顶端，小花聚生成密集的球状，有如古代的发簪，所以有滨簪花之称；白色、紫红色、粉红色至玫瑰红色，花径约3cm，春季开花，种子夏季成熟。种子千粒重0.67～0.71g。

二、同属植物

（1）海石竹 *A. maritima*，高秆品种，株高60～80cm，花有混色和紫红色。矮秆品种，株高60～80cm，花有粉红和白色。

（2）国外已培育出杂交品种'饰品'*A. hybrida* 'Ornament'，株高30cm，花色由各种鲜艳颜色混合，叶片常绿。

（3）同属还有丛生海石竹 *A. caespitosa*，宽叶海石竹 *A. pseudarmeria*，杜松叶海石竹 *A. juniperifolia* 等。

三、种植环境要求

耐寒性强，耐旱，忌高温高湿。性喜阳光充足及排水良好的砂质土壤，栽培土质以富含有机质的腐叶土为佳。

四、采种技术

1.种植要点：生长缓慢，最好在3月中旬温室育苗，可以采用专用育苗基质128孔穴盘育苗。将种子撒播后要稍加覆土、保持湿度。在16～23℃适温条件下，8～10天发芽。出土后需通风，降低土壤湿度，小苗具5片以上叶时定植。采种田选用无宿根性杂草、地势高燥、阳光充足、灌溉良好的砂质肥沃地块。施腐熟有机肥4～5m³/亩最好，也可用复合肥20kg/亩或磷肥50kg/亩耕翻于地块。采用黑色除草地膜覆盖小高垄栽培，小高垄高度8～12cm。种植行距40cm，株距20cm，亩保苗不能少于8300株。

2.田间管理：移栽后要及时灌水。若田间有移

海石竹

海石竹玫红色

酸二氢钾。这对植株孕蕾开花极为有利；促进果实和种子的生长。

3.病虫害防治：生长期间会发生锈病，危害叶片和花茎。发病初期在叶、茎上产生疱状斑点，即病菌的孢子堆。发病中期表皮破裂后散出黄褐色粉末，即病菌的夏孢子。有时整个叶片变成黄色。寄主生长后期，产生黑色长椭圆形或短线状的冬孢子堆。冬孢子堆生在表皮下，不突破表皮。夏孢子堆和冬孢子堆均多生于叶背。深秋或早春彻底清除并烧毁病株残体。生长期喷63%代森锌600倍液预防。发病后，喷具有内吸杀菌作用的23%粉锈宁1500～2500倍液或96%敌锈钠250倍液或50%萎锈灵可湿性粉剂1500倍液。

4.隔离要求：海石竹属为自花和异花授粉植物，自花也能结实，但是自花结实率很低。有花蜜，主要靠野生蜜蜂和蝴蝶等昆虫授粉。天然杂交率很高，为保证品种纯度，品间要严格隔离至少1000m。在初花期，分多次根据品种叶形、叶色、株型、长势、花序形状和花色等清除杂株。

5.种子采收：海石竹属一般6月底至8月花球陆续成熟，等花球完全干枯后随时采摘，采摘后要及时晾干，等大部分采摘完集中脱粒。因种子被茸毛包裹，很难清选出来，所以不建议一次性收割打碾，脱粒出来的种子用风选机清选出杂质，由专业刷毛机脱毛；晒干水分在干燥处保存。其种子产量很低，品种间差异较大。

栽不当未能成活的要及时补苗。缓苗后及时给未铺膜的工作行中耕松土，清除田间杂草，生长期间15～20天灌水1次，切记一定要薄浇，浇水不要高于小高垄，浇水过深容易死苗。浇水之后土壤略微湿润，更容易将杂草拔除。及时把杂草清理掉，不要留在田间，以防留下死而复生的机会。越冬前要灌水1次，保持湿度安全越冬。早春及时灌溉返青水，浇水要适量，气温高、水温低或者久旱后在温度高时浇大量水，会对海石竹的根系造成损害。生长期中耕除草3～4次。根据长势可以随水在春、夏季各施1次氮肥或复合肥，喷施2次0.2%磷酸二氢钾，现蕾到开花初期再施1次，促进果实和种子的成长。6～7月进入盛花期，盛花期要保证水肥管理。在生长期根据长势可以随水施肥，合理施用氮磷钾肥，避免施氮肥过多。在生殖生长期间喷施2次0.2%磷

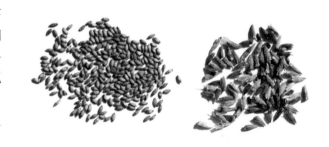

海石竹种子脱壳后（左）和脱壳前（右）

四十三、禾本科 Poaceae

❶ 剪股颖属 *Agrostis* 云草

[原产地] 摩洛哥、葡萄牙、西班牙。

一、生物学特性

一年生丛生草本。秆直立，高25～50cm。浅根系，少须根。叶狭窄而短，散穗花序在叶丛上面，有

轮生分枝，叶片在变色后仍不凋落，或刚强屹立，或在风中摇曳，平添了一道迷人的风景。这种动感美和声音效果是一般观赏植物所不具备的。花序柔软飘逸，无芒，子房光滑，柱头2，短小，被羽毛。颖果与外稃分离或紧被外稃所包，长圆形。果期7～8月。种子千粒重0.12～0.13g。

二、同属植物

（1）美丽云草 *A. nebulosa*，株高20～30cm，叶色由绿转白。

（2）同属还有巨序剪股颖 *A. gigantea*，歧序剪股颖 *A. divaricatissima* 等，均作为牧草种植。

三、种植环境要求

喜光、稍耐阴，喜温暖气候。夏季生长茂盛，立秋后地上部分枯黄。喜肥沃、排灌良好的土壤。

四、采种技术

1.种植要点：我国北方大部分地区均可制种，甘肃河西走廊一带是最佳制种基地。采种可在3月中旬温室育苗，种子细小，播种前要细致整好苗床，一般情况下苗床内不施肥；先将苗床浇透，待第二天看到苗床裂口，用细土填封裂口再次浇透苗床，等渗完水后将种子用一定数量的面沙均匀混合后撒播于苗床，撒播时要精细，反复多次撒播均匀，播后不覆土并立即覆盖小拱棚以利保湿，保持苗床湿润。也可以采用专用育苗基质128孔穴盘育苗。采种田要选择阳光充足、灌溉良好的肥沃地块，用复合肥15～20kg/亩耕翻于地块。采用黑色除草地膜平畦覆盖，种植行距40cm，株距25cm，亩保苗不能少于6000株。

2.田间管理：移栽后要及时灌水，如果气温升高蒸发量过大要再补灌一次保证成活。若田间有移栽不当未能成活的要及时补苗。缓苗后及时给未铺膜的工作行中耕松土，清除田间杂草，一定要拔除田间的禾本科类杂草，以防种子成熟混入。生长期间15～20天灌水1次。灌水不能太深，否则会烂根引起死亡。尽量

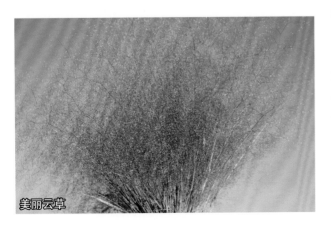
美丽云草

美丽云草种子

勤浇薄浇。根据长势可以随水再次施入复合肥或速效氮肥10～20kg/亩。但是结籽后易倒伏，要想达到较好效果，应及早设立支架。

3.病虫害防治：病虫害较少；高温高湿会有锈病、白粉病、霜霉病和多种叶斑病、叶枯病的发生。发病时用药剂防治，地上部喷药应尽量选用低毒性和低残留的农药，并限制施用时期和次数。防治内生真菌需喷施三唑酮等能抑制麦角甾醇的内吸杀菌剂。

4.隔离要求：剪股颖属自花传粉为主，也存在异花传粉，主要靠风传粉，是典型的风媒植物。由于该属品种较少，可和其他植物同田栽植。

5.种子采收：美丽云草在7～8月初种子即可成熟，成熟的标志是80%～90%小穗由绿变黄，叶片干枯。这个时候用镰刀收割，切记不要带出根部泥土，晾干后即可脱粒，而后除去杂质，风吹净秕粒，存放在干燥处保存，避免受潮发霉。产量偏低，种子产量和田间管理水平、天气因素有直接关系。

② 凌风草属 *Briza* 大凌风草

【原产地】分布于我国西藏东南部、贵州西部、云南，印度西北部、尼泊尔、亚洲北部及欧洲也有分布。

一、生物学特性

一年生草本，疏丛。叶片扁平。圆锥花序顶生，开展；小穗宽，含少数至多花，小花紧密排列呈覆瓦状而向两侧水平伸展；小穗轴无毛，脱节于颖之上及诸小花之间；两颖几相等，均稍短于第一外稃，宽广，具3～5脉，纸质，边缘膜质；外稃具5至多脉，呈舟形，下部质厚而凸出，边缘宽膜质而扩展，基部呈心形；内稃较短于外稃，花果期7～9月。种子千粒重3.3～3.6g。

二、同属植物

（1）大凌风草 *B. maxima*，株高30～50cm，绿叶白穗。

（2）同属还有凌风草 *B. media*，银鳞茅 *B. minor* 等。

三、种植环境要求

喜冷凉湿润气候，耐阴性良好，耐旱性一般，耐热性较好，对土壤要求不严。

四、采种技术

1. 种植要点：我国北方大部分地区均可制种，甘肃河西走廊一带是最佳制种基地，在海拔2000m以上山区种植最佳。在3月中旬温室育苗，采用专用育苗基质128孔穴盘育苗。发芽适温10～15℃；种子播下后，要保持土壤湿润，7～9天发芽，出苗后降低温度和湿度。5月中下旬定植于大田。也可以选择露地直播。播期选择在霜冻完全解除后，平均气温稳定在15℃以上，用直径3～5cm的播种打孔器在地膜上打孔，垄两边孔位呈三角形错开，每穴点3～4粒，覆土以湿润微砂的细土为好。种植行距为40cm，株距25cm，亩保苗不能少于6000株。采种田选用无宿根性杂草、阳光充足、灌溉良好的肥沃地块。施用复合肥10～25kg/亩或磷肥50kg/亩耕翻于地块。采用黑色除草地膜覆盖平畦栽培。

2. 田间管理：移栽后要及时灌水，如果气温升高蒸发量过大要再补灌一次保证成活。若田间有移栽不当未能成活的要及时补苗。缓苗后及时给未铺膜的工作行中耕松土，清除田间杂草，拔除田间的禾本科类

大凌风草

大凌风草种子脱壳后（左）和脱壳前（右）

杂草，以防种子成熟混入。生长期间15～20天灌水1次。灌水不能太深，否则会烂根引起死亡。尽量勤浇薄浇，根据长势可以随水再次施入复合肥或速效氮肥10～20kg/亩。长势越强，越能遮盖地表。

3. 病虫害防治：病虫害较少；地势低洼，积水严重，土壤黏度高，土壤板结严重，出苗不整齐，地表温度过高会导致根腐病发生，发病时可用甲霜噁霉灵或铜制剂进行灌根。

4. 隔离要求：大凌风草为自花授粉为主，也存在异花传粉，主要靠风传粉，是典型的风媒植物。由于该属品种较少，可和其他植物同田栽植。

5. 种子采收：大凌风草在8～9月种子陆续成熟，成熟的标志是80%～90%小穗由绿变白转黄，叶片干枯。这个时候用镰刀收割上部花穗，晾干后入袋保存。因大凌风草种子带壳，要用专用机械脱壳处理，而后除去杂质，存放在干燥处保存，避免受潮发霉。种子产量和田间管理水平、天气因素有直接关系。

③ 雀麦属 *Bromus* 狐尾雀麦

【原产地】美国加利福尼亚州。

一、生物学特性

一年生观赏草。茎从直立或略微展开的基部生长；高10～50cm。茎有狭窄、短、扁平、多毛、有明显脉纹的叶片和多毛的鞘。叶鞘闭合，被柔毛；叶舌先端近圆形，单生或成簇生长。茎上部着生1～4枚小穗；小穗黄绿色，两脊疏生细纤毛；带有长芒的小穗，颜色从绿色到明显的紫红色。花果期5～7月。种子千粒重2.8～3g。

二、同属植物

（1）狐尾雀麦 *B. madritensis* subsp. *rubens*，株高30～50cm，绿叶绿穗秋季转红。

（2）同属还有大雀麦 *B. magnus*，直立雀麦 *B. erectus*，无芒雀麦 *B. inermis* 等，很多都被视为杂草。

三、种植环境要求

喜冷凉湿润气候，耐阴性良好，耐旱性一般。对土壤要求不严。

四、采种技术

1. 种植要点：我国北方大部分地区均可制种，甘肃河西走廊一带是最佳制种基地，在海拔1500m以上山区种植最佳。在3月中旬温室育苗，采用专用育苗基质128孔穴盘育苗。发芽适温10～15℃；种子播下后，要保持土壤湿润，7～9天发芽，出苗后降低温度和湿度。5月中下旬定植于大田。也可以选择露

地直播。播期选择在霜冻完全解除后，平均气温稳定在15℃以上，用直径3~5cm的播种打孔器在地膜上打孔，垄两边孔位呈三角形错开，每穴点3~4粒，覆土以湿润微砂的细土为好。种植行距40cm，株距25cm，亩保苗不能少于6000株。采种田选用无宿根性杂草、阳光充足、灌溉良好的肥沃地块。施用复合肥10~25kg/亩或磷肥50kg/亩耕翻于地块。采用黑色除草地膜覆盖平畦栽培。

2. 田间管理：移栽后要及时灌水，如果气温升高蒸发量过大要再补灌一次保证成活。若田间有移栽不当未能成活的要及时补苗。缓苗后及时给未铺膜的工作行中耕松土，清除田间杂草，拔除田间的禾本科类杂草，以防种子成熟混入。生长期间15~20天灌水1次。灌水不能太深，否则会烂根引起死亡。尽量勤浇薄浇，根据长势可以随水再次施入复合肥或速效氮肥10~20kg/亩。长势越强，越能遮盖地表。

3. 病虫害防治：病虫害较少；地势低洼，积水严重，土壤黏度高，土壤板结严重，出苗不整齐，地表温度过高会导致根腐病发生，需及早咨询农药店并对症防治。

4. 隔离要求：狐尾雀麦为自花授粉为主，也存在异花传粉，主要靠风传粉，是典型的风媒植物。由于该属品种较少，可和其他植物同田栽植。

5. 种子采收：狐尾雀麦在8~9月初种子即可成

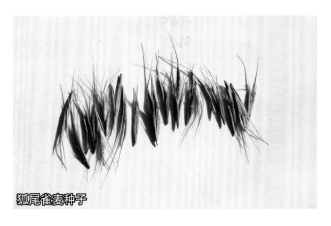
狐尾雀麦种子

熟，成熟的标志是80%~90%小穗由绿变白转黄，叶片干枯。这个时候用镰刀收割上部花穗，晾干后入袋保存。因狐尾雀麦种子带壳，要用专用机械脱壳处理，而后除去杂质，存放在干燥处保存，避免受潮发霉。种子产量和田间管理水平、天气因素有直接关系。

4 薏苡属 *Coix*

【原产地】中国。

一、生物学特性

一年生粗壮草本。须根黄白色，海绵质，直径约3mm。秆直立丛生，高100~200cm，具10多节，节多分枝。叶鞘短于其节间，无毛；叶舌干膜质，长约1mm；叶片扁平宽大，开展，长10~40cm，宽1.5~3cm，基部圆形或近心形，中脉粗厚，在下面隆起，边缘粗糙，通常无毛。总状花序腋生成束，长4~10cm，直立或下垂，具长梗；雌小穗位于花序之下部，外面包以骨质念珠状之总苞，总苞卵圆形，长7~10mm，直径6~8mm，珐琅质，坚硬，有光泽。颖果小，含淀粉少，常不饱满。花果期7~9月。种子千粒重250~334g。

二、同属植物

（1）薏苡 *C. lacryma-jobi*，株高40~50cm，果实有白、灰、蓝紫等色。

（2）同属还有水生薏苡 *C. aquatica* 等。

三、种植环境要求

适应性强，喜温暖气候，耐湿热，不耐寒，忌干旱，对土壤要求不严。

四、采种技术

1. 种植要点：我国北方大部分地区均可制种。播前先行温汤浸种或烫种；温水浸泡种子10~20小时，吸水膨胀后再用福尔马林进行药剂拌种，防病更彻底。在4~5月，地温12~14℃播种为宜，播种过早

狐尾雀麦

土温低，发芽缓慢，不仅幼苗生长不旺，而且易感黑粉病；播种晚会因分蘖少生育期短，产量降低。采种田选用无宿根性杂草、阳光充足、灌溉良好的肥沃地块。施用复合肥10～25kg/亩或磷肥50kg/亩耕翻于地块。采用黑色除草地膜覆盖平畦栽培。种植行距40cm，株距30cm，每穴点播2～3粒，深度2～3cm。播后15～20天出苗，苗期生长缓慢。

2.田间管理：幼苗长出2～3片叶子时要疏苗，每穴保留1株。分蘖前生长缓慢，要适时中耕除草，一般生长期中耕除草2～4次。分蘖、分枝力很强，需肥量大，适时适量增施肥料是一项主要的增产措施。苗期追肥时，氮肥比例要适中，如果氮肥过多幼苗徒长易倒伏，成熟延后且影响产量。一旦花期追肥不及时，会出现结实少、产量低。适时灌水保湿，保持土壤湿润，可以提高产量。特别是在拔节和抽穗期间，田间需水量大，供给充足的肥料和水分，能促进穗的分化和发育，增加产量。如果肥水管理不到位，不仅穗数、穗粒分化的少而易出现秕粒，影响产量。

3.病虫害防治：叶枯病是一种真菌病害，危害叶部，病叶先呈现淡黄色小病斑，最后枯死，发病初期

薏苡种子

用65%可湿性代森锌500倍液喷雾防治，7～10天喷1次，连续喷施2～3次。黏虫幼虫危害叶片。发现后用90%敌百虫1000倍液灌心叶，或用50%乐果乳油800倍液喷杀。

4.隔离要求：薏苡属为异花授粉为主，主要靠风传粉，是典型的风媒植物。由于该属品种较少，可和其他植物同田栽植。

5.种子采收：薏苡花期长，种子成熟不一致，收获过早，青秕粒多，产量不高；若过迟则易脱落。基部叶片呈黄色，顶部尚带绿色，大部分果实呈浅褐色或褐色，并且充实饱满时收获为宜。收获后除去杂质，晾干后入袋保存。亩产50～60kg。

5 小盼草属 *Chasmanthium* 小盼草

【原产地】美国和墨西哥。

一、生物学特性

多年生暖季型观赏草，常作一年生栽培。丛生，茎粗壮，全光照下植株直立，遮阴环境下株形松散，高30～50cm。叶茂盛，形似竹叶，宽1～2cm，长10～20cm；叶色春季亮绿，秋季变为铜色，冬季棕褐色。穗状花序形状奇特，风铃状悬垂于纤细的茎秆顶端，突出于叶丛之上，观赏价值高。仲夏抽穗，花序初时淡绿色，秋季变为棕红色，最后变为米色。花序宿存，冬季不落。花果期8～10月。种子千粒重2.5～2.9g。

二、同属植物

（1）小盼草 *C. latifolum*，株高30～50cm，花序由绿转褐色。

（2）同属还有林燕麦 *C. laxum* 等。

三、种植环境要求

土壤适应性强，耐盐，既耐旱又耐湿，半阴环境下生长较好。

薏苡

小盼草

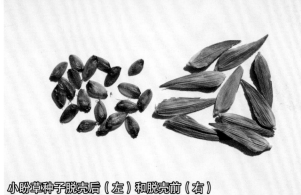

小盼草种子脱壳后（左）和脱壳前（右）

四、采种技术

1.种植要点：我国北方大部分地区均可制种，甘肃河西走廊一带是最佳制种基地。3月中旬在温室育苗，采用专用育苗基质128孔穴盘育苗。发芽适温18～20℃；种子播下后，保持土壤湿润，8～9天发芽，出苗后降低温度和湿度。4月中下旬定植于大田。也可以选择露地直播。种植行距40cm，株距25cm，亩保苗不能少于6000株。采种田选用无宿根性杂草、阳光充足、灌溉良好的肥沃地块。施用复合肥10～25kg/亩或磷肥50kg/亩耕翻于地块。采用黑色除草地膜覆盖平畦栽培。

2.田间管理：移栽后要及时灌水，如果气温升高蒸发量过大要再补灌一次保证成活。若田间有移栽不当未能成活的要及时补苗。缓苗后及时给未铺膜的工作行中耕松土，清除田间杂草，一定要拔除田间的禾本科类杂草，以防种子成熟混入。生长期间15～20天灌水1次。灌水不能太深，否则会烂根引起死亡。尽量勤浇薄浇，根据长势可以随水再次施入复合肥或速效氮肥10～20kg/亩。长势越强，越能遮盖地表。

3.病虫害防治：病虫害较少；地势低洼，积水严重，土壤黏度高，土壤板结严重，出苗不整齐，地表温度过高会导致根腐病发生，需及早咨询农药店并对症防治。

4.隔离要求：小盼草属为自花授粉为主，也存在异花传粉，主要靠风传粉，是典型的风媒植物。由于该属品种较少，可和其他植物同田栽植。

5.种子采收：小盼草属在9月底10月初种子即可成熟，成熟的标志是80%～90%小穗由绿变为棕红色，叶片变为铜色。这个时候用镰刀收割上部花穗，晾干后入袋保存。因小盼草种子带壳，要用专用机械脱壳处理，而后除去杂质，存放在干燥处保存，避免受潮发霉。种子产量和田间管理水平、天气因素有直接关系。

❻ 画眉草属 *Eragrostis* 画眉草

【原产地】欧亚大陆和非洲。

一、生物学特性

一年生草本。秆基部稍压扁，膝曲而坚硬。叶鞘松裹茎，压扁，无毛，有光泽，基部叶鞘常带紫色；成熟后常脱落；叶舌膜质，边缘具纤毛，无毛或下面疏生少数毛。圆锥花序紧缩，直立，较坚硬，腋间无

画眉草

画眉草种子

毛；小穗线形，密集，外稃广卵形，先端急尖，带紫色，内稃先端圆钝，脊上有短毛。颖果为长椭圆形，具紫色斑纹。种子千粒重0.11～0.13g。

二、同属植物

（1）画眉草 E. pilosa，株高30～50cm，穗褐色。

（2）同属还有无毛画眉草 E. pilosa var. imberbis，短穗画眉草 E. cylindrica，大画眉草 E. cilianensis 等。

三、种植环境要求

喜光，抗干旱，适应性强，对气候和土壤要求均不严。但在排水良好、肥沃的砂壤土上生长最好。是优良的观赏草，可用于花带、花境配置。

四、采种技术

1. 种植要点：我国北方大部分地区均可制种。采种可在3月中旬温室育苗，种子细小，播种前要细致整好苗床，一般情况下苗床内不施肥；先将苗床浇透，待第二天看到苗床裂口，用细土填封裂口再次浇透苗床，等渗完水后将种子用一定数量的面沙均匀混合后撒于苗床，撒播时要精细，反复多次撒播均匀，播后不覆土并立即覆盖小拱棚以利保湿，保持苗床湿润。也可以采用专用育苗基质128孔穴盘育苗。采种田要选择阳光充足、灌溉良好的肥沃地块，用复合肥15～20kg/亩耕翻于地块。采用黑色除草地膜平畦覆盖，种植行距40cm，株距30cm，亩保苗不能少于5500株。

2. 田间管理：移栽后要及时灌水，如果气温升高蒸发量过大要再补灌一次保证成活。若田间有移栽不当未能成活的要及时补苗。缓苗后及时给未铺膜的工作行中耕松土，清除田间杂草，拔除田间的禾本科类杂草，以防种子成熟混入。生长期间15～20天灌水1次。灌水不能太深，否则会烂根引起死亡。尽量勤浇薄浇，根据长势可以随水再次施入复合肥或速效氮肥10～20kg/亩。但是结籽后易倒伏，要想达到较好效果，应及早设立支架。

3. 病虫害防治：病虫害较少；高温高湿会有锈病、白粉病、霜霉病和多种叶斑病、叶枯病的发生。发病时用药剂防治，地上部喷药应尽量选用低毒性和低残留的农药，并限制施用时期和次数。防治内生真菌需喷施三唑酮等能抑制麦角甾醇的内吸杀菌剂。

4. 隔离要求：画眉草属自花传粉为主，也存在异花传粉的因素，主要靠风传粉，是典型的风媒植物。由于该属品种较少，可和其他植物同田栽植。

5. 种子采收：画眉草属7月底8月初种子即可成熟，成熟的标志是80%～90%小穗由绿变黄，叶片干枯。这个时候用镰刀收割，切记不要带出根部泥土，晾干后即可脱粒，而后除去杂质，风吹净秕粒，存放在干燥处保存，避免受潮发霉。种子产量和田间管理水平、天气因素有直接关系。

⑦ 羊茅属 Festuca 蓝羊茅

【原产地】西班牙、意大利、法国。

一、生物学特性

多年生常绿草本。根系发达，植株基部长出浅褐色的根，每棵植株基部有6～10条根。植株丛生，植

蓝羊茅

株直径40cm左右。其蓬径约为株高的2倍，形成约30cm高的圆垫。叶基生，叶片狭长，细针状，叶片强内卷几成针状或毛发状，夏季为银蓝色，冬季会更绿一些，大多呈蓝色，具银白霜。圆锥花序，小花淡绿色，5月开花。种子千粒重0.9～1g。

二、同属植物

（1）蓝羊茅 *F. glauca*，株高25～40cm，叶青蓝色。

（2）品种有弗赛替纳蓝羊茅 *F. glauca* 'Fsetina'。

三、种植环境要求

喜光、耐寒、耐旱、耐贫瘠。中性或弱酸性疏松土壤长势最好，稍耐盐碱。全日照或部分荫蔽长势良好，忌低洼积水。

四、采种技术

1.种植要点：我国北方大部分地区均可制种。采种可在6月中旬温室育苗，在播种前首先要选择好苗床，整理苗床时要细致，深翻碎土两次以上，碎土均匀，刮平地面，撒上种子，播后覆土并立即覆盖小拱棚以利保湿，保持苗床湿润。也可以采用专用育苗基质128孔穴盘育苗。8月定植于大田。采种田选用无宿根性杂草、阳光充足、灌溉良好的肥沃地块。施用复合肥10～25kg/亩或磷肥50kg/亩耕翻于地块。采用黑色除草地膜覆盖平畦栽培。种植行距40cm，株距30cm，亩保苗不能少于5000株。

2.田间管理：移栽后要及时灌水，如果气温升高蒸发量过大要再补灌一次保证成活。缓苗后及时给未铺膜的工作行中耕松土，清除田间杂草，拔除田间的禾本科类杂草。生长期间20～30天灌水1次。越冬前要灌水1次，保持湿度安全越冬。早春及时灌溉返青水，生长期中耕除草3～4次。尽量勤浇薄浇，根据长势可以随水再次施入复合肥或速效氮肥10～20kg/亩。喷施2次0.2%磷酸二氢钾，现蕾到开花初期再施1次，促进果实和种子的成长。6～7月进入盛花期，灌浆期

蓝羊茅种子

要保证水肥管理，除非遇到极度干旱的情况，基本可以1个月浇1次透水。夏天保持适度干燥其叶子会变成蓝色。蓝羊茅不能适应过度湿润的土壤环境，排水不良也有可能会导致死亡。

3.病虫害防治：病虫害较少；高温高湿会有锈病。发病时需及早咨询农药店并对症防治。

4.隔离要求：蓝羊茅是自花传粉为主，也存在异花传粉，主要靠风传粉，是典型的风媒植物。由于该属品种较少，可和其他植物同田栽培。

5.种子采收：蓝羊茅8月底至10月初种子即可成熟，成熟的标志是80%～90%小穗由绿变黄，叶片干枯。这个时候用镰刀收割，晾干后即可脱粒，而后除去杂质，风吹净秕粒，存放在干燥处保存，避免受潮发霉。种子产量和田间管理水平、天气因素有直接关系。

❽ 大麦属 *Hordeum* 芒颖大麦草

【原产地】北美洲及欧亚大陆的寒温带，中国东北可能为逸生；生长在路旁或田野。

一、生物学特性

一年生草本植物。秆丛生，直立或基部稍倾斜，

芒颖大麦草

芒颖大麦草种子

平滑无毛，高可达45cm，叶鞘下部者长于而中部以上者短于节间；叶舌干膜质，叶片扁平，粗糙。穗状花序柔软，绿色或稍带紫色，穗轴成熟时逐节断落，棱边具短硬纤毛；小花通常退化为芒状，稀为雄性；外稃披针形，5～8月开花结果。春天5月初即进入生殖生长，其小穗颜色粉绿，有时略带红色，7～8月当其成熟时小穗及穗轴又转为金黄色，芒、颖开展，姿态优美，具有较好的景观效果，是一种值得发展的观赏植物。种子千粒重1.5～1.7g。

二、同属植物

（1）芒颖大麦草 H. jubatum，株高40～50cm，有淡紫色的穗。

（2）同属的有布顿大麦草 H. bogdanii，短芒大麦草 H. brevisubulatum，紫大麦草 H. roshevitzii 等，均为牧草。

三、种植环境要求

具有很强的耐盐碱能力，可耐受的土壤pH为6.4～9.5。可耐受0.3%～0.9%的土壤盐分水平。喜欢温暖湿润气候。

四、采种技术

1. 种植要点：我国北方大部分地区均可制种，要适时尽量早播。一般当土壤化冻达到5～6cm深时，就可以开始播种。采种可在3月中旬到4月初直播于露地。播前把地整平耙细达到播种状态，推荐施用底肥量为尿素10～15kg/亩，磷酸二铵10～15kg/亩，整地后耕层土壤达到细碎疏松地表平整。无须铺设地膜，行距20cm，株距15cm点播种子，播种深度为0.5cm，覆土深浅一致。大麦分蘖多、秆较弱，播量不宜过大，否则会造成倒伏、籽实千粒重降低、粒小、减产。植株生长整齐，在生育后期也能保证田间有良好的通风透光条件，并且有利于化学除草、追肥、喷施叶面肥等田间管理措施的实施。

2. 田间管理：出苗后在三叶期、拔节期、孕穗期和灌浆期，采用"早灌、勤灌、轻灌"的原则。浇水后清除田间杂草，一定要拔除田间的禾本科类杂草。尽量勤浇薄浇，根据长势可以随水再次施入复合肥或速效氮肥10～20kg/亩。喷施2次0.2%磷酸二氢钾，现蕾到开花初期再施1次，促进果实和种子的生长。

3. 病虫害防治：大麦赤霉病别名麦穗枯、烂麦头、红麦头，是大麦的主要病害之一。从幼苗到抽穗都可受害，主要引起苗枯、茎基腐、秆腐和穗腐，其中危害最严重的是穗腐。最佳的防治时期为大麦齐穗到扬花5%时。用70%甲基托布津可湿性粉剂50～75g/亩，或50%多菌灵悬浮剂100～116.6g/亩，或25%眯鲜胺乳油53～66.7ml于大麦扬花期兑水10kg，对准麦穗喷雾，隔5～7天防治1次即可。

4. 隔离要求：芒颖大麦草是自花传粉为主，也存在异花传粉，主要靠风传粉，是典型的风媒植物。由于该属品种较少，可和其他植物同田栽植。

5. 种子采收：芒颖大麦草8月底种子即可成熟，成熟的标志是80%～90%小穗由绿变黄，小穗干枯。这个时候用镰刀收割，晾干后即可脱粒，用专用脱粒机除芒，而后除去杂质，风吹净秕粒，存放在干燥处保存，避免受潮发霉。种子产量和田间管理水平、天气因素有直接关系。

⑨ 兔尾草属 Lagurus 兔尾草

【原产地】欧洲、西亚及北非。

一、生物学特性

一年生草本。丛生。株高45～60cm，冠径15cm。单叶互生，叶长而窄，扁平，它包裹着主秆和枝条的各节间。圆锥花序，卵形，柔软，小穗多，花白色，雄蕊金黄色。因其花穗被有柔软细毛，状似小白兔的尾巴，极为可爱，故名兔子尾巴草。依其植株高度可分为切花品种和盆花品种：切花种株高可达30～60cm，花穗长5～10cm；盆花种高度在30cm以下，花穗也较短，仅约4cm；初夏至秋季开放。种子秋季成熟，种子千粒重0.63～0.67g。

二、同属植物

（1）兔子尾巴草 L. ovatus，高秆切花品种株高50～70cm，穗白色，长8～10cm。高秆盆栽品种株高20～30cm，穗白色，长2～4cm。

（2）大叶兔尾草 L. legopodioides，又名猫尾草，叶柄被灰白色毛。

三、种植环境要求

是耐寒性、耐热性极佳的植物，即使在贫瘠的土

兔子尾巴草

兔子尾巴草种子

地也能生长良好，所需肥量极少，非常适合露地大量栽培，是优良的干花植物。

四、采种技术

1. 种植要点：甘肃河西走廊一带是最佳制种基地，在海拔2000m以上山区种植最佳。3月中旬在温室育苗，采用专用育苗基质128孔穴盘育苗。发芽适温18～20℃；种子播下后，要保持土壤湿润，8～9天发芽，出苗后降低温度和湿度。4月中下旬定植于大田。也可以选择露地直播。种植行距40cm，株距25cm，亩保苗不能少于6000株。采种田选用无宿根性

杂草、阳光充足、灌溉良好的肥沃地块。施用复合肥10～25kg/亩或磷肥50kg/亩耕翻于地块。采用黑色除草地膜覆盖平畦栽培。

2. 田间管理：移栽后要及时灌水，如果气温升高蒸发量过大要再补灌一次保证成活。若田间有移栽不当未能成活的要及时补苗。缓苗后及时给未铺膜的工作行中耕松土，清除田间杂草，一定要拔除田间的禾本科类杂草，以防种子成熟混入。生长期间20～25天灌水1次。灌水不能太深，否则会烂根引起死亡。尽量勤浇薄浇，根据长势可以随水再次施入复合肥或速效氮肥10～20kg/亩。长势越强，越能遮盖地表，地表降温后长势越好。

3. 病虫害防治：病虫害较少；高温高湿会有锈病。发病时需及早咨询农药店并对症防治。

4. 隔离要求：兔尾草为异花授粉为主，主要靠风传粉，是典型的风媒植物。由于该属品种较少，可和其他植物同田栽植。

5. 种子采收：兔尾草在9～10月初种子即可成熟，成熟的标志是80%～90%小穗和叶片干枯。这个时候用镰刀收割上部花穗，晾干后入袋保存。因兔尾草种子带壳带毛，要用专用机械脱壳脱毛处理，而后除去杂质，存放在干燥处保存，避免受潮发霉。种子产量和田间管理水平、天气因素有直接关系。

⑩ 乱子草属 *Muhlenbergia* 乱子草

【原产地】北美洲大草原，中国上海、杭州等地均有种植。

一、生物学特性

多年生草本。常具根茎；秆常细弱，绿色叶子覆盖下层，在成熟期间，叶片被卷起，平坦，分叉成线形，并且在底部具有15～35cm长和1.3～3.5mm宽的锥形或丝状尖端。小穗细小，有1小花，花每个具有2或3个雄蕊和花药，长1～1.8mm。颖片不相等，而且比穗芒更短。外端渐尖或渐暗，而膜状外凸狭窄尖锐，短尖或有遮盖，并且通常在基部具柔毛。花期9～11月。叶和花组合在一起，形成长而有序的簇状物。该植物是一种"暖季"植物，在夏季开始生长，秋季盛开。花穗云雾状。开花时，绿叶为底，粉紫色花穗如发丝从基部长出，远看如红色云雾。种子千粒重0.25～0.27g。

二、同属植物

（1）粉黛乱子草 *M. capillaris*，株高50～90cm，绿叶粉红花穗，最美的观赏草品种。

粉黛乱子草

粉黛乱子草

粉黛乱子草种子脱壳前（左）和脱壳后（右）

（2）同属还有日本乱子草 *M. japonica*，喜马拉雅乱子草 *M. himalayensis*，南亚乱子草 *M. duthieana* 等，多为牧草。

三、种植环境要求

在潮湿但排水良好的土壤、阳光充足或部分遮阴下均能茁壮成长。大多数种都能忍受干旱，耐盐碱，在砂土、壤土、黏土中均可生长；夏季为主要生长季。

四、采种技术

1.种植要点：在无霜期长达150天的地区采种最佳。如果在春天播种，可3～4月中旬在温室育苗，秋季一般在11～12月育苗。种子细小，播种前要细致整好苗床，一般情况下苗床内不施肥；先将苗床浇透，

待第二天看到苗床裂口，用细土填封裂口再次浇透苗床，等渗完水后将种子用一定数量的面沙均匀混合后撒播于苗床，撒播时要精细，反复多次撒播均匀，播后不覆土并立即覆盖小拱棚以利保湿，保持苗床湿润。也可以采用专用育苗基质128孔穴盘育苗。采种田选用无宿根性杂草、阳光充足、排水良好的肥沃地块。用复合肥25～35kg/亩耕翻于地块。采用黑色除草地膜平畦覆盖，种植行距60cm，株距30cm，亩保苗不能少于3700株。

2.田间管理：移栽后要及时灌水。缓苗后及时中耕松土、除草。如果是立冬前后移栽，在−5℃条件下，上部叶片会出现干冻状况。如果移栽幼苗偏弱，在立冬前后要再覆盖一层白色地膜保湿保温，以利于安全越冬。翌年3月，如遇干旱要及时灌溉返青水。降雨量大的地区不必浇水，还要做好排水工作。下雨之后土壤略微湿润，更容易将杂草拔除。及时把杂草清理掉，不要留在田间，以防留下死而复生的机会。如果杂草难以清除，可以先砍断杂草根茎底部，防止杂草蔓延。一定要清除田间的禾本科类杂草，以防种子成熟混入。在分蘖期根据长势可以随水施入尿素或复合肥10～20kg/亩。有利于营养生长。在生殖生长期间喷施2次0.2%磷酸二氢钾。这对植株孕蕾开花极为有利；促进果实和种子的生长。

3.病虫害防治：乱子草的抗病性较强，平时几乎很少会出现病害。若是出现，需及时将病株拔掉，并及早咨询农药店对症防治。害虫也不太多。

4.隔离要求：乱子草是自花传粉为主，也存在异花传粉，主要靠风传粉，是典型的风媒植物。由于该属品种较少，可和其他植物同田栽植。

5.种子采收：乱子草在初冬11月即可成熟，花穗从下往上成熟，但是不易脱落；种子椭圆形，棕褐色或棕色种子，长度不到1.3cm。小穗和叶片干枯。这个时候用镰刀收割，收割后晾晒干燥后捶打花穗，用筛子隔离去秸秆，只保留花穗，要用专用机械脱壳脱毛处理，脱粒不当长条形种子会断裂，脱粒后除去杂质，用风压式清选机选出秕粒，用窝眼精选机剔除断裂的种子，存放在干燥处保存。种子产量和田间管理水平、天气因素有直接关系。

⑪ **糖蜜草属 *Melinis* 糖蜜草**

【原产地】非洲，已被许多热带国家引种栽培，适生于南北纬30°之间；我国台湾、广东、广西、海南和四川等地有引种栽培。

坡地毛冠草

坡地毛冠草

一、生物学特性

多年生观赏草。植物体被腺毛，有糖蜜味。秆多分枝，基部平卧，于节上生根，上部直立，开花时高可达100cm，节上具柔毛。叶鞘短于节间，疏被长柔毛和瘤基毛；叶舌短，膜质，顶端具睫毛；叶片线形，长5～10cm，宽5～8mm，两面被毛，叶缘具睫毛。圆锥花序开展，长10～20cm，末级分枝纤细，弓曲；小穗卵状椭圆形，长约2mm，多少两侧压扁，无毛；第一颖小，三角形，无脉，第二颖长圆形，具7脉，顶端2齿裂，裂齿间具短芒或无；第一小花退化，外稃狭长圆形，具5脉，顶端2裂，裂齿间具1纤细的长芒，长可达10mm，内稃缺；第二小花两性，外稃卵状长圆形，较第一小花外稃稍短，具3脉，顶端微2裂，透明，内稃与外稃形状，质地相似；鳞被2；花柱2，基部连合，柱头羽毛状。颖果长圆形。花果期7～10月。种子千粒重0.43～0.75g。

二、同属植物

（1）坡地毛冠草 *M. minutiflora*，株高30～50cm，穗褐红色。

（2）同属还有红毛草 *M. repens*，红宝石糖蜜草 *M. nerviglumis* 等。

三、种植环境要求

对环境要求不高，特别是对土壤的要求很低，耐贫瘠而且又耐旱。在我国南方地区基本上都可以种植。

四、采种技术

1.种植要点：在无霜期长达150天的地区采种最佳。如果在春天播种，可3～4月中旬在温室育苗，秋季一般在11～12月育苗。种子细小，播种前要细致整好苗床，一般情况下苗床内不施肥；先将苗床浇透，待第二天看到苗床裂口，用细土封填裂口再次浇透苗床，等渗完水后将种子用一定数量的面沙均匀混合后撒播于苗床，撒播时要精细，反复多次撒播均匀，播后薄覆土并立即覆盖小拱棚以利保湿，保持苗床湿润。也可以采用专用育苗基质128孔穴盘育苗。采种田选用无宿根性杂草、阳光充足、排水良好的肥沃地块。用复合肥25～35kg/亩耕翻于地块。采用黑色除草地膜平畦覆盖，种植行距40cm，株距30cm，亩保苗不能少于5500株。

2.田间管理：移栽后要及时灌水。缓苗后及时中耕松土、除草。如果是立冬前后移栽，在-5℃条件下，上部叶片会出现干冻状况。翌年3月，如遇旱季要及时灌溉返青水。降雨量大的地区不必浇水，还要做好排水工作。下雨之后土壤略微湿润，更容易将杂草拔除。及时把杂草清理掉，不要留在田间，以防留下死而复生的机会。如果杂草难以清除，可以先砍断杂草根茎底部，防止杂草蔓延。一定要清除田间的禾本科类杂草，以防种子成熟混入。在分蘖期根据长势可以随水施入尿素或复合肥10～20kg/亩。有利于营养生长。在生殖生长期间喷施2次0.2%磷酸二氢钾。这对植株孕蕾开花极为有利；促进果实和种子的生长。

4.隔离要求：糖蜜草是自花传粉为主，也存在异花传粉，主要靠风传粉，是典型的风媒植物。由于该属品种较少，可和其他植物同田栽植。

5.种子采收：糖蜜草在9月底到10月即可成熟，成熟的标志是花穗上的种子带毛飞出，这个时候要随

坡地毛冠草种子

熟随采，否则会被大风吹散。在后期选清晨有露水时，用镰刀收割上部花穗，晾干后入袋保存。因糖蜜草种子带毛，要用专用机械脱壳脱毛处理，而后除去杂质，存放在干燥处保存，避免受潮发霉。种子产量和田间管理水平、天气因素有直接关系。

⑫ 狼尾草属 *Pennisetum*

【原产地】全世界热带、亚热带地区，少数种类可达温寒地带，非洲为本属分布中心。

一、生物学特性

一年生或多年生草本。秆质坚硬。叶片线形，扁平或内卷。圆锥花序紧缩呈穗状圆柱形；小穗单生或2～3聚生成簇，无柄或具短柄，有1～2小花，其下围以总苞状的刚毛；刚毛长于或短于小穗，光滑、粗糙或生长柔毛而呈羽毛状，随同小穗一起脱落，其下有或无总梗；颖不等长，第一颖质薄而微小，第二颖较长于第一颖；第一小花雄性或中性，第一外稃与小穗等长或稍短，通常包1内稃；第二小花两性，第二外稃厚纸质或革质，平滑，等长或较短于第一外稃，边缘质薄而平坦，包着同质的内稃，但顶端常游离；鳞被2，楔形，折叠，通常3脉；雄蕊3，花药顶端有毫毛或无；花柱基部多少连合，很少分离。颖果长圆形或椭圆形，背腹压扁；种脐点状，胚长为果实的1/2以上。叶表皮脉间细胞结构为相同或不同类型。硅质体为哑铃形或十字形。品种繁多，种子差异很大，千粒重1.4～5g。

二、同属植物

本属约140种，大体分为草组 Sect. *Gymnothrix*，狼尾草组 Sect. *Pennisetum* 和御谷组 Sect. *Penicillaria*，这里只介绍观赏类。

（1）紫穗狼尾草 *P. lopecuroides*，暖季性多年生。株高80～120cm，绿叶褐穗。

长绒狼尾草

羽绒狼尾草

狼尾草种子对比

（2）长绒毛狼尾草 *P. villosum*，一年生，株高40～60cm，绿叶白穗。

（3）羽绒狼尾草 *P. setaceum*，一年生，株高90～120cm，绿叶褐穗。

（4）御谷 *P. americarum*，一年生，株高70～80cm，叶片褐色，花序为深褐色。

（5）同属还有西藏狼尾草 *P. lanatum*，狼尾草 *P. alopecuroides*，东方狼尾草 *P. orientale*，均作为牧草使用。

三、种植环境要求

喜光照充足的生长环境，耐旱、耐湿，亦能耐半阴，且抗寒性强。适合温暖、湿润的气候条件，不择土壤。

四、采种技术

1.种植要点：生长期较长，所以要提早育苗，整理苗床，整地的好坏对出苗影响很大。整地精细，利于出苗。当温度稳定达到15℃时播种为宜，撒播时要精细，反复多次撒播均匀，播后薄覆土并立即覆盖小拱棚利于保持苗床湿润。也可以采用专用育苗基质128孔穴盘育苗。采种田选用无宿根性杂草、阳光充足、排水良好的肥沃地块。为了防止蚂蚁等地下害虫对种子或幼苗危害，必须用颗粒杀虫剂撒于地表，施复合肥25～35kg/亩或过磷酸钙50kg/亩耕翻于地块。

采用黑色除草地膜平畦覆盖，种植行距40cm，株距30cm，亩保苗不能少于5500株。

2. 田间管理：长出5～6片真叶时移栽到大田，苗期要争取全苗，如遇干旱要及时灌溉。缓苗后及时中耕松土、除草。狼尾草苗期生长慢，常易被杂草侵入，及时进行中耕除草2次，促进早发分蘖。一旦开始分蘖即可迅速生长。防止杂草蔓延，一定要清除田间的禾本科类杂草，以防种子成熟混入。在分蘖期根据长势可以随水施入尿素或复合肥10～20kg/亩，有利于营养生长。在生殖生长期间喷施2次0.2%磷酸二氢钾。这对植株孕蕾开花极为有利；促进果实和种子的成长。

3. 病虫害防治：狼尾草因其生长良好，基本无病虫害发生。

4. 隔离要求：狼尾草属是自花传粉为主，也存在异花传粉，主要靠风媒传播，是典型的风媒植物。由于该属有性繁殖品种较少，和其他品种无须隔离。

5. 种子采收：狼尾草属在9月底至10月即可成熟，成熟的标志是花穗上的种子带毛飞出，这个时候要随熟随采，否则就被大风吹散。在后期选清晨有露水时，用镰刀收割上部花穗，晾干后入袋保存。因狼尾草种子带毛，要用专用机械脱壳脱毛处理，而后除去杂质，存放在干燥处保存，避免受潮发霉。种子产量和田间管理水平、天气因素有直接关系。

⑬ 虉草属 *Phalaris* 宝石草

【原产地】大西洋非洲沿岸加那利群岛。

一、生物学特性

多年生草本，常作一年生栽培。株高60～100cm，向上膨胀。叶鞘短，叶片宽3～10mm；叶舌长3～5mm。穗状圆锥花序；非常密集，卵形至长圆状卵形，长1.5～4cm；颖片披针形，无毛或具微柔毛，小穗白色有绿脉，翅较宽，翼全缘，先端锐尖，狭椭圆形，长2.5～4cm，有贴伏柔毛；小穗含1枚两性小花及附于其下的2枚线形或鳞片状外稃；颖草质，等长，披针形。结颖果。种子千粒重6.2～6.7g。

二、同属植物

（1）宝石草 *P. canariensis*，株高90～120cm，绿叶绿穗，是干切花的好材料。

（2）同属还有虉草 *P. arundinacea*，细虉草 *P. minor* 等，均为粮食作物。

三、种植环境要求

对环境要求不高，特别是对土壤要求很低，耐贫瘠又耐旱，还能耐寒。

四、采种技术

1. 种植要点：我国北方大部分地区均可制种，甘肃河西走廊一带是最佳制种基地。3月中旬在温室育苗，采用专用育苗基质128孔穴盘育苗。发芽适温18～20℃；种子播下后，要保持土壤湿润，8～9天发芽，出苗后降低温度和湿度。4月中下旬定植于大田。也可以选择露地直播。通过整地将复合肥15kg/亩或磷肥50kg/亩耕翻于地块，改善土壤的耕层结构，深耙压实，为播种出苗、根系生长创造条件。选择黑色除草地膜覆盖，平均气温稳定在20℃以上时，用直径3～5cm的播种打孔器在地膜上打孔，垄两边孔位呈三角形错开，每穴点3～4粒，覆土以湿润微砂的细土为好。也可以用手推式点播机播种。种植行距40cm，株距35cm，亩保苗5500株以上。

2. 田间管理：移栽或直播后要及时灌水，如果气温升高蒸发量过大要再补灌一次保证成活。若田间有移栽不当未能成活的要及时补苗。缓苗后及时给未铺膜的工作行中耕松土，清除田间杂草，拔除田间的禾本科类杂草，以防种子成熟混入。生长期间15～20天灌水1次。灌水不能太深，否则会烂根引起死亡。尽量勤浇薄浇，根据长势可以随水再次施入复合肥或速效氮肥10～20kg/亩。长势越强植株越旺盛，越能遮盖地表。

宝石草

宝石草种子

3.病虫害防治：病虫害较少；高温高湿会有锈病。发病时需及早咨询农药店并对症防治。主要危害是鸟害，种子成熟时会有很多野麻雀来抢食，造成减产，要采用架设防鸟网、闪光带声音驱鸟、化学驱鸟剂等方法预防。

4.隔离要求：蔺草为异花授粉为主，主要靠风传粉，是典型的风媒植物。由于该属品种较少，和其他品种无须隔离。

5.种子采收：蔺草在8～9月初种子即可成熟，成熟的标志是90%以上花穗叶片干枯。用镰刀收割上部花穗，晾干后打碾脱粒入袋，存放在干燥处保存，避免受潮发霉。种子产量和田间管理水平、天气因素有直接关系。

⑭ 高粱属 *Sorghum* 观赏高粱

【原产地】分布于全世界热带、亚热带和温带地区。

一、生物学特性

高大的一年生或多年生草本；具或不具根状茎。秆多粗壮而直立。叶片宽线形、线形至线状披针形。

圆锥花序直立，稀弯曲，开展或紧缩，由多数含1～5节的总状花序组成；小穗孪生，一无柄，一有柄，总状花序轴节间与小穗柄线形，其边缘常具纤毛；无柄小穗两性，有柄小穗雄性或中性，无柄小穗之第一颖革质，背部凸起或扁平，成熟时变硬而有光泽，具狭窄而内卷的边缘，向顶端则渐内折；第二颖舟形，具脊；第一外稃膜质，第二外稃长圆形或椭圆状披针形，全缘，无芒，或具2齿裂，裂齿间具1长或短的芒。颖果两面平凸，长3.5～4mm，淡红色至红棕色，熟时宽2.5～3mm，顶端微外露；有柄小穗的柄长约2.5mm，小穗线形至披针形，长3～5mm，雄性或中性，宿存，褐色至暗红棕色；第一颖9～12脉，第二颖7～10脉。花果期6～9月。种子千粒重22～25g。

二、同属植物

（1）观赏高粱 *S. bicolor*，株高140～160cm，为观赏型、切花型，有红穗和黑穗。

（2）同属还有光高粱 *S. nitidum*，硬秆高粱 *S. durra* 等，均为粮食作物。

三、种植环境要求

喜温、喜光，在生长期间所需的温度比玉米高，并有一定的耐高温特性，全生育期适宜温度

观赏高粱

观赏高粱

观赏高粱种子

20～30℃。高粱是C4作物，全生育期都需要充足的光照。根系发达，根细胞具有较高的渗透压，从土壤中吸收水分的能力强。

四、采种技术

1.种植要点：我国北方大部分地区均可制种。播种前用药剂拌种，可选用优质种衣剂拌种，防治黑穗病、苗期病害、缺素症及地下害虫等。也可用25%粉锈宁可湿性粉剂按种子量的0.3%～0.5%拌种，或40%拌种双可湿性粉剂按种子量的0.3%拌种。适时播种是确保苗全、苗齐、苗壮的关键。高粱种子萌动时不耐低温，播种过早发芽缓慢，易受病菌侵染，造成粉种或霉烂，还会增加黑穗病的发生，影响产量。高粱根系发达，吸水吸肥力强，宜选择平坦疏松较肥沃的地块种植。因高粱有抗旱耐涝耐盐碱耐瘠薄的特性，所以低洼易涝地块或是瘠薄干旱的盐碱地块也可种植。高粱对前茬要求不严格，玉米茬、大豆茬均可。因高粱对农药敏感，所以忌选前茬施用长残效类农药的地块。播期的确定依据品种生育期、地温和土壤墒情。一般5cm耕层地温稳定在10～12℃，土壤含水量在15%～20%时为宜。建议于4月下旬和5月上旬播种。播种密度以"肥地宜密，薄地宜稀"为原则。种植行距60cm，株距30cm，亩保苗3700株。播种深度3～4cm为宜。播后及时镇压。

2.田间管理：苗后3～4叶期间苗，留壮苗、正苗，不留双株苗。在苗期一般中耕2～3次，第1次结合定苗进行；拔节前后再进行一次中耕，此次中耕要和追肥、培土相结合，促进高粱生育的同时，增强防风、抗倒和土壤蓄水保墒能力。适时灌溉，苗期需水约占全生育期总需水量的10%；拔节孕穗期占50%；孕穗至开花期占15%；灌浆期占20%；成熟期占5%左右。为确保高粱高产稳产，应重点掌握在拔节孕穗期，开花期和灌浆期适时适量灌水。喜肥，对肥料反应非常敏感，吸肥能力强，不同生长期所需肥料也各

有不同。在拔节孕穗阶段，植株迅速生长，茎叶繁茂，所需养分迅速增多，吸收速度最快，此时是肥料利用率最高的时期，也是决定产量的关键阶段。充足均衡的养分能促使粒大且饱满，实现优质增产。孕穗期和灌浆期可施尿素10～20kg/亩。抽穗至灌浆期，适量喷施磷酸二氢钾，以促进早熟及增加产量。

3.病虫害防治：生长期间会发生黑穗病，发病时主要在穗期才显露特征，不到穗期察觉不出，也有部分在前期会显露一些症状。即植株生长弱、矮化，茎节短小，叶片簇生；在穗期变为穗基部膨大，穗较小，穗内有黑色粉末。如果是个别发病，先将病株拔除，用石灰粉撒在病穴消毒，如果是大规模发病，可用药剂喷洒防治。锈病也是危害极大的病害，它主要危害叶片，多在穗期前后发病，发病时叶片出现红、紫以及褐色的小病斑，随着病菌感染蔓延，病斑逐渐扩散，最后叶片出现大片的病斑，病斑中有孢子堆，这些孢子在破裂后会有锈色的粉末，从远处看，就像叶片生锈了一样。加强田间管理，及时清理病叶和杂草，减少病原，发病初期用三唑酮可湿性粉剂1500倍液喷洒防治。容易发生鸟害，种子成熟时会有很多野麻雀来抢食，造成减产，要采用架设防鸟网、闪光带声音驱鸟、化学驱鸟剂等方法预防。

4.隔离要求：高粱是常异花授粉，为保证品种纯度，品间要严格隔离至少1000m。在初花期，分多次根据品种叶形、叶色、株型、长势、花序形状和花色等清除杂株。

5.种子采收：高粱种子田和一般生产田不同，收获必须适当提前，宜在蜡熟期收获，即高粱穗的中部籽粒开始变硬，穗下部籽粒用指甲能掐出印并有少量浆。蜡熟期收获的种子比完熟期收获的种子发芽率高；若收获过晚会造成发芽率下降，如果种子田并未到蜡熟期，但霜期已近，都要在霜前3～5天收获。收获后使其充分干燥，选择晴朗天气并及时脱粒晾晒，入袋保存。

⑮ 针茅属 *Stipa*

【原产地】欧洲中部、南部和亚洲。

一、生物学特性

多年生常绿草本，常作一年生栽培。植株密集丛生，茎秆细弱柔软。叶片细长如丝状，成型高度30～50cm。花序银白色，柔软下垂，形态优美，微风吹拂，分外妖娆，即使在冬季变成黄色时仍具观赏性。它与硬质材料相配对比鲜明，在园林中应用

能有效软化硬质线条。花期6～9月。种子千粒重0.22～0.25g（脱毛种）。

二、同属植物

（1）细茎针茅 *S. capillata*，株高20～30cm，叶绿色。

（2）同属还有长芒草 *S. bungeana*，丝颖针茅 *S. capillacea*，大针茅 *S. grandis*，长羽针茅 *S. kirghisorum* 等。

三、种植环境要求

本种为冷季型观赏草，生长在美洲大陆开阔的岩石坡地、干旱的草地或疏林内。喜光，也耐半阴。喜欢冷凉的气候，夏季高温时休眠。喜排水良好的土壤，不耐湿涝。

四、采种技术

1. 种植要点：在无霜期长达150天的地区采种最佳。如果在春天播种，可3～4月中旬在温室育苗，秋季一般在11～12月育苗。种子细小，播种前要细致整好苗床，一般情况下苗床内不施肥；先将苗床浇透，待第二天看到苗床裂口，用细土填封裂口再次浇透苗床，等渗完水后将种子用一定数量的面沙均匀混合后撒播于苗床，撒播时要精细，反复多次撒播均匀，播后薄覆土并立即覆盖小拱棚以利保湿，保持苗床湿润。也可以采用专用育苗基质128孔穴盘育苗。采种田选用无宿根性杂草、阳光充足、排水良好的肥沃地块。用复合肥25～35kg/亩耕翻于地块。采用黑色除

细茎针茅种子

草地膜平畦覆盖，种植行距40cm，株距30cm，亩保苗不能少于5500株。

2. 田间管理：移栽后要及时灌水，如果气温升高蒸发量过大要再补灌一次保证成活。若田间有移栽不当未能成活的要及时补苗。缓苗后及时给未铺膜的工作行中耕松土，清除田间杂草，拔除田间的禾本科类杂草，以防种子成熟混入。生长期间15～20天灌水1次。在分蘖期根据长势可以随水施入尿素或复合肥10～20kg/亩。有利于营养生长。在生殖生长期间喷施2次0.2%磷酸二氢钾。这对植株孕蕾开花极为有利；促进果实和种子的成长。

3. 病虫害防治：病虫害较少；地势低洼，积水严重，土壤黏度高，土壤板结严重，出苗不整齐，地表温度过高会导致根腐病发生，发病时需及早咨询农药店并对症防治。

4. 隔离要求：针茅属以自花授粉为主，也存在异花传粉，主要靠风媒传粉，是典型的风媒植物。由于该属品种较少，和其他品种无须隔离。

5. 种子采收：针茅属在8月底9月初种子即可成熟，成熟的标志是90%小穗由绿变白转黄，叶片干枯。这个时候用人工分批持取花穗，采收工作要分多次进行，晾干后入袋保存。因针茅属种子带毛，要用专用机械脱毛处理，而后除去杂质，存放在干燥处保存，避免受潮发霉。种子产量和田间管理水平、天气因素有直接关系。

16 狗尾草属 *Setaria* 观赏谷子

【原产地】非洲、亚洲。

一、生物学特性

一年生草本。须根系。秆粗壮，直立，叶鞘松裹茎秆，密具疣毛或无毛，毛以近边缘及与叶片交接处的背面为密，边缘密具纤毛；叶舌为一圈纤毛；叶片

细茎针茅

长披针形或线状披针形，长10～45cm，宽5～33mm，先端尖，基部钝圆，上面粗糙，下面稍光滑，淡紫色或粉红色不等。叶二列互生，幼嫩时青绿色，茎和叶的中脉有青紫、粉紫、紫红、紫墨、深紫等多种颜色，富有观赏性。穗状圆锥花序，长7～22cm，粗2.1～2.6cm，花序基部的主轴周围有紫色的柔毛，刚毛状小枝常呈紫色。颖果棕褐色，卵圆形，直径约2mm，种子千粒重2～7.2g。

二、同属植物

（1）观赏谷子 *S. italica*，株高90～120cm，绿叶，穗下垂黄色。

（2）狗尾草 *S. viridis*，株高80～90cm，绿叶，穗下垂黄褐色。

（3）观赏粟 *S. italica* var. *germanica*，株高90～120cm，红叶，穗下垂红褐色。

（4）同属还有 *S. italica* subsp. *maximum* 和 *S. italica* subsp. *moharium*，都属于杂粮品种。

三、种植环境要求

在疏松、肥沃、排水良好的微酸性或中性土壤中生长良好，尤其在泥炭土和腐叶土中生长最好；最适生长温度18～30℃，若低于16℃，植株生长明显延迟，甚至停止生长；喜欢充足的阳光，也不怕阳光暴晒，在有一点遮阴的条件下也可以生长；耐干旱。

观赏谷子

观赏谷子种子对照

四、采种技术

1.种植要点：我国北方大部分地区均可制种。播种前用药剂拌种，可用40%拌种双可湿性粉剂按种子量的0.3%拌种。适时播种是确保苗全、苗齐、苗壮的关键。要选择土质疏松，地势平坦，土层较厚，排水良好，土壤有机质含量高，合理轮作，避免上茬作物是谷子的地块。地块选好后，要细整地，整好地。结合整地施入基肥，以农家肥为主，要施优质农家肥1250～2000kg/亩，并与过磷酸钙混合作底肥，结合翻地或起垄时施入土中。适时早播，当气温稳定通过7℃时开始播种，主要是抢墒播种，整地要细，踩好格子，覆土均匀一致，种植行距60cm，株距30cm，亩保苗3700株。播种深度以3～4cm为宜。播后及时镇压。

2.田间管理：苗后3～4叶期间苗，留壮苗、正苗，不留双株苗。在苗期一般中耕2～3次，第1次结合定苗进行；拔节前后再进行一次中耕，此次中耕要和追肥、培土相结合，搞好除草和松土，促进根系发育。苗高30～50cm时，均匀撒施氮肥25kg/亩左右，然后埋土，深施提高利用率。谷子是比较耐旱的作物，一般25～35天灌水1次，但在拔节孕穗和灌浆期，如遇干旱，应及时灌水，并追施孕穗肥，促大穗，争粒数，增加结实率和千粒重。

3.病虫害防治：生长期要及时防治黏虫、土蝗、玉米螟，干旱时注意防治红蜘蛛，后期多雨高湿，应及时防治锈病。发生蚜虫用菊酯类药剂喷雾，或用50%的辟蚜雾可湿性粉剂2000～3000倍液，或吡虫啉可湿性粉剂1500倍液，亩用药液量40～50kg。

4.隔离要求：观赏谷子是自花授粉为主，也存在异花授粉，主要靠风媒传粉，是典型的风媒植物。但是为保证品种纯度，品种间要严格隔离至少1000m。在初花期，分多次根据品种叶形、叶色、株型、长势、花序形状和花色等清除杂株。

5.种子采收：观赏谷子田和一般生产田不同，收获必须适当提前，宜在蜡熟期收获，蜡熟期收获比完熟期收获可提高发芽率；收晚了被鸟吃或风刮落粒，影响产量。收获后使其充分干燥，选择晴朗天气并及时脱粒晾晒，入袋保存。

彩色玉米种子

⑰ 玉蜀黍属 *Zea* 彩色玉米

【原产地】非洲，世界各地广泛栽培。

一、生物学特性

一年生高大草本。是普通玉米的变异品种，株高仅100cm左右，秆直立，通常不分枝，基部各节具气生支柱根。叶片线状披针形，基部圆形呈耳状，无毛或具疣柔毛，中脉粗壮，边缘微粗糙。顶生雄性圆锥花序，主轴与总状花序轴及其腋间均被细柔毛；雄性小穗孪生，雌花序被多数宽大的鞘状苞片所包藏；雌

彩叶玉米

草莓玉米

小穗孪生。果为紫红色、黄色、白色或杂色，其大小因品种不同各有不同，小巧可爱呈椭圆形，小的酷似草莓，极具观赏性。其果实甜度高，营养价值高，完全可生食。花果期秋季。品种繁多，种子差异很大，千粒重50～168g。

二、同属植物

玉米的同属植物很多，按用途分，有粮用饲用品种、菜用品种（包括糯质型、甜质型、玉米笋型）、加工品种（甜玉米、玉米笋）、爆粒型品种（爆米花专用品种）及观赏型品种等。这里描述的是观赏型品种。

（1）彩色玉米 *Z. mays* var. *japonica*，株高130～150cm，有长穗混色、红色，还有短穗品种，有橙红、黄色、白色等。

（2）同属还有彩叶玉米 *Z. japonica* 'Variegata'，墨西哥玉米 *Z. mexicana* 等。

三、种植环境要求

属于喜温作物；全生育期内要求的温度较高。是短日照植物，日照时数在12小时内成熟提早。长日照则开花延迟，甚至不能结穗。喜欢肥沃疏松的土壤。彩色玉米为当今最流行的创意栽培花卉品种。

四、采种技术

1. 种植要点：我国北方大部分地区均可制种。播种前用药剂拌种，可用40%福美双可湿性粉剂按种子量的0.3%拌种。适时播种是确保苗全、苗齐、苗壮的关键。要选择土质疏松，地势平坦，土层较厚，排水良好，土壤有机质含量高的地块，地块选好后，要细整地，整好地。结合整地施入基肥，以农家肥为主，施优质农家肥2500～4000kg/亩，并与过磷酸钙混合作底肥，结合翻地或起垄时施入土中。采用单粒点播机进行精量直播，一次完成施肥、播种，行距60cm，株距20cm，播种深度为5cm，播种后根据土壤墒情及时浇水。

2. 田间管理：苗后3～4叶期间苗，留壮苗、正苗，不留双株苗。在苗期一般中耕2～3次，第1次结合定苗进行；拔节前后再进行一次中耕，此次中耕要

和追肥、培土相结合，做好除草和松土，促进根系发育。苗高30～50cm时，均匀撒施氮肥25kg/亩左右，然后埋土，深施提高利用率。一般25～35天灌水1次，但在拔节孕穗和灌浆期，应及时灌水。在玉米拔节前沿幼苗一侧开沟，将全部磷、钾、硫、锌肥与氮肥总量的30%左右深施15～20cm，以促根壮苗；在玉米大喇叭口期（叶龄指数55%～60%，第11～12片叶展开）重施穗肥，追施控制在总氮量的50%，以促进穗大粒多；在籽粒灌浆期追施花粒肥，控制在总氮量的20%，以增加千粒重、增强叶片的光合作用。施肥方式为沟施或穴施，施后埋土浇水，以提高肥料利用率。水分管理上，应均匀灌溉，推荐小畦隔沟交替灌溉的节水技术；全生育期在110天左右，要求玉米播种后苗期、抽雄开花期、灌浆成熟期土壤相对含水量在80%以上，确保光热资源充足。

3.病虫害防治：苗期应加强蚜虫的防治，可选用90%敌百虫可湿性粉剂2000倍液进行喷雾防治；大喇叭口期用50%辛硫磷乳剂300mL/hm²与70%多菌灵可湿性粉剂1125g/hm²混合兑水450kg/hm²，对病虫害进行一次性防治，可以减少玉米生长后期病虫害的危害程度；对玉米抽雄、吐丝期出现的双斑萤叶甲选用4.5%高效氯氰菊酯1000倍液防治；对露雄期出现的玉米螟选用敌百虫1000倍液进行灌心，或辛硫磷颗粒剂22.5～30.0kg/hm²撒入心叶防治。

4.隔离要求：观赏玉米是异花授粉植物，雌雄同株，主要通过风将雄花花粉传播到雌花花蕊上完成授粉，如果相邻的两块地里种的不是同品种的玉米，当它们的花粉随风飘散到其他种类的玉米花蕊上时，不同品种之间的玉米就容易出现杂交，如果不同品种的玉米粒的颜色是不同的，杂交的后果就可能是同一个玉米棒的玉米粒出现不同的颜色，那么我们就会见到五颜六色的玉米。为保证品种纯度，品种间要严格隔离至少500m。

5.种子采收：观赏玉米适宜收获期为9月底至10月初。当苞叶干枯、籽粒乳线消失、黑层出现且含水量低于32%时，选用人工收获。大量实践证明，玉米晚收可增产，千粒重增加15%以上。当籽粒含水量低于14%时，选择干燥通风的场地贮藏。

四十四、花荵科 Polemoniaceae

① 电灯花属 *Cobaea* 电灯花

【原产地】美洲热带地区。

一、生物学特性

多年生缠绕草本。电灯花属植物的每个叶子都由一簇小叶子组成，分布在主茎的两侧，每簇叶子的顶端长着用于攀缘的卷须。花芬芳，钟形，长5cm，花色为奶油绿，老化后转为紫色，裂为5片，狭长形至卵形；雄蕊伸出，花丝基部有附属物；花盘大，5裂；子房3室，每室有胚珠2至多颗，柱头3裂。蒴果革质，室间开裂为3瓣；种子扁平，有阔翅。种子千粒重66～84g。

二、同属植物

（1）电灯花 *C. scandens*，株高200～300cm，花紫色。

（2）同属还有花叶电灯花 *C. aequatoriensis*，细电灯花 *C. gracilis* 等。

三、种植环境要求

耐热、喜阴，不喜欢强烈的阳光直射，宜植于肥沃、潮湿、排水良好的环境。

四、采种技术

1.种植要点：秦岭以南地区，四川、云南部分地区为最佳制种基地。春季3月播种为佳。播种前用40℃左右温水把种子浸泡2～3天，用手搓脱种子外层

电灯花

电灯花种子

胶质，直到种子吸水并膨胀起来再播种。然后将种子均匀撒播在苗床上，盖一层薄草，淋足水。播后应根据天气情况浇水，晴天每天早晚喷水1次，约半个月后开始出土。待幼苗长出4片真叶时移栽。采种田选择无宿根性杂草，地势高，通风良好，排水良好，土壤有机质含量高的地块，用复合肥15kg/亩或磷钾肥30kg/亩耕翻于地块。采用黑色除草地膜平畦覆盖，种植行距50cm，株距30cm，亩保苗不能少于3700株。

2. 田间管理：选择雨前栽苗，若果田间有移栽不当未能成活的要及时补苗。小苗定植后需10~15天才可成活稳定，生长期多次中耕，防止草荒，减少杂草。植株进入营养生长期，生长速度很快，真叶长出三四片后，中心开始生蔓，这时应该摘除。第一次摘心后，叶腋间又生枝蔓，待枝蔓生出三四片叶后，再次摘心。这个时候就应该及时设立竹竿支架，支架要用铁丝拉紧固定牢固，令其攀缘生长。适时浇水、追肥1次，施尿素和过磷酸钙或硫酸亚铁，在后期喷施2次0.2%磷酸二氢钾。这对植株孕蕾开花极为有利；促进果实和种子的成长。

3. 病虫害防治：电灯花最易发生的病害是腐烂病、叶斑病和黑腐病，这3种病害都是在高温、高湿、不通风的条件下发生的。在发病早期，可以用药物治疗。一旦病情发展到后期，就很难挽救。所以要尽快发现病虫害，迅速进行治疗和杀灭。

4. 隔离要求：电灯花属为自花授粉植物，假蜜腺有视觉吸引和蜜导的作用。天然杂交率不高。由于该属品种较少，和其他品种无须隔离。

5. 种子采收：电灯花种子8~9月陆续成熟，选择雨后晴天采摘。收集颗粒饱满、发育完善、大小基本一致、不携带病虫卵、细菌的种子，应及时采收，否则便会散落在地。除净杂质和瘪粒，晾晒3~4天后装入洁净的布袋放于通风的库房中。种子在通风干燥处贮藏。以种粒饱满、光亮、无霉变现象，有光泽者为佳。

❷ 吉莉草属 *Gilia*

【原产地】美国。

一、生物学特性

一年生草本。叶子呈羽毛状排列；花细小似针垫，具有艳丽的球形浅蓝色花朵，叶羽状浅裂，裂片和轴纤细，在茎上向上退化。叶腋和中脉通常有毛。花序顶生，球形，由许多无柄花组成，每头一般超过8朵，花冠带蓝色，花冠裂片5，一般约与花冠筒等长；萼片5，膜白色，果期膨大。雄蕊等长或从花冠裂片稍外露。果实为3室蒴果，每个蒴果1~3粒种子。花期5~7月。种子千粒重0.28~0.48g。

三色介代花是一年生草本植物，叶子呈羽毛状排列。每根茎的末端只有几朵花，每朵花有5个花瓣和5个绿色萼片，5个交替的粉蓝色花药延伸到花管之外。花瓣边缘呈蓝紫色，中心较浅，几乎是白色。位于管状喉部顶端的，是一个深紫色的环。花管的内部与黄色的喉咙形成对比。初夏开花，丁香紫渐变为白色。叶子像优美的蕨叶。

二、同属植物

（1）球状吉利花 *G. capitata*，株高80~100cm，花淡蓝色。

（2）三色介代花 *G. tricolor*，又名三色鸟眼花，株高30~40cm，花浅蓝色。

三、种植环境要求

喜温暖凉爽，不耐寒，不耐湿，喜阳光充足，适生于排灌良好的疏松土壤。

球状吉利花

四、采种技术

1. 种植要点： 我国北方大部分地区均可制种，甘肃河西走廊一带是最佳制种基地。春季3月播种，由于种子比较细小，在播种前首先要选择好苗床，整理苗床时要细致，深翻碎土两次以上，碎土均匀，刮平地面，一定要精细整平，有利于出苗，均匀撒上种子，覆盖厚度以不见种子为宜，播后立即灌透水；在苗床加盖地膜保持苗床湿润，温度16～20℃，播后7～9天即可出苗。也可以采用专用育苗基质128孔穴盘育苗，每穴2～3粒。当小苗长出2～4叶时，可结合除草进行间苗，使小苗有一定的生长空间。选择土质疏松、地势平坦、土层较厚、排灌良好、有机质含量高的地块，施用复合肥10～25kg/亩或磷肥50kg/亩，结合翻地或起垄时施入土中。采用黑色除草地膜覆盖平畦栽培。种植行距40cm，株距30cm，亩保苗不能少于5000株。

2. 田间管理： 移栽后要及时灌水，如果气温升高蒸发量过大要再补灌一次保证成活。小苗定植后需15～20天才可成活稳定，此时的水分管理很重要，小苗根系浅，土壤应经常保持湿润。浇水之后土壤略微湿润，更容易将杂草拔除。一般15～20天灌水1次，在生长期根据长势可以随水施入尿素10～30kg/亩。

三色介代花

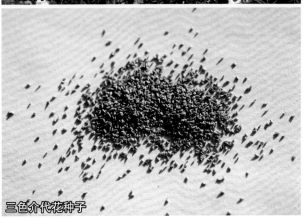

三色介代花种子

多次叶面喷施0.02%的磷酸二氢钾溶液，初花期在未铺地膜的工作行再铺一遍地膜，地膜两头用木棍缠绕拉紧呈弓形固定住，方便浇水从地膜下流入。盛花期尽量不要喷洒杀虫剂，以免杀死蜜蜂等授粉媒介。盛花期后进入生殖阶段，灌浆期要尽量勤浇薄浇，种子成熟会掉落在地膜表面，这个时期要控制灌水。高秆品种在生长中期大量分枝，应及早设立支架，防止倒伏。

3. 病虫害防治： 易发生叶斑病和黑腐病。要保持通风，预防高温、高湿。发生时叶面喷洒甲基托布津、三唑酮、腈菌唑，7～10天1次，连喷2～3次。

4. 隔离要求： 吉莉草属为自花授粉植物，但是自有蜜腺有视觉吸引和蜜导的作用。天然杂交率高。同属间容易串粉混杂，为保持品种的优良性状，留种品种间必须隔离500m以上。在初花期，分多次根据品种叶形、叶色、株型、长势、花序形状和花色等清除杂株。

5. 种子采收： 吉莉草属种子8～9月陆续成熟，球形花朵会变干，呈浅棕色。每朵小花都变成一个蒴果，打开后露出几颗棕色的种子；也可以将整个植株摇晃，让种子掉到提前铺好的地膜表面，要及时用笤帚扫起来或者用锂电池吸尘器回收种子，后期一次性收割，收割后后熟1周以上，晒干后脱粒，种子细小应使用布袋装好，在通风干燥处保存。品种间种子产量差异较大，和田间管理、采收有关。

❸ 福禄麻属 *Leptosiphon* 繁星花

【原产地】美国加利福尼亚州。

一、生物学特性

一年生直立或外倾草本。高15～30cm，被毛。叶卵形、椭圆形或披针状长圆形，长可达15cm，有时仅3cm，宽达5cm，有时不及1cm，顶端短尖，基部渐狭成短柄。聚伞花序密集，顶生；花无梗，二型，花柱异长，长约2.5cm；花冠淡紫色，喉部被密毛，冠檐开展，直径约1.2cm。花期夏秋。种子千粒重0.29～0.67g。

二、同属植物

（1）繁星花 *L. hybrida*，株高20～30cm，花混合色。

（2）同属还有 *L. montanus*，*L. acicularis*，*L. ambiguus* 等。

（3）同科还有车叶麻属 *Linanthus* 的吉利花 *L. grandiflorus*，又名大花夕雪麻，一年生，叶轮生，掌状，花瓣线状，淡紫色，有齿裂。生长习性和福禄麻属基本一致，就不再单独描述了。

三、种植环境要求

喜欢温暖、干燥气候，不耐寒，也不耐酷暑；较耐瘠薄土壤，不喜肥，不喜黏土。在充足的阳光和肥沃、排水良好的土壤中表现最佳。

四、采种技术

1.种植要点：我国北方大部分地区均可制种，甘肃河西走廊一带是最佳制种基地，在海拔2000m以上山区种植最佳。春季3月播种，由于种子比较细小，在播种前首先要选择好苗床，整理苗床时要细致，深翻碎土两次以上，碎土均匀，刮平地面，一定要精细整平，有利于出苗，均匀撒上种子，覆盖厚度以不见种子为宜，播后立即灌透水；在苗床加盖地膜保持苗床湿润，温度18～20℃，播后7～9天即可出苗。也可以采用专用育苗基质128孔穴盘育苗，每穴2～3粒。当小苗长出2～4叶时，可结合除草进行间苗，使小苗有一定的生长空间。选择土质疏松，地势平坦，土层

繁星花

繁星花种子

较厚，排灌良好，土壤有机质含量高的地块，施用复合肥10～25kg/亩或磷肥50kg/亩，结合翻地或起垄时施入土中。采用黑色除草地膜覆盖平畦栽培。种植行距40cm，株距20cm，亩保苗不能少于6600株。

2.田间管理：移栽后要及时灌水，如果气温升高蒸发量过大要再补灌一次保证成活。小苗定植后需15～20天才可成活稳定，此时的水分管理很重要，小苗根系浅，土壤应经常保持湿润。浇水之后土壤略微湿润，更容易将杂草拔除。幼苗期一般15～20天灌水1次，灌水要在晚上或早上且不能太深，否则会烂根引起死亡。在生长期根据长势可以随水施入尿素10～30kg/亩。多次叶面喷施0.02%的磷酸二氢钾溶液，初花期在未铺地膜的工作行再铺一遍地膜，地膜两头用木棍缠绕拉紧呈弓形固定住，方便浇水从地膜下流入。种子成熟期要尽量控制灌水，种子成熟会掉落在地膜表面。

3.病虫害防治：病虫害较少；地势低洼，积水严重，土壤黏度高，土壤板结严重，出苗不整齐，地表温度过高会导致根腐病发生，发病时可用甲霜噁霉灵或铜制剂进行灌根。

4.隔离要求：福禄麻属为自花授粉植物，开花时也散发蜜腺，有吸引和蜜导的作用。天然杂交也率高。同属间容易串粉混杂，为保持品种的优良性状。留种品间必须隔离500m以上。

5.种子采收：种子8～9月陆续成熟，花穗会变干，蒴果成熟开裂，种子随熟随落。可以将整个植朱摇晃，让种子掉到提前铺设好的地膜表面，要及时用笤帚扫起来或者用锂电池吸尘器回收种子，后期一次性收割，收割后后熟1周以上，晒干后脱粒，种子细小应使用布袋装好，在通风干燥处保存。品种间种子产量差异较大，和田间管理、采收有关。

④ 福禄考属 *Phlox* 福禄考

【原产地】北美洲。

一、生物学特性

一年生草本。茎直立，高15～45cm，单一或分枝，被腺毛。下部叶对生，上部叶互生，宽卵形、长圆形和披针形，长2～7.5cm，顶端锐尖，基部渐狭或半抱茎，全缘，叶面有柔毛；无叶柄。圆锥状聚伞花序顶生，有短柔毛，花梗很短；花萼筒状，萼裂片披针状钻形，长2～3mm，外面有柔毛，结果时开展或外弯；花冠高脚碟状，直径1～2cm，淡红、深红、紫、白、淡黄等色，裂片圆形，比花冠管稍短；雄蕊

和花柱比花冠短很多。蒴果椭圆形，长约5mm，下有宿存花萼。种子长圆形，长约2mm，褐色。花期6～9月；种子千粒重1.8～2g。

二、同属植物

（1）福禄考 *P. drummondii*，一年生，有紧凑型和松散型之分，株高20～50cm，品种花色有混色、红色、粉色、黄色、蓝色、白色等。

（2）同属还有天蓝绣球 *P. paniculata*，针叶天蓝绣球 *P. subulata*，厚叶福禄考 *P. carolina* 等，都为宿根花卉品种，无性繁殖为主。

三、种植环境要求

喜温暖，稍耐寒，忌酷暑。不耐旱，忌湿涝，喜疏松、排灌良好的砂壤土。

四、采种技术

1.种植要点：我国北方大部分地区均可制种，甘肃河西走廊一带是最佳制种基地，在海拔2000m以上山区种植最佳。春季3月播种，在温室内育苗，采用专用育苗基质，穴盘可根据大小用50、72、128孔穴盘育苗，也可以采用泡沫穴盘育苗或委托育苗工厂批量化育苗。种子发芽时间不一致，要耐心等待。小苗不耐移植，因此移植宜早不宜晚，而且尽量保持小苗的根系完好。采种田选择通风透光，排灌良好，土壤有机质含量高的地块，施用复合肥10～25kg/亩或磷肥50kg/亩，结合翻地或时施入土中。采用黑色除草地膜覆盖平畦栽培。种植行距40cm，株距30cm，亩保苗不能少于5000株。

2.田间管理：移栽后要及时灌水，如果气温升高蒸发量过大要再补灌一次保证成活。小苗定植后需10～20天才可成活稳定，此时的水分管理很重要，小苗根系浅，土壤应经常保持湿润。浇水之后土壤略微湿润，更容易将杂草拔除。幼苗期一般15～20天灌水1次，灌水要在晚上或早上且不能太深，否则会烂根引起死亡。在生长期根据长势可以随水施入尿素10～30kg/亩。在6月初给未铺地膜的工作行再铺一遍地膜，地膜两头用木棍缠绕拉紧呈弓形固定住，方便

福禄考

福禄考种子

浇水从地膜下流入。多次叶面喷施0.02%的磷酸二氢钾溶液，可提高分枝数、结实率和增加千粒重。秋季种子成熟会掉落在地膜表面，要尽量控制灌水。

3.病虫害防治：加强田间管理，及时将病叶、病株拔除，对于生长瘦弱的可以适当施肥，增加其抗病能力。种植环境保证通风良好，浇水适中，不要过干或过湿。管理不当会引发白斑病，发病期间，及时喷洒百菌清。做好防虫准备，及时喷洒杀虫剂，预防虫害。

4.隔离要求：福禄考为两性花，可以自花授粉，也可以异花授粉，花朵散发香味吸引蜜蜂和昆虫。天然杂交率高。同属间容易串粉混杂，为保持品种的优良性状。留种品种间必须隔离1000m以上。在初花期，分多次根据品种叶形、叶色、株型、长势、花序形状和花色等清除杂株。

5.种子采收：福禄考种子8～9月陆续成熟，花朵凋谢后种荚开始变成棕色，成熟的种会爆裂弹射出来，无法人工分批采收。掉到提前铺设好的地膜表面，每天要及时用笤帚扫起来或者用锂电池吸尘器回收种子，晒干后清选入袋，在通风干燥处保存。品种间种子产量差异较大，和田间管理、采收有关。

⑤ 花荵属 *Polemonium* 花荵

【原产地】欧洲。

一、生物学特性

多年生草本，常作一年生栽培。茎直立，无毛或被疏柔毛。羽状复叶互生，小叶互生，11～21片，长卵形至披针形，顶端锐尖或渐尖，基部近圆形，全缘，两面有疏柔毛或近无毛，无小叶柄；生下部者长，上部具短叶柄或无柄，与叶轴同被疏柔毛或近无毛。聚伞圆锥花序顶生或上部叶腋生，疏生多花；连同总梗密生短的或疏长腺毛；花萼钟状，被短的或疏

花葰

长腺毛，裂片长卵形、长圆形或卵状披针形，顶端锐尖或钝尖，稀钝圆，与萼筒近相等长；花冠紫蓝色，钟状，裂片倒卵形，顶端圆或偶有渐狭或略尖，边缘有疏或密的缘毛或无缘毛；雄蕊着生于花冠筒基部之上，通常与花冠近等长，花药卵圆形，花丝基部簇生黄白色柔毛；子房球形，柱头稍伸出花冠之外。蒴果卵形，种子褐色，纺锤形，种皮具有膨胀性的黏液细胞，干后膜质似种子，有翅。种子千粒重 0.8～0.83g。

二、同属植物

（1）花葰 *P. caeruleum*，株高 30～60cm，花单瓣蓝色。

（2）同属还有苏木山花葰 *P. sumushanense*，中华花葰 *P. chinense*，北海道花葰 *P. yezoense* 等。

三、种植环境要求

喜温暖，稍耐寒，忌酷暑，不耐旱，忌湿涝，喜疏松、排灌良好的砂壤土。

四、采种技术

1. 种植要点：我国北方大部分地区均可制种。在播种前首先要选择好苗床，整理苗床时要细致，深翻碎土两次以上，碎土均匀，刮平地面，精细整平，有利于出苗。播前用清水浸种 4～5 小时，然后用温水进行浸种，浸泡时间为 25～35 分钟，并在温水中加入 50% 百菌清可湿性粉剂 500 倍液，将处理好的种子均匀撒于苗床，覆盖厚度以不见种子为宜，播后立即灌透水；在苗床加盖地膜保持苗床湿润，温度 18～25℃，播后 10～12 天即可出苗。选择湿润肥沃、保水保肥力强、质地疏松、基本呈中性的砂质土壤或腐殖质土壤作为种植地，在地内撒入有机肥，用 50% 可湿性多菌灵 750 倍液喷施土壤，地表面整细耙平；采用黑色除草地膜覆盖平畦栽培。种植行距 40cm，株距 30cm，亩保苗不能少于 5000 株。

2. 田间管理：为保证成活，要带土坨移栽，移栽后要及时灌水，如果气温升高蒸发量过大要再补灌一次保证成活。小苗定植后的水分管理很重要，小苗根系浅，土壤应经常保持湿润。浇水之后土壤略微湿润，更容易将杂草拔除。一般 15～20 天灌水 1 次，根据生长情况及时浇水和施肥，施复合肥 20～30kg/亩，当苗高达 5cm 时进行第 1 次中耕，清除杂草，多次叶面喷施 0.02% 的磷酸二氢钾溶液，可提高分枝数、结实率和增加千粒重。在生长中期大量分枝，应及早设立支架，防止倒伏。

3. 病虫害防治：病虫害相对较少，若发现病害植株应及时拔除烧毁或深埋，同时采用 50% 甲基托布津 600 倍液喷雾，对于虫害，用 40% 乐果乳油 1500 倍液喷杀。

4. 隔离要求：花葰属为自花授粉为主，也存在异花传粉，主要靠昆虫传粉。由于该属品种较少，和其他品种无须隔离。

5. 种子采收：花葰属种子在 9 月底 10 月初种子即可成熟，因开花时间不同而成熟期也不一致，前期要随熟随采。后期待 80%～90% 植株干枯时一次性收割，晾晒打碾。除去杂质，存放在干燥处保存，避免受潮发霉。种子产量和田间管理水平、天气因素有直接关系。

花葰种子

四十五、蓼科 Polygonaceae

蓼属 *Persicaria*

【原产地】亚洲。

一、生物学特性

一年生或多年生草本。红蓼株高可达2m；茎直立，粗壮，上部多分枝，密被长柔毛。叶宽卵形或宽椭圆形，长10～20cm，先端渐尖，基部圆或近心形，微下延，两面密被柔毛，叶脉被长柔毛；叶柄长2～12cm，密被长柔毛，托叶鞘长1～2cm，被长柔毛，常沿顶端具绿色草质翅。穗状花序长3～7cm，微下垂，数个花序组成圆锥状；苞片宽漏斗状，长3～5mm，草质，绿色，被柔毛；花梗较苞片长；花被5深裂，淡红或白色，花被片椭圆形，长3～4mm；雄蕊7，较花被长；花柱2，中下部连合，内藏；有一些植株雄蕊较花被短，花柱伸出花被之外。瘦果近球形，扁平，双凹，径3～3.5mm，包于宿存花被内。种子千粒重11.1～12.5g。

头花蓼是多年生草本。茎匍匐，丛生，多分枝，疏被腺毛或近无毛；一年生枝近直立，疏被腺毛。叶卵形或椭圆形，先端尖，基部楔形，全缘，上面有时具黑褐色新月形斑点，叶柄基部有时具叶耳，托叶鞘具缘毛。头状花序单生或成对，顶生，花被5深裂，淡红色，椭圆形；雄蕊8，花柱3，中下部连合；瘦果长卵形，具3棱，黑褐色。种子千粒重0.67～0.71g。

二、同属植物

（1）头花蓼 *P. capitata*，株高20～30cm，6～9月开花，花粉红色，8～10月结果。

（2）红蓼 *P. orientalis*，株高200～250cm，花粉红色。

（3）同属还有线叶蓼 *P. paronychioides*，糙毛蓼 *P. strigosa* 等。

三、种植环境要求

喜温暖湿润环境，要求光照充足。其适应性很强，对土壤要求不严，但更喜肥沃、湿润、疏松的土壤，也能耐瘠薄，较耐寒。

四、采种技术

1. 种植要点：我国北方大部分地区均可制种。红蓼植株高大，适合直播，一般在4～5月直播。要选择贫瘠一点的砂质土壤，地块选好后，要细整地，整

头花蓼

红蓼

好地。结合整地施入过磷酸钙作底肥，当气温稳定通过15℃时开始播种。播种前用40℃温水浸泡种子8小时，捞出稍晾干后，用直径3～5cm的播种打孔器在地膜上打孔，垄两边孔位呈三角形错开，每畦种2行，种植行距60cm，株距35cm，每穴播2～3粒种子，覆土1cm，稍加镇压，浇水。头花蓼需要3月采用专用育苗基质128孔穴盘育苗，5月移栽。种植行距40cm，株距20cm。

2. 田间管理：出苗后要及时查苗，发现漏种和缺苗断垄时，应采取补种。长出5～6叶时间苗，按照留大去小的原则，每穴保留1～2株。浇水之后土壤略微湿润，及时进行中耕松土，清除田间杂草。出苗后至封行前要及时中耕、松土。红蓼在分枝初期要及时打顶促进侧枝发达，因为不喜欢水肥，所以在生长期根据长势决定施肥量和浇水次数。多次叶面喷施0.02%

红蓼种子

的磷酸二氢钾溶液，可提高分枝数、结实率和增加千粒重。植株长到80cm左右，使用浓度为100～125mg/L的矮壮素喷洒，使植株矮化、茎秆粗壮、节间缩短，能防止植物徒长和倒伏。头花蓼一般15～20天灌水1次，在生长期根据长势可以随水施入尿素10～30kg/亩，加强营养，促进生长。越冬前要灌水1次，保持湿度安全越冬。早春及时灌溉返青水，生长期中耕除草3～4次。根据长势可以随水在春、夏季各施1次氮肥或复合肥。

3.病虫害防治：褐斑病用甲基托布津、三唑酮等常规杀菌剂防治。如果病情很严重，应喷洒50%苯菌灵可湿性粉剂1500倍液或阿米西达药剂防治。蚜虫用吡虫啉1500～2000倍液防治。

4.隔离要求：萹蓄属为异花授粉植物，雌雄异株，它的花粉传播主要是靠风力或昆虫。天然杂交率很不高。同品种间容易串粉混杂，为保持品种的优良性状。留种品种间必须隔离。

5.种子采收：秋季9～10月间花穗种壳呈黄色时，种子便已成熟，应及时采收，否则便会散落在地，人工采种难度极大，最有效的方法是在封垄前铲平未铺膜的工作行或者铺除草布，成熟的种子掉落在地膜表面，要及时用笤帚扫起来集中精选加工。除净杂质和瘪粒，晾晒3～4天，干净的种子扁圆卵形，红褐色或黑褐色，在通风干燥处贮藏。

四十六、马齿苋科 Portulacaceae

① 马齿苋属 *Portulaca**

【原产地】巴西南部、乌拉圭、阿根廷、西亚、地中海地区。

一、生物学特性

一年生或多年生肉质草本。无毛或被疏柔毛。茎铺散，平卧或斜升。叶互生或近对生或在茎上部轮生，叶片圆柱状或扁平；托叶为膜质鳞片状或毛状的附属物，稀完全退化。花顶生，单生或簇生；花梗有或无；常具数片叶状总苞；萼片2，筒状，其分离部分脱落；花瓣4或5，离生或下部连合，花开后有黏液质，先落；雄蕊4枚至多数，着生花瓣上；子房半下位，1室，胚珠多数，花柱线形，上端3～9裂成线状柱头。蒴果盖裂；种子细小，多数，肾形或圆形，光亮，具疣状凸起。种子千粒重0.1～0.11g。

二、同属植物

（1）松叶牡丹 *P. grandiflora*，株高15～25cm，有单瓣和重瓣之分，花色有混色、绯红、雪白、黄色、

松叶牡丹

大花马齿苋

* 采用克朗奎斯特分类系统。

粉红、橘黄等。

（2）大花马齿苋 P. umbraticola，单瓣，品种花色有混色、紫红色、橙红色等。

（3）同属还有毛马齿苋 P. pilosa，小松针牡丹 P. gilliesii 等；直立马齿苋 P. oleracea，又名长寿菜，具食用价值。

三、种植环境要求

性喜高温、耐旱、耐涝、不耐寒。具向光性。适宜在各种田地和坡地栽培，以中性和弱酸性土壤较好。

四、采种技术

1.种植要点：我国北方大部分地区均可制种，甘肃河西走廊一带是最佳制种基地。在播种前首先要选择好苗床，整理苗床时要细致，深翻碎土两次以上，碎土均匀，刮平地面，一定要精细整平。由于种子比较细小，将苗床浇透，待水完全渗透苗床后，将种子和沙按1:5比例混拌后均匀撒于苗床，播后不再覆土或薄盖过筛细沙。播种后在苗床加盖地膜保持苗床湿润，温度18～25℃，播后6～9天即可出苗。当小苗长出2片叶时，可结合除草进行间苗，使小苗有一定的生长空间。也可以采用专用育苗基质128孔穴盘育苗。选择土质疏松，地势平坦，土层较厚，排灌良好，土壤有机质含量高的地块，施用复合肥25～30kg/亩或磷肥50kg/亩，结合翻地或起垄时施入土中。采用黑色除草地膜覆盖小高垄栽培，垄高15～20cm，垄宽40cm，水沟40cm。种植行距40cm，株距30cm，亩保苗不能少于5000株。

2.田间管理：移栽后要及时灌水，如果气温升高蒸发量过大要再补灌一次保证成活。小苗定植后需10天才即可成活稳定，此时的水分管理很重要，小苗根系浅，土壤应经常保持湿润。浇水之后土壤略微湿润，更容易将杂草拔除。一般15～20天灌水1次，在生长期根据长势可以随水施入尿素10～30kg/亩。植

松叶牡丹种子

---

* 采用克朗奎斯特分类系统。

株正常生长后，用厚一点的90cm宽幅的地膜在水沟再铺一遍，两边用地钉固定在垄上；地膜两头用木棍缠绕拉紧呈弓形固定住，方便浇水从地膜下流入。在田间作业时尽量穿布鞋，以免破坏地膜。花期多次叶面喷施0.02%的磷酸二氢钾溶液，可提高分枝数、结实率和增加千粒重。

4.隔离要求：马齿苋属为两性花，自花授粉和异花授粉，自花授粉结实率很低，尤其是重瓣品种。对授粉的反应很敏锐，昆虫授粉，它会提早闭合，人工授粉闭合会晚一些；而不授粉的花最后闭合。想要获得高产的种子需人工辅助授粉，用塑料捆扎带自制软的毛刷，宽度60cm，长度130cm，选择在10:00以后、12:00以前辅助授粉，用毛刷多方向扫动花朵完成授粉。本属有假蜜腺，有视觉吸引和蜜导的作用。天然杂交率很高。品种间应隔离1000～2000m。在初花期，分多次根据品种叶形、株型、长势、花序形状和花色等清除杂株。

5.种子采收：授粉后25～30天种子成熟，蒴果上下开裂，裂开后种子弹出，无法人工采集。弹射出的种子掉到提前铺设好的地膜表面，每天要及时用笤帚扫起来或者用锂电池吸尘器回收种子，晒干后及时晾晒、干燥、清选入袋，一定注意将前期和后期种子分开，籽粒饱满、光亮、无霉变现象，有光泽者为佳，收获的种子在通风干燥处保存。品种间种子产量差异较大，和田间管理、采收有关。

2 土人参属 Talinum *

【原产地】北美洲、南美洲。

一、生物学特性

多年生草本。块茎扁球形，直径通常4～5cm，具木栓质的表皮，棕褐色，顶部稍扁平。叶和花葶同时自块茎顶部抽出；叶柄长5～18cm；叶片心状卵圆形，直径3～14cm，先端稍锐尖，边缘有细圆齿，质地稍厚，上面深绿色，常有浅色的斑纹。一些植物学家认为叶片上的杂色是一种天然的伪装，以免受动物损害。花葶高15～20cm，果时不卷缩；花萼通常分裂达基部，裂片三角形或长圆状三角形，全缘；花冠白色或玫瑰红色，喉部深紫色，筒部近半球形，裂片长圆状披针形，稍锐尖，基部无耳，比筒部长3.5～5倍，剧烈反折。种子千粒重0.25～0.28g。

二、同属植物

（1）假人参花 T. paniculatum，株高60～70cm，

土人参

土人参种子

粉红。

（2）同属还有棱轴土人参 *T. fruticosum*，加花土人参 *T. caffrum* 等。

三、种植环境要求

性喜温暖、怕炎热，在凉爽的环境下和富含腐殖质的肥沃砂质壤土中生长最好。较耐寒，可耐 0℃ 的低温不致受冻。秋季到翌年春季为其生长季节，夏季半休眠，冬季适宜的生长温度 12～16℃，促进开花时不应超过 18～22℃，30℃ 以上植株将进入休眠，35℃ 以上植株易腐烂、死亡，冬季可耐低温，但 5℃ 以下则生长缓慢、花色暗淡、开花少。冬季补充二氧化碳气体，可促进生长和开花。在生长期要求空气湿润和日照充足的环境。

四、采种技术

1. 种植要点：我国北方大部分地区均可制种。在播种前首先要选择好苗床，整理苗床时要细致，深翻碎土两次以上，碎土均匀，刮平地面，精细整平，有利于出苗。将种子均匀撒于苗床，覆盖厚度以不见种子为宜，播后立即灌透水；在苗床加盖地膜保持苗床湿润，温度 18～25℃，播后 6～9 天即可出苗。选择湿润肥沃、保水保肥力强、质地疏松、基本呈中性的砂质土壤或腐殖质土壤作为种植地，在地内撒入有机肥，用 50% 可湿性多菌灵 750 倍液喷施土壤，地表面整细耙平；采用黑色除草地膜覆盖平畦栽培。种植行距 40cm，株距 30cm，亩保苗不能少于 5000 株。

2. 田间管理：为保证成活，要带土坨移栽，移栽后要及时灌水，如果气温升高蒸发量过大要再补灌一次保证成活。小苗定植后的水分管理很重要，小苗根系浅，土壤应经常保持湿润。浇水之后土壤略微湿润，更容易将杂草拔除。一般 15～20 天灌水 1 次，根据生长情况及时浇水和施肥，施复合肥 20～30kg/亩，当苗高达 5cm 时进行第 1 次中耕，清除杂草，多次叶面喷施 0.02% 的磷酸二氢钾溶液，可提高分枝数、结实率和增加千粒重。在生长中期大量分枝，长出第一级分枝时摘尖，使其矮化。

3. 病虫害防治：土人参很少发生病虫害。植株的嫩茎易受蚜虫和红蜘蛛侵害，应及时防治。可拔除并销毁病株，喷吡虫啉 10～15g，兑水 5000～7500 倍喷洒。

4. 隔离要求：土人参花属是两性花，属虫媒花，由蜜蜂帮助授粉；可自花传粉也可异花传粉。天然杂交率很高，由于该属品种较少，和其他品种无须隔离。

5. 种子采收：种子分批成熟，花穗先从主秆到侧枝，自下而上逐渐成熟，花穗变黄后，最好在早晨有露水时，一手扶花穗上部，沿根部将花序剪下。不要倒置撒落种子。将其放置到水泥地晾干。后期花朵凋谢干枯一次性收获的，置于通风良好的背阴处 4～6 天再脱粒，除净杂质和瘪粒，晾晒 3～4 天后装入洁净的布袋放于通风的库房中。种子在通风干燥处贮藏。

四十七、报春花科 Primulaceae

① 仙客来属 *Cyclamen* 仙客来

【原产地】希腊、地中海地区。

一、生物学特性

多年生草本植物。块茎扁球形，直径通常4～5cm，具木栓质的表皮，棕褐色，顶部稍扁平。叶和花葶同时自块茎顶部抽出；叶柄长5～18cm；叶片心状卵圆形，直径3～14cm，先端稍锐尖，边缘有细圆齿，质地稍厚，上面深绿色，常有浅色的斑纹。一些植物学家认为叶片上的杂色是一种天然的伪装，以免受动物损害。花葶高15～20cm，果时不卷缩；花萼通常分裂达基部，裂片三角形或长圆状三角形，全缘；花冠白色或玫瑰红色，喉部深紫色，筒部近半球形，裂片长圆状披针形，稍锐尖，基部无耳，比筒部长3.5～5倍，剧烈反折。种子千粒重6.2～7.3g。

二、同属植物

仙客来园艺品种繁多，按照花型来进行分类，有大花型、平瓣型、洛可可型、皱边型、微型系等。国外早已开展杂交育种工作，花色繁多；这里只描述常规种子的采种。

（1）仙客来 *C. hybridum*，株高15～25cm，品种花色有混色、红色、白色、粉红色、红白双色、红白边等。

（2）同属还有常春藤叶仙客来 *C. hederifolium*，地中海仙客来 *C. repandum* 等。

三、种植环境要求

性喜温暖，怕炎热，在凉爽的环境下和富含腐殖质的肥沃砂质壤土中生长最好。较耐寒，0℃的低温不致受冻。秋季至翌年春季为其生长季节，夏季半休眠，冬季适宜的生长温度12～16℃，促进开花时不应超过18～22℃，30℃以上植株将进入休眠，35℃以上植株易腐烂、死亡，冬季可耐低温，但5℃以下则生长缓慢、花色暗淡、开花少。冬季补充二氧化碳气体，可促进生长和开花。在生长期要求空气湿润和日照充足的环境。

四、采种技术

1.种植要点：仙客来全国很多地方都可种植采种。山东莱州、云南等地一般都在保护地内采种，露天采种难度较大，可采用半保护地种植。一般9～10月育苗

为宜，播前可浸种催芽，用30℃温水浸泡2～3小时，然后清洗种子表面的黏着物，包于湿布中催芽，保持1～2天温度25℃，种子稍微萌动即可取出播种。配制一份适合生长的土壤作播种发芽基质，一般仙客来对土壤要求并不是很高，可用田园土、腐叶土、泥炭土作发芽播种基质，当中还可添加粗沙、树皮等物质。也可以直接购买育苗基质育苗。播后，再覆土0.5cm左右，浇透水。放在20～22℃的半阴处约20天出苗。仙客来出苗后，仍要保持土壤湿润，并加强苗床通风管理。当幼苗生长出3片叶，小球茎长到5～6cm时，可进行移苗。

2.田间管理：选择土壤pH 6～7疏松肥沃的中性土壤，也可用氮：磷：钾=20：20：20的复合肥颗粒混入，土壤要一定消毒。栽苗时先在盆底垫2～3cm厚的木炭渣或陶粒、粗砂砾，再加入培养土。要带土坨栽，栽后盆面要中央高四周低，球茎露出土面1/2，

仙客来　　仙客来

仙客来

于第二天再浇透水，并放阴处养护。新芽长出后可增加光照。随着叶片的生长，逐渐增加光照、浇水次数和浇水量。保持室温12～15℃，相对湿度60%～75%，这样在温室才能安全越冬。翌年建造好半保护地，以南北走向搭建塑料拱棚，材料用竹片、细竹竿、钢筋等；棚高2.5m、宽度8m为宜，长度根据地块决定。购买0.08m的农用聚乙烯塑料薄膜覆盖。将塑料薄膜展平，拉紧，盖严，四边埋入土中固定。盖膜后再在膜上压拱条，每隔一拱压一条，以防风吹和便于放风管理。4～5月气温稳定将花盆移至半保护地，要及早剪除残花，逐步放风，每周浇一次1%的复合肥液，新叶很快长出，选择花色纯正的花朵开始授粉。授粉时要选择在3天以内开的花，因为这时候花粉最多，可以最大限度地让授粉成功。授粉方法：用软的毛笔，在盛开3天内的花朵里各蹭一蹭（要蹭到花粉），一圈下来就都授好粉了。授粉成功后的5～6天，花瓣会自动脱落，即表示授粉成功。授粉成功后留下健康的种荚，弱小的可以摘掉，以节省养分水分。建议留10个左右的种荚，否则养分消耗过多可能会连累母株死亡。结了种子的仙客来也不能再让其开花，有花苞要及时摘掉。定期施肥，肥料以氮磷钾均衡的复合肥为主，在种荚膨大时，补充施两三次磷钾肥。结了种子的仙客来要有充足的光照，多通风。

3.病虫害防治： 生长期如发生腐烂病（灰霉病），及时清除病残体，摘除病叶、花，并做好伤口消毒。将病残体深埋或烧掉，减少病菌传染源。可用75%百菌清可湿性粉剂1000倍液喷雾和浇灌。生长期发生软腐病或叶腐病等细菌性病害时，可选用1000倍链霉素、消菌灵喷雾或灌根。炭疽病用多菌灵800倍液或炭疽福美1000倍液喷雾；灰霉病用克菌丹800倍液或苯菌灵2000倍液或多菌灵800倍液喷雾。

4.隔离要求： 仙客来属为自花授粉植物，但因其雌雄蕊发育不一致，雄蕊柱头单一；但是自花授粉结实率很低，需要人工授粉才能提高结实率。为保证品种纯度，采种要有严格的隔离措施。

5.种子采收： 仙客来授粉后的50～60天，果实开始逐渐成熟，果梗果皮变软，有龟裂但尚未开裂时及时采收。这时种子变为褐色，表示种子已经成熟，种子粒重也已达到最大，并且不再增加。如果采种过早，一部分还没有充分成熟的种子还为白色。采种时种子的成熟度与将来的种子发芽有密切关系。充分成熟的种子发芽率高，早采的种子发芽率降低，一般苗生长不好。种子采收过晚也会散落地上造成损失。种子采收后应很快进行清洗，洗去种子上所带的黏液及果肉残留物，以避免在贮藏过程中发霉。然后阴干，切勿暴晒，使含水量达5%～8%，进行贮藏。贮藏期间的环境条件尤其是湿度对种子的发芽有很大影响，一般在室内环境条件下，温度25～26℃，相对湿度67%，贮藏条件就比较理想，种子有较高的发芽率。在室外温度29℃，相对湿度64%情况下贮藏发芽率也比较高。而在温室中贮藏温度27℃，相对湿度84%的情况下，贮藏半年发芽率会下降很多。这说明湿度是影响种子贮存寿命的关键因素，随湿度升高贮藏期急剧缩短，影响到种子的发芽率。贮藏年限越长，发芽率越低，一般经过4年左右发芽率就比较低了。

❷ 琉璃繁缕属 *Anagallis*

【原产地】欧洲。

一、生物学特性

一年生草本。无毛或梢端和嫩枝具头状小腺毛，高10～30cm。茎匍匐或上升，四棱形，棱边狭翅状，常自基部发出多数分枝，主茎不明显。叶交互对生或有时3枚轮生，卵圆形至狭卵形，全缘，先端钝或稍锐尖，基部近圆形，无柄。花单出腋生；花梗纤细，长2～3cm，果时下弯；花萼长3.5～6mm，深裂几达基部，裂片线状披针形，基部宽0.7～1mm，先端长渐尖成钻状，边缘膜质，背面中肋稍隆起；花冠辐状，长4～6mm，淡红色，分裂近达基部，裂片倒卵形，宽2.7～3mm，全缘或顶端具啮蚀状小齿，具腺状小缘毛；雄蕊长约为花冠的一半，花丝被柔毛，基部连合成浅环。蒴果球形，直径约3.5mm。花期5～6月。种子千粒重0.38～0.42g。

二、同属植物

（1）琉璃繁缕 *A. arvensis*，匍匐茎，品种花色有

仙客来种子

橘色、蓝色等。

（2）同属还有 *A. aumii*, *A. deccanensis*, *A. uruguayensis* 等。

三、种植环境要求

喜温暖、喜阳光，耐热耐湿，但是不耐水浸。喜肥沃、疏松的微酸性砂质壤土。

四、采种技术

1.种植要点：我国北方大部分地区均可制种，甘肃河西走廊一带是最佳制种基地。在播种前首先要选择好苗床，整理苗床时要细致，深翻碎土两次以上，碎土均匀，刮平地面，精细整平。由于种子比较细小，将苗床浇透，待水完全渗透苗床后，将种子和沙按1∶5比例混拌后均匀撒于苗床，播后不再覆土或薄盖过筛细沙。播种后在苗床加盖地膜保持苗床湿润，温度18～22℃，播后6～9天即可出苗。当小苗长出2片叶时，可结合除草进行间苗，使小苗有一定的生长空间。也可以采用专用育苗基质128孔穴盘育苗。选择土质疏松，地势平坦，土层较厚，排灌良好，土壤有机质含量高的地块，施用复合肥15～30kg/亩或磷

琉璃繁缕种子

肥50kg/亩，结合翻地时施入土中。采用黑色除草地膜覆盖平畦栽培，定植时一垄两行，种植行距40cm，株距30cm，亩保苗不能少于5800株。

2.田间管理：移栽后要及时灌水，如果气温升高蒸发量过大要再补灌一次保证成活。小苗定植后约需15天才即可成活稳定，此时的水分管理很重要，小苗根系浅，土壤应经常保持湿润。浇水之后土壤略微湿润，更容易将杂草拔除。一般15～20天灌水1次，在生长期根据长势可以随水施入尿素10～30kg/亩。植株正常生长后，用厚一点的地膜在未铺膜的工作行铺一遍，两边用地钉固定在垄上；地膜两头用木棍缠绕拉紧呈弓形固定住，方便浇水从地膜下流入。在田间作业时尽量穿布鞋，以免破坏地膜。花期多次叶面喷施0.02%的磷酸二氢钾溶液，可提高分枝数、结实率和增加千粒重。

3.病虫害防治：高温高湿或水肥管理不当，土壤细菌都会引起病害，发病时需及早咨询农药店并对症防治。植株的嫩茎很易受蚜虫侵害，应及时防治。可拔除并销毁病株，喷吡虫啉10～15g，兑水5000～7500倍喷洒。

4.隔离要求：琉璃繁缕属为自花和异花授粉植物，自花结实率很高。为保证品种纯度。品种间应隔离300～500m。在初花期，分多次根据品种叶形、株型、长势、花序形状和花色等清除杂株。

5.种子采收：琉璃繁缕在结实期间要注意通风，同时湿度不宜过大。6～7月球形蒴果陆续成熟，由于种子成熟期不一，果实成熟时开裂弹出，需边成熟边采收。成熟的种子掉到提前铺设好的地膜表面，每天要及时用笤帚扫起来或者用锂电池吸尘器回收种子，晒干后及时晾晒，干燥清选入袋，一定注意将前期和后期采收的种子分开，籽粒饱满、光亮、无霉变现象，有光泽者为佳，收获的种子在通风干燥处保存。品种间种子产量差异较大，和田间管理、采收有关。

琉璃繁缕

琉璃繁缕橘色

3 报春花属 Primula

【原产地】西亚、欧洲、非洲、中国。

一、生物学特性

多年生草本，稀二年生。叶全部基生，莲座状。花5基数，通常在花葶端排成伞形花序，较少为总状花序、短穗状或近头状花序，有时花单生，无花葶；花萼钟状或筒状，具浅齿或深裂；花冠漏斗状或钟状，喉部不收缩，筒部通常长于花萼，裂片全缘、具齿或2裂；雄蕊贴生于冠筒上，花药先端钝，花丝极短；子房上位，近球形，花柱常有长短2型。蒴果球形至筒状，顶端短瓣开裂或不规则开裂，稀为帽状盖裂。种子多数，千粒重0.12～0.67g。

二、同属植物

全世界报春花属约有500种，主要分布于北半球温带和高山地区，仅有极少数种类分布于南半球。沿喜马拉雅山两侧至云南、四川西部是本属的现代分布中心。我国有293种21亚种和18变种，主产西南、西北各地，其他地区仅有少数种类分布。国外已开展杂交育种、多倍体育种、组织培养、原生质体融合、单倍体育种等。运用这些新技术已初见成效：报春花新花色不断推出；大花、重瓣、半重瓣类型推陈出新；不含报春碱的报春花育种初显成效；杂种一代品种的生产日趋重视。这里只描述一部分常见品种。

（1）黄花九轮报春 *P. veris*，株高10～15cm，多年生品种，耐寒性好，混色。

（2）欧洲报春 *P. acaulis*，株高10～20cm，品种花色有黄色、橙色、蓝色、白色、绯红、紫红、粉红等。

（3）重瓣欧报春 *P. vulgaris* Belarina，株高10～25cm，玫瑰花型，品种花色有红色、黄色、粉色等。

（4）同属的植物分为皱叶报春组 Sect. *Bullatae*；粉报春组 Sect. *Aleuritia*；紫晶报春组 Sect. *Amethyatina*；藏报春组 Sect. *Auganthus* 等4组。这里就不一一描述了。

三、种植环境要求

暖温带植物，喜气候温凉、湿润的环境和排水良好、富含腐殖质的土壤，不耐高温和强烈的直射阳光，多数亦不耐严寒。不耐霜冻、花期早。

四、采种技术

1.种植要点：报春花全国很多地方都可种植采种，陕西、山东莱州、四川、云南等地一般都在保护地内采种，露天采种难度较大，可采用半保护地种植。一般以9～10月育苗为宜，播前需将种子进行催芽处理，使用40℃的温水浸泡2天左右的时间，这样可增加发

欧洲报春

黄花九轮报春

报春花结实

报春种子

芽率，将其捞出之后可播种至松软的基质中即可。也可以直接购买育苗基质育苗。播后，再覆土0.2cm左右，浇透水。保持育苗棚内气温，最合适的发芽温度是15~21℃；播种后12~15天发芽出苗，防止小苗徒长。苗出齐后，注意通风，保持干燥。

2.田间管理：选通风、保温、灌水设施完好的温室，亩施腐熟的有机肥1000~2000kg、复合肥20kg作基肥，耕翻混合，整平起垄。垄面宽50cm，沟宽30cm，垄高15cm。灌水，落干后修整垄面，覆盖薄膜保湿。定植时一垄2行。行距40cm，株距25cm。栽植报春花最大的困难是高温危害。苗期可以高到20℃，但一旦出苗温度宜降至15℃，因此，在气温较高的季节，通风降温是关键措施。花芽分化需要低温春化，即6片叶左右的小苗需要有4~5周的7~10℃低温，否则会出现盲花或花量减少。不宜施重肥。为防止叶片徒长，应避免氮肥过高，而采用较高比例的钾，理想的氮、钾比为1∶3~1∶2。pH值过高，或根部的温度太低会引起微量元素铁缺乏，致使出现叶片黄化。pH值的调节对平衡肥料十分重要。施肥常结合浇水进行。黄花九轮报春在关中地区，6月育苗，10月定植，在关中平原能安全越冬，管理相对简单。

3.病虫害防治：土壤酸碱度过高可能会引发黄叶病，在有机肥中混入硫酸亚铁、硫酸锌等，可促使根系发育，增加吸铁能力。出现缺铁病状时，可喷施0.2%~0.5%硫酸亚铁溶液，效果比直接施入土中要好。高湿会发生褐斑病、斑点病、叶斑病等。发病后要注意通风，降低空气湿度，病叶、病株及时清除，以减少传染源。发病初期喷洒50%速克灵或50%扑海因可湿性粉剂1500倍液。最好与65%甲霉灵可湿性粉剂500倍液交替施用，以防止产生抗药性。

4.隔离要求：报春花属是典型的异花授粉植物，多数种类都具有两型花，即在同一种中，部分植株具长柱花，花柱长达花冠筒口，雄蕊则着生于冠筒的中部或下部；而另一部分植株具短柱花，花柱长仅达花冠筒的中部或中下部，而雄蕊着生于花冠喉部。昆虫采花蜜时头部触及花冠筒口部器官而其口器伸入冠筒下部，这样就常将短柱花的花粉授于长柱花的柱头，将长柱花的花粉授于短柱花的柱头。在保护地内采种注意杜绝蜜蜂就能保证纯度。露天采种的要严格空间隔离防止串粉。

5.种子采收：报春花在5~6月结实，结实期间要注意通风，同时湿度不宜过大。由于种子成熟期不一，果实成熟时开裂弹出，需边成熟边采收，采下的种子切忌放在太阳下暴晒，以免丧失种子发芽率，而应放在阴处晾干，或者放在低温干燥的地方进行贮藏。

四十八、毛茛科 Ranunculaceae

❶ 黑种草属 *Nigella*

【原产地】北非、欧洲南部。

一、生物学特性

一年生草本。叶互生，通常为二至三回羽状复叶，稀不分裂。花单生于茎或枝端，辐射对称；萼片5，花瓣状，黄色、白色或蓝色，卵形，常有爪，脱落；花瓣5~8，有短柄，唇形，上唇较短，下唇有蜜槽；雄蕊多数，花药椭圆形，花丝丝形；心皮3~10枚，无柄，多少合生，子房有多数胚珠。果为蓇葖果，在各心皮腹缝线的上部开裂。种子有棱，常有皱纹或疣状突起。千粒重0.9~2.3g。

二、同属植物

（1）黑种草 *N. damascena*，株高50~70cm，品种花色有蓝色、紫红色、白色、混合色。

（2）茴香叶黑种草 *N. sativa*，株高50~70cm，花淡蓝色。

（3）查布丽卡黑种草 *N. bucharica*，株高30~40cm，花蓝色。

（4）西班牙黑种草 *N. hispanica*，株高40~50cm，花蓝色。

（5）同属还有腺毛黑种草 *N. glandulifera* 等。

三、种植环境要求

性喜冷凉气候，忌高温高湿。栽培以富含有机质的砂壤土、排灌条件好的环境为佳；对日照要求不严，日照达70%左右的阴凉处亦能生长良好。

四、采种技术

1.种植要点：我国北方大部分地区均可制种，甘肃河西走廊一带是最佳制种基地。在播种前首先要选择好苗床，整理苗床时要细致，深翻碎土两次以上，碎土均匀，刮平地面，一定要精细整平，有利于出苗，均匀撒上种子，覆盖厚度以不见种子为宜，播后立即灌透水；在苗床加盖地膜保持苗床湿润，温度18～25℃，播后7～9天即可出苗。也可以采用专用育苗基质128孔穴盘，每穴2～3粒。本属为直根性植物，要小苗移栽。故而大部分都采用直播的方式，通过整地，用复合肥15kg/亩或磷肥50kg/亩耕翻于地块，选择黑色除草地膜覆盖，播期选择在霜冻完全解除后，平均气温稳定在13℃以上，用手推式点播机播种，也可用直径3～5cm的播种打孔器在地膜上打孔，垄两边孔位呈三角形错开，每穴点3～4粒，覆土以湿润微砂的细土为好。种植行距40cm，株距35cm，亩保苗不能少于4700株。

2.田间管理：移栽直播后要及时灌水，苗后3～4叶期间苗，每穴保留壮苗1～2株。及时中耕松土、除草。生长期间20～25天灌水1次。浇水之后土壤略微湿润，更容易将杂草拔除。植株进入营养生长期，生长速度很快，需要供给充足的养分和水分才能保障其正常的生长发育。在生长期根据长势可以随水施入尿

黑种草

黑种草种子

素10～30kg/亩。多次叶面喷施0.02%的磷酸二氢钾溶液，可提高分枝数、结实率和增加千粒重。

3.病虫害防治：生长期间喷洒1次75%百菌清可湿性粉剂800倍液，以预防叶斑病的发生。白粉病可用多菌灵、甲基托布津进行防治。

4.隔离要求：黑种草属是自花授粉和异花授粉植物，自花授粉结实率低。异花授粉结实率高。主要靠蜜蜂授粉，属于虫媒花，天然异交率很高。品种间应隔离500～1000m。在初花期，分多次根据品种叶形、叶色、株型、长势、花序形状和花色等清除杂株。

5.种子采收：黑种草属种子通常在8～9月陆续成熟。果实自下而上分批成熟，由绿变黄，种荚顶端裂开，看到黑色的种子，成熟种子容易散落，应及时采种。可以选择清晨有露水时，将干枯枝条剪下。待80%～90%植株干枯时一次性收割，晾晒打碾。采收的种子集中去杂，及时晾干清选，然后再用比重机选出未成熟的种子，装入袋内。产量基本稳定，亩产30～40kg。

❷ 毛茛属 *Ranunculus* 花毛茛

【原产地】亚洲、欧洲、非洲。

一、生物学特性

多年宿根草本。地下具纺锤状小块根，长约2cm，直径1cm。地上株丛高约30cm，茎长纤细而直立，分枝少，具刚毛。根生叶具长柄，椭圆形，多为三出叶，有粗钝锯齿。茎生叶近无柄，羽状细裂，裂片5～6枚，叶缘也有钝锯齿；单花着生枝顶，或自叶腋间抽生出很长的花梗，花冠丰圆，花瓣平展，每轮8枚，错落叠层，花径3～4cm或更大，常数个聚生于根颈部。种子千粒重0.31～0.33g。

二、同属植物

（1）花毛茛 *R. asiaticus*，株高30～40cm，花有混色、红色、粉色、白色。

（2）同属还有棉毛茛 *R. membranaceus*，美丽毛茛 *R. pulchellus*，纺锤毛茛 *R. limprichtii* 等。

三、种植环境要求

性喜气候温和，空气清新湿润，生长环境有树荫，不耐严寒冷冻，更怕酷暑烈日。在中国大部分地区夏季进入休眠状态。盆栽要求富含腐殖质、疏松肥沃、通透性能强的砂质培养土。

四、采种技术

1.种植要点：江苏、四川、云南和陕西部分地区

为制种基地。花毛茛正常播种期为秋季，宜在温度降到20℃以下的10月播种。但不同年份温度相差较大，发芽时间长短不一。控制发芽适温在10~15℃，约20天发芽。温度高于20℃不发芽，晚播，越冬前营养生长量不足，翌春开花小；播种太晚，温度低于5℃也不能发芽，直至翌年2月，温度升高后发芽。生产中为了延长营养生长期，培育优质的花毛茛，可提前到8月中、下旬播种。但此时气温高，不利于种子发芽，需经低温催芽处理。即将种子用纱布包好，放入冷水中浸种24小时后，置于8~10℃的恒温箱或冰箱保鲜柜内，每天早晚取出，用冷水冲洗后，甩干余水，保持种子湿润。约10天，种子萌动露白后，立即播种。有条件的地方可采用高山育苗。

2.田间管理：采种田选择无宿根性杂草、地势高、通风良好、排水良好、土壤pH 6~7、疏松肥沃的土壤，应选用腐熟的饼肥或畜粪等有机肥作底肥。也可用氮∶磷∶钾=20∶20∶20的复合肥颗粒混入，撒入呋喃丹。通过整地，改善土壤的耕层结构和地面状况，协调土壤中水、气、肥、热等，为根系生长创造条件。白露前后定植。定植时一垄两行，行距40cm，株距25cm，亩保苗不能少于5500株。缓苗后及时中耕松土、除草。如果移栽幼苗偏弱，在立冬前后要再覆盖一层白色地膜保湿保温，以利于安全越冬。翌年

花毛茛种子

3月，如遇旱季要及时灌溉返青水，生长期根据长势可以随水施入尿素10~20kg/亩。

3.病虫害防治：冬季会发生潜叶蝇危害，潜入嫩叶、嫩梢和果实的表皮下取食，蛀成银白色弯曲的隧道，被害叶片卷曲、硬化、易脱落。严重被害时，所有新叶卷曲成筒状。可以选择吡虫啉可湿性粉剂、阿维菌素乳油、氟啶脲乳油、氟虫脲乳油、三氟氯氰菊酯乳油等药剂防治。发现白绢病应加强栽培管理，注意通风透光，适当控制浇水，避免土壤过湿。发现病株立即拔除烧毁。同时挖除病株周围的土壤，在病穴四周撒40%五氯硝基苯或用50%多菌灵可湿性粉剂800倍液喷洒和浇灌根际土壤，以控制病情发展。

4.隔离要求：花毛茛属为自花授粉和异花授粉植物，自花授粉结实率低。尤其是重瓣品种结实率更低。层层叠叠的花瓣包裹着里面的花蕊，昆虫都难以接近。最有效的方法就是人工辅助授粉，在雄蕊花粉散开时，用毛笔蘸花粉向其他花朵的雌蕊柱头上涂抹，当授粉花花瓣脱落，结成由种子紧密排列而成的青色聚合果时，摘去其余花朵和花蕾，使营养集中供应种子生长发育，更多的营养输送给果穗，长出充实饱满的种子。天然杂交率很低，但也要注意隔离。

5.种子采收：初夏5~6月，地上部分枝叶枯黄，聚合果由青变黄，种子发育成熟时，随熟随采，不可过晚也不可过早，采摘下聚合果晒干后脱粒种子，种子很轻，要用簸箕扇去杂质，装入纸袋，然后放在干燥处贮藏。

③ 侧金盏花属 *Adonis* 夏侧金盏花

【原产地】地中海地区、西亚。

一、生物学特性

一年生草本。茎不分枝或分枝，下部有稀疏短柔毛。茎下部叶小，有长柄，长约3.5cm，其他茎生

花毛茛

花毛茛

叶无柄，叶可长达6cm，茎中部以上叶稍密集，二至三回羽状细裂，末回裂片线形或披针状线形，宽0.4～0.8mm，无毛或叶片下部有疏柔毛。花单生茎顶端，无毛，在开花时围在茎近顶部的叶中；萼片5，膜质，狭菱形或狭卵形，长约8mm；花瓣约8，红色，下部黑紫色，倒披针形，长约10mm；花药宽椭圆形或近球形，长约0.8mm；心皮多数，子房狭卵形，有1条背肋，顶部渐狭成短花柱。瘦果卵球形，长约3.5mm，脉网隆起，有明显的背肋和腹肋。6月开花。种子千粒重6.6～7.2g。

二、同属植物

（1）夏侧金盏花 A. aestivalis，株高40～60cm，花鲜红色。

（2）同属还有蓝侧金盏花 A. coerulea，侧金盏花 A. amurensis，欧侧金盏花 A. annua。

三、种植环境要求

性喜温暖向阳，稍耐半阴，尤其耐低温。喜肥沃湿润、疏松透气、排水良好的土壤。

四、采种技术

1.种植要点：我国北方大部分地区均可制种，甘肃河西走廊一带是最佳制种基地。在播种前首先要选择好苗床，整理苗床时要细致，深翻碎土两次以上，碎土均匀，刮平地面，一定要精细整平，有利于出苗，均匀撒上种子，覆盖厚度以不见种子为宜，播后立即灌透水；在苗床加盖地膜保持苗床湿润，温度18～25℃，播后7～9天即可出苗。也可以采用专用育苗基质128孔穴盘，每穴2～3粒。本属为直根性植物，要小苗移栽。故而大部分都采用直播的方式，通过整地，用复合肥15kg/亩或磷肥50kg/亩耕翻于地块，选择黑色除草地膜覆盖，播期选择在霜冻完全解除后，平均气温稳定在15℃以上，用手推式点播机播种，也可用直径3～5cm的播种打孔器在地膜上打孔，垄两边孔位呈三角形错开，每穴点3～4粒，覆土以湿润微砂的细土为好。种植行距40cm，株距35cm，亩保苗不能少于4700株。

2.田间管理：移栽直播后要及时灌水，苗后3～4叶期间苗，每穴保留壮苗1～2株。及时中耕松土、除草。生长期间20～25天灌水1次。浇水之后土壤略微湿润，更容易将杂草拔除。植株进入营养生长期，生长速度很快，需要供给充足的养分和水分才能保障其正常的生长发育。在生长期根据长势可以随水施入尿素10～30kg/亩。多次叶面喷施0.02%的磷酸二氢钾溶液，可提高分枝数、结实率和增加千粒重。

3.病虫害防治：主要是蚜虫危害，在6～7月发生，可用吡虫啉和灭多威混合防治。因天气燥热，日照过强易引发黄化病，发病初期，可喷施25%的脒鲜胺乳油与多菌灵混用或25%阿米西达悬浮液1500倍液，每次喷药间期10天，连续3次即可。

4.隔离要求：侧金盏花属为异花授粉植物，自花不能结实，有花蜜，主要靠野生蜜蜂和蝴蝶等昆虫授粉，天然杂交率很高。由于该属有性繁殖品种较少，和其他品种无须隔离。

5.种子采收：侧金盏花种子通常在9～10月陆续成熟。聚合果由青变黄，种子发育成熟时容易散落，应及时采种，采摘下聚合果，可以选择清晨有露水时，将干枯枝条剪下。待80%～90%植株干枯时一次性收割，晾晒打碾。采收的种子集中去杂，及时晾干清选，然后再用比重机选出未成熟的种子，装入袋内。产量基本稳定，亩产30～40kg。

夏侧金盏花

夏侧金盏花种子

④ 耧斗菜属 *Aquilegia*

【原产地】北美洲东部、欧洲。

一、生物学特性

多年生草本。从茎基生出多数直立的茎。基生叶为二至三回三出复叶，有长柄，叶柄基部具鞘；小叶倒卵形或近圆形，中央小叶3裂，侧面小叶常2裂；茎生叶通常存在，比基生叶小，有短柄或近无柄。花序为单歧或二歧聚伞花序；花辐射对称，中等大或较大，美丽；萼片5，花瓣状，紫色、堇色、黄绿色或白色；花瓣5，与萼片同色或异色，瓣片宽倒卵形、长方形或近方形，罕近缺如，下部常向下延长成距，距直或末端弯曲呈钩状，稀呈囊状或近不存在；雄蕊多数，花药椭圆形，黄色或近黑色，花丝狭线形，上部丝形，中央有1脉，退化雄蕊少数，线形至披针形，白膜质，位于雄蕊内侧。心皮5（～10），花柱长约为子房之半；胚珠多数。蓇葖果多少直立，顶端有细喙，表面有明显的网脉；种子多数，通常黑色，光滑，狭倒卵形，有光泽。种子千粒重0.9～1.1g。

二、同属植物

全世界耧斗菜属约70种，分布于北温带，我国有13种，产西南至西北和东北，是一种美丽的花卉，这里只描述一部分常见种。

（1）大花耧斗菜 *A. caerulea*，株高50～70cm，品种花色有混色、深蓝色、红色白心、黄色、粉红色、浅蓝、红色黄心等。

（2）加拿大耧斗菜 *A. canadensis*，株高60～80cm，花红色。

（3）欧耧斗菜 *A. vulgaris*，株高60～80cm，品种花色有混色、蓝色、粉色、白色、黑色等。

（4）重瓣欧耧斗菜 *A. vulgaris* var. *flore-pleno*，株高60～80cm，品种花色有混色、玫瑰色、粉色等。

三、种植环境要求

喜气候凉爽，耐寒性强，可耐–20～–15℃的低温，不耐夏季的高温酷暑；在半阴处生长良好；在富含腐殖质丰富、保水和排灌良好的砂壤土生长健壮。

四、采种技术

1. 种植要点：我国北方大部分地区均可制种。一般采用夏播或秋播的方法，可在6月初至8月露地苗床育苗，夏季气温偏高，需在冷凉处设立苗床，苗床上加盖遮阳网和防雨塑料布。在播种前首先要选择好苗床，整理苗床时要细致，深翻碎土两次以上，碎土均匀，刮平地面，一定要精细整平，有利于出苗。播种前先把种子放置于冰箱冷冻7天以上，然后用35℃左右温水把种子浸泡6～10个小时，直到种子吸水并膨胀起来再播种，均匀撒上种子，覆盖厚度以不见种子为宜，播后立即灌透水；这样出苗整齐；8月移栽于大田。采种田以选用无宿根型杂草、灌溉良好、土质疏松肥沃的壤土为宜。施用复合肥25kg/亩或过磷酸钙50kg/亩耕翻于地块，并喷洒克百威或呋喃丹，用于预防地下害虫。采用黑色除草地膜覆盖平畦栽培，一垄两行，行距40cm，株距30cm，亩保苗不能少于5000株。

2. 田间管理：移栽后要及时灌水。夏季气温高，蒸发量过大，1周后要二次灌水保证成活。生长速度慢，注意水分控制，定植成苗后至冬前的田间管理主要为勤追肥水、勤防病虫害，使植株快速而正常的生长，入冬前植株长到一定的大小，从而保证翌年100%的植株能够开花结籽，以提高产量。翌年开春后气温回升，植株地上部开始重新生长，此时应重施追肥，以利发棵分枝，提高单株的产量。4～5月生长期根据长势可以随水再次施入化肥10～20kg/亩。多次叶面喷施0.02%的磷酸二氢钾溶液，可提高分枝数、结实率和增加千粒重。盛花期尽量不要喷洒杀虫剂，以免杀死蜜蜂等授粉媒介。在生长中期大量分枝，应及早设立支架，防止倒伏。

大花耧斗菜

欧耧斗菜

耧斗菜种子

3.病虫害防治：耧斗菜属主要有叶斑病、锈病危害，在进入生长季节时，可用50%甲基托布津1000倍液或50%萎锈灵1000倍液预防。有时有蚜虫危害嫩叶及幼芽，夏季偶有金龟子咬食花朵，可用40%乐果乳剂1000液倍进行防治。

4.隔离要求：耧斗菜属为异花授粉植物，自花很少结实，有花蜜，主要靠野生蜜蜂和蝴蝶等昆虫授粉。天然杂交率很高，品种间要注意隔离。品种间应隔离500~1000m。在初花期，分多次根据品种叶形、叶色、株型、长势、花序形状和花色等清除杂株。

5.种子采收：耧斗菜属种子通常在6~7月陆续成熟。果实自下而上分批成熟，果实为蓇葖果，由绿变黄、种荚顶端裂开，看到黑色的种子，成熟种子容易散落，应及时采种。可以选择清晨有露水时，将干枯枝条剪下。待80%~90%植株干枯时一次性收割，晾晒打碾。采收的种子集中去杂，及时晾干清选，然后再用比重机选出未成熟的种子，装入袋内。产量基本稳定，亩产20~40kg。

⑤ 飞燕草属 *Consolida* 千鸟草

【原产地】南欧、俄罗斯、中国。

一、生物学特性

一年生草本。茎直立，上部疏生分枝，茎叶疏被柔毛。叶互生，茎生叶无柄，基生叶具长柄。总状花序顶生，花径约2.5cm。作为花坛花，是一种具有直立型花穗的品种，在长穗上密布小花，让人感觉华贵，也是英国花园流派的代表型品种。名字由来据说来源于具有长管形的突出部位的花朵，犹如千鸟飞翔的样子。重瓣的花瓣和美丽的颜色，作为切花，能保持较长的花期，栽培容易。种子千粒重1~1.11g。

二、同属植物

（1）千鸟草 *C. ambigua*，株高70~90cm，品种花色有混色、粉红色、蓝色等。

（2）同属还有飞燕草 *C. ajacis*，凸脉飞燕草 *C. rugulosa* 等。

三、种植环境要求

栽培容易。较耐寒，喜干燥，忌涝，宜深厚肥沃的砂质壤土。需日照充足、通风良好的凉爽环境。

四、采种技术

1.种植要点：我国北方大部分地区均可制种，甘肃河西走廊一带是最佳制种基地。在播种前首先要选择好苗床，整理苗床时要细致，深翻碎土两次以上，碎土均匀，刮平地面，一定要精细整平，有利于出苗，均匀撒上种子，覆盖厚度以不见种子为宜，播后立即灌透水；在苗床加盖地膜保持苗床湿润，温度13~16℃，播后10~12天即可出苗。也可以采用专用育苗基质128孔穴盘，每穴2~3粒。本属为直根性植物，要小苗移栽。故而大部分都采用直播的方式，通过整地，用复合肥15kg/亩或磷肥50kg/亩耕翻于地块，选择黑色除草地膜覆盖，播期选择在霜冻完全解除后，平均气温稳定在10℃以上，用手推式点播机播种，也可用直径3~5cm的播种打孔器在地膜上打孔，垄两边孔位呈三角形错开，每穴点3~4粒，覆土以湿润微砂的细土为好。种植行距40cm，株距35cm，亩保苗不能少于4700株。

2. 田间管理：移栽直播后要及时灌水，苗后3～4叶期间苗，每穴保留壮苗1～2株。及时中耕松土、除草。生长期间20～25天灌水1次。浇水之后土壤略微湿润，更容易将杂草拔除。植株进入营养生长期，生长速度很快，需要供给充足的养分和水分才能保障其正常的生长发育。在生长期根据长势可以随水施入尿素10～30kg/亩。多次叶面喷施0.02%的磷酸二氢钾溶液，可提高分枝数、结实率和增加千粒重。在生长中期大量分枝，应及早设立支架，防止倒伏。

3. 病虫害防治：生长期间多次喷洒75%百菌清可湿性粉剂800倍液，以预防立枯病的发生。白粉病发病的时候，可以喷洒50%苯来特可湿性粉剂1000倍液，或15%粉锈宁可湿性粉剂800倍液进行治疗。发生蚜虫，可定时喷洒马拉松剂防治。

4. 隔离要求：飞燕草属兼有自花授粉和异花授粉，自花授粉结实率低，异花授粉结实率高。主要靠蜜蜂授粉，属于虫媒花，天然异交率很高。品种间应隔离500～1000m。在初花期，分多次根据品种叶形、叶色、株型、长势、花序形状和花色等清除杂株。

5. 种子采收：飞燕草属种子通常在9～10月陆续

千鸟草种子

成熟。果实自下而上分批成熟，果实为蓇葖果，种荚由绿变黄顶端裂开，看到黑色的种子，成熟种子容易散落，应及时采种。可以选择清晨有露水时，将干枯枝条剪下。待80%～90%植株干枯时一次性收割，晾晒打碾。最有效的方法是在封垄前铲平未铺膜的工作行或者铺除草布，成熟的种子掉落在地膜表面，及时用笤帚扫起来集中精选加工。采收的种子集中去杂、晾干清选，再用比重机选出未成熟的种子，装入袋内。产量基本稳定，亩产20～40kg。

6 翠雀属 *Delphinium*

【原产地】南欧、俄罗斯、中国。

一、生物学特性

多年生草本，稀为一年生或二年生草本。叶为单叶，互生，有时均基生，掌状分裂，有时近羽状分裂。花序多为总状，有时伞房状，有苞片；花梗有2个小苞片；花两性，两侧对称；萼片5，花瓣状，紫色、蓝色、白色或黄色，卵形或椭圆形，上萼片有距，距囊形至钻形，2侧萼片和2下萼片无距；花瓣（或称上花瓣）2，条形，生于上萼片与雄蕊之间，无爪，有距，黑褐色或与萼片同色，距伸到萼距中，有分泌组织；退化雄蕊（或称下花瓣）2，分别生于2侧萼片与雄蕊之间，黑褐色或与萼片同色，分化成瓣片和爪两部分，瓣片匙形至圆倒卵形，不分裂或2裂，腹面中央常有一簇黄色或白色髯毛，基部常有2鸡冠状小突起；雄蕊多数，花药椭圆球形，花丝披针状线形，有1脉；心皮3～5（～7），花柱短，胚珠多数呈二列生于子房室的腹缝线上。蓇葖有脉网，宿存花柱短。种子四面体形或近球形，只沿棱生膜状翅，或密生鳞状横翅，或生同心的横膜翅。种子千粒重1.4～2.3g。

飞燕草混色

飞燕草蓝色

二、同属植物

（1）大花翠雀 *D. pacific*，株高100～150cm，品种花色有混色、粉红、蓝色、白色等品种。

（2）矮翠雀 *D. pumilum*，株高60～80cm，花色为极浓海蓝色。

（3）小飞燕草 *D. consolida*，一年生，株高35～45cm，品种花色有混色、蓝紫色、粉红色、红色、蓝色间白色等。

三、种植环境要求

栽培容易。较耐寒，喜干燥，忌涝，宜深厚肥沃的砂质壤土；需日照充足、通风良好的凉爽环境。

四、采种技术

1. 种植要点：我国北方大部分地区均可制种，甘肃河西走廊一带是最佳制种基地。一年生品种在春季播种，多年生品种在秋季播种。在播种前首先要选择好苗床，整理苗床时要细致，深翻碎土两次以上，碎土均匀，刮平地面，一定要精细整平，有利于出苗。播种前先把种子放置于冰箱冷冻7天以上，均匀撒上种子，覆盖厚度以不见种子为宜，播后立即灌透水；播种后必须保持土壤湿润，这样出苗整齐。一年生品种4月移栽于大田，多年生品种8月移栽于大田。本属为直根性植物，要小苗移栽。故而大部分采种者都采用直播的方式，采种田以选用无宿根型杂草、灌溉

翠雀种子

良好、土质疏松肥沃的壤土为宜。施用复合肥25kg/亩或过磷酸钙50kg/亩耕翻于地块，并喷洒克百威或呋喃丹，用于预防地下害虫。采用黑色除草地膜覆盖平畦栽培，一垄两行，行距40cm，株距35cm，亩保苗不能少于4700株。

2. 田间管理：移栽后要及时灌水，苗后3～4叶期间苗，每穴保留壮苗1～2株。及时中耕松土、除草。生长期间20～25天灌水1次。浇水之后土壤略微湿润，更容易将杂草拔除。在生长期根据长势可以随水施入尿素10～30kg/亩。多次叶面喷施0.02%的磷酸二氢钾溶液。多年生品种8月移栽，夏季气温高，蒸发量过大，1周后要二次灌水保证成活。生长速度慢，注意水分控制，定植成苗后至冬前的田间管理主要为勤追肥水、勤防病虫害，使植株快速而正常的生长，入冬前植株长到一定的大小，从而保证翌年100%的植株能够开花结籽，以提高产量。翌年开春后气温回升，植株地上部开始重新生长，此时应重施追肥，以利发棵分枝，提高单株的产量。4～5月生长期根据长势可以随水再次施入化肥10～20kg/亩。多次叶面喷施0.02%的磷酸二氢钾溶液，可提高分枝数、结实率和增加千粒重。在生长中期大量分枝，应及早设立支架，防止倒伏。

3. 病虫害防治：生长期间多次喷洒75%百菌清可湿性粉剂800倍液，以预防立枯病发生。白粉病发病的时候，可以喷洒50%苯来特可湿性粉剂1000倍液，或15%粉锈宁可湿性粉剂800倍液进行治疗。发生蚜虫，可定时喷洒马拉松剂防治。

4. 隔离要求：飞翠雀属兼有自花授粉和异花授粉植物，自花授粉结实率低，异花授粉结实率高。主要靠蜜蜂授粉，属于虫媒花，天然异交率很高。品种间应隔离500～1000m。在初花期，分多次根据品种叶形、叶色、株型、长势、花序形状和花色等清除杂株。

大花翠雀

大花翠雀粉色

5.种子采收：翠雀属种子通常在7～10月陆续成熟。果实自下而上分批成熟，果实为蓇葖果，种荚由绿变黄顶端裂开，看到黑色的种子，成熟种子容易散落，应及时采种。可以选择清晨有露水时，将干枯枝条剪下。待80%～90%植株干枯时一次性收割，晾晒打碾。采收的种子集中去杂，及时晾干清选，再用比重机选出未成熟的种子，装入袋内。产量基本稳定，亩产20～40kg。

四十九、木樨草科 Resedaceae

木樨草属 *Reseda* 香木樨花

【原产地】地中海盆地。

一、生物学特性

一年生多分枝、直立草本。全株无毛；茎淡绿色。叶散生或簇生，无柄或近无柄，绿色，线形，全缘，顶端钝或急尖，长1～5cm，宽0.5～2mm。花小，淡绿白色，无柄或近无柄，组成纤细、顶生的穗状花序；小苞片披针形，长约1.8mm，花萼4深裂，裂片线状披针形；花瓣稍短于萼裂片；雄蕊3枚，花丝在基部合生，生于花的腹面；子房具棱。蒴果近球形，淡黄色，无柄或近无柄，有角棱，顶部4裂，径约2mm；种子多数，黑色或淡绿色，有光泽。花果期6～7月。种子千粒重1.14～1.18g。

二、同属植物

（1）香木樨花 *R. odorata*，株高50～120cm，花黄色，有厚重的似桂花的香味。

（2）同属还有白木樨草 *R. alba*，黄木樨草 *R. lutea*。

三、种植环境要求

喜光、喜夏季凉爽的气候，抗干旱和寒冷的能力也较强，不耐移植。要求疏松、肥沃的土壤。

1.种植要点：我国北方大部分地区均可制种，甘肃河西走廊一带是最佳制种基地。直根性，不耐移栽。故而大部分都采用直播的方式，通过整地，用复合肥15kg/亩或磷肥50kg/亩耕翻于地块，选择黑色除草地膜覆盖，播期选择在霜冻完全解除后，平均气温稳定在13℃以上，用手推式点播机播种，也可用直径3～5cm的播种打孔器在地膜上打孔，垄两边孔位呈三角形错开，每穴点3～4粒，覆土以湿润微砂的细土为好。种植行距为40cm，株距35cm，亩保苗不能少于4700株。

2.田间管理：直播后需要土壤微湿，否则出苗不好，太干要及时灌水，苗后3～4叶期间苗，每穴保留壮苗1～2株。及时中耕松土、除草。在栽培中因其怕潮湿故不宜多浇水。生长期间25～30天灌水1次。浇水之后土壤略微湿润，更容易将杂草拔除。植株进入营养生长期，生长速度很快，需要供给充足的养分和水分才能保障其正常的生长发育。在生长期根据长势可以随水施入尿素10～30kg/亩。花期长，种子成熟时期，结蕾期用浓度0.02%的硼酸溶液喷3次左右，以促进花粉管伸长，减少落花。

香木樨花

香木樨花种子

3.病虫害防治：高温高湿会引发白粉病，发病的时候，可以喷洒15%粉锈宁可湿性粉剂800倍液进行治疗。发生蚜虫用吡虫啉10～15g，兑水5000～7500倍喷洒。

4.隔离要求：木樨草为异花授粉植物，也是一种优良的蜜源植物。长长的雄蕊伸出花冠之外，是蝴蝶和蜜蜂喜爱的种类，天然杂交率很高。品种间应隔离1000～2000m。在初花期，分多次根据品种叶形、株型、长势、花序形状和花色等清除杂株。

5.种子采收：木樨草在8～9月果实陆续成熟，蒴果下垂，荚果变成黑褐色或黄色，植株下部种子变硬时，就可采收了。采收不可过晚或过早，过晚果实自然开裂，种子像子弹一样发射出去，开裂后会发出开枪一样的声音，射程可以达到14m之远。过早采收的种子成熟度不好，影响发芽。应选择清晨有露水时将成熟枝条剪下，晾干后去除杂质后，装入袋中，在通风干燥处贮藏。品种间种子产量差异较大，和田间管理、采收有关。

五十、蔷薇科 Rosaceae

① 蛇莓属 *Duchesnea*

【原产地】东亚、南亚。

一、生物学特性

多年生草本。具短根茎。匍匐茎细长，在节处生不定根。基生叶数个，茎生叶互生，皆为三出复叶，有长叶柄，小叶片边缘有锯齿；托叶宿存，贴生于叶柄。花多单生于叶腋，无苞片；副萼片、萼片及花瓣各5个；副萼片大型，和萼片互生，宿存，先端有3～5锯齿；萼片宿存；花瓣黄色；雄蕊20～30；心皮多数，离生；花托半球形或陀螺形，在果期增大，海绵质，红色；花柱侧生或近顶生。瘦果微小，扁卵形；种子1个，肾形，光滑。种子千粒重0.31～0.41g。

二、同属植物

（1）蛇莓 *D. indica*，株高20～40cm，黄花红果。

（2）同属还有皱果蛇莓 *D. chrysantha*，棕果蛇莓 *D. brunnea* 等。

三、种植环境要求

喜凉爽湿润环境；能耐半阴。以土层深厚、疏松肥沃、富含腐殖质、排灌良好的砂质壤土或壤土栽培为宜。

四、采种技术

1.种植要点：我国北方大部分地区均可制种，河北、河南、陕西一带是最佳制种基地。7～8月播种，在播种前首先要选择好苗床，整理苗床时要细致，深翻碎土两次以上，碎土均匀，刮平地面，精细整平，有利于出苗。在播种前用20～30℃的清水浸泡种子，使种子吸足水分，加快出芽速度。浸种时间长短因种子成熟度和水温而有差异。越是充分成熟的种子，浸种的时间越长，水温低需要的时间也较长。一般需浸种5～6小时。把浸完的种子用湿纱布或湿毛巾包起来，放在大碗或小盆中，每天用25～30℃水洗1～2遍。最好掺入种子体积3倍的细沙，放入水盆中，每天翻动1～2次，细沙干时补充水分。种子需要变温，每天30℃/8小时、20℃/16小时交替进行，有露白时，均匀撒上种子，覆盖厚度以不见种子为宜，播后立即灌透水；在苗床加盖地膜保持苗床湿润，温度25～30℃，播后7～9天即可出苗整齐。白露前后定植。

2.田间管理：采种田选择无宿根性杂草、地势高，通风良好、排水良好、土壤pH 6～7疏松肥沃的中性土壤，应选用腐熟的饼肥或畜粪等有机肥作底肥。也可用复合肥15～20kg/亩，再撒入呋喃丹；通过整地，改善土壤的耕层结构和地面状况，协调土壤中水、气、肥、热等，为根系生长创造条件。白露前后定植。定植时一垄两行，行距40cm，株距25cm，亩保

草莓采种田

苗不能少于5500株。缓苗后及时中耕松土、除草。如果移栽幼苗偏弱，在立冬前后要再覆盖一层白色地膜保湿保温，以利于安全越冬。翌年3月，如遇旱季要及时灌溉返青水，生长期根据长势可以随水施入尿素10～20kg/亩。多次拔除杂草，雨季需及时排水，防止因植株生长过旺，造成通风性差，引起植株腐烂。

3.病虫害防治：蛇莓具有抗虫、抗病的特点。高温高湿、通风不良时，会染上锈病，一般采用15%三唑酮可湿性粉剂，稀释800～1000倍喷洒即可。

4.隔离要求：蛇莓属为野生种，无须隔离。

5.种子采收：蛇莓于5～6月浆果颜色变红要及时采收。采收回来的果实在通风阴凉处后熟1周后，选

择晴天，装入编织袋中，用脚踩踏，踩碎浆果，后用清水及时清洗出种子，要反复清洗2～3次，洗去果浆，然后放置在阳光下暴晒，蒸发水分后移到阴凉处充分晾干，装入袋中，在通风干燥处贮藏。

② 草莓属 *Fragaria*

【原产地】东亚、南亚。

一、生物学特性

多年生草本。通常具纤匍枝，常被开展或紧贴的柔毛。叶为三出或羽状五小叶；托叶膜质，褐色，基部与叶柄合生，鞘状。花两性或单性，杂性异株，数朵成聚伞花序，稀单生；萼筒倒卵圆锥形或陀螺形，裂片5，镊合状排列，宿存，副萼片5，与萼片互生；花瓣白色，稀淡黄色，倒卵形或近圆形；雄蕊18～24枚，花药2室；雌蕊多数，着生在凸出的花托上，彼此分离；花柱自心皮腹面侧生，宿存；每心皮有一胚珠。瘦果小型，硬壳质，成熟时着生在球形或椭圆形肥厚肉质花托凹陷内。种子1颗，种皮膜质，子叶平凸。种子千粒重0.3～0.4g。

二、同属植物

草莓品种繁多，这里只描述观赏型草莓品种。

（1）欧洲草莓 *F. vesca*（异名 *F. nipponica*、*F. chinensis*、*F. concolor*），又名瓢子草莓，株高15～25cm，果实为小红果、白果等。

（2）盆栽草莓 *F. × ananassa*，株高15～25cm，大红果。

（3）同属还有东方草莓 *F. orientalis*，五叶草莓 *F. pentaphylla* 等。

三、种植环境要求

喜凉爽湿润环境；能耐半阴。以土层深厚、疏松肥沃、富含腐殖质、排灌良好的砂质壤土或壤土栽培为宜。

四、采种技术

1.种植要点：我国北方大部分地区均可制种，河北、河南、陕西、甘肃是最佳制种基地。5～8月播种，在播种前首先要选择好苗床，整理苗床时要细致，深翻碎土两次以上，碎土均匀，刮平地面，一定要精细整平，有利于出苗。播种前可将种子包在纱布内，浸湿24小时，在冰箱中经过0～3℃的低温处理15天左右，以打破种子休眠，然后播种，萌发率较高。也可以不经过冷冻处理，直接用下面这个方法对种子进行催芽，但是不经过低温打破休眠，可能会导致发芽率降低。方法如下：先将种子倒入50～60℃温

蛇莓

蛇莓种子

迷你草莓

草莓种子

水中浸洗，并不停地搅动，直至水温降到25℃左右停止。继续浸泡2～3小时后，捞出用手轻轻揉搓，至种皮干净呈现光泽为止。然后用清水漂洗干净，用几层湿纱布盖好（这么做是因为草莓取种的时候，上面有草莓酸，因此必须将这个洗掉），放在25～30℃条件下进行催芽。每天3次（早、午、晚）用温水浸湿纱布，以保持种子的湿润环境。待60%～70%种子露白后即可播种。覆盖厚度以不见种子为宜，播后立即灌透水；在苗床加盖地膜保持苗床湿润，温度在20℃左右，播后5～7天即可出苗整齐。8～10月定植。

2.田间管理：采种田选择无宿根性杂草、地势高，通风良好、排水良好、土壤pH 6～7疏松肥沃的中性土壤，应选用腐熟的饼肥或畜粪等有机肥作底肥。也可用复合肥15～20kg/亩，再撒入呋喃丹；通过整地，改善土壤的耕层结构和地面状况，协调土壤中水、气、肥、热等，为根系生长创造条件。采用地膜覆盖小高垄栽培，定植时一垄两行，行距40cm，株距25cm，亩保苗不能少于5500株。缓苗后及时中耕松土、除草。如果移栽幼苗偏弱，在立冬前后要再覆盖一层白色地膜保湿保温，以利于安全越冬。翌年3月，如遇旱季要及时灌溉返青水，开花坐果期间，营养消耗多，要加强养分补充，加强植株管理。适时疏蕾、摘叶、摘除匍匐茎。即将无效的高层次花，在花蕾分散期适量疏除。去除老叶、残叶、病叶和多余匍匐茎，以减少养分消耗，提高果实质量。根据长势可以随水施入尿素10～20kg/亩。多次拔除杂草，雨季需及时排水，防止因植株生长过旺，造成通风性差，引起植株腐烂。

3.病虫害防治：草莓具有抗虫、抗病的特点，但是高温高湿、通风不良时，会染上锈病，一般采用15%三唑酮可湿性粉剂，稀释800～1000倍液喷洒即可。

4.隔离要求：草莓属是异花授粉植物；自花授粉结实率低。主要靠蜜蜂授粉，天然异交率很高。品种间应隔离500～1000m。在初花期，分多次根据品种叶形、叶色、株型、长势、果实颜色等清除杂株。

5.种子采收：草莓于4～7月浆果颜色变红要及时采收。采收时选取发育良好、充分成熟的果实，采收回来的果实在通风阴凉处后熟1周后，选择晴天，装入编织袋中，用脚踩踏，踩碎浆果，后用清水及时清洗出种子，要反复清洗2～3次，洗去果浆，然后放置在阳光下暴晒，蒸发水分后移到阴凉处充分晾干，装入袋中，在通风干燥处贮藏。

❸ 路边青属 *Geum* 路边青

【原产地】北半球。

一、生物学特性

多年生草本。基生叶为奇数羽状复叶，顶生小叶特大，或为假羽状复叶，茎生叶数较少，常三出或单出如苞片状；托叶常与叶柄合生。花两性，单生或成伞房花序；萼筒陀螺形或半球形，萼片5，镊合状排列，副萼片5，较小，与萼片互生；花瓣5，黄色、白色或红色；雄蕊多数，花盘在萼筒上部，平滑或有突起；雌蕊多数，着生在凸出花托上，彼此分离；花柱丝状，花盘围绕萼筒口部；心皮多数，花柱丝状，柱头细小，上部扭曲，成熟后自弯曲处脱落；每心皮含有1胚珠，上升。瘦果形小，有柄或无柄，果喙顶端具钩；种子直立，种皮膜质，子叶长圆形。花果期5～7月。种子千粒重0.18～2g。

二、同属植物

（1）山地路边青 *G. aleppicum*，株高70～90cm，有黄色、红色。

（2）同属还有日本路边青 *G. japonicum*，紫萼路

边青 *G. rivale*，水杨梅 *G. chiloense*，红花路边青 *G. coccineum* 等。

三、种植环境要求

喜温暖湿润环境，不耐炎热，稍耐半阴；对土壤要求不严格。

四、采种技术

1.种植要点：中原地带、秦岭以南地区是最佳采种基地。可在8月底露地育苗，采用育苗基质72孔或128孔穴盘育苗，8月气温偏高，需在冷凉处设立苗床，苗床上加盖遮阳网和防雨塑料。播种前种子用温水浸泡24小时，同时对种子进行消毒处理。育苗基质用60%代森锌粉剂进行消毒，用塑料薄膜覆盖，2~3天再揭去薄膜，待药味挥发掉后使用。播种后先将基质填入穴盘内，用木板轻轻刮去多余基质，切忌用力压实，用牙签在装好基质的穴盘上轻轻挖一个洞，深度为种子直径的3倍即可，根据种子的大小，一般大粒种子每穴播2~3粒，以确保其发芽率，播种后在其上覆一层薄的泥炭。然后，喷水至穴盘底部有水渗出即可，用塑料薄膜覆盖其上，保持种子发芽所需水分。

2.田间管理：路边青苗期30~35天，待真叶完全展开后移苗分栽。采种田以选用阳光充足、地势较高，排水良好、土质疏松肥沃的砂壤土地为宜。施腐熟有机肥3~5m³/亩最好，也可用复合肥15~25kg/亩

山地路边青种子

耕翻于地块。采用地膜覆盖高垄栽培。种植行距50cm，株距30cm，每穴栽苗一株，定植时选择阴天天气或下雨前进行，可以提高移植成活率。翌年春天，待气温逐渐回升，及时中耕松土、除草。植株进入营养生长期，生长速度很快，需要供给充足的养分和水分才能保障其正常的生长发育。在生长期根据长势可以随水施入尿素10~30kg/亩。使其很好地进行营养生长，避免干旱引起过早开花结实，影响种子的饱满度。为提高分枝数，要摘除枝梢顶芽，促进分枝，使植株低矮、株型紧凑。要想提高种子产量，应及早设立支架。

3.病虫害防治：路边青在高温高湿时容易发生黄化病和煤污病；黄化病施3%~5%硫酸亚铁水溶液防治；煤污病用50%甲基托布津可湿性粉剂500倍液喷洒。虫害有蚜虫和介壳虫；用50倍机油乳剂喷杀。

4.隔离要求：路边青属是异花授粉植物；自花授粉结实率低。主要靠蜜蜂授粉，天然异交率很高。品种间有一定的隔离，为防止种间授粉，影响种子的纯度，品种间不能少于500m。在初花期，分多次根据品种叶形、叶色、株型、长势、果实颜色等清除杂株。

5.种子采收：路边青种子在5~7月陆续成熟，采收种子必须等籽粒充分成熟后进行，未经充分成熟的种子极易引起品种退化。同时，采收种子时要选择优良母株，在晴天时采收颜色深的饱满种子。采收后及时清理，脱粒、除去杂质，然后风干。放在通风、干燥、阴暗、温度较低而又变化不大的地方贮存。

④ 委陵菜属*Potentilla*

【原产地】亚洲。

一、生物学特性

多年生草本，稀为一年生草本或灌木。茎直立、

山地路边青

上升或匍匐。奇数羽状复叶或掌状复叶；托叶与叶柄不同程度合生。花通常两性，单生，聚伞花序或聚伞圆锥花序；萼筒下凹，多呈半球形，萼片5，镊合状排列，副萼片5，与萼片互生；花瓣5，通常黄色，稀白色或紫红色；雄蕊通常20枚，稀减少或更多（11～30），花药2室；雌蕊多数，着生在微凸起的花托上，彼此分离；花柱顶生、侧生或基生；每心皮有1胚珠，上升或下垂，倒生胚珠、横生胚珠或近直生胚珠。瘦果多数，着生在干燥的花托上，萼片宿存；种子1颗，种皮膜质。千粒重0.16～0.31g。

二、同属植物

委陵菜属全世界有200余种，大多分布在北半球温带、寒带及高山地区，极少数种类接近赤道。我国委陵菜属资源丰富，约有90种，分布于除海南以外的各地，但主要产于东北、西北和西南地区。仅在黑龙江省就有28种9个变种，占中国种类的31.2%，而大庆地区约9种，占黑龙江省种类的32.2%。这里只描述几种常见的种。

（1）五叶委陵菜 *P. chinensis*，多年生，株高15～25cm，花黄色。

（2）小叶委陵菜 *P. microphylla*，多年生，株高30～40cm，花黄色。

（3）莓叶委陵菜 *P. fragarioide*，多年生，株高20～45cm，花黄色。

（4）红花委陵菜 *P. nepalensis*，一年生，株高70～90cm，花橘红色。

三、种植环境要求

喜温暖湿润气候；根系发达，对土壤要求不严。稍耐阴、耐寒、耐旱、耐瘠薄。

四、采种技术

1.种植要点：我国北方大部分地区均可制种，甘肃河西走廊一带是最佳制种基地。一年生品种在春季播种，多年生品种在秋季播种。在播种前首先要选择

好苗床，整理苗床时要细致，深翻碎土两次以上，碎土均匀，刮平地面，一定要精细整平，有利于出苗。播种前进行浸种，一般温水浸种8～12小时，种子充分吸水后即可播种。覆盖厚度以不见种子为宜，播后立即灌透水；播种后必须保持土壤湿润；这样出苗整齐；一年生品种4月移栽于大田，多年生品种8月移栽于大田。采种田选用无宿根型杂草、灌溉良好、土质疏松肥沃的壤土为宜。施用复合肥25kg/亩或过磷酸钙50kg/亩耕翻于地块，并喷洒克百威或呋喃丹，用于预防地下害虫。采用黑色除草地膜覆盖平畦栽培，一垄两行，行距40cm，株距35cm，亩保苗不能少于4700株。

2.田间管理：移栽后要及时灌水，及时中耕松土、除草。生长期间20～25天灌水1次。浇水之后土壤略微湿润，更容易将杂草拔除。在生长期根据长势可以随水施入尿素10～30kg/亩。多次叶面喷施0.02%的磷酸二氢钾溶液。多年生品种8月移栽，夏季气温高，蒸发量过大，1周后要二次灌水保证成活。生长速度慢，注意水分控制，定植成苗后至冬前的田间管理主要为勤追肥水、勤防病虫害，使植株快速而正常的生长，入冬前植株长到一定的大小，从而保证翌年100%的植株能够开花结籽，以提高产量。翌年开春后气温回升，植株地上部开始重新生长，此时应重施追肥，以利发棵分枝，提高单株的产量。4～5月生长期根据长势可以随水再次施入化肥每亩10～20kg。多次叶面喷施0.02%的磷酸二氢钾溶液，可提高分枝数、结实率和增加千粒重。在生长中期大量分枝，应及早设立支架，防止倒伏。

3.病虫害防治：当雨水较多时会有白粉病、根腐病、褐斑病等病害发生，可用代森锰锌500～600倍液喷施进行防治，当病害较严重时，可直接剪去地上部分，使其重发新叶。在生长过程中病虫害较少发生，但也有红蜘蛛和蚜虫发生，蚜虫常发生在植株春季返

小叶委陵菜采种田

委陵菜种子

青时的嫩叶上，可用吡虫啉喷雾。

4.隔离要求：委陵菜属是自花授粉和异花授粉植物，自花授粉结实率低，异花授粉结实率高。主要靠蜜蜂授粉，属于虫媒花，天然异交率很高。品种应间隔离500～1000m。在初花期，分多次根据品种叶形、叶色、株型、长势、花序形状和花色等清除杂株。

5.种子采收：委陵菜属种子分批成熟，花穗先从主茎到侧枝，自下而上逐渐成熟，花穗变黄后，种子自行掉落。最有效的方法是在封垄前铲平未铺膜的工作行或者铺除草布，成熟的种子掉落在地膜表面，要及时用笤帚扫起来集中精选加工。由于种子细小无法分批采收，待80%～90%植株干枯时一次性收割，收割后后熟6～7天，将其放置到水泥地上晾干。用木棍将里面的种子打落出来。收获的种子用精选机去除秕籽，在通风干燥处贮藏。种子产量和田间管理水平、天气因素有直接关系。

五十一、茜草科 Rubiaceae

❶ 车叶草属 *Asperula* 蓝花车叶草

【原产地】欧洲、亚洲。

一、生物学特性

一年生草本。茎具4角棱，上部多分枝，被刺毛。茎下部的叶对生，宽卵形或近圆形，长4～7mm，宽3～5mm，早落；茎上部的叶4～8枚轮生，披针形或线状披针形，长1.2～3cm，宽2～3mm，顶端钝圆，基部渐狭，两面均被短刺毛，边缘具白色长缘毛，叶脉在两面均不明显，近无柄或具短柄。花密集成头状花序，生于枝顶端，花序周围具多数叶状苞片；有香味，多数集成聚伞花序，花蓝色，花冠裂片顶端钝圆。果平滑。花期6～7月，果期8～9月。种子千粒重0.9～1g。

二、同属植物

（1）蓝花车叶草 *A. orientalis*，株高40～60cm，花蓝色。

（2）同属还有对叶车叶草 *A. oppositifolia*，阿卡迪亚车叶草 *A. arcadiensis* 等。

三、种植环境要求

喜凉爽湿润环境；能耐半阴。以土层深厚、疏松肥沃、富含腐殖质、排水良好的砂质壤土或壤土栽培为宜。

四、采种技术

1.种植要点：我国北方大部分地区均可制种，甘肃河西走廊一带是最佳制种基地。在播种前首先要选择好苗床，整理苗床时要细致，深翻碎土两次以上，碎土均匀，刮平地面，精细整平，有利于出苗，均匀撒上种子，覆盖厚度以不见种子为宜，播后立即灌透水；在苗床加盖地膜保持苗床湿润，温度18～25℃，播后7～9天即可出苗。也可以采用专用育苗基质128孔穴盘，每穴2～3粒。本属为直根性植物，要小苗移栽。故而大部分都采用直播的方式，通过整地，用复合肥15kg/亩或磷肥50kg/亩耕翻于地块，选择黑色除草地膜覆盖，播期选择在霜冻完全解除后，平均气温稳定在13℃以上，用手推式点播机播种，也可用直径3～5cm的播种打孔器在地膜上打孔，垄两边孔位呈三角形错开，每穴点3～4粒，覆土以湿润微砂的细土为好。种植行距40cm，株距35cm，亩保苗不能少于4700株。

蓝花车叶草

蓝花车叶草种子

2.田间管理：移栽直播后要及时灌水，苗后3～4叶期间苗，每穴保留壮苗1～2株。及时中耕松土、除草。生长期间20～25天灌水1次。浇水之后土壤略微湿润，更容易将杂草拔除。植株进入营养生长期，生长速度很快，需要供给充足的养分和水分才能保障其正常的生长发育。在生长期根据长势可以随水施入尿素10～30kg/亩。多次叶面喷施0.02%的磷酸二氢钾溶液，可提高分枝数、结实率和增加千粒重。

3.病虫害防治：7～9月高温高湿、通风不良、光照不足、肥水不当，会引发黑斑病；分生孢子借风雨或昆虫传播，扩大再侵染。要清除枯枝、落叶，及时烧毁；发病时需及早咨询农药店并对症防治。

4.隔离要求：车叶草属为自花和异花授粉植物，主要靠野生蜜蜂和一些昆虫授粉，但是天然异交率很高。同属间容易串粉混杂，为保持品种的优良性状，留种品种间必须隔离。

5.种子采收：车叶草属种子分批成熟，伞房状花序干枯要及时采收，将成熟的花序剪下。待80%～90%植株干枯时一次性收割，收割后后熟6～7天，将其放置到水泥上地晾干。用木棍将里面的种子打落出来。收获的种子用精选机去除秕籽，在通风干燥处贮藏。种子产量和田间管理水平、天气因素有直接关系。

② 拉拉藤属 *Galium* 燕雀草

【原产地】亚洲温带、欧洲、北美洲。

一、生物学特性

多年生直立草本。根茎粗短，根圆柱形，粗长而弯曲，稍木质。茎丛生，基部稍木质化，四棱形，幼时有柔毛。叶6～10枚，轮生；无柄；叶片线形，先端急尖，上面稍有光泽，仅下面沿中脉两侧被柔毛，边缘反卷。聚伞花序集成顶生的圆锥花序状，稍紧密；花序梗有灰白色细毛；花具短柄；萼筒全部与子房愈合，无毛；花冠辐状，淡黄色，花冠筒极短，柱头头状。双悬果2，扁球形，无毛。花期6～7月，果期8～9月。种子千粒重0.48～0.5g。

二、同属植物

（1）燕雀草 *G. verum* var. *tomentosum*，多年生，株高90～120cm，花有芳香，黄色或白色。

（2）同属还有长叶蓬子菜 *G. verum* var. *asiaticum*；白花蓬子菜 *G. verum* var. *lacteum*，淡黄蓬子菜 *G. verum* var. *leiophyllum* 等。

三、种植环境要求

耐寒耐旱。喜凉爽通风环境，能耐半阴，不耐酸性土壤。

四、采种技术

1.种植要点：我国北方大部分地区均可制种。一般在6月初露地苗床育苗，夏季气温偏高，需在冷凉处设立苗床，苗床上加盖遮阳网。在播种前首先要选择好苗床，整理苗床时要细致，深翻碎土两次以上，碎土均匀，刮平地面，精细整平，有利于出苗。由于种子比较细小，将苗床浇透，待水完全渗透苗床后，将种子和沙按1:5比例混拌后均匀撒于苗床，播后不再覆土或薄盖过筛细沙。播种后在苗床加盖地膜保持苗床湿润，温度18～25℃，播后7～9天即可出苗。当小苗长出2片叶时，可结合除草进行间苗，使小苗有一定的生长空间。有条件的也可以采用专用育苗基质128孔穴盘育苗。采种田以选用无宿根型杂草、灌溉良好、土质疏松肥沃的壤土为宜。施用复合肥25kg/亩或过磷酸钙50kg/亩耕翻于地块，采用黑色除草地膜覆盖平畦栽培，一垄两行，行距40cm，株距30cm，亩保苗不能少于5000株。

2.田间管理：8月移栽，移栽后要及时灌水。夏季气温高，蒸发量过大，1周后要二次灌水保证成活。生长速度慢，注意水分控制，定植成苗后至冬前的田间管理主要为勤追肥水、勤防病虫害，使植株快速而正常的生长，以保证入冬前植株长到一定的大小，从

燕雀草

燕雀草种子

而保证第二年开春后植株能够100%的开花结籽，以提高产量。第二年开春后气温回升，植株地上部分开始重新生长，此时应重施追肥，以利发棵分枝，提高单株的产量。4～5月生长期根据长势可以随水再次施入化肥10～20kg/亩。多次叶面喷施0.02%的磷酸二氢钾溶液，可提高分枝数、结实率和增加千粒重。盛花期尽量不要喷洒杀虫剂，以免杀死蜜蜂等授粉媒介。在生长中期大量分枝，应及早设立支架，防止倒伏。

3.病虫害防治：主要病害是叶斑病和白粉病。高温多雨时期易发生，主要危害叶片。发病初期叶面喷洒甲基托布津、三唑酮、腈菌唑，7～10天1次，连喷2～3次。

4.隔离要求：拉拉藤属为自花和异花授粉植物，主要靠野生蜜蜂和一些昆虫授粉，为保持品种的优良性状。留种品种间必须隔离。

5.种子采收：燕雀草种子分批成熟，穗状花序干枯要及时采收。将成熟的花序剪下。把它们晒干集中去杂，清选出种子。后期待90%植株干枯时一次性收割，收割后后熟6～7天，然后把它放置到水泥地上晾干。用木棍将里面的种子打落出来。收获的种子用精选机去除秕籽，在通风干燥处贮藏。种子产量和田间管理质量、天气因素有直接关系。

❸ 五星花属 *Pentas* 五星花

【原产地】非洲、科摩罗、马达加斯加。

一、生物学特性

多年生草本。直立或外倾，被毛。叶卵形、椭圆形或披针状长圆形，长可达15cm，有时仅3cm，宽达5cm，有时不及1cm，顶端短尖，基部渐狭成短柄。聚伞花序密集，顶生；花无梗，二型，花柱异长，长约2.5cm；花冠淡紫色，喉部被密毛，冠檐开展，直径约1.2cm。花期夏秋。种子千粒重0.02～0.03g。

二、同属植物

（1）五星花 *P.* 'Honeycluster'，株高15～20cm，花有猩红色、粉红色、白色等。

（2）同属还有五星花 *P. lanceolata*，狭叶五星花 *P. angustifolia*，小花五星花 *P. micrantha* 等。

三、种植环境要求

暖热而日照充足有助于五星花的生长。生长期间，宜保持夜温17～18℃以上、日温22～24℃以上。温度低于10℃，会使开花不整齐并延迟或妨碍花朵的开放。

四、采种技术

1.种植要点：适合在有效积温高的地区种植采种。一般在早春3月初温室育苗，种子细小，采用穴盘进行播种，播种常用富含腐殖质、无菌的介质，pH 6.5～6.8。每穴播1粒种子，穴植孔大小以1.5～2cm为宜。播种后10～14天开始发芽，适温为23～26℃，种子发芽需光，不可覆盖。发芽期间，需充分浇水，加速种子外层的溶解，促进发芽。

2.田间管理：北方采种需用半保护地的方式。以南北走向搭建塑料拱棚，棚高2.5m，长度根据地块决定。用聚乙烯塑料薄膜覆盖。将塑料薄膜展平，拉紧，盖严，四边埋入土中固定。为使拱架牢固，盖膜后再在膜上压拱条，以防风吹和便于放风管理。采种田以选用无宿根型杂草、灌溉良好、土质疏松肥沃的壤土为宜。施用复合肥25kg/亩或过磷酸钙50kg/亩耕翻于地块，采用黑色除草地膜覆盖小高垄栽培，5月定植，定植时一垄两行，行距40cm，株距25cm，亩保苗不能少于6600株。移栽后要及时灌水；浇水时，水温不宜过低，过度浇水常使植株黄化，花朵生长缓慢。定植成苗后加强田间管理，主要为勤追肥水、勤防病虫害，使植株快速而正常的生长，生长期根据长势可以随水再次施入化肥10～20kg/亩。多次叶面喷

五星花

施0.02%的磷酸二氢钾溶液，可提高分枝数、结实率和增加千粒重。

3.病虫害防治：主要病害是叶斑病和白粉病。高温多雨时期易发生，主要危害叶片。发病初期叶面喷洒甲基托布津、三唑酮、腈菌唑，7～10天1次，连喷2～3次。

4.隔离要求：五星花属为自花和异花授粉植物，但是天然授粉率很低。在开花期，要人工辅助授粉才能很快结实，分多次根据品种叶形、叶色、株型、长势和花色清除杂株。

5.种子采收：五星花种子分批成熟，花穗变黄后，种子自行掉落。要随熟随采收，将成熟的花序剪下，集

五星花种子

中去杂，清选出种子，装入袋内，在通风干燥处贮藏。品种间种子产量差异较大，和田间管理、采收有关。

五十二、芸香科 Rutaceae

芸香属 *Ruta* 芸香

【原产地】巴尔干半岛。

一、生物学特性

茎基部木质的多年生草本，各部有浓烈特殊气味。叶二至三回羽状复叶，长6～12cm，末回小羽裂片短匙形或狭长圆形，长5～30mm，宽2～5mm，灰绿或带蓝绿色。花金黄色，花径约2cm；萼片4片；花瓣4片；雄蕊8枚，花初开放时与花瓣对生的4枚贴附于花瓣上，与萼片对生的另4枚斜展且外露，较长，花盛开时全部并列一起，挺直且等长，花柱短，子房通常4室，每室有胚珠多颗。果长6～10mm，由顶端开裂至中部，果皮有凸起的油点；种子甚多，肾形，长约1.5mm，褐黑色。花期3～6月及冬季末期，果期7～9月。种子千粒重2～2.3g。

二、同属植物

（1）芸香 *R. graveolens*，株高70～90cm，花黄色。

（2）同属还有山地芸香 *R. montana* 等。

三、种植环境要求

喜温暖湿润气候，耐寒、耐旱。最适生长发育温度22～27℃，极端气温–11～–9℃，地上部分会冻死，地下部分能安全越冬。年平均气温在15℃以上、年降水量900～1800mm的地区适宜生长。以土层深厚、疏松肥沃、富含腐殖质、排水良好的砂质壤土或壤土栽培为宜。忌连作。

四、采种技术

1.种植要点：我国北方大部分地区均可制种，河北、河南、陕西一带是最佳制种基地。7～8月播种，在播种前首先要选择好苗床，整理苗床时要细致，深翻碎土两次以上，碎土均匀，刮平地面，精细整平，有利于出苗。在播种前用20～30℃的清水浸泡种子，使种子吸足水分，加快出芽速度。均匀撒上种子，覆盖厚度以不见种子为宜，播后立即灌透水；在苗床加盖地膜保持苗床湿润，温度在20～23℃范围内，播后

芸香

7～9天即可出苗整齐。白露前后定植。

2.田间管理：采种田选择无宿根性杂草，地势高，通风良好、排水良好、pH 6～7疏松肥沃的中性土壤，应选用腐熟的饼肥或畜粪等有机肥作底肥，也可用复合肥15～20kg/亩，再撒入呋喃丹。通过整地，改善土壤的耕层结构和地面状况，协调土壤中水、气、肥、热等，为根系生长创造条件。定植时一垄两行，行距40cm，株距30cm，亩保苗不能少于4500株。缓苗后及时中耕松土、除草。如果移栽幼苗偏弱，在立冬前后要再覆盖一层白色地膜保湿保温，以利于安全越冬。翌年3月，如遇旱季要及时灌溉返青水，生长期根据长势可以随水施入尿素10～20kg/亩。多次拔除杂草，雨季需及时排水，防止因植株生长过旺，造成通风性差，引起根部腐烂。

3.病虫害防治：多雨季节，排水不利会引发根腐病，可用石灰撒病穴。虫害有柑橘黄凤蝶的幼虫危害叶片，用90%敌百虫800～1000倍液喷洒。

4.隔离要求：芸香属为自花授粉植物，也主要靠

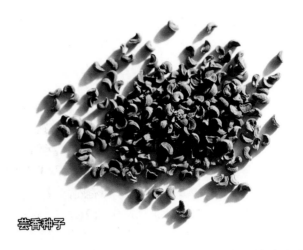

芸香种子

野生蜜蜂和一些昆虫授粉，由于该属有性繁殖品种较少，和其他品种无须隔离。

5.种子采收：芸香6～7月蓇葖果陆续成熟，成熟后开裂为2～5个分果瓣，外果皮薄壳质，内果皮暗黄色，常贴附于外果皮内，每瓣有种子2粒，采摘后要及时晾干，等大部分采摘完集中脱粒。在通风干燥处贮藏。

五十三、玄参科 Scrophulariaceae

① 金鱼草属Antirrhinum *

【原产地】西欧、地中海沿岸。

一、生物学特性

二年生直立草本，常作一年生栽培。基部有时木质化。茎基部无毛，中上部被腺毛，基部有时分枝。下部的叶对生，上部的常互生，具短柄；叶片无毛，披针形至矩圆状披针形，长2～6cm，全缘。总状花序顶生，密被腺毛；花梗长5～7mm；花萼与花梗近等长，5深裂，裂片卵形，钝或急尖；花冠颜色多种，从红色、紫色至白色，长3～5cm，基部在前面下延成兜状，上唇直立，宽大，2半裂，下唇3浅裂，在中部向上唇隆起，封闭喉部，使花冠呈假面状；雄蕊4枚，二强。蒴果卵形，长约15mm，基部强烈向前延伸，被腺毛，顶端孔裂。果期7～9月。种子千粒重0.14～0.16g。

二、同属植物

金鱼草的种类繁多，有单瓣和重瓣品种之

金鱼草矮秆红色

金鱼草高秆红色

* 采用克朗奎斯特分类系统。

分，品种达数百个。根据花期及应用区分为不同类型，大体可分为温室与露地两类。露地类根据高度分为高型（90～120cm）、中型（45～60cm）、矮型（15～25cm）、半匍型品种。依花型分为金鱼型、钟型。其中，高型品种主要有两个品系："蝴蝶"系列（"Butterfly"），花为正常整齐型，似钓钟柳，花色丰富；"火箭"系列（"Rocket"），有10个以上不同花型，适合在高温下生长，为优良切花品种。国外早已开展四倍体杂交育种，这里只介绍常规品种。

（1）金鱼草 *A. majus*，矮秆系列株高15～25cm，高秆系列60～90cm，品种花色有红色、粉红、黄色、白色、玫红、混色等。

（2）同属还有柔软金鱼草 *A. molle*，查氏金鱼草 *A. charidemi* 等。

三、种植环境要求

较耐寒、不耐热；喜阳光、也耐半阴；喜肥沃、疏松和排水良好的微酸性砂质壤土；对光照长短反应不敏感。

四、采种技术

1.种植要点：我国北方大部分地区均可制种，甘肃河西走廊一带是最佳制种基地。3月温室育苗，在播种前首先要选择好苗床，整理苗床时要细致，深翻碎土两次以上，碎土均匀，刮平地面，精细整平。由于种子比较细小，将苗床浇透，待水完全渗透苗床后，将种子和沙按1∶5比例混拌后均匀撒于苗床，播后不再覆土或薄盖过筛细沙。播种后在苗床加盖地膜保持苗床湿润，温度18～25℃，播后7～9天即可出苗。当小苗长出2片叶时，可结合除草进行间苗，使小苗有一定的生长空间。有条件的也可以采用专用育苗基质128孔穴盘育苗。选择土质疏松，地势平坦，土层较厚，排灌良好，土壤有机质含量高的地块，施用复合肥10～25kg/亩或磷肥50kg/亩，结合翻地时施入土中。采用黑色除草地膜覆盖平畦栽培。矮秆品种

金鱼草种子

种植行距40cm，株距20cm，亩保苗不能少于8000株。高秆品种种植行距40cm，株距30cm，亩保苗不能少于5500株。

2.田间管理：移栽后要及时灌水，如果气温升高蒸发量过大要再补灌一次保证成活。小苗定植后需15～20天才可成活稳定，此时的水分管理很重要，小苗根系浅，土壤应经常保持湿润。浇水之后土壤略微湿润，更容易将杂草拔除。一般15～20天灌水1次，在生长期根据长势可以随水施肥，可少施氮肥，适量增加磷、钾肥即可。高型品种适时摘心处理，以增加侧枝数量，矮化植株，为增加种子产量可多次叶面喷施0.02%的磷酸二氢钾溶液，盛花期尽量不要喷洒杀虫剂，以免杀死蜜蜂等授粉媒介。盛花期后进入生殖阶段，灌浆期要尽量勤浇薄浇。高秆品种在生长中期大量分枝，应及早设立支架，防止倒伏。

3.病虫害防治：发生蚜虫用万灵600～800倍液或25%鱼藤油速扑杀800～1000倍液喷杀，每周喷1次，连续2～3次。发生红蜘蛛用20%三氯杀螨醇乳剂，加入800～1000倍的水，制成溶液喷洒，此药对成虫、若虫和虫卵都具有良好的杀伤作用。

4.隔离要求：金鱼草属是两性花，自花也能授粉，但是结实率很低，异花授粉结实率很高。有芳香的气味和蜜腺分泌的蜜汁，吸引野生蜜蜂和一些昆虫授粉，天然杂交率很高。为保持品种的优良性状，采种田间必须隔离1000m以上。在初花期，分多次根据品种叶形、叶色、株型、长势、花序形状和花色等清除杂株。

5.种子采收：金鱼草授粉后20～25天种子即可成熟。从主茎和侧枝自下而上陆续成熟，果实成熟后，花柱和柱头仍留存在果上，蒴果由绿变黄，柱头翘起弯曲成环状，蒴果顶部3个小孔开裂，形似金鱼的眼睛和张开的嘴巴，可以看到黑色的种子，这个时候就要采收了。可连同花梗剪取整个果枝，晾干脱粒，在通风干燥处贮藏。以身干、籽粒饱满、色泽黑者为佳。品种间种子产量差异较大，和田间管理、采收有关。

② 蔓桐花属 *Maurandya* 金鱼藤

【原产地】墨西哥。

一、生物学特性

多年生蔓生草本，常作一二年生栽培，可作为垂吊植物。全株密被浅色茸毛。节上有气生根，卵圆形，长3～4cm，宽约2cm，黄绿色，对生。叶厚革质，鲜绿色，心形至箭形。其枝条纤细下垂，深绿

色的枝蔓上缀满红艳的小金鱼，花朵深紫色，喉部白色，单生于叶腋；花冠筒部圆柱形，上部分为上下两唇，浑然似一个大大张开的鲨鱼嘴。开花时间5～10月，播种到开花约70天，盛花期6～8月。种子千粒重0.29～0.33g。

二、同属植物

（1）金鱼藤 *A. scandens*，株高200～400cm，品种花色有粉红色、蓝紫色、红色等。

（2）同属还有蔓桐花 *A. erecta* 蔓金鱼草，双生金鱼藤 *M. scandens* 等。

三、种植环境要求

较耐寒，可耐-5℃低温。不耐热；喜阳光、也耐半阴；生长适温15～35℃。喜肥沃、疏松和排水良好的微酸性砂质壤土；对光照长短反应不敏感。

四、采种技术

1.种植要点：我国北方大部分地区均可制种，甘肃河西走廊一带是最佳制种基地。3月温室育苗，在播种前首先要选择好苗床，整理苗床时要细致，深翻碎土两次以上，碎土均匀，刮平地面，精细整平。由于种子比较细小，将苗床浇透，待水完全渗透苗床后，将种子和沙按1：5比例混拌后均匀撒于苗床，播

金鱼藤种子

后不再覆土或薄盖过筛细沙。播种后在苗床加盖地膜保持苗床湿润，温度15～20℃，播后14～21天即可出苗。当小苗长出2片叶时，可结合除草进行间苗，使小苗有一定的生长空间。有条件的也可以采用专用育苗基质128孔穴盘育苗。选择土质疏松、地势平坦、土层较厚、排灌良好、土壤有机质含量高的地块，施用复合肥10～25kg/亩或磷肥50kg/亩，结合翻地时施入土中。采用黑色除草地膜覆盖平畦栽培。种植行距40cm，株距35cm，亩保苗不能少于5500株。

2.田间管理：移栽后要及时灌水，如果气温升高蒸发量过大要再补灌一次保证成活。小苗定植后需15～20天才可成活稳定，此时的水分管理很重要，小苗根系浅，土壤应经常保持湿润。浇水之后土壤略微湿润，更容易将杂草拔除。真叶长出三四片后，中心开始生蔓，这时应该摘除。第一次摘心后，叶腋间又生枝蔓，待枝蔓生出三四片叶后，再次摘心。此时应及时设立竹竿支架，支架要用铁丝拉紧固定牢固，令其攀缘生长。在封垄前铲平未铺膜的工作行或者铺除草布，以便后期采收种子。生长期间15～25天灌水1次，在生长期根据长势可以随水施肥，可少施氮肥，适量增加磷、钾肥即可。为增加种子产量可多次叶面喷施0.02%的磷酸二氢钾溶液。

3.病虫害防治：发生蚜虫用万灵600～800倍液或25%鱼藤油速扑杀800～1000倍液喷杀，每周喷1次，连续2～3次。发生红蜘蛛用20%三氯杀螨醇乳剂，加入800～1000倍的水，制成溶液喷洒，此药对成虫、若虫和虫卵都具有良好的杀伤作用。

4.隔离要求：金鱼藤是两性花，自花也能授粉但是结实率很低，异花授粉结实率很高。有芳香的气味和蜜腺分泌的蜜汁，吸引野生蜜蜂和一些昆虫授粉，天然杂交率很高。为保持品种的优良性状，采种田间必须隔离1000m以上。在初花期，分多次根据品种叶形、叶色、株型、长势、花序形状和花色等清除杂株。

金鱼藤

5.种子采收：金鱼藤授粉后30～55天种子即可成熟。蒴果由绿变黄即代表成熟，成熟后蒴果开裂。由于是蔓生植物，人工采摘难度很大，等待弹射出的种子掉到提前铺设好的除草膜表面，每天要及时用笤帚扫起来或者用锂电池吸尘器回收种子，晒干后及时晾晒干燥清选入袋，一定要注意将前期和后期种子分开，以籽粒饱满、光亮、无霉变者为佳，收获的种子在通风干燥处保存。品种间种子产量差异较大，和田间管理、采收有关。

香彩雀种子

③ 香彩雀属*Angelonia* 香彩雀*

【原产地】墨西哥、西印度群岛。

一、生物学特性

多年生草本。高30～60cm，全体被腺毛。茎直立，圆柱形。叶对生；叶片条状披针形，先端渐尖基部渐狭，边缘有稀疏的尖锐小齿，上面中脉下陷；近无柄，叶脉明显。花单生于茎上部叶腋，形似总状花序；花梗细长，花萼长2～4mm，深裂至基部，裂片呈披针形，渐尖；花冠蓝紫色，花冠筒短，喉部有1对囊，檐部辐状，上唇宽大，2深裂，下唇3裂；雄蕊4枚，花丝短；花冠合生，上部5裂，有红紫、粉、白色及双色等花色，下方裂片基部常有白斑。花期6～9月。种子千粒重0.1～0.12g。

香彩雀

---
* 采用克朗奎斯特分类系统。

二、同属植物

（1）香彩雀*A. angustifolia*，株高25～35cm，品种花色有紫红、蓝色、白色、混色等。

（2）同属还有柳叶香彩雀*A. salicariifolia*，玉天使*A.gardneri*等。

三、种植环境要求

性喜温暖的气候，在高温湿润环境条件下生长良好，喜强光，适应性强。

四、采种技术

1.种植要点：我国大部分地区均可制种，其中云南最佳。早春在温室育苗，在播种前首先要选择好苗床，整理苗床时要细致，深翻碎土两次以上，碎土均匀，刮平地面，精细整平。由于种子比较细小，将苗床浇透，待水完全渗透苗床后，将种子和沙按1∶5比例混拌后均匀撒于苗床，播后不再覆土或薄盖过筛细沙。播种后在苗床加盖地膜保持苗床湿润，温度18～25℃，播后7～9天即可出苗。当小苗长出2片叶时，可结合除草进行间苗，使小苗有一定的生长空间。有条件的也可以采用专用育苗基质128孔穴盘育苗。选择土质疏松、地势平坦、土层较厚、排灌良好、土壤有机质含量高的地块，施用复合肥10～25kg/亩或磷肥50kg/亩，结合翻地时施入土中。采用黑色除草地膜覆盖平畦栽培。种植行距40cm，株距20cm，亩保苗不能少于7000株。

2.田间管理：移栽后要及时灌水。小苗定植后需15～20天才可成活稳定，此时的水分管理很重要，小苗根系浅，土壤应经常保持湿润。浇水之后土壤略微湿润，更容易将杂草拔除。生育期一般15～20天灌水1次，在生长期根据长势可以随水施肥，可少施氮肥，适量增加磷、钾肥即可。为增加种子产量可多次叶面喷施0.02%的磷酸二氢钾溶液，盛花期尽量不要喷洒杀虫剂，以免杀死蜜蜂等授粉媒介。盛花期后进入生殖阶段，灌浆期要尽量勤浇薄浇。

3.病虫害防治：香彩雀常见的病虫害有蚜虫、粉虱、叶斑病等，一旦发现就要及时喷洒药剂，以免感染其他植株。

4.隔离要求：香彩雀属为两性花，兼有自花和异花授粉，也是典型的虫媒花，主要靠野生蜜蜂和一些昆虫授粉，天然异交率很高。为保持品种的优良性状。采种田间必须隔离1000m以上。在初花期，分多次根据品种叶形、叶色、株型、长势、花序形状和花色等清除杂株。

5.种子采收：种子分批成熟，花穗先从主茎到侧枝，自下而上逐渐成熟，花穗变黄后采收，最好在早晨有露水时，一手扶花穗上部，沿根部将花序剪下，不要倒置撒落种子。然后把它放置到水泥地晾干。后期花朵凋谢干枯一次性收获的，一定要在霜冻前收割，收获的种子用比重精选机去除秕籽，装入袋内，写上品种名称，在通风干燥处贮藏。种子产量和田间管理水平、天气因素有直接关系。

④ 荷包花属 *Calceolaria**

【原产地】智利、秘鲁、墨西哥。

一、生物学特性

多年生草本植物，常作一、二年生栽培。全株茎、枝、叶上有细小茸毛。叶片卵形，对生。花形别致，花冠二唇状，上唇瓣直立较小，下唇瓣膨大似蒲包状，中间形成空室，柱头着生在两个囊状物之间。花色变化丰富，单色品种有黄、白、红等深浅不同的花色，复色则在各底色上着生橙、粉、褐红等斑点。花期长、花色艳丽、花形奇特、花朵盛开时犹如无数

荷包花

---
* 采用克朗奎斯特分类系统。

个小荷包悬挂梢头，颜色及各种斑纹，十分别致。花期正值春节前后，是冬、春季重要的盆花。种子千粒重0.01～0.02g。

二、同属植物

（1）荷包花 *C. crenatiflora*，株高15～20cm，花混色、红色、黄色和复色。

（2）同属还有双花蒲包花 *C. biflora*，墨西哥蒲包花 *C. mexicana*。

三、种植环境要求

好肥喜光，喜凉爽、湿润、通风良好的环境，不耐寒，也畏高温。适生于疏松、肥沃、排水良好的砂质土壤中。

四、采种技术

1.种植要点：荷包花全国很多地方都可种植采种，山东、云南、四川、陕南等地一般都在保护地内采种，露天采种难度较大，可采用半保护地种植。一般9～10月育苗为宜，8月气温偏高，需在冷凉处设立苗床，苗床上加盖遮阳网和防雨塑料。在播种前首先要选择好苗床，整理苗床时要细致，深翻碎土两次以上，碎土均匀，刮平地面，精细整平。由于种子比较细小，将苗床浇透，待水完全渗透苗床后，将种子和沙按1∶5比例混拌后均匀撒于苗床，播后不再覆土。播种后在苗床加盖地膜保持苗床湿润，播后10～15天即可出苗。当小苗长出2片叶时，可结合除草进行间苗，使小苗有一定的生长空间。有条件的也可以采用专用育苗基质128孔穴盘育苗。

2.田间管理：采种田选简易温棚最好，宜选择阳光充足、地势较高，排水良好，pH 6～7疏松肥沃的中性土壤。应选用腐熟的饼肥或畜粪等有机肥作底肥，也可用复合肥15～25kg/亩耕翻于地块。再撒入呋喃丹；通过整地，改善土壤的耕层结构和地面状况，协调土壤中水、气、肥、热等，为根系生长创造条件。白露前后定植采用地膜覆盖高垄栽培。种植行距40cm，株距20cm，亩保苗不能少于8000株。缓苗后及时中耕松土、除草。如果移栽幼苗偏弱，在立冬前后要再加盖小拱棚，覆盖一层白色地膜保湿保温，以利于安全越冬。翌年3月，如遇旱季要及时灌溉返青水。因为其幼苗期经受过高温锻炼，成苗、花蕾期受过严寒锻炼，所以适应性强，生长期较长，植株发育充分，花期准确。不能用干旱、缺肥和受晚播、晚分苗等不利因素影响而过早抽薹开花的植株留种。多次拔除杂草，雨季需及时排水，防止因植株生长过旺，造成通风性差，引起植株腐烂。气温回暖打开小

拱棚两头通风，开花期每隔一定时间喷1次磷及硼、锰等微量元素或复合有机肥的水溶液，可防止花而不实。叶面喷施0.02%的硼酸溶液。盛花期完全打开小拱棚让蜜蜂授粉，遇到大雨要再次覆盖。施肥不可让肥水污染叶片，以免烂心烂叶。

3.病虫害防治：植株的嫩茎易受蚜虫侵害，应及时防治。可拔除并销毁病株，用蚜虱净或吡虫啉10～15g，兑水5000～7500倍喷洒。土壤过湿，透气不良会引发黄萎病和灰霉病，发病后注意通风和降温。发病初期用50%多菌灵600～800倍液喷洒，7天1次。授粉过程中病叶、病枝、染病花苞等要及时带出棚外处理。

4.隔离要求：荷包花花器结构复杂，花冠由两个唇状物组成，上唇较小，向前伸展似盖状，下唇径约4cm，膨胀中空似蒲包，开花期会吸引野生蜜蜂和一些昆虫授粉，自然授粉能力差，需要人工辅助授粉。授粉要选择晴天进行，宜在9:00～15:00之间进行授粉。开花量少时每2～3天授粉1次，开花量多时每天授粉1次。授粉工作也很简单，用一支毛笔或棉签，

荷包花

荷包花种子

---
* 采用克朗奎斯特分类系统。

先蘸取花粉，然后轻轻抹到花的柱头上就可以。授粉要周到细致，快捷轻柔，正确有效，动作不能过重，防止损伤柱头，蹲、坐时应取侧位、臀部、手肘勿伤花枝。授粉之后的植株要进行正常的通风透光，提高光合作用。为保持品种的优良性状。采种田间必须隔离500m以上。

5.种子采收：荷包花授粉后子房会胀大，膨大的蒴果35～45天种子即可成熟。蒴果变黄褐色时就可以采收；要选择在蒴果未裂开前采收种子，收获的种子要及时晾干，以身干、籽粒饱满、色泽黑者为佳，种子细小要用布袋保存，切忌用塑料袋保存种子。其产量和田间管理、采收有关。

⑤ 毛地黄属 *Digitalis**

【原产地】西欧。

一、生物学特性

草本，稀基部木质化。茎简单或基部分枝。叶互生，下部的常密集而伸长，全缘或具齿。花常排列成朝向一侧的长而顶生的总状花序；萼5裂，裂片覆瓦状排列；花冠倾斜，紫色、淡黄色或白色，有时内面具斑点，喉部被髯毛；花冠筒状或钟状，常在子房以上处收缩；花冠裂片多少二唇形；上唇短，微凹缺或2裂；下唇3裂，侧裂片短而狭，中裂片较长而外伸；雄蕊4枚，二强，通常均藏于花冠筒内；花药成对靠近；药室叉开，顶部汇合；花柱先端浅2裂，胚珠多数。蒴果卵形，室间开裂；裂片边缘内折，与带有胎座的中柱半分离。种子多数，小，矩圆形、近卵形或具棱，有蜂窝状网纹。种子千粒重0.4～0.5g。

二、同属植物

（1）毛地黄 *D. purpurea*，株高120～150cm，品种花色有粉红、紫丁香色、混色等。

（2）斑点毛地黄 *D. hybrid*，株高60～80cm，品种花色有玫瑰色、桃粉色、白色、混色等。

（3）同属还有狭叶毛地黄 *D. lanata*，大花毛地黄 *D. grandiflora*，锈点毛地黄 *D. ferruginea* 等。

三、种植环境要求

植株强健，较耐寒，较耐干旱，忌炎热，耐瘠薄土壤。喜阳且耐阴，适宜在湿润而排水良好的土壤上生长。

四、采种技术

1.种植要点：中原地带，秦岭以南土壤为酸性的地区是最佳采种基地。可在8月底露地育苗，采用育

苗基质72孔或128孔穴盘育苗，8月气温偏高，需在冷凉处设立苗床，苗床上加盖遮阳网和防雨塑料布。在播种前首先要选择好苗床，整理苗床时要细致，深翻碎土两次以上，碎土均匀，刮平地面，精细整平。由于种子比较细小，将苗床浇透，待水完全渗透苗床后，将种子和沙按1∶5比例混拌后均匀撒于苗床，播后不再覆土。播种后在苗床加盖地膜保持苗床湿润，播后10～15天即可出苗。当小苗长出2片叶时，可结合除草进行间苗，使小苗有一定的生长空间。

2.田间管理：采种田宜选择阳光充足、地势较高、排水良好、pH 6～7、疏松肥沃的中性土壤。应选用腐熟的饼肥或畜粪等有机肥作底肥，也可用复合肥15～25kg/亩耕翻于地块。再撒入呋喃丹；通过整地，改善土壤的耕层结构和地面状况，协调土壤中水、气、肥、热等，为根系生长创造条件。白露前后定植，采用地膜覆盖高垄栽培。种植行距50cm，株距30cm，亩保苗不能少于4000株。缓苗后及时中耕松土、除草。翌年3月，如遇旱季要及时灌溉返青水，因为其幼苗期经受过高温锻炼，成苗、花蕾期受过严寒的锻炼，所以适应性强，生长期较长，植株发育充分。需多次拔除杂草，雨季及时排水。栽培过程中控

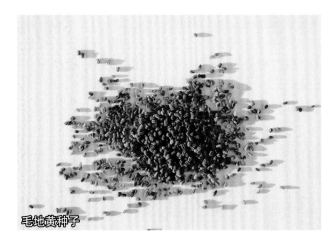
毛地黄种子

制和调节栽培基质的酸碱度；4～5月进入盛花期，此时要多次打顶，促使下部枝干种荚养分积累并同时成熟。在现蕾前后每7～10天喷施0.2%磷酸二氢钾，促进果实和种子的成长。

3.病虫害防治：蚜虫是比较常见的害虫，当发生毛地黄蚜虫时，不仅会发生虫害，还会引起花叶病。可以用2000倍乐果乳油喷洒。花叶病和枯萎病危害范围很广，主要引起毛地黄叶片的病理变化、花叶皱褶现象和植物的枯萎病，影响了毛地黄的正常生长。首先要去除病株，防止病害的进一步蔓延，然后撒一些石灰粉消毒灭菌。药物也可用于预防和治疗，发病初期用50%多菌灵600～800倍液喷洒，7天1次。

4.隔离要求：毛地黄属是两性花，自花也能授粉，但是结实率很低，异花授粉结实率很高。有芳香的气味和蜜腺分泌的蜜汁，吸引野生蜜蜂和一些昆虫授粉，天然杂交率很高。为保持品种的优良性状，采种田间必须隔离1000m以上。在初花期，分多次根据品种叶形、叶色、株型、长势、花序形状和花色等清除杂株。

5.种子采收：毛地黄种子在5～6月从主茎到侧枝自下而上陆续成熟，果实成熟后，花柱和柱头仍留存在果上，蒴果由绿变黄，这个时候就要采收了。可连同花梗剪取整个果枝，晾干脱粒，在通风干燥处贮藏。品种间种子产量差异较大，和田间管理、采收有关。

6 双距花属 *Diascia* 双距花*

【原产地】非洲南部温带地区。

一、生物学特性

多年生草本，常作一年生栽培。植株高25～40cm，冠幅30～35cm，茎细长。单叶对生，叶

毛地黄

毛地黄混色

---

* 采用被子植物分类系统。

片三角状卵形，花序总状，花冠粉色，5裂，后部有双距，花色丰富，有红、粉、白等。花期5～11月。可用于盆栽或布置花坛。种子千粒重0.23～0.25g。

二、同属植物

（1）双距花 *D. barberae*，株高20～40cm，花朵斛形，粉红色。

（2）同属还有欧两距花 *D.* 'Ice Cracker'，西亚两距花 *D. aliciae*。

三、种植环境要求

适合全日照或半日照环境，喜凉爽、湿润、通风良好的环境，不耐寒。适生于疏松、肥沃、排灌良好的砂质土壤中。

四、采种技术

1. 种植要点：我国北方大部分地区均可制种，甘肃河西走廊一带是最佳制种基地。在播种前首先要选择好苗床，整理苗床时要细致，深翻碎土两次以上，碎土均匀，刮平地面，精细整平，有利于出苗，均匀撒上种子，覆盖厚度以不见种子为宜，播后立即灌透水；在苗床加盖地膜保持苗床湿润，温度17～20℃，播后7～9天即可出苗。也可以采用专用育苗基质128孔穴盘，每穴2～3粒。通过整地，用复合肥15kg/亩或磷肥50kg/亩耕翻于地块，选择黑色除草地膜覆盖，种植行距40cm，株距25cm，亩保苗不能少于6600株。

双距花

双距花种子

---

2. 田间管理：移栽后要及时灌水，小苗定植后需15～20天才可成活稳定，此时的水分管理很重要，小苗根系浅，土壤应经常保持湿润。浇水之后土壤略微湿润，更容易将杂草拔除。生长期间一般15～20天灌水1次，在生长期根据长势可以随水施入尿素10～30kg/亩。盛花期尽量不要喷洒杀虫剂，以免杀死蜜蜂等授粉媒介。植株正常生长后，用厚一点的90cm宽幅的地膜在未铺膜的工作行铺一遍，两边用地钉固定在垄上；地膜两头用木棍缠绕拉紧呈弓形固定住，方便浇水从地膜下流入。在田间作业时尽量穿布鞋，以免破坏地膜。花期多次叶面喷施0.02%的磷酸二氢钾溶液，可提高分枝数、结实率和增加千粒重。

3. 病虫害防治：植株的嫩茎很易受蚜虫侵害，应及时防治。用吡虫啉10～15g，兑水5000～7500倍喷洒。高温高湿会有疫病发生，发病时需及早咨询农药店并对症防治。

4. 隔离要求：双距花属为是两性花，自花也能授粉，但是结实率很低，异花授粉结实率很高。有芳香的气味和蜜腺分泌的蜜汁，吸引野生蜜蜂和一些昆虫授粉，天然杂交率很高。由于该属品种较少，和其他品种同田种植，无须隔离。

5. 种子采收：双距花在8～9月果实陆续成熟，在花谢后果实干枯变黄褐色，在早晨有露水时可连同花梗剪取整个果枝。成熟的种子掉落在地膜表面，要及时用笤帚扫起来集中精选加工。将干燥的种子装入袋内，在通风干燥处保存。其产量和田间管理、采收有关。

⑦ 柳穿鱼属 *Linaria**

【原产地】欧亚大陆北部温带。

一、生物学特性

一年生或多年生草本。叶互生或轮生，常无柄，单脉或有数条弧状脉。花序穗状、总状，稀为头状；花萼5裂几乎达到基部；花冠筒管状，基部有长距，檐部两唇形，上唇直立，2裂，下唇中央向上唇隆起并扩大，几乎封住喉部，使花冠呈假面状，顶端3裂，在隆起处密被腺毛；雄蕊4枚，前面1对较长，前后雄蕊的花药各自靠拢，药室并行，裂后叉开；柱头常有微缺。蒴果卵状或球状，在近顶端不规则孔裂，裂片不整齐。种子多数，扁平，常为盘状，边缘有宽翅，少为三角形而无翅或肾形而边缘加厚。种子千粒重0.07～0.15g。

二、同属植物

全世界柳穿鱼属植物约100种，分布于北温带，主产欧亚两洲。我国产8种。这个属的植物多变，给分类带来很大困难，种的数目因每个人处理不同而悬殊颇大。国外早已开展杂交育种，培育出很多优良品种。

（1）柳穿鱼 L. maroccana，株高25～35cm，品种花色有白色、粉色、红色，混色等。

（2）黄柳穿鱼 L. vulgaris，株高70～80cm，花黄色。

（3）同属还有紫花柳穿鱼 L. bungei，长距柳穿鱼 L. longicalcarata，欧洲柳穿鱼 L. vulgaris 等。

三、种植环境要求

有较强的耐寒性，宜生长在阳光充足或半阴半阳处。土壤宜排灌正常、土层深厚松软且通透性良好，不适宜生长在过于瘠薄和高温的环境中。

四、采种技术

1. 种植要点：我国北方大部分地区均可制种，甘肃河西走廊一带是最佳制种基地。在播种前首先要选择好苗床，整理苗床时要细致，深翻碎土两次以上，碎土均匀，刮平地面，精细整平，有利于出苗，均匀撒上种子，覆盖厚度以不见种子为宜，播后立即灌透水；在苗床加盖地膜保持苗床湿润，温度18～25℃，播后7～9天即可出苗。也可以采用专用育苗基质128孔穴盘，每穴2～3粒。发芽适温10～15℃；早播能提高种子产量，通过整地，用复合肥15kg/亩或磷肥

柳穿鱼

柳穿鱼种子（左）和黄花柳穿鱼种子（右）

50kg/亩耕翻于地块，选择白色地膜覆盖，播期选择在清明节前，平均气温稳定在10℃以上，用手推式点播机播种，也可用直径3～5cm的播种打孔器在地膜上打孔，垄两边孔位呈三角形错开，每穴点3～4粒，覆土以湿润微砂的细土为好。种植行距40cm，株距20cm，亩保苗不能少于6600株。

2. 田间管理：苗后3～4叶期间苗，留壮苗、正苗，留双株苗，检查地膜再次封口。在苗期一般中耕2～3次，搞好除草和松土，促进根系发育。一般25～35天灌水1次，浇水之后土壤略微湿润，更容易将杂草拔除。植株进入营养生长期，生长速度很快，需要供给充足的养分和水分才能保障其正常的生长发育。在生长期根据长势可以随水施入尿素10～30kg/亩。盛花期尽量不要喷洒杀虫剂，以免杀死蜜蜂等授粉媒介。植株正常生长后，用厚一点、90cm宽幅的地膜在未铺膜的工作行铺一遍，两边用地钉固定在垄上；地膜两头用木棍缠绕拉紧呈弓形固定住，方便浇水从地膜下流入。在田间作业时尽量穿布鞋，以免破坏地膜。花期多次叶面喷施0.02%的磷酸二氢钾溶液，可提高分枝数、结实率和增加千粒重。盛花期尽量不要喷洒杀虫剂，以免杀死蜜蜂、昆虫等授粉媒介。

3. 病虫害防治：植株的嫩茎很易受蚜虫侵害，应及时喷施哒螨灵乳油防治。发生疫病用乙磷铝可湿性粉剂或甲霜灵（瑞毒霉）防治。

4. 隔离要求：柳穿鱼属是两性花，自花也能授粉，但是结实率很低，异花授粉结实率很高。有芳香的气味和蜜腺分泌的蜜汁，吸引野生蜜蜂和一些昆虫授粉，天然杂交率很高。为保持品种的优良性状。采种田间必须隔离800m以上。在初花期，分多次根据品种叶形、叶色、株型、长势、花序形状和花色等清除杂株。

5. 种子采收：柳穿鱼在7～8月果实陆续成熟，在花谢后果实干枯变黄褐色，在早晨有露水时可连同花梗剪取整个果枝。成熟的种子掉落在地膜表面，要及时用笤帚扫起来集中精选加工。将干燥的种子装入袋内，在通风干燥处保存。其产量和田间管理、采收有关。

⑧ 龙面花属 *Nemesia* 龙面花*

【原产地】南非。

一、生物学特性

一年生草本。茎光滑直立，节间较长。叶对生，基生叶倒匙形，茎生叶披针形，有3～4对锯齿，无

---

* 采用被子植物分类系统。

柄。花密集，总状花序，唇形花冠，上唇4片较小，下唇1片2浅裂，基部囊状，花白色，各种黄、红以及蓝色，喉部黄色，常具斑点，有的花瓣还有彩纹，整个花形宛如龙头，格外美丽。花期4～6月。种子千粒重0.16～0.18g。

二、同属植物

（1）龙面花 *N. strumosa*，株高20～30cm，花混色和单色。

（2）同属还有灌木龙面花 *N. fruticans*，天蓝龙面花 *N. caerulea* 等。

三、种植环境要求

喜温暖、向阳环境，适生温度15～30℃；宜生长在疏松、肥沃的砂壤土。

四、采种技术

1. 种植要点：由于种子比较细小，在播种前首先要选择好苗床，整理苗床时要细致，深翻碎土两次以上，碎土均匀，刮平地面，将苗床浇透，待水完全渗透苗床后，将种子和沙按1：5比例混拌后均匀撒于苗床，播后不再覆土或薄盖过筛细沙。播种后在苗床加盖小拱棚，盖上地膜保持苗床湿润，温度18～25℃，播后7～9天即可出苗。当小苗长出2片叶时，可结合除草进行间苗，使小苗有一定的生长空间。有条件的也可以采用专用育苗基质128孔穴盘育苗。选择土质疏松、地势平坦、土层较厚、排灌良好、有机质含量

龙面花种子

高的地块，用复合肥15kg/亩或磷肥50kg/亩耕翻于地块。采用黑色除草地膜平畦覆盖，种植行距40cm，株距20cm，亩保苗不能少于8000株。

2. 田间管理：移栽后要及时灌水，如果气温升高蒸发量过大要再补灌一次保证成活。小苗定植后需15～20天才可成活稳定，此时的水分管理很重要，小苗根系浅，土壤应经常保持湿润。浇水之后土壤略微湿润，更容易将杂草拔除。一般15～20天灌水1次，在生长期根据长势可以随水施肥，可少施氮肥，适量增加磷、钾肥即可，为增加种子产量可多次叶面喷施0.02%的磷酸二氢钾溶液，盛花期尽量不要喷洒杀虫剂，以免杀死蜜蜂等授粉媒介。盛花期后进入生殖阶段，灌浆期要尽量勤浇薄浇。

3. 病虫害防治：植株的嫩茎易受蚜虫侵害，应及时喷抗蚜威防治。病害主要是灰霉病和菌核病，要注意观察，发现病株立即清理或剔除，并用速克灵、菌核净等防治。

4. 隔离要求：龙面花为异花授粉植物，主要靠野生蜜蜂和一些昆虫授粉，但是天然异交率很高。同属间容易串粉混杂，为保持品种的优良性状，留种品种间要严格隔离。由于该属品种较少，和其他品种无须隔离。

5. 种子采收：龙面花在8～10月果实陆续成熟，成熟后带毛飞出，要及时分批采收。因种子带毛，不要一次性收割，否则很难清选出来；收获的种子可用风选机去除秕籽，在通风干燥处贮藏。种子产量很不稳定，和田间管理、采收有关。

龙面花

⑨ 钓钟柳属 *Penstemon*

【原产地】美洲西部。

一、生物学特性

多年生或一年生草本。木质化较为明显。全株被茸毛。叶片对生，稍肉质；狭卵状披针形，长7～10cm，宽3～5cm，边缘有细小的锯齿，光滑，稍被白粉。花序呈总状圆锥形，花瓣呈钟状唇形，花冠二唇裂，下唇反卷有毛；上唇突出，雄蕊5枚，雌蕊1枚；3～5片花瓣组成一个花序，就像一个倒挂的时钟一样。花色十分丰富，有紫色、红色、蓝色等。花期4～7月。蒴果秋季成熟。种子千粒重0.1～0.9g。

二、同属植物

（1）象牙钓钟柳 *P. barbatus*，又名红花钓钟柳，多年生，株高30～40cm，花混色和粉色。

（2）哈威钓钟柳 *P. hartwegii* 'Sensation'，一年生，株高70～80cm，花红色、粉色和混色。

（3）劲直钓钟柳 *P. strictus*，多年生，株高70～80cm，花蓝色。

（4）指状钓钟柳 *P. digitalis*，又名毛地黄钓钟柳，多年生，株高70～80cm，花淡粉色。

（5）同属还有钓钟柳 *P. campanulatus*，毛叶钓钟柳 *P. hirsutus*，山钓钟柳 *P. newberryi* 等。

三、种植环境要求

喜阳光充足、空气湿润、凉爽的环境，耐寒，忌炎热干燥；对土壤要求不严，以疏松、肥沃、排水通畅的土壤生长最好。

四、采种技术

1. 种植要点：我国北方大部分地区均可制种，甘肃河西走廊一带是最佳制种基地。一年生品种在春季播种，多年生品种在秋季播种。在播种前首要选择好苗床，整理苗床时要细致，深翻碎土两次以上，碎土均匀，刮平地面，精细整平，有利于出苗。播种前先把种子放置于冰箱冷冻7天以上，均匀撒上种子，覆土厚度以不见种子为宜，播后立即灌透水；播种后必须保持土壤湿润；这样出苗整齐；一年生品种4月移栽于大田，多年生品种8月移栽于大田。采种田以选用无宿根型杂草、灌溉良好、土质疏松肥沃的壤土为宜。施用复合肥25kg/亩或过磷酸钙50kg/亩耕翻于地块，并喷洒克百威或呋喃丹，用于预防地下害虫。采用黑色除草地膜覆盖平畦栽培，一垄两行，行距40cm，株距35cm，亩保苗不能少于4700株。

2. 田间管理：移栽直播后要及时灌水，苗后3～4叶期间苗，每穴保留壮苗1～2株。及时中耕松土、除草。生长期间20～25天灌水1次。浇水之后土壤略微湿润，更容易将杂草拔除。在生长期根据长势可以随水施入尿素10～30kg/亩。多次叶面喷施0.02%的磷酸二氢钾溶液。多年生品种8月移栽，夏季气温高，蒸发量过大，1周后要二次灌水保证成活。生长速度慢，注意水分控制，定植成苗后至冬前的田间管理主要为勤追肥水、勤防病虫害，使植株快速而正

象牙钓钟柳

哈威钓钟柳

劲直钓钟柳

钓钟柳种子对照

常的生长，入冬前植株长到一定的大小，从而保证翌年100%的植株能够开花结籽，以提高产量。翌年开春后气温回升，植株地上部开始重新生长，此时应重施追肥，以利发棵分枝，提高单株的产量。4～5月生长期根据长势可以随水再次施入化肥10～20kg/亩。多次叶面喷施0.02%的磷酸二氢钾溶液，可提高分枝数、结实率和增加千粒重。在生长中期大量分枝，应及早设立支架，防止倒伏。

3.病虫害防治：植株的嫩茎易受蚜虫侵害，应及时喷抗蚜威防治。生长期间多次喷洒75%百菌清可湿性粉剂800倍液，以预防立枯病的发生。白粉病发病的时候，可以喷洒50%苯来特可湿性粉剂1000倍液，或者是15%粉锈宁可湿性粉剂800倍液进行治疗。

4.隔离要求：钓钟柳是两性花，自花也能授粉，但是结实率很低，异花授粉结实率很高。有芳香的气味和蜜腺分泌的蜜汁，吸引野生蜜蜂和一些昆虫授粉，天然杂交率很高。为保持品种的优良性状。采种田间必须隔离500m以上。在初花期，分多次根据品种叶形、叶色、株型、长势、花序形状和花色等清除杂株。

5.种子采收：钓钟柳种子陆续成熟。从主茎到侧枝自下而上陆续成熟，果实成熟后，花柱和柱头仍留存在果上，蒴果由绿变黄，这个时候就要采收了。可连同花梗剪取整个果枝，晾干脱粒，在通风干燥处贮藏。品种间种子产量差异较大，和田间管理、采收有关。

⑩ 蝴蝶草属 *Torenia* 夏堇

【原产地】亚洲。

一、生物学特性

一年生草本。疏被向上弯的硬毛，铺散或倾卧而后上升。茎具棱或狭翅，自基部起多分枝；枝对生，或由于一侧不发育而成二歧状。叶片卵形或卵状披针形，两面疏被短糙毛，边缘具带短尖的锯齿或圆锯齿，先端渐尖或稀为急尖，基部近于圆形，多少下延。花单生于分枝顶部叶腋或顶生，排成伞形花序；萼狭长，上部稍扩大，呈长椭圆形，先端渐尖而稍弯曲，暗紫色；上唇倒卵圆形，下唇三裂片近于圆形，各有1蓝色斑块；侧裂片稍小；前方一对花丝各具1长约4mm的丝状附属物。蒴果长椭圆形，种子小，矩圆形或近于球形，黄色。花果期5～11月。种子千粒重0.05～0.06g。

二、同属植物

（1）夏堇 *T. fournieri*，株高15～20cm，品种花色有粉色、蓝色等。

（2）同属还有毛叶蝴蝶草 *T. benthamiana*，二花蝴蝶草 *T. biniflora*，紫斑蝴蝶草 *T. fordii* 等。

三、种植环境要求

喜光植物，喜高温，耐炎热，耐半阴，不耐寒；对土壤要求不严；喜欢排水良好、肥沃湿润的土壤。生性强健，需肥量不大。

四、采种技术

1.种植要点：我国北方大部分地区均可制种，陕西、云南、四川为采种基地。2～3月温室育苗，在播种前首先要选择好苗床，整理苗床时要细致，深翻碎土两次以上，碎土均匀，刮平地面，精细整平。由于种子比较细小，将苗床浇透，待水完全渗透苗床后，将种子和沙按1∶5比例混拌后均匀撒于苗床，播后不再覆土或薄盖过筛细沙。播种后在苗床加盖地膜保持苗床湿润，温度15～22℃，播后10～15天即可出苗。当小苗长出2片叶时，可结合除草进行间苗，使小苗有一定的生长空间。有条件的也可以采用专用育苗基质128孔穴盘育苗。选择土质疏松、地势平坦、土层较厚、排灌良好、有机质含量高的地块，施用复合肥

夏堇

夏堇种子

10～25kg/亩或磷肥50kg/亩，结合翻地时施入土中。采用黑色除草地膜覆盖平畦栽培。矮秆品种种植行距为40cm，株距20cm，亩保苗不能少于8000株。高秆品种种植行距40cm，株距30cm，亩保苗不能少于5500株。

2.田间管理：幼苗多于4～6片真叶时带土定植，缓苗后施薄肥提苗，否则植株生长缓慢。若追肥过重，将导致叶片皱缩、花期推迟的不利影响。肥害严重则导致植株死亡。此时的水分管理很重要，小苗根系浅，土壤应经常保持湿润。浇水之后土壤略微湿润，更容易将杂草拔除。一般15～20天灌水1次，在生长期根据长势可以随水施肥，可少施氮肥，适量增加磷、钾肥即可。营养不良、花蕾极易枯焦、授粉受精受阻而不易产生种子。为增加种子产量可多次叶面喷施0.02%的磷酸二氢钾溶液，盛花期尽量不要喷洒杀虫剂，以免杀死蜜蜂等授粉媒介。盛花期后进入生殖阶段，灌浆期要尽量勤浇薄浇。

3.病虫害防治：蚜虫用2.5%鱼藤精乳油1000倍液喷杀，红蜘蛛用40%氧化乐果乳油1500倍液喷杀。

4.隔离要求：蝴蝶草属为异花授粉植物，开花期会吸引野生蜜蜂和一些昆虫授粉，自然授粉能力差，需要人工辅助授粉。授粉要选择晴天进行，宜在9:00～15:00之间进行授粉。开花量少时每2～3天授粉1次，开花量多时每天授粉1次。授粉工作也很简单，用一支毛笔或棉签，先蘸取花粉，然后轻轻抹到花的柱头上就可以。为保持品种的优良性状。采种田间必须隔离300m以上。

5.种子采收：蝴蝶草授粉后子房会胀大，膨大的蒴果35～45天种子即可成熟。蒴果变黄褐色时就可以采收；要选择在蒴果未裂开前采收种子，收获的种子要及时晾干，种子细小，要用布袋保存，切忌用塑料袋保存种子。其产量和田间管理、采收有关。

⑪ 毛蕊花属 Verbascum 毛蕊花

【原产地】欧洲、亚洲。

一、生物学特性

多年生草本，常作一二年生栽培。叶几乎全部基生，叶片卵形至矩圆形，基部近圆形至宽楔形，边具粗圆齿至浅波状。总状花序，花密集；花梗短，花冠紫色。蒴果卵球形，种子多数，细小，粗糙。花期3～5月，果期5～6月。种子千粒重0.08～0.09g。

二、同属植物

（1）毛蕊花 V. rosetta，株高70～100cm，花为混色。

（2）同属还有紫毛蕊花 V. phoeniceum，毛瓣毛蕊花 V. blattaria，直立毛蕊花 V. thapsus 等。

三、种植环境要求

耐寒耐旱，喜光照充足、干燥、排水良好的土壤。

四、采种技术

1.种植要点：关中、中原及汉中盆地一带是最佳制种基地。可在8月底露地育苗，采用育苗基质128孔穴盘育苗，也可直播在培养土上，覆土厚约0.2cm；8月气温偏高，需在冷凉处设立苗床，苗床上加盖遮阳网和防雨塑料布，直播在培养土，出苗后注意通风。苗龄约45天，白露前后定植。采种田以选用阳光充足、灌排良好、土质疏松肥沃的砂壤土为宜。

毛蕊花

毛蕊花种子

施腐熟有机肥3～5m³/亩最好，也可用复合肥15kg/亩耕翻于地块。采用地膜覆盖平畦栽培，定植时一垄两行，行距40cm，株距35cm，亩保苗不能少于4700株。

2.田间管理：选择在雨前移栽，每穴留苗1株。缓苗后及时中耕松土、除草。如果移栽幼苗偏弱，在立冬前后要再覆盖一层白色地膜保湿保温，以利于安全越冬。翌年3月，再留苗除草、追肥1次。肥料以人畜粪尿为主，但要掌握先淡后浓，并注意不要施在叶片上。苗期应充分见光，保持土壤湿润。生长期根据长势可以随水施入尿素10～20kg/亩。在生长中期大量分枝，应及早设立支架，防止倒伏。4月进入盛花期。

3.病虫害防治：植株的嫩茎很易受蚜虫侵害，应及时喷抗蚜威防治。有疫病发生，发病时需及早咨询农药店并对症防治。

4.隔离要求：毛蕊花属为异花授粉植物，主要靠野生蜜蜂和一些昆虫授粉，但是天然异交率很高。同属间容易串粉混杂，为保持品种的优良性状。留种品种间必须隔离500m以上。

5.种子采收：毛蕊花6月种子陆续成熟。从主茎到侧枝自下而上陆续成熟，果实成熟后，花柱和柱头仍留存在果上，蒴果由绿变黄，这个时候就要采收了。可连同花梗剪取整个果枝，晾干脱粒，在通风干燥处贮藏。其产量和田间管理、采收有关。

⑫ 婆婆纳属 *Veronica* 穗花婆婆纳

【原产地】中国、欧洲和中亚地区。

一、生物学特性

多年生草本。茎单生或数茎丛生，直立或上升，下部常密生伸直的白色长毛，少混生黏质腺毛，上部至花序各部密生黏质腺毛，茎常灰色或灰绿色。叶对生，茎基部的常密集聚生，有长达2.5cm的叶柄，叶片长矩圆形，长2～8cm，宽0.5～3cm；中部的叶为椭圆形至披针形，顶端急尖，无柄或有较短的柄；上部

的叶小得多，有时互生，全部叶边缘具圆齿或锯齿，少全缘的，到处生黏质腺毛，少有毛极疏的。花序长穗状；花梗几乎没有；花萼长2.5～3.5mm；花冠紫色或蓝色，长6～7mm，筒部占1/3长，裂片稍开展，后方1枚卵状披针形，其余3枚披针形；雄蕊略伸出。幼果球状矩圆形，上半部被多细胞长腺毛。花期7～9月。种子千粒重0.07～0.08g。

二、同属植物

（1）穗花婆婆纳 *V. spicata*，株高30～40cm，品种花色有粉色、蓝色、混色等。

（2）同属还有密花婆婆纳 *V. densiflora*，绵毛婆婆纳 *V. lanuginosa*，裂叶婆婆纳 *V. verna*，均为匍匐状。

三、种植环境要求

耐寒性较强；生长适温15～25℃，喜光、耐半阴，忌冬季湿涝；对水肥条件要求不高，但喜肥沃、深厚的土壤。

四、采种技术

1.种植要点：我国北方大部分地区均可制种，甘肃河西走廊一带是最佳制种基地。3月育苗，由于种子比较细小，在播种前首先要选择好苗床，整理苗床时要细致，深翻碎土两次以上，碎土均匀，刮平地面，将苗床浇透，待水完全渗透苗床后，将种子和沙按1∶5比例混拌后均匀撒于苗床，播后不再覆土或薄

穗花婆婆纳

盖过筛细沙。播种后在苗床加盖小拱棚，盖上地膜保持苗床湿润，温度15～25℃，播后8～11天即可出苗。当小苗长出2片叶时，可结合除草进行间苗，使小苗有一定的生长空间。有条件的也可以采用专用育苗基质128孔穴盘育苗。采种田选择无宿根性杂草的地块，用复合肥15kg/亩或磷肥50kg/亩耕翻于地块。采用黑色除草地膜平畦覆盖，种植行距40cm，株距25cm，亩保苗不能少于6600株。

2.田间管理：移栽后要及时灌水，1周后要二次灌水保证成活。生长速度慢，注意水分控制，及时中耕松土、除草。生长期间20～25天灌水1次。浇水之后土壤略微湿润，更容易将杂草拔除。在生长期根据长势可以随水施入尿素10～30kg/亩。多次叶面喷施0.02%的磷酸二氢钾溶液。定植成苗后至冬前的田间管理主要为勤追肥水、勤防病虫害，使植株快速而正常的生长，入冬前植株长到一定的大小，从而保证翌年100%的植株能够开花结籽，以提高产量。翌年开春后气温回升，植株地上部开始重新生长，此时应重施追肥，以利发棵分枝，提高单株的产量。4～5月生长期根据长势可以随水再次施入化肥每亩10～20kg。多次叶面喷施0.02%的磷酸二氢钾溶液，可提高分枝数、结实率和增加千粒重。

3.病虫害防治：病害主要是白粉病，用70%甲基托布津可湿性粉剂1000倍液，或50%多菌灵可湿性粉

穗花婆婆纳种子

剂500倍液，交替喷洒植株，每隔7～10天喷1次，连续2～3次。

4.隔离要求：婆婆纳属为异花授粉植物，主要靠野生蜜蜂和一些昆虫授粉，但是天然异交率很高。同属间容易串粉混杂，为保持品种的优良性状。留种品种间必须隔离500m以上。在初花期，分多次根据品种叶形、叶色、株型、长势、花序形状和花色等清除杂株。

5.种子采收：婆婆纳属一般到8～9月花序成熟，在花谢后果实干枯变黄褐色，在早晨有露水时可连同花梗剪取整个果枝。晒干集中去杂，清选出种子。将干燥的种子装入袋内，在通风干燥处保存。其产量和田间管理、采收有关。

五十四、茄科 Solanaceae

① 蓝英花属 *Browallia* 蓝英花

【原产地】哥伦比亚。

一、生物学特性

一年生草本或亚灌木。茎基部半木质化，多分枝。叶对生或互生，卵形，叶面光滑，翠绿；花单生于叶腋，叶柄较叶片短，花冠筒较萼片长2～3倍，花瓣蓝紫色，5裂，喉部白色，花径约5cm。花期夏季。花枝瓶插耐久，可作切花。种子千粒重0.12～0.15g。

二、同属植物

（1）蓝英花 *B. speciosa*，株高30～40cm，花蓝色。

（2）同属植物常见栽培的还有美洲蓝英花 *B. americana*，大花蓝英花 *B. grandiflora* 等。

三、种植环境要求

性喜温凉，喜日照，忌高温多湿，不耐寒和霜

冻。气温低于10℃时应采取措施免于受害。也耐贫瘠；栽培以富含有机质的砂壤土，排灌、日照条件好的地段为宜；种子发芽及生长适温15～25℃。

四、采种技术

1.种植要点：可在春季3月育苗，播种前先在育苗盘中装满基质，然后用喷头将基质淋湿。每个穴孔内撒放2～3粒种子。种子播好后，为防止种子风干，还要覆土。使用装有细土的筛子向穴盘表面筛土，覆土厚度为1～2mm，覆土完成后就可将育苗盘放置到育苗床上发芽。出苗后防止徒长，主要从温度和湿度上控制。在真叶长出前，以用喷雾器喷水为主，供给小苗所需水分，促进小苗扎根，在温度管理上，要比出苗时温度低，早晨太阳出来时，让小苗充分见光，4月上中旬气温稳定时定植，采用地膜覆盖平畦栽培，定植时一垄两行，种植行距40cm，株距30cm，亩保苗不能少于5500株。

2.田间管理：采种田以选用阳光充足、排水良好、土质疏松肥沃的砂壤土为宜。施腐熟有机肥3～5m³/亩或用复合肥15kg/亩耕翻于地块。对水分的需求较为严格，生长期间需要保持土壤及环境的湿润度，忌干旱，防积涝。生长季每月施1～2次以氮肥为主的稀薄肥料。浇水之后土壤略微湿润，更容易将杂草拔除。多次叶面喷施0.02%的磷酸二氢钾溶液，增加结实率和千粒重。盛花期尽量不要喷洒杀虫剂，以免杀死蜜蜂等授粉媒介。

3.病虫害防治：植株的嫩茎很易受蚜虫侵害，应及时喷抗蚜威防治；高温高湿会有疫病发生，发病时需及早咨询农药店并对症防治。

4.隔离要求：蓝英花属为自花授粉植物，偶尔也会有昆虫帮助它们授粉，比如常见的蜜蜂等。天然异交率不高。由于该属品种较少，和其他品种无须隔离。

5.种子采收：蓝英花因开花时间不同而成熟期也不一致，要随熟随采，通常在9～10月成熟，果实成熟后极易开裂，种子散落在地上，若收获不及时会造成种子大量损失，但若收获过早会严重影响种子的发芽率，所以必须掌握好收获时间，才能获得高产优质的种子；当蒴果果皮变黄，皮质变硬且脆，籽粒变硬，变成黑褐色时，即是种子成熟的标志，此时即可采收，采收后晒干，集中去杂，清选出种子。在通风干燥处保存。品种间种子产量差异较大，和田间管理、采收有关。

蓝英花

蓝英花种子

2 辣椒属 *Capsicum* 观赏辣椒

【原产地】美洲热带。

一、生物学特性

灌木、半灌木或一年生草本。多分枝。单叶互生，全缘或浅波状。花单生、双生或有时数朵簇生于枝腋，或者有时因节间缩短而生于近叶腋；花梗直立或俯垂；花萼阔钟状至杯状，有5（～7）小齿，果时稍增大宿存；花冠辐状，5中裂，裂片镊合状排列；雄蕊5，贴生于花冠筒基部，花丝丝状，花药并行，纵缝裂开；子房2（稀3）室，花柱细长，冠以近头状的不明显2（～3）裂的柱头，胚珠多数；花盘不显著。果实俯垂或直立，浆果无汁，果皮肉质或近革质。种子扁圆盘形，胚极弯曲。种子千粒重4.1～8.5g。

二、同属植物

（1）五色观赏椒 C. annuum，株高20～30cm，果实颜色有红色、紫色、黄色、混色等。

（2）观赏樱桃椒 C. annuum subsp. cerasiforme（Ornamental pepper），株高40～50cm，果实颜色有红色、紫色、混色等。

（3）红珍珠 C.annuum 'Onyx Red'，株高20～30cm，紫叶，小果黑色转红色。

三、种植环境要求

喜温，怕霜冻，忌高温。喜温暖、干燥、阳光充足的环境。生长适温20～30℃，低于15℃或高于35℃时均生长不良，很难结果。适宜在排灌良好、疏松肥沃的砂壤土中栽培。

1.种植要点：我国北方大部分地区均可制种。在播种前首先要选择好苗床，整理苗床时要细致，深翻碎土两次以上，碎土均匀，刮平地面，精细整平，有利于出苗。也可以提前准备好72～128穴盘，在育苗之前，还需要准备配制好育苗的基质，可用草炭土、蛭石、珍珠岩按照2：1：1的比例混合配制，在配制

五色观赏椒

观赏樱桃椒

五色椒种子

的基质中加入氮磷钾复合肥和腐熟的鸡粪，将基质的pH保持在5.8~7之间。配制好的基质一定要做好消毒杀菌处理，去掉基质中的病菌和虫卵。将种子在阳光下暴晒2天，促进后熟，提高发芽率，杀死种子表面携带的病菌。或者用0.5%的磷酸三钠，或300~400倍的高锰酸钾，或1%硫脲浸泡20~30分钟，以杀死种子上携带的病菌。反复冲洗种子上的药液后，再用25~30℃的温水浸泡8~12小时。在苗床或穴盘上点播，再覆土0.5~1cm（细土），最后覆盖小棚保湿增温。播种后白天气温25~30℃、地温20℃左右。苗床要有充分的水供应，但又不能使土壤过湿。幼苗高度长到5cm时就要给苗床通风炼苗，通风口要根据幼苗长势以及气温灵活掌握，在定植前10天可露天炼苗。炼苗要逐步进行，切不可一步到位。如果秧苗徒长，可以喷洒500mL/kg的矮壮素，或者5mL/kg缩节胺。秧苗弱黄可喷硫酸亚铁缓解，定植前用病毒灵或植病灵等灌根或叶面喷洒，对预防病毒有较好作用。

2.田间管理：种植地块要选择在近几年没有种植茄果类的地块。通常在4月下旬、5月下旬才能定植。定植前每亩地施用土杂肥5000kg，过磷酸钙75kg，碳酸氢铵30kg作基肥，按照70cm行距开沟，整平、起垄、覆膜等待定植。定植可按30cm株距，两个相邻行错开放苗，每穴栽1棵。种植行距40cm，株距35cm，亩保苗不能少于4700株。定植后要注意浇水和中耕，在6月每亩追磷肥10kg、尿素5kg，并结合中耕培土高10~13cm，以保护根系防止倒伏。要结合喷施叶面肥和激素，以补充养分和预防病毒。整个生育期内的不同阶段有不同的管理要求，结果后期要继续加强管理，增产增收。

3.病虫害防治：观赏辣椒的虫害主要有蚜虫、螨类和白粉虱等，用吡虫啉10~15g，兑水5000~7500倍喷洒。主要病害有病毒病、炭疽病和疫病等。高温天气减少灌水可降低疫病发病率，发病后用25%甲霜灵可湿性粉剂500倍液或72%霜霉疫净可湿性粉剂1000倍液喷雾防治，也可用20%病毒A可湿性粉剂500倍液喷雾防治。白粉病则一般用15%粉锈宁可湿性粉剂1000倍液喷雾防治。

4.隔离要求：辣椒属为两性花，常异交作物，既可以自花传粉，又可以异花传粉，偶尔也会有昆虫帮助它们授粉，比如常见的蜜蜂等。自然杂交率约10%以上。为了避免采种过程中发生品种之间的天然杂交或人为混杂，导致品种退化，应专设采种田。所设种子田要求不同品种之间及与生产田之间的隔离距离不得少300m。

5.种子采收：辣椒属果皮全部变成深红色、变软，是生理成熟的标志，种子也就发育成熟，可以进行取籽的操作。植株上的果实陆续成熟，所以要分批采收。果实收获后，置于通风阴凉处后熟3~5天再取籽，以提高种子发芽率。由于该品种果实小，辣度很高，无法人工剥取种子，最好借助茄果类打籽机将种子和果皮分离，铺在草席上，放在通风阴凉处晾干。切忌将种子直接放在水泥地上于阳光下晾晒。当种子含水量降低至8%以下即可精选装袋，放在通风、干燥、阴凉处保存。

❸ 曼陀罗属 *Datura*

【原产地】印度。

一、生物学特性

一年生草本植物，全株近于无毛。茎直立，圆柱形，基部木质化，上部呈叉状分枝。叶互生，上部的叶近于对生；叶柄长2～6cm，表面被疏短毛；叶片卵形、长卵形或心形，长8～14cm，宽6～9cm，先端渐尖或锐尖，基部不对称，全缘或具三角状短齿，两面无毛；叶脉背面隆起。花单生于叶腋或上部分枝间；花梗短，直立或斜伸，被白色短柔毛；花萼筒状，长4～6cm，淡黄绿色，顶端5裂，裂片三角形，先端尖。在栽培类型中有2重瓣或3重瓣；雄蕊5，在重瓣类型中常变态成15枚左右。蒴果近球状或扁球状，疏生粗短刺，直径约3cm，不规则4瓣裂。种子淡褐色，宽约3mm。花果期6～10月。种子千粒重6～7g。

二、同属植物

（1）白花曼陀罗 *D. stramonium*，株高90～100cm，白色或淡紫色。

（2）重瓣曼陀罗 *D. metel* var. *fastuosa*，株高80～90cm，花重瓣、黄色。

三、种植环境要求

喜温暖、湿润、阳光充足之地，要求疏松、排水良好而肥沃的土壤，多温室栽培，作观花植物。

曼陀罗

曼陀罗种子

四、采种技术

1.种植要点：我国北方大部分地区均可制种，甘肃河西走廊一带是最佳制种基地。4～5月中旬进行直接播种。种植行距60cm，株距40cm，亩保苗不能少于2800株。播完后盖上厚约1cm的土，略镇压紧实，并留意使土壤维持潮湿状态，比较容易萌芽。当小苗生长至8～10cm高时采取间苗措施，把纤弱的小苗除去，每穴仅留下2株。当植株约生长至15cm高的时候进行定苗。

2.田间管理：生长期中耕除草2～3次，浅锄表土，兼在茎秆基部培土，以防茎秆倒伏。6月上旬，苗高8～10cm时间苗，间去弱苗，每穴留4株，高约15cm时定苗，每穴留2株。定苗后每亩施2000kg圈肥，植株旁开穴施入或用尿素10kg拌水浇入。该属植物生长旺盛，可适当施入畜粪尿或过磷酸钙追肥。

3.病虫害防治：病害有黑斑病，可清洁田园，烧毁残株，发病初期喷50%退菌特1000倍液。蚜虫用40%乐果乳剂2000倍液防治。

4.隔离要求：曼陀罗属为自花授粉植物，但是天然异交率仍很高。不同品种间容易串粉混杂，为保持品种的优良性状。留种品种间必须隔离500m以上。在初花期，分多次根据品种叶形、叶色、株型、长势、花序形状和花色等清除杂株。

5.种子采收：曼陀罗种荚开始成熟的时候会慢慢变颜色，果实成熟后极易开裂；要随熟随采，收集起来，再将种子晒至全干脱壳，在通风干燥处贮藏。以身干、籽粒饱满、棕褐色、有光泽者为佳。

❹ 番茄属 *Lycopersicon* 观赏番茄

【原产地】美洲。

一、生物学特性

一年生草本。全株生黏质腺毛，有强烈气味。叶羽状复叶或羽状深裂，长10～40cm，小叶极不规则，大小不等，常5～9枚，卵形或矩圆形，长5～7cm，边缘有不规则锯齿或裂片。观赏小番茄一般是指那些被专门培育出来，用来观赏的小番茄品种。植株相比一般的番茄要矮小得多，果实也比较小巧。观赏小番茄的果实一般有深红、淡红、淡黄、橙黄等多种颜色。果实可食用，而且味道不错。种子千粒重1.6～2g。

二、同属植物

番茄品种繁多，按果型大小分大果型番茄品种、中果型番茄品种、樱桃番茄品种等；按果实形状分：扁圆形番茄品种、圆形番茄品种、高圆形番茄品种、长形番茄品种、桃形番茄品种等；按生长习性分：无限生长品种，有限生长品种（自封顶品种）。这里描述的是常规盆栽观赏番茄。

（1）盆栽番茄 L. esculentum，株高20～25cm，无限生长品种，果实有梨形黄色、红色；圆形红色、黄色、黑紫、白色等。

（2）同属其他植物分为鲜食型番茄和加工型番茄，均作为蔬菜使用。

三、种植环境要求

既不耐热，也不耐寒，适宜生长温度15～25℃，夏天温度不宜超过30℃，冬天温度不宜低于10℃。

盆栽番茄

盆栽番茄

四、采种技术

1. 种植要点：我国北方大部分地区均可制种。在播种前首先要选择好苗床，整理苗床时要细致，深翻碎土两次以上，碎土均匀，刮平地面，精细整平，有利于出苗。也可以提前准备好72～128穴盘，在育苗之前，还需要准备专用的育苗基质。用清水浸泡种子1～2小时，然后捞出把种子放入55℃热水，维持水温均匀浸泡15分钟，之后再常温继续浸种3～4小时。浸种时，要不断、迅速地搅拌，使种子受热均匀，以防烫伤种子，可以预防叶霉病、溃疡病、早疫病等病害发生。在苗床或穴盘上点播，再盖一层0.5～1cm厚的细土，最后覆盖小棚保湿增温。播种后白天气温25～30℃，地温20℃左右。苗床要有充足的水分供应，但又不能使土壤过湿。幼苗长到5cm高时就要给苗床通风炼苗，通风口要根据幼苗长势以及气温灵活掌握，在定植前10天可露天炼苗。炼苗要逐步进行，切不可一步到位。如果秧苗徒长，可以喷洒500mL/kg的矮壮素，或者5mL/kg缩节胺。秧苗弱黄可喷硫酸亚铁缓解，定植前用病毒灵或植病灵等灌根带叶面喷洒，对预防病毒有较好作用。

2. 田间管理：种植地块要选择在近几年没有种植茄果类的地块。通常在4月下旬、5月下旬才能定植。施用复合肥10～25kg/亩或磷肥50kg/亩，结合翻地或起垄时施入土中。采用黑色除草地膜覆盖平畦栽培。定植可按30cm株距，两个相邻行错开放苗，每穴栽

盆栽番茄种子

1棵。自封顶品种种植行距40cm，株距35cm，亩保苗不能少于4700株。无限生长品种种植行距40cm，株距40cm，亩保苗不能少于4000株。定植后要注意浇水和中耕，在6月每亩追磷肥10kg、尿素15kg，并结合中耕培土高10～13cm，无限生长品种要及时支架，采取一系列措施调整植株，如搭架、绑蔓、整枝、打杈、摘叶、疏花疏果等。要结合喷施叶面肥和激素，以补充养分和预防病毒侵染。整个生长期内的不同阶段有不同的管理要求，结果后期要继续加强管理，增产增收。

3.病虫害防治：发生早疫病、晚疫病要清除病残体，发病季节及时摘除病叶病果深埋，收获后及时清除病残体；在发病初期开始用72%霜霉疫净可湿性粉剂稀释800～1000倍喷雾，每隔7～10天喷1次，连续3～4次。

4.隔离要求：番茄是自花授粉作物，但仍有2%～4%的天然异交率。为了保证种子纯度，也应考虑隔离问题，采种田要求不同品种之间及与生产田之间的隔离距离不得少于100m。

5.种子采收：番茄浆果开始成熟的时候会慢慢变颜色，种果采收后，放置待后熟1～2天再取种。取种方法是将种果打碎，也可以借助茄果类打籽机将种子和果皮分离，把果肉连同种子一起挤入非金属容器内，然后在25～35℃下发酵1～2天，每3～4小时搅拌一次，待上部果液澄清后，种子沉到缸底，用手抓有沙沙的爽手感则表明发酵已完成。将上部液体倒掉，用清水冲洗种子数遍，切忌将种子直接放在水泥地上于阳光下晾晒。当种子含水量降低至8%以下即可精选装袋，放在通风、干燥、阴凉处保存。

⑤ 假酸浆属*Nicandra*假酸浆

【原产地】原产于秘鲁，我国分布于云南、广西等地；贵州地区亦有栽培。

一、生物学特性

一年生直立草本，多分枝。叶互生，具叶柄，叶片边缘有具圆缺的大齿或浅裂。花单独腋生，因花梗下弯而呈俯垂状；花萼球状，5深裂至近基部，裂片基部心脏状箭形、具2尖锐的耳片，在花蕾中外向镊合状排列，果时极度增大成5棱状，干膜质，有明显网脉；花冠钟状，浅蓝色，檐部有褶皱，裂片阔而短，在花蕾中呈不明显的覆瓦状排列；雄蕊5，不伸出于花冠，插生在花冠筒近基部，花丝丝状，基部扩张，花药椭圆形，药室平行，纵缝裂开；子房3～5室，具极多数胚珠，花柱略粗，丝状，柱头近头状，3～5浅裂。浆果球状，直径1.5～2cm，黄色。种子淡褐色，直径约1mm。花果期夏秋季。种子千粒重0.9～1g。

二、同属植物

（1）假酸浆 *N. physaloides*，株高100～120cm，花浅紫色。

（2）同属还有 *N. john-tyleriana*，*N. yacheriana* 等。

三、种植环境要求

喜阳光充足的田坎、路旁、沟边，甚至是住宅周围行人常出没的地方；对土壤要求不严。自播繁衍能力极强，有非常强大的适应能力，不受周围植物的影响，尤其是在干旱地区能大量生长。

四、采种技术

1.种植要点：我国北方大部分地区均可制种。假酸浆生长期短，故而大部分都采用直播的方式。通过整地，用复合肥15kg/亩或磷肥50kg/亩耕翻于地块，选择黑色除草地膜覆盖，播期选择在霜冻完全解除后，平均气温稳定在10℃以上，用手推式点播机播种，也可用直径3～5cm的播种打孔器在地膜上打孔，

假酸浆

假酸浆种子

垄两边孔位呈三角形错开，每穴点3～4粒，覆土以湿润微砂的细土为好。种植行距40cm，株距35cm，亩保苗不能少于4500株。

2.田间管理：初苗后3～4叶期间苗，留壮苗、正苗，不留双株苗。在苗期一般中耕2～3次，搞好除草和松土，促进根系发育。一般25～35天灌水1次，浇水之后土壤略微湿润，更容易将杂草拔除。植株进入营养生长期，生长速度很快，需要供给充足的养分和水分才能保障其正常的生长发育。在生长期根据长势可以随水施入尿素10～30kg/亩。多次叶面喷施0.02%的磷酸二氢钾溶液，可提高分枝数、结实率和增加千粒重。但是结籽后易倒伏，要想提高种子产量，应及早设立支架。

3.病虫害防治：生长期间如发生根腐病，可加强排水，拔除病株烧毁，并在穴内撒生石灰粉消毒，以防蔓延。蚜虫用40%乐果2000倍液或50%杀螟松1000倍液或80%敌敌畏1500～2000倍液，每隔5～7天喷1次，连续2～3次。

4.隔离要求：假酸浆属为自花授粉植物，但是天然异交率仍很高。不同品种间容易串粉混杂，为保持品种的优良性状。留种品种间必须隔离500m以上。在初花期，分多次根据品种叶形、叶色、株型、长势、花序形状和花色等清除杂株。

5.种子采收：假酸浆8～9月果实成熟。成熟的果实并不落地，可待全部成熟后，集中摘取，采收回来的果实在通风阴凉处后熟1周后，选择晴天，装入编织袋中，用脚踩踏，踩碎浆果，后用清水及时清洗出种子，要反复清洗2～3次，铺在草席上，放在通风阴凉处晾干，装入袋中，在通风干燥处贮藏。

⑥ 烟草属 *Nicotiana* 花烟草

【原产地】阿根廷、巴西。

一、生物学特性

多年生草本，常作一年生栽培，全株被黏毛。叶在茎下部呈铲形或矩圆形，基部稍抱茎或具翅状柄，向上呈卵形或卵状矩圆形，近无柄或基部具耳，接近花序即成披针形。花序为假总状式，疏散生几朵花；花梗长5～20mm；花萼杯状或钟状，长15～25mm，裂片钻状针形，不等长；花冠淡绿色，筒长5～10cm，筒部直径3～4mm，喉部直径6～8mm，檐部宽15～25mm，裂片卵形，短尖，2枚较其余3枚为长；雄蕊不等长，其中1枚较短。蒴果卵球状。种子灰褐色。种子千粒重0.11～0.13g。

二、同属植物

（1）花烟草 *N. alata*，高秆品种株高90～100cm，花有混色、红色、白色和绿色；矮秆品种株高20～30cm，花色丰富。

（2）同属还有光烟草 *N. glauca*，黄花烟草 *N. rustica*，烟草 *N. tabacum*，都不是观赏植物。

三、种植环境要求

喜温暖、向阳的环境及肥沃疏松的土壤，耐旱、不耐寒。

四、采种技术

1.种植要点：我国北方大部分地区均可制种，甘

花烟草

肃河西走廊一带是最佳制种基地。3月温室育苗，在播种前首先要选择好苗床，整理苗床时要细致，深翻碎土两次以上，碎土均匀，刮平地面，精细整平。由于种子比较细小，将苗床浇透，待水完全渗透苗床后，将种子和沙按1∶5比例混拌后均匀撒于苗床，播后不再覆土或薄盖过筛细沙。播种后在苗床加盖地膜保持苗床湿润，温度18～25℃，播后7～9天即可出苗。当小苗长出2片叶时，可结合除草进行间苗，使小苗有一定的生长空间。有条件的也可以采用专用育苗基质128孔穴盘育苗。选择土质疏松、地势平坦、土层较厚、排灌良好、有机质含量高的地块，施用复合肥10～25kg/亩或磷肥50kg/亩，结合翻地时施入土中。采用黑色除草地膜覆盖平畦栽培。矮秆品种种植行距40cm，株距25cm，亩保苗不能少于6600株。高秆品种种植行距40cm，株距30cm，亩保苗不能少于5500株

2.田间管理：移栽后要及时灌水，如果气温升高蒸发量过大要再补灌一次保证成活。小苗定植后需15～20天才可成活稳定，此时的水分管理很重要，小苗根系浅，土壤应经常保持湿润。浇水之后土壤略微湿润，更容易将杂草拔除。一般15～20天灌水1次，在生长期根据长势可以随水施肥，可少施氮肥，适量

花烟草种子

增加磷、钾肥即可。高秆品种适时摘心处理，以增加侧枝数量，矮化植株，为增加种子产量可多次叶面喷施0.02%的磷酸二氢钾溶液，盛花期尽量不要喷洒杀虫剂，以免杀死蜜蜂等授粉媒介。盛花期后进入生殖阶段，灌浆期要尽量勤浇薄浇。高秆品种在生长中期大量分枝，应及早设立支架，防止倒伏。

3.病虫害防治：发生蚜虫用万灵600～800倍液或25%鱼藤油速扑杀800～1000倍液喷杀，每周喷1次，连续2～3次。白粉病用70%甲基托布津500倍液，每周1次，连续2～3次。

4.隔离要求：花烟草是常异花授粉作物，自花也能授粉，但是结实率很低，异花授粉结实率很高。吸引野生蜜蜂和一些昆虫授粉，天然杂交率高达50%。为保持品种的优良性状。采种田间必须隔离1000m以上。在初花期，分多次根据品种叶形、叶色、株型、长势、花序形状和花色等清除杂株。

5.种子采收：花烟草因开花时间不同而果实成熟期也不一致，要随熟随采。通常在9～10月成熟，果实成熟后极易开裂，种子散落在地上，若收获不及时会造成种子大量损失，但若收获过早会严重影响种子的发芽率，所以必须掌握好收获时间，才能获得高产优质的种子。当蒴果果皮变黄，皮质变硬且脆，籽粒变硬，变成黑褐色时，即是种子成熟的标志，此时即可采收，采收后晒干，集中去杂清选出种子。在通风干燥处保存。品种间种子产量差异较大，和田间管理、采收有关。

❼ 赛亚麻属 *Nierembergia* 赛亚麻 *

【原产地】原产于南美洲的巴西和阿根廷。

一、生物学特性

一年生草本。根茎几乎为木质，有许多纤细的

花烟草绿色

---

* 采用被子植物分类系统。

茎，高达45cm，被短柔毛，具微小的单毛。叶线形，无柄，长18～25mm，宽1～1.5mm。花梗长2～5mm；花萼倒锥形，筒部4～6mm长，脉明显，裂片狭三角形，长5～6mm；花冠筒长9～10mm，直径1mm，突然扩张成旋转至宽星状的枝条，直径15～25mm；花冠裂片圆形，深紫色，中心部位黄色；雄蕊花丝长5～6mm，疏生腺状短柔毛，在花药上的柱头伞状。蒴果椭圆形，长3～4mm。种子长1mm，深褐色至黑色。花期夏季，适宜岩石园、花境、盆栽及成丛种植，效果很好。种子千粒重0.19～0.22g。

二、同属植物

（1）赛亚麻 N. hippomanica，株高20～40cm，花白色、粉色及蓝紫色。

（2）本属中常见栽培的还有白赛亚麻 N. bergia repens，地毯赛亚麻 N. repens，蓝高花 N. caerulea 等。

三、种植环境要求

喜肥沃、排水良好的土壤，要求阳光充足，耐寒性不强，越冬须防寒。

四、采种技术

1. 种植要点：我国北方大部分地区均可制种，甘肃河西走廊一带是最佳制种基地。由于种子比较细小，在播种前首先要选择好苗床，整理苗床时要细致，深翻碎土两次以上，碎土均匀，刮平地面，将苗床浇透，待水完全渗透苗床后，将种子和沙按1：5比例混拌后均匀撒于苗床，播后不再覆土或薄盖过筛细沙。播种后在苗床加盖小拱棚，盖上地膜保持苗床湿润，温度18～22℃，播后10～15天即可出苗。当小苗长出2片叶时，可结合除草进行间苗，使小苗有一定的生长空间。有条件的也可以采用专用育苗基质128孔穴盘育苗。采种田选择土质疏松、地势平坦、土层较厚、排灌良好、有机质含量高的地块，用复合肥15kg/亩或磷肥50kg/亩耕翻于地块。采用黑色除草地膜平畦覆盖，种植行距40cm，株距25cm，亩保苗不能少于6600株。

赛亚麻种子

2. 田间管理：移栽后要及时灌水，小苗定植后需15～20天才可成活稳定，此时的水分管理很重要，小苗根系浅，土壤应经常保持湿润。浇水之后土壤略微湿润，更容易将杂草拔除。生长期间一般15～20天灌水1次，在生长期根据长势可以随水施入尿素10～30kg/亩。多次叶面喷施0.02%的磷酸二氢钾溶液，盛花期尽量不要喷洒杀虫剂，以免杀死蜜蜂等授粉媒介。植株正常生长后，用厚一点、90cm宽幅的地膜在未铺膜的工作行铺一遍，两边用地钉固定在垄上；地膜两头用木棍缠绕拉紧呈弓形固定住，方便浇水从地膜下流入。在田间作业时尽量穿布鞋，以免破坏地膜。花期多次叶面喷施0.02%的磷酸二氢钾溶液，可提高分枝数、结实率和增加千粒重。

3. 病虫害防治：湿度过大会引起腐烂病，即在根与土壤的交界处发生腐烂，进而全株死亡。可用抗枯灵配链霉素进行喷洒，每支抗枯灵兑链霉素一支，加水20kg，喷施0.5亩地。

4. 隔离要求：赛亚麻属为异花授粉植物，但是也是一种优良的蜜源植物。长长的雄蕊伸出花冠之外，是蝴蝶和蜜蜂喜爱的种类，天然杂交率很高。品种间应隔离1000～2000m。在初花期，分多次根据品种叶形、株型、长势、花序形状和花色等清除杂株。

5. 种子采收：赛亚麻种子分批成熟，果实成熟后极易开裂，当蒴果果皮变黄，皮质变硬且脆，籽粒变硬，变成黑褐色时，即是种子成熟的标志。由于种子细小无法分批采收，成熟的种子掉落在地膜表面，要及时用笤帚扫起来集中精选加工。在通风干燥处保存。其产量和田间管理、采收有关。

⑧ 假茄属 *Nolana* 小钟花

【原产地】南美洲智利，野生于智利南部的森林。

赛亚麻

一、生物学特性

一年生草本。茎细、多分枝，被白毛。叶互生。花多为白色或蓝色，花朵呈碗状或钟状，厚被蜡质，也有一些是复色的品种。果实是一种细长的浆果，长椭圆形，果皮坚韧，味道有点像冷子番荔枝，内含有许多芝麻大小的种子。花期夏末至秋。种子千粒重3～4g。

二、同属植物

（1）小钟花 *N. paradoxa*，株高40～50cm，品种花色有蓝色、白色、混色等。

（2）同属还有平卧假茄 *N. humifusa*，*N. paradoxa* 等。

三、种植环境要求

喜肥沃、排水良好的土壤，要求阳光充足，耐寒性不强。适宜岩石园、花境、盆栽及成丛种植，效果很好。

四、采种技术

1. 种植要点：我国北方大部分地区均可制种。4月中旬用直播的方式，通过整地，用复合肥15kg/亩或磷肥50kg/亩耕翻地块，选择黑色除草地膜覆盖，播期选择在霜冻完全解除后，平均气温稳定在15℃以上，播种前种子用40～50℃的温水浸泡8～12小时，将种子捞出，沥干水分，置于布上，拌上湿沙，在25℃左右的温度下催芽，注意及时翻动喷水，待种子萌动时即可播种。用直径3～5cm的播种打孔器在地膜上打孔，垄两边孔位呈三角形错开，每穴点3～4粒，覆土以湿润微砂的细土为好。种植行距40cm，株距35cm，亩保苗不能少于4500株。

2. 田间管理：出苗后3～4叶期间苗，留壮苗、正苗，不留双株苗。在苗期一般中耕2～3次，搞好除草和松土，促进根系发育。一般25～35天灌水1次，浇水之后土壤略微湿润，更容易将杂草拔除。植株进入营养生长期，生长速度很快，需要供给充足的养分和水分才能保障其正常的生长发育。在生长期根据长势

小钟花种子

可以随水施入尿素10～30kg/亩。勤施肥使花色鲜艳；枝条具蔓性，故于生长期间当茎枝伸长时，可适度修剪；多次叶面喷施0.02%的磷酸二氢钾溶液，可提高分枝数、结实率和增加千粒重。

3. 病虫害防治：发生褐斑病需要加强通风，将病枝叶全部剪掉，然后喷洒25%多菌灵可湿性粉剂300～600倍液，或50%甲基托布津1000倍液防治，每隔1周喷洒1次，连续喷洒3次危机解除。

4. 隔离要求：小钟花属为自花授粉植物，但是也是一种优良的蜜源植物，天然异交率仍很高。不同品种间容易串粉混杂，为保持品种的优良性状。留种品种间必须隔离500m以上。在初花期，分多次根据品种叶形、叶色、株型、长势、花序形状和花色等清除杂株。

5. 种子采收：小钟花种子分批成熟，果实开裂后应及时采收，后期一次性收割。晾晒在水泥地或篷布上后熟，等完全晾干后打碾、脱粒、过筛去杂质，置干燥处贮藏。以种干、籽粒饱满、无破损者为佳。

⑨ 矮牵牛属 *Petunia*

【原产地】南美。

一、生物学特性

多年生草本，常作一二年生栽培。主根不发达，侧根发达，耐移栽；也有丛生和匍匐类型。多分枝，茎绿色。叶椭圆或卵圆形、全缘，几乎无柄，互生，嫩叶略对生，叶片纸质，深绿色；全株具白色腺毛，手感黏。花单生于叶腋及顶端，花冠喇叭状；先端具有波状浅裂，花形有单瓣、重瓣、瓣缘皱褶或呈不规则锯齿等；花色有红、白、粉、紫及各种带斑点、网纹、条纹等；有香味，花期长。蒴果小，圆形，顶部锥形；种子极小，银灰色至黑褐色。种子千粒重0.09～0.1g。

小钟花

矮牵牛

矮牵牛混色

二、同属植物

矮牵牛园艺品种极多，按植株性状分：高性种、矮性种、丛生种、匍匐种、直立种；按花型分：大花、小花、波状、锯齿状、重瓣、单瓣；按花色分：紫红、鲜红、桃红、纯白、肉色及多种带条纹品种（红底白条纹、淡蓝底红脉纹、桃红底白斑条等）。矮牵牛自1835年由威廉·赫伯特（William Herbert）育成以后，1849年又出现重瓣矮牵牛品种。1876年通过自然突变育成了四倍体大花矮牵牛系列。1879年很快又推出矮生小花品种。1930年育成杂种一代的矮牵牛品种。现已育出抗热、抗雨和抗病品种。这里只描述部分常规品种的采种要点。

（1）矮牵牛 P. hybrida，株高30～40cm，品种花色有蓝色、红色、玫红、黄色、白色、混色等。

（2）同属还有腋生矮牵牛 P. axillaris，撞羽朝颜 P. integrifolia 等。

三、种植环境要求

喜温暖和阳光充足的环境。不耐霜冻、怕雨涝。生长适温13～18℃，冬季温度在4～10℃，如低于4℃，植株生长停止，夏季能耐35℃以上的高温。夏季生长旺盛，需充足水分；适宜生长在疏松肥沃、排灌良好的砂壤土中。

四、采种技术

1. 种植要点：我国北方大部分地区均可制种。由于种子比较细小，在播种前首先要选择好苗床，整理苗床时要细致，深翻碎土两次以上，碎土均匀，刮平地面，将苗床浇透，待水完全渗透苗床后，将种子和沙按1：5比例混拌后均匀撒于苗床，播后不再覆土或薄盖过筛细沙。播种后在苗床加盖小拱棚，盖上地膜保持苗床湿润，温度18～22℃，播后10～15天即可出苗。当小苗长出2片叶时，可结合除草进行间苗，使小苗有一定的生长空间。有条件的也可以采用专用育苗基质128孔穴盘育苗。育苗的定植前5～7天降温，逐渐加大通风和适度控制水分进行炼苗。采种田选择土质疏松，地势平坦，土层较厚，排灌良好，土壤有机质含量高的地块，每亩用复合肥15kg或磷肥50kg耕翻到地块。采用黑色除草地膜平畦覆盖，种植行距40cm，株距35cm，亩保苗不能少于5000株。

2. 田间管理：在终霜后定植于露地，移栽后要及时灌水，小苗定植后需15～20天才可成活稳定，此时的水分管理很重要，小苗根系浅，土壤应经常保持湿润。浇水之后土壤略微湿润，更容易将杂草拔除。生长期间一般15～20天灌水1次，株高15cm时需摘心一次。在生长期根据长势可以随水施入尿素10～30kg/亩。植株正常生长后，用厚一点、90cm宽幅的地膜在未铺膜的工作行铺一遍，两边用地钉固定在垄上；地膜两头用木棍缠绕拉紧呈弓形固定住，方便浇水从地膜下流入。在田间作业时尽量穿布鞋，以免破坏地膜。花期多次叶面喷施0.02%的磷酸二氢钾溶液，可提高分枝数、结实率和增加千粒重。盛花期尽量不要喷洒杀虫剂，以免杀死蜜蜂等授粉媒介。

3. 病虫害防治：矮牵牛植株的嫩茎易受蚜虫侵害，应及时喷抗蚜威防治；常见的病害有白霉病、叶斑病、病毒病。防止病害产生，每隔1周左右喷施百菌清或甲基托布津800～1000倍液，发病后及时摘除病

矮牵牛种子

叶，发病初期喷洒75%百菌清600～800倍液。

4.隔离要求：矮牵牛是常异花授粉作物，自花也能授粉但是结实率很低，异花授粉结实率很高。吸引野生蜜蜂和一些昆虫授粉。也可以人工辅助授粉，授粉时间选在晴天8:00～10:00，摘下带一段花柄的成熟雄蕊花朵，轻轻拨去花瓣，掐去花萼伸展部分，然后用两指夹住待授粉花朵，将雄蕊的花药靠在雌花的十字形柱头上，稍蘸上即可。为保持品种的优良性状，采种田间必须隔离500m以上。在初花期，分多次根据品种叶形、叶色、株型、长势、花序形状和花色等清除杂株。

5.种子采收：矮牵牛因开花时间不同而果实成熟期也不一致，通常在9～10月成熟。当蒴果果皮变黄，皮质变硬且脆，籽粒变硬，变成黑褐色时，即是种子成熟的标志，由于种子细小无法分批采收，待80%～90%植株干枯时一次性收割，收割后后熟6～7天，将其放置到水泥地晾干，用木棍将里面的种子打落出来。掉落在地膜表面的种子，要及时用笤帚扫起来，晾晒干燥后集中去杂清选出种子，在通风干燥处保存。品种间种子产量差异较大，和田间管理、采收有关。

⑩ 洋酸浆属 *Physalis**

【原产地】分布于欧亚大陆；我国产于甘肃、陕西、黑龙江、河南、湖北、四川、贵州和云南。

一、生物学特性

一年生或多年生草本，基部略木质。无毛或被柔毛，稀有星芒状柔毛。叶不分裂或有不规则的深波状牙齿，稀为羽状深裂，互生或在枝上端大小不等二叶双生。花单独生于叶腋或枝腋；花萼钟状，5浅裂或中裂，裂片在花蕾中镊合状排列，果时增大成膀胱状，远较浆果为大，完全包围浆果，有10纵肋，5棱或10棱形，膜质或革质，顶端闭合，基部常凹陷；花冠白色或黄色，辐状或辐状钟形，有褶皱，5浅裂或仅5角形，裂片在花蕾中内向镊合状，后来折合而旋转；雄蕊5，较花冠短，插生于花冠近基部，花丝丝状，基部扩大，花药椭圆形，纵缝裂开；花盘不显著或不存在；子房2室，花柱丝状，柱头不显著2浅裂；胚珠多数。浆果球状，多汁。种子多数，扁平，盘形或肾脏形，有网纹状凹穴；胚极弯曲，位于近周边处；子叶半圆棒形。种子千粒重1.3～1.5g。

二、同属植物

（1）酸浆 *P. alkekehgi*，株高100～120cm，有红

色、橘色、绿色、紫色果。

（2）灯笼果 *P. peruviana*，黄色果。

（3）同属还有小酸浆 *P. minima*，毛酸浆 *P. philadelphica* 等。

三、种植环境要求

适应性很强，耐寒、耐热，喜凉爽、湿润气候。喜阳光，不择土壤。

四、采种技术

1.种植要点：我国北方大部分地区均可制种，甘肃河西走廊一带是最佳制种基地。春季和夏季均可播种。在播种前首先要选择好苗床，整理苗床时要细致，深翻碎土两次以上，碎土均匀，刮平地面，精细整平，有利于出苗。播种前先用45℃温水浸种，或用0.01%高锰酸钾浸泡10分钟，防止种子携带病毒等病菌。然后用清水浸种12小时，捞出，放在20～30℃的温度条件下催芽，待80%的种子露白后播种。撒种后覆土0.2～0.4cm。播后立即灌透水，保持土壤湿润，这样出苗整齐；5～7月移栽于大田，采种田以选用无宿根型杂草、灌溉良好、土质疏松肥沃的壤土为宜。施用复合肥25kg/亩或过磷酸钙50kg/亩耕翻于地块，并喷洒克百威或呋喃丹，用于预防地下害虫。采用黑色除草地膜覆盖平畦栽培，一垄两行，行距40cm，株

酸浆

* 采用克朗奎斯特分类系统。

距35cm，亩保苗不能少于4700株。

2.田间管理：移栽后要及时灌水、中耕松土、除草。生长期间20～25天灌水1次。浇水之后土壤略微湿润，更容易将杂草拔除。定植成苗后至冬季前的田间管理主要为勤追肥水、勤防病虫害，使植株快速而正常的生长，入冬前植株长到一定的大小，从而保证翌年100%的植株能够开花结籽。翌年开春后气温回升，植株地上部开始重新生长，此时应进行间苗，间除过密、并生、伤残弱苗。6～7月生长期根据长势可以随水再次施入化肥10～20kg/亩。多次叶面喷施0.02%的磷酸二氢钾溶液，可提高分枝数、结实率和增加千粒重。每次浇水后即中耕一次，以使土壤疏松，提高地温，促进根系发育。在初花初果时，结合追肥，进行中耕培土，使栽培行变成垄，防止植株倒伏，并利于灌溉排涝。生长中后期及时除草。

3.病虫害防治：酸浆病虫害较少，有时发生根腐病和花叶病，植株受害后，生长减弱，节间缩短，分枝增多，叶片小，皱缩，边缘呈波状，叶片呈现黄绿相间的花叶疱症。根茎畸形瘦小，品质变劣。发病初期可用50%甲基托布津700～1000倍液每7天喷洒1次。常见的虫害有蚜虫、菜青虫、棉铃虫等。幼苗出土后喷40%乐果2000倍液或80%敌敌畏1500倍液防治，或50%杀螟松1000倍液，每隔10天喷1次，连续2～3次。

4.隔离要求：洋酸浆属于两性花常异交植物，既可以进行自花传粉，又可以进行异花传粉，偶尔也会有昆虫帮助它们授粉，比如常见的蜜蜂等。为保持品种的优良性状，留种品种间必须隔离300m以上。

5.种子采收：酸浆果实成熟后自然脱落，人工捡拾收获，其质量最佳。可待全部成熟后集中摘取，拨开红的萼片。将果实在通风阴凉处后熟1周后，选择晴天，装入编织袋中，用脚踩踏，踩碎浆果，后用清水及时清洗出种子，要反复清洗2～3次，铺在草席上，

放在通风阴凉处晾干，装入袋中，在通风干燥处贮藏。品种间种子产量差异较大，和田间管理、采收有关。

⑪ 美人襟属 *Salpiglossis* 智利喇叭花

【原产地】智利南部、秘鲁。

一、生物学特性

一年生草本。全株具毛，茎直立，多分枝。下部叶椭圆形或长椭圆形，有波状齿缘或中裂，上部叶近全缘。花大，扁漏斗状，花冠先端5裂，花有白、黄、红褐、红、绯红、洋红、紫色等，上有蓝、黄、褐、红等颜色的线条。花果期6～10月。种子千粒重0.1～0.2g。

二、同属植物

（1）智利喇叭花 *S. sinuata*，株高80～90cm，花混色。

（2）同属还有美人襟 *S. barcklayana*，小美人襟 *S. spinescens* 等。

三、种植环境要求

性喜凉爽气候，不耐寒，喜光；要求土壤为肥沃、疏松而湿润的砂质壤土。

四、采种技术

1.种植要点：我国北方大部分地区均可制种，甘肃河西走廊一带是最佳制种基地。3月温室育苗，在播种前首先要选择好苗床，整理苗床时要细致，深翻碎土两次以上，碎土均匀，刮平地面，精细整平。由于种子比较细小，将苗床浇透，待水完全渗透苗床后，将种子和沙按1∶5比例混拌后均匀撒于苗床，播后不再覆土或薄盖过筛细沙。播种后在苗床加盖地膜保持苗床湿润，温度18～25℃，播后7～9天即可出苗。当小苗长出2片叶时，可结合除草进行间苗，使小苗有一定的生长空间。有条件的也可以采用专用育苗基质128孔穴盘育苗。选择土质疏松、地势平坦、土层较厚、排灌良好、土壤有机质含量高的地块，施

酸浆种子

大花美人襟

大花美人襟种子

用复合肥10～25kg/亩或磷肥50kg/亩，结合翻地时施入土中。采用黑色除草地膜覆盖平畦栽培。矮秆品种种植行距40cm，株距25cm，亩保苗不能少于6600株。高秆品种种植行距40cm，株距30cm，亩保苗不能少于5500株。

2.田间管理：移栽后要及时灌水，如果气温升高蒸发量过大要再补灌一次保证成活。小苗定植后需15～20天才可成活稳定，此时的水分管理很重要，小苗根系浅，土壤应经常保持湿润。浇水之后土壤略微湿润，更容易将杂草拔除。一般15～20天灌水1次，在生长期根据长势可以随水肥，可少施氮肥，适量增加磷、钾肥即可。高型品种适时摘心处理，以增加侧枝数量，矮化植株，为增加种子产量可多次叶面喷施0.02%的磷酸二氢钾溶液，盛花期尽量不要喷洒杀虫剂，以免杀死蜜蜂昆虫等授粉媒介。盛花期后进入生殖阶段，灌浆期要尽量勤浇薄浇。在生长中期大量分枝，应及早设立支架，防止倒伏。

3.病虫害防治：发生蚜虫用万灵600～800倍液或25%鱼藤油速扑杀800～1000倍液喷杀，每周喷1次，连续2～3次。发生白霉病，发病初期喷洒75%百菌清600～800倍液。叶斑病可喷洒50%代森铵1000倍液。每周1次，连续2～3次。

4.隔离要求：美人襟属是常异花授粉作物，自花也能授粉，但是结实率很低，异花授粉结实率很高。吸引野生蜜蜂和一些昆虫授粉，天然杂交率高达50%。为保持品种的优良性状，采种田间必须隔离1000m以上。在初花期，分多次根据品种叶形、叶色、株型、长势、花序形状和花色等清除杂株。

5.种子采收：美人襟因开花时间不同而果实成熟期也不一致，要随熟随采。通常在9～10月成熟，当蒴果果皮变黄，皮质变硬且脆，籽粒变硬，变成黑褐色时，即是种子成熟的标志，此时即可采收。果实成熟后极易开裂，种子散落在地上，若收获不及时会造成种子大量损失，但若收获过早会严重影响种子的发芽率，所以必须掌握好收获时间，才能获得高产优质的种子。采收后晒干，集中去杂清选出种子。在通风干燥处保存。品种间种子产量差异较大，和田间管理、采收有关。

⑫ 蛾蝶花属 *Schizanthus*

【原产地】智利。

一、生物学特性

一、二年生草本。全株疏生微黏的腺毛，原种株高50～100cm，园艺栽培变异的矮生品种株高30～45cm。叶互生，一至二回羽状全裂。圆锥花序，顶生，花多，花冠径3～4cm，花瓣5枚，平展，其中3枚花瓣的基部色较深，大多为红色、紫色、堇色，并有黄色斑块，镶嵌着红色或紫色的斑点、脉纹，花瓣外沿色较淡，另外2枚花瓣呈盔状，深裂。花期6～8月。种子千粒重0.4～0.5g。

二、同属植物

（1）蛾蝶花 *S. pinnatus*，株高40～60cm，花混色。

（2）同属还有小蛾蝶花 *S. alpestris*，格氏蛾蝶花 *S. grahamii* 等。

三、种植环境要求

性喜凉爽气候，不耐寒，喜光；要求土壤为肥沃、疏松而湿润的砂质壤土。

四、采种技术

1.种植要点：我国北方大部分地区均可制种，甘肃河西走廊一带是最佳制种基地。由于种子比较细小，在播种前首先要选择好苗床，整理苗床时要细致，深翻碎土两次以上，碎土均匀，刮平地面，将苗床浇透，待水完全渗透苗床后，将种子和沙按1：5比例混拌后均匀撒于苗床，播后不再覆土或薄盖过筛细沙。播种后在苗床加盖小拱棚，盖上地膜保持苗床湿润，温度18～22℃，播后10～15天即可出苗。当

蛾蝶花

蛾蝶花

蛾蝶花种子

4. 隔离要求：蛾蝶花为异花授粉植物，但是也是一种优良的蜜源植物。长长的雄蕊伸出花冠之外，是蝴蝶和蜜蜂喜爱的种类，天然杂交率很高。品种间应隔离1000~2000m。在初花期，分多次根据品种叶形、株型、长势、花序形状和花色等清除杂株。

5. 种子采收：蛾蝶花种子分批成熟，果实成熟后极易开裂，当蒴果果皮变黄，皮质变硬且脆，籽粒变硬，变成黑褐色时，即是种子成熟的标志。由于种子细小无法分批采收，熟的种子掉落在地膜表面，要及时用笤帚扫起来集中精选加工，在通风干燥处保存。其产量和田间管理、采收有关。

⑬ 茄属 *Solanum*

【原产地】墨西哥、美洲、亚洲、非洲。

一、生物学特性

草本、亚灌木、灌木至小乔木，有时为藤本。无刺或有刺，无毛或被单毛、腺毛、树枝状毛、星状毛及具柄星状毛。叶互生，稀双生，全缘，波状或作各种分裂，稀为复叶。花组成顶生、侧生、腋生、假腋生、腋外生或对叶生的蝎尾状、伞状聚伞花序，或聚伞式圆锥花序，少数为单生；花两性，全部能孕或仅在花序下部的为能孕花，上部的雌蕊退化而趋于雄性；萼通常4~5裂，稀在果时增大，但不包被果实；花冠星状辐形，星形或漏斗状辐形、多半白色，有时为青紫色，稀红紫色或黄色，开放前常折叠，4~5浅裂、半裂、深裂或几不裂；花冠筒短；雄蕊4~5枚，着生于花冠筒喉部，花丝短，间或其中1枚较长，常较花药短很多，稀有较花药为长，无毛或在内侧具尖的多细胞的长毛，花药内向，长椭圆形、椭圆形或卵状椭圆形，顶端延长或不延长成尖头，通常贴合成一圆筒，顶孔开裂，孔向外或向上稀向内；子房2室，胚珠多数，花柱单一，直或微弯，被毛或无毛，柱头

小苗长出2片叶时，可结合除草进行间苗，使小苗有一定的生长空间。有条件的也可以采用专用育苗基质128孔穴盘育苗。采种田选择土质疏松、地势平坦、土层较厚、排灌良好、土壤有机质含量高的地块，用复合肥15kg/亩或磷肥50kg/亩耕翻于地块。采用黑色除草地膜平畦覆盖，种植行距40cm，株距25cm，亩保苗不能少于6600株。

2. 田间管理：移栽后要及时灌水，小苗定植后需15~20天才可成活稳定，此时的水分管理很重要，小苗根系浅，土壤应经常保持湿润。浇水之后土壤略微湿润，更容易将杂草拔除。生长期间一般15~20天灌水1次，在生长期根据长势可以随水施入尿素10~30kg/亩。多次叶面喷施0.02%的磷酸二氢钾溶液，盛花期尽量不要喷洒杀虫剂，以免杀死蜜蜂等授粉媒介。植株正常生长后，用厚一点、90cm宽幅的地膜在未铺膜的工作行铺一遍，两边用地钉固定在垄上；地膜两头用木棍缠绕拉紧呈弓形固定住，方便浇水从地膜下流入。在田间作业时尽量穿布鞋，以免破坏地膜。花期多次叶面喷施0.02%的磷酸二氢钾溶液，可提高分枝数、结实率和增加千粒重。

3. 病虫害防治：蛾蝶花生长期间，有的时候会暴发菌核病和灰霉病，每隔1周左右喷施百菌清或甲基托布津800~1000倍液，发病后及时摘除病叶，发病初期喷洒75%百菌清600~800倍液。

五指茄

红圆茄

钝圆，极少数为2浅裂。浆果或大或小，多半为近球状、椭圆状，稀扁圆状至倒梨状，黑色、黄色、橙色至朱红色，果内石细胞粒存在或不存在；种子近卵形至肾形，通常两侧压扁，外面具网纹状凹穴。种子千粒重3～9g。

二、同属植物

2000余种，分布于全世界热带及亚热带，少数达到温带地区，主要产南美洲的热带。我国有39种，14变种。这里只描述观赏类品种。

（1）金银茄 *S. aethiopicum*，株高60～80cm，果实番瓜形，黄色。

（2）白蛋茄 *S. texanum*，株高30～50cm，果实鸭蛋形，白色。

（3）彩色茄 *S. melongena*，株高30～50cm，果实有紫色条纹。

（4）红圆茄 *S. capsicoides*，株高70～90cm，果实红色。

（5）冬珊瑚 *S. pseudocapsicum*，株高30～40cm，果实圆形，红色。

（6）五指茄 *S. mammosum*，株高100～180cm，果实五指形，黄色。

三、种植环境要求

性喜凉爽气候，不耐寒，喜光，要求土壤为肥沃、疏松而湿润的砂质壤土。

四、采种技术

1. 种植要点：我国北方大部分地区均可制种。在播种前首先要选择好苗床，整理苗床时要细致，深翻碎土两次以上，碎土均匀，刮平地面，精细整平，有利于出苗。也可以提前准备好72～128孔穴盘，在育苗之前，还需要准备专用的育苗基质。首先将种子放入热水中浸15分钟，充分搅拌。用湿纱布或湿毛巾包好种子，放入保鲜盒，上下透气，白天使温度保持在30℃，夜间保持20～25℃，使种子接受5～10℃的变温，并保持出水后的温度状态。每天翻动3～4次，以透气补气。不必每天淘洗，以避免形成新的水膜和黏液，影响透气。在催芽后的第3天种子萌动时，彻底清洗补湿1次，除黏液，并控水一夜，然后继续在通气良好条件下，用30℃高温及20～25℃的低温下变温催芽，便很快出芽，而且整齐一致。在苗床或穴盘上点播，再盖一层0.5～1cm厚的细土，最后覆盖小棚保湿增温。播种后白天气温25～30℃，地温20℃左右。苗床要有充分的水供应，但又不能使土壤过湿。幼苗高度长到5cm时就要给苗床通风炼苗，通风口要根据幼苗长势以及气温灵活掌握，在定

观赏茄种子

植前10天可露天炼苗。炼苗要逐步进行，切不可一步到位。

2. 田间管理：种植地块要选择在近几年没有种植茄果类的地块。通常在4月下旬、5月下旬才能定植。定植前每亩地施用土杂肥5000kg，过磷酸钙75kg，碳酸氢铵30kg作基肥，按照70cm行距开沟，整平、起垄、覆膜，等待定植。定植可按30cm株距，两个相邻行错开放苗，每穴栽1棵。种植行距40cm，株距35cm，亩保苗不能少于4700株。定植后要注意浇水和中耕，在6月每亩追磷肥10kg、尿素5kg，并结合中耕培土高10～13cm，以保护根系防止倒伏。要结合喷施叶面肥和激素，以补充养分和预防病毒。整个生育期内不同阶段有不同的管理要求，结果后期要继续加强管理，增产增收。

3. 病虫害防治：金银茄的虫害主要有蚜虫、介壳虫，用吡虫啉10～15g，兑水5000～7500倍喷洒。主要病害有病毒病、炭疽病和疫病等。高温天气减少灌水可降低疫病发病率，发病后用25%甲霜灵可湿性粉剂500倍液或72%霜霉疫净可湿性粉剂1000倍液喷雾防治。也可用20%病毒A可湿性粉剂500倍液喷雾防治。白粉病则一般用15%粉锈宁可湿性粉剂1000倍液喷雾防治。

4. 隔离要求：金银茄为自花授粉植物，可以人工辅助授粉，授粉时用力过大或过小，容易破坏花蕾或花粉不散落。在弹击花蕾后，用肉眼观察柱头，如果花粉有散落，在柱头上可以清楚地看到一层淡黄色的花粉粒。由于环境等原因，一些花柱畸形，不利于授粉，影响坐果。这种花蕾可以丢弃。

5. 种子采收：金银茄开花后50～60天，当果皮变黄（有些品种不转色或转色慢，依授粉天数确定）时开始采收，将种果放在阴凉处后熟7～10天进行取种。用棍棒敲或用手搓种果，让种子和果肉相互分离，在水中清洗，让饱满种子沉入水底，去掉浮在水面上的秕籽和杂质，再放在凉席或晒布上摊开晾晒。置干燥处贮藏。

五十五、旱金莲科 Tropaeolaceae

旱金莲属 *Tropaeolum* 旱金莲

【原产地】玻利维亚、哥伦比亚。

一、生物学特性

多年生草本，常作一年生栽培。茎叶稍肉质，半蔓生，无毛或被疏毛。叶互生；叶柄长，向上扭曲，盾状，着生于叶片的近中心处；叶片圆形，由叶柄着生处向四面放射，边缘为波浪形的浅缺刻，背面通常被疏毛或有乳凸点。单花腋生，花柄长；花黄色、紫色、橘红色或杂色，花托杯状；萼片5，长椭圆状披针形，长1.5～2cm，宽5～7mm，基部合生，边缘膜质，渐尖；花瓣5，通常圆形，边缘有缺刻，上部2片通常全缘，着生在距的开口处，下部3片基部狭窄成爪，近爪处边缘具睫毛；雄蕊8，长短相间，分离；子房3室，花柱1枚，柱头3裂，线形。花期6～10月，果期7～11月。种子千粒重111～143g。

二、同属植物

旱金莲品种繁多，有直立型、爬蔓型；大叶型和小叶型等，花色丰富。

（1）旱金莲 *T. majus*，株高30～40cm，品种花色有红色、黄色、橙红、混色等。

（2）同属还有三色旱金莲 *T. tricolor*，多叶旱金莲 *T. polyphyllum*，'阿拉斯加'旱金莲 *T.* 'Alaska' 等。

三、种植环境要求

性喜温和气候，不耐严寒酷暑。适生温度18～24℃，能忍受短期0℃低温，越冬温度10℃以上。夏季高温时不易开花，35℃以上生长受抑制。冬、春、秋需充足光照，夏季盆栽忌烈日暴晒。盆栽需疏松、肥沃、通透性强的培养土，喜湿润怕渍涝。

旱金莲混色

四、采种技术

1.种植要点：我国北方大部分地区均可制种，甘肃河西走廊一带是最佳制种基地。因为种粒大，适合直播。在播种前首先要选择土质疏松、地势平坦、土层较厚、排水良好、土壤有机质含量高的地块。地块选好后，结合整地施入基肥，以农家肥为主，施用复合肥10～25kg/亩或磷肥50kg/亩，结合翻地施入土中，要细整地，耙压整平。采用黑色除草地膜覆盖平畦栽培。种植行距40cm，株距30cm，亩保苗不能少于5000株。当气温稳定通过15℃时开始播种，采用点播机进行精量直播，也可以用直径3～5cm的播种打孔器在地膜上打孔，垄两边孔位呈三角形错开，种植深度2～3cm为宜；每穴点3～4粒，覆土以湿润微砂的细土为好。

2.田间管理：移栽直播后要及时灌水，出苗后要及时查苗，发现漏种和缺苗断垄时，应采取补种。长出5～6叶时间苗，按照留大去小的原则，每穴保留1～2株。浇水之后土壤略微湿润，及时进行中耕松土，清除田间杂草。出苗后至封行前要及时

旱金莲红色

旱金莲种子

中耕、松土。生长期间20～25天灌水1次。植株进入营养生长期，生长速度很快，需要供给充足的养分和水分才能保障其正常的生长发育。在生长期根据长势可以随水施入尿素10～30kg/亩。多次叶面喷施0.02%的磷酸二氢钾溶液，可提高分枝数、结实率和增加千粒重。

3.病虫害防治：栽培过程中会发生潜叶蝇和蚜虫危害，可以选择吡虫啉可湿性粉剂、阿维菌素乳油、氟啶脲乳油、氟虫脲乳油、三氟氯氰菊酯乳油等药剂防治。生长期间多次喷洒75%百菌清可湿性粉剂800倍液，以预防发生立枯病。

4.隔离要求：旱金莲属为两性花，每一朵花具有8枚雄蕊和1枚雌蕊，其中的8枚雄蕊并不是同时成熟的，且要等到所有的花粉都散播完毕时候，那枚雌蕊才成熟并伸到花的喇叭口处；可以自花授粉，但是花粉很难相遇，主要靠野生蜜蜂和昆虫异花授粉。天然异交率仍很高。不同品种间容易串粉混杂，为保持品种的优良性状，留种品种间必须隔离200m以上。在初花期，分多次根据品种叶形、叶色、株型、长势、花序形状和花色等清除杂株。

5.种子采收：旱金莲因开花时间不同，蒴果成熟期不一致。种子肾脏形，淡白绿色，皮皱。核果成熟后自行脱落。最有效的方法是在封垄前铲平未铺膜的工作行或者铺除草布，成熟的种子掉落在地膜表面，要及时用笤帚扫起来，将其放置到水泥地晾干。收获的种子集中精选加工，在通风干燥处贮藏。品种间产量差异较大；种子产量和田间管理质量、天气因素有直接关系。

五十六、马鞭草科 Verbenaceae

① 马鞭草属 *Verbena*

【原产地】南美洲（巴西、阿根廷等地）。

一、生物学特性

一年生、多年生草本或亚灌木。茎直立或匍匐，无毛或有毛。叶对生，稀轮生或互生，近无柄，边缘有齿至羽状深裂，极少无齿。花常排成顶生穗状花序，有时为圆锥状或伞房状，稀有腋生花序，花后因穗轴延长而花疏离，穗轴无凹穴；花生于狭窄的苞片腋内，蓝色或淡红色；花萼膜质，管状，有5棱，延伸出成5齿；花冠管直或弯，向上扩展成开展的5裂片，裂片长圆形，顶端钝、圆或微凹，在芽中覆瓦状排列；雄蕊4，着生于花冠管的中部，2枚在上，2枚在下，花药卵形，药室平行或微叉开；子房不分裂或顶端浅4裂，4室，每室有1直立向底部侧面着生的胚珠；花柱短，柱头2浅裂。果干燥，包藏于萼内，成熟后4瓣裂为4个狭小的分核。种子无胚乳，幼根向下。种子千粒重1～1.2g。

二、同属植物

（1）柳叶马鞭草 *V. bonariensis*，株高100～120cm，花蓝紫色。

（2）宽叶马鞭草 *V. hastata*，株高100～120cm，花淡紫色。

（3）矮细长马鞭草 *V. rigida*，株高30～40cm，花紫色。

（4）同属还有马鞭草 *V. officinalis*，长苞马鞭草 *V. bracteata*，狭叶马鞭草 *V. brasiliensis* 等。

三、种植环境要求

喜阳光充足环境，怕雨涝。性喜温暖气候，生长

柳叶马鞭草

矮马鞭草

适温20～30℃，不耐寒，10℃以下生长较迟缓。对土壤要求不严，可生长在强酸性土壤中，也可生长在贫瘠、含砂砾的土壤中，但在土层深厚、肥沃的壤土及砂壤土中长势良好；重盐碱地、黏性土及低洼易涝地不宜生长。喜欢干燥环境，耐旱能力较强，需水量中等。

四、采种技术

1.种植要点： 我国北方大部分地区均可制种，甘肃河西走廊一带是最佳制种基地。由于种子比较细小，在播种前首先要选择好苗床，整理苗床时要细致，深翻碎土两次以上，碎土均匀，刮平地面，将苗床浇透，待水完全渗透苗床后，将种子和沙按1：5比例混拌后均匀撒于苗床，播后不再覆土或薄盖过筛细沙。播种后在苗床加盖小拱棚，盖上地膜保持苗床湿润，温度18～25℃，播后15～25天即可出苗。当小苗长出2片叶时，可结合除草进行间苗，使小苗有一定的生长空间。由于该种类出苗较长，也可以集中撒播种子，播后立即灌透水；播种40天后移植入72孔或50孔穴盘中生长。幼苗高度到5cm时就要给苗床通风炼苗，通风口要根据幼苗长势以及气温灵活掌握，在定植前10天可露天炼苗。炼苗要逐步进行，切不可一步到位。

2.田间管理： 采种田选择阳光充足、地势高，通风良好，排灌良好，疏松肥沃的中性土壤，施用复合肥10～25kg/亩或磷肥50kg/亩，结合翻地时施入土中。要细整地，耙压整平。采用黑色除草地膜覆盖平畦栽培。种植行距40cm，株距30cm，亩保苗不能少于4500～5000株。移栽前用打孔器在地膜上打孔，垄两边孔位呈三角形错开，移栽后用细土封严膜孔及时灌水。缓苗后植株进入营养生长期，生长速度很快，需要供给充足的养分和水分才能保障其正常的生长发育。生长期间20～25天灌水1次。浇水之后土壤略微湿润，更容易将杂草拔除。在生长期根据长势可以随水施入尿素10～30kg/亩。多次叶面喷施0.02%的磷酸二氢钾溶液，可提高分枝数、结实率和增加千粒重。

3.病虫害防治： 种植土壤pH高于6.8将导致叶片上表面出现花叶褪绿现象，可通过增施硫酸亚铁来降低pH值。发现红蜘蛛危害用5%啶虫脒可湿性粉剂2500倍液、1.8%阿维菌素乳油3000倍液或氟虫腈、甲维盐、高效氯氟氰菊酯等防治。每隔5～7天喷施1次，连喷3次，可获得良好防治效果。重点喷洒花、嫩叶和幼果等幼嫩组织。

4.隔离要求： 马鞭草属为异花授粉植物；也是

马鞭草种子对比

蜜源植物，在采种过程中很容易被昆虫传粉，也属于虫媒花范畴，天然异交率很高。品种间应隔离800～1000m。在初花期，分多次在田间清除宽叶杂株，矮生品种田间清除高秆杂株品种纯度。

5.种子采收： 马鞭草通常在9～10月陆续成熟，穗状花序自下而上分批成熟。种子细小，无法人工分批采收；有80%～90%的花穗干枯成熟时，选择清晨有露水时一次性收割，收割后后熟1周以上，完全干燥后再脱粒，除净杂质和瘪粒，晾晒3～4天后装入洁净的布袋放于通风的库房中。品种间种子产量差异较大，和田间管理、采收有关。

❷ 美女樱属 *Glandularia*

【原产地】南美洲、北美洲、欧洲。

一、生物学特性

一年生和多年生草本植物。株形疏散，丛生而覆盖地面，全株具灰色柔毛。茎四棱，叶对生，具短柄，长圆或披针状三角形，缘具缺刻状锯齿，或近基部稍分裂。穗状花序顶生，但开花部分呈伞房状，花小而密集，苞片近披针形，花萼细长筒形，花冠筒状，先端5裂，有白、粉、红、紫、蓝等不同花色，

美女樱

略具芳香。小坚果短棒状。花期6～8月。变种有白心种，花冠喉部白色，大而显著；斑纹种，花冠边缘具复色斑纹。品种间差异大，种子千粒重0.2～2g。

二、同属植物

（1）美女樱 *G. × hybrida*（异名 *Verbena hybrida*），株高20～40cm，株型有直立型和松散型之分，品种颜色有混色、蓝色、红色、粉色、白色、玫红色等。

（2）细裂美女樱 *G. tenera*（异名 *Verbena tenuisecta*），株高25～60cm，品种花色有混色、紫红、蓝色等。

（3）加拿大美女樱 *G. canadensis*（异名 *Verbena stricta*），多年生，可耐 -20℃低温，株高80～100cm，花蓝色。

（4）同属还有'祥和'混色美女樱 *G.* 'Serenity' 等。

三、种植环境要求

喜温暖湿润气候，喜阳，不耐干旱，对土壤要求不严，但在疏松肥沃、较湿润的中性土壤能节节生根、生长健壮、开花繁茂。

四、采种技术

1. 种植要点：我国北方大部分地区均可制种，甘肃河西走廊一带是最佳制种基地。在播种前首先要选择好苗床，整理苗床时要细致，深翻碎土两次以上，碎土均匀，刮平地面，精细整平。种子因外层的种皮含有抑制物质，故发芽率不高，先将种子泡水1天。播种后反复浇水会降低发芽率，所以应在播种前把土壤浇透，播后保持土壤及空气湿度。播后覆土或薄盖过筛细沙。温度18～22℃，湿度合适，9～13天即可出苗。也可以采用专用育苗基质128孔穴盘育苗。当小苗长出2片叶时，可结合除草进行间苗，使小苗有一定的生长空间。幼苗高度到5cm时就要给苗床通风炼苗，通风口要根据幼苗长势以及气温灵活掌握，在定植前10天可露天炼苗。炼苗要逐步进行，切不可一步到位。

细叶美女樱

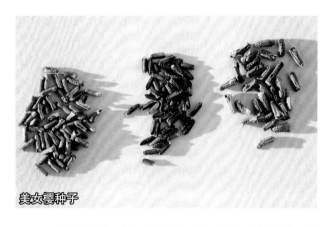

美女樱种子

2. 田间管理：采种田选择阳光充足、地势高，通风良好，排灌良好，疏松肥沃的中性土壤，施用复合肥10～25kg/亩或磷肥50kg/亩，结合翻地时施入土中。要细整地，耙压整平。采用黑色除草地膜覆盖平畦栽培。种植行距40cm，株距30cm，亩保苗不能少于4500～5500株。移栽前用打孔器在地膜上打孔，垄两边孔位呈三角形错开，移栽后用细土封严膜孔及时灌水。缓苗后植株进入营养生长期，生长速度很快，需要供给充足的养分和水分才能保障其正常的生长发育。生长期间20～25天灌水1次。浇水之后土壤略微湿润，更容易将杂草拔除。在生长期根据长势可以随水施入尿素10～30kg/亩。多次叶面喷施0.02%磷酸二氢钾溶液，可提高分枝数、结实率和增加千粒重。加拿大美女樱正常越冬后开春后气温回升，植株地上部开始重新生长，4～5月生长期根据长势可以随水再次施入化肥10～20kg/亩。以利发棵分枝，提高单株的产量。

3. 病虫害防治：密度过大，高温高湿很容易发生白粉病，主要危害叶片，也侵染叶柄及茎。初期，叶面产生近圆形白色的粉斑，并迅速扩大，连接成片，为边缘不明显的大片白粉区，上面布满白色粉霉。严重时，叶片黄枯。田间不宜栽植过密，注意通风透光；科学肥水管理，增施磷钾肥，发病初期开始喷洒36%甲基硫菌灵悬浮剂500倍液或60%防霉宝2号水溶性粉剂800倍液、40%达科宁悬浮剂600～700倍液、47%加瑞农可湿性粉剂700～800倍液、20%三唑酮乳油1500倍液，隔7～10天1次，连续防治2～3次。病情严重的可选用25%敌力脱乳油4000倍液、40%福星乳油9000倍液。

4. 隔离要求：美女樱属为自花授粉植物，深受蜜蜂、蝴蝶喜爱，属于虫媒花，天然异交率很高。品种间应隔离500～1000m。在初花期，分多次根据品种叶形、叶色、株型、长势、花序形状和花色等清除杂株。

5.种子采收：美女樱在8～9月花穗陆续成熟，在花谢后花穗干枯变黄褐色时采收。采收不可过晚或过早，过晚果实自然开裂，种子自然掉落，过早采收的种子成熟度不好，影响发芽。应选择清晨有露水时采摘，采摘回来的果实后熟后晒干，轻轻捶打即可脱离出种子，然后再用比重机选出未成熟的种子装入袋内，在通风干燥处保存。品种间种子产量差异较大，和田间管理、采收有关。

五十七、堇菜科 Violaceae

堇菜属 *Viola*

【原产地】欧洲，中国、韩国、蒙古。

一、生物学特性

多年生或二年生草本，稀为半灌木。具根状茎。地上茎发达或缺少，有时具匍匐枝。叶为单叶，互生或基生，全缘、具齿或分裂；托叶小或大，呈叶状，离生或不同程度地与叶柄合生。花两性，两侧对称，单生，稀为2花，有两种类型的花，生于春季者有花瓣，生于夏季者无花瓣，名闭花；花梗腋生，有2枚小苞片；萼片5，略同形，基部延伸成明显或不明显的附属物；花瓣5，异形，稀同形，下方1瓣通常稍大且基部延伸成距；雄蕊5，花丝极短，花药环生于雌蕊周围，药隔顶端延伸成膜质附属物，下方2枚雄蕊的药隔背面近基部处形成距状蜜腺，伸入下方花瓣的距中；子房1室，3心皮，侧膜胎座，有多数胚珠；花柱棍棒状，基部较细，通常稍膝曲，顶端浑圆、平坦或微凹，有各种不同的附属物，前方具喙或无喙，柱头孔位于喙端或在柱头面上。蒴果球形，种子倒卵状，种皮坚硬，有光泽，内含丰富的胚乳。品种间差异大，种子千粒重0.7～1.4g。

三色堇黄色

二、同属植物

三色堇原产欧洲，我国引进的时间较久，经自然杂交和人工选育，目前三色堇花的色彩、品种比较繁多。按照花型分为大花型、中花型和小花型。花瓣边缘呈波浪形及重瓣形。国内外早已开展了杂交育种工作，品种很多，新品种层出不穷。现在栽培较为广泛是的'晶宫''皇冠''宾哥''宝贝宾哥''大花高贵''阿特拉斯''荣誉'等。除一花三色者外，还有纯白、纯黄、纯紫、紫黑等。另外，还有黄紫、白黑相配及紫、红、蓝、黄、白多彩的混合色等。这里只描述常规品种露天采种技术。

（1）三色堇 *V. tricolor*，株高15～25cm，大花型和中花型，品种花色有蓝色、黄色、红色、粉红色、橘色、白色混色等。

（2）角堇 *V. cornuta*，株高15～25cm，品种花色有蓝色、黄色、红色、粉红、混色等。

（3）紫花地丁 *V. philippica*，多年生，株高15～20cm，蓝紫色。

（4）同属还有香堇菜 *V. odorata*，奇异堇菜 *V. mirabilis*，西藏堇菜 *V. kunawarensis* 等。

三、种植环境要求

较耐寒，喜凉爽湿润气候，忌高温和积水，喜阳光，稍耐半阴。在昼温15～25℃、夜温3～5℃的条件下发育良好。对土壤要求不严，喜肥沃、排灌良好、富含有机质的中性壤土或砂壤土。生长期间要求土壤湿润，空气相对湿度65%～85%。对养分需求中等，开花期吸收钾、磷多，氮素较少，吸收较多的铁、硼等微量元素。根系可耐−10℃低温，但低于−5℃叶片受冻、边缘变黄。日照长短比光照强度对开花的影响大，日照不良、开花不佳。

四、采种技术

1.种植要点：云南，四川，陕西关中、汉中盆地一带是最佳制种基地。8月育苗，有条件的地方可采用高山育苗。8月气温偏高，需在冷凉处设立苗床，苗床上加盖遮阳网和防雨塑料布。采用72～128孔穴的

角堇蓝紫色

三色堇红色

三色堇混色

2. 田间管理：采种田选择无宿根性杂草、地势高，通风良好，排水良好，土壤pH 6～7疏松肥沃的中性土壤，应选用腐熟的饼肥或畜粪等有机肥作底肥。也可用氮：磷：钾=20：20：20的复合肥颗粒混入，撒入呋喃丹。通过整地，改善土壤的耕层结构和地面状况，协调土壤中水、气、肥、热等，为根系生长创造条件。小高垄高度10～15cm，宽度60cm，用黑色除草地膜或白色地膜覆盖。白露前后定植；行距40cm，株距20cm。移栽前用打孔器在地膜上打孔，垄两边孔位呈三角形错开，移栽后用细土封严膜孔。缓苗后及时中耕松土、除草。在立冬前后要及时加盖小拱棚，拱棚上覆盖一层白色地膜保湿保温，以利于安全越冬。翌年3～4月，如遇旱季要及时灌溉返青水，生长期根据长势可以随水施入尿素10～20kg/亩。小苗必须经过28～56天的低温环境，才能顺利开花，应力求通风良好，使温度降低，以防枯萎死亡。生长期中耕除草3～4次。植株进入开花期，需要供给充足的养分，根据长势可以随水施入尿素10～30kg/亩。多次叶面喷施0.02%的磷酸二氢钾溶液，可提高分枝数、结实率和增加千粒重。

3. 病虫害防治：冬季会发生潜叶蝇危害，虫潜入嫩叶、嫩梢和果实的表皮下取食，蛀成银白色弯曲的隧道，被害叶片卷曲、硬化、易脱落。严重被害时，所有新叶卷曲成筒状。可以选择吡虫啉可湿性粉剂、三氟氯氰菊酯乳油等药剂防治。高温多湿的天气最容易暴发叶斑病，染病植株叶片出现褐色直至浅白色的斑点，叶缘呈褐色。发现有染病植株应该立即把染病植株拔出，然后在病株周围的土壤和植株上喷洒50%甲基托布津，还可以喷洒硫黄悬浮剂800倍液或40%百菌清悬浮液600倍液提前预防。

4. 隔离要求：三色堇为自花授粉植物，闭花能产生种子，其构造较为特殊。萼片通常闭锁；花瓣完全退化；雄蕊减少为2枚，花药变小而与柱头紧贴；花

育苗盘，播种前先在育苗盘中装满育苗基质，然后用木板将基质淋湿压实。点播种子，每穴2粒，播后覆盖蛭石或草炭土，厚度以看不见种子为宜。播完将苗床浇透，气温太高蒸发量过大要再补灌一次保证湿度。这段时间内充分保持土壤介质湿润。前后可相差1周时间出苗，苗出齐后，防止小苗徒长，控制湿度，注意通风，保持干燥。

三色堇种子

柱极短，顶端有斜生的柱头孔；花粉粒在花粉囊中萌发，形成的花粉管经过花粉囊的壁直接进入柱头孔而到达子房，以保证自花受精。为保证高的产量，还可以人工辅助授粉，等花瓣自然展平，用指甲刮下花瓣基部雄蕊散出的新鲜花粉，授在柱头上，授粉在早晨10:00以后进行，为保持品种的优良性状，留种品种间必须隔离50m以上。

5.种子采收：三色堇授粉后7～10天果实开始膨大，20～35天果实开始成熟。三色堇蒴果成熟期不一致，种子易散失，故应及时采收。蒴果未成熟前呈下垂状，成熟后果实果柄上昂，待果皮由青绿变为黄白色，种子赤褐色时采收，采收种荚时留2～3cm种柄一起采收。三色堇种荚成熟后若不及时采收（4小时左右）种荚会成熟炸开，籽粒弹出，造成种子损失。种子生产过程中因采收种荚不及时，一般会造成1%～3%的种子产量损失。种子在通风干燥处贮藏。籽粒饱满、光亮、无霉变、有光泽者为佳。品种间种子产量差异较大，和田间管理、采收有关。

五十八、葡萄科 Vitaceae

地锦属 Parthenocissus

【原产地】北美洲。

一、生物学特性

多年生草本，2～3年后为木质藤本。卷须总状多分枝，嫩时顶端膨大或细尖微卷曲而不膨大，后遇附着物扩大成吸盘。叶为单叶、3小叶或掌状5小叶，互生。花5数，两性，组成圆锥状或伞房状疏散多歧聚伞花序；花瓣展开，各自分离脱落；雄蕊5；花盘不明显或偶有5个蜜腺状的花盘；花柱明显；子房2室，每室有2个胚珠。浆果球形，有种子1～4颗；种子倒卵圆形，种脐在背面中部呈圆形，腹部中棱脊突出，两侧洼穴呈沟状从基部向上斜展达种子顶端，胚乳横切面呈"W"形。种子千粒重22～25g。

二、同属植物

近年来本属植物多用于城市垂直绿化，不同的种类附着并铺散在墙壁上构成不同风格的图案，有的种类分枝后仍向上垂直生长，有的斜向两侧并不断分枝呈扇形扩展或向两侧平展，春夏翠绿，秋天有的种类叶色变成鲜红或紫红，甚为美丽；野生群集铺地者，远可见一片绯红，胜似"地锦"。园林学者们讨论认为，恢复本属植物原名地锦，较能表达该类植物园林上雅致的特性。

（1）五叶地锦 P. quinquefolia，爬蔓，绿叶秋季转红。

（2）同属还有长柄地锦三叶地锦 P. semicordata，小叶地锦 P. chinensis，绿叶地锦 P. laetevirens 等。

三、种植环境要求

性喜阴湿，耐旱，耐寒，冬季可耐 –20℃低温。对气候、土壤的适应能力很强，在阴湿、肥沃的土壤上生长最佳，对土壤酸碱适应范围较大，但以排灌良好的砂质土或壤土为最适宜、生长较快。也耐瘠薄。

四、采种技术

1.种植要点：我国大部分地区均可制种。秋季用0.05%的多菌灵溶液进行表面消毒，沥干后即进行湿沙层积贮藏。至翌年3月上旬，用45℃温水浸种两天，每天换水两次，然后以湿沙种子2:1的比例拌匀，置于向阳避风的地方，上盖草包，常喷细水保持湿润。约经20天，待有20%的种子露白时即可播种。先把

五叶地锦

绿色地锦

保持整洁、美观。每年均需大量的营养物质才能使其正常生长，在7月中旬以前，根据长势可以施入尿素10～30kg/亩。7月中旬以后不再施肥，一般不灌水，只有当土壤含水量下降到20%，植株叶片呈萎蔫状态时才灌溉。这样能促使当年萌发根茎膨大加粗，提高产量和质量。

3. 病虫害防治：加强栽培管理，种植密度要适当，及时修剪病枝和多余枝条，增强通风透光性。夏季高温时降低温度，及时排水，防止湿气滞留。煤污病防治应以治虫为主。对于介壳虫，可喷施40%速蚧杀乳油1500～2000倍液，6%吡虫啉可溶性液剂2000倍液，菊酯类农药2500倍液。上述3种药剂交替使用，每隔7～10天喷洒1次，连续喷洒2～3次。在发病盛期，喷70%甲基托布津1000倍液，或50%多菌灵1000倍液等进行防治。

4. 隔离要求：地锦为自花授粉植物，偶尔也会有昆虫帮助它们授粉，比如常见的蜜蜂等。天然异交率不高。由于该属品种较少，和其他品种无须隔离。

5. 种子采收：秋季9～10月，地锦浆果成熟呈紫蓝色时立即采下，采收回来的果实在通风阴凉处后熟3天后，选择晴天，装入编织袋中，用脚踩踏，踩碎浆果，后用清水及时清洗出种子，要反复清洗2～3次，洗去果浆，然后放置在阳光下暴晒，蒸发水分后移到阴凉处充分晾干，装入袋中，在通风干燥处贮藏。

播种床整细理平，浇透水，种子播于床面，每播种量为100g/m²。覆1cm厚疏松的林下腐殖质土，上搭小拱棚，覆盖聚乙烯塑料薄膜。子叶出土后，薄膜在晴天要昼揭夜盖，阴雨天全天覆盖，以提高土温，促使出苗整齐，并可预防金龟子的危害。另外，要常洒水保持土壤湿润。

2. 田间管理：待真叶展开3片后，选阴天或下午15:00以后，以30cm×30cm密度移植。植后立即浇清粪水一次。梅雨季节不可积水过久。两个月后，藤蔓一般长60cm以上，此时可进行第一次摘心，以防止藤蔓互相缠绕遮光，并可促使藤苗粗壮。每月摘心一次。采取以上措施，到落叶时期，实生藤苗平均粗度可达0.5cm以上，就可以出圃栽种。在生长期，可追施液肥2～3次。并经常锄草松土做围，促其健壮生长以免被草淹没。爬山虎怕涝渍，要注意防止土壤积水。耐修剪，在生长过程中，可修剪整理枝蔓，以

地锦种子脱壳前（左）和脱壳后（右）

第三章　种子生产环节中的问题阐述

种子生产是一个较为系统的体系。根据所生产的作物种类品种对积温、气候、光照、空气湿度、耕地条件、生产条件的要求，合理选择生产基地，安排生产区域，保证植株在生长发育过程免受不利因素影响，完成种子正常的成熟过程。生产技术规程对种子的生产质量具有决定性影响，要制定科学合理的生产技术规程。生产过程每一个环节进行得是否正确，都会对种子的健康状况和活力产生影响。具体表现在以下环节：

①生产过程：花期授粉昆虫、蜂源不足，授粉质量差，秕籽、无胚比较多；偏施氮肥，植株徒长倒伏，种子在植株上霉变；错误用药产生药害，使植株生长发育受阻；病、虫、草害防治不利，影响结实质量；采收、后熟、发酵、干燥阶段发生湿热霉变和腐蚀，伤及胚芽；种子药剂处理过程使用的剂量和方法不合理，种胚受到伤害，影响种子的发芽能力。

②加工：种子加工过程对种子产生的机械损伤、腐蚀、高温；包衣包膜后种子内部产生的变化等，都会直接或间接地影响种子发芽能力。

③不良气候：干旱高温，造成种子发育不良，成熟速度加快，饱满度下降，种子轻秕；成熟期和收割后连续的阴雨天气使种子在植株上发芽或霉变；晚熟品种遭受霜冻，种胚受到伤害，使发芽率下降。另外品种对生长环境和气候的不适宜也会对发芽率造成一定影响。

④前面的各论中出现很多交叉的问题，因为很多的技术都是种植者经过多年的实践总结出来的，田间管理、种子采收这些生产环节都靠种植者的经验来灵活掌握，技术就是经验，经验就是技术，且每年的气象条件变化无常，所以要因地制宜；在这里统一描述一下以补不足。

采种基地

一、种子生产基地的选择

选择采种基地要根据品种的生长习性，遵循因地制宜的原则，否则会导致采种失败。采种基地要具备气候温和，日照时间长，降雨量少，土壤肥沃，病虫害少，灌溉条件良好，且种植者有优良的种植习惯、耕作技术等。我国幅员辽阔，南北气候差异大，一年四季均可采种。第一季度1～3月，可以在云南、广东、广西或者海南、台湾等亚热带地区采种，这些地区的优点是冬季温暖少雨，可采用半保护地的方式采种。缺点是会遭遇极端的气候灾害，比如大雨、台风等，另外南方农业技术相对薄弱，再加之在南方采种的品种较少，所以很难批量化采种。第二季度4～6月，可以在河南、陕西、四川部分地区适合进行一些二年生或多年生品种的采种，充分利用这些地区冬季少雨，不太寒冷的特点，秋季育苗播种，冬前定植，露地越冬后早春开花，6月高温或雨季来临之前完成采种工作，这些区域土地广茂，农业基础好，具有多年的采种经验，成功率相对很高。第三季度7～9月，可以在甘肃河西一带、内蒙古赤峰、宁夏、新疆等地区采种。这些地区地域广阔，有很好的空间隔离条件，气候温和，干旱少雨，昼夜温差大，农业基础好，非常适合一年生或多年生的品种采种。有30多年的采种基础，是国内外公认的良种繁育基地。第四季度10～12月，可以在保护地内采种，比如甘肃、山东的部分地区温室种植仙客来、三色堇、报春采种；云南多地的虞美人、长春花、彩叶草露地采种等。冬季采种可以利用农闲季节，有效利用闲散人员完成授粉工作。也可以反季节繁殖原种，合理利用南北气候差异完成采种工作。

二、播种育苗存在的问题

播种是采种环节中的最重要部分，是提高种子产量和质量的前提。以前传统的农业种植模式是苗床育苗模式，苗床育苗要配制育苗所需的营养土，配制营养土都是就地取材，存在土壤质量不好，通透性和富含的营养元素无法精准掌握配制比例，土壤中的病虫

穴盘苗

苗床育苗

本压缩了种地的利润空间等因素。但是直播存在很大的风险，原种用种量大，出苗参差不齐，无法抵御恶劣天气带来的破坏，导致出苗不整齐以及生长期缩短，种子不能完全成熟导致质量严重下降。有些品种不适宜直播，因种粒微小，如山梗菜、荷包花、风铃草、迷你满天星等品种。有些品种出苗缓慢，生长期较长，导致早霜来临时种子不能完全成熟，也不适合直播，只能采用温室提早育苗以保证采种的成功。

1. 小规模育苗：为节省成本，很多种植户采用简易低成本的方法，就地取材搭建温室育苗。在院落或者南墙边垒砌侧面土墙，宽3～4m，长度不限。用厚约1cm、宽约4cm的竹片，相距50cm插成竹弓子，上面严密覆盖塑料薄膜。白天接受日光照晒，温度可达25℃左右，夜间要覆盖草帘或棉被保温。用拉绳将下端竹片捆牢，以防大风吹倒。这种塑料棚不加炉火，夜间温度一般可保持不低于5℃，在3月育苗比较合适。在盖棚膜前，将配制好的营养土按8～10cm厚度铺在温室内。营养土要求具有良好的土壤生态环境，能满足作物健康成长。营养土可选择在麦田或玉米田的表层土壤70%、用腐熟的农家肥30%，复合肥少量，在配制营养土时，土壤和有机肥要打碎过筛，并混合均匀。对于黏性土壤，可加10%～20%的河沙，铺好的营养土充分平整，踩实压平。南北走向每1.5m用红砖隔开做好苗床，等温度起来适时播种，播后覆盖细沙，用自来水灌溉浇透。自建温室保温性差，要注意夜间增温保温，棚外加盖草帘或棉被，棚内苗床再加盖二层薄膜，同时要注意防止老鼠偷食刚播下的种子。

2. 点播机播种：这些年种植户为节省成本，大部分均采用多功能手推式滚轮点播机播种。点播机省工、省力，操作方便。最大的缺点就是浪费种子。播种前先调整好鸭嘴株距，根据种子大小更换大小相近的种轮和鸭嘴深度。播种前一定要先在硬地实验播种量，若原种数量太少可以找一些粒数大小接近的种子，如油菜籽、萝卜籽混入。使用时请严格按种箱侧

害及杂草种子无法灭活，容易出现育苗失败或幼苗质量低下等问题。

近年来，随着农业科技的发展以及种植水平的不断提高，再加上采种质量要求的提高，普通育苗技术已经无法满足其采种需求，因此就需要采取相应的科学合理的育苗技术来进行科学化的管理；集约化育苗是在人工相对可控环境条件下，采用专用育苗基质、育苗容器和标准化技术，运用机械化、自动化手段，批量化生产适龄壮苗。集约化育苗优点多，主要体现为种苗质量好，苗齐苗壮。定植以后缓苗快，省工、省力，育苗效率高。但是在种子生产时出现了很多突出矛盾；集约化育苗不适于远距离及田间运输，由于我国实行的家庭联产承包制度，各家各户是按照人口进行分田，每家田地的分散程度较高，不利于集约化育苗的运输工作，再加上自给自足的传统小农经济思想的影响，育苗设施、育苗技术、经费问题以及农户自身的消纳能力，都是限制集约化育苗的瓶颈。所以当前国内很多露地常规品种采种还是采用人工直播或点播机播种的方法。直播成本相对较低，采用直播主要取决于劳动力成本的增加，农村普遍存在劳力不足，青壮年都不愿意耕种土地，农村只剩下大部分老年人在劳作，再加上育苗成本也逐年上涨，种植成

点播机直播

喷洒农药

面箭头所指的方向运转，严禁倒推倒拉，以防损坏其他部件，播种速度不宜过快，建议每分钟20~25m，须经常观察鸭嘴内是否有异物，下籽是否正常。播种时，推把过高，开嘴时间晚，容易往外跳籽，过低开嘴时间早，嘴子易夹土，应根据使用人的身高来调节推把，使鸭嘴在垂直于水平线时开嘴为最佳。播种完成后在采种田找1~2m²空地撒上种子，以备出苗不齐补苗之用。出苗后在真叶期及时拔除油菜和萝卜幼苗。

三、田间管理的认知

田间管理是指在种子生产中，从播种到收获的整个栽培过程所进行的各种管理措施的总称。田间管理包括间苗、定苗、中耕除草、追肥、排灌、培土、打顶、摘蕾、整枝、修剪、覆盖、遮阴和防治病虫害、控制草害和抵御各种自然灾害等内容；它的目的是充分利用外界环境中对作物生长发育有利的因素，避免不利因素，促进植株的正常生长发育。农谚说："三分种，七分管，十分收成才保险"，这就充分说明了田间管理的重要性。不同种类的观赏植物，由于生态特性、观赏部位和种子成熟期均不相同，常需要分别加以特殊的管理。田间管理既要做到及时而充分地满足植物生长发育对阳光、温度、水分、空气和养分的要求，又要综合利用各种有利因素，克服不利因素，使植物的生长发育朝着采种需要的方向发展。

1. 中耕锄草：花卉苗期植株生长较慢，田间易生杂草，一般在开花封垄前应中耕2~3次。即第一片复叶展开后结合间苗进行第一次浅锄，第二片复叶展开后结合定苗进行第二次中耕，到分枝期结合培土进行第三次深中耕。其间根据田间杂草生长情况，及时人工拔除杂草，也可使用化学药物除草。但是化学除草危害大，不好掌握，最有效的办法是覆盖除草地膜或除草布。

2. 关于浇水的问题：何时浇水，浇多少水，这都

是浇水中存在的问题。浇水要能做到适量，必须根据季节的变化和采种品种实际情况作出正确判断。以下提供几条把握浇水量的基本原则。春季到来，气温回升，多年生品种开始发芽长叶，需要浇返青水。直播或新移栽的也需要灌水；但是很多采种区灌溉系统不完善，比如中原地区，因长期雨水浇田，遇到春旱无法保障灌溉。北方地区很多为山区，靠水库蓄水浇灌，水库蓄水都是水利部门统一调度，20~40天才能供水一次。机井灌溉区就不存在这一问题。所以要根据当地的灌溉现状合理的安排种植时间和灌溉时间。黏土保水性好，不易干要少浇水，砂质土薄易干要多浇水。透水快的应勤浇水、多浇水；透水慢的应少浇水。浇水过多要及时排水防止烂根或病害的发生。夏季气温高，日照长，蒸发量大；植物进入营养生长，需水量大，要及时浇水，南方进入雨季要做好防雨和排水工作。浇水要根据品种冠径大小、枝叶疏密、长势旺弱决定浇水量的多少。冠幅大、枝干繁茂、长势强健、地面覆盖率高的高秆品种要薄浇勤浇水。矮生品种枝叶稀疏，长势衰弱，地面裸露多，生长相对缓慢，对水的需求也自然就多。盛花期和灌浆期不能缺水。夏季浇水要注意尽量选择在阴天或清晨、夜晚气温降低时浇水，在晴朗的夏日高温浇水可能会引起烂根导致植株枯死。还要注意尽量避开刮风下雨时浇水，这个时期浇水会导致植株倒伏影响种子产量。秋

铺设除草膜

金鸡菊生产田人工除草

季天气渐凉，植株进入生殖生长阶段，生长速度减缓或逐渐停止生长要适量浇水，浇水过多会引起有些品种植株返青或延迟种子成熟。越冬品种在冬季前要灌薄水，保湿土壤湿度以利于安全越冬。

3.合理施肥：合理和科学施肥是保障种子产量和质量的主要手段之一。施肥的主要依据是根据土壤肥力水平、作物类型、目标产量、气候环境以及肥料特点，从而选择合适的肥料，估算所需要肥料用量，并确定施肥时间和施肥模式。有机肥料养分全，肥效慢；化肥肥分浓，见效快。特别是有机肥料中含有大量的有机质，经微生物作用，形成腐殖质，能改良土壤结构，使其疏松绵软，透气良好，这不仅有利于作物根系的生长发育，而且有助于提高土壤保水、保肥能力。但是随着新农村发展，农民淡化了养殖业，导致传统的农家肥、有机肥很难形成，只能用化肥代替。化肥可以供给微生物活动需要的速效养分，加速微生物繁殖和活动，促进有机肥料分解，释放出大量的二氧化碳和有机酸，这就有利于土壤中难溶性养分的溶解；但是容易导致土壤板结。种子生产田一般选择氮磷钾配比均衡的复合肥为主，施肥要根据土地的情况，最科学的施肥方法是用测土配方施肥，以土壤测试和肥料田间试验为基础，根据作物需肥规律、土壤供肥性能和肥料效应，提出氮、磷、钾及中、微量元素等肥料的施用数量、施肥时期和施用方法。实现各种养分平衡供应，满足作物的需要；达到提高肥料利用率和减少用量，提高种子产量。其次就是根据品种的特性合理选择肥料，如耐瘠薄的品种波斯菊、硫华菊、香豌豆等，尽量不要施用氮肥，偏以磷钾肥为主；禾本科作物偏以氮肥为主。作物不同，对养分的需要都不相同。不同性质的土壤的保肥能力和供肥特性也有所区别。一般来说，土壤黏重、有机质含量较足的土壤，保肥能力也较好，这种土壤一次性施肥较多也不用担心养分流失，而砂质土壤保肥能力查，应当采用少量多次的施肥方法，才能保证肥料的充分利用不浪费。

4.施肥方式：施肥可分为基肥和追肥。依据施肥模式的不同可分为撒施、冲施、穴施、条施等；撒施和冲施有利于养分的扩散，施用方便，但养分损失大，利用率较低；穴施和条施养分损失少，利用率高，但要消耗一定的人力。

基肥一般叫底肥，是在播种或移植前施用的肥料。它主要是供给植物整个生长期中所需要的基础养分，为作物生长发育创造良好的土壤条件，也有改良土壤、培肥地力的作用。根据作物的需求，基肥一般

二月蓝浇水

越冬后撒施化肥

盛花期撒施化肥

以有机肥和磷肥、复合肥为主；过磷酸钙也是基肥之一，有助于花芽分化，能强化植物的根系，并能增加植物的抗寒性。随着翻地将基肥翻入土中，这种方法简单，易操作，能够起到很好的改良土壤的目的。

追肥主要是根据花卉生长的不同时期所表现出来的元素缺乏症，对症追肥。追肥的方式一般有冲施、埋施、撒施、滴灌、插管渗施、叶面喷施等。在追肥时要针对每种作物选用不同的施肥量，不可过多或过少，氮肥追肥过量，容易造成作物徒生旺长，抗病及抗倒伏能力降低，造成减产。磷肥施用过量，会缩短生长期，过早熟化，农作物品质下降，而追肥过少又达不到增产效果，导致产量下降。因此在追肥时不仅要注意数量，还要做好搭配，不可偏施某种化肥。尽

管其他养分充足，但当缺少某种养分时，农作物生长照样会受到影响，导致作物产量不高或者品质下降。只有各种养分搭配施肥量合适时，才会达到少投入多产出的目的。常见的追肥有尿素、硫酸铵和硝酸铵、磷酸二铵、磷酸二氢钾等，它们是供给速效氮的主要肥源，是植物合成蛋白质的主要元素之一。

施用化肥不当，可能造成肥害，发生烧苗、植株萎蔫等现象。例如，一次性施用化肥过多或施肥后土壤水分不足，会造成土壤溶液盐分浓度过高，作物根系吸水困难，导致植株萎蔫，甚至枯死。施氮肥过量，土壤中有大量的氨或铵离子，一方面氨挥发，遇空气中的雾滴形成碱性小水珠，灼伤作物，在叶片上产生焦枯斑点；另一方面，铵离子在旱土上易硝化，在亚硝化细菌作用下转化为亚硝铵，气化产生二氧化氮气体会毒害作物，在作物叶片上出现不规则水渍状斑块，叶脉间逐渐变白。此外，土壤中铵态氮过多时，植物会吸收过多的氨，引起氨中毒。过多地使用某种营养元素，不仅会对作物产生毒害，而且还会妨碍作物对其他营养元素的吸收，引起缺素症。例如，施氮过量会引起缺钙；硝态氮过多会引起缺钼失绿；钾过多会降低钙、镁、硼的有效性；磷过多会降低钙、锌、硼的有效性。为防止肥害的发生，生产上应注意合理施肥。一是增施有机肥，提高土壤缓冲能力。二是按规定施用化肥。根据土壤养分水平和作物对营养元素的需求情况，合理施肥，不随意加大施肥量，施追肥掌握轻肥勤施的原则。三是全层施肥。同等数量的化肥，在局部施用时往往造成局部土壤溶液浓度急剧升高，伤害作物根系，改为全层施肥，可使肥料均匀分布于整个耕层，能使作物免受伤害。

四、关于采种田空间隔离问题

在种子生产中，天然杂交是有性繁殖花卉品种退化的主要原因，隔离采种是良种繁殖中保持种性的一项重要技术措施。异花授粉和常异花授粉花卉植物易接受不同变种或品种花粉而杂交（生物学混杂），是引起种性退化的最重要原因；自花授粉品种天然杂交率很低。生物学混杂不是造成品种退化的主要原因，但当本品种花粉发育不良、品种内机械混杂严重，或者与其他品种相邻采种时，也会出现一定的天然杂交率。无性繁殖如扦插、组培等品种个体间不存在基因交流，不会产生生物学混杂。虫媒传粉花卉天然杂交率的高低与媒虫种类、虫口密度、迁飞能力、天气条件有很大关系。媒虫种类单一，虫口密度小，花期低温、阴雨，媒虫迁飞能力弱，则天然杂交率低，但常带来种子减产；相反条件则天然杂交率高。风媒传粉

花卉的天然杂交率，常受花期风向、风速、地形、屏障等因素的影响。留种群体越大，天然杂交率越低；反之，污染花粉源面积越大，而留种群体越小，天然杂交率越高。采种空间隔离，一般采用时间、空间调整或设置人为障碍等方式，是防止品种生物学混杂的措施。主要有以下三类方式：

1. 器械隔离：主要应用于原种繁殖和种质资源保留。方法有花序套袋（硫酸纸、羊皮纸）隔离、纱网（金属纱网、纱布、尼龙纱网）隔离和温室（玻璃温室、塑料薄膜温室）隔离等。器械隔离需行辅助授粉，以增加种子产量。套袋隔离只能行人工辅助授粉。容积较大的纱网或温室隔离区内，除人工辅助授粉外，还可采用人工饲放蜜蜂或苍蝇传粉。

2. 时间隔离：应用于大面积露天采种。采用不同品种分期播种、分期定植、春化处理、光周期诱导、应用激素调节等单一或综合措施，使品种花期错开。由于观赏作物多数在春夏季开花，花期较长，在采用上述措施后还可能出现品种间花期短期衔接，需及时对晚播品种进行始花期掐薹和早播品种末花期摘顶，以保证隔离效果。生产上常用的不同品种分年轮流繁殖法，也是一种有效的时间隔离方式。

3. 空间隔离：应用于大面积良种繁殖。将容易或能够天然杂交的品种、类型、变种或种，配置在难于

人工辅助授粉

不同品种同地块种植

种子成熟

人工分批采摘种子

相互杂交的不同地段上采种。每一个采种地段称为一个隔离区。空间隔离的可靠程度，主要取决于隔离距离的远近。确定空间隔离距离，除首先考虑影响杂交率的诸因素及其相互关系外，还需考虑万一发生难于避免的少量生物学混杂后对后代经济价值影响的程度。关于各种花卉品种安全有效的最小隔离距离研究较少。通常根据不同花卉的授粉方式、交配关系及采种实践经验等因素综合考虑，将花卉空间隔离采种距离分为4种类型：①远距离隔离：十字花科、伞形科、藜科等品种间极易杂交。隔离距离在开阔地段上为2000m以上，有天然屏障时不少于1000m。②长距离隔离：葫芦科、苋科、百合科、禾本科异花授粉花卉及常异交作物。隔离距离在开阔地段为1000m，有屏障地段不少于500m。③中距离隔离：以自花授粉为主的菊科、茄科等不同品种间，仍有一定的天然杂交率。隔离距离一般为200～500m。④近距离隔离：豆科、唇形科等品种间天然杂交率很低，其隔离距离一般为50～100m。上述距离要求主要指生产用种的繁殖。若系原种或一代杂种亲本的繁殖，应再适当加大距离，第一类型2000～2500m，第二类型1000～1500m，第三类型300～500m，第四类型100～300m。

五、田间采收注意事项

观赏植物种类繁多，种子成熟期很不一致。种子成熟有两个指标，第一是生理成熟，是指种子的种胚已发育成熟，种子内营养物质积累基本完毕，具有发芽能力。第二是形态成熟；种子内部生物化学变化基本结束，营养物质转化为难溶于水的物质，种胚处于休眠状态，种皮坚实，抗性增强。一般生理成熟先于形态成熟，生产上多以形态成熟作为种子成熟的标志，来确定采摘时间。为此，必须掌握各种花卉种子成熟的特征，要采收完全成熟的种子，未成熟经过霜冻的就没有采收价值了；采用合理有效的采收方法尤为重要。在多年的种子生产中，劳动人民总结出了很多省工、省时、省力的采收办法，大大提升了种子产量和质量。但是这些方法在种、收、运、脱、晒、藏等环节作业时，操作不严，会使繁育的品种内混进了异品种或异种的种子。特别是混进了相互间能够杂交的同作物或异作物种子，又会引起生物学混杂，造成很严重的质量问题，这里总结了以下几条要加以防范。

1.人工采收：人工采收种子采收用时长，用工量大。采收草花种子时，首先要掌握种子的成熟时期和成熟度。种子采收要及时，在同一株上要选完全成熟的种子采收，尤其是原种繁殖时，要注意采收主茎和一级分枝的种子，发育不全和营养不良的侧枝上的种子不能采收。采收宜在晴天早晨进行。早晨露水未干，空气湿度较大，种子不易散落。对一些果实不易开裂，种子不易散落的花卉品种，可一次性采收整个枝条。种子成熟期不一致且容易脱落的，人工难以掌

采收前期成熟的种子

控，不易采收，可采用种子自然掉落后收集。经过多年的总结，在田间管理时就要做好采收种子的准备工作，封垄前在预留的工作行铺设防草布或地膜。防草布采用考究的编织工艺，透水透气性好，不影响作物根系的生长；遮挡阳光使杂草无法进行光合作用，从而无法长出。既能除草又能采收种子，成熟的种子掉到防草布表面可以用吸尘器或笤帚收集。另一种方法是用厚一点的地膜在工作行铺一遍，两边用地钉固定在垄上；地膜两头用木棍缠绕拉紧呈弓形固定住，方便浇水从地膜下流入。在田间作业时尽量穿布鞋，以免破坏地膜。成熟后的种子掉到提前铺设好的地膜表面，每天要及时用笤帚扫起来或者用锂电池吸尘器回

水沟铺设地膜

吸种机器

收种子。这些方法要活学活用，根据不同品种的种子成熟状态灵活掌握。

2. 机械采收：近年来，种植户通过经验积累，自制发明了多种种子采收机械。像带毛容易被风吹走的品种，如蒲公英、勋章菊、一点红等，就采用汽油机带动真空泵转动将种子从吸种口吸入，种子通过吸种管进口进入箱体内，经过过滤网过滤，种子留在箱体内，而空气从出口进入真空泵，最终实现空气排出而蒲公英种子收集在箱体，实现了自动收集种子，减轻了工作人员的工作量，提高工作效率。还有些采用背负式汽油喷雾器通过改装，把风机改为吸风机收集种子。也可以改为手推车式吸种机采集种子，对于一些小品种和成熟期过长的采用锂电充电式的吸尘器收集种子。也有通过改装，用小型柴油拖拉机做驱动的吸力风机，在田间采收种子。有些农场主或单一品种大面积种植的也采用谷物联合收割机收获，这样的机器收获的种子成熟期不一致，秸秆和杂草、杂质很多，种子很难清选出来，而且机械混杂严重。

3. 田间混杂：田间采收最主要的是掌握其成熟度及果实的形状特征。人工采收采收工作难度很大，有些品种必须人工分批采收，时长达1个月以上。对于蓇葖果、荚果、角果等易于开裂的种类，在其未完全成熟时，就宜提早采收。宜陆续在晴天的早晨进行采收，因为清晨露水未干，空气湿度较大，花卉的果实不会一触即开裂。特别注意的是采收工具，如筐、篮子、袋子等都要专品种专用，不要互相串用以防混杂。对于一些成熟度一致、果实不开裂、种子也不易散落的花卉，可以一次性采收。对一些在种子成熟时恰逢气候不宜，或是过于晚熟的种子，可把未成熟的种子植株连茎秆一起收割，集中在通风处，堆放在篷布上使之后熟，后熟过程中要注意翻动，秸秆湿度过大堆积起来容易返潮引起霉变，充分晾干后再脱粒。一次性收获的应选择在田内后熟，可以避免运输过程中的种子撒落流失和机械场地混杂。为了节省采收成本，这些年种植者采用了扩大种植行距，及早设立支架，给采种工作提供便利条件。为了节省采收时间，常用的办法是封垄前平整未铺膜裂缝或铺设塑料布、防草布等措施，种子开始成熟前停止灌水，等成熟种子全部掉落到地膜表面，90%以上植株成熟后用割草机割去植株，用人工清扫的办法。也有些种植户改进了一些采收机械，如大风力吸尘器、清扫机械等，以防从田间采收会掉落种子。机械采收固然便捷，但是也要防范机械混杂。每次在采收前后用高压气泵对机械的缝隙、通道、料斗等进行认真仔细的清理。

初选种子

晾晒未干燥的种子

晾晒采收的植株

刀、橡胶、毛刷等；脱粒前要掌握含水量，太干燥容易断裂，一般保持15%~20%的湿度相对比较安全；脱粒机械每次在脱粒前后用高压气泵对机械的缝隙、通道、料斗等进行认真仔细的清理；以防机械混杂。

六、种子初选晾晒的问题

1.种子初选加工：种子初选加工是种子加工中最重要的工序，也是提高种子质量的关键所在。将田间采收的、混杂在种子中的各种杂质（茎、叶、穗和泥沙、石块、空瘪粒）等清理出来。种子初选主要根据种子大小和密度两项物理性状进行分离，有时也根据种子形状进行分离。初选一般是风选，借助风的力量吹去种子的茎、叶和较轻的杂质；无自然风时可借助电风扇、迎风机等，根据种粒大小调节风力选出杂质。针对大型和有秸秆、较重的杂质可采用筛选；筛子分为方形孔、圆形孔和条形孔。用筛孔大小和形状不同的种子筛子，筛除种子中夹杂物如泥块、砂石粒、异作物种子、杂草种子、虫屎、秤壳等以及秕粒和小粒种子。选留粒大、饱满、整齐的优质种子，提高种子品质。这个时候特别注意，筛子每次在筛选前后都要对缝隙、筛孔进行认真仔细的清理，以防工具引起品种混杂。

2.清洗种子：田间清扫回来的种子，经过风选筛选后，种子含土含沙量很大，选择在晴天气温高的时候，准备好大号的塑料盆，将种子放入清水中不停地

4.场地晾晒的注意事项：采收回来的种壳、果穗和种子含水量偏高，必须及时晾晒。晾晒场一般在打麦场或者水泥地、篷布上进行；不论采取哪种晾晒方法，均要求注意晾晒场地必须地面干燥，通风向阳，并备有防雨设施。摊晾厚度以5~10cm为宜，且每2~3小时上下翻动1次。场地晾晒要特别注意品种间的空间隔离，晾晒工具使用不慎和大风吹动都会导致场地的混杂。

5.种子脱粒：晾干的种子要及时脱粒，要根据品种的种子特征进行相应的脱粒工作。有些种子成熟后就脱离的母体，不需要特殊脱粒，有些品种成熟后保留在秸秆上或寄宿在种壳内，需要特殊处理才能脱粒出种子。对于干果类（如荚果、蒴果等）可晒干、敲打等脱离出种子。对于肉质果类（如浆果、梨果等）可等到果皮软腐后，发酵并进行搓揉，用水冲洗，得到种子。有些带毛、质地比较轻的种子严禁打碾，否则很难清理出来，这样的种子只能人工少量的清理。还有部分种子如补血草、禾本科一些植物的种子用传统的人工锤打脱粒法很难取出种子，只有借助特殊改进的机械来脱粒。有些种子异形或条形，在脱离过程中容易断裂，所以机械内部构造多用柔性材料如木

晾晒种子

搅动，饱满的种子和较重的砂石颗粒下沉，而瘪籽和一些杂物之类会漂浮在水面。捞出漂浮物后多次倒入清水，直到种子完全被洗净，这时候随水漂出的种子到纱网，水底下沉的砂石就留在盆内，这样就达到选种目的。一些比重比较轻的，倒入水中不会下沉，可在水中加入少量的食盐，利用盐水比重大的特点强迫劣种浮出水面。水洗后的种子要用沙网袋扎紧，用洗衣机脱水桶脱去水分，及时在阳光通风处晾晒。

3. 种子晾晒：初选后的种子含水量偏高，要及时晾晒。采用自然干燥法晾晒，即将种子放在日光下暴晒或放在干燥通风的室内阴干，受天气变化的影响，干燥速度较慢。如果含水量较高，晾晒时气温偏低，会造成种子冻害、发芽率降低。采取适宜的种子晾晒技术，对于确保种子质量，保证种子生产企业增效，制种农户增收均具有十分重要的意义。

4. 种子晾晒储藏注意问题：种子的含水量过低，胚细胞缺水死亡，种子失去生活力；含水量过高，种子呼吸较旺盛，有机物消耗过多失去生活力；种子的含水量必须保持在一定范围内才利于贮藏，过高或过低都会使种子失去生活力。晾晒的过程中要注意天气变化，每天傍晚或者阴雨天，需将晾晒的种子转入室内，防止受潮发霉；晾晒的时间并没有严格界定，主要依据是种子的含水的程度。种子晾晒，以气温在 20～25℃为宜。如果摊在烈日下暴晒，特别是水泥场上，地面温度可高达60℃，很容易破坏胚乳和胚芽。

种子脱毒处理

胚乳是植物种子的组成部分，包在种胚的外围，含有淀粉、脂肪和蛋白质等养料，是胚发育所必需的营养物质。如果破坏了胚乳，胚就失去了营养供应，胚芽也就失去了出芽的功能。因此，种子不宜暴晒，尤其不宜摊在水泥地、铁板、沥青路面和石板上面晒种。最好选择在篷布或纱网上晾晒；晾晒时摊晾厚度以 1～3cm 为宜，要经常翻动种子，使所有种子晾晒受热均匀，确保入库种子达到安全含水量。同一作物不同品种的种子晾晒时，要严防混杂，保证纯度。经过晾晒干燥的种子要装入干净的袋子；微小粒种子用布袋装，大粒种子用透气的编织袋，切忌用覆膜的编织袋、塑料袋或者盛装过化肥农药的袋子。袋贮的种子要有标志。袋内外标签要一致，在袋子上注明采收日期、名称、颜色等信息，以防混杂。贮藏时切记不要直接放在地上以免受潮；最好悬空存放在阴凉干燥的地方，避免与农药、化肥混贮。存放时还要注意经常检查种子是否遭受虫害、鼠害等。

七、观赏植物种子生产隔离标准

1. 露天采种的优势：露天采种栽培方式灵活，多数品种都可以进行直接播种栽培，能形成规模化种植，可以有效利用区域达到隔离条件，能批量生产出成本较低的种子。在温度、气候、光照、土质、肥力、灌溉、营养面积和轮作等方面人为调节控制，在田间管理有独特的优势；减少病虫害发生。在自然气候条件下利用风力、昆虫传粉提高结实率，自然生长成熟的种子会更加饱满，有很高的发芽率。

2. 露天采种的劣势：受到气候条件的限制，有时候会出现冻害，雨水、大风、冰雹等危害，会造成减产或绝收。生物学混杂的主要媒介是昆虫和风力传粉；因此露天采种空间隔离很重要。要根据品种授粉习性来决定。制种区域要规划合理安全的空间隔离区，尤其是同属间或不同品种间，要有安全的隔离区，否则会容易造成品种混杂。通过不同的播种时间，使不同种类的植物在不同时期开花，避免不同种类植物之间的杂交。在同一个田地内按照不同作物种类进行区划，同属作物要严格按照空间隔离安全标准种植，以避免品种之间的交叉传粉。下表是经过多年实践总结的同属间和品种间安全隔离距离，请参考。

草本观赏植物露天采种属间和品种间隔离要求一览表

属	学名	中文名称	同属间采种隔离区 (m)	品种间采种隔离区 (m)
爵床科 Acanthaceae				
山牵牛属 Thunbergia	T. alata	大花老鸦嘴	100～200	100～200
番杏科 Aizoaceae				
松叶菊属 Lampranthus	L. spectabilis	美丽日中花	200～300	500～800
苋科 Amaranthaceae				
苋属 Amaranthus	A. caudatus	尾穗苋	800～1000	1000～2000
	A. hypochondriacus	千穗谷	800～1000	1000～2000
	A. paniculatus	繁穗苋	800～1000	1000～2000
	A. tricolor	锦西风	800～1000	1000～2000
	A. 'Early Splendor'	雁来红	800～1000	1000～2000
	A. tricolor 'Aurora'	雁来黄	800～1000	1000～2000
滨藜属 Atriplex	A. hortensis	山菠菜	600～800	2000～3000
甜菜属 Beta	B. vulgaris var. cicla	红柄藜菜	600～800	2000～3000
球花藜属 Blitum	B. virgatum	吉祥果	600～800	1000～2000
藜属 Chenopodium	C. quinoa	三色藜麦	600～800	1000～2000
青葙属 Celosia	C. plumosa	鸡冠花	800～1000	1000～2000
	C. cristata linn	羽状鸡冠	800～1000	1000～2000
	C. argentea	青葙	800～1000	1000～2000
	C. chil-dsii group	球冠鸡冠	800～1000	1000～2000
	C. argentea var. plumosa	凤尾鸡冠	800～1000	1000～2000
	C. 'Dragons Breath'	穗状鸡冠花	800～1000	1000～2000
千日红属 Gomphrena	G. globosa	千日红	400～500	600～800
	G. pulchella 'Fireworks Coated'	焰火千日红	400～500	600～800
	G. globosa 'Gnome'	矮千日红	400～500	600～800
地肤属 Kochia	K. sieversiana	宽叶地肤	600～800	1000～2000
	K. scoparia	细叶地肤	600～800	1000～2000
	K. trichophylla	红地肤	600～800	1000～2000
	K. vermelha	彩色地肤	600～800	1000～2000
伞形科 Apiaceae				
阿米芹属 Ammi	A. majus	大阿米芹	500～600	1000～2000
	A. visnaga	细叶阿米芹	500～600	1000～2000
莳萝属 Anethum	A. graveolens	莳萝	600～800	1000～2000
柴胡属 Bupleurum	B. rotundifolium	叶上黄金	800～1000	1000～2000
孜然芹属 Cuminum	C. cyminum	小茴香	600～800	1000～2000
鸭儿芹属 Cryptotaenia	C. japonica	三叶芹	600～800	1000～2000
胡萝卜属 Daucus	D. carota 'Dara'	胡萝卜花	800～1000	1000～2000
刺芹属 Eryngium	E. alpinum	高山刺芹	500～600	1000～2000
	E. yuccifolium	丝兰叶刺芹	500～600	1000～2000
	E. planum	扁叶刺芹	500～600	1000～2000
茴香属 Foeniculum	F. vulgare	茴香	600～800	1000～2000
	F. dulce	球茎茴香	600～800	1000～2000
欧当归属 Levisticum	L. officinale	欧当归	600～800	1000～2000
蕾丝花属 Orlaya	O. grandiflora	蕾丝花	500～600	1000～2000
欧芹属 Petroselinum	P. crispum	欧香芹	600～800	1000～2000

属	学名	中文名称	同属间采种隔离区 (m)	品种间采种隔离区 (m)
夹竹桃科 Apocynaceae				
罗布麻属 Apocynum	A. venetum	罗布麻	100～200	500～600
马利筋属 Asclepias	A. tuberosa	柳叶马利筋	200～300	1000～2000
	A. incarnata	沼泽马利筋	200～300	1000～2000
	A. curassavica	黄冠马利筋	200～300	1000～2000
	A. verticillata	轮叶马利筋	200～300	1000～2000
	A. speciosa	美丽马利筋	200～300	1000～2000
长春花属 Catharanthus	C. roseus	长春花	100～200	200～400
钉头果属 Gomphocarpu	G. fruticosus	气球果	300～500	1000～2000
尖瓣藤属 Oxypetalum	O. coeruleum	蓝星花	300～400	1000～2000
五加科 Araliaceae				
翠珠花属 Trachymene	T. coerulea	翠珠花	400～600	1000～2000
石蒜科 Amaryllidaceae				
葱属 Allium	A. schoenoprasum	观赏小花葱	1000～1500	1500～2000
	A. caeruleum	蓝花韭	500～800	1000～2000
	A. mongolicum	蒙古韭	800～1000	1000～2000
阿福花科 Asphodelaceae				
火把莲属 Kniphofia	K. uvaria	火炬花	1000～1500	1500～2000
萱草属 Hemerocallis	H. fulva	萱草	100～200	200～300
天门冬科 Asparagaceae				
天门冬属 Asparagus	A. setaceus	文竹	100～200	200～300
	A. cochinchinensis	天门冬	100～200	200～300
	A. densiflorus	狐尾天门冬	100～200	200～300
	A. retrofractus	蓬莱松	100～200	200～300
菊科 Asteraceae				
蓍属 Achillea	A. filipendulina	凤尾蓍	500～600	1000～2000
	A. millefolium	千叶蓍	500～600	1000～2000
	A. alpina	锯草	500～600	1000～2000
藿香蓟属 Ageratum	A. conyzoides	藿香蓟	200～300	500～600
	A. houstonianum	心叶藿香蓟	200～300	500～600
银苞菊属 Ammobium	A. alatum	银苞菊	10-20	100～200
春黄菊属 Anthemis	A. montana	春白菊	100-300	200～400
	A. tinctoria	春黄菊	100-300	200～400
	A. marschalliana	高加索春黄菊	100-300	200～400
牛蒡属 Arctium	A. lappa	牛蒡	100-300	200～400
熊耳菊属 Arctotis	A. fastuosa	蓝目菊	50-100	200～300
蒿属 Artemisia	A. argyi	香艾	50-100	200～300
	A. carvifolia	青蒿	50-100	100～200
紫菀属 Aster	A. alpinus	高山紫菀	50～100	200～300
	A. novi-belgii	荷兰菊	50～100	200～300
	A. altaicus	狗娃花	50～100	200～300
木茼蒿属 Argyranthemum	A. frutescens	木春菊	200～300	500～600
金纽扣属 Acmella	A. oleracea	桂圆菊	50～80	200～300
雏菊属 Bellis	B. perennis	雏菊	200～300	600～800
鬼针草属 Bidens	B. aurea	刺针草	50～100	100～200

属	学名	中文名称	同属间采种隔离区 (m)	品种间采种隔离区 (m)
鹅河菊属 Brachycome	B. iberidifolia	五色菊	200～300	500～800
金盏花属 Calendula	C. officinalis	金盏菊	100～200	200～300
翠菊属 Callistephus	C. chinensis	翠菊	50～100	100～200
红花属 Carthamus	C. tinctorius	菠萝菊	100～200	300～500
蓝苣属 Catananche	C. caerulea	蓝箭菊	100～200	200～300
矢车菊属 Centaurea	C. americana	美洲矢车菊	100～200	500～600
	C. cyanus	矢车菊	100～200	500～600
	C. macrocephala	大头矢车菊	100～200	500～600
	C. montana	山矢车菊	100～200	500～600
	C. moschata	香矢车菊	100～200	500～600
	C. nigrescens	羽裂矢车菊	100～200	500～600
果香菊属 Chamaemelum	C. nobile	果香菊	300～600	800～1000
	C. nobile 'Flore Plena'	双花洋甘菊	100～200	300～400
菊属 Chrysanthemum	C. multicaule	黄晶菊	200～300	500～600
	C. indicum	野菊花	200～300	800～1000
	C. morifolium	小菊	100～200	200～300
菊苣属 Cichorium	C. intybus	菊苣	50～100	300～400
蓟属 Cirsium	C. japonicum	大蓟	500～600	1000～1200
金鸡菊属 Coreopsis	C. 'Early Sunrise'	重瓣金鸡菊	200～300	600～800
	C. lanceolata	剑叶金鸡菊	200～300	600～800
	C. rosea	线叶金鸡菊	200～300	600～800
	C. tinctoria	两色金鸡菊	200～300	600～800
	C. verticillata	轮叶金鸡菊	200～300	600～800
秋英属 Cosmos	C. atrosanguineus	巧克力秋英	100～200	200～300
	C. bipinnatus	大波斯菊	300～500	800～1000
	C. 'Cupcakes'	蛋挞波斯菊	300～500	800～1000
	C. sulphureus	硫华菊	300～500	800～1000
金槌花属 Craspedia	C. globosa	金槌花	50～100	100～200
还阳参属 Crepis	C. rubra	桃色蒲公英	100～200	300～400
大丽花属 Dahlia	D. pinnata cv.	小丽花	500～600	1000～1500
异果菊属 Dimorphotheca	D. sinuata	异果菊	200～300	500～800
多榔菊属 Doronicum	D. orientale	多榔菊	100～200	300～400
松果菊属 Echinacea	E. purpurea	紫松果菊	100～200	300～500
	E. purpurea 'Cheyenne Spirit'	彩色紫锥菊	100～200	300～500
蓝刺头属 Echinops	E. setifer	蓝刺头	300～500	1000～2000
一点红属 Emilia	E. coccinea	一点红	300～500	1000～1500
飞蓬属 Erigeron	E. speciosus	美丽飞蓬	300～500	1000～1200
泽兰属 Eupatorium	E. fortunei	佩兰	200～300	500～600
黄蓉菊属 Euryops	E. pectinatus	黄金菊	200～300	600～800
蓝菊属 Felicia	F. amelloides	蓝雏菊	300～400	1000～1200
	F. heterophylla	费利菊	300～400	1000～1200
茼蒿属 Glebionis	G. carinata	花环菊	200～300	500～600
	G. segetum	茼蒿菊	200～300	500～600
天人菊属 Gaillardia	G. aristata	宿根天人菊	400～600	600～800
	G. amblyodon	矢车天人菊	400～600	600～800

属	学名	中文名称	同属间采种隔离区(m)	品种间采种隔离区(m)
勋章花属 *Gazania*	*G. rigens*	勋章花	500～700	2000～3000
堆心菊属 *Helenium*	*H. autumnale*	秋花堆心菊	300～500	1000～2000
向日葵属 *Helianthus*	*H. angustifolius*	狭叶向日葵	300～500	1000～2000
	H. annuus	观赏向日葵	300～500	2000～3000
	H. tuberosus	菊芋	300～500	1000～1200
蜡菊属 *Xenchrysum*	*X. thianschanicum*	银叶蜡菊	200～300	500～600
赛菊芋属 *Heliopsis*	*H. helianthoides*	赛菊芋	300～400	1000～1200
	H. helianthoides var. *scabra*	日光菊	100～200	600～800
	H. var. *scabra* 'Venus'	堆心菊	100～200	600～800
旋覆花属 *Inula*	*I. japonica*	旋覆花	300～500	800～1000
疆千里光属 *Jacobaea*	*J. maritima*	银叶菊	200～300	500～600
雪顶菊属 *Layia*	*L. platyglossa*	莱雅菜	100～200	500～1000
滨菊属 *Leucanthemum*	*L. vulgare*	西洋滨菊	100～200	200～300
	L. 'Short'	矮滨菊	100～200	200～300
	L. maximum	大滨菊	100～200	200～300
火绒草属 *Leontopodium*	*L. alpinum*	高山火绒草	100～200	300～400
蛇鞭菊属 *Liatris*	*L. spicata*	蛇鞭菊	100～200	500～1000
黄藿香属 *Lonas*	*L. annusa*	罗纳菊	100～200	200～300
星菊属 *Lindheimera*	*L. texana*	五星菊	200～300	800～1000
白晶菊属 *Mauranthemum*	*M. paludosum*	白晶菊	100～200	200～300
黏菊属 *Madia*	*M. elegans*	马迪菊	100～200	200～300
母菊属 *Matricaria*	*M. chamomilla*	西洋甘菊	100～200	200～300
	M. 'Vegmo Snowball'	纽扣母菊	100～200	200～300
黑足菊属 *Melampodium*	*M. divaricatum*	皇帝菊	100～200	500～600
大翅蓟属 *Onopordum*	*O. acanthium*	大翅蓟	400～600	1000～2000
骨子菊属 *Osteospermum*	*O. ecklonis*	南非万寿菊	200～300	500～600
匹菊属 *Pyrethrum*	*P. parthenifolium*	玲珑菊	100～200	200～300
	P. parthenium	切花洋甘菊	100～200	200～300
	P. cinerariifolium	白花除虫菊	100～200	200～300
瓜叶菊属 *Pericallis*	*P.* × *hybrida*	瓜叶菊	500～700	800～1000
草光菊属 *Ratibida*	*R. columnifera*	草原松果菊	100～200	200～300
鳞托菊属 *Rhodanthe*	*R. manglesii*	鳞托菊	100～300	500～600
金光菊属 *Rudbeckia*	*R. amplexicaulis*	抱茎金光菊	100～300	500～800
	R. fulgida	全缘金光菊	100～300	500～800
	R. hirta	黑心菊	100～300	500～800
	R. hirta 'Prairie Sun'	宿根金光菊	100～300	500～800
小麦秆菊属 *Syncarpha*	*S. rosea*	永生菊	300～500	1000～2000
蛇目菊属 *Sanvitalia*	*S. procumbens*	匍匐蛇目菊	100～300	600～800
风毛菊属 *Saussurea*	*S. japonica*	美丽风毛菊	100～300	600～800
舌苞菊属 *Schoenia*	*S. cassiniana*	舌苞菊	100～300	400～500
蟛蜞菊属 *Sphagneticola*	*S. calendulacea*	蟛蜞菊	100～200	300～400
万寿菊属 *Tagetes*	*T. erecta*	万寿菊	100～200	500～600
	T. lucida	香万寿菊	100～200	500～600
	T. patula	孔雀草	100～200	300～400
	T. tenuifolia	密花孔雀草	100～200	300～400

属	学名	中文名称	同属间采种隔离区 (m)	品种间采种隔离区 (m)
菊蒿属 Tanacetum	T. coccineum	红花除虫菊	300～500	600～800
	T. vulgare	艾菊	300～500	600～800
蒲公英属 Taraxacum	T. mongolicum	蒲公英	500～800	500～600
肿柄菊属 Tithonia	T. rotundifolia	圆叶肿柄菊	500～800	1000～2000
婆罗门参属 Tragopogon	T. orientalis	黄花婆罗门参	100～200	300～400
绿线菊属 Thelesperma	T. ambiguum	巧克力金鸡菊	100～200	400～500
丝叶菊属 Thymophylla	T. tenuiloba	金毛菊	100～200	300～400
熊菊属 Ursinia	U. anethoides	春黄熊菊	100～200	300～400
蜡菊属 Xerochrysum	X. bracteatum	麦秆菊	200～300	500～600
干花菊属 Xeranthemum	X. annuum	干花菊	100～200	300～500
百日菊属 Zinnia	Z. angustifolia	小百日菊	300～500	800～1000
	Z. Cactus Flowered	大丽花型百日草	300～500	500～600
	Z. grandiflora	大花百日草	300～500	500～600
	Z. elegans 'Dwarf'	矮秆百日草	300～500	500～600
	Z. elegans 'Queen Lime'	绚丽百日草	100～200	500～600
	Z. lilliput	小花百日草	100～200	500～600
	Z. haageana	细叶百日菊	100～200	500～600
凤仙花科 Balsaminaceae				
凤仙花属 Impatiens	I. balsamina	中国凤仙花	200～300	300～500
	I. walleriana	非洲凤仙	200～300	400～500
紫葳科 Bignoniaceae				
悬果藤属 Eccremocarpus	E. scaber	智利垂果藤	10～50	200～300
紫草科 Boraginaceae				
牛舌草属 Anchusa	A. capensis	南非牛舌草	300～500	1000～1500
玻璃苣属 Borago	B. officinalis	琉璃苣	300～500	3000～4000
蜜蜡花属 Cerinthe	C. major	蓝蜡花	100～200	500～600
琉璃草属 Cynoglossum	C. amabile	倒提壶	100～200	500～600
蓝蓟属 Echium	E. plantagineum	蓝蓟	100～200	500～600
天芥菜属 Heliotropium	H. arborescens	香水草	100～200	300～400
勿忘草属 Myosotis	M. alpestris	勿忘草	100～200	500～600
粉蝶花属 Nemophila	N. menziesii	喜林草	100～200	500～600
	N. maculata	斑花喜林草	100～200	500～600
沙铃花属 Phacelia	P. campanularia	加州蓝铃花	500～700	3000～4000
	P. tanacetifolia	艾菊叶法色草	500～700	3000～4000
	P. sericea	高山钟穗花	500～700	3000～4000
聚合草属 Symphytum	S. officinale	聚合草	100～200	400～500
十字花科 Brassicaceae				
庭荠属 Alyssum	A. alyssoides	黄花香雪球	300～500	1000～2000
	A. wulfenianum	岩生庭荠	300～500	1000～2000
南庭荠属 Aubrieta	A. deltoidea var. macedonica	南庭荠	300～500	1000～2000
芸薹属 Brassica	B. campestris	观赏油菜花	300～500	1000～2000
	B. oleracea var. acephala	羽衣甘蓝	300～500	1000～2000
糖芥属 Erysimum	E. × cheiri	桂竹香	300～500	1000～2000
	E. amurense	七里黄	300～500	1000～2000
香花芥属 Hesperis	H. matronalis	欧洲香花芥	100～200	800～1000

（续）

属	学名	中文名称	同属间采种隔离区(m)	品种间采种隔离区(m)
屈曲花属 *Iberis*	*I. amara*	蜂室花	200～300	800～1000
	I. umbellata	伞形屈曲花	200～300	800～1000
菘蓝属 *Isatis*	*I. tinctoria*	板蓝根	200～300	500～600
香雪球属 *Lobularia*	*L. maritima*	香雪球	300～500	1000～2000
银扇草属 *Lunaria*	*L. annua*	银扇草	300～500	1000～2000
希腊芥属 *Malcolmia*	*M. maritima*	涩荠	300～500	800～1000
紫罗兰属 *Matthiola*	*M. incana*	紫罗兰	300～500	1000～2000
	M. longipetala subsp. *bicornis*	单瓣紫罗兰	1000～1500	2000～3000
诸葛菜属 *Orychophragmus*	*O. violaceus*	二月蓝	400～600	1000～1500
美人蕉科 Cannaceae				
美人蕉属 *Canna*	*C. indica*	美人蕉	200～300	300～400
	C. indica var. *flava*	黄花美人蕉	200～300	300～400
桔梗科 Campanulaceae				
风铃草属 *Campanula*	*C. medium*	风铃草	100～200	500～600
	C. carpatica	丛生风铃草	100～200	500～600
	C. glomerata	聚花风铃草	100～200	500～600
神鉴花属 *Legousia*	*L. speculum*	迷你紫英花	100～200	400～500
半边莲属 *Lobelia*	*L. erinus*	山梗菜	200～300	600～800
	L. cardinalis	宿根六倍利	200～300	600～800
桔梗属 *Platycodon*	*P. grandiflorus*	桔梗	200～300	600～800
石竹科 Caryophyllales				
麦仙翁属 *Agrostemma*	*A. githago*	麦仙翁	200～300	600～800
卷耳属 *Cerastium*	*C. tomentosum*	绒毛卷耳	200～300	200～300
石竹属 *Dianthus*	*D. chinensis*	五彩石竹	200～300	600～800
	D. barbatus	美国石竹	200～300	600～800
	D. caryophyllus	香石竹	200～300	600～800
	D. deltoides	少女石竹	200～300	600～800
	D. plumarius	常夏石竹	200～300	600～800
	D. superbus	瞿麦	200～300	600～800
	D. carthusianorum	紫石竹	200～300	600～800
	D. gratianopolitanus	欧石竹	200～300	600～800
石头花属 *Gypsophila*	*G. acutifolia*	小花满天星	300～500	1000～2000
	G. elegans	大花满天星	300～500	1000～2000
	G. paniculata	宿根霞草	300～500	1000～2000
	G. muralis	迷你满天星	300～500	1000～2000
	G. vaccaria	麦蓝菜	100～200	500～700
剪秋罗属 *Lychnis*	*L. arkwrightii*	阿克莱特剪秋萝	100～200	600～800
肥皂草属 *Saponaria*	*S. officinalis*	肥皂草	100～200	600～800
蝇子草属 *Silene*	*S. fulgens*	剪秋罗	100～200	600～800
	S. armeria	矮雪轮	100～200	500～700
	S. pendula	大蔓樱草	100～200	500～700
	S. gallica	蝇子草	100～200	500～700
	S. coeli-rosa	樱雪轮	100～200	500～700
忍冬科 Caprifoliaceae				
距药草属 *Centranthus*	*C. ruber*	红缬草	100–200	500～600

属	学名	中文名称	同属间采种隔离区 (m)	品种间采种隔离区 (m)
蓝盆花属 *Scabiosa*	*S. atropurpurea*	轮锋菊	200～300	600～800
	S. stellata	星花轮锋菊	200～300	600～800
缬草属 *Valeriana*	*V. officinalis*	缬草	100–200	500～600
半日花科 Cistaceae				
半日花属 *Helianthemum*	*H. nummularium*	铺地半日花	300～500	800～1000
白花菜科 Cleomaceae				
醉蝶花属 *Tarenaya*	*T. hassleriana*	醉蝶花	500～700	1000～2000
鸭跖草科 Commelinaceae				
紫露草属 *Tradescantia*	*T. ohiensis*	紫露草	500～700	1000～2000
旋花科 Convolvulaceae				
旋花属 *Convolvulus*	*C. tricolor*	三色旋花	400～600	600～800
虎掌藤属 *Ipomoea*	*I. rubra*	红衫花	400～600	800～1000
	I. purpurea	牵牛花	400～600	1000～2000
	I. tricolor	三色牵牛	400～600	1000～2000
	I. quamoclit	羽叶茑萝	400～600	1000～2000
	I. coccinea	橙红茑萝	400～600	1000～2000
	I. × sloteri	裂叶茑萝	400～600	1000～2000
景天科 Crassulaceae				
景天属 *Sedum*	*S. ellacombianum*	小叶景天	100～200	500～600
	S. stoloniferum	景天	100～200	500～600
	S. aizoon	费菜	100～200	500～600
	S. hsinganiaum	大叶景天	100～200	500～600
	S. sarmentosum	垂盆草	100～200	500～600
葫芦科 Cucurbitaceae				
南瓜属 *Cucurbita*	*C. pepo* var. *ovifera*	玩具南瓜	300～500	600～800
西瓜属 *Citrullus*	*C. lanatus*	彩斑西瓜	300～500	600～800
黄瓜属 *Cucumis*	*C. melo* var. *agrestis*	马泡瓜	200～300	600～800
	C. dipsaceus	可爱多黄瓜	400～500	600～800
	C. metuliferus	海参果	200～300	600～800
葫芦属 *Lagenaria*	*L. siceraria* var. *hispida*	观赏葫芦	100～200	500～600
番马㼎儿属 *Melothria*	*M. scabra*	拇指西瓜	100～200	500～600
栝楼属 *Trichosanthes*	*T. anguina*	蛇瓜	100～200	300～400
川续断科 Dipsacaceae				
川续断属 *Dipsacus*	*D. fullonum*	起绒草	100～200	500～700
大戟科 Euphorbiaceae				
大戟属 *Euphorbia*	*E. marginata*	银边翠	400～500	1000～1500
蓖麻属 *Ricinus*	*R. communis* 'Impala'	观赏蓖麻	300～400	800～1000
豆科 Fabaceae				
冠花豆属 *Coronilla*	*C. varia*	多变小冠花	300～400	600～800
舞草属 *Codoriocalyx*	*C. matorius*	跳舞草	100～200	300～500
蝶豆属 *Clitoria*	*C. ternatea*	蝶豆	100～200	200～300
镰扁豆属 *Dolichos*	*D. lablab*	眉豆	100～200	300～500
甸苜蓿属 *Dalea*	*D. purpurea*	紫色达利菊	100～200	300～500
米口袋属 *Gueldenstaedtia*	*G. verna*	米口袋	100～200	300～500
岩黄芪属 *Hedysarum*	*H. multijugum*	红花岩黄芪	200～300	300～500

属	学名	中文名称	同属间采种隔离区 (m)	品种间采种隔离区 (m)
山黧豆属 *Lathyrus*	*L. odoratus*	香豌豆	200～300	500～700
	L. tingitanus	智利香豌豆	200～300	500～700
百脉根属 *Lotus*	*L. tetragonolobus*	蝶恋花	200～300	500～700
羽扇豆属 *Lupinus*	*L. polyphylla*	鲁冰花	50–100	200～300
	L. albus	白花羽扇豆	50–100	200～300
	L. hartwegii	二色羽扇豆	50–100	200～300
	L. micranthus	柔毛羽扇豆	50–100	200～300
含羞草属 *Mimosa*	*M. pudica*	含羞草	100～200	500～600
苦马豆属 *Sphaerophysa*	*S. salsula*	苦马豆	100～200	500～600
沙耀花豆属 *Swainsona*	*S. formosa*	澳洲沙漠豆	100～200	500～600
蝎尾豆属 *Scorpiurus*	*S. muricatus*	蝎子草	100～200	300～400
苦参属 *Sophora*	*S. flavescens*	苦参	100～200	300～400
决明属 *Senna*	*S. obtusifolia*	草决明	300～400	700～900
野决明属 *Thermopsis*	*T. lanceolata*	黄花决明	300～400	600～800
胡卢巴属 *Trigonella*	*T. foenum-graecum*	香囊草	100～200	300～400
	T. caerulea	蓝香草	100～200	300～400
牻牛儿苗科 Geraniaceae				
老鹳草属 *Geranium*	*G. maculatum*	老鹳草	500～700	1000～2000
天竺葵属 *Pelargonium*	*P. hortorum*	天竺葵	200～300	600～800
	P. odoratissimum	苹果香天竺葵	200～300	600～800
苦苣苔科 Gesneriaceae				
大岩桐属 *Sinningia*	*S. speciosa*	大岩桐	200～300	300～500
鸢尾科 Iridaceae				
射干属 *Belamcanda*	*B. chinensis*	射干	500～600	1000～2000
鸢尾属 *Iris*	*I. lactea*	马蔺	500～600	1000～2000
	I. halophila	燕子鸢尾	500～600	1000～2000
	I. pseudacorus	蓝花鸢尾	500～600	1000～2000
	I. tectorum	黄花鸢尾	500～600	1000～2000
唇形科 Lamiaceae				
藿香属 *Agastache*	*A. foeniculum*	莳萝藿香	200～300	500～700
	A. mexicana	墨西哥藿香	200～300	500～700
鞘蕊花属 *Coleus*	*C. blumei*	彩叶草	200～300	500～1000
莸属 *Caryopteris*	*C. mongholica*	蒙古莸	200～300	500～1000
	C. incana	蓝香草	200～300	500～1000
风轮菜属 *Clinopodium*	*C. vulgare*	芳香菜	100～300	400～500
青兰属 *Dracocephalum*	*D. moldavica*	香青兰	200～300	500～1000
神香草属 *Hyssopus*	*H. officinalis*	神香草	500～800	1000～2000
薰衣草属 *Lavandula*	*L. angustifolia*	狭叶薰衣草	500～800	2000～3000
	L. multifida	羽叶薰衣草	500～800	2000～3000
	L. stochas	西班牙薰衣草	500～800	2000～3000
	L. angustifolia 'Hidcote'	希德薰衣草	500～800	2000～3000
益母草属 *Leonurus*	*L. japonicus*	益母草	500～800	2000～3000

属	学名	中文名称	同属间采种隔离区 (m)	品种间采种隔离区 (m)
薄荷属 Mentha	M. piperita	薄荷	500～800	2000～3000
	M. requienii	科西嘉薄荷	500～800	2000～3000
	M. pulegium	普列薄荷	500～800	2000～3000
	M. haplocalyx	野薄荷	500～800	2000～3000
	M. rotundifolia	鱼香草	500～800	2000～3000
	M. arvensis	皱叶薄荷	500～800	2000～3000
	M. officinalis	柠檬香蜂草	500～800	2000～3000
	M. spicata	留兰香	500～800	2000～3000
美国薄荷属 Monarda	M. didyma	美国薄荷	500～800	1000～2000
	M. fistulosa	马薄荷	500～800	1000～2000
	M. citriodora	柠檬千层薄荷	500～800	1000～2000
	M. punctata	细斑香蜂草	500～800	1000～2000
贝壳花属 Molucella	M. laevis	领圈花	100～200	500～800
狼薄荷属 Monardella	M. odoratissima	狼薄荷	500～600	800～1000
荆芥属 Nepeta	N. cataria	猫薄荷	500～600	800～1000
	N. faassenii	地被荆芥	500～600	800～1000
	N. × faassenii 'Six Hills'	山荆芥	500～600	800～1000
	Nepeta 'Walker'	法氏荆芥	500～600	800～1000
罗勒属 Ocimum	O. basilicum	甜罗勒	200～300	300～500
	O. 'Purple Ruffles'	紫罗勒	200～300	300～500
	O. 'Large Leaf'	特大叶罗勒	200～300	300～500
	O. gratissimum	丁香罗勒	200～300	300～500
	O. 'Morpha'	法莫罗勒	200～300	300～500
	O. 'Cinnamon'	桂皮罗勒	200～300	300～500
	O. 'Compactbushbasil'	密叶香罗勒	200～300	300～500
牛至属 Origanum	O. vulgare	牛至	100～200	400～500
	O. majorana	马约兰	100～200	400～500
紫苏属 Perilla	P. frutescens	紫苏	300～400	1000～2000
假龙头花属 Physostegia	P. virginiana	假龙头花	100～200	800～1000
夏枯草属 Prunella	P. grandiflora	大花夏枯草	100～200	500～600
迷迭香属 Rosmarinus	R. officinalis	迷迭香	300～400	600～900
鼠尾草属 Salvia	S. viridis	彩苞鼠尾草	200～400	600～800
	S. coccinea	红花鼠尾草	200～400	600～800
	S. farinacea	蓝花鼠尾草	200～400	600～800
	S. officinalis	药用鼠尾草	200～400	600～800
	S. nemorosa	林下鼠尾草	200～400	600～800
	S. deserta	草原鼠尾草	200～400	600～800
	S. pratensis	草甸鼠尾草	200～400	600～800
	S. sclarea	香紫苏	200～400	600～800
	S. leucantha	紫绒鼠尾草	200～400	600～800
	S. splendens	一串红	200～400	600～800
黄芩属 Scutellaria	S. baicalensis	黄芩	100～300	400～500
百里香属 Thymus	T. vulgaris	匍匐百里香	100～300	800～1000
	T. serpyllum	欧百里香	100～300	800～1000

属	学名	中文名称	同属间采种隔离区(m)	品种间采种隔离区(m)
沼沫花科 Limnanthaceae				
沼沫花属 Limnanthes	L. douglasii	荷包蛋花	200～300	600～800
母草科 Linderniaceae				
蝴蝶草属 Torenia	T. fournieri	夏堇	200～300	500～1000
亚麻科 Linaceae				
亚麻属 Linum	L. usitatissimum	花亚麻	300～400	600～700
	L. perenne	宿根亚麻	300～400	600～700
	L. grandiflorum	红花亚麻	300～400	600～700
刺莲花科 Loasaceae				
耀星花属 Mentzelia	M. lindleyi	黄金莲花	200～300	800～1000
千屈菜科 Lythraceae				
萼距花属 Cuphea	C. lanceolata	萼距花	200～300	600～800
千屈菜属 Lythrum	L. salicaria	千屈菜	200～300	600～800
锦葵科 Malvaceae				
秋葵属 Abelmoschus	A. esculentus	黄秋葵	200～300	700～900
	A. manihot	金花葵	200～300	700～900
苘麻属 Abutilon	A. × hybridum	美丽苘麻	200～300	700～900
蜀葵属 Alcea	A. rosea	蜀葵	300～400	1000～2000
木槿属 Hibiscus	H. moscheutos	大花芙蓉葵	200～300	700～900
	H. cannabinus	白木槿花	200～300	700～900
	H. radiatus	红花刺芙蓉	200～300	700～900
心萼葵属 Malope	M. trifida	马络葵	200～300	700～900
锦葵属 Malva	M. trimestris	美丽花葵	200～300	700～900
	M. moschata	蔓锦葵	200～300	700～900
	M. cathayensis	锦葵	200～300	700～900
紫茉莉科 Nyctaginaceae				
紫茉莉属 Mirabilis	M. jalapa	紫茉莉	1000～1500	2000～3000
柳叶菜科 Onagraceae				
仙女盏扇 Clarkia	C. elegans	山字草	200～300	700～900
	C. amoena	古代稀	200～300	700～900
月见草属 Oenothera	O. lindheimeri	山桃草	1000～1500	2000～3000
	O. biennis	月见草	1000～1500	2000～3000
	O. pallida	拉马克月见草	1000～1500	2000～3000
	O. macrocarpa	长果月见草	1000～1500	2000～3000
	O. speciosa	美丽月见草	1000～1500	2000～3000
酢浆草科 Oxalidaceae				
酢浆草属 Oxalis	O. pes-caprae	黄花酢浆草	100～200	300～400
罂粟科 Papaveraceae				
紫堇属 Corydalis	C. edulis	刻叶紫堇	100～200	500～600
白屈菜属 Chelidonium	C. majus	白屈菜	100～200	500～600
秃疮花属 Dicranostigma	D. leptopodum	秃疮花	100～200	500～600
花菱草属 Eschscholzia	E. californica	花菱草	300～500	1500～2000
金杯罂粟属 Hunnemannia	H. fumariifolia	金杯花	300～500	1500～2000

属	学名	中文名称	同属间采种隔离区 (m)	品种间采种隔离区 (m)
罂粟属 *Papaver*	*P. rhoeas*	虞美人	500～800	2000～3000
	P. alpinum	高山虞美人	500～800	2000～3000
	P. nudicaule	冰岛虞美人	500～800	2000～3000
	P. orientale	东方虞美人	500～800	2000～3000
	P. pavoninum	天山红花	500～800	2000～3000
西番莲科 Passifloraceae				
西番莲属 *Passiflora*	*P. edulia*	百香果	300～500	600～800
	P. caerulea	西番莲	300～500	600～800
透骨草科 Phrymaceae				
沟酸浆属 *Mimulus*	*M. hybridus*	猴面花	200～300	500～800
商陆科 Phytolaccaceae				
商陆属 *Phytolacca*	*P. polyandra*	多药商陆	100～200	500～600
白花丹科 Plumbaginaceae				
海石竹属 *Armeria*	*A. maritima*	海石竹	800～1200	1500～2000
补血草属 *Limonium*	*L. aureum*	黄花补血草	500～600	800～1000
	L. sinuatum	勿忘我	500～600	800～1000
	L. suffruticosum	阔叶补血草	500～600	800～1000
	L. suworowii	情人草	500～600	800～1000
禾本科 Poaceae				
剪股颖属 *Agrostis*	*A. nebulosa*	美丽云草	200～300	500～600
凌风草属 *Briza*	*B. maxima*	大凌风草	200～300	500～600
雀麦属 *Bromus*	*B. madritensis.*	狐尾雀麦	200～300	500～600
薏苡属 *Coix*	*C. lacryma*	薏苡	200～300	500～600
拂子茅属 *Calamagrostis*	*C. epigeios*	拂子茅	200～300	600～800
蒲苇属 *Cortaderia*	*C. selloana*	蒲苇	200～300	500～600
小盼草属 *Chasmanthium*	*C. latifolium*	小盼草	200～300	500～600
香茅属 *Cymbopogon*	*C. citratus*	香茅草	200～300	400～600
蒺藜草属 *Cenchrus*	*C. longisetus*	长绒毛狼尾草	200～300	800～1000
	C. setaceus	羽绒狼尾草	200～300	800～1000
画眉草属 *Eragrostis*	*E. pilosa*	画眉草	200～300	700～900
羊茅属 *Festuca*	*F. glauca*	蓝羊茅	200～300	500～600
大麦属 *Hordeum*	*H. jubatum*	芒颖大麦草	200～300	500～600
白茅属 *Imperata*	*I. cylindrica*	白茅	200～300	500～600
兔尾草属 *Lagurus*	*L. ovatus*	兔子尾巴草	200～300	800～1000
乱子草属 *Muhlenbergia*	*M. capillaris*	粉黛乱子草	200～300	800～1000
糖蜜草属 *Melinis*	*M. minutiflora*	坡地毛冠草	200～300	500～800
芨芨草属 *Neotrinia*	*N. splendens*	远东芨芨草	200～300	500～800
狼尾草属 *Pennisetum*	*P. orientale*	东方狼尾草	200～300	800～1000
	P. glaucum	御谷	200～300	800～1000
虉草属 *Phalaris*	*P. canariensis*	宝石草	200～300	500～700
黍属 *Panicum*	*P. miliaceum*	观赏糜子	500～600	600～900
高粱属 *Sorghum*	*S. bicolor*	观赏高粱	500～600	1000～2000
针茅属 *Stipa*	*S. capillata*	细茎针茅	500～600	1000～2000

属	学名	中文名称	同属间采种隔离区(m)	品种间采种隔离区(m)
狗尾草属 Setaria	*S. macrocheata*	观赏谷子	500~600	800~1000
	S. viridis	狗尾草	500~600	800~1000
	S. italica var. *germanica*	观赏粟	500~600	800~1000
玉蜀黍属 Zea	*Z. mays* var. *japonica*	彩色玉米	500~600	1000~2000
	Z. japonica 'Variegata'	锦叶玉米	500~600	1000~2000
花葱科 Polemoniaceae				
电灯花属 Cobaea	*C. scandens*	电灯花	500~700	700~1000
吉莉草属 Gilia	*G. capitata*	球状吉利花	500~600	1000~1500
	G. tricolor	三色介代花	500~600	1000~1500
福禄麻属 Leptosiphon	*L. hybrida*	繁星花	500~600	1000~1500
车叶麻属 Linanthus	*L. grandiflorus*	吉利花	500~600	1000~1500
福禄考属 Phlox	*P. drummondii*	福禄考	600~700	1500~2000
花葱科 Polemoniaceae	*P. caeruleum*	花葱	200~300	300~400
蓼科 Polygonaceae				
荞麦属 Fagopyrum	*F. esculentum*	荞麦花	200~300	300~400
蓼属 Persicaria	*P. orientalis*	红蓼	500~600	700~800
	P. capitata	头花蓼	500~600	700~800
马齿苋科 Portulacaceae				
马齿苋属 Portulaca	*P. grandiflora*	松叶牡丹	500~600	1000~2000
	P. umbraticola	大花马齿苋	500~600	1000~2000
土人参科 Talinaceae				
土人参属 Talinum	*T. paniculatum*	假人参花	200~300	300~400
车前科 Plantaginaceae				
金鱼草属 Antirrhinum	*A. majus*	金鱼草	500~800	1000~2000
香彩雀属 Angelonia	*A. angustifolia*	香彩雀	200~300	500~800
荷包花属 Calceolaria	*C. herbeohybrida*	荷包花	200~300	500~800
毛地黄属 Digitalis	*D. purpurea*	毛地黄	500~600	1000~2000
	D. hybrid	斑点毛地黄	500~600	1000~2000
柳穿鱼属 Linaria	*L. maroccana*	柳穿鱼	300~400	8000~1000
	L. vulgaris	黄柳穿鱼	300~400	8000~1000
蔓桐花属 Maurandya	*M. scandens*	金鱼藤	300~500	1000~2000
钓钟柳属 Penstemon	*P. barbatus*	象牙钓钟柳	500~800	1000~2000
	P. hartwegii 'Sensation'	哈威钓钟柳	500~800	1000~2000
	P. strictus	劲直钓钟柳	500~800	1000~2000
	P. digitalis	指状钓钟柳	500~800	1000~2000
兔尾苗属 Pseudolysimachion	*P. spicatum*	穗花婆婆纳	500~600	1000~2000
报春花科 Primulaceae				
琉璃繁缕属 Anagallis	*A. arvensis*	琉璃繁缕	300~500	300~500
仙客来属 Cyclamen	*C. hybridum*	仙客来	100~200	200~300
珍珠菜属 Lysimachia	*L. barystachys*	狼尾花	200~300	300~400
报春花属 Primula	*P. veris*	黄花九轮报春	200~300	200~300
	P. acaulis	欧洲报春	200~300	200~300
	P. vulgaris Belarina	重瓣欧报春	200~300	200~300
	P. tibetica	高山报春	200~300	200~300

属	学名	中文名称	同属间采种隔离区(m)	品种间采种隔离区(m)
毛茛科 Ranunculaceae				
侧金盏花属 Adonis	A. aestivalis	夏侧金盏花	200～300	400～500
楼斗菜属 Aquilegia	A. coerulea	变色楼斗菜	500～600	1000～2000
	A. canadensis	加拿大楼斗菜	500～600	1000～2000
	A. vulgaris	欧楼斗菜	500～600	1000～2000
	A. vulgaris var. flore-pleno	重瓣欧楼斗菜	500～600	1000～2000
飞燕草属 Consolida	C. regalis	千鸟草	500～800	1000～2000
	C. ajacis	小飞燕草	500～800	1000～2000
铁线莲属 Clematis	C. angutica	甘青铁线莲	100～200	200～300
翠雀属 Delphinium	D. × cultorum	大花翠雀	500～800	1000～2000
	D. grandiflorum	矮翠雀	500～800	1000～2000
黑种草属 Nigella	N. damascena	黑种草	500～600	1000～2000
	N. sativa	茴香叶黑种草	500～600	1000～2000
	N. bucharica	查布丽卡黑种草	500～600	1000～2000
	N. hispanica	西班牙黑种草	500～600	1000～2000
毛茛属 Ranunculus	R. asiaticus	花毛茛	400～500	600～800
木樨草科 Resedaceae				
木樨草属 Reseda	R. odorata	香木樨花	300～400	400～500
蔷薇科 Rosaceae				
蛇莓属 Duchesnea	D. indica	蛇莓	200～300	400～500
草莓属 Fragaria	F. × ananassa	盆栽草莓	200～300	400～600
	F. vesca var. semperflorens	欧洲草莓	200～300	500～700
路边青属 Geum	G. aleppicum	山地路边青	300～400	500～800
委陵菜属 Potentilla	P. chinensis	萎陵菜	500～800	1000～2000
	P. supina var. ternata	小叶萎陵菜	500～800	1000～2000
	P. fragarioide	莓叶萎陵菜	500～800	1000～2000
	P. nepalensis	红花萎陵菜	500～800	1000～2000
绣线菊属 Spiraea	S. japonica	绣线菊	200～300	500～600
茜草科 Rubiaceae				
车叶草属 Asperula	A. orientalis	蓝花车叶草	300～400	500～800
拉拉藤属 Galium	G. verum	燕雀草	200～300	500～800
五星花属 Pentas	P. 'Honeycluster'	五星花	800～1000	1000～2000
芸香科 Rutaceae				
芸香属 Ruta	R. graveolens	芸香	200～300	400～600
虎耳草科 Saxifragaceae				
落新妇属 Astilbe	A. chinensis	落新妇	500～800	1000～2000
矾根属 Heuchera	H. micrantha	肾形草	300～400	500～800
无患子科 Sapindaceae				
倒地铃属 Cardiospermum	C. halicacabum	倒地铃	200～300	500～800
玄参科 Scrophulariaceae				
醉鱼草属 Buddleja	B. lindleyana	醉鱼草	200～300	400～500
双距花属 Diascia	D. barberae	双距花	300～400	800～1000
龙面花属 Nemesia	N. strumosa	龙面花	300～400	800～1000
毛蕊花属 Verbascum	V. chaixii	毛蕊花	800～1000	1000～2000

属	学名	中文名称	同属间采种隔离区 (m)	品种间采种隔离区 (m)
茄科Solanaceae				
酸浆属 *Alkekengi*	*A. officinarum*	酸浆	100～200	200～400
蓝英花属 *Browallia*	*B. speciosa*	蓝英花	100～200	200～300
辣椒属 *Capsicum*	*C. annuum*	五色观赏椒	200～300	500～800
	C. annuum subsp. *cerasiforme*	观赏樱桃椒	200～300	500～800
	C. 'Onyx Red'	红珍珠	200～300	500～800
	C. 'Coloured'	五彩甜椒	200～300	500～800
曼陀罗属 *Datura*	*D. stramonium*	白花曼陀罗	500～600	600～800
	D. metel var. *fastuosa*	重瓣曼陀罗	500～600	600～800
番茄属 *Lycopersicon*	*L. esculentum*	观赏番茄	100～200	300～400
假酸浆属 *Nicandra*	*N. physalodes*	假酸浆	100～200	400～500
烟草属 *Nicotiana*	*N. alata*	花烟草	500～600	1000～2000
赛亚麻属 *Nierembergia*	*N. caerulea*	赛亚麻	500～600	800～1000
假茄属 *Nolana*	*N. paradoxa*	小钟花	300～400	500～800
矮牵牛属 *Petunia*	*P. hybrida*	矮牵牛	400～500	800～1000
洋酸浆属 *Physalis*	*P. philadelphica*	洋酸浆	200～300	300～500
	P. peruviana	灯笼果	200～300	300～500
美人襟属 *Salpiglossis*	*S. sinuata*	智利喇叭花	500～600	800～1000
蛾蝶花属 *Schizanthus*	*S. pinnatus*	蛾蝶花	600～800	1000～2000
茄属 *Solanum*	*S. aethiopicum*	金银茄	200～300	300～500
	S. texanum	白蛋茄	200～300	300～500
	S. melongena	彩色茄	200～300	300～500
	S. capsicoides	红圆茄	200～300	300～500
	S. pseudocapsicum	冬珊瑚	200～300	300～500
	S. mammosum	五指茄	200～300	300～500
旱金莲科Tropaeolaceae				
旱金莲属 *Tropaeolum*	*T. majus*	旱金莲	200～300	300～500
马鞭草科Verbenaceae				
美女樱属 *Glandularia*	*G. hybrida*	美女樱	500～600	800～1000
	G. tenera	细裂美女樱	500～600	800～1000
	G. canadensis	加拿大美女樱	500～600	800～1000
马鞭草属 *Verbena*	*V. stricta*	白毛马鞭草	200～300	300～500
	V. bonariensis	柳叶马鞭草	600～800	800～1000
	V. brasiliensis	狭叶马鞭草	600～800	800～1000
	V. rigida	矮细长马鞭草	600～800	800～1000
	V. officinalis var. *grandiflora*	铜叶马鞭草	600～800	800～1000
堇菜科Violaceae				
堇菜属 *Viola*	*V. tricolor*	三色堇	50～100	100～200
	V. cornuta	角堇	50～100	100～200
	V. philippica	紫花地丁	50～100	100～200
葡萄科Vitaceae				
地锦属 *Parthenocissus*	*P. quinquefolia*	地锦	200～300	400～500

第四章
观赏植物种子的加工

种子加工是种子产业的重要环节。通过种子加工，可以提高种子净度、发芽力、种子活力，降低种子水分，提高种子耐藏性、抗逆性，增强种子价值和商品特性。种子加工可按不同的用途及销售市场，加工成不同等级要求的种子，并实行标准化包装销售，提高种子的商品性。观赏植物种类繁多，每个种类都有不同的种子，形状、大小、色泽、表面纹理等随种类不同而异。形状有球形、椭圆形、肾形、卵形、圆锥形、多角形等。颜色以褐色和黑色较多，但也有其他颜色，如黑、红、绿、黄、白等色。种子表面有的光滑发亮，也有的暗淡或粗糙，造成表面粗糙的原因是由于表面有穴、沟、网纹、条纹、突起、棱脊等雕纹的结果。有些还可看到种子成熟后自珠柄上脱落留下的斑痕和珠孔。有的种子还具有翅、冠毛、刺、芒和毛等附属物。种子体积的大小差异很大，比如豆科的一些品种，每粒种子可以达几克重，而像秋海棠和蒲包花种子每克有40000～70000粒，细小得只能用显微镜才能看清种子形状。种子加工包括精选、比重分级、丸粒化、包衣、包装等环节。由于种子差异化大，种子加工工艺烦琐又复杂。经过初选的种子进入精选环节，必须分析待精选种子大小、比重、色泽等特性及混杂物的特性，并明确获选种子要求，以便正确选用机械；选择不同的工具和精选加工方法，选出饱满优良的种子并分级。其主要目的是从种子中分离出异作物、异品种或饱满度不好、比重低、活力低的种子。因此，通常利用的精选机械有风力筛选机、风压式精选机、窝眼筒精选机、比重精选机、光电色泽分离机、脱毛机、静电分离器等机械。常用的精选方法有以下几种。

一、筛选法

手工精选是目前花卉种子的主要精选方法，根据种子的大小特性进行精选。常用簸箕扇去轻杂质和秕籽；也可以用电动筛选机械或者人工手摇筛子精选。

筛子种类和形状很多，包括组合摇筛、平摇筛、摇动筛、圆摇筛、套筛等。目前常用种子清选用筛按其制造方法不同，可分为冲孔筛、编织筛和鱼鳞筛等。筛孔的形状有圆孔、长孔、鱼鳞孔等，也有冲三角孔的，针对不同的品种，选择形状和大小规格不同的筛孔进行分离，把种子与夹杂物分开，也可把不同长短和大小的种子进行精选分级。有些杂质，以及变质、发霉、衰老、虫蛀、空壳不育子、失色、有其他缺陷的种子，其大小和形状与好种子相似，一般精选机无法精选出来，只能采用手工精选，清除小籽、病虫害籽粒、畸形、开裂、色泽等不符合质量要求的种子，获得较纯净的种子。人工精选的缺点是对种子不能严格分级，费时费工，有些秕种子、杂质清理不干净，特别是细小种子，手工精选，纯净度不能完全达标，还需要机械精选。

二、风选法

风选机是利用物料与杂质之间悬浮速度的差别，借助风力除杂的方法。风选的目的是清除轻杂质和灰尘，同时还能除去部分石子和土块等较重的杂质。一般选择小型的精致机器设备，管道为优质有机玻璃材质制成，底座机体全金属静电喷塑，这样的小型设备才能满足花卉种子的精选工作。较大、较小颗粒的种子都能适用，对矮牵牛、金鱼草等小粒种都能达到理想的净种效果，花卉、香料、观赏草种子等都能广泛应用，在很多种子公司都有普遍的使用。

1.风压式精选机：是比较常用的精选设备，用途广泛，适用于很多品种的精选。其原理是种子通过料斗进入平面振动器通道，振动器可无级调速，使种子均匀地在振动器前行，种子通过有机玻璃通道，有机玻璃通道顶部有吸风风机，在种子经过时，受到气流作用，秕籽、重量较轻的杂质、灰尘等杂物便随气流一起上升运动，到气道上端，断面扩大，气流速度变小，轻杂物落入沉积室中，而重量较大的种子则沿通

道前行至下料口下滑，从而起到分离作用。为了提高精选的质量，首先要熟悉机械性能，在精选过程中，应及时了解精选的效果，及时改进和调节机器运转参数，根据种子大小调节振动器和风机风速，反复多次精选。只有完全掌握机械性能，才能获得最佳精选效果。

2.筛选风选组合机械：也可以选用组合式风力筛选机精选，风力筛选机是将风扇和筛子组合一起的种子清选装置。这是目前使用最广泛的精选工具。上面的筛子可以根据种子形状大小随意更换，上部为接料区，接料区下部安装风机。上部筛子被曲轴带动，大粒种子和长的秸秆留在筛子里，被筛选的种子落入接料区，接料区随曲轴前后运动，将种子送出，种子下落时利用风的作用将不饱满的种子、空壳、茎叶碎片等杂物分离出来。

三、人工木盘精选

用自制的木盘，呈簸箕状梯形，通常的簸箕是喇叭口状，而这个工具口部缩小，底部采用略粗糙的三合板材，横向木纹订装，用来清选比重较轻的微小粒种子，如金鱼草、矮牵牛、角堇等。使用方法：装入少量种子，轻轻抖动，颗粒圆润饱满的种子滚动速度快，秕籽和未成熟的畸形种子、杂质滚动速度慢，就

会留在后面，反复多次就能分离出合格的种子。

四、螺旋精选

适用于比重高的球形种子，如油菜花、羽衣甘蓝、凤仙花、醉蝶花、花菱草等，利用种子重力，经过螺旋桶，种子下落速度加快；颗粒圆润饱满的种子滚动速度快，顺着通道落入下料斗；秕籽和未成熟的畸形种子、杂质滚动速度慢，就会被甩带外面落入杂质料斗完成精选。可多次重复使用，达到精选的目的。

五、比重精选

根据种子比重进行精选。比重清选机主要按比重差异，分选外形尺寸基本一致的颗粒状种子，把比重较大和较小的成分从原始物料中分离出来。在种子加工中，主要用于去除混杂在好种子中的沙石土块等比重较大的杂质和部分不饱满种子、虫蛀种子、霉变种子、发芽种子、变形种子以及其他比重较小的杂质。比重清选机主要由机架、气流系统、振动台、驱动装置、平衡装置、倾角调节装置、导向板和接料槽等组成。配套设施有给料装置和除尘装置。联动的风机从台面下方向上吹风，风量通过风门或风机转速来控制，转速由机械或变频器来调节。结构形式有矩形和梯形等多种形式，工作台面可更换。台面材料有方钢丝编织网、钢板网、铜丝布、麻布等，孔眼大小不同。大孔眼适宜大颗粒种子，小孔眼适宜小颗粒种子。通过振动使物料按比重大小实现分离，下层物料向台面高边移动，上层物料向台面低边滑移。最重的物料移动到排料端的最高处，最轻物料流向最低处。在台面的边缘，可调节的导向板把不同区域的料流导向各自的排料槽，从而形成对种子的比重精选作业。比重机型号很多，观赏植物一般采用体积小，精工制造的小型比重机为宜。

小型比重机

六、窝眼精选

窝眼筒清选机是按种子长度进行分选的清选设备。是将种子中的长、短杂质清除出去。窝眼筒清选机工作时，窝眼筒作旋转运动，投入筒内的种子，在进入窝眼筒的底部时，短小的种子（或杂质、草籽），陷入窝眼内并随旋转的筒体上升到一定高度，因自重而落到集料槽内，并被槽内搅龙排出，而未入窝眼的物料，则沿筒内壁向后滑移从另一端流出。当去长杂时，好种子和短杂由窝眼带起落入集料槽而被排出，而长杂沿窝眼筒轴向移动从另一端排出，将种子与长杂分开。窝眼规格大小必须要与被加工的种子长度尺寸相符；不同的种子，窝眼大小的规格不同，要正确选择。在滚筒内不装设长籽粒输送装置的情况下，滚筒轴必须与水平倾斜一角度，倾角大小对加工质量有一定的影响，但不如转速那么敏感。在生产率和集料槽角度相同的情况下，对清短杂而言，倾角大，获选率略高，而除杂率略低。倾角小，则相反，但倾角过小不仅获选率低，除杂率也有所下降，这是由于物料流通不畅，产生淤积，降低了短籽粒与窝眼接触的概率。通常倾角为15°～35°为宜。倾角与转速之间有一个彼此协调配合的问题。倾角较大时，转速可高一些；否则分选质量趋于降低。

窝眼筛

七、水选法

水选就是把种子倒在水里面，把沉在水底的好种子与浮在水面的不饱满的差种子分离开。水选种子简便且效率高，操作者要有相当的精选经验，适宜在北方地区操作，要选择晴天无风时进行。水选前准备好大盆、水槽、塑料盆若干个、纱网、沙袋和筛子，在自来水方便的地方，准备好一切，将适量的种子倒入水中，不停搅拌让种子充分浸水，砂石和饱满的种子沉入水底，杂质漂浮在水面，反复多次漂洗。水洗种子可以除去种子里的沙子、土块、鸟粪、虫屎、秕籽、杂草种子等杂质。水选法要在短时间内完成，不

种子色选机

要超过10分钟，否则会引起种子膨胀萌动而丧失发芽率，水洗后的种子要包裹在纱网，用洗衣机脱水后在太阳光照下自然干燥，或者用种子烘干设备迅速烘干水分，有部分品种如比重较轻的，种子表面有果胶的决不能采用水选的方法。如一串红、鼠尾草、亚麻、罗勒等品种。

用盐水选种，是"水选"的一种方式。由于种子的比重和相同体积盐水的比重不同，当把种子倒入浓度适宜的盐水里，饱满完好、比重大的种子下沉；瘪粒、破粒等不合格种子，因比重小，会浮在水面，从而选出优良种子来。用这种方法选种，要掌握好盐水的浓度，最好用比重计来测定。如果没有比重计，可将已溶解的盐水舀出一碗，然后放进一些要选的种子，假如全沉下去，说明盐水太淡，应该继续加进食盐；如果大部分种子漂在水面，说明盐水太浓，应加水稀释，直到大部分种子斜在碗底为止。另外要注意，盐水连续使用多次，盐分会被种子带走一部分，应及时加盐补充，以防浓度降低而影响选种质量。

八、色选法

在种子其他特性均相同，色泽度不好，杂质和种子难以分离时，可利用种子表面的颜色不同进行分离。色泽分选机根据种子明亮或灰暗的特征分离种子。用于种子经过精选和分级之后，再将褐色、变质、异色、有病的种子分离出去。色泽分选机有一个光电管，在光电管前面放置不同的滤光器，当种子到达后光传输受到抑制，光从已知色谱的背景中反射出来，进入光电管，透过这束光，种子由于重力而落下，当异色种子出现在预先放置背景和光电管之间的时，则启动选废系统，异色种子被快速气流吹出，选出符合要求的种子。

九、静电分离

根据种子负电性进行分离，一般种子不带负电。

当种子劣变后，种子负电性增加，因此带负电性高，种子活力低，而不带负电或带质电低的种子，则活力高。现已设计成种子静电分离器。当种子混合样品通过电场时，凡是带负电的种子被正极吸引到一边。得以剔除低活力种子，达到选出高活力种子的目的。

十、注意事项

所有的精选工作都必须熟练掌握操作流程，每次在精选前后，认真仔细地清理精选设备的通道。管道、上料斗、下料斗、夹缝和平台、地坪上残留的种子，最有效的方法就是配备大功率高压气泵，用气流清理这些工具，以免引起机械混杂。

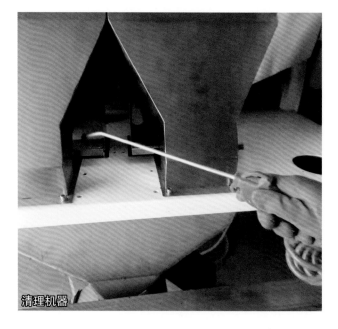

清理机器

一、种子包衣

所谓种子包衣是采取机械或手工方法，按一定比例将含有杀虫剂、杀菌剂、复合肥料、微量元素、植物生长调节剂、缓释剂和成膜剂等多种成分的种衣剂均匀包覆在种子表面，形成一层光滑、牢固的药膜。随着种子的萌动、发芽、出苗和生长，包衣中的有效成分逐渐被植株根系吸收并传导到幼苗植株各部位，使种子及幼苗对种子带菌、土壤带菌及地下、地上害虫起到防治作用。药膜中的微肥可在底肥产生作用之前充分发挥效力。因此，包衣种子苗期生长旺盛，叶色浓绿，根系发达，植株健壮，从而实现抗病的目的。

二、种子成膜着色

是指利用成膜剂，将杀菌剂、杀虫剂微肥、着色剂等非种子物质包裹在种子外面，形成一层薄膜，经包膜后，成为基本上保持原来种子形状的种子单位。但其大小和重量的变化范围，因种衣剂类型有所变化。一般这种包衣方法适用种皮表面色泽度不好，有凹凸不平，容易有细菌寄宿的大粒和中粒种子。如玩具南瓜、观赏葵花、羽扇豆、香豌豆、波斯菊、百日草等作物的种子。一般采用专用种子包衣机来完成。不同型号的种衣剂适用不同的作物。

丸粒化

三、种子包膜

成膜剂种类也较多。成膜剂由乙基纤维、聚吡咯烷酮等材料和农药、微肥、植物生长调节剂等材料溶解和混入成膜剂而制成种衣剂，为乳糊状的剂型。在包衣前对种子进行一次检查，确认种子的净度、发芽率、含水率都合乎要求时，方可进行包衣作业。把准备好的种子计量称重，放入包衣机内，包衣剂要用量勺或量杯计量；计量后的种子和药液同时下落，下落

的药液在雾化装置中被雾化后喷洒在下落的种子上，使种子包膜，最后搅拌排出。种子包衣时，要求有以下几点：

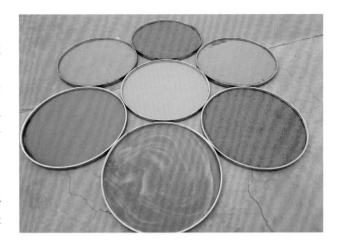

（1）首先应根据不同种子选择不同类型的种衣剂，还应根据加工种子的数量、配比，准备足够量的药物。一般液剂药物的使用说明中都会详细指出药物和水的混合比例，按说明书中的比例进行配制。混合时一定要搅动，使药液混合均匀。对于药物的准备，如果只使用1种液剂药物，就只准备1种，如果同时需要2种就准备2种，但必须注意药剂的配比，不可用药过量。操作者来讲，最好是有经验的人员来完成。

（2）根据种子种类和包衣方式，选择合适的包衣机。包衣前首先要检查包衣机的技术状态是否良好，当发现各种问题时，应逐一认真解决，妥善处理，确认机具技术状态良好后才可投入作业。

（3）为了保证操作人员不受药害，包衣机械在作业时必须保证完全密闭，即拌粉药物时，药粉不能散扬到空气中，或抛洒在地面上；拌药物时，药液不可随意滴落到容器外，以免污染作业环境。

四、包衣注意事项

尽管种衣剂低毒高效，但使用、操作不当也会造

成环境污染或人身中毒事故。在存放和使用包衣种子时仍要注意以下事项：

（1）存放、使用包衣种子的库房要远离粮食和食品。严禁儿童进入玩耍，更要防止畜、禽误食包衣种子。

（2）严禁徒手接触种衣剂或包衣种子。在搬运包衣种子和播种时，严禁吸烟、吃东西或喝水。

（3）经过包衣的种子要及时晾晒或干燥，达到安全水分含量。

（4）盛过包衣种子的盆、篮等，必须用清水洗净后再做他用，严禁再盛食物。洗盆和篮的水严禁倒在河流、水塘、井池边，可以将水倒在树根、田间，以防人、畜、禽、鱼中毒。

（5）如发现接触种衣剂的人员出现面色苍白、呕吐、流涎、烦躁不安、口唇发紫、瞳孔缩小、抽搐、肌肉震颤等症状，即可视为种衣中毒，应立即脱离毒源，护送病人离开现场，用肥皂或清水清洗被种衣剂污染的部位，并请医生紧急救治。

五、种子丸粒化

1. 丸粒化的必要：观赏植物品种繁多，不同品种有不同的种子，形状万千，大小各异。大粒种子每克1～1000粒，小粒种子每克2000～10000粒，微粒种子每克10000～70000粒。种子形状各异，大小粒不均匀，种子表皮凸起不平，容易残留细菌病害；还有部分的种子，种皮颜色呈过渡色，色泽度有很大的区别，虽然都不影响发芽。但是影响种子外观和种子的分装、机械化播种育苗。为了使种子外观、形状统一，大小一致，就要对种子进行丸粒化深加工。丸粒化的种子有如下优点：

（1）增加种子体积，便于机械化播种，节省劳动力成本。

（2）能有效杀死种子携带的病菌或防止土壤传播病菌的侵染，保障出苗率和成苗率。

（3）节约种子成本，种子进行丸粒化加工处理后

可节约种子30%以上。

（4）提高种子的抗逆能力，丸粒化后的外壳使种子有一个小水库、小肥库，可大大提高抗病能力，还能促根壮苗。提高种子或幼苗在逆境条件下的生存能力。

2. 种子丸粒化加工方法：种子丸粒化根据种子的大小、形状和包装、播种、销售的要求来进行。丸粒化有专业的设备，丸粒机有由机座、锅体、电气控制系统、供粉系统、供液系统、排尘系统和烘干系统组成。其原理是将种子计量称重，放在立式圆形丸衣罐中，丸衣罐不停地转动，打开高压喷粉装置和滴水装置，手动调节圆形丸衣罐转速，使种子在不停地转动中愈滚愈大，当种子粒径即将达到预定大小时，再加入一些着色珠光粉；主要有草绿、胭脂红、柠檬黄、靛蓝等，可作识别品种的标志。丸粒后的种子放入烘干系统脱水干燥，干燥后筛出过大过小的种子。合格的丸粒种子应该是每丸1粒，每克粒数大于8000粒的微小粒种子可能是2～6粒，这就称之为集束丸粒化。丸粒并干燥的种子遇水后迅速达到分解标准，以利于播种后种子能够迅速吸水萌发。

3. 种子丸粒化注意事项：

（1）严格执行种子丸粒的操作方法。种子丸粒时必须选择一款绝对安全和优质的丸粒机及丸粒化粉。种子丸粒化粉是用于植物种子处理的、具有成膜特性的环保制剂，是一种800～1500目的超细粉末状物质。通常是由杀虫剂、杀菌剂、成膜剂、保水剂、分散剂、营养剂、防冻剂、缓控释裂解剂、缓控释崩解剂和其他助剂加工制成，可直接包覆于种子表面，形成具有一定强度和呼吸性能的保护层。选用对种子萌发安全的杀菌组分；选择呼吸性能良好的助剂；选择高质量的保水剂、分散剂、防冻剂、裂解剂和崩解剂等，保障配方贮藏的稳定性。

（2）丸粒前，必须使用符合高标准的种子。通过活力测试，选择具有高活力的种子进行丸粒。

（3）丸粒后，种子的含水量一般控制在5%～8%。

（4）合格的丸粒种子都是单粒的。集束丸粒化是多粒的。完成丸粒后，随机数取丸粒种子100粒，以砂床为最好，在恒温箱按照发芽检测程序进行发芽测试，测试时间可能要比所规定的时间长。但如果丸粒种子发芽缓慢，可能表明测试条件并不处于最理想状态，或者因丸化层的损伤，或者因丸粒种子劣变。当然，也可做一个脱去丸化层的发芽测试，以作为核查。进行正常幼苗和不正常幼苗鉴定是很重要的，根据幼苗生长情况，不仅可了解丸化层对种子有无影响，还可鉴定出丸粒种子的活力水平，便于指导以后的播种。

六、种子包装

对清选干燥和精选分级等加工后的种子，加以合理包装，可防止种子混杂病虫害感染、吸湿回潮，减缓种子劣变，提高种子商品特性，保持种子旺盛活力，保证安全贮藏运输同时便于销售。

（1）包装容器必须防湿、清洁、无毒、不易破裂、重量轻。种子是一个活的生物有机体，如不防湿包装，在高湿条件下种子会吸湿回潮；有毒气体会伤害种子，导致种子丧失生活力。按不同要求确定包装数量，以利仓储或方便销售。包装容器外面应加印或粘贴标签纸，写明作物和品种名称、采种年月、种子质量指标资料和栽培技术要点等，并最好印上醒目的作物名称或品种图案，以使良种能得到较好的销售。

（2）目前应用比较普遍的包装材料主要有编织袋、牛皮纸袋、聚乙烯袋、铝箔复合袋以及布袋、纸箱等。金属罐、小口有盖的罐瓮适于存放少量的种子。在容器内底部以生石灰、硅胶、干燥的草木灰、木炭等作干燥剂，上放种子袋，然后密闭，置于低温干燥处保存。密制编织袋常用于大量种子的贮藏和运

输包装。数量较少的品种则采用透气的布袋为宜；长途发运的种子采用覆聚酯薄膜的编织袋进行包装为宜。钢皮罐、铝盒、塑料瓶、玻璃瓶和聚乙烯铝箔复合袋等容器可用于价高或少量种子长期保存或品种资源保存的包装。牛皮纸袋常被用作种子扦样袋。上市销售的彩袋小包装则采用铜版纸覆膜、铝箔、镀铝等材质制作。这些材质因其热封简易，并且在自动包装机上操作便利，其防湿和抗裂强度更好，方便运输和销售。在高温高湿的热带和亚热带地区的种子包装应尽量选择严密防湿的包装容器，并且将种子干燥到安全包装保存的水分，封入防湿容器以防种子生活力的丧失。

种子标签样本

种子类别：		种子类别：	
品种名称：			
株高：		花色	
种子质量执行标准：			
国家标准GB/T 18247.4—2000 企业标准：			
纯度		净度	
发芽率		水分	
产地			
生产商：	xx公司		
地址：			
电话：			
种子生产经营许可证：			
产地检疫证编号：			

七、种子标签

在种子包装容器上必须附有标签。种子标签是固定在种子包装物表面及内外的特定文字说明及图案。是种子生产者、销售者向种子使用者传递该种子质量状况及其他有关信息的方式，种子标签属种子质量证书的范畴。分外标签、标牌、内标签。标签上的内容主要包括生产公司的名称、品种名称、品种花色、株高等信息。还要注明种子质量指标，如种子纯度、净度、发芽率、含水量。种子净重或粒数。小包装种子必须标注质量执行标准、生产经营许可证号、产地检疫证号、商品条形码等信息。

八、包装方法和包装机械

观赏植物种子包装主要有按种子重量包装和种子粒数包装两种，大包装种子每袋10～30kg；小袋包装种子则按克包装；比较昂贵的种子采用粒数包装，如每袋10～5000粒等包装。种子包装分为人工包装和种子包装机进行包装。人工包装时用电子秤重包装，包装好用缝包机或专用封口机封口。批量化包装种子可采用电子自动计量缝包装置，该装置采用目前国内外最先进的电子磁力控制装置及计量台秤、缝包机，自

包装袋

动控制大小流量与计量台秤，缝包机匹配，工作可靠，性能稳定，操作方便，整个装置布局紧凑、合理，解决种子在计量中易破碎的问题，保证种子质量。价格昂贵的品种采用先进的定量小包装机械。只要将种子放入漏斗，经定量秤称重，流入小包装袋，自动封口，自动移到收集道口，由工人装入定制的纸箱，效率很高。种子数粒包装成套设备，只要将精选种子放入漏斗，经定数的光电计数器计数，流入包装袋，自动给袋，自动封口，自动移到出口道，由工人装入定制纸箱，完成包装，省时省工，准确率高。

数粒包装机械

第六章 观赏植物种子贮藏管理

一、仓库建设

观赏植物的种子贮藏不同于大田作物的种子，很多品种种子寿命只有一年或半年，对于贮藏的要求很高。所以应设计专用库房，库房要求隔热、干燥、防潮、低温。建造库房要选择地下水位低，干燥通风的环境。采用砖混或钢筋水泥结构建造，墙体厚度不能少于30cm，屋顶厚度不能少于20cm并有较厚的隔热层，配备有通风设施。这类仓库较牢固，密闭性能好，能达到隔热防鼠、防火的要求。仓内无立柱，方便货架摆放或叉车搬运，这类仓库适宜于贮藏散装或包装种子；当自然风不能降低仓内温湿度时，应迅速采用机械通风。切忌用彩钢库房贮藏观赏植物的种子，彩钢库房隔热差，很难保障种子的贮藏要求。

二、有条件的公司可建设装配式低温仓库

低温仓库分为恒温库（0～15℃）、低温库（−15～−10℃）和超低温库（−25～−15℃）。恒温库用来贮藏短寿命的种子；低温库一般用来存放具有高价值的种子；超低温冷库一般用来保存濒危物种和重要的种质资源。低温仓库采用冷风压缩机降温的方法，使库内的温度保持在界定的温度范围内，相对湿度控制在45%左右。这类仓库对于贮藏杂交种子和一些名贵种子，能延长其寿命和保持较高的发芽率。但是，这种仓库造价比一般房式仓高，并须配有成套的降温机械。低温仓库在特殊的条件下（即低温、干燥、密闭），种子能在几十年内仍保持其较高的生活力。

三、仓库设备

库房配备有货架，以便于码放种子，方便出入库。为了随时了解种子贮藏区不同部位的温度和湿度，要配备测温测湿仪，及时了解种子温湿度变化。此外，仓库内还需要包装器材，如打包机、封口机，各种规格复合袋，晒场用具，计量用具如磅秤、电子秤等。种子进出仓时，可配置移动式皮带输送机、升运机、叉车等。

四、种子的入库

种子入库前的准备工作包括种子品质检验，种子的干燥和清仓消毒等。凡不符合入仓标准的种子，都不应急于进仓，必须重新处理（清选或干燥），经检验合格以后，才能进仓储藏。经过充分干燥的种子，可以较长时间贮藏，并能保持种子的活力。同时，在种子进行干燥降水的过程中，促进种子的后熟，起到杀虫和抑制微生物的作用。花卉种子干燥方法有自然干燥法、加热干燥法等。自然干燥方法简单，经济安全，一般情况下种子不易丧失活力，但是易受气候条件的限制。有些种子厌光，需阴干或在散光条件下干燥。经检测达到合格的水分的种子方可入库贮藏。入库的种子应分区合理堆放在货架，它关系到贮藏条件和贮藏期间种子出入库便利问题。

五、种子的码放

（1）种子的码放要分区域，做到科学系统化。在码放区域编号，按照生产日期和种子保存的要求分类有序码放，生产批号和品种编号是码放的依据。码放种子遵循比重轻的种子码在货架上部，比重较重的码在货架下部，码放时封口向内，包装袋标识和吊牌向外，包装袋标识和外标签要清晰明朗，每次取货后要扎紧袋口，放回原处，这样方便出入库管理。

（2）种子库房不能存放化肥、农药和挥发性有毒物质。农药和化肥大多数有挥发性和腐蚀性，如果与种子混存，农药、化肥等散发出的一些有毒气体会致使种子中毒而降低种子的发芽率。

（3）长时间贮藏的种子忌用塑料袋装。因塑料袋不透气，在缺氧条件下，种子进行无氧呼吸；产生大量的有毒物质，能杀死种胚，或者因种子呼吸产生的水分和热量散发不出去，容易使种子发热霉变而不发芽。

六、库房管理制度和管理工作

（1）种子等级不一，为方便管理，所有入库的种子都要按生产日期编写批号方便管理。将货架上的种子做好标牌，建立库房台账，标明其位置、数量、批号、编号、包装等，以防混杂；适时通风，勤检查。在仓库不同部位多点设置温、湿度测量计，定时测量，做好记录。保持花卉种子的低温低湿的贮藏环境，防止种子霉变或发芽率降低。

（2）库房管理要做到防止混杂，种子进出仓库时容易发生品种混杂，由于观赏植物品种繁多，收获季节相近，须特别注意。种子包装袋内外均要有标签。分装种子要防止人为的混杂，散在地上的种子，如品种不能确定，则不能作为种用。

（3）库管人员要有很强的责任心，不断钻研业务，努力提高科学管理水平。有关部门要对他们定期考核。

（4）要做好安全保卫工作，及时消除不安全因素，做好防火、防盗工作，保证不出事故。建立清洁卫生制度；做好清洁卫生工作是消除仓库病虫害的先决条件，仓库内外须经常打扫、消毒，保持清洁。防止混杂和感染病虫害。

（5）定期检查，检查内容包括以下几方面：气温、仓温、种子温度、仓内湿度、种子水分、发芽率、虫霉情况、仓库情况等。

货架

（6）建立库房管理档案，每批种子入库，都应将其来源、数量、品质状况等逐项登记入册，每次检查后的结果必须详细记录和保存，便于前后对比分析和考查，有利于发现问题，及时采取措施，改进工作。

（7）建立监管制度：每批种子进出仓库，都必须严格过秤记账，复核人员账目要清楚，对种子的余缺做到心中有数。

七、仓储病虫害防治

种子入库后，仓中的种子与周围环境构成了一个统一的整体，成为一个小型的生态系统。各种环境因子中对贮藏种子生命力影响最大的是温度和水分。种子在空气中，吸水量的多少主要是随空气相对湿度的高低而变化。仓储种子温度的变化，除了各类作物种子本身的特点外，与它所处的环境条件有密切关系。在一般情况下，大气温湿度的变化影响着仓内温湿度；如果种子温度变化偏离了这种变化规律，而发生异常现象，就有发热的可能，应采取必要的措施加以处理，防止种子因变质而遭受损失。通风可降温散湿，多采用自然通风或机械通风。在晴天、早晨、冬季通风，阴雨雪雾等天气不通风。

（1）种子结露是种子贮藏过程中常见的现象，结露后产生霉菌，也称种子病害。入库种子放置于墙壁或地面吸潮；新入库种子含水量过大或过热，两批不同温度的种子堆放在一起，或同一批经暴晒的种子，入库时间不同，造成二者温差引起种子堆内夹层结露。种子结露以后，含水量急剧增加，种子生理活动随之增强，导致发芽、发热、虫害、霉变等情况发生。平时要勤检查靠墙角地面或新入库的种子，发现结露种子要及时移到仓外暴晒或烘干，及时给库房通风降温排湿，也可采用机械通风方法降温。

（2）仓库害虫简称"仓虫"，广义地讲是指一切危害贮藏种子的害虫。种子贮藏过程中，由于湿度和温度的关系，或者结露后发热霉变，微生物大量繁殖，均可能滋生害虫。仓虫常潜藏在仓库内阴暗、潮湿、通风不良的地方，缝内越冬和栖息，新种子入仓后害虫就会继续出来为危害。常见的仓虫食害有谷斑皮蠹、黑斑皮蠹、花斑皮蠹、杂拟谷盗等。皮蠹最为常见，幼虫蛀食种子，损失极大。1年可发生4代；以幼虫越冬。成虫虽然有翅，但不能飞，依靠种子调运进行传播。产卵在籽粒上，幼虫期约42天，共蜕皮7～8次。此虫是危害严重和难于防治的一大害虫，皮蠹的耐热性及耐寒性都很强，耐饥性也极强，非休眠期钻入缝隙内以后，可活3年。进入休眠的幼虫可活8年，它的抗药性也很强。

谷斑皮蠹

（3）库房消杀：发生虫害后只能将库房种子全部搬出来；全方位清洁库房卫生，尤其是库房内的孔、洞、缝隙、角落和不通风透光的地方。库房工具也要清洁，清洁完成后进行库房内全面消杀。库房工具也要移入库房，使用化学杀虫剂丁醚脲、马拉硫磷、敌敌畏3种农药200～300倍稀释液，在仓库所有角落、工具、货架均匀交替喷雾，3天1次，喷药后密闭仓库，3次药剂喷完后认真检查一遍，然后再次用磷化铝片剂；每3m²放置1片，投药后密闭库房3～5天，然后通风5～7天排除毒气，库房消杀工作完成。

（4）移除库房外的种子要全部晾晒，在太阳下暴晒1天，然后用风选机除虫，在一定的风力作用下，使害虫与种子分离。筛子除虫是根据种子与害虫的大小、形状和表面状态不同通过筛面的相对运动把虫卵、虫皮、虫粪与种子分离开来。机械防治须注意机械混杂种子，注意清理。清选后每个编织袋内放置1片磷化铝片剂，切记药片要用餐巾纸包裹。全部处理完后将种子移入另一个库房或者在晾晒场堆积起来，

在编织袋空隙也放置磷化铝片剂，然后用塑料膜将种子包裹严实，熏蒸5～7天。磷化铝的杀虫效果决定于仓库和包裹的密闭性。密闭性越好好，杀虫效果越显著。完成后打开通风一天。检查熏蒸效果；虫害全部清除后再将种子移入消杀后的库房。利用有毒的化学药剂杀虫，此法具有高效、快速、经济等优点。由于药剂的残毒作用，还能起到预防害虫感染的作用。化学药剂防治法虽有较大的优越性，但使用不当，往往会影响种子的生活力和工作人员的安全，因此，此法只能作为综合防治中的一项技术措施，结合其他方法使用，效果更佳。

（5）仓库日常管理：经清洁、改造、消毒工作后，还要防止仓虫的再度感染，也就是要做好隔离工作。这样也便于将已经发生的仓虫，限制在一定范围内，便于集中消灭。应做到有虫的和无虫的、干燥的和潮湿的种子分开贮藏。未感染虫害的种子不贮入未消毒的仓库。包装器材及仓储用具，应保管在专门的器材房里。已被仓虫感染的工具、包装物等不应与未被感染的放在一起，更不能在未感染害虫的仓内和种子上使用。工作人员在离开被仓虫感染的仓库和种子时，应将衣服、鞋帽等加以整理清洁检查后，才可进入其他仓房，以免人为地传播仓虫。

（6）保持库房干燥通风，利于种子的安全贮藏。注意库房卫生和消毒，定期或不定期地利用易于挥发熏蒸剂进行预防。清洁卫生防治不仅有防虫与治虫的作用，而且对限制微生物的发展也有积极作用。可以阻挠、隔离仓虫的活动和抑制其生命力，使仓虫无法生存、繁殖而死亡。清洁卫生防治必须建立一套完整的清洁卫生制度。种子贮藏期间的管理工作十分重要，应该根据具体情况建立各项制度，提出措施，勤加检查，以便及时发现和解决问题，避免种子的损失。

（7）库房防鼠：鼠害也是库房的主要危害之一。种子仓库应从结构上考虑防止鼠类进入室内，即门窗要密合，不留缝隙，门的下端要设置铁皮防鼠板，库存种子应摆放在货架，离开墙面墙角，搞好防鼠措施。在库中放置捕鼠夹、电子捕鼠器或粘鼠胶板，将这些捕鼠器放于墙角或鼠常出没活动处。

第七章

种子寿命

种子从完全成熟到丧失生活力所经历的时间，被称为种子的寿命，即种子所能保持发芽能力的年限。种子寿命取决于内在因素和贮藏条件。不同种类花卉的种子，其种皮构造及种子的化学成分不同，种子的寿命因植物种类的不同而不同。可以是半年，也可以长达很多年。大多数观赏植物种子的寿命在一般贮藏条件下为1～3年。在良好的贮藏条件下，种子的寿命可以延长好几倍。不过，作为生产上用的种子，还是以新鲜的为好。即使在适宜的条件下，种子保存过久，也会逐渐丧失发芽能力。这是由于种子细胞内蛋白质变性的缘故。在高温和潮湿的情况下，种子呼吸作用加强，这不仅消耗了大量的贮存物质，同时还放出热量，加速蛋白质的变性，从而缩短了种子的寿命。

种子瓶

种子寿命的缩短是种子自身衰败所引起的，是不可逆转的。种子寿命的长短除遗传因素外，也受种子的成熟度、成熟期的矿质营养、机械损伤与冻害、贮存期的含水量以及外界的温度、霉菌的影响，其中以种子的含水量及贮藏温度为主要因素。种子均具有吸湿性，在任何环境中，都要与环境的水分保持平衡。种子的水分平衡首先取决于种子的含水量及环境相对湿度间的差异。大多数种子安全含水量在5%～8%时寿命最长，含油脂高的一般不超过9%，含淀粉种子不超过13%。在相对湿度为20%～50%时，种子贮藏寿命最长。空气的相对湿度又与温度紧密相关，随温度的升高而加大。一般种子在低相对湿度及低温下寿命较长。多数种子在相对湿度80%及温度25～35℃下，很快丧失发芽力。

观赏植物种子的寿命因种类不同，这种差异性受多种因素的影响。首先是由植物本身的遗传性所决定的，例如非洲菊、报春花种子的寿命只有半年或1年；波斯菊、百日草等种子寿命为2～3年；而观赏葫芦、香豌豆、万寿菊等种子寿命为4～5年；有的种子最初发芽率就较低，如小丽花、迷迭香、薰衣草等，因此，在确定种子寿命时还要考虑特殊情况。其次，这种差异性受环境条件的作用，包括种子留在母株上时的生态条件以及收获、脱粒、干燥、加工、贮藏和运输过程中所受到的影响。通常提到的某一种作物种子的寿命是指它在一定的具体条件下能保持生活力的年限。当时间、地点以及各种环境因素发生改变时，作物种子的寿命也就随之改变。

低温可以抑制种子的呼吸作用，延长其寿命。多数花卉种子的标准含水量较低，可以把种子干燥、密封后，置于1～5℃的低温下，就能较长期地保持种子的生命力；而在高温高湿的条件下贮存，则会降低种子的发芽力。低温、低湿、黑暗以及降低空气中的含氧量为理想的贮存条件；氧气可以促进种子的呼吸作用，降低氧气含量能延长种子的寿命。完好的种皮能阻止氧气进入，有利于种子寿命的延长。含水量低的种子，呼吸作用微弱，需氧少，在密封条件下能较长时间保持生命力。含水量高的种子，呼吸作用强，要保持适当的通气，保证供给种子必需的氧气。例如飞燕草种子在常温条件下只能贮存1～2年，而在-10℃，相对湿度40%，种子含水量4%～7%，可贮存10年以上。许多国家利用低温、干燥、空调技术贮存优良种子，使良种保存工作由种植为主转为贮存为主，大大节省了人力、物力并保证了良种质量。所以，贮存种子要求寿命长时，需要降低种子含水量，增加二氧化碳含量，降低室温。因此，贮藏种子、引种及保存种质资源都必须首先了解物种的种子贮藏习性是属于哪一种类型，才能设置、提供合适的贮藏环境，获得理想的预期效果。种子也不应长时间暴露于强烈的日光下，否则会影响种子发芽力及寿命。应将种子存放在阴凉避光的环境中。微生物和病虫害也对种子的寿命有影响。

常见观赏植物种子千粒重和贮藏寿命一览表（在贮藏温度平均20℃，空气相对湿度小于45%的条件下）

中文名	每克参考粒数（粒）	千粒重（g）	种子贮藏寿命（年）	中文名	每克参考粒数（粒）	千粒重（g）	种子贮藏寿命（年）
观赏荷麻	250	4.00	3～4	蓝花车叶草	1050	0.95	3～4
千叶蓍	7000	0.14	2～3	高山紫菀	1950	0.51	2～3
凤尾蓍	6800	0.15	2～3	荷兰菊	850	1.18	2～3
锯草	5000	0.20	2～3	山菠菜	530	1.89	3～4
夏侧金盏花	150	6.67	3～4	南庭荠	3200	0.31	2～3
墨西哥藿香	1750	0.57	3～4	青蒿	8000	0.13	3～4
藿香蓟	4300	0.23	3～4	香彩雀	9000	0.11	2～3
心叶藿香蓟	5500	0.18	2～4	射干	35	28.57	4～5
麦仙翁	85	11.76	3～4	雏菊	6000	0.17	2～3
鞠翠花	4500	0.22	3～4	红柄藜菜	90	11.11	3～4
美丽云草	8000	0.13	3～4	刺针草	820	1.22	3～4
观赏小花葱	1010	0.99	2～3	琉璃苣	50	20.00	2～3
蜀葵	90	11.11	4～5	五色菊	6500	0.15	2～3
黄花香雪球	1200	0.83	3～4	观赏油菜花	450	2.22	2～3
尾穗苋	1800	0.56	4～5	羽衣甘蓝	430	2.33	2～3
千穗谷	1500	0.67	4～5	大凌风草	280	3.57	3～4
繁穗苋	1500	0.67	4～5	蓝英花	7000	0.14	3～4
锦西风	1500	0.67	4～5	叶上黄金	270	3.70	3～4
雁来红	1500	0.67	4～5	狐尾雀麦	340	2.94	3～4
雁来黄	1500	0.67	4～5	荷包花	50000	0.02	1～2
大阿米芹	1500	0.67	3～4	金盏菊	150	6.67	3～4
细叶阿米芹	1500	0.67	3～4	翠菊	470	2.13	1～2
银苞菊	1900	0.53	3～4	风铃草	4000	0.25	2～3
琉璃繁缕	2500	0.40	2～3	丛生风铃草	10000	0.10	2～3
南非牛舌草	600	1.67	3～4	聚花风铃草	6000	0.17	2～3
春黄菊	2400	0.42	3～4	观赏五色椒	160	6.25	3～4
金鱼草	6300	0.16	2～3	草决明	50	20.00	3～4
蒔萝	750	1.33	3～4	蓝箭菊	500	2.00	3～4
大花耧斗菜	900	1.11	3～4	长春花	900	1.11	2～3
加拿大耧斗菜	950	1.05	3～4	鸡冠花	1200	0.83	4～5
欧耧斗菜	800	1.25	3～4	羽状鸡冠	1800	0.56	4～5
金花葵	65	15.38	4～5	凤尾鸡冠	1400	0.71	4～5
罗布麻	1560	0.64	3～4	穗状鸡冠花	1900	0.53	4～5
牛蒡	63	15.87	5～6	矢车菊	270	3.70	3～4
凉菊	1570	0.64	3～4	香矢车菊	230	4.35	3～4
灰毛菊	220	4.55	3～4	美洲矢车菊	85	11.76	3～4
海石竹	1400	0.71	3～4	羽裂矢车菊	460	2.17	3～4
香艾	15000	0.07	2～3	山矢车菊	90	11.11	3～4
金鱼藤	3000	0.33	2～4	大头矢车菊	60	16.67	3～4
柳叶马利筋	430	2.33	3～4	银叶菊	3500	0.29	3～4
沼泽马利筋	210	4.76	3～4	红缬草	680	1.47	3～4

中文名	每克参考粒数（粒）	千粒重（g）	种子贮藏寿命（年）	中文名	每克参考粒数（粒）	千粒重（g）	种子贮藏寿命（年）
黄冠马利筋	380	2.63	3～4	蓝蜡花	20	50.00	5～6
气球果	180	5.56	3～4	茸毛卷耳	800	1.25	2～3
文竹	29	34.48	1～2	果香菊	8000	0.13	2～3
双花洋甘菊	2000	0.50	2～3	小盼草	350	2.86	2～2
多变小冠花	300	3.33	3～4	三叶芹	600	1.67	3～4
桂竹香	750	1.33	2～3	白屈菜	4400	0.23	3～4
球花藜	2200	0.45	3～4	小丽花	130	7.69	3～4
三色藜麦	410	2.44	3～4	白花曼陀罗	150	6.67	4～5
花环菊	400	2.50	3～4	重瓣曼陀罗	85	11.76	3～4
茼蒿菊	680	1.47	3～4	大花翠雀	440	2.27	2～3
西洋滨菊	2200	0.45	3～4	小飞燕草	650	1.54	2～3
矮滨菊	2200	0.45	3～4	五彩石竹	1000	1.00	4～5
白晶菊	1600	0.63	3～4	美国石竹	950	1.05	4～5
黄晶菊	720	1.39	2～3	香石竹	580	1.72	4～5
小菊	2300	0.43	3～4	少女石竹	5000	0.20	2～3
切花洋甘菊	2800	0.36	2～3	常夏石竹	800	1.25	3～4
菊苣	700	1.43	3～4	瞿麦	1000	1.00	3～4
大蓟	600	1.67	3～4	高石竹	1000	1.00	3～4
山字草	3500	0.29	2～3	欧石竹	1000	1.00	3～4
甘青铁线莲	620	1.61	3～4	毛地黄	10000	0.10	2～3
醉蝶花	580	1.72	2～3	异果菊坚果	380	2.63	3～4
电灯花	12	83.33	4～5	异果菊翅果	380	2.63	2～3
跳舞草	200	5.00	3～4	双距花	4160	0.24	3～4
薏苡	3	333.33	5～6	起绒草	350	2.86	3～4
彩叶草	4000	0.25	2～3	秃疮花	1900	0.53	3～4
千鸟草	900	1.11	1～2	翠珠花	400	2.50	5～6
三色旋花	120	8.33	4～4	香青兰	540	1.85	3～4
剑叶金鸡菊	330	3.03	2～4	蛇莓	2100	0.48	2～3
重瓣金鸡菊	500	2.00	2～4	金毛菊	6000	0.17	3～4
两色金鸡菊	2700	0.37	2～3	胡萝卜花	70	14.29	2～4
龙眼金鸡菊	2200	0.45	2～3	眉豆	3	333.33	6～7
密花金鸡菊	3800	0.26	2～3	紫色达利菊	660	1.52	3～4
线叶金鸡菊	3500	0.29	2～3	紫松果菊	320	3.13	4～5
轮叶金鸡菊	300	3.33	2～3	彩色紫锥菊	370	2.70	4～5
巧克力金鸡菊	390	2.56	2～3	蓝刺头	75	13.33	4～5
刻叶紫堇	460	2.17	3～4	蓝蓟	230	4.35	3～4
大波斯菊	120	8.33	3～4	金琥	780	1.28	1～3
矮波斯菊	160	6.25	3～4	一点红	1100	0.91	2～3
硫华菊	160	6.25	3～4	画眉草	8000	0.13	3～4
金槌花	1600	0.63	2～3	美丽飞蓬	3500	0.29	3～4
桃色蒲公英	650	1.54	3～4	高山刺芹	750	1.33	3～4

中文名	每克参考粒数（粒）	千粒重（g）	种子贮藏寿命（年）	中文名	每克参考粒数（粒）	千粒重（g）	种子贮藏寿命（年）
玩具南瓜	8~20	0.02	4~5	柳叶刺芹	460	2.17	3~4
黄瓜型拇指西瓜	190	5.26	3~4	扁叶刺芹	500	2.00	3~4
彩斑西瓜	10	100.00	4~5	七里黄	900	1.11	3~4
观赏可爱黄瓜	200	5.00	3~4	花菱草	800	1.25	3~4
小茴香	340	2.94	3~4	银边翠	50	20.00	4~5
尊距花	320	3.13	3~4	黄金菊	4200	0.24	3~4
仙客来	160	6.25	2~3	智利垂果藤	3100	0.32	2~3
倒提壶	240	4.17	3~4	佩兰	1800	0.56	2~3
拂子茅	1800	0.56	3~4	费利菊	750	1.33	3~4
蒲苇	1500	0.67	2~3	蓝雏菊	880	1.14	3~4
菠萝菊	20	50.00	4~5	茴香	150	6.67	3~4
球茎茴香	270	3.70	3~4	燕子鸢尾	28	35.71	3~4
盆栽草莓	2100	0.48	2~3	蓝花鸢尾	50	20.00	3~4
迷你小草莓	3200	0.31	3~4	黄花鸢尾	20	50.00	3~4
蓝羊茅	1000	1.00	3~4	板蓝根	140	7.14	3~4
矢车天人菊	500	2.00	4~5	旋覆花	7000	0.14	2~3
宿根天人菊	350	2.86	4~5	白茅	495	2.02	3~4
山桃草	80	12.50	3~4	火炬花	375	2.67	3~4
勋章花	400	2.50	3~4	地肤	1000	1.00	2~3
老鹳草	130	7.69	3~4	观赏葫芦	5~12	80~200	6~7
山地路边青	500	2.00	3~4	兔子尾巴草	1500	0.67	2~3
球状吉利花	2100	0.48	3~4	香豌豆	12~30	0.02	7~8
古代稀	2300	0.43	3~4	智利香豌豆	30	33.33	7~8
千日红	240	4.17	3~4	狭叶薰衣草	900	1.11	3~4
焰火千日红	1000	1.00	3~4	羽叶薰衣草	1600	0.63	3~4
矮千日红	380	2.63	3~4	法国薰衣草	1120	0.89	3~4
宿根满天星	1600	0.63	3~4	希德寇特薰衣草	1000	1.00	3~4
大花满天星	1200	0.83	3~4	美丽花葵	170	5.88	4~5
宿根霞草	1600	0.63	3~4	莱雅菜	1400	0.71	3~4
迷你满天星	33500	0.03	1~2	迷你紫英花	3980	0.25	2~3
三色介代花	3350	0.30	2~3	繁星花	3300	0.30	3~4
燕雀草	2000	0.50	3~4	蛇鞭菊	300	3.33	2~3
红花岩黄芪	235	4.26	4~5	勿忘我	450	2.22	4~5
堆心菊	250	4.00	3~4	黄花补血草	1300	0.77	2~3
秋花堆心菊	4500	0.22	3~4	阔叶补血草	1400	0.71	2~3
观赏向日葵	20~35	28-50	3~4	情人草	6000	0.17	3~4
小花向日葵	300	3.33	3~4	吉利花	1500	0.67	3~4
狭叶向日葵	410	2.44	4~5	柳穿鱼	13000	0.08	3~4
麦秆菊	1600	0.63	3~4	黄柳穿鱼	6500	0.15	3~4
赛菊芋	160	6.25	3~4	花亚麻	340	2.94	3~4
日光菊	240	4.17	3~4	宿根亚麻	700	1.43	3~4

中文名	每克参考粒数（粒）	千粒重（g）	种子贮藏寿命（年）	中文名	每克参考粒数（粒）	千粒重（g）	种子贮藏寿命（年）
香水草	2300	0.43	2～3	红花亚麻	300	3.33	3～4
永生菊	300	3.33	3～4	山梗菜	35000	0.03	2～3
铺地半日花	750	1.33	2～3	香雪球	3700	0.27	3～4
银叶蜡菊	1450	0.69	3～4	金纽扣	4000	0.25	3～4
欧洲香花芥	950	1.05	3～4	蝶恋花	30	33.33	4～5
大花芙蓉葵	120	8.33	4～5	鲁冰花	45	22.22	7～8
红花木槿	70	14.29	4～5	二色羽扇豆	25	40.00	5～6
黄花木槿	220	4.55	4～5	毛羽扇豆	3	333.33	6～7
芒颖大麦草	590	1.69	3～4	剪秋罗	2500	0.40	3～4
金杯花	250	4.00	2～3	盆栽番茄	618	1.62	3～4
神香草	850	1.18	3～4	千屈菜	17000	0.06	2～3
蜂室花	330	3.03	2～3	荷包蛋花	1400	0.71	3～4
伞形屈曲花	400	2.50	2～3	狼尾花	540	1.85	3～4
中国凤仙	140	7.14	4～5	银扇草	50	20.00	5～7
非洲凤仙花	1700	0.59	3～4	美丽日中花	3700	0.27	2～3
红衫花	800	1.25	3～4	高山火绒草	7500	0.13	2～3
牵牛花	50	20.00	6～7	益母草	300	3.33	3～4
爪叶牵牛	40	25.00	6～7	五星菊	160	6.25	5～6
马蔺	38	26.32	6～7	涩荠	1800	0.56	3～4
马络葵	320	3.13	4～5	美丽月见草	6720	0.15	2～3
蔓锦葵	400	2.50	4～5	大翅蓟	100	10.00	4～5
锦葵	500	2.00	4～5	牛至	7500	0.13	3～4
纽扣母菊	2800	0.36	3～4	马约兰	5000	0.20	3～4
西洋甘菊	7000	0.14	3～4	二月蓝	560	1.79	3～4
紫罗兰	800	1.25	3～4	南非万寿菊	65	15.38	4～5
切花紫罗兰	600	1.67	3～4	黄花酢浆草	1950	0.51	3～4
皇帝菊	200	5.00	3～4	蓝星花	140	7.14	3～4
拇指西瓜	360	2.78	3～4	仙人掌	40	25.00	5～6
薄荷	12000	0.08	2～3	蕾丝花	70	14.29	4～5
科西嘉薄荷	16000	0.06	2～3	虞美人	6500	0.15	2～3
普列薄荷	12000	0.08	2～3	冰岛虞美人	5800	0.17	2～3
野薄荷	15000	0.07	2～3	东方虞美人	4000	0.25	2～3
鱼香草	14000	0.07	2～3	天山红花	8000	0.13	2～3
皱叶薄荷	8500	0.12	2～3	西番莲	50	20.00	4～5
柠檬香蜂草	1900	0.53	2～3	天竺葵	210	4.76	3～4
留兰香	12000	0.08	2～3	紫穗狼尾草	200	5.00	3～4
美国薄荷	2500	0.40	3～4	长茸毛狼尾草	610	1.64	3～4
马薄荷	2000	0.50	3～4	羽绒狼尾草	660	1.52	3～4
柠檬千层薄荷	2700	0.37	3～4	御谷	250	4.00	3～4
含羞草	160	6.25	5～6	象牙钓钟柳	1250	0.80	3～4
猴面花	20000	0.05	2～3	哈威钓钟柳	2000	0.50	3～4

中文名	每克参考粒数（粒）	千粒重（g）	种子贮藏寿命（年）	中文名	每克参考粒数（粒）	千粒重（g）	种子贮藏寿命（年）
紫茉莉	6～10	100～166	3～4	劲直钓钟柳	1150	0.87	3～4
领圈花	220	4.55	3～4	指状钓钟柳	7800	0.13	3～4
粉黛乱子草	3700	0.27	3～4	紫苏	800	1.25	2～3
中国勿忘草	1700	0.59	3～4	矮牵牛	10000	0.10	2～3
坡地毛冠草	2350	0.43	3～4	欧香芹	600	1.67	3～4
马迪菊	310	3.23	3～4	加州蓝铃花	2000	0.50	5～6
黄金莲花	250	4.00	3～4	艾菊叶法色草	650	1.54	5～6
龙面花	5700	0.18	3～4	高山钟穗花	6500	0.15	3～4
喜林草	580	1.72	3～4	福禄考	500	2.00	3～4
黑便士喜林草	394	2.54	3～4	酸浆	700	1.43	3～4
斑花喜林草	110	9.09	3～4	假龙头花	400	2.50	3～4
荆芥	1600	0.63	5～6	多药商陆	55	18.18	3～4
假酸浆	1000	1.00	3～4	桔梗	1200	0.83	3～4
花烟草	8000	0.13	3～4	花葱	1200	0.83	3～4
赛亚麻	4500	0.22	3～4	红蓼	80	12.50	3～4
黑种草	560	1.79	4～5	头花蓼	1400	0.71	3～4
茴香叶黑种草	440	2.27	4～5	松叶牡丹	9000	0.11	3～4
查布丽卡黑种草	1050	0.95	3～4	大花马齿苋	10000	0.10	3～4
西班牙黑种草	950	1.05	3～4	委陵菜	1000	1.00	3～4
小钟花	300	3.33	4～5	小叶委陵菜	2300	0.43	3～4
甜罗勒	700	1.43	3～4	莓叶委陵菜	2300	0.43	3～4
法莫罗勒	600	1.67	3～4	红花委陵菜	2300	0.43	3～4
桂皮罗勒	650	1.54	3～4	黄花九轮报春	2000	0.50	1～2
密叶香罗勒	1200	0.83	3～4	欧洲报春	1500	0.67	1～2
月见草	1450	0.69	3～4	高山报春	8000	0.13	1～2
拉玛克月见草	1500	0.67	3～4	大花夏枯草	600	1.67	3～4
大花夜来香	220	4.55	3～4	五星花	35000	0.03	2～3
玲珑菊	6000	0.17	2～3	香万寿菊	1250	0.80	4～5
宝石草	150	6.67	3～4	孔雀草	350	2.86	4～5
观赏糜子	120	8.33	3～4	密花孔雀草	1000	1.00	4～5
地锦	40	25.00	6～7	假人参花	3700	0.27	3～4
羽叶茑萝	70	14.29	4～5	蒲公英	1900	0.53	3～4
鳞托菊	800	1.25	3～4	大花老鸦嘴	40	25.00	6～7
花毛茛	3000	0.33	2～3	百里香	7000	0.14	3～4
草原松果菊	850	1.18	3～4	圆叶肿柄菊	120	8.33	3～4
观赏蓖麻	2	500.00	4～5	除虫菊	400	2.50	3～4
迷迭香	800	1.25	4～5	香囊草	90	11.11	5～6
黑心菊	2500	0.40	3～4	旱金莲	8	125.00	4～5
宿根金光菊	2400	0.42	3～4	夏堇	16500	0.06	1～2
芸香	450	2.22	3～4	黄花决明	75	13.33	5～6
香木樨花	850	1.18	3～4	蓝香草	450	2.22	3～4

中文名	每克参考粒数（粒）	千粒重（g）	种子贮藏寿命（年）	中文名	每克参考粒数（粒）	千粒重（g）	种子贮藏寿命（年）
智利喇叭花	5500	0.18	3～4	黄花婆罗门参	140	7.14	3～4
粉萼鼠尾草	440	2.27	3～4	蛇瓜	4	250.00	5～6
红花鼠尾草	650	1.54	3～4	春黄熊菊	1000	1.00	3～4
蓝花鼠尾草	1000	1.00	3～4	麦蓝菜	200	5.00	3～4
快乐鼠尾草	160	6.25	4～5	缬草	1450	0.69	3～4
林下鼠尾草	780	1.28	3～4	毛蕊花	11000	0.09	3～4
宿根鼠尾草	430	2.33	3～4	柳叶马鞭草	4600	0.22	3～4
香紫苏	220	4.55	3～4	宽叶马鞭草	4200	0.24	3～4
一串红	300	3.33	3～4	矮细长马鞭草	1350	0.74	3～4
匍匐蛇目菊	1450	0.69	3～4	美女樱	500	2.00	3～4
肥皂草	600	1.67	2～3	细裂美女樱	900	1.11	3～4
芳香菜	2300	0.43	3～4	加拿大美女樱	1000	1.00	3～4
轮锋菊	160	6.25	3～4	穗花婆婆纳	13000	0.08	2～3
星花轮锋菊	25	40.00	3～4	大花三色堇	900	1.11	2～3
蛾蝶花	2200	0.45	3～4	中花三色堇	1000	1.00	2～3
小叶景天	15000	0.07	2～3	角堇	1150	0.87	2～3
瓜叶菊	3500	0.29	3～4	紫花地丁	1200	0.83	2～3
矮雪轮	1450	0.69	3～4	蟛蜞菊	800	1.25	3～4
蝇子草	2500	0.40	3～4	干花菊	900	1.11	3～4
观赏高粱	40	25.00	4～5	彩色玉米	5～12	0.02	6～7
金银茄	140	7.14	3～4	大花百日草	100	10.00	3～4
冬珊瑚	300	3.33	3～4	小花百日草	120	8.33	3～4
五指茄	120	8.33	3～4	小百日菊	450	2.22	3～4
桂圆菊	3500	0.29	3～4	聚合草	100	10.00	3～4
细茎针茅	4000	0.25	2～3	苦参	25	40.00	4～5
澳洲沙漠豆	70	14.29	4～5	黄芩	1000	1.00	2～3
蝎子草	100	10.00	4～5	舌苞菊	1600	0.63	3～4
观赏谷子	250	4.00	4～5	艾菊	3560	0.28	2～3
美丽风毛菊	650	1.54	3～4	万寿菊	300	3.33	4～6

第八章 种子质量检验

种子品质是由种子不同特性综合而成的概念，包括品种品质和播种品质两方面内容。品种品质是指与遗传特性有关的品质（即种子内在品质），可用真、纯两个字概括。播种品质是指种子播种后与田间出苗有关的品质（即种子外在品质），可用净、壮、饱、健、干五个字概括。种子检验分为田间检验和室内检验两部分。田间检验是在作物生长期间，在采种田的田间分析鉴定，主要包括检验种子真实度和品种纯度，病虫感染率，杂草与异作物混杂程度和生育情况。以品种纯度为主要检验项目。

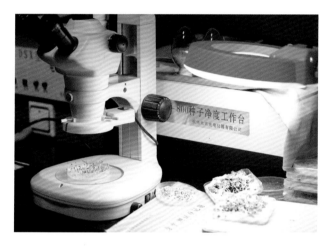

室内检验是在种子收获以后，销售、播种前在仓库抽取样品进行检验。在种子脱粒、运输、贮藏和播种前，由于种种原因都有可能使种子品质发生变化。因此，必须定期对种子品质进行全面检验。室内检验包括检验种子净度、发芽力、活力、水分、种子重量和种子健康度等内容。其中，纯度、净度、发芽率和水分4项指标为种子质量分级的主要标准，是种子收购、种子贸易和经营分级定价的依据。

一、田间检验

田间检验的目的是检查田间前茬作物和品种或相近的自生植株；检查田间隔离情况，是否符合空间隔离要求；田间是否有变异株和杂株，是否有外来花粉、串粉污染；检查田间发生病虫害传染；检查有无有害杂草和异作物混入；检查品种的真实性和测定品种纯度；检查田间生长情况，种子成熟和质量是否正常；计算判断是否符合种子质量标准，能否作为商用种子。田间检验工作分为生产期田检和生产后纯度检验两部分组成。采种田日常田间管理期间，不定期的检查作物的生长情况，记录好田间档案。技术员要熟悉生产品种的习性和纯度要求，掌握田间检验方法和田间标准、种子生产的办法和程序等方面的相关知识，知道被检作物品种的特征特性；具备能依据品种特征特性

确认品种真实性，鉴别种子田杂株并使之量化的能力；具备独立地报告种子田间状况并作出评价。

品种纯度是种子的主要质量指标，种子采收入库后要及时对品种做纯度鉴定。田间种植鉴定田是鉴定品种真实性和测定品种纯度的最为可靠、准确的方法，也是我国农作物种子检验规程规定的标准方法。收获后的种子按批次和标准扦样，准备好鉴定田块，如果仅鉴定花色，可以在温室内进行，如果要鉴定抗性或株高等多项指标在露地进行。北方冬季无法鉴定，可在异地云南或海南亚热带地区露地种植进行鉴定。也可以在下一个生长季节种植进行鉴定。在准备好的田块，制定合理的行株距，采用单粒播种，出苗后不间苗，被鉴定的品种种植不能少于100株，出苗后可先鉴定田间发芽率。出苗后根据不同品种幼苗的独特性状，如子叶的形状、颜色、大小等进行检验。成株期依据其主要特征鉴定纯度，这是最为通用的且比较可靠的方法。主要根据株形、株高、叶色、叶片宽窄、开花颜色、花径等做出评判。但此法所需时间较长且费工占地。而且这种方法受环境影响颇大，使得鉴定结果的准确性受到一定程度的影响。鉴定结果用被检品种的株数除去杂株率，用百分率表示即为鉴定纯度。

二、质量检验室内检验

室内检验是指采用科学的技术和方法，按照一定的程序和标准，运用特定的仪器设备对种子质量进行仔细的检验、分析、鉴定，判断其优劣，评定其种用价值。室内检验要配备专业的质量检验设备，常用的有光照培养箱、种子气候室、发芽箱、净度分析台、种子净度风选仪、电子自动数粒仪、高精度电子天平、烘干箱、生物显微镜、放大镜、扦样器、分样器、水分检测仪和低温冰箱等设备。还需配备有化学

试剂、杀菌设备、消毒装置等。净度检测分析用净度分析台、种子净度风选仪、套筛、显微镜等设备。水分检测用水分检测仪、低温冰箱、烘干箱、高精度电子天平等设备。发芽率检测用电子自动数粒仪、光照培养箱等设备来完成发芽率检测。检验人员借助放大镜、生物显微镜等工具，对种子形状、大小、色泽、质地以及种子外表各部位的特征来鉴别霉变、饱满度和种子健康状况。

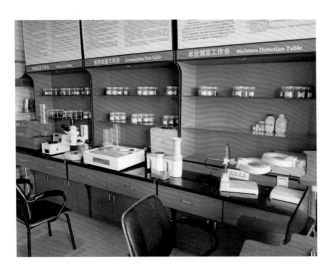

种子质量检验员是一种职业，负责扦样、净度、发芽率、水分等项目检测。种子检验员应当具备以下条件，并经省级以上人民政府农业行政主管部门考核合格，持证上岗。种子检验员从事种子质量检验技术工作，应当严格执行国家有关法律、法规、技术规程和标准，遵守检验机构的有关规定，提供准确、清晰、明确、客观的检验数据。

三、质量检验流程

包括扦样、重量测定、外观检验、种子活力检验、种子健康测定、种子净度分析和发芽试验。

种子样品通常由合格扦样员扦样，采用扦样器取样，因而在种子检验上俗称为扦样。扦样是种子检验的重要环节，扦取的样品有无代表性，决定着种子检验结果是否有效。如果扦取的样品缺乏代表性，那么后来检测多么准确，都不会获得符合实际情况的检验结果，这将可能导致对整批种子质量作出错误的判断。根据国际种子检验规程的规定进行扦样。

在扦样时，该种子批已进行掺匀和精选加工，尽可能达到均匀一致，保证样品的可溯性和原始性。按同一来源、同一品种、同一年度、同一时期收获和质量基本一致、在规定数量之内、规定重量的、外观一致的种子。先划分种子批；按照随机抽取原则，在一个批次的种子分点取样。扦样分混合样和分户

样，观赏植物采种和其他农作物不同，最大批次的采种就是500kg以上，最小批次的可能是几十克。大批次的种植户要分户抽取样品，样品根据品种或种粒大小抽取，特大粒种子（每克1～50粒）不能少于100g；大粒种子（每克51～200粒）不能少于50g；中粒种子（每克201～800粒）不能少于20g；小粒种子（每克801～5000粒）不能少于10g；微粒种子（每克5001～50000粒）不能少于1～5g。当该种子批产量偏低或因价值昂贵，样品小于规定重量时，应按实际情况扦样；每个样品一式三份装入样品袋封存，样品袋要注明种植户姓名、生产编号、生产日期、代表重量和抽样日期。由扦样员建立样品档案并妥善保存。

三、种子重量测定

1. 种子千粒重：是以克表示的1000粒种子的重量，它是体现种子大小与饱满程度的一项指标。千粒重测定原则是从充分混合、自然干燥状态下1000粒种子的重量，随机数出3个1000粒种子的重量，3次平均后的数值即为千粒重。由于不同种子批在不同地区和不同季节水分差异很大，为了便于比较，将实测水分换算成相同的规定水分，来计算1000粒种子的重量。使用高精度天平，感量0.01g～0.1g；结果允许差：千粒重1g以下的不超过0.01g；千粒重10g以下的不超过0.1g；千粒重20g以下的不超过0.4g；千粒重20.1～50g的不超过0.7g；千粒重50.1g以上的不超过1.0g。

2. 种子容重、比重、密度、孔隙度、散落性和自动分级、导热性、热容量、吸附性、吸湿性容重等：单位容积内种子的绝对重量。这里只介绍种子比重。种子比重为一定绝对体积的种子重量和同体积的水的重量之比，即种子的绝对重量和它的绝对体积之比。对不同作物或不同品种而言，种子比重因形态构造、细胞组织的致密程度和化学成分的不同而有很大的差异。就同一品种而言，种子比重则随成熟度和充实饱

满度不同而不同。大多数作物的种子成熟越充分，内部积累的营养物质越多，则籽粒越充实，比重就越大。但含油量高的种子则相反，种子发育条件越好，成熟度越高，比重越小，因种子所含油脂随成熟度和饱满度而增加。种子比重不仅可以作为衡量种子品质的指标，还可以作为种子成熟度的间接指标。取有精细刻度的5～10mL小量筒，内装50%酒精或水，记下液体所达到的刻度；称取3～5g干净种子样品，放入量筒中，再观察液体平面升高的刻度，即为该种子样品的体积；根据公式求出种子的比重，3次重复，结果保留两位。

四、种子健康和活力测定

1.种子健康测定：根据田间检查记录，特别是对采种田病虫害发生的品种重点检测。先用肉眼观察、过筛；后用生物显微镜、放大镜检查种子外观种皮、胚、胚乳、色泽度、饱满度。检测种脐、发芽口是否完好。用洗涤、萌芽等检验手段，检验种子有无混杂、有无霉烂和无胚现象。测定种子是否携带有病原菌（如真菌、细菌及病毒）、有害的动物（如线虫及害虫）等健康状况，需要有专业人员和专业技术来检测种子。种子健康测定不同方法的敏感性、重复性以及所需培训和设备要求各不相同。种子健康测定所需的仪器设备因测定方法不同而不同，最基本的仪器设备和试剂有显微镜、培养箱、近紫外灯、冷涂冰箱、高压消毒锅、玻璃培养皿、2,4-D试剂、高锰酸钾、碘化钾等。

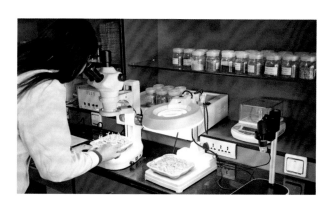

2.种子活力测定：种子活力是指种子发芽的潜在能力或种胚所具有的生命力，决定种子或种子批在发芽和出苗期间的活性水平。高活力的种子一定具有高的发芽力和生活力。观赏植物种类繁多，尤其是一些多年生宿根品种或野生驯化品种、顽拗性种子，都存在休眠性，种子生活力测定根据测定原理可分为4类：①生物化学法。如四唑测定法、溴麝香草酚蓝法、甲烯蓝法、中性红法和二硝基苯法等。②组织化学法。

如蓝染色法、红墨水染色法和软X射线造影法等。③离体胚测定法。④荧光分析法。因为这些方法需要专业的实验室和专业技术人员来完成，这里就不详细描述了。

五、种子休眠

种子休眠是指在预定的时间范围内本该有生命活力体征的种子，在预计正常、利于种子萌发的一些环境因子的组合条件下，不能按期正常萌发的一种生物现象。花卉种子休眠的因素有内因与外因两种。内在生理因素主要有种皮机械压迫，对水、气的不透性，或有抑制性物质；胚本身未发育成熟，缺少必需的激素或含有代谢抑制物质；胚乳的合成、积累、转化尚未完成等。外在因素有表皮很厚、很硬；种皮皮层有脂类物质或油类物质或密布茸毛，阻止水分进入或不透气，很难进行气体交换，导致种子发芽的环境条件难以满足而进行的休眠。

（1）生理性休眠也叫形态休眠，是指种子收获后，在适宜发芽的条件下，因未经过生理成熟（或生理后熟）的阶段，而暂时出现不能发芽的现象。种子成熟时种胚还是一些尚待分化的细胞，看似种子各器官在形态上已完备，其实种胚尚未成熟。缺少必需的激素或含有代谢抑制物质；有时种子内部如脱落酸之类的化学抑制剂会抑制胚生长，使其不足以突破种皮完成萌发。

（2）凡是由于种子得不到发芽所需的条件而暂时不能发芽的现象，称为强迫性休眠。依其休眠的程度可分为强迫休眠和深休眠。强迫休眠（又名短期休眠），强迫休眠的种子指因缺少它发芽所必需的水分、温度、氧气以及光照等条件而休眠。只要一旦有了这些条件它很快就能发芽。深休眠的种子即使给予了水分、温度、氧气和光照等适宜发芽的条件，仍不能萌发，还要求特殊处理，需要较长时间才能发芽。形成深休眠的原因比较复杂，但总的来说，可分两大类，即由于种皮的机械障碍或因种子本身的生理原因而形成的。由于种皮表面坚硬致密、密布茸毛或有油脂、果胶、蜡质等原因，阻止水分进入或不透气，很难进行气体交换，导致种子发芽的环境条件难以满足而形成深休眠。

（3）有些种子自身会产生某些有毒物质，抑制种子的萌发，从而一直处于休眠状态。

（4）不良环境条件能引起某些草花种子休眠。有些种子黑暗条件下进入休眠或深度休眠，有些种子在强光条件下进入休眠。有些种子对冷和热敏感，属于热休眠；有些种子则表现出光休眠或具光敏性。由于贮藏环境条件不宜；原休眠特性的种子出现休眠；已经通过休眠的种子将再度休眠。

六、种子休眠的解除

（1）机械破损适用于有坚硬种皮的种子。可用沙子与种子摩擦、划伤种皮或者去除种皮等方法来促进萌发。

（2）清水漂洗种子表面的果胶等。种子外壳含有萌发抑制物，播种前将种子浸泡在水中，反复漂洗或揉搓，直至洗掉表皮的油脂，让抑制物渗透出来，能够提高发芽率。

（3）沙藏层积处理。要求低温、湿润的条件来解除休眠；将种子埋在湿沙中置于1～10℃温度中，经1～3个月的低温处理就能有效地解除休眠。在层积处

理期间种子中的抑制物质含量下降，而赤霉素（GA₃）和细胞分裂素（CTK）的含量增加。如鸢尾科和一些顽拗性种子。

（4）经日晒和用开水烫种，再用35～40℃温水浸泡处理某些种子，如茄科、豆科、锦葵科等，可增加透性，促进萌发。有些种子需要变温处理打破休眠，一般需浸种5～6小时。用高温、低温交替变化对萌动的种子进行锻炼。具体做法是把萌动的种子，每天放置在1～5℃的低温下12～18小时，再放到18～22℃的较高温度下6～12小时，如此反复进行，直到催芽结束。

（5）化学处理一些种皮坚硬的种子，如可用稀硫酸处理来增加种皮透性，或者用0.9%～2.0%过氧化氢溶液浸泡。原因是过氧化氢的分解给种子提供氧气，促进呼吸作用，能显著提高发芽率。化学处理须有专业人员按流程和指定浓度进行。

（6）在高温或低温刺激下也能打破休眠。有些品种放在40℃高温下处理3～7天，如美女樱；或预先在5～10℃之间进行预冷处理也能打破休眠，根据休眠的品种种类进行处理，如紫苏、薰衣草、喜林草、飞燕草等。

（7）利用生长调节剂处理能打破种子休眠，促进种子萌发。其中赤霉素（GA₃）效果最为显著。用精准电子秤称赤霉素0.1g放入量杯中，加入75%酒精5mL反复搅拌，等白色结晶完全溶解。再用量杯装入清水500mL，加入溶解好的赤霉素反复搅拌均匀。将种子放入量杯浸泡，每一个小时抖动一次使药液完全渗入种子。硝酸钾、吲哚-3-乙酸、萘乙酸、聚乙二醇等也是打破休眠的化学试剂，须有专业人员按流程和指定浓度进行。

（8）光照处理也是打破种子休眠常用的手段，需光性种子种类很多，对光照的要求也很不一样。有些种弱光就能萌发，如半支莲、花烟草、金鱼草、矮牵牛、紫罗兰等。物理方法用X射线、超声波、高低频

电流、电磁场处理种子,也有破除休眠的作用。

七、种子净度检测

种子净度是指在一批种子中,除去各种混杂物及自身废种子外,剩余洁净种子占检验样品总重量的百分数,称为种子净度。采用科学、先进的净度分析台和标准的种子净度检测方法,对种子样品进行检测、分析、鉴定,以判断种子品质优劣。从要扦样种子中取平均样品,称重,记数后将种子倒在净度分析台上,打开分析台灯光,将分析种子混合均匀铺平;认真挑选出种子内的杂质和废种子;杂质包括土块、小石子、碎茎秆、种皮和失去发芽能力的其他植物种子;废种子是指本种植物中已失去发芽能力的种子及压碎和受病虫害的种子、虫蛹等。用公式:种子净度=(种子总重量-杂质重量)/种子总重量×100%求得种子净度。种子净度的百分率,应进行两次或多次取样计算,求其平均数,填入净度分析记录表。

八、种子水分检测

种子水分含量是影响种子寿命和安全贮藏的重要因素,是种子质量评定的重要指标之一。在加工、包装前、贮藏前和贮藏期间,都必须进行水分测定。绝不允许不符合安全水分标准的种子入库。种子水分测定的方法很多,可概括为标准测定法和其他测定法。标准测定方法:烘干减重法,正式检验报告用。其他方法有快速法、滴定法、蒸馏法。其中,快速法是利用电子仪器(如电容式、电阻式水分测定仪)在收购、调运、干燥加工时用;在ISTA国际种子检验规程和我国农作物种子检验规程GB/T 3543.6—1995中,规定种子水分测定的标准方法是烘干减重法,包括低恒温烘干法、高温烘干法和高水分种子预先烘干法。下面介绍花卉种子常用的3种水分检测方法。

1.烘干减重法检测水分:

①仪器设备有电热恒温干燥箱(电烘箱),电动粉碎机,用于磨碎样品,要求粉碎机结构密闭,粉碎样品时尽量避免室内空气的影响,可将样品磨至规定细度;样品铝盒或自封口袋,高精度电子天平,感量应达到0.001g;还有镊子、干燥剂、磨口瓶、毛刷、手套等。

②第一步:取待检样品,大粒种子10~20g,小粒种子3~5g。将种子装在密封容器内充分混合,对准另一个同样大小的空罐口,把种子在两个容器间往返颠倒,不少于3次,然后进行磨碎处理(小粒种子可不进行处理,直接烘干),处理后,将样品立即装入磨口瓶,并密封备用。

③第二步:先将样品盒预先烘干、冷却、称

重,并记下盒号。将待检样品在天平上称重(精确至0.001g),要求试样在铝盒内的分布为每平方厘米不超过0.3g。

④将烘箱预热至140~145℃,将样品盒放入烘箱,打开盒盖,样品盒距温度计的水银球约2.5cm处,迅速关闭烘箱门,待箱内温度回升至130℃时,开始计时,130~133℃烘干1小时。用钳子或戴上手套盖好盒盖(在箱内加盖),取出后放入干燥器内冷却至室温,然后再称重。

⑤根据烘干后失去的重量计算结果:样品盒和盖及样品的烘前重量减去样品盒和盖及样品的烘后重量,除以样品盒和盖及样品的烘前重量减去样品盒和盖的重量,乘以100%就是种子水分百分率,保留1位

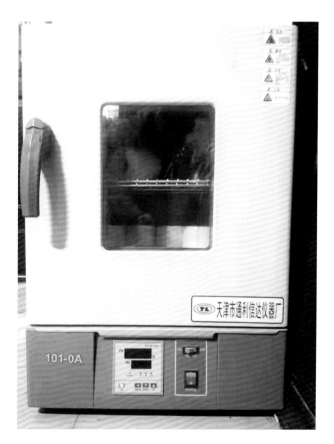

小数。

⑥烘干减重法原理是烘箱通电后，电热丝放热，箱内空气温度不断提高，相对湿度降低，种子样品的温度也随着升高，其内水分受热汽化。由于样品内部蒸气压大于箱内干燥空气的气压，种子内水分向外扩散到空气中而蒸发。在加热条件下，种子中的水分不断汽化扩散到样品外部。经过一段时间，样品内的自由水和束缚水便被烘干，根据减重法即可求得种子水分。此法适合粉质种子的水分测定，如菊科、禾本科、伞形科、藜科、葫芦科、豆科等大多数种子。

2.低温烘干法检测水分：低恒温烘干法即103℃、8小时一次烘干法；必须在相对湿度70%以下的室内进行，否则结果偏低（烘不出去）。其方法和烘干减重法一样，只有温度和时间不一样。此法适合含油脂率高的种子的水分测定，如亚麻科、紫草科、向日葵、蓖麻等大多数种子。

注意事项：如果使用粉碎机的时间较长，一定要等粉碎机冷却，否则很容易导致错误的结果。对于高水分的种子，须经预先烘干后再磨碎。测量水分的样品必须使用扦样器取样，不能徒手取样，否则手上的汗水会影响测量结果的准确性。检测水分须使用精密的天平，并定期到计量部门检定合格后方可使用。天平室的湿度要符合国标规定的要求降到70%以下。烘箱温度计多是水银的，对使用旧的温度计半年左右检定一次，对新温度计在使用前要到计量部门进行检定合格后才能使用。

日常使用的温度计与合格的温度计要经常加以对照。

3.电容式水分测定仪检测水分：将种子放在水分测定仪传感器中，电容量的变化只与介电常数变化有关。因此种子内水分的变化，就会引起介电常数的变化，从而引起电容的变化。测得电容的大小就可间接测得种子水分。电容量也受温度的影响，电容式水分

仪一般有热敏电阻补偿，所以测定值不必校正。为减少温度传感器的测定误差，应保证样品和仪器在相同温度下，如果从冰箱中取出的样品至少放置16小时才能达到热平衡。对新购进或长期不用的仪器，使用前必须用标准电烘箱法进行校正。电容式水分仪需校正基数，准备高、中、低3个水平的标准水分进行仪器标定。

九、种子发芽率检测

种子发芽率是种子质量检验的重要标志，也是种子品质和使用价值的主要依据。种子生活力是决定种子发芽、出苗期活性强度和种子特征的表现，对种子的安全贮藏和播种具有重要意义。发芽率指测试种子发芽数占测试种子总数的百分比。如100粒测试种子有95粒发芽，则发芽率为95%。在测定种子发芽率的同时，也应该测定一下种子的发芽势，以便于合理、准确地确定单位面积的播种量和播种深度，做到一次播种保全苗。发芽势指测试种子的发芽速度和整齐度，其表达方式是计算种子从发芽开始到发芽高峰时段内发芽种子数占测试种子总数的百分比。其数值越大，发芽势越强。它也是检测种子质量的重要指标之一。

1.检测发芽率所需的仪器设备：①种子发芽箱提供种子生长的最适宜环境，种子发芽需要合适的环境参数，如温度、湿度、光照度、空气质量等。种子发芽需要每个参数的参与，任何一个参数如果超出了临界值，都会造成不可逆的后果。但是，自然环境的各种参数，受到多种因素的制约而具不可控性，从而决定了种子发芽的不可知性。常用的种子发芽箱有光照发芽箱、电热恒温培养箱、人工气候室等。②有机玻璃制成的发芽盒，盒内可以垂直嵌入若干块中心距约2cm的有机玻璃板。在玻璃板顶边之下适当距离处播放一排种子并覆以同玻璃板等大的湿滤纸。滤纸下端浸入盒底的水中向种子供水。改变滤纸下端入水的深度可以控制供水量。盖上盒盖可以保持盒内空气

湿度。从玻璃板的反面可以清晰地观察种子的发芽情况。③发芽盒，用于纸床的带盖的、内具有孔隔板的透明发芽容器。③电子自动数粒仪，用来精准数粒待检的种子。④电子放大镜。⑤加湿器和喷雾水壶。⑥试纸、棉纱、镊子等。⑦消毒用的高压锅、酒精、高锰酸钾等。

2.种子发芽条件：种子发芽需要有水分、温度、氧气和光照等条件，不同作物由于起源和进化的生态环境不同，其发芽所要求的条件也有所差异。水分是种子发芽的关键性因素，种子必须吸取足够的水分才能萌发，但是水分过多会增加种子霉烂和病菌感染的概率。工作中一般根据作物种类和种子大小首先选择发芽床，然后按照不同发芽床对水分的要求来添加适宜的水分。在适宜的温度条件下，尤其是一些种粒较大的种子，要浸泡至种子膨胀，小粒种子和微小粒种子不需要浸泡。种子发芽的温度控制有恒温和变温两种。无论采取哪种控温模式，发芽过程中温度过低都会使种子生理作用延缓，温度过高又会因其生理活动受到抑制而产生畸形苗。而一般种子发芽的最适温度为15～30℃，植物的发芽温度因品种不同，要求的温度也不同，有些需要低温，有些需要高温。一般种子的发芽都需要阳光，而一些嫌光性植物并不需要阳光。多数花卉种子对光不敏感，在光照或黑暗条件下均能良好发芽，但最好还是采用光照。所以需要检测人员灵活掌握这一技术。

3.发芽率检测流程：通常由扦样员扦样，先将合格的样品用电子自动数粒仪或人工精准数粒，数粒后用纱布包起来放入温水浸泡1～2小时。准备好发芽盒，铺上测试纸，用喷壶喷试纸，用镊子将种子有规律地分组排列在发芽试纸上，在发芽皿上贴上标签，注明品种名称、试验开始日期，或只注明发芽床编号，最后把发芽器皿送入发芽箱，芽器皿摆放留有空隙，不要妨碍空气流通。

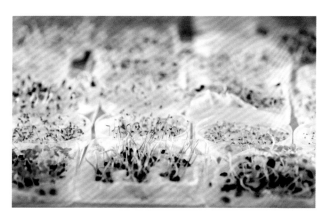

4.发芽率计算：种子发芽率＝（发芽种子粒数/供试种子粒数）×100%。

5.注意事项：①数粒时不能挑拣种子，挑拣的种子不能代表种子批的发芽率。②先整理好该品种的发芽所需温度，发芽温度和湿度要求相近的应放在一个批次。③发芽盒和发芽箱在每一次使用前都要进行清洁消毒处理，发芽用纸使用前也要进行杀菌。上述物品如果没有进行清洁消毒或杀菌不彻底，都会增加种子感染病菌的机会，从而使发芽率下降。④在发芽试验开始后，除保持发芽所需的水分和温度外，每天检查一次发芽情况。发芽率测试管理过程中，发芽床过干或过湿，以及各重复加水不一致，都会影响正常出芽和种苗生长，导致结果不准确。⑤打开发芽箱门喷水检查的时间不可过长，时间过长会影响箱内温度，要灵活掌握。⑥对需要低温、高温、变温发芽或预处理种子，要先做好前期流程再进入发芽测试。⑦发芽箱里的器皿要每两天移动一次，上部分靠近风扇容易干燥，下部分温度低要互相轮换使受温均匀。⑧低湿度或带有果胶的种子要使用沙盘来测试。⑨合格的种子发芽率应该是胚芽伸展、子叶展开。幼芽残缺、畸形或腐烂均不计算为发芽种子，测试失败的要总结经验，进行二次测试。要建立发芽试验记录，按规定的发芽势和发芽率的截止日期，及时检查正常与不正常的发芽种子，详细记录发芽数据。

十、种子发芽破除休眠常用的一些化学试剂使用说明

1.硝酸钾（KNO$_4$）：是钾的硝酸盐，为无色透明斜方晶体或菱形晶体或白色粉末，无臭、无毒，有咸味和清凉感。在空气中吸湿性小，不易结块，易溶于水，能溶于液氨和甘油，不溶于无水乙醇和乙醚。硝酸钾对种子的萌发具有一定的促进作用，处理种子最佳浓度为0.2%～0.3%，浸泡时间为2～24小时。不同的种子有不同的处理时间，经KNO$_3$浸泡后的种子用

清水洗净后置于芽床。

2.赤霉素（GA₃）：是一类非常重要的植物激素。赤霉素在种子发芽中起调节作用，可代替低温或春化来打破种子休眠。难溶于水，能溶于乙醇。处理种子最佳浓度为100～500mg/L，浸泡时间为2～12小时。不同的种子有不同的处理时间。

3.吲哚-3-乙酸（IAA）：又名吲哚乙酸，是一种植物生长调节剂。用作植物生长刺激素及分析试剂。具有分解种子表层酶的作用。先溶于少量乙醇，然后加水稀释到所需浓度；处理种子最佳浓度为10～50mg/L，浸泡时间为6～22小时。不同的种子有不同的处理时间。

4.萘乙酸（NAA）：是一种有机化合物，性质稳定，但易潮解，见光变色，应避光保存。不溶于水，微溶于热水，易溶于乙醇。能通过提高种子中过氧化物酶及过氧化氢酶的活性来促进种子萌发。对一些种皮坚硬的种子有效果。用50～100mg/L的萘乙酸溶液浸种。不同的种子有不同的处理时间。

5.聚乙二醇（PEG）：无刺激性，味微苦，具有良好的水溶性，并与许多有机物组分有良好的相溶性。促进细胞融合或原生质体融合并有助于生物体（如酵母菌）在转化中摄入DNA。PEG6000是一种高分子渗透剂，常用于处理种皮光滑不易吸水的种子。使用25～30℃温水即可溶解；同品种使用不同浓度（5%，10%，15%，20%，25%，30%，35%），以不同的时间（4、8、12、16、20、24小时）处理陈年种子后效果好。

6.操作注意事项：操作人员必须经过专门培训，严格遵守操作规程。戴氯丁橡胶手套。远离火种、热源，工作场所严禁吸烟。远离易燃、可燃物。避免产生粉尘。避免与还原剂、酸类、活性金属粉末接触。化学试剂应贮存于阴凉、干燥、通风良好的库房。库温不超过30℃，搬运时要轻装轻卸，防止包装及容器损坏。

观赏植物（含花卉、香料、药用植物和观果及观赏草）种子发芽方法
Seed germination rate test standard

名称、科属及学名	发芽率标准（%）	规定（置床粒数均为100粒）					附加说明
		发芽器皿	发芽湿度（%）	发芽温度（℃）	初次计数（天）	末次计数（天）	种子破除休眠的建议
黄秋葵（锦葵科秋葵属）Abelmoschus esculentus	85	SP	95	18～25	5～7	14	播前用40℃温水浸种，冷却后继续浸泡12小时
金花葵（锦葵科秋葵属）Abelmoschus manihot	85	SP	95	20～30	5～7	14	用30℃温水浸种8小时
美丽苘麻（锦葵科苘麻属）Abutilon × hybridum	80	BP	95	20～30	7～9	14	预先冷冻
凤尾蓍（菊科蓍属）Achillea filipendulina	85	TP	98	15～20	6～8	14	发芽需要充足光照
千叶蓍（菊科蓍属）Achillea millefolium	85	TP	98	15～20	6～8	14	光照
锯草（菊科蓍属）Achillea alpina	85	TP	98	15～20	6～8	14	光照
桂圆菊（菊科金纽扣属）Acmella oleracea	80	SP.BP	98	15～25	9～12	21	预先冷冻或KNO₃
夏侧金盏花（毛茛科侧金盏花属）Adonis aestivalis	80	SP.TP	95	10～16	15～16	21	预先冷冻或KNO₃
茴藿藿香（唇形科藿香属）Agastache foeniculum	80	BP.TP	99	15～20	7～9	21	预先−10℃冷冻12小时
墨西哥藿香（唇形科藿香属）Agastache mexicana	80	BP.TP	99	15～20	7～9	14	预先−10℃冷冻12小时
藿香蓟（菊科藿香蓟属）Ageratum conyzoides	85	BP.TP	99	20～25	4～6	14	光照
麦仙翁（石竹科麦仙翁属）Agrostemma githago	85	TP	98	18～25	7～9	21	预先冷冻
美丽云草（禾本科剪股颖属）Agrostis nebulosa	90	TP	98	20～30	4～6	14	光照
观赏小花葱（石蒜科葱属）Allium schoenoprasum	85	TP	98	16～20	7～9	14	预先冷冻
蜀葵（锦葵科蜀葵属）Althaea rosea	80	SP.BP	95	18～22	9～12	21	预先冷冻或KNO₃
黄花香雪球（十字花科庭荠属）Alyssum alyssoides	85	BP.TP	95	16～19	8～10	21	预先−10℃冷冻12小时
酸浆（茄科酸浆属）Alkekengi officinarum	90	TP	98	20～25	8～10	21	预先冷冻
尾穗苋（苋科苋属）Amaranthus caudatus	90	BP.TP	98	20～30	5～6	14	预先冷冻
千穗谷（苋科苋属）Amaranthus hypochondriacus	90	BP.TP	98	20～30	5～6	14	预先冷冻
繁穗苋（苋科苋属）Amaranthus paniculatus	90	BP.TP	98	20～30	4～6	14	预先冷冻
雁来红（苋科苋属）Amaranthus tricolor 'Early Splendor'	95	BP.TP	98	20～30	6～7	14	预先冷冻
大阿米芹（伞形科阿米芹属）Ammi majus	85	TP	99	20～25	6～8	14	预先冷冻
细叶阿米芹（伞形科阿米芹属）Ammi visnaga	85	TP	99	20～25	6～8	14	预先冷冻
银苞菊（菊科银苞菊属）Ammobium alatum	80	BP.TP	98	18～23	12～13	21	预先冷冻
琉璃繁缕（报春花科琉璃繁缕属）Anagallis arvensis	85	TP	99	16～24	6～8	14	预先−10℃冷冻12小时
南非牛舌草（紫草科牛舌草属）Anchusa capensis	85	TP	99	18～25	10～12	21	预先冷冻
茴香（伞形科莳萝属）Anethum graveolens	85	BP.TP	95	15～20	8～9	21	预先冷冻12小时
香彩雀（车前科香彩雀属）Angelonia angustifolia	85	TP	99	22～25	8～10	21	预先−10℃冷冻24小时
春白菊（菊科春黄菊属）Anthemis montana	85	TP	99	15～22	6～8	14	预先−10℃冷冻12小时
春黄菊（菊科春黄菊属）Anthemis tinctoria	85	TP	99	15～22	6～8	14	预先−10℃冷冻12小时
金鱼草（车前科金鱼草属）Antirrhinum majus	85	TP	99	15～20	5～7	14	预先−10℃冷冻24小时
变色耧斗菜（毛茛科耧斗菜属）Aquilegia coerulea	80	BP	95	15～20	9～12	21	先光照；再冷冻12小时
加拿大耧斗菜（毛茛科耧斗菜属）Aquilegia canadensis	80	BP	95	15～20	9～12	21	先光照；再冷冻12小时
欧耧斗菜（毛茛科耧斗菜属）Aquilegia vulgaris	80	BP	95	15～20	9～12	21	先光照；再冷冻12小时

名称、科属及学名	发芽率标准（%）	规定（置床粒数均为100粒）					附加说明
		发芽器皿	发芽湿度（%）	发芽温度（℃）	初次计数（天）	末次计数（天）	种子破除休眠的建议
牛蒡（菊科牛蒡属）*Arctium lappa*	85	BP	95	18～25	9～11	21	先光照；再冷冻12小时
蓝目菊（菊科熊耳菊属）*Arctotis fastuosa*	85	BP	95	20～25	8～10	21	先光照；再冷冻12小时
海石竹（白花丹科海石竹属）*Armeria maritima*	85	TP	98	16～23	8～10	21	预先冷冻
黄冠马利筋（夹竹桃科马利筋属）*Asclepias curassavica*	80	TP	95	16～20	8～9	21	预先冷冻
沼泽马利筋（夹竹桃科马利筋属）*Asclepias incarnata*	85	BP.TP	95	18～22	9～12	21	预先冷冻
柳叶马利筋（夹竹桃科马利筋属）*Asclepias tuberosa*	85	BP.TP	95	18～25	9～12	21	预先冷冻
文竹（天门冬科天门冬属）*Asparagus setaceus*	90	BP.TP	95	16～18	18～20	28	不能见光
蓝花车叶草（茜草科车叶草属）*Asperula orientalis*	85	TP	98	18～21	10～12	21	
高山紫菀（菊科紫菀属）*Aster alpinus*	80	TP	98	15～20	10～12	21	预先冷冻
荷兰菊（菊科紫菀属）*Aster novi-belgii*	80	TP	98	15～20	8～10	21	预先冷冻
山菠菜（藜科滨藜属）*Atriplex hortensis*	85	TP	98	12～16	6～8	14	预先冷冻
南庭荠（十字花科南庭荠属）*Aubrieta deltoidea* var. *macedonica*	90	TP	98	16～19	7～9	14	预先冷冻；KNO₃
射干（鸢尾科射干属）*Belamcanda chinensis*	70	SP.BP	98	15～20	16～18	28	预先冷冻或NAA，沙藏层积处理
雏菊（菊科雏菊属）*Bellis perennis*	90	TP	98	20～25	7～8	14	光照
红柄藜菜（苋科甜菜属）*Beta vulgaris* var.*cicla*	80	SP.BP	98	15～20	9～12	21	预先冷冻
刺针草（菊科鬼针草属）*Bidens aurea*	85	TP	98	18～25	10～12	21	预先冷冻
琉璃苣（紫草科玻璃苣属）*Borago officinalis*	95	TP	98	20～30	5～7	14	
五色菊（菊科鹅河菊属）*Brachycome iberidifolia*	90	TP	98	20～25	4～6	14	光照
羽衣甘蓝（十字花科芸薹属）*Brassica oleracea* var. *acephala*	90	TP	98	18～25	6～8	14	预先冷冻
大凌风草（禾本科凌风草属）*Briza maxima*	85	TP	98	15～20	9～12	21	预先冷冻
狐尾雀麦（禾本科雀麦属）*Bromus madritensis*	80	SP.BP	98	18～25	9～12	21	
蓝英花（茄科蓝英花属）*Browallia speciosa*	90	TP	98	20～30	6～8	14	
叶上黄金（伞形科柴胡属）*Bupleurum rotundifolium*	75	SP.BP	98	17～21	10～12	21	预先冷冻或KNO₃
荷包花（车前科荷包花属）*Calceolaria herbeohybrida*	85	TP	98	18～21	8～10	21	光照
金盏菊（菊科金盏菊属）*Calendula officinalis*	80	BP.TP	98	18～20	8～9	14	光照；预先冷冻；KNO₃
翠菊（菊科翠菊属）*Callistephus chinensis*	85	TP	98	18～25	7～9	14	光照
丛生风铃草（桔梗科风铃草属）*Campanula carpatica*	80	TP	98	15～20	7～9	14	光照；预先冷冻
聚花风铃草（桔梗科风铃草属）*Campanula glomerata*	80	TP	98	15～20	7～9	14	光照；预先冷冻
风铃草（桔梗科风铃草属）*Campanula medium*	80	TP	98	15～20	7～9	14	光照；预先冷冻
五色观赏椒（茄科辣椒属）*Capsicum annuum*	90	SP.BP	95	20～25	9～12	21	播前用40℃温水浸种，冷却后继续浸泡12小时
菠萝菊（菊科红花属）*Carthamus tinctorius*	95	SP.BP	98	20～30	5～6	14	温水浸泡6小时
蓝箭菊（菊科蓝菊属）*Catananche caerulea*	80	BP.TP	98	15～18	10～12	21	预先冷冻或KNO₃
长春花（夹竹桃科长春花属）*Catharanthus roseus*	85	BP.TP	98	17～21	5～7	14	预先冷冻
鸡冠花（苋科青葙属）*Celosia plumosa*	90	TP	98	20～30	5～7	14	预先冷冻
长绒毛狼尾草（禾本科蒺藜草属）*Cenchrus longisetus*	85	TP	98	15～20	8～9	14	预先冷冻

名称、科属及学名	发芽率标准（%）	规定（置床粒数均为100粒）					附加说明
		发芽器皿	发芽湿度（%）	发芽温度（℃）	初次计数（天）	末次计数（天）	种子破除休眠的建议
羽绒狼尾草（禾本科蒺藜草属）*Cenchrus setaceus*	80	TP	98	15～20	8～9	14	PEG6000
美洲矢车菊（菊科矢车菊属）*Centaurea americana*	80	TP	98	15～25	9～11	14	光照；预先冷冻
矢车菊（菊科矢车菊属）*Centaurea cyanus*	85	TP	98	15～25	6～8	14	
大头矢车菊（菊科矢车菊属）*Centaurea macrocephala*	85	SP.BP	98	15～25	7～9	14	光照；预先冷冻
山矢车菊（菊科矢车菊属）*Centaurea montana*	80	TP	98	15～25	9～10	21	光照；预先冷冻
香矢车菊（菊科矢车菊属）*Centaurea moschata*	85	TP	98	15～25	6～8	14	
羽裂矢车菊（菊科矢车菊属）*Centaurea nigrescens*	80	TP	98	15～25	7～9	21	预先冷冻；KNO₃
红缬草（忍冬科距药草属）*Centranthus ruber*	80	TP	98	15～22	9～12	21	预先冷冻；KNO₃
绒毛卷耳（石竹科卷耳属）*Cerastium tomentosum*	80	BP.TP	98	18～25	12～14	21	预先冷冻
蓝蜡花（紫草科蜜蜡花属）*Cerinthe major*	90	BP.TP	98	18～25	4～6	14	温水浸泡12小时
果香菊（菊科果香菊属）*Chamaemelum nobile*	85	TP	98	20～22	5～6	14	
双花洋甘菊（菊科果香菊属）*Chamaemelum nobile* 'Flore Plena'	80	TP	98	15～20	6～7	14	预先冷冻
小盼草（禾本科小盼草属）*Chasmanthium latifolium*	80	SP.BP	98	20～25	9～11	21	预先冷冻
吉祥果（苋科球花藜属）*Chenopodium foliosum*	90	TP	98	18～20	6～8	14	光照；预先冷冻
三色藜麦（苋科藜属）*Chenopodium quinoa*	90	TP	98	18～20	9～10	14	温水浸泡12小时
小菊（菊科菊属）*Chrysanthemum morifolium*	85	TP	98	15～20	7～9	21	预先冷冻
黄晶菊（菊科菊属）*Chrysanthemum multicaule*	70	BP.TP	95	17～23	9～11	21	预先冷冻
菊苣（菊科菊苣属）*Cichorium intybus*	80	BP.TP	98	12～16	8～10	21	光照；预先冷冻；KNO₃
大蓟（菊科蓟属）*Cirsium japonicum*	85	TP	98	15～20	7～9	21	光照；预先冷冻；KNO₃
古代稀（柳叶菜科仙女扇属）*Clarkia amoena*	80	TP	98	15～20	5～7	14	预先冷冻
山字草（柳叶菜科仙女扇属）*Clarkia elegans*	80	TP	98	20～22	7～8	14	预先冷冻
芳香菜（唇形科风轮菜属）*Clinopodium vulgare*	85	TP	98	18～25	8～9	14	
电灯花（花荵科电灯花属）*Cobaea scandens*	85	BP.TP	98	15～25	10～12	21	预先冷冻，温水浸泡24小时
薏苡（禾本科薏苡属）*Coix lacryma*	85	SP.BP	98	22～26	12～14	21	预先冷冻，温水浸泡24小时
彩叶草（唇形科鞘蕊花属）*Coleus blumei*	90	TP	98	20～25	7～9	14	光照
千鸟草（毛茛科飞燕草属）*Consolida regalis*	70	TP	98	13～20	8～9	21	预先冷冻，温水浸泡24小时
三色旋花（旋花科旋花属）*Convolvulus tricolor*	80	BP.TP	95	18～25	7～9	14	预先冷冻，温水浸泡24小时
重瓣金鸡菊（菊科金鸡菊属）*Coreopsis* 'Early Sunrise'	80	SP.BP	98	15～22	9～10	21	光照；预先冷冻；KNO₃
剑叶金鸡菊（菊科金鸡菊属）*Coreopsis lanceolata*	90	SP.BP	98	15～22	9～10	21	光照；预先冷冻；KNO₃
两色金鸡菊（菊科金鸡菊属）*Coreopsis tinctoria*	90	TP	98	20～30	5～6	14	
多变小冠花（豆科冠花豆属）*Coronilla varia*	85	SP.BP	98	12～16	10～12	21	预先冷冻，温水浸泡24小时
大波斯菊（菊科秋英属）*Cosmos bipinnatus*	85	BP.TP	98	20～25	4～6	14	预先冷冻
硫华菊（菊科秋英属）*Cosmos sulphureus*	85	BP.TP	98	25～30	5～7	14	预先冷冻
金槌花（菊科金槌花属）*Craspedia globosa*	80	TP	98	16～22	8～10	21	预先冷冻
桃色蒲公英（菊科还阳参属）*Crepis rubra*	90	TP	98	18～25	6～8	14	
可爱多黄瓜（葫芦科黄瓜属）*Cucumis dipsaceus*	85	TP	98	19～25	7～8	14	

名称、科属及学名	发芽率标准（%）	规定（置床粒数均为100粒）					附加说明
		发芽器皿	发芽湿度（%）	发芽温度（℃）	初次计数（天）	末次计数（天）	种子破除休眠的建议
玩具南瓜（葫芦科南瓜属）Cucurbita pepo var. ovifera	90	SP.BP	95	20～25	6～8	14	温水浸泡24小时
小茴香（伞形科孜然芹属）Cuminum cyminum	85	BP.TP	98	15～20	7～9	14	
萼距花（千屈菜科萼距花属）Cuphea lanceolata	80	BP.TP	98	18～22	7～8	14	预先冷冻
倒提壶（紫草科琉璃草属）Cynoglossum amabile	80	TP	98	18～25	9～11	21	预先冷冻
仙客来（报春花科仙客来属）Cyclamen hybridum	85	SP.BP	95	15～25	16～18	28	预先冷冻
小丽花（菊科大丽花属）Dahlia pinnate cv.	80	SP.BP	95	20～28	8～10	21	预先冷冻或KNO₃
紫色达利菊（豆科甸苜蓿属）Dalea purpurea	75	SP.BP	98	15～18	12～15	21	预先冷冻或KNO₃
白花曼陀罗（茄科曼陀罗属）Datura stramonium	75	SP.BP	98	18～25	14～15	21	预先冷冻或KNO₃
胡萝卜花（伞形科胡萝卜属）Daucus carota 'Dara'	80	TP	98	20～25	7～9	14	预先冷冻
大花翠雀（毛茛科翠雀属）Delphinium × cultorum	70	BP.TP	95	15～20	10～12	21	预先冷冻或KNO₃
美国石竹（石竹科石竹属）Dianthus barbatus	85	TP	98	20～25	5～7	14	预先冷冻
紫石竹（石竹科石竹属）Dianthus carthusianorum	85	TP	98	20～25	6～8	14	预先冷冻
香石竹（石竹科石竹属）Dianthus caryophyllus	85	TP	98	20～25	6～8	14	预先冷冻
五彩石竹（石竹科石竹属）Dianthus chinensis	85	TP	98	20～25	6～8	14	预先冷冻
少女石竹（石竹科石竹属）Dianthus deltoides	85	TP	98	20～25	5～7	14	预先冷冻
常夏石竹（石竹科石竹属）Dianthus plumarius	85	TP	98	20～25	6～8	14	预先冷冻
瞿麦（石竹科石竹属）Dianthus superbus	85	TP	98	20～25	6～8	14	预先冷冻
双距花（玄参科双距花属）Diascia barberae	85	TP	98	18～21	6～8	14	预先冷冻
毛地黄（车前科毛地黄属）Digitalis purpurea	85	TP	98	20～25	6～8	14	预先冷冻
异果菊（菊科异果菊属）Dimorphotheca sinuata	85	BP.TP	98	15～20	8～9	14	光照；预先冷冻
起绒草（川续断科川续断属）Dipsacus fullonum	85	SP.BP	98	18～25	8～9	21	预先冷冻或KNO₃
多榔菊（菊科多榔菊属）Doronicum orientale	80	TP	98	15～22	10～12	21	预先冷冻或KNO₃
香青兰（唇形科青兰属）Dracocephalum moldavica	85	TP	98	15～25	6～8	14	
蛇莓（蔷薇科蛇莓属）Duchesnea indica	70	BP.TP	98	13～18	8～10	21	预先冷冻或KNO₃
紫松果菊（菊科松果菊属）Echinacea purpurea	85	SP.BP	98	15～20	9～12	21	预先冷冻或KNO₃
蓝刺头（菊科蓝刺头属）Echinops setifer	80	SP.BP	98	15～20	8～10	21	预先冷冻或KNO₃
蓝蓟（紫草科蓝蓟属）Echium plantagineum	85	TP	98	18～22	7～9	14	预先冷冻或KNO₃
一点红（菊科一点红属）Emilia coccinea	85	TP	98	18～22	5～7	14	
美丽飞蓬（菊科飞蓬属）Erigeon speciosus	90	TP	98	17～21	9～12	21	预先冷冻
高山刺芹（伞形科刺芹属）Eryngium alpinum	80	SP.BP	98	16～19	8～10	21	预先冷冻或KNO₃
扁叶刺芹（伞形科刺芹属）Eryngium planum	80	SP.BP	98	16～19	8～10	21	预先冷冻或KNO₃
丝兰叶刺芹（伞形科刺芹属）Eryngium yuccifolium	80	SP.BP	98	16～19	8～10	21	预先冷冻或KNO₃
七里黄（十字花科糖芥属）Erysimum amurense	90	TP	98	18～25	10～12	21	预先冷冻
桂竹香（十字花科糖芥属）Erysimum × cheiri	90	TP	98	15～20	8～10	14	预先冷冻
花菱草（罂粟科花菱草属）Eschscholzia californica	90	TP	98	15～18	6～7	14	预先冷冻
佩兰（菊科泽兰属）Eupatorium fortunei	80	TP	98	15～22	7～8	14	预先冷冻

名称、科属及学名	发芽率标准（%）	规定（置床粒数均为100粒）					附加说明
		发芽器皿	发芽湿度（%）	发芽温度（℃）	初次计数（天）	末次计数（天）	种子破除休眠的建议
银边翠（大戟科大戟属）*Euphorbia marginata*	80	TP	98	15～25	7～8	14	预先冷冻
蓝雏菊（菊科蓝菊属）*Felicia amelloides*	85	TP	98	18～28	7～9	14	预先冷冻
蓝羊茅（禾本科羊茅属）*Festuca glauca*	75	BP.TP	98	18～20	9～12	21	预先冷冻或KNO$_3$
茴香（伞形科茴香属）*Foeniculum vulgare*	85	TP	98	15～20	6～8	14	预先冷冻
欧洲草莓（蔷薇科草莓属）*Fragaria vesca* var. *semperflorens*	75	SP.BP	98	14～17	9～12	21	预先冷冻或KNO$_3$
宿根天人菊（菊科天人菊属）*Gaillardia aristata*	75	TP	98	20～25	9～12	21	预先冷冻
燕雀草（茜草科拉拉藤属）*Galium verum*	80	BP.TP	98	18～22	10～12	21	预先冷冻或KNO$_3$
勋章花（菊科勋章花属）*Gazania rigens*	85	TP	98	18～25	8～10	14	
老鹳草（牻牛儿苗科老鹳草属）*Geranium maculatum*	80	BP.TP	98	18～25	9～11	21	预先冷冻或NAA
山地路边青（蔷薇科路边青属）*Geum aleppicum*	80	TP	98	18～22	7～9	14	预先冷冻
球状吉利花（花荵科吉莉草属）*Gilia capitata*	80	TP	98	18～22	10～12	21	预先冷冻
三色介代花（花荵科吉莉草属）*Gilia tricolor*	85	TP	98	18～22	7～8	14	预先冷冻
美女樱（马鞭草科美女樱属）*Glandularia × hybrida*	80	BP.TP	95	16～23	10～12	21	预先冷冻或KNO$_3$
细裂美女樱（马鞭草科美女樱属）*Glandularia tenera*	80	BP.TP	95	16～23	10～12	21	预先冷冻或KNO$_3$
花环菊（菊科茼蒿属）*Glebionis carinata*	80	BP.TP	98	15～20	8～10	21	光照；预先冷冻
茼蒿菊（菊科茼蒿属）*Glebionis segetum*	80	BP.TP	98	15～20	8～10	21	光照；预先冷冻
焰火千日红（苋科千日红属）*Gomphrena pulchella* 'Fireworks Coated'	85	TP	98	20～25	7～8	14	预先冷冻
钉头果（夹竹桃科钉头果属）*Gomphocarpus fruticosus*	85	BP.TP	95	20～30	8～9	14	
千日红（苋科千日红属）*Gomphrena globosa*	80	TP	98	20～25	6～7	14	预先冷冻
大花满天星（石竹科石头花属）*Gypsophila elegans*	90	TP	98	18～25	4～6	14	
迷你满天星（石竹科石头花属）*Gypsophila muralis*	85	TP	98	18～25	7～8	14	光照
小花满天星（石竹科石头花属）*Gypsophila acutifolia*	85	TP	98	18～25	5～6	14	光照
宿根霞草（石竹科石头花属）*Gypsophila paniculata*	85	TP	98	15～20	6～7	14	预先冷冻或KNO$_3$
麦蓝菜（石竹科石头花属）*Gypsophila vaccaria*	80	TP	98	20～25	5～6	14	光照；预先冷冻
秋花堆心菊（菊科堆心菊属）*Helenium autumnale*	75	BP.TP	98	15～20	11～12	21	预先冷冻或KNO$_3$
铺地半日花（半日花科半日花属）*Helianthemum nummularium*	80	BP.TP	98	15～20	9～12	21	预先冷冻或KNO$_3$
狭叶向日葵（菊科向日葵属）*Helianthus angustifolius*	90	TP	98	20～30	8～9	14	预先冷冻
观赏向日葵（菊科向日葵属）*Helianthus annuus*	90	TP	98	20～30	5～6	14	变温处理
麦秆菊（菊科蜡菊属）*Xerochrysum bracteatum*	80	TP	98	15～25	7～8	14	
日光菊（菊科赛菊芋属）*Heliopsis helianthoides* var. *scabra*	85	BP.TP	98	16～20	9～12	21	预先冷冻或KNO$_3$
堆心菊（菊科赛菊芋属）*Heliopsis* var.*scabra* 'Venus'	85	BP.TP	98	16～20	9～12	21	预先冷冻或KNO$_3$
香水草（紫草科天芥菜属）*Heliotropium arborescens*	70	SP.BP	98	18～25	11～15	21	预先冷冻或KNO$_3$
欧洲香花芥（十字花科香花芥属）*Hesperis matronalis*	80	TP	98	16～18	7～8	21	预先冷冻
大花芙蓉葵（锦葵科木槿属）*Hibiscus moscheutos*	80	SP.BP	98	16～20	15～20	28	预先冷冻，温水浸泡24小时

名称、科属及学名	发芽率标准（%）	规定（置床粒数均为100粒）					附加说明
		发芽器皿	发芽湿度（%）	发芽温度（℃）	初次计数（天）	末次计数（天）	种子破除休眠的建议
刺芙蓉（锦葵科木槿属）*Hibiscus surattensis*	80	SP.BP	98	16～18	10～12	21	预先冷冻，温水浸泡24小时
芒颖大麦草（禾本科大麦属）*Hordeum jubatum*	75	BP.TP	98	17～21	9～11	21	光照
金杯花（罂粟科金杯罂粟属）*Hunnemannia fumariifolia*	85	BP.TP	98	15～20	9～12	21	预先冷冻
神香草（唇形科神香草属）*Hyssopus officinalis*	85	TP	98	18～25	7～9	14	预先冷冻
蜂室花（十字花科屈曲花属）*Iberis amara*	85	TP	98	15～22	7～8	14	预先冷冻
中国凤仙（凤仙花科凤仙花属）*Impatiens balsamina*	90	BP.TP	98	20～25	4～6	14	光照
非洲凤仙（凤仙花科凤仙花属）*Impatiens walleriana*	85	BP.TP	95	20～25	7～9	14	光照
牵牛花（旋花科虎掌藤属）*Ipomoea purpurea*	85	SP.BP	95	20～25	6～8	14	预先冷冻
三色牵牛（旋花科虎掌藤属）*Ipomoea tricolor*	85	SP.BP	95	20～25	6～8	14	预先冷冻
橙红茑萝（旋花科虎掌藤属）*Ipomoea coccinea*	85	SP.BP	95	25～30	9～10	21	预先冷冻或NAA
羽叶茑萝（旋花科虎掌藤属）*Ipomoea quamoclit*	80	SP.BP	95	25～30	9～10	21	预先冷冻或NAA
裂叶茑萝（旋花科虎掌藤属）*Ipomoea × sloteri*	80	SP.BP	95	25～30	9～10	21	预先冷冻或NAA
马蔺（鸢尾科鸢尾属）*Iris lactea*	70	SP.BP	95	13～17	20～22	28	预先冷冻或NAA，沙藏层积处理
蓝花鸢尾（鸢尾科鸢尾属）*Iris tectorum*	70	SP.BP	95	15～20	20～22	28	预先冷冻或NAA，沙藏层积处理
板蓝根（十字花科菘蓝属）*Isatis tinctoria*	90	SP.BP	95	18～26	8～12	14	
银叶菊（菊科疆千里光属）*Jacobaea maritima*	90	TP	98	15～25	6～8	14	
火炬花（阿福花科火把莲属）*Kniphofia uvaria*	80	SP.BP	95	15～25	15～17	28	预先冷冻或KNO$_3$
细叶地肤（苋科地肤属）*Kochia scoparia*	85	TP	98	25～30	6～7	14	预先冷冻或KNO$_3$
观赏葫芦（葫芦科葫芦属）*Lagenaria siceraria* var. *hispida*	90	SP.BP	95	25～30	10～12	21	温水浸泡24小时
兔子尾巴草（禾本科兔尾草属）*Lagurus ovatus*	85	SP.BP	98	15～20	8～12	21	预先冷冻或GA$_3$
美丽日中花（番杏科松叶菊属）*Lampranthus spectabilis*	85	TP	98	18～22	5～6	14	光照
香豌豆（豆科山黧豆属）*Lathyrus odoratus*	80	SP.BP	95	10～15	15～16	21	预先冷冻或GA$_3$
智利香豌豆（豆科山黧豆属）*Lathyrus tingitanus*	80	SP.BP	95	10～15	15～16	21	先冷冻或NAA，温水浸泡24小时
狭叶薰衣草（唇形科薰衣草属）*Lavandula angustifolia*	60	SP.BP	98	15～18	12～14	28	打磨种皮，预先冷冻或GA$_3$，温水浸泡72小时
羽叶薰衣草（唇形科薰衣草属）*Lavandula multifida*	80	TP	98	18～22	7～8	14	预先冷冻
莱雅菜（菊科雪顶菊属）*Layia platyglossa*	85	TP	98	20～25	4～6	14	光照
迷你紫英花（桔梗科神鉴花属）*Legousia speculum*	85	TP	98	18～22	10～12	21	预先冷冻或GA$_3$
高山火绒草（菊科火绒草属）*Leontopodium alpinum*	70	TP	98	15～20	10～12	21	预先冷冻
繁星花（花荵科福禄麻属）*Leptosiphon hybrida*	85	TP	98	20～25	9～11	21	预先冷冻或GA$_3$
滨菊（菊科滨菊属）*Leucanthemum vulgare*	95	TP	98	16～19	7～9	14	预先冷冻
欧当归（伞形科欧当归属）*Levisticum officinale*	85	TP	90	10～25	12～14	21	预先冷冻或GA$_3$
蛇鞭菊（菊科蛇鞭菊属）*Liatris spicata*	85	SP.BP	98	15～20	10～12	21	预先冷冻或GA$_3$
荷包蛋花（沼沫花科沼沫花属）*Limnanthes douglasii*	85	TP	98	18～22	9～12	21	预先冷冻
勿忘我（白花丹科补血草属）*Limonium sinuatum*	80	TP	98	17～21	7～9	14	预先冷冻

名称、科属及学名	发芽率标准（%）	规定（置床粒数均为100粒）					附加说明
		发芽器皿	发芽湿度（%）	发芽温度（℃）	初次计数（天）	末次计数（天）	种子破除休眠的建议
情人草（白花丹科补血草属）Limonium suworowii	70	TP	98	17～21	5～7	14	
大花夕雪麻（花荵科车叶麻属）Linanthus grandiflorus	80	TP	98	18～22	9～12	21	预先冷冻
柳穿鱼（玄参科柳穿鱼属）Linaria maroccana	80	TP	98	15～20	7～9	14	预先冷冻
黄柳穿鱼（车前科柳穿鱼属）Linaria vulgaris	80	TP	98	15～20	6～8	14	
五星菊（菊科星菊属）Lindheimera texana	85	TP	98	20～25	5～6	14	光照
红花亚麻（亚麻科亚麻属）Linum grandiflorum	85	SP.BP	95	18～22	8～9	14	预先冷冻
宿根亚麻（亚麻科亚麻属）Linum perenne	85	SP.BP	95	15～20	9～12	21	预先冷冻
山梗菜（桔梗科半边莲属）Lobelia erinus	80	TP	98	20～25	6～8	14	光照
香雪球（十字花科香雪球属）Lobularia maritima	90	TP	98	15～20	6～7	14	光照
罗纳菊（菊科黄藿香属）Lonas annua	80	TP	98	15～20	6～8	14	预先冷冻或AA
蝶恋花（豆科百脉根属）Lotus tetragonolobus	80	SP.BP	98	17～22	9～12	21	预先冷冻或KNO_3，温水浸泡24小时
银扇草（十字花科银扇草属）Lunaria annua	80	SP.BP	98	18～22	10～13	21	预先冷冻或KNO_3，温水浸泡24小时
二色羽扇豆（豆科羽扇豆属）Lupinus hartwegii	90	SP.BP	95	18～22	8～9	14	温水浸泡24~48小时
鲁冰花（豆科羽扇豆属）Lupinus polyphylla	85	SP.BP	95	18～22	8～9	14	温水浸泡24~48小时
柔毛羽扇豆（豆科羽扇豆属）Lupinus micranthus	85	SP.BP	95	18～22	10～13	21	温水浸泡48~72小时
阿克莱特剪秋罗（石竹科剪秋罗属）Lychnis arkwrightii	90	TP	98	15～20	7～8	14	预先冷冻或KNO_3
千屈菜（千屈菜科千屈菜属）Lythrum salicaria	80	TP	98	13～21	7～8	14	预先冷冻
马迪菊（菊科黏菊属）Madia elegans	85	TP	98	20～25	6～8	14	
涩荠（十字花科希腊芥属）Malcolmia maritima	90	TP	98	15～20	6～7	14	预先冷冻
马络葵（锦葵科心萼葵属）Malope trifida	80	BP.TP	98	18～23	9～12	21	预先冷冻或KNO_3
蔓锦葵（锦葵科锦葵属）Malva moschata	80	BP.TP	98	18～23	5～7	14	预先冷冻或KNO_3
美丽花葵（锦葵科花葵属）Malva trimestris	80	SP.BP	98	18～20	9～12	21	温水浸泡24小时
锦葵（锦葵科锦葵属）Malva cathayensis	80	BP.TP	98	18～23	8～9	14	预先冷冻或KNO_3
西洋甘菊（菊科母菊属）Matricaria chamomilla	85	TP	98	15～20	5～6	14	
纽扣母菊（菊科母菊属）Matricaria 'Vegmo Snowball'	80	TP	98	15～20	6～8	14	预先冷冻
紫罗兰（十字花科紫罗兰属）Matthiola incana	80	TP	95	18～22	6～8	14	预先冷冻；KNO_3
金鱼藤（车前科蔓桐花属）Maurandya scandens	80	TP	98	18～25	9～10	21	预先冷冻
白晶菊（菊科白晶菊属）Mauranthemum paludosum	90	TP	98	17～23	5～7	14	光照
皇帝菊（菊科黑足菊属）Melampodium divaricatum	75			15～22	9～11	21	预先冷冻或AA
坡地毛冠草（禾本科糖蜜草属）Melinis minutiflora	80	TP	98	18～22	8～10	14	预先冷冻
拇指西瓜（葫芦科番马㼎儿属）Melothria scabra	90	TP	98	25～30	4～6	14	
皱叶薄荷（唇形科薄荷属）Mentha arvensis	80	TP	98	20～25	7～9	14	预先冷冻
柠檬香蜂草（唇形科薄荷属）Melissa officinalis	80	TP	98	18～22	8～12	14	光照
普列薄荷（唇形科薄荷属）Mentha pulegium	80	TP	98	20～25	8～10	21	光照
科西嘉薄荷（唇形科薄荷属）Mentha requienii	80	TP	98	20～25	10～12	21	预先冷冻

名称、科属及学名	发芽率标准（％）	规定（置床粒数均为100粒）					附加说明
		发芽器皿	发芽湿度（％）	发芽温度（℃）	初次计数（天）	末次计数（天）	种子破除休眠的建议
黄金莲花（刺莲花科耀星花属）*Mentzelia lindleyi*	85	SP.BP	98	20～25	13～15	21	预先冷冻或NAA
含羞草（豆科含羞草属）*Mimosa pudica*	85	SP.BP	98	15～20	12～14	21	预先冷冻或NAA
猴面花（透骨草科沟酸浆属）*Mimulus hybridus*	80	TP	98	16～19	6～7	14	光照
紫茉莉（紫茉莉科紫茉莉属）*Mirabilis jalapa*	85	SP.BP	98	20～30	7～8	14	预先冷冻
领圈花（唇形科贝壳花属）*Molucella laevis*	80	SP.BP	98	20～30	9～12	21	预先冷冻
柠檬千层薄荷（唇形科美国薄荷属）*Monarda citriodora*	80	TP	98	20～30	6～7	14	预先冷冻
美国薄荷（唇形科美国薄荷属）*Monarda didyma*	80	BP.TP	98	14～17	10～12	21	预先冷冻或KNO₃
粉黛乱子草（禾本科乱子草属）*Muhlenbergia capillaris*	80	BP.TP	98	18～23	10～12	21	预先冷冻
勿忘草（紫草科勿忘草属）*Myosotis alpestris*	80	BP.TP	98	15～20	8～9	14	预先冷冻
龙面花（车前科龙面花属）*Nemesia strumosa*	85	TP	98	20～25	7～8	14	光照
喜林草（紫草科粉蝶花属）*Nemophila menziesii*	80	SP.BP	95	13～16	10～14	21	预先冷冻或KNO₃
斑花喜林草（紫草科粉蝶花属）*Nemophila maculata*	80	SP.BP	95	13～16	12～15	21	预先冷冻或KNO₃
猫薄荷（唇形科荆芥属）*Nepeta cataria*	80	TP	98	18～25	10～12	21	预先冷冻
地被荆芥（唇形科荆芥属）*Nepeta faassenii*	80	TP	98	15～20	6～8	14	预先冷冻或KNO₃
假酸浆（茄科假酸浆属）*Nicandra physaloides*	85	TP	98	17～21	9～10	14	预先冷冻
花烟草（茄科烟草属）*Nicotiana alata*	85	TP	98	20～25	6～8	14	光照
赛亚麻（茄科赛亚麻属）*Nierembergia caerulea*	90	TP	98	18～25	7～9	14	预先冷冻或KNO₃
查布丽卡黑种草（毛茛科黑种草属）*Nigella bucharica*	80	BP.TP	98	15～20	8～9	21	预先冷冻，在黑暗下14天后移到20～30℃下发芽
黑种草（毛茛科黑种草属）*Nigella damascena*	80	BP.TP	98	15～20	8～9	21	预先冷冻，在黑暗下14天后移到20～30℃下发芽
小钟花（茄科假茄属）*Nolana paradoxa*	80	BP.TP	98	18～22	9～12	21	预先冷冻，温水浸泡24小时
甜罗勒（唇形科罗勒属）*Ocimum basilicum*	80	BP.TP	95	20～25	5～7	14	预先冷冻
月见草（柳叶菜科月见草属）*Oenothera biennis*	80	BP.TP	98	15～21	8～10	21	光照；预先冷冻
长果月见草（柳叶菜科月见草属）*Oenothera macrocarpa*	80	BP.TP	98	15～20	10～12	21	预先冷冻或NAA
美丽月见草（柳叶菜科月见草属）*Oenothera speciosa*	80	TP	98	20～25	8～9	14	光照；预先冷冻
山桃草（柳叶菜科山桃草属）*Oenothera lindheimeri*	80	BP.TP	98	20～25	14～15	21	预先冷冻或KNO₃
甘牛至（唇形科牛至属）*Origanum majorana*	80	TP	98	20～25	6～8	14	光照
牛至（唇形科牛至属）*Origanum vulgare*	80	TP	98	20～25	8～9	14	光照
蕾丝花（伞形科蕾丝花属）*Orlaya grandiflora*	80	SP.BP	98	20～25	15～20	28	预先冷冻或NAA
二月蓝（十字花科诸葛菜属）*Orychophragmus violaceus*	85	SP.BP	95	18～25	8～9	21	预先冷冻或KNO₃
南非万寿菊（菊科骨子菊属）*Osteospermum ecklonis*	80	SP.BP	98	18～20	12～14	21	预先冷冻或KNO₃
黄花酢浆草（酢浆草科酢浆草属）*Oxalis pes-caprae*	85	SP.BP	98	15～20	7～8	14	预先冷冻
蓝星花（夹竹桃科尖瓣藤属）*Oxypetalum coeruleum*	85	BP.TP	98	18～21	9～11	21	预先冷冻
冰岛虞美人（罂粟科罂粟属）*Papaver nudicaule*	85	TP	98	18～24	5～7	14	预先冷冻
东方虞美人（罂粟科罂粟属）*Papaver orientale*	85	TP	98	18～24	5～7	14	预先冷冻
虞美人（罂粟科罂粟属）*Papaver rhoeas*	85	TP	98	18～24	5～7	14	光照

名称、科属及学名	发芽率标准（%）	规定（置床粒数均为100粒）					附加说明
		发芽器皿	发芽湿度（%）	发芽温度（℃）	初次计数（天）	末次计数（天）	种子破除休眠的建议
地锦（葡萄科地锦属）*Parthenocissus quinquefolia*	80	SP.BP	98	15～20	15～16	28	沙藏层积处理
百香果（西番莲科西番莲属）*Passiflora edulia*	80	SP.BP	98	20～25	12～14	21	预先冷冻或NAA
天竺葵（牻牛儿苗科天竺葵属）*Pelargonium hortorum*	80	SP.BP	98	21～25	9～12	21	预先冷冻
东方狼尾草（禾本科狼尾草属）*Pennisetum orientale*	85	TP	98	15～20	8～9	14	预先冷冻
御谷（禾本科狼尾草属）*Pennisetum glaucum*	85	TP	98	20～25	8～9	14	PEG6000
象牙钓钟柳（车前科钓钟柳属）*Penstemon barbatus*	80	TP	98	15～20	7～9	21	预先冷冻
哈威钓钟柳（车前科钓钟柳属）*Penstemon hartwegii* 'Sensation'	80	TP	98	15～20	8～9	21	预先冷冻
劲直钓钟柳（车前科钓钟柳属）*Penstemon strictus*	80	TP	98	15～20	8～9	21	预先冷冻
五星花（茜草科五星花属）*Pentas* 'Honeycluster'	80	TP	98	18～25	7～8	14	预先冷冻
瓜叶菊（菊科瓜叶菊属）*Pericallis* × *hybrida*	90	TP	98	21～24	9～10	14	光照
紫苏（唇形科紫苏属）*Perilla frutescens*	80	BP.TP	98	15～25	7～8	14	预先冷冻
头花蓼（蓼科蓼属）*Persicaria capitata*	80	BP.TP	98	15～25	10～12	21	预先冷冻或NAA
红蓼（蓼科蓼属）*Persicaria orientalis*	80	BP.TP	98	18～22	10～12	21	预先冷冻或NAA
欧香芹（伞形科欧芹属）*Petroselinum crispum*	80	BP.TP	98	15～20	9～12	21	预先冷冻或KNO₃
矮牵牛（茄科碧冬茄属）*Petumia hybrida*	85	TP	98	18～22	6～7	14	预先冷冻
加州蓝铃花（紫草科沙铃花属）*Phacelia campanularia*	85	BP.TP	98	16～22	7～9	14	光照；预先冷冻
艾菊叶法色草（紫草科沙铃花属）*Phacelia tanacetifolia*	85	BP.TP	98	18～25	9～10	21	光照；预先冷冻
宝石草（禾本科虉草属）*Phalarit canariensis*	90	SP.BP	98	20～25	9～10	21	预先冷冻
福禄考（花荵科天蓝绣球属）*Phlox drummondii*	75	BP.TP	98	20～25	9～11	21	预先冷冻
洋酸浆（茄科洋酸浆属）*Physalis philadelphica*	90	TP	98	20～25	8～10	21	预先冷冻
灯笼果（茄科洋酸浆属）*Physalis peruviana*	90	TP	98	20～25	8～10	21	预先冷冻
假龙头花（唇形科假龙头花属）*Physostegia virginiana*	80	SP.BP	98	18～25	10～12	21	预先冷冻
桔梗（桔梗科桔梗属）*Platycodon grandiflorus*	80	SP.BP	98	15～22	7～9	21	预先冷冻
花荵（花荵科花荵属）*Polemonium caeruleum*	80	BP.TP	98	12～21	9～12	21	预先冷冻
松叶牡丹（马齿苋科马齿苋属）*Portulaca grandiflora*	85	TP	98	18～22	5～7	14	预先冷冻
委陵菜（蔷薇科委陵菜属）*Potentilla chinensis*	85	TP	98	18～25	9～11	21	预先冷冻或KNO₃
欧洲报春（报春花科报春花属）*Primula acaulis*	80	TP	98	15～20	12～15	21	预先冷冻或KNO₃
黄花九轮报春（报春花科）*Primula veris*	80	TP	98	15～20	10～12	21	预先冷冻或KNO₃
大花夏枯草（唇形科夏枯草属）*Prunella grandiflora*	80	TP	98	18～22	8～10	21	预先冷冻或KNO₃
穗花婆婆纳（车前科兔尾苗属）*Pseudolysimachion spicatum*	80	BP.TP	98	16～20	10～12	21	预先冷冻
切花洋甘菊（菊科匹菊属）*Pyrethrum parthenium*	80	TP	98	18～22	6～7	14	预先冷冻或NAA
花毛茛（毛茛科毛茛属）*Ranunculus asiaticus*	50	SP.BP	95	16～20	14～16	28	预先冷冻或AA
草原松果菊（菊科草光菊属）*Ratibida columnifera*	85	TP	98	18～25	7～9	14	预先冷冻
香木樨花（木樨草科木樨草属）*Reseda odorata*	80	TP	98	13～16	8～9	14	预先冷冻
鳞托菊（菊科鳞托菊属）*Rhodanthe manglesii*	80	TP	98	15～25	7～9	14	预先冷冻或AA

名称、科属及学名	发芽率标准（%）	规定（置床粒数均为100粒）					附加说明
		发芽器皿	发芽湿度（%）	发芽温度（℃）	初次计数（天）	末次计数（天）	种子破除休眠的建议
迷迭香（唇形科迷迭香属）Rosmarinus officinalis	45	SP.BP	98	13～16	15～17	28	预先冷冻或NAA
抱茎金光菊（菊科金光菊属）Rudbeckia amplexicaulis	85	TP	98	21～25	6～7	14	预先冷冻
全缘金光菊（菊科金光菊属）Rudbeckia fulgida	85	TP	98	21～25	6～7	14	预先冷冻
黑心菊（菊科金光菊属）Rudbeckia hirta	85	TP	98	21～25	6～7	14	预先冷冻
芸香（芸香科芸香属）Ruta graveolens	70	TP	98	15～20	8～9	21	预先冷冻或NAA
智利喇叭花（茄科美人襟属）Salpiglossis sinuata	85	TP	98	18～23	6～7	14	光照
红花鼠尾草（唇形科鼠尾草属）Salvia coccinea	80	TP	98	17～23	8～9	14	光照
蓝花鼠尾草（唇形科鼠尾草属）Salvia farinacea	85	TP	98	17～23	9～11	21	预先冷冻或AA
彩苞鼠尾草（唇形科鼠尾草属）Salvia viridis	85	TP	98	17～23	8～9	14	预先冷冻或KNO₃
林下鼠尾草（唇形科鼠尾草属）Salvia nemorosa	85	TP	98	17～23	8～9	21	预先冷冻或KNO₃
药用鼠尾草（唇形科鼠尾草属）Salvia officinalis	85	TP	98	17～23	10～14	21	PEG6000
草甸鼠尾草（唇形科鼠尾草属）Salvia pratensis	70	TP	98	17～23	9～11	21	预先冷冻或NAA
香紫苏（唇形科鼠尾草属）Salvia sclarea	70	TP	98	15～20	9～11	21	预先冷冻或AA
一串红（唇形科鼠尾草属）Salvia splendens	80	TP	95	17～21	9～11	21	预先冷冻
匍匐蛇目菊（菊科蛇目菊属）Sanvitalia procumbens	85	TP	98	18～21	8～9	14	
肥皂草（石竹科肥皂草属）Saponaria officinalis	80	TP	98	13～16	9～10	21	预先冷冻或KNO₃
轮锋菊（忍冬科蓝盆花属）Scabiosa atropurpurea	80	SP.BP	98	18～22	9～10	21	预先冷冻
星花轮锋菊（忍冬科蓝盆花属）Scabiosa stellata	80	SP.BP	98	18～22	10～12	21	预先冷冻
蛾蝶花（茄科蛾蝶花属）Schizanthus pinnatus	85	BP.TP	98	20～25	8～9	14	
舌苞菊（菊科舌苞菊属）Schoenia cassiniana	85	TP	98	20～30	8～9	14	预先冷冻
蝎子草（豆科蝎尾豆属）Scorpiurus muricatus	85	SP.BP	98	15～20	10～12	21	预先冷冻，温水浸泡24小时
黄芩（唇形科黄芩属）Scutellaria baicalensis	80	SP.BP	98	15～20	12～14	21	预先冷冻或KNO₃
景天（景天科景天属）Sedum stoloniferum	80	TP	98	18～22	6～7	14	光照
草决明（豆科决明属）Senna obtusifolia	80	SP.BP	98	12～16	12～15	21	预先冷冻或NAA
剪秋罗（石竹科蝇子草属）Silene fulgens	90	TP	98	15～20	7～8	14	预先冷冻或GA₃
矮雪轮（石竹科蝇子草属）Silene armeria	85	TP	98	15～25	6～8	14	预先冷冻
樱雪轮（石竹科蝇子草属）Silene coeli-rosa	85	TP	98	15～25	6～8	14	预先冷冻
大蔓樱草（石竹科蝇子草属）Silene armeria	85	TP	98	15～25	6～8	14	预先冷冻
金银茄（茄科茄属）Solanum aethiopicum	85	SP.BP	95	20～25	9～12	21	1～5℃低温12小时，35℃高温12小时交替变温处理
五指茄（茄科茄属）Solanum mammosum	85	SP.BP	95	20～25	9～12	21	1～5℃低温12小时，35℃高温12小时交替变温处理
冬珊瑚（茄科茄属）Solanum pseudocapsicum	85	SP.BP	95	20～25	9～12	21	1～5℃低温12小时，35℃高温12小时交替变温处理
白蛋茄（茄科茄属）Solanum texanum	85	SP.BP	95	20～25	9～12	21	1～5℃低温12小时，35℃高温12小时交替变温处理
细茎针茅（禾本科针茅属）Stipa capillata	90	TP	98	18～25	5～7	14	光照
澳洲沙漠豆（豆科沙耀花豆属）Swainsona formosa	80	SP.BP	98	18～25	10～12	21	预先冷冻或KNO₃

名称、科属及学名	发芽率标准（%）	规定（置床粒数均为100粒）					附加说明
		发芽器皿	发芽湿度（%）	发芽温度（℃）	初次计数（天）	末次计数（天）	种子破除休眠的建议
聚合草（紫草科聚合草属）*Symphytum officinale*	80	SP.BP	98	15～20	6～7	14	预先冷冻
永生菊（菊科小麦秆菊属）*Syncarpha rosea*	85	TP	98	15～25	6～7	14	光照
万寿菊（菊科万寿菊属）*Tagetes erecta*	90	TP	98	18～22	4～6	14	光照
香万寿菊（菊科万寿菊）*Tagetes lucida*	90	TP	98	18～22	4～6	14	光照
孔雀草（菊科万寿菊）*Tagetes patula*	90	TP	98	18～22	4～6	14	光照
密花孔雀草（菊科万寿菊）*Tagetes tenuifolia*	90	TP	98	18～22	4～6	14	光照
假人参花（土人参科土人参属）*Talinum paniculatum*	80	TP	98	15～20	7～9	14	光照
红花除虫菊（菊科菊蒿属）*Tanacetum coccineum*	80	TP	98	18～25	9～10	21	预先冷冻或KNO₃
蒲公英（菊科蒲公英属）*Taraxacum mongolicum*	90	TP	98	18～25	5～7	14	
醉蝶花（白花菜科醉蝶花属）*Tarenaya hassleriana*	80	SP.BP	98	15～35	7～9	21	1～5℃低温12小时，35℃高温12小时变温处理
巧克力金鸡菊（菊科绿线菊属）*Thelesperma ambiguum*	85	TP	98	18～25	8～10	14	预先冷冻
大花老鸦嘴（爵床科山牵牛属）*Thunbergia alata*	80	SP.BP	98	21～24	15～18	28	预先冷冻或NAA
金毛菊（菊科丝叶菊属）*Thymophylla tenuiloba*	85	TP	98	18～28	7～9	14	
欧百里香（唇形科百里香属）*Thymus serpyllum*	85	TP	98	15～20	6～7	14	预先冷冻
圆叶肿柄菊（菊科肿柄菊属）*Tithonia rotundifolia*	85	TP	98	20～25	7～8	14	光照
夏堇（母草科蝴蝶草属）*Torenia fournieri*	85	TP	98	15～20	6～7	14	光照
翠珠花（五加科翠珠花属）*Trachymene coerulea*	80	SP.BP	98	18～25	15～20	28	预先冷冻或KNO₃
紫露草（鸭跖草科紫露草属）*Tradescantia ohiensis*	80	SP.BP	98	13～21	12～16	28	预先冷冻或NAA
黄花婆罗门参（菊科婆罗门参属）*Tragopogon orientalis*	80	SP.BP	98	15～25	9～12	21	预先冷冻或KNO₃
蓝香草（豆科胡卢巴属）*Trigonella caerulea*	80	TP	98	15～20	7～8	14	温水浸泡24小时
香囊草（豆科胡卢巴属）*Trigonella foenum-graecum*	90	TP	98	15～21	7～8	14	温水浸泡24小时
旱金莲（旱金莲科旱金莲属）*Tropaeolum majus*	80	SP.BP	95	20～25	8～9	21	预先冷冻
春黄熊菊（菊科熊菊属）*Ursinina anethoides*	80	TP	98	20～25	7～9	14	光照
缬草（忍冬科缬草属）*Valeriana officinalis*	60	TP	98	15～20	10～13	21	预先冷冻或KNO₃
毛蕊花（玄参科毛蕊花属）*Verbascum chaixii*	80	TP	98	15～20	8～9	14	预先冷冻
柳叶马鞭草（马鞭草科鞭草属）*Verbena bonariensis*	80	SP.BP	98	16～23	15～20	28	预先冷冻或KNO₃
白毛马鞭草（马鞭草科马鞭草属）*Verbena stricta*	80	SP.BP	98	16～23	10～15	21	预先冷冻或KNO₃
角堇（堇菜科堇菜属）*Viola cornuta*	80	BP.TP	98	15～20	9～12	21	预先冷冻或KNO₃
紫花地丁（堇菜科堇菜属）*Viola philippica*	70	BP.TP	98	15～20	12～15	21	预先冷冻或KNO₃
三色堇（堇菜科堇菜属）*Viola tricolor*	85	BP.TP	98	15～20	9～12	21	预先冷冻或KNO₃
干花菊（菊科干花菊属）*Xeranthemum annuum*	85	TP	98	18～25	8～9	14	预先冷冻
麦秆菊（菊科蜡菊属）*Xerochrysum bracteatum*	90	TP	98	18～22	6～7	14	光照
彩色玉米（禾本科玉蜀黍属）*Zea mays var. japonica*	90	SP.BP	98	20～25	6～7	14	温水浸泡24小时
小百日菊（菊科百日菊属）*Zinnia angustifolia*	85	TP	98	20～25	6～7	14	预先冷冻
大花百日草（菊科百日菊属）*Zinnia grandiflora*	85	TP	98	20～25	6～7	14	预先冷冻

说明：发芽温度是光照培养箱设定的温度；发芽器皿：TP=试纸;沙盘 =SP;纱布 =BP。

十一、观赏植物种子质量标准

1. 种子质量评定： 对种子的品种品质及播种品质检验得到的结果与现行有效规定的最低标准或与标签（发票、合同、协议、检验报告单、广告目录等）标注进行比较，并给出相应结论的过程。

2. 种子质量评定的依据： ①国家标准。国家标准分为强制性标准和推荐性标准，强制性标准必须执行。强制性国家标准代号 GB；推荐性国家标准代号GB/T；现行的花卉种子国家标准 GB/T 18247.4—2000。②行业标准（行业标准代号 /T）。是指对没有国家标准，而需要在全国某个行业范围内统一的技术要求所制定的标准。由国务院有关行政管理部门制定发布，并报国务院标准化行政管理部门备案。行业标准是对国家标准的补充，行业标准在国家标准实施后，自行废止。③地方标准（代码 DB）。在某个省、自治区、直辖市范围内需要统一的标准。对没有国家标准、行业标准而又需要在省、自治区、直辖市范围内统一的技术要求，可以制定地方标准。地方标准由省、自治区、直辖市人民政府标准化行政管理部门制定发布，并报国务院标准化行政管理部门和国务院有关行政主管部门备案。地方标准不得与国家标准、行业标准的规定相抵触，在本行政辖区范围内适用，在相应的国家标准和行业标准实施后，地方标准自行废止。④企业标准。是指企业制定的产品标准和在企业内需要协调、统一的技术要求和管理、工作要求所制定的标准。企业生产的产品在没有相应的国家标准、行业标准和地方标准时，应当制定企业标准，作为组织生产的依据。在有相应的国家标准、行业标准和地方标准企业标准时，国家鼓励企业在不违反强制性标准的前提下，制定严于国家标准、行业标准和地方标准的企业标准，在企业内部使用。企业标准由企业制定，由法人代表或法人代表授权的主管领导批准发布，一般报当地标准化行政管理部门和有关行政主管部门备案。

3. 种子质量评定的原则： ①品种品质的优劣取决于品种的真实性和一致性。同一批种子当田间和室内纯度检验结果不一致时，应以纯度低的为准。若田间品种纯度过低，达不到国家分级标准的最低指标时，应严格去杂，经检验合格后作为种用，否则不能作为种用。若室内纯度低于国家分级标准最低指标时，绝不能作种用。②杂交种品种品质的评定。查看亲本纯度、制种田的隔离条件是否符合制种要求。田间杂株（穗）率（父本杂株散粉率、母本杂株率及母本散粉率）在分级指标内。

4. 国外种子质量分级标准的特点： ①品种纯度的大多数指标侧重于过程控制的指标，很少规定最终产品的指标（因为最终产品指标在短期内无法鉴定）。②品种纯度指标与室内检测指标（净度、发芽率）分开（因为像预基础种子、基础种子没有发芽率规定的约束，可以较低），切合种子繁殖的实际情况。③国际规定的品种纯度的指标都比较高，且与前作、隔离条件、亲本种子质量等结合起来使用。④种子的物理质量（如净度、发芽率等）没有规定具体的标准，只规定必须满足进口的最低标准。

5. 国际种子检验协会（International Seed Testing Association）： 简称 ISTA，是一个由各国官方种子检验室（站）和种子技术专家组成的世界性的政府间非营利性组织。其主要任务是目标制订、修订、出版和推行国际种子检验规程；促进在国际种子贸易中广泛采用一致性的标准检验程序；发展种子科学技术的研究和培训工作；召开世界性种子会议，讨论和修订国际种子检验规程，交流种子科技研究成果；组织与举办种子技术培训班、讨论会和研讨会；加强与其他国际机构的联系和合作；编辑和出版发行 ISTA 刊物；颁发国际种子检验证书。

6. 种子检验证书： 国际种子检验证书只能由国际种子检验协会印制，发给授权的认可的会员检验站，用于填报检验结果一类的证书表格。这些证书是国际种子检验协会的知识产权，并只有在该协会授权下才能签发。

①种子批证书（Seed Lot Certificate），适用于在授权成员站的监督下，按规定的程序从种子批中取样品而签发的国际种子检验证书表格。这种证书有两种类型：橙色国际种子批证书（Orange International Seed Lot Certificate）适用于由同一会员检验站按规定的程序进行扦样和检验，并且所采用的程序证实证书与种子批等效，证书的颜色为橙色；绿色国际种子批证书（Green International Seed Lot Certificate），适用于由一个授权会员检验站按规定的程序进行扦样，而由另一国家的一个会员检验站进行检验，并且所采用的程序证实证书与种子批等效。证书的颜色为绿色。

②种子样品证书（Seed Sample Certificate），适用于种子批的扦样不在成员站监督下而签发的一种国际种子检验证书表格。蓝色国际种子样品证书（Blue International Seed Sample Certificate）授权会员检验站只对送验样品负责，但不对样品与任何种子批（样品可能就扦自其中）之间的关系负责。证书的颜色为蓝色。

③副本证书（Duplicate Certificate），与已填报

完毕的国际种子检验证书完全相同，标有"副本"（Dupucate）字样。

④临时证书（Provisional Certificate），一项或若干项检验项目检测结束前签发的一种证书，其上附有"最后证书将要检验结束时签发"的说明。

⑤授权的种子检验站（Authorised Seed Testing Station），授权种子检验站是根据章程第七章的规定，由执行委员会授权签发国际种子检验协会国际种子检验证书资格的认可会员检验站。

种子质量检验证
SEED SAMPLE CERTIFCATE

编号 No.

检验单位：

地址 Address：

电话 Tel：

种子扦样员 Seed Stand sample No.：

质量检验员 The quality inspection No.

供种单位 Applicant   合同号 Contract

品种 Species（可附件）   代表重量 On behalf of the weight   g

样品检验日期 Date received   样品登记号 Laboratory test No

检验结果 Analysis results

净度 purity   含水量 moisture content（湿基，W.B.） %

千粒重 1000-seed weight g   每千克种子数量 Number of seeds per kg

发芽率检测 Germination test   历时天数 Germination period   天 days

发芽率 Germination percent %   发芽势 The germination

新鲜未发芽粒 Fresh ungerminated seeds %

硬粒 Hard seeds %   不正常幼苗 Abnormal seedlings %

死亡粒 Dard seeds %   空粒 Empty seeds %

杂质 Impurity

其他 Other

图片证据 Graphic evidence（可附件）

种子质量执行标准 GB/T 18247.4—2000：

检验合格有效期 The period of validity inspection

检验结果 The inspection results（章）

技术负责人 Director   校核人 Verifier   签发日期 Date issued

草本观赏植物种子质量等级表

企业质量标准号：QB2010—312/T—2023—482（修订版）

1，范围
本标准规定了花卉种子质量分级指标、检测方法和判定原则。
本标准适用于园林绿化、专业花卉生产及国际贸易的花卉种子划分等级。
2，引用标准
下列标准所包含的条文，参考中华人民共和国花卉种子质量标准GB/T 18247.4—2000和欧洲种子协会质量标准，通过本公司二十多年的生产、试验、加工和检测而取得有效数据构成的条文。在生产实践中所有标准都会被修订。
3，本标准采用下列定义
3.1 种子净度 purity of seed
从被检种子样品除去杂质和其他植物种子后，被检种子重量占样品重量的百分比。
3.2 发芽率 germination rate
种子发芽试验终期（规定日期内），全部正常发芽种子占供试种子数的百分比。
3.3 含水量 seeds per gram
种子样品中含有水的重量占供试样品重量的百分比。
3.4 每克粒数 seeds per gram
每克种子样品具有种子的粒数，因品种差异性，每克种子粒数只能提供参考。
4，质量分级
种子质量分为3级，以种子净度、发芽率、含水量和每克粒数的指标划分等级。等级各相关技术指标不属于同一等级时，以单项指标低的定等级。技术指标见表。本标准按照植物拉丁名首字母排序。

序号	种名、科属及学名	一级			二级			三级			其他指标	
		纯度不低于（%）	净度不低于（%）	发芽率不低于（%）	纯度不低于（%）	净度不低于（%）	发芽率不低于（%）	纯度不低于（%）	净度不低于（%）	发芽率不低于（%）	含水量不大于（%）	各级种子每克参考粒数
001	黄秋葵（锦葵科秋葵属） *Abelmoschus esculentus*	97	99	85	96	98	80	95	95	75	10	18～20
002	金花葵（锦葵科秋葵属） *Abelmoschus manihot*	97	99	85	96	98	80	95	95	75	10	65～70
003	美丽苘麻（锦葵科苘麻属） *Abutilon × hybridum*	98	98	80	96	96	75	95	94	70	9	240～260
004	凤尾蓍（菊科蓍属） *Achillea filipendulina*	97	95	85	96	95	80	95	94	75	8	6800～7000
005	千叶蓍（菊科蓍属） *Achillea millefolium*	97	95	85	96	95	80	95	94	75	8	6900～7000
006	锯草（菊科蓍属） *Achillea alpina*	97	95	85	96	95	80	95	94	75	8	4500～5000
007	桂圆菊（菊科金纽扣属） *Acmella oleracea*	97	98	80	95	95	75	95	94	70	8	3500～3600
008	夏侧金盏花（毛茛科侧金盏花属） *Adonis aestivalis*	98	98	80	96	95	75	96	95	70	8	140～150
009	莳萝藿香（唇形科藿香属） *Agastache foeniculum*	98	98	80	95	95	75	95	94	70	9	1750～1800
010	墨西哥藿香（唇形科藿香属） *Agastache mexicana*	98	98	80	95	95	75	95	94	70	9	1750～1800
011	藿香蓟（菊科藿香蓟属） *Ageratum conyzoides*	97	97	87	95	95	83	95	94	75	8	4300～5000
012	心叶藿香蓟（菊科藿香蓟属） *Ageratum houstonianum*	97	97	87	95	95	83	95	94	75	8	5500～6000
013	麦仙翁（石竹科麦仙翁属） *Agrostemma githago*	97	97	85	95	95	80	95	94	75	8	80～90
014	美丽云草（禾本科剪股颖属） *Agrostis nebulosa*	99	98	90	98	97	85	96	96	80	8	8000～8100
015	观赏小花葱（石蒜科葱属） *Allium schoenoprasum*	98	99	85	97	97	80	95	95	75	8	980～1100
016	蜀葵（锦葵科蜀葵属） *Alcea rosea*	97	95	80	96	95	75	96	95	70	7	90～110
017	黄花香雪球（十字花科庭荠属） *Alyssum alyssoides*	99	98	85	97	96	80	96	95	75	8	1150～1200

序号	种名、科属及学名	一级			二级			三级			其他指标	
		纯度不低于（%）	净度不低于（%）	发芽率不低于（%）	纯度不低于（%）	净度不低于（%）	发芽率不低于（%）	纯度不低于（%）	净度不低于（%）	发芽率不低于（%）	含水量不大于（%）	各级种子每克参考粒数
018	岩生庭荠（十字花科庭荠属） *Alyssum wulfenianum*	99	97	90	97	94	85	97	90	80	8	1150～1200
019	酸浆（茄科酸浆属） *Alkekengi officinarum*	98	98	90	97	97	85	96	95	90	9	700～750
020	尾穗苋（苋科苋属） *Amaranthus caudatus*	98	99	90	97	97	85	96	95	80	8	1800～1900
021	千穗谷（苋科苋属） *Amaranthus hypochondriacus*	98	99	90	97	97	85	96	95	80	8	1500～1600
022	繁穗苋（苋科苋属） *Amaranthus paniculatus*	98	99	90	97	97	85	96	95	80	8	1450～1500
023	锦西风（苋科苋属） *Amaranthus tricolor*	99	98	91	96	98	90	96	91	80	8	1450～1550
024	雁来红（苋科苋属） *Amaranthus tricolor* 'Early Splendor'	98	98	95	96	95	90	96	91	85	8	1450～1550
025	雁来黄（苋科苋属） *Amaranthus tricolor* 'Aurora'	98	98	95	96	95	90	96	91	85	8	1450～1550
026	大阿米芹（伞形科阿米芹属） *Ammi majus*	98	98	85	97	96	80	96	95	75	8	1250～1450
027	细叶阿米芹（伞形科阿米芹属） *Ammi visnaga*	98	98	85	97	96	80	96	95	75	8	1250～1450
028	银苞菊（菊科银苞菊属） *Ammobium alatum*	98	95	80	97	96	75	97	95	70	8	2000～2200
029	琉璃繁缕（报春花科琉璃繁缕属） *Anagallis arvensis*	98	98	85	97	97	80	96	95	75	8	2400～2600
030	南非牛舌草（紫草科牛舌草属） *Anchusa capensis*	98	97	85	97	97	80	96	95	75	8	600～650
031	莳萝（伞形科莳萝属） *Anethum graveolens*	99	98	85	97	96	80	95	95	75	8	650～845
032	香彩雀（车前科香彩雀属） *Angelonia angustifolia*	98	98	85	97	97	80	96	95	75	8	9000～10000
033	春白菊（菊科春黄菊属） *Anthemis montana*	98	98	85	97	97	80	96	95	75	8	2400～2500
034	春黄菊（菊科春黄菊属） *Anthemis tinctoria*	98	96	85	98	95	80	97	94	75	8	1530～1800
035	金鱼草（车前科金鱼草属） *Antirrhinum majus*	97	96	91	96	95	85	95	93	75	8	6300～6500
036	变色楼斗菜（毛茛科楼斗菜属） *Aquilegia coerulea*	97	99	86	96	96	85	95	95	75	9	900～1000
037	加拿大楼斗菜（毛茛科楼斗菜属） *Aquilegia canadensis*	97	98	80	96	96	75	95	95	70	9	950～1050
038	欧楼斗菜（毛茛科楼斗菜属） *Aquilegia vulgaris*	97	98	80	96	96	75	95	95	70	9	800～900
039	重瓣欧楼斗菜（毛茛科楼斗菜属） *Aquilegia vulgaris* var. *flore-pleno*	97	98	80	96	96	75	95	95	70	9	900～950
040	牛蒡（菊科牛蒡属） *Arctium lappa*	98	95	85	96	92	80	96	88	75	10	60～70
041	凉菊（菊科熊耳菊属） *Arctotis fastuosa*	97	92	85	95	89	80	95	85	75	8	220～1570
042	海石竹（白花丹科海石竹属） *Armeria maritima*	98	95	85	96	92	80	96	88	75	9	1400～1500

序号	种名、科属及学名	一级			二级			三级			其他指标	
		纯度不低于（%）	净度不低于（%）	发芽率不低于（%）	纯度不低于（%）	净度不低于（%）	发芽率不低于（%）	纯度不低于（%）	净度不低于（%）	发芽率不低于（%）	含水量不大于（%）	各级种子每克参考粒数
043	香艾（菊科蒿属） *Artemisia argyi*	98	95	70	96	92	65	95	88	60	7	15000～16000
044	青蒿（菊科蒿属） *Artemisia carvifolia*	97	95	80	96	94	75	95	92	70	8	8000～9000
045	黄冠马利筋（夹竹桃科马利筋属） *Asclepias curassavica*	99	97	80	99	95	75	98	93	70	9	380～400
046	沼泽马利筋（夹竹桃科马利筋属） *Asclepias incarnata*	99	98	85	98	97	80	96	92	75	9	210～140
047	柳叶马利筋（夹竹桃科马利筋属） *Asclepias tuberosa*	98	95	85	96	92	80	96	94	75	9	430～450
048	天门冬（天门冬科天门冬属） *Asparagus cochinchinensis*	99	98	90	97	95	85	97	95	80	14	28～35
049	蓝花车叶草（茜草科车叶草属） *Asperula orientalis*	98	95	85	96	92	80	96	93	75	8	1000～1100
050	高山紫菀（菊科紫菀属） *Aster alpinus*	98	97	80	97	95	75	97	95	70	8	1900～2000
051	荷兰菊（菊科紫菀属） *Aster novi-belgii*	98	97	80	97	95	75	97	95	70	8	800～900
052	山菠菜（藜科滨藜属） *Atriplex hortensis*	98	97	85	96	95	80	96	94	75	9	500～550
053	南庭荠（十字花科南庭荠属） *Aubrieta deltoidea var.macedonica*	97	96	90	95	94	85	95	93	80	8	3200～3500
054	射干（鸢尾科射干属） *Belamcanda chinensis*	99	97	70	98	96	65	97	95	60	8	30～40
055	雏菊（菊科雏菊属） *Bellis perennis*	97	96	92	96	94	86	95	93	75	9	4500～7000
056	红柄藜菜（藜科甜菜属） *Beta vulgaris var.cicla*	97	95	80	96	94	75	95	92	70	8	60～90
057	刺针草（菊科鬼针草属） *Bidens aurea*	98	95	85	96	94	80	95	93	75	8	800～900
058	琉璃苣（紫草科玻璃苣属） *Borago officinalis*	98	98	95	96	95	90	96	94	85	8	50～60
059	五色菊（菊科鹅河菊属） *Brachycome iberidifolia*	95	98	90	94	95	85	94	93	80	9	6300～6500
060	观赏油菜花（十字花科芸薹属） *Brassica campestris*	97	99	95	97	98	85	96	96	80	9	420～450
061	羽衣甘蓝（十字花科芸薹属） *Brassica oleracea var. acephala*	97	99	95	97	96	90	96	95	80	9	240～450
062	大凌风草（禾本科凌风草属） *Briza maxima*	99	95	85	98	94	80	98	90	75		280～300
063	狐尾雀麦（禾本科雀麦属） *Bromus madritensis* subsp. *rubens*	99	95	80	98	94	75	98	90	70	8	340～350
064	蓝英花（茄科蓝英花属） *Browallia speciosa*	98	98	90	97	97	85	96	95	80	8	7000～7500
065	叶上黄金（伞形科柴胡属） *Bupleurum rotundifolium*	98	95	75	96	94	70	95	92	65	7	270～290
066	吉祥果（苋科球花藜属） *Blitum virgatum*	99	98	90	97	96	85	97	95	80	9	2200～2400
067	荷包花（车前科荷包花属） *Calceolaria herbeohybrida*	97	99	92	97	95	85	96	94	82	7	50000～55000

序号	种名、科属及学名	一级			二级			三级			其他指标	
		纯度不低于（%）	净度不低于（%）	发芽率不低于（%）	纯度不低于（%）	净度不低于（%）	发芽率不低于（%）	纯度不低于（%）	净度不低于（%）	发芽率不低于（%）	含水量不大于（%）	各级种子每克参考粒数
068	金盏菊（菊科金盏花属） *Calendula officinalis*	97	92	92	95	93	88	95	90	75	8	120～170
069	翠菊（菊科翠菊属） *Callistephus chinensis*	97	97	85	96	95	80	95	94	75	8	390～470
070	丛生风铃草（桔梗科风铃草属） *Campanula carpatica*	98	96	80	97	95	75	96	94	70	8	10000～10500
071	聚花风铃草（桔梗科风铃草属） *Campanula glomerata*	98	96	80	97	95	75	96	94	70	8	6000～6200
072	风铃草（桔梗科风铃草属） *Campanula medium*	98	96	80	97	95	75	96	94	70	8	4000～4200
073	五色观赏椒（茄科辣椒属） *Capsicum annuum*	97	98	90	96	95	85	95	93	80	8	160～180
074	观赏樱桃椒（茄科辣椒属） *Capsicum annuum* subsp. *cerasiforme*	97	98	90	96	95	85	95	93	80	8	150～240
075	五彩甜椒（茄科辣椒属） *Capsicum* 'Coloured'	97	98	90	96	95	85	95	93	80	8	120～210
076	菠萝菊（菊科红花属） *Carthamus tinctorius*	99	98	95	98	97	90	97	96	85	9	20～25
077	蓝箭菊（菊科蓝苣属） *Catananche caerulea*	98	95	80	97	93	75	96	90	70	8	500～550
078	长春花（夹竹桃科长春花属） *Catharanthus roseus*	97	97	92	96	95	88	95	94	85	8	900～1000
079	青葙（苋科青葙属） *Celosia argentea*	97	98	90	95	95	85	95	91	80	9	1200～1300
080	凤尾鸡冠（苋科青葙属） *Celosia argentea* var. *plumosa*	98	99	92	95	97	88	95	91	85	9	1180～1200
081	球冠鸡冠（苋科青葙属） *Celosia chil-dsii* group	97	99	92	95	96	86	95	90	85	9	1400～1600
082	羽状鸡冠（苋科青葙属） *Celosia cristata*	97	99	92	95	96	86	95	90	85	9	1780～1800
083	穗状鸡冠花（苋科青葙属） *Celosia* 'Dragons Breath'	97	99	92	95	96	86	95	90	85	9	1790～1850
084	鸡冠花（苋科青葙属） *Celosia plumosa*	98	99	92	97	96	86	96	90	85	8	1790～1850
085	羽绒狼尾草（禾本科蒺藜草属） *Cenchrus setaceus*	98	95	80	97	94	75	97	92	70	9	660～680
086	长绒毛狼尾草（禾本科蒺藜草属） *Cenchrus longisetus*	98	95	80	97	94	75	97	92	70	9	600～620
087	美洲矢车菊（菊科矢车菊属） *Centaurea americana*	98	97	80	96	95	75	96	94	70	8	85～100
088	矢车菊（菊科矢车菊属） *Centaurea cyanus*	97	97	85	96	95	80	95	93	75	8	270～290
089	大头矢车菊（菊科矢车菊属） *Centaurea macrocephala*	97	97	85	96	95	80	95	93	75	8	60～70
090	山矢车菊（菊科矢车菊属） *Centaurea montana*	98	97	80	96	95	75	96	94	70	8	90～100
091	香矢车菊（菊科矢车菊属） *Centaurea moschata*	98	98	85	96	95	80	96	94	75	8	230～250
092	羽裂矢车菊（菊科矢车菊属） *Centaurea nigrescens*	98	97	80	96	95	75	96	94	70	8	460～480

序号	种名、科属及学名	一级			二级			三级			其他指标	
		纯度不低于（%）	净度不低于（%）	发芽率不低于（%）	纯度不低于（%）	净度不低于（%）	发芽率不低于（%）	纯度不低于（%）	净度不低于（%）	发芽率不低于（%）	含水量不大于（%）	各级种子每克参考粒数
093	红缬草（忍冬科距药草属） *Centranthus ruber*	98	97	80	96	95	75	96	94	70	8	680～700
094	绒毛卷耳（石竹科卷耳属） *Cerastium tomentosum*	98	98	80	96	95	75	96	91	70	8	800～900
095	蓝蜡花（紫草科蜜蜡花属） *Cerinthe major*	99	98	90	97	95	85	97	94	80	8	20～25
096	果香菊（菊科果香菊属） *Chamaemelum nobile*	97	97	85	96	95	80	95	93	75	8	8000～8500
097	双花洋甘菊（菊科果香菊属） *Chamaemelum nobile* 'Flore Plena'	98	97	80	96	95	75	96	94	70	8	2000～2200
098	小盼草（禾本科小盼草属） *Chasmanthium latifolium*	98	95	80	97	94	75	96	93	70	8	350～400
099	三色藜麦（苋科藜属） *Chenopodium quinoa*	99	98	90	97	96	85	97	95	80	9	400～420
100	野菊花（菊科菊属） *Chrysanthemum indicum*	97	95	70	95	94	65	95	92	60	8	6000～6500
101	小菊（菊科菊属） *Chrysanthemum morifolium*	98	97	85	96	95	85	94	93	80	8	2300～2400
102	黄晶菊（菊科茼蒿属） *Chrysanthemum multicaule*	98	90	70	97	89	65	97	85	60	8	700～750
103	菊苣（菊科菊苣属） *Cichorium intybus*	97	95	80	96	94	75	95	93	70	8	700～750
104	大蓟（菊科蓟属） *Cirsium japonicum*	97	96	85	96	95	80	95	94	75	8	600～650
105	山字草（柳叶菜科仙女扇属） *Clarkia elegans*	97	96	80	96	95	75	95	94	70	9	3500～3600
106	古代稀（柳叶菜科仙女扇属） *Clarkia amoena*	97	99	92	96	96	86	95	94	85	8	2300～2400
107	芳香菜（唇形科风轮菜属） *Clinopodium vulgare*	99	95	85	97	96	80	95	93	78	8	2300～2400
108	电灯花（花荵科电灯花属） *Cobaea scandens*	97	98	85	95	95	80	95	93	75	9	12～15
109	薏苡（禾本科薏苡属） *Coix lacryma*	97	98	85	96	95	80	95	94	75	9	3～4
110	彩叶草（唇形科鞘蕊花属） *Coleus blumei*	97	98	90	96	95	85	96	94	80	8	4000～4500
111	千鸟草（毛茛科飞燕草属） *Consolida regalis*	97	98	70	95	95	65	95	92	60	7	900～1000
112	小花飞燕草（毛茛科飞燕草属） *Consolida ajacis*	96	96	75	95	93	70	95	93	65	9	650～700
113	三色旋花（旋花科旋花属） *Convolvulus tricolor*	97	98	80	95	95	75	95	93	70	9	120～150
114	重瓣金鸡菊（菊科金鸡菊属） *Coreopsis early sunrise*	98	96	80	97	95	75	96	94	70	8	500～550
115	剑叶金鸡菊（菊科金鸡菊属） *Coreopsis lanceolata*	98	96	90	96	93	85	96	89	80	8	330～350
116	线叶金鸡菊（菊科金鸡菊属） *Coreopsis rosea*	97	95	95	95	92	90	95	88	85	8	3500～3600
117	两色金鸡菊（菊科金鸡菊属） *Coreopsis tinctoria*	97	96	90	96	95	85	95	93	80	8	2800～2900

（续）

序号	种名、科属及学名	一级			二级			三级			其他指标	
		纯度不低于（%）	净度不低于（%）	发芽率不低于（%）	纯度不低于（%）	净度不低于（%）	发芽率不低于（%）	纯度不低于（%）	净度不低于（%）	发芽率不低于（%）	含水量不大于（%）	各级种子每克参考粒数
118	轮叶金鸡菊（菊科金鸡菊属） *Coreopsis verticillata*	97	98	85	96	95	80	95	94	75	9	300～350
119	多变小冠花（豆科冠花豆属） *Coronilla varia*	96	98	85	95	95	80	95	94	75	12	50～60
120	蒲苇（禾本科蒲苇属） *Cortaderia selloana*	98	98	80	95	95	75	95	94	70	8	7300～7500
121	大波斯菊（菊科秋英属） *Cosmos bipinnatus*	97	99	92	96	96	88	95	94	82	8	120～150
122	硫华菊（菊科秋英属） *Cosmos sulphureus*	97	99	92	96	95	88	95	94	82	8	150～160
123	金槌花（菊科金槌花属） *Craspedia globosa*	97	95	80	95	95	75	95	91	70	10	1600～1700
124	桃色蒲公英（菊科还阳参属） *Crepis rubra*	98	95	90	97	94	85	96	93	80	9	650～700
125	三叶芹（伞形科鸭儿芹属） *Crypotoaenia japonica*	98	90	70	96	89	65	97	85	60	8	600～650
126	可爱多黄瓜（葫芦科黄瓜属） *Cucumis dipsaceus*	97	98	85	96	95	80	95	94	75	8	200～220
127	马泡瓜（葫芦科黄瓜属） *Cucumis melo* var. *agrestis*	97	98	85	96	95	80	95	94	75	8	190～200
128	玩具南瓜（葫芦科南瓜属） *Cucurbita pepo* var.*ovifera*	97	99	90	97	97	85	95	95	80	9	6～30
129	小茴香（伞形科孜然芹属） *Cuminum cyminum*	97	98	85	96	95	80	95	94	75	8	340～350
130	萼距花（千屈菜科萼距花属） *Cuphea lanceolata*	98	98	80	96	95	75	96	94	70	8	320～400
131	仙客来（报春花科仙客来属） *Cyclamen hybridum*	98	99	92	96	95	85	96	95	82	8	137～160
132	倒提壶（紫草科琉璃草属） *Cynoglossum amabile*	98	95	80	96	95	75	95	94	70	8	240～260
133	小丽花（菊科大丽花属） *Dahlia pinnate* cv.	95	97	82	94	96	90	93	92	70	9	130～160
134	紫色达利菊（豆科苜蓿属） *Dalea purpurea*	97	96	75	95	93	70	95	89	65	9	660～680
135	重瓣曼陀罗（茄科曼陀罗属） *Datura metel* var. *fastuosa*	97	98	85	95	95	80	95	94	75	9	18～85
136	曼陀罗（茄科曼陀罗属） *Datura stramonium*	97	96	75	95	93	70	95	89	65	9	150～160
137	胡萝卜花（伞形科胡萝卜属） *Daucus carota* 'Dara'	95	96	80	94	93	75	93	92	70	9	70～80
138	大花翠雀（毛茛科翠雀属） *Delphinium × cultorum*	97	96	70	95	95	65	95	94	60	9	440～460
139	矮翠雀（毛茛科翠雀属） *Delphinium pumilum*	97	96	70	95	95	65	95	94	60	9	450～470
140	美国石竹（石竹科石竹属） *Dianthus barbatus*	97	96	85	96	95	80	95	94	75	9	500～1300
141	紫石竹（石竹科石竹属） *Dianthus carthusianorum*	97	96	85	96	95	80	95	94	75	9	1000～1100
142	香石竹（石竹科石竹属） *Dianthus caryophyllus*	97	99	92	96	95	80	95	94	75	9	580～650

序号	种名、科属及学名	一级			二级			三级			其他指标	
		纯度不低于（%）	净度不低于（%）	发芽率不低于（%）	纯度不低于（%）	净度不低于（%）	发芽率不低于（%）	纯度不低于（%）	净度不低于（%）	发芽率不低于（%）	含水量不大于（%）	各级种子每克参考粒数
143	五彩石竹（石竹科石竹属）*Dianthus chinensis*	97	96	85	96	95	80	95	94	75	9	1000～1200
144	少女石竹（石竹科石竹属）*Dianthus deltoides*	97	96	85	96	95	80	95	94	75	9	5000～5200
145	欧石竹（石竹科石竹属）*Dianthus gratianopolitanus*	97	96	85	96	95	80	95	94	75	9	1000～1100
146	常夏石竹（石竹科石竹属）*Dianthus plumarius*	97	96	85	96	95	80	95	94	75	9	800～850
147	瞿麦（石竹科石竹属）*Dianthus superbus*	97	96	85	96	95	80	95	94	75	9	1000～1100
148	双距花（玄参科双距花属）*Diascia barberae*	97	96	85	96	95	80	95	93	75	8	4100～4200
149	秃疮花（罂粟科秃疮花属）*Dicranostigma leptopodum*	98	95	80	97	94	75	96	93	70	8	1900～2000
150	斑点毛地黄（车前科毛地黄属）*Digitalis hybrid*	97	95	85	95	94	80	95	92	75	9	2000～2100
151	毛地黄（车前科毛地黄属）*Digitalis purpurea*	97	95	85	95	94	80	95	92	75	9	2170～2500
152	异果菊（菊科异果菊属）*Dimorphotheca sinuata*	97	97	85	95	95	80	95	93	75	9	380～780
153	起绒草（川续断科川续断属）*Dipsacus fullonum*	98	98	85	97	96	80	95	93	75	8	350～400
154	多榔菊（菊科多榔菊属）*Doronicum orientale*	98	95	80	97	94	75	96	93	70	8	1200～1400
155	香青兰（唇形科青兰属）*Dracocephalum moldavica*	97	97	85	95	95	80	95	93	75	9	540～570
156	蛇莓（蔷薇科蛇莓属）*Duchesnea indica*	97	96	70	95	95	65	95	94	60	9	2100～2500
157	智利垂果藤（紫葳科悬果藤属）*Eccremocarpus scaber*	97	96	70	96	95	65	95	93	60	9	3100～3300
158	紫松果菊（菊科松果菊属）*Echinacea purpurea*	97	97	85	95	95	80	95	93	75	9	320～350
159	彩色紫锥菊（菊科松果菊属）*Echinacea purpurea* 'Cheyenne Spirit'	97	97	85	95	95	80	95	93	75	9	370～380
160	蓝刺头（菊科蓝刺头属）*Echinops setifer*	98	95	80	97	95	75	96	95	70	10	75～90
161	蓝蓟（紫草科蓝蓟属）*Echium plantagineum*	97	95	85	95	94	80	95	93	75	10	230～300
162	一点红（菊科一点红属）*Emilia coccinea*	98	95	85	96	95	80	96	93	75	8	1100～1200
163	画眉草（禾本科画眉草属）*Eragrostis pilosa*	98	95	85	96	95	80	96	93	75	8	8000～9000
164	美丽飞蓬（菊科飞蓬属）*Erigeron speciosus*	98	95	90	97	95	85	96	94	80	8	3500～4000
165	扁叶刺芹（伞形科刺芹属）*Eryngium planum*	98	95	80	97	94	75	96	95	70	8	750～800
166	高山刺芹伞形科刺芹属）*Eryngium alpinum*	98	95	80	97	94	75	96	95	70	8	460～500
167	丝兰叶刺芹（伞形科刺芹属）*Eryngium yuccifolium*	98	95	80	97	94	75	96	95	70	8	500～550

序号	种名、科属及学名	一级			二级			三级			其他指标	
		纯度不低于（%）	净度不低于（%）	发芽率不低于（%）	纯度不低于（%）	净度不低于（%）	发芽率不低于（%）	纯度不低于（%）	净度不低于（%）	发芽率不低于（%）	含水量不大于（%）	各级种子每克参考粒数
168	桂竹香（十字花科糖芥属） *Erysimum × cheiri*	97	96	90	95	93	85	95	89	80	9	740～760
169	七里黄（十字花科糖芥属） *Erysimum amurense*	98	98	90	97	97	85	96	95	80	8	900～950
170	花菱草（罂粟科花菱草属） *Eschscholzia californica*	97	99	95	96	98	90	95	95	80	8	800～850
171	佩兰（菊科泽兰属） *Eupatorium fortunei*	98	95	80	97	94	75	96	95	70	9	1800～1900
172	银边翠（大戟科大戟属） *Euphorbia marginata*	98	96	80	96	95	75	96	94	70	8	50～60
173	黄金菊（菊科黄蓉菊属） *Euryops pectinatus*	98	96	80	96	95	75	96	94	70	8	4200～4500
174	蓝雏菊（菊科蓝菊属） *Felicia amelloides*	97	94	85	95	93	80	95	92	75	9	880～900
175	费利菊（菊科蓝菊属） *Felicia heterophylla*	97	94	85	95	93	80	95	92	75	9	715～750
176	蓝羊茅（禾本科羊茅属） *Festuca glauca*	98	95	75	96	94	70	96	93	65	8	1000～1100
177	茴香（伞形科茴香属） *Foeniculum vulgare*	97	94	85	95	95	80	95	93	75	9	150～170
178	球茎茴香（伞形科茴香属） *Foeniculum dulce*	97	94	85	95	95	80	95	93	75	9	270～280
179	欧洲草莓（蔷薇科草莓属） *Fragaria vesca* var. *semperflorens*	98	97	75	96	94	70	96	93	65	8	3200～3300
180	盆栽草莓（蔷薇科草莓属） *Fragaria × nanassa*	98	97	75	96	94	70	96	93	65	8	3200～3300
181	宿根天人菊（菊科天人菊属） *Gaillardia aristata*	97	90	75	96	90	70	95	89	65	9	350～370
182	矢车天人菊（菊科天人菊属） *Gaillardia amblyodon*	97	90	75	96	90	70	95	89	65	9	500～550
183	燕雀草（茜草科拉拉藤属） *Galium verum*	98	97	80	98	95	75	96	94	70	8	2000～2100
184	勋章花（菊科勋章花属） *Gazania rigens*	98	99	92	96	96	88	96	94	82	9	400～450
185	老鹳草（牻牛儿苗科老鹳草属） *Geranium maculatum*	98	95	80	96	95	75	96	94	70	9	130～150
186	山地路边青（蔷薇科路边青属） *Geum aleppicum*	98	95	80	98	93	75	96	91	70	8	500～550
187	球状吉利花（花荵科吉莉草属） *Gilia capitata*	98	95	80	98	93	75	96	91	70	8	2100～2200
188	三色介代花（花荵科吉莉草属） *Gilia tricolor*	97	95	85	96	95	80	95	94	75	8	3350～3600
189	美女樱（马鞭草科美女樱属） *Glandularia × hybrida*	96	99	92	95	97	88	94	93	75	8	390～550
190	细裂美女樱（马鞭草科美女樱属） *Glandularia tenera*	98	98	80	97	95	75	97	94	70	8	900～1000
191	花环菊（菊科茼蒿属） *Glebionis carinata*	96	95	80	95	94	75	95	92	70	8	400～450
192	茼蒿菊（菊科茼蒿属） *Glebionis segetum*	98	95	80	96	92	75	96	88	70	8	650～700

序号	种名、科属及学名	一级			二级			三级			其他指标	
		纯度不低于（%）	净度不低于（%）	发芽率不低于（%）	纯度不低于（%）	净度不低于（%）	发芽率不低于（%）	纯度不低于（%）	净度不低于（%）	发芽率不低于（%）	含水量不大于（%）	各级种子每克参考粒数
193	钉头果（夹竹桃科钉头果属） *Gomphocarpus fruticosus*	99	98	85	98	97	80	96	92	75	9	180～220
194	千日红（苋科千日红属） *Gomphrena globosa*	98	95	80	97	95	75	96	95	70	9	240～400
195	焰火千日红（苋科千日红属） *Gomphrena pulchella* 'Fireworks Coated'	97	95	85	96	95	80	95	94	75	8	1000～1200
196	大花满天星（石竹科石头花属） *Gypsophila elegans*	98	98	90	96	95	85	96	95	80	8	1200～1300
197	迷你满天星（石竹科石头花属） *Gypsophila muralis*	97	97	85	96	95	80	95	94	75	8	33500～36000
198	小花满天星（石竹科石头花属） *Gypsophila acutifolia*	97	97	85	96	95	80	95	94	75	8	1600～1700
199	宿根霞草（石竹科石头花属） *Gypsophila paniculata*	97	97	85	96	95	80	95	94	75	8	1600～1700
200	麦蓝菜（石竹科石头花属） *Gypsophila vaccaria*	99	98	80	97	95	75	97	94	70	9	200～210
201	秋花堆心菊（菊科堆心菊属） *Helenium autumnale*	98	95	75	96	94	70	96	93	65	8	4500～4600
202	铺地半日花（半日花科半日花属） *Helianthemum nummularium*	98	95	80	97	94	75	96	95	70	8	750～800
203	狭叶向日葵（菊科向日葵属） *Helianthus angustifolius*	98	98	90	97	97	85	96	96	80	9	410～420
204	观赏向日葵（菊科向日葵属） *Helianthus annuus*	96	97	95	95	96	90	95	94	80	9	10～60
205	赛菊芋（菊科赛菊芋属） *Heliopsis helianthoides*	98	97	85	96	95	80	95	94	75	8	160～180
206	日光菊（菊科赛菊芋属） *Heliopsis helianthoides* var. *scabra*	98	97	85	96	94	80	96	90	75	9	240～260
207	堆心菊（菊科赛菊芋属） *Heliopsis* var. *scabra* 'Venus'	98	97	85	96	95	80	95	94	75	8	250～270
208	香水草（紫草科天芥菜属） *Heliotropium arborescens*	98	93	70	96	90	65	96	83	60	8	2300～2500
209	麦秆菊（菊科蜡菊属） *Xerochrysum bracteatum*	98	90	80	96	87	75	96	83	70	8	1450～1500
210	欧洲香花芥（十字花科香花芥属） *Hesperis matronalis*	98	95	80	97	94	75	96	95	70	8	950～1000
211	大花芙蓉葵（锦葵科木槿属） *Hibiscus moscheutos*	98	99	90	97	94	85	96	95	80	8	120～130
212	刺芙蓉（锦葵科木槿属） *Hibiscus surattensis*	97	96	80	96	95	75	95	93	70	9	70～80
213	芒颖大麦草（禾本科大麦属） *Hordeum jubatum*	98	90	75	96	87	70	96	83	65	8	590～630
214	金杯花（罂粟科金杯罂粟属） *Hunnemannia fumariifolia*	97	95	85	95	94	80	95	93	75	9	250～270
215	神香草（唇形科神香草属） *Hyssopus officinalis*	97	96	85	95	94	85	95	93	80	9	850～900
216	伞形屈曲花（十字花科屈曲花属） *Iberis umbellata*	98	96	85	96	96	80	96	94	75	10	400～450
217	蜂室花（十字花科屈曲花属） *Iberis amara*	98	96	85	96	96	80	96	94	75	10	330～360

序号	种名、科属及学名	一级			二级			三级			其他指标	
		纯度不低于（%）	净度不低于（%）	发芽率不低于（%）	纯度不低于（%）	净度不低于（%）	发芽率不低于（%）	纯度不低于（%）	净度不低于（%）	发芽率不低于（%）	含水量不大于（%）	各级种子每克参考粒数
218	中国凤仙花（凤仙花科凤仙花属） *Impatiens balsamina*	97	99	95	97	98	90	96	94	85	9	140～160
219	非洲凤仙（凤仙花科凤仙花属） *Impatiens walleriana*	98	96	85	96	96	80	96	94	75		1700～1800
220	牵牛花（旋花科虎掌藤属） *Ipomoea purpurea*	98	98	85	98	96	80	96	95	75	10	40～60
221	红衫花（旋花科虎掌藤属） *Ipomoea rubra*	98	98	85	98	96	80	96	95	75	10	800～850
222	三色牵牛（旋花科虎掌藤属） *Ipomoea tricolor*	98	98	85	98	96	80	96	95	75	10	20～40
223	橙红茑萝（旋花科虎掌藤属） *Ipomoea coccinea*	97	98	85	95	95	80	95	94	75	9	90～100
224	羽叶茑萝（旋花科虎掌藤属） *Ipomoea quamoclit*	97	98	80	95	95	75	95	94	70	9	70～80
225	裂叶茑萝（旋花科虎掌藤属） *Ipomoea × sloteri*	97	98	80	95	95	75	95	94	70	9	70～80
226	马蔺（鸢尾科鸢尾属） *Iris lactea*	98	96	70	97	95	65	96	94	60	11	30～40
227	燕子鸢尾（鸢尾科鸢尾属） *Iris halophila*	98	96	70	97	95	65	96	94	60	11	25～35
228	黄花鸢尾（鸢尾科鸢尾属） *Iris pseudacorus*	98	96	70	97	95	65	96	94	60	11	20～25
229	蓝花鸢尾（鸢尾科鸢尾属） *Iris tectorum*	98	96	70	97	95	65	96	94	60	11	50～60
230	银叶菊（菊科疆千里光属） *Jacobaea maritima*	99	98	90	97	95	85	97	91	80	8	3500～3600
231	火炬花（阿福花科火把莲属） *Kniphofia uvaria*	97	96	80	96	95	75	95	93	70	9	370～390
232	细叶地肤（苋科地肤属） *Kochia scoparia*	98	95	85	97	96	80	96	94	75	9	1000～1200
233	红地肤（苋科地肤属） *Kochia trichophylla*	98	95	85	97	96	80	96	94	75	9	1000～1200
234	彩色地肤（苋科地肤属） *Kochia vermelha*	98	95	85	97	96	80	96	94	75	9	1000～1200
235	宽叶地肤（苋科地肤属） *Kochia sieversiana*	98	95	85	97	96	80	96	94	75	9	1000～1200
236	观赏葫芦（葫芦科葫芦属） *Lagenaria siceraria var.hispida*	96	98	90	94	95	85	94	91	80	9	8～30
237	兔子尾巴草（禾本科兔尾草属） *Lagurus ovatus*	99	96	85	98	95	80	97	93	75	11	1500～1600
238	美丽日中花（番杏科松叶菊属） *Lampranthus spectabilis*	99	96	85	98	95	80	97	93	75	11	3700～3800
239	香豌豆（豆科山黧豆属） *Lathyrus odoratus*	96	98	80	95	97	75	94	94	70	12	14～25
240	智利香豌豆（豆科山黧豆属） *Lathyrus tingitanus*	96	98	80	95	97	75	94	94	70	12	30～35
241	矮香豌豆（豆科山黧豆属） *Lathyrus humilis*	96	98	80	95	97	75	94	94	70	12	25～30
242	狭叶薰衣草（唇形科薰衣草属） *Lavandula angustifolia*	98	96	60	97	95	55	96	94	50	7	900～1000

序号	种名、科属及学名	一级			二级			三级			其他指标	
		纯度不低于（%）	净度不低于（%）	发芽率不低于（%）	纯度不低于（%）	净度不低于（%）	发芽率不低于（%）	纯度不低于（%）	净度不低于（%）	发芽率不低于（%）	含水量不大于（%）	各级种子每克参考粒数
243	希德寇特薰衣草（唇形科薰衣草属） *Lavandula angustifolia* 'Hidcote'	98	96	65	97	95	60	96	94	55	7	1000～1100
244	羽叶薰衣草（唇形科薰衣草属） *Lavandula multifida*	96	98	80	95	97	75	94	94	70	8	1600～1700
245	西班牙薰衣草（唇形科薰衣草属） *Lavandula stoechas*	96	98	80	95	97	75	94	94	70	8	1120～1180
246	莱雅菜（菊科雪顶菊属） *Layia platyglossa*	98	95	85	97	94	80	96	93	75	9	1400～1500
247	迷你紫英花（桔梗科神鉴花属） *Legousia speculum*	98	95	85	97	94	80	96	93	75	9	3980～4100
248	高山火绒草（菊科火绒草属） *Leontopodium alpinum*	98	96	70	97	95	65	96	94	60	8	7500～8000
249	繁星花（花荵科福禄麻属） *Leptosiphon hybrida*	98	95	85	97	94	80	96	93	75	9	3300～3500
250	西洋滨菊（菊科滨菊属） *Leucanthemum vulgare*	98	99	95	97	96	90	96	95	85	8	2200～2400
251	大滨菊（菊科滨菊属） *Leucanthemum maximum*	98	99	95	97	96	90	96	95	85	8	1500～1800
252	蛇鞭菊（菊科蛇鞭菊属） *Liatris spicata*	98	95	85	97	94	80	96	93	75	9	300～330
253	荷包蛋花（沼沫花科沼沫花属） *Limnanthes douglasii*	98	95	85	97	94	80	96	93	75	9	1400～1500
254	阔叶补血草（白花丹科补血草属） *Limonium suffruticosum*	98	96	70	97	95	65	96	94	60	8	1400～1500
255	黄花补血草（白花丹科补血草属） *Limonium aureum*	98	96	70	97	95	65	96	94	60	8	1500～1600
256	勿忘我（白花丹科补血草属） *Limonium sinuatum*	97	95	80	96	94	75	95	93	70	9	450～470
257	情人草（白花丹科补血草属） *Limonium suworowii*	98	96	70	97	95	65	96	94	60	8	6000～6500
258	大花夕雪麻（花荵科车叶麻属） *Linanthus grandiflorus*	97	98	80	97	96	85	95	93	80	8	1500～1550
259	柳穿鱼（车前科柳穿鱼属） *Linaria maroccana*	97	95	80	96	94	75	95	93	70	8	13000～13500
260	黄柳穿鱼（车前科柳穿鱼属） *Linaria vulgaris*	97	95	80	96	94	75	95	93	70	8	6500～6600
261	五星菊（菊科向日葵属） *Lindheimera texana*	98	95	85	97	96	80	96	93	75	9	160～180
262	红花亚麻（亚麻科亚麻属） *Linum grandiflorum*	98	95	85	97	96	80	96	93	75	9	300～330
263	宿根亚麻（亚麻科亚麻属） *Linum perenne*	98	95	85	97	96	80	96	93	75	9	700～750
264	花亚麻（亚麻科亚麻属） *Linum usitatissimum*	98	95	85	97	96	80	96	93	75	9	340～350
265	宿根六倍利（桔梗科半边莲属） *Lobelia cardinalis*	97	96	80	96	95	75	95	91	70	7	30000～32000
266	山梗菜（桔梗科半边莲属） *Lobelia erinus*	97	96	80	96	95	75	95	91	70	7	35000～36000

序号	种名、科属及学名	一级			二级			三级			其他指标	
		纯度不低于（%）	净度不低于（%）	发芽率不低于（%）	纯度不低于（%）	净度不低于（%）	发芽率不低于（%）	纯度不低于（%）	净度不低于（%）	发芽率不低于（%）	含水量不大于（%）	各级种子每克参考粒数
267	香雪球（十字花科香雪球属） *Lobularia maritima*	98	95	92	96	93	86	93	94	80	8	3700～3800
268	罗纳菊（菊科黄藿香属） *Lonas annua*	97	95	80	96	94	75	95	93	70	8	4000～4200
269	蝶恋花（豆科百脉根属） *Lotus tetragonolobus*	96	98	80	95	97	75	94	94	70	10	30～35
270	银扇草（十字花科银扇草属） *Lunaria annua*	96	98	80	95	97	75	94	94	70	9	50～60
271	白花羽扇豆（豆科羽扇豆属） *Lupinus albus*	96	98	85	95	95	80	94	93	75	12	25～30
272	二色羽扇豆（豆科羽扇豆属） *Lupinus hartwegii*	96	98	90	95	95	85	94	93	80	12	25～30
273	鲁冰花（豆科羽扇豆属） *Lupinus polyphylla*	96	98	85	95	95	80	94	93	75	12	40～45
274	柔毛羽扇豆（豆科羽扇豆属） *Lupinus micranthus*	96	98	85	95	95	80	94	93	75	12	2～3
275	阿克莱特剪秋罗（石竹科剪秋罗属） *Lychnis arkwrightii*	98	98	90	97	95	85	96	93	80	8	950～1000
276	观赏番茄（茄科番茄属） *Lycopersicon esculentum*	98	98	90	97	95	85	96	93	80	8	500～620
277	千屈菜（千屈菜科千屈菜属） *Lythrum salicaria*	97	96	80	96	95	75	95	91	70	8	17000～18000
278	马迪菊（菊科黏菊属） *Madia elegans*	98	98	85	95	95	80	94	93	75	9	310～320
279	涩荠（十字花科希腊芥属） *Malcolmia maritima*	98	98	90	97	95	85	96	93	80	8	1800～1850
280	马络葵（锦葵科心萼葵属） *Malope trifida*	97	96	80	96	95	75	95	91	70	8	320～350
281	蔓锦葵（锦葵科锦葵属） *Malva moschata*	97	96	80	96	95	75	95	91	70	8	400～420
282	锦葵（锦葵科锦葵属） *Malva cathayensis*	97	96	80	96	95	75	95	91	70	8	500～520
283	美丽花葵（锦葵科花葵属） *Malva trimestris*	97	95	80	96	94	75	95	94	70	9	170～180
284	西洋甘菊（菊科母菊属） *Matricaria chamomilla*	98	98	85	95	95	80	94	93	75	9	7000～8000
285	纽扣母菊（菊科母菊属） *Matricaria 'Vegmo Snowball'*	97	96	80	96	95	75	95	91	70	8	2800～3000
286	紫罗兰（十字花科紫罗兰属） *Matthiola incana*	97	99	92	96	97	88	95	93	70	8	800～850
287	切花紫罗兰（十字花科紫罗兰属） *Matthiola incana*	97	99	92	96	97	88	95	93	70	8	600～650
288	金鱼藤（车前科蔓桐花属） *Maurandya scandens*	98	96	80	97	95	75	96	93	70	8	3000～3500
289	白晶菊（菊科白晶菊属） *Mauranthemum paludosum*	99	96	90	98	95	85	97	94	80	8	1600～1700
290	皇帝菊（菊科黑足菊属） *Melampodium divaricatum*	97	93	75	96	92	70	95	90	65	8	200～240

序号	种名、科属及学名	一级			二级			三级			其他指标	
		纯度不低于（%）	净度不低于（%）	发芽率不低于（%）	纯度不低于（%）	净度不低于（%）	发芽率不低于（%）	纯度不低于（%）	净度不低于（%）	发芽率不低于（%）	含水量不大于（%）	各级种子每克参考粒数
291	坡地毛冠草（禾本科糖蜜草属） *Melinis minutiflora*	97	96	80	96	95	75	95	93	70	8	1350～2500
292	柠檬香蜂草（唇形科薄荷属） *Mentha officinalis*	97	96	80	96	95	75	95	93	70	8	1900～2000
293	拇指西瓜（葫芦科番马㽵儿属） *Melothria scabra*	98	98	90	97	95	85	96	93	80	8	360～380
294	皱叶薄荷（唇形科薄荷属） *Mentha arvensis*	97	96	80	96	95	75	95	93	70	8	8500～9000
295	野薄荷（唇形科薄荷属） *Mentha haplocalyx briq*	97	96	80	96	95	75	95	93	70	8	15000～16000
296	普列薄荷（唇形科薄荷属） *Mentha pulegium*	97	96	80	96	95	75	95	93	70	8	12000～12500
297	科西嘉薄荷（唇形科薄荷属） *Mentha requienii*	97	96	80	96	95	75	95	93	70	8	16000～17000
298	鱼香草（唇形科薄荷属） *Mentha rotundifolia*	97	96	80	96	95	75	95	93	70	8	14000～15000
299	留兰香（唇形科薄荷属） *Mentha spicata*	97	96	80	96	95	75	95	93	70	8	12000～13000
300	薄荷（唇形科薄荷属） *Mentha piperita*	97	96	80	96	95	75	95	93	70	8	12000～13000
301	黄金莲花（刺莲花科耀星花属） *Mentzelia lindleyi*	98	98	85	96	95	80	96	94	75	9	250～300
302	含羞草（豆科含羞草属） *Mimosa pudica*	98	98	85	96	95	80	96	93	75	14	160～170
303	猴面花（透骨草科沟酸浆属） *Mimulus hybridus*	98	98	80	96	95	75	96	93	70	8	20000～22000
304	紫茉莉（紫茉莉科紫茉莉属） *Mirabilis jalapa*	98	98	85	96	95	80	96	94	75	9	8～13
305	领圈花（唇形科贝壳花属） *Molucella laevis*	98	95	80	96	94	75	95	93	70	8	220～230
306	柠檬千层薄荷（唇形科美国薄荷属） *Monarda citriodora*	97	96	80	96	95	75	95	93	70	8	2700～2800
307	美国薄荷（唇形科美国薄荷属） *Monarda didyma*	97	96	80	96	95	75	95	93	70	8	2500～2600
308	马薄荷（唇形科美国薄荷属） *Monarda fistulosa*	97	96	80	96	95	75	95	93	70	8	2000～2100
309	粉黛乱子草（禾本科乱子草属） *Muhlenbergia capillaris*	97	96	80	96	95	75	95	93	70	8	3700～4000
310	勿忘草（紫草科勿忘草属） *Myosotis alpestris*	97	99	90	96	98	85	95	93	80	8	1700～1800
311	龙面花（车前科龙面花属） *Nemesia strumosa*	98	96	85	97	96	85	95	95	80	8	5700～6000
312	斑花喜林草（紫草科粉蝶花属） *Nemophila maculata*	98	97	80	97	96	75	96	95	70	8	110～120
313	喜林草（紫草科粉蝶花属） *Nemophila menziesii*	98	97	80	97	96	75	96	95	70	8	390～420
314	猫薄荷（唇形科荆芥属） *Nepeta cataria*	97	96	80	96	95	75	95	93	70	8	1600～1700

序号	种名、科属及学名	一级			二级			三级			其他指标	
		纯度不低于（%）	净度不低于（%）	发芽率不低于（%）	纯度不低于（%）	净度不低于（%）	发芽率不低于（%）	纯度不低于（%）	净度不低于（%）	发芽率不低于（%）	含水量不大于（%）	各级种子每克参考粒数
315	地被荆芥（唇形科荆芥属） *Nepeta faassenii*	97	96	80	96	95	75	95	93	70	8	1200~1300
316	山荆芥（唇形科荆芥属） *Nepeta × faassenii* 'Six Hills'	97	96	80	96	95	75	95	93	70	8	1200~1300
317	假酸浆（茄科假酸浆属） *Nicandra physalodes*	97	95	85	95	96	80	95	94	80	9	1000~1100
318	花烟草（茄科烟草属） *Nicotiana alata*	97	95	85	95	96	80	95	94	80	8	8000~9000
319	赛亚麻（茄科赛亚麻属） *Nierembergia caerulea*	98	95	90	96	92	85	96	88	80	8	4500~5000
320	查布丽卡黑种草（毛茛科黑种草属） *Nigella bucharica*	97	96	80	96	95	75	95	93	70	8	1050~1100
321	黑种草（毛茛科黑种草属） *Nigella damascena*	97	96	80	96	95	75	95	93	70	8	560~600
322	西班牙黑种草（毛茛科黑种草属） *Nigella hispanica*	97	96	80	96	95	75	95	93	70	8	950~1000
323	茴香叶黑种草（毛茛科黑种草属） *Nigella sativa*	97	96	80	96	95	75	95	93	70	8	440~460
324	小钟花（茄科假茄属） *Nolana paradoxa*	98	96	80	96	95	75	95	91	70	8	300~330
325	甜罗勒（唇形科罗勒属） *Ocimum basilicum*	98	95	80	96	94	80	95	93	75	8	700~750
326	桂皮罗勒（唇形科罗勒属） *Ocimum* 'Cinnamon'	98	95	80	96	94	80	95	93	75	8	650~700
327	密叶香罗勒（唇形科罗勒属） *Ocimum* 'Compactbushbasil'	98	95	80	96	94	80	95	93	75	8	1200~1300
328	特大叶罗勒（唇形科罗勒属） *Ocimum* 'Large Leaf'	97	95	80	96	94	80	95	93	75	8	700~750
329	法莫罗勒（唇形科罗勒属） *Ocimum* 'Morpha'	97	95	80	96	94	80	95	93	75	8	600~700
330	紫罗勒（唇形科罗勒属） *Ocimum* 'Purple Ruffles'	97	95	80	96	94	80	95	93	75	8	700~750
331	丁香罗勒（唇形科罗勒属） *Ocimum gratissimum*	97	95	80	96	94	80	95	93	75	8	700~750
332	月见草（柳叶菜科月见草属） *Oenothera biennis*	97	94	80	96	93	75	95	92	70	8	1450~1500
333	长果月见草（柳叶菜科月见草属） *Oenothera macrocarpa*	97	94	80	96	93	75	95	92	70	8	220~240
334	拉马克月见草（柳叶菜科月见草属） *Oenothera pallida*	97	94	80	96	93	75	95	92	70	8	1500~1600
335	美丽月见草（柳叶菜科月见草属） *Oenothera speciosa*	97	94	80	96	93	75	95	92	70	8	6700~6800
336	山桃草（柳叶菜科山桃草属） *Oenothera lindheimeri*	98	95	80	96	95	75	96	94	70	9	80~90
337	甘牛至（唇形科牛至属） *Origanum majorana*	97	94	80	96	93	75	95	92	70	8	5000~5500
338	牛至（唇形科牛至属） *Origanum vulgare*	97	94	80	96	93	75	95	92	70	8	7000~9000

序号	种名、科属及学名	一级			二级			三级			其他指标	
		纯度不低于（%）	净度不低于（%）	发芽率不低于（%）	纯度不低于（%）	净度不低于（%）	发芽率不低于（%）	纯度不低于（%）	净度不低于（%）	发芽率不低于（%）	含水量不大于（%）	各级种子每克参考粒数
339	蕾丝花（伞形科蕾丝花属） *Orlaya grandiflora*	98	95	80	97	96	75	96	93	70	8	70～80
340	二月蓝（十字花科诸葛菜属） *Orychophragmus violaceus*	97	95	85	95	94	80	93	90	75	9	500～600
341	南非万寿菊（菊科骨子菊属） *Osteospermum ecklonis*	97	95	80	95	94	75	95	93	70	9	65～75
342	黄花酢浆草（酢浆草科酢浆草属） *Oxalis pes~caprae*	98	98	85	96	95	80	96	93	75	8	1900～2000
343	蓝星花（夹竹桃科尖瓣藤属） *Oxypetalum coeruleum*	98	95	85	95	92	80	95	88	75	8	140～160
344	高山虞美人（罂粟科罂粟属） *Papaver alpinum*	97	95	85	95	92	80	95	88	75	8	6000～6500
345	冰岛虞美人（罂粟科罂粟属） *Papaver nudicaule*	97	95	85	95	92	80	95	88	75	8	5800～6000
346	东方虞美人（罂粟科罂粟属） *Papaver orientale*	98	97	85	95	92	80	95	88	75	8	4000～4200
347	天山红花（罂粟科罂粟属） *Papaver pavoninum*	98	97	85	95	92	80	95	88	75	8	8000～8200
348	虞美人（罂粟科罂粟属） *Papaver rhoeas*	98	97	85	95	92	80	95	88	75	8	6500～7000
349	地锦（葡萄科地锦属） *Parthenocissus quinquefolia*	98	99	80	98	96	75	96	95	75	8	40～45
350	西番莲（西番莲科西番莲属） *Passiflora caerulea*	98	99	80	98	96	75	96	95	75	8	50～60
351	百香果（西番莲科西番莲属） *Passiflora edulia*	98	99	80	98	96	75	96	95	75	8	50～60
352	天竺葵（牻牛儿苗科天竺葵属） *Pelargonium hortorum*	99	99	92	97	95	90	94	92	85	8	240～260
353	苹果香天竺葵（牻牛儿苗科天竺葵属） *Pelargonium odoratissimum*	98	96	80	97	95	75	94	90	70	8	440～500
354	东方狼尾草（禾本科狼尾草属） *Pennisetum orientale*	99	95	85	97	94	80	97	92	75	9	200～220
355	御谷（禾本科狼尾草属） *Pennisetum glaucum*	95	95	85	97	94	80	97	92	75	9	250～260
356	象牙钓钟柳（车前科钓钟柳属） *Penstemon barbatus*	98	95	80	97	94	80	96	93	75	9	1250～1300
357	指状钓钟柳（玄参科钓钟柳属） *Penstemon digitalis*	98	95	80	97	94	80	96	93	75	9	7800～8000
358	哈威钓钟柳（玄参科钓钟柳属） *Penstemon hartwegii* 'Sensation'	98	95	80	97	94	80	96	93	75	9	1900～2000
359	劲直钓钟柳（玄参科钓钟柳属） *Penstemon strictus*	98	95	80	97	94	80	96	93	75	9	1150～1200
360	五星花（茜草科五星花属） *Pentas* 'Honeycluster'	98	95	80	97	94	80	96	93	75	8	35000～35500
361	瓜叶菊（菊科瓜叶菊属） *Pericallis × hybrida*	99	99	95	96	95	85	96	91	83	8	3500～4200
362	紫苏（唇形科紫苏属） *Perilla frutescens*	98	98	80	96	95	75	96	94	70	9	800～850

序号	种名、科属及学名	一级			二级			三级			其他指标	
		纯度不低于（%）	净度不低于（%）	发芽率不低于（%）	纯度不低于（%）	净度不低于（%）	发芽率不低于（%）	纯度不低于（%）	净度不低于（%）	发芽率不低于（%）	含水量不大于（%）	各级种子每克参考粒数
363	头花蓼（蓼科蓼属） *Persicaria capitata*	98	97	80	97	96	75	96	95	70	8	1400～1500
364	红蓼（蓼科蓼属） *Persicaria orientalis*	98	97	80	97	96	75	96	95	70	8	80～90
365	欧香芹（伞形科欧芹属） *Petroselinum crispum*	98	98	80	96	95	75	96	94	70	9	600～650
366	矮牵牛（茄科碧冬茄属） *Petumia hybrida*	98	99	95	95	97	90	95	94	85	8	9800～11000
367	加州蓝铃花（紫草科沙铃花属） *Phacelia campanularia*	98	98	85	97	97	80	96	96	70	8	2000～2100
368	高山钟穗花（紫草科沙铃花属） *Phacelia sericea*	98	98	85	97	97	80	96	96	70	8	6500～7000
369	艾菊叶法色草（紫草科沙铃花属） *Phacelia tanacetifolia*	98	98	85	97	97	80	96	96	70	8	650～700
370	宝石草（禾本科虉草属） *Phalarit canariensis*	98	98	90	97	97	85	96	96	80	8	150～160
371	福禄考（花荵科天蓝球属） *Phlox drummondii*	97	96	88	95	95	85	95	93	80	9	500～550
372	灯笼果（茄科洋酸浆属） *Physalis peruviana*	98	98	90	97	97	85	96	95	90	9	700～750
373	假龙头花（唇形科假龙头花属） *Physostegia virginiana*	98	98	80	96	95	75	96	94	70	9	400～420
374	桔梗（桔梗科桔梗属） *Platycodon grandiflorus*	98	97	80	97	96	75	96	95	70	8	1200～1300
375	花荵（花荵科花荵属） *Polemonium caeruleum*	98	97	80	97	96	75	96	95	70	8	1200～1250
376	松叶牡丹（马齿苋科马齿苋属） *Portulaca grandiflora*	97	99	92	96	96	88	95	92	75	8	8700～10000
377	大花马齿苋（马齿苋科马齿苋属） *Portulaca umbraticola*	97	99	92	96	96	88	95	92	75	8	10000～10500
378	萎陵菜（蔷薇科委陵菜属） *Potentilla chinensis*	97	96	85	96	95	80	95	93	75	8	7600～7700
379	莓叶萎陵菜（蔷薇科委陵菜属） *Potentilla fragarioide*	97	96	85	96	95	80	95	93	75	8	3200～3300
380	小叶萎陵菜（蔷薇科委陵菜属） *Potentilla supina var.ternata*	97	96	85	96	95	80	95	93	75	8	6000～6100
381	红花萎陵菜（蔷薇科委陵菜属） *Potentilla thurberi*	97	96	85	96	95	80	95	93	75	8	3300～3400
382	欧洲报春（报春花科报春花属） *Primula acaulis*	97	96	80	96	95	75	95	94	70	8	1500～1600
383	高山报春（报春花科报春花属） *Primula tibetica*	97	99	92	96	95	90	95	94	85	8	8000～8500
384	黄花九轮报春（报春花科报春花属） *Primula veris*	97	96	80	96	95	75	95	94	70	8	2000～2100
385	重瓣欧报春（报春花科报春花属） *Primula vulgaris* Belarina	97	99	92	96	95	90	95	94	85	8	1500～1600
386	大花夏枯草（唇形科夏枯草属） *Prunella grandiflora*	98	95	80	96	95	75	95	94	70	8	600～650

序号	种名、科属及学名	一级			二级			三级			其他指标	
		纯度不低于（%）	净度不低于（%）	发芽率不低于（%）	纯度不低于（%）	净度不低于（%）	发芽率不低于（%）	纯度不低于（%）	净度不低于（%）	发芽率不低于（%）	含水量不大于（%）	各级种子每克参考粒数
387	穗花婆婆纳（车前科兔尾苗属） *Pseudolysimachion spicatum*	98	98	80	97	95	75	97	94	70	8	13000～13500
388	玲珑菊（菊科匹菊属） *Pyrethrum parthenifolium*	98	95	80	96	95	75	95	94	70	8	6000～6500
389	切花洋甘菊（菊科匹菊属） *Pyrethrum parthenium*	97	95	85	95	92	80	95	91	75	8	2800～2900
390	花毛茛（毛茛科毛茛属） *Ranunculus asiaticus*	96	94	50	95	90	45	94	85	40	8	3000～3200
391	草原松果菊（菊科草光菊属） *Ratibida columnifera*	97	98	85	95	95	80	95	93	80	9	850～900
392	香木樨花（木樨草科木樨草属） *Reseda odorata*	97	98	80	95	95	75	95	94	70	8	850～880
393	鳞托菊（菊科鳞托菊属） *Rhodanthe manglesii*	96	94	80	95	90	75	94	85	70	8	800～850
394	观赏蓖麻（大戟科蓖麻属） *Ricinus communis* 'Impala'	95	98	85	94	95	80	93	94	80	11	1～3
395	迷迭香（唇形科迷迭香属） *Rosmarinus officinalis*	98	98	45	96	95	40	96	95	35	9	800～850
396	抱茎金光菊（菊科金光菊属） *Rudbeckia amplexicaulis*	98	95	85	96	94	80	95	93	75	8	2400～2500
397	全缘金光菊（菊科金光菊属） *Rudbeckia fulgida*	98	95	85	96	94	80	95	93	75	8	2400～2600
398	黑心菊（菊科金光菊属） *Rudbeckia hirta*	98	95	85	96	94	80	95	93	75	8	2500～2600
399	宿根金光菊（菊科金光菊属） *Rudbeckia hirta* 'Prairie Sun'	98	95	85	96	94	80	95	93	75	8	2400～2500
400	芸香（芸香科芸香属） *Ruta graveolens*	98	95	70	97	94	65	96	95	60	10	450～500
401	智利喇叭花（茄科美人襟属） *Salpiglossis sinuata*	97	95	85	96	94	80	95	93	75	8	5500～6000
402	红花鼠尾草（唇形科鼠尾草属） *Salvia coccinea*	97	98	80	95	95	75	95	94	70	8	650～700
403	草原鼠尾草（唇形科鼠尾草属） *Salvia deserta*	97	98	80	95	95	75	95	94	70	8	700～800
404	蓝花鼠尾草（唇形科鼠尾草属） *Salvia farinacea*	98	98	85	96	95	80	96	93	75	8	1000～1100
405	彩苞鼠尾草（唇形科鼠尾草属） *Salvia viridis*	98	98	85	96	95	80	96	93	75	8	440～500
406	林下鼠尾草（唇形科鼠尾草属） *Salvia nemorosa*	98	98	85	96	95	80	96	93	75	8	780～800
407	药用鼠尾草（唇形科鼠尾草属） *Salvia officinalis*	98	98	85	97	95	80	97	91	75	8	160～170
408	草甸鼠尾草（唇形科鼠尾草属） *Salvia pratensis*	98	95	70	97	94	65	96	95	60	8	430～450
409	香紫苏（唇形科鼠尾草属） *Salvia sclarea*	98	95	70	97	94	65	96	95	60	8	220～250
410	一串红（唇形科鼠尾草属） *Salvia splendens*	97	99	90	95	95	85	95	94	70	8	270～300

序号	种名、科属及学名	一级			二级			三级			其他指标	
		纯度不低于（%）	净度不低于（%）	发芽率不低于（%）	纯度不低于（%）	净度不低于（%）	发芽率不低于（%）	纯度不低于（%）	净度不低于（%）	发芽率不低于（%）	含水量不大于（%）	各级种子每克参考粒数
411	一串紫（唇形科鼠尾草属） *Salvia splendens* var. *atropurpura*	97	99	90	95	95	85	95	94	70	8	270～300
412	匍匐蛇目菊（菊科蛇目菊属） *Sanvitalia procumbens*	98	98	85	97	96	80	96	95	75	9	1450～1500
413	肥皂草（石竹科肥皂草属） *Saponaria officinalis*	97	98	80	95	95	75	95	94	70	8	600～650
414	轮锋菊（忍冬科蓝盆花属） *Scabiosa atropurpurea*	97	98	80	95	95	75	95	94	70	8	160～170
415	星花轮锋菊（忍冬科蓝盆花属） *Scabiosa stellata*	97	95	80	96	94	75	95	90	70	8	25～30
416	蛾蝶花（茄科蛾蝶花属） *Schizanthus pinnatus*	96	95	85	95	94	80	93	62	75	8	2200～2300
417	舌苞菊（菊科舌苞菊属） *Schoenia cassiniana*	96	95	85	95	94	80	93	62	75	8	1600～1700
418	蝎子草（豆科蝎尾豆属） *Scorpiurus muricatus*	98	98	85	95	95	80	94	93	75	9	75～90
419	黄芩（唇形科黄芩属） *Scutellaria baicalensis*	97	98	80	95	95	75	95	94	70	8	1000～1100
420	费菜（景天科景天属） *Sedum aizoon*	97	98	80	95	95	75	95	94	70	8	15000～15500
421	大叶景天（景天科景天属） *Sedum hsinganiaum*	97	98	80	95	95	75	95	94	70	8	12100～13000
422	小叶景天（景天科景天属） *Sedum ellacombianum*	97	98	80	95	95	75	95	94	70	8	20000～2100
423	景天（景天科景天属） *Sedum stoloniferum*	97	98	80	95	95	75	95	94	70	8	20000～2100
424	观赏谷子（禾本科狗尾草属） *Setaria Italica*	98	98	85	95	95	80	94	93	75	9	250～260
425	狗尾草（禾本科狗尾草属） *Setaria viridis*	98	98	85	95	95	80	94	93	75	9	140～260
426	观赏粟（禾本科狗尾草属） *Setaria italica* var. *germanica*	98	98	85	95	95	80	94	93	75	8	470～480
427	大蔓樱草（石竹科蝇子草属） *Silene pendula*	98	98	85	97	95	80	96	94	75	8	1450～1500
428	蝇子草（石竹科蝇子草属） *Silene gallica*	98	98	85	97	95	80	96	94	75	8	2500～2550
429	矮雪轮（石竹科蝇子草属） *Silene armeria*	98	98	85	97	95	80	96	94	75	8	1450～1500
430	剪秋罗（石竹科蝇子草属） *Silene fulgens*	98	98	90	97	95	85	96	93	80	8	2500～2600
431	金银茄（茄科茄属） *Solanum aethiopicum*	98	98	85	97	96	85	96	93	80	8	140～150
432	红圆茄（茄科茄属） *solanum capsicoides*	98	98	85	97	96	85	96	93	80	8	140～160
433	五指茄（茄科茄属） *Solanum mammosum*	98	98	85	97	96	85	96	93	80	8	120～130
434	彩色茄（茄科茄属） *Solanum melongena*	98	98	85	97	96	85	96	93	80	8	140～150

序号	种名、科属及学名	一级			二级			三级			其他指标	
		纯度不低于（%）	净度不低于（%）	发芽率不低于（%）	纯度不低于（%）	净度不低于（%）	发芽率不低于（%）	纯度不低于（%）	净度不低于（%）	发芽率不低于（%）	含水量不大于（%）	各级种子每克参考粒数
435	冬珊瑚（茄科茄属） *Solanum pseudocapsicum*	98	98	85	97	96	85	96	93	80	8	300～320
436	白蛋茄（茄科茄属） *Solanum texanum*	98	98	85	97	96	85	96	93	80	8	140～150
437	观赏高粱（禾本科高粱属） *Sorghum bicolor*	98	98	90	97	98	85	96	96	80	8	40～45
438	蟛蜞菊（菊科蟛蜞菊属） *Sphagneticola calendulacea*	98	95	70	97	94	65	96	95	60	8	800～900
439	绣线菊（蔷薇科绣线菊属） *Spiraea japonica*	97	98	80	95	95	75	95	94	70	8	5000～5200
440	细茎针茅（禾本科针茅属） *Stipa capillata*	98	98	90	97	98	85	96	96	80	8	4000～4500
441	澳洲沙漠豆（豆科沙耀花豆属） *Swainsona formosa*	97	98	80	95	95	75	95	94	70	8	70～80
442	聚合草（紫草科聚合草属） *Symphytum officinale*	97	98	80	95	95	75	95	94	70	8	100～110
443	永生菊（菊科小麦秆菊属） *Syncarpha rosea*	98	94	85	97	93	80	96	92	75	8	300～350
444	万寿菊（菊科万寿菊属） *Tagetes erecta*	98	98	95	95	94	88	95	93	82	7	300～320
445	香万寿菊（菊科万寿菊属） *Tagetes lucida*	98	95	90	95	94	85	95	93	80	7	1250～1300
446	孔雀草（菊科万寿菊属） *Tagetes patula*	98	95	90	95	94	85	95	93	80	7	350～360
447	密花孔雀草（菊科万寿菊属） *Tagetes tenuifolia*	98	95	90	95	94	85	95	93	80	7	1000～1100
448	假人参花（土人参科土人参属） *Talinum paniculatum*	97	98	80	95	95	75	95	94	70	8	3700～3800
449	红花除虫菊（菊科菊蒿属） *Tanacetum coccineum*	97	98	80	95	95	75	95	94	70	8	440～500
450	艾菊（菊科菊蒿属） *Tanacetum vulgare*	97	98	80	95	95	75	95	94	70	8	3500～3600
451	蒲公英（菊科蒲公英属） *Taraxacum mongolicum*	97	96	90	95	95	85	95	93	80	8	1900～2000
452	醉蝶花（白花菜科醉蝶花属） *Tarenaya hassleriana*	96	98	80	96	96	75	94	94	70	7	580～620
453	巧克力金鸡菊（菊科绿线菊属） *Thelesperma ambiguum*	97	98	85	96	95	80	95	94	75	9	390～400
454	黄花决明（豆科野决明属） *Thermopsis lanceolata*	97	98	80	95	95	75	95	94	70	12	75～85
455	大花老鸦嘴（爵床科山牵牛属） *Thunbergia alata*	98	98	80	96	95	75	96	93	70	9	40～50
456	欧百里香（唇形科百里香属） *Thymus serpyllum*	99	96	85	98	95	80	97	93	75	8	6000～8000
457	匍匐百里香（唇形科百里香属） *Thymus vulgaris*	99	96	85	98	95	80	97	93	75	8	7000～7500
458	圆叶肿柄菊（菊科肿柄菊属） *Tithonia rotundifolia*	98	98	85	97	95	80	97	94	80	9	120～130

序号	种名、科属及学名	一级			二级			三级			其他指标	
		纯度不低于（%）	净度不低于（%）	发芽率不低于（%）	纯度不低于（%）	净度不低于（%）	发芽率不低于（%）	纯度不低于（%）	净度不低于（%）	发芽率不低于（%）	含水量不大于（%）	各级种子每克参考粒数
459	翠珠花（五加科翠珠花属） *Trachymene coerulea*	98	95	80	97	94	75	96	93	70	8	400～430
460	夏堇（母草科蝴蝶草属） *Torenia fournieri*	99	98	85	97	95	80	97	94	80	9	16500～17000
461	紫露草（鸭跖草科紫露草属） *Tradescantia ohiensis*	99	98	80	97	95	75	97	94	70	9	300～330
462	黄花婆罗门参（菊科婆罗门参属） *Tragopogon orientalis*	99	98	80	97	95	75	97	94	70	9	140～150
463	蓝香草（豆科胡卢巴属） *Trigonella caerulea*	98	98	80	97	95	75	97	94	70	9	450～460
464	香囊草（豆科胡卢巴属） *Trigonella foenum~graecum*	98	95	90	95	94	85	95	93	80	12	90～95
465	旱金莲（旱金莲科旱金莲属） *Tropaeolum majus*	98	95	80	96	92	75	94	90	70	9	7～9
466	春黄熊菊（菊科熊菊属） *Ursinina anethoides*	98	90	80	96	87	75	96	83	70	8	1000～1100
467	缬草（忍冬科缬草属） *Valeriana officinalis*	98	90	60	96	87	55	96	83	50	8	1450～1500
468	毛蕊花（玄参科毛蕊花属） *Verbascum chaixii*	98	98	80	97	95	75	97	94	70	9	11000～11500
469	柳叶马鞭草（马鞭草科鞭草属） *Verbena bonariensis*	98	98	80	97	95	75	97	94	70	9	4600～4700
470	狭叶马鞭草（马鞭草科马鞭草属） *Verbena brasiliensis*	98	98	80	97	95	75	97	94	70	9	4200～4400
471	矮细长马鞭草（马鞭草科马鞭草属） *Verbena rigida*	99	98	80	97	95	75	97	94	70	9	1350～1400
472	白毛马鞭草（马鞭草科马鞭草属） *Verbena stricta*	99	98	80	97	95	75	97	94	70	9	1000～1050
473	角堇（堇菜科堇菜属） *Viola cornuta*	98	98	80	97	95	75	97	94	70	8	1150～1200
474	紫花地丁（堇菜科堇菜属） *Viola philippica*	98	98	70	97	95	65	97	94	60	8	1200～1300
475	三色堇（堇菜科堇菜属） *Viola tricolor*	98	99	92	96	98	88	96	94	85	9	750～900
476	干花菊（菊科干花菊属） *Xeranthemum annuum*	98	98	85	97	95	80	97	93	75	9	800～900
477	麦秆菊（菊科蜡菊属） *Xerochrysum bracteatum*	97	98	92	96	95	88	95	95	80	8	1600～1700
478	彩色玉米（禾本科玉蜀黍属） *Zea mays* var. *japonica*	98	98	90	96	96	85	96	86	85	13	6～20
479	小百日菊（菊科百日菊属） *Zinnia angustifolia*	96	96	92	94	94	86	94	90	70	8	530～550
480	大花百日草（菊科百日菊属） *Zinnia grandiflora*	97	96	92	94	94	86	94	90	70	8	100～120
481	小花百日草（菊科百日菊属） *Zinnia lilliput*	96	96	92	94	94	86	94	90	70	8	120～150
482	细叶百日菊（菊科百日菊属） *Zinnia haageana*	97	96	92	94	94	86	94	90	70	8	450～460

中华人民共和国国家标准

GB/T 18247.4—2000

主要花卉产品等级

第4部分：花卉种子

Product grade for major ornamental plants-

Part4：Flower seeds

前　言

我国花卉资源十分丰富，栽培历史悠久，素有"花园之母"之称。近年来，我国花卉业发展迅速，取得了令人瞩目的成就，已成为国民经济建设中的一项新兴产业。由于我国花卉业起步较晚，发展还不成熟，在专业花卉生产、集约化经营、规范化管理等方面与世界先进水平还有一定差距。为规范花卉生产和市场，提高花卉产品质量，推动我国花卉业持续健康发展，特制定 GB/T 18247《主要花卉产品等级》国家标准。

GB/T 18247《主要花卉产品等级》共7个部分：

第1部分：鲜切花；

第2部分：盆花；

第3部分：盆栽观叶植物；

第4部分：花卉种子；

第5部分：花卉种苗；

第6部分：花卉种球；

第7部分：草坪；

本标准是第4部分。本标准规定了生产和市场中常见的主要花卉种子产品的质量等级划分原则及控制指标，同时规定了常见的花卉种子产品等级。

本标准由国家林业局植树造林司提出并归口。

本标准起草单位：中国林木种子公司、北京中林荣华花卉盆景开发中心、中国农业蔬菜花卉研究所。

本标准主要起草人：陈琰芳、罗宁。

中华人民共和国国家标准

主要花卉产品等级

第4部分：花卉种子   GB/T 18247.4—2000

Product grade for major ornamental plants–

Part4：Flower seeds

1　范围

本标准规定了花卉种子质量分级指标、检测方法和判定原则。

本标准适用于园林绿化、花卉生产及国际贸易的花卉种子划分等级。

2　引用标准

下列标准所包含的条文，通过在本标准引用而构成的条文。本标准出版时，所示版本均为有效。所有标准都会被修订，使用本标准的各方应探讨使用下列标准最新版本的可能性。

GB 2772—1999 林木种子检验规程

3　定义

本标准采用下列定义。

3.1　种子净度：从被检种子样品除去杂质和其他植物种子后，被检种子重量占样品重量的百分比。

3.2　发芽率：种子发芽试验终期（规定日期内），全部正常发芽种子占供试种子数的百分比。

3.3　含水量：种子样品中含有水的重量占供试样品重量的百分比。

3.4　每克粒数：每克种子样品具有种子的粒数。

4　质量分级

种子质量分为3级，以种子净度、发芽率、含水量和每克粒数的指标划分等级。等级各相关技术指标不属于同一等级时，以单项指标低的定等级。技术指标见表1。

表1 花卉种子质量等级表

国家质量技术监督局2000-11-16批准　　　　　　　　　　　　　　　2001-04-01实施

GB/T 18247.4-2000

序号	名称	Ⅰ级		Ⅱ级		Ⅲ级		各级种子含水量不高于（%）	各级种子每克粒数（粒）
		净度不低于（%）	发芽率不低于（%）	净度不低于（%）	净度不低于（%）	发芽率不低于（%）	净度不低于（%）		
1	藿香蓟（菊科，胜红蓟属）*Ageratum conyzoides* L.	95	85	90	80	90	60	9	7000～7500
3	三色苋（苋科，苋属）*Amaranthus tricolor* L.	99	90	97	85	90	60	9	1000～2400
4	金鱼草（玄参科，金鱼草属）*Antirrhinum majus* L.	95	90	90	80	90	70	9	4000～7000
5	楼斗菜（毛茛科，楼斗菜属）*Aquilegia vulgaris* L.	99	85	90	80	70	55	9	850～2000
6	福禄考（花荵科，福禄考属）*Phlox drummondii* Hook.	95	85	92	80	90	75	9	500～750
7	蟆叶海棠（秋海棠科，秋海棠属）*Begonia rex* Putz.	98	90	90	80	90	75	9	6000～6500
8	四季海棠（秋海棠科，秋海棠属）*Begonia semperflorens* Link et Otto.	95	90	90	80	90	75	9	7000～8000
9	球根海棠（秋海棠科，秋海棠属）*Begonia tuberhybrida* Voss.	95	90	90	80	90	75	9	45000～60000
10	雏菊（菊科，雏菊属）*Bellis perennis* L.	95	90	92	85	90	60	9	4900～5000
11	羽衣甘蓝（十字花科，甘蓝属）*Brassica oleracea* var. *acephala* L.	98	90	90	85	90	80	9	4900～5000
12	蒲包花（玄参科，蒲包花属）*Calceolaria herbeohybrida* Voss.	98	90	85	85	90	80	9	245～300
13	金盏菊（菊科，金盏花属）*Calceolaria herbeohybrida* Voss.	95	90	90	85	80	70	9	16000～25000
14	长春花（夹竹桃科，长春花属）*Catheranthus roseus* L.	90	90	90	85	85	80	9	120～150
15	鸡冠（苋科，青葙属）*Celosia cristata* Hort.	99	90	95	85	85	70	9	600～750
16	凤尾鸡冠（苋科，青葙属）*Celosia plumosa* Hort.	99	90	95	85	90	80	9	1000～1200
17	西洋滨菊（苋科，茼蒿属）*Chrysanthemun leucanthemum* L.	98	90	95	85	90	80	9	1500～1600
18	瓜叶菊（菊科，千里光属）*Senecio cineraria* L.	98	90	90	80	90	80	11	1010～1600
19	波斯菊（菊科，大波斯菊属）*Cosmos bipinnatus* L.	98	90	95	85	90	80	9	130～180
20	硫华菊（菊科，大波斯菊属）*Cosmos sulphureus* L.	98	90	85	90	80	80	9	100～125
21	仙客来（报春花科，仙客来属）*Cyclamen persicum* Mill.	98	90	80	90	75	75	9	83～150
22	康乃馨（石竹科，石竹属）*Dianthus caryophyllus* L.	98	90	85	90	80	80	9	420～460
23	紫芳草（龙胆科，藻百年属）*Exacum* L.	98	90	85	90	80	80	9	30000～32000
24	勋章菊（菊科，勋章菊属）*Gazania hybrida*	98	90	85	90	80	80	9	360～450
25	非洲菊（菊科，大丁草属）*Gerbera jamesonii* L.	98	90	85	90	80	80	9	250～350
26	古代稀（柳叶菜科，高代花属）*Godetia grandiflora* L.	98	90	85	90	80	80	9	1300～1800
27	向日葵（菊科，向日葵属）*Helianthus annus* L.	98	90	85	90	80	80	9	20～25
28	麦秆菊（菊科，蜡菊属）*Xerochrysum bracteatum*	98	90	85	90	75	75	9	1520～4000

序号	名称	Ⅰ级 净度不低于（%）	Ⅰ级 发芽率不低于（%）	Ⅱ级 净度不低于（%）	Ⅱ级 净度不低于（%）	Ⅲ级 发芽率不低于（%）	Ⅲ级 净度不低于（%）	各级种子含水量不高于（%）	各级种子每克粒数（粒）
29	大花秋葵（锦葵科，木槿属）*Hibiscus mutabilis* Linn.	98	90	80	90	75	75	9	85～100
30	枪刀药（爵床科，枪刀药属）*Hypoestes purpurea* L.	98	85	85	90	80	80	9	750～850
31	凤仙花（凤仙花科，凤仙花属）*Impatiens sultani* Hook.	98	90	85	90	80	80	7	1400～2000
32	草原龙胆（龙胆科，草原龙胆属）*Lisianthus russellianum* L.	98	90	85	90	80	80	9	17000～22000
33	紫罗兰（十字花科，紫罗兰属）*Matthiola incana* R. Br.	98	90	85	90	55	55	9	650～1000
34	天竺葵（牻牛儿苗科，天竺葵属）*Pelarginium* × hortorum.	98	90	85	90	80	80	9	130～180
35	矮牵牛（茄科，矮牵牛属）*Petunia* × *hybrida* Vill.	98	90	85	90	60	60	9	10000～15000
36	欧洲报春（报春花科，报春花属）*Primula vuigaris* Huds.	98	90	85	90	80	80	9	950～1250
37	四季报春（报春花科，报春花属）*Primula obconica* Hance.	98	90	85	90	80	80	9	6000～7000
38	大花马齿苋（马齿苋科，马齿苋属）*Portulaca grandiflora* L.	98	90	95	85	90	65	9	9800～10000
39	花毛茛（毛茛科，毛茛属）*Ranunculus asiaticus* L.	98	90	90	85	90	80	9	1300～1450
40	一串红（唇形科，鼠尾草属）*Salvia splendens* Ker-Gawi.	98	85	95	80	90	50	6	270～300
41	大岩桐（苦苣苔科，大岩桐属）*Sinningia speciosa* Lodd.	98	90	90	85	90	80	9	25000～28000
42	万寿菊（菊科，万寿菊属）*Tagetes erecta* L.	98	90	90	85	90	80	9	340～390
43	美女樱（马鞭草科，马鞭草属）*Verbena* × *hybrida* Voss. L.	98	90	95	85	90	50	9	400～420
44	三色堇（堇菜科，堇菜属）*Viola tricolor* L.	98	90	95	85	90	80	9	700～750
45	百日草（菊科，百日草属）*Zinnia elegans* Jacq.	95	90	92	85	90	60	9	100～150
46	勿忘草（紫草科，勿忘草属）*Myosotis alpestris* L.	99	85	97	75	95	70	9	2000～2200
47	大丽花（菊科，大丽花属）*Dahlia variabilis* Desf.	98	90	95	85	90	60	10	120～500
48	花菱草（罂粟科，花菱草属）*Eschscholtzia callfornica* Cham.	98	90	95	85	90	10	10	600～700

注 1.以上种子均不含被检疫的病虫害对象。2.千粒重仅作为参照指标。

5 检测方法及判定原则

检测方法及判定原则按 GB 2772 进行。

5.1 净度：按 GB 2772—1994 第 4 章进行。

5.2 发芽率：按 GB 2772—1994 第 5 章进行。

5.3 含水量：按 GB 2772—1994 第 9 章进行。

5.4 抽样及判定：按 GB 2772—1994 第 3 章进行。

第九章 一些容易混淆的品种解读

由于有的花卉同科同属，花形相似，很难分辨，这样就为购买种子带来了不便，有可能买到假冒的品种。因此，必须认识各种花卉的形态特征才能避免出错。

一、蛇目菊和金鸡菊

两色金鸡菊（*Coreopsis tinctoria*）是菊科金鸡菊属一年生草本，株高80～100cm，因其开花像蛇眼，很多地方称之为蛇目菊，品种很多，种子黑色，千粒重约0.29g。真正的蛇目菊是菊科蛇目菊属，叫匍匐蛇目菊（*Sanvitalia procumbens*），株高25～35cm，花径2～2.5cm，黄色黑心。种子灰白色，千粒重约0.69g。请注意甄别。

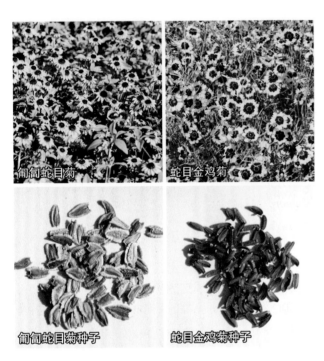

匍匐蛇目菊　蛇目金鸡菊

匍匐蛇目菊种子　蛇目金鸡菊种子

二、勿忘我和勿忘草、倒提壶

勿忘我又名补血草，是白花丹科补血草属（*Limonium*）多年生植物，穗状花序着生在分枝的上部和顶端；是天然的干燥花，干后3年不变色，寓意"勿忘我"。一般用作插花。种子是坚果，卵形，长约2mm，宽1mm，暗褐色，平滑，有光泽。千粒重约2.67g。勿忘草（*Myosotis alpestris*）是紫草科勿忘草属二年生草本，叫作中国勿忘草，很多人把倒提壶（*Cynoglossum amabile*）（紫草科琉璃草属）和勿忘草混淆，两者的区别从种子上就能区分出来，勿忘草种子小果球形，黑色光滑。倒提壶种子卵形，千粒重约0.59g。倒提壶种粒大，长3～4mm，背面微凹，密生锚状刺，边缘锚状刺基部连合，成狭或宽的翅状边，腹面中部以上有三角形着生面。千粒重约4.16g。请注意甄别。

倒提壶　勿忘草

倒提壶种子　勿忘草种子

三、紫花地丁和苦地丁

紫花地丁（*Viola philippica*）是堇菜科堇菜属多年生草本植物，株高10～20cm，蓝紫色花朵。形似角堇，开花早。一般早春3～4月就可以开花。喜欢生长在比较阴湿的环境中，但在寒冷和干旱的地方也可以生存。种子为黄褐色。千粒重约0.83g。苦地丁（*Corydalis bungeana*）又名地丁草；是罂粟科紫堇属多年生草本，高15～30cm。生于山沟、溪流及平原、丘陵草地或疏林下。花冠紫色，花瓣4，2列，外列2瓣大，唇形，前面1瓣平展，后面1瓣基部成距，内列2瓣小，具爪，先端愈合；雄蕊6；子房上位，花柱线形。蒴果狭椭圆形，长约1.6cm。内含数粒扁圆形、黑色的种子。花期4～5月。两种植物不同的科属，市场上常有人用苦地丁冒充紫花地丁种子销售，从种子上就能辨别出来，扁圆形黑色的种子就是苦地丁，是药材商收购药材时筛出来的废料，价格很低，请注意甄别。

紫花地丁　苦地丁

紫花地丁种子　苦地丁种子

四、草原松果菊和抱茎金光菊

草原松果菊（*Ratibida columnifera*）是菊科草光菊属二年生或多年生草本。高60～100cm，叶有羽状分裂，裂片线状至狭披针形，全缘；中盘花柱状，长1.5～4cm，形如松果，比一般所谓松果菊及黑心菊的中盘花更为突出，四周的舌状花黄色，管状花红褐色或黄色，花期早夏乃至秋季，6～9月，连绵不断。千粒重约1.18g。抱茎金光菊（*Rudbeckia amplexicaulis*）是菊科金光菊属一年生草本，高80～100cm，叶片卵形，顶端尖，头状花序单生，中盘花突出为褐色或黑色，和草原松果菊很相似，种子千粒重约0.42g。两者主要的区别在叶片和种子。请注意甄别。

草原松果菊　　　　　抱茎金光菊

草原松果菊种子　　　　抱茎金光菊种子

五、孔雀草和万寿菊区别

孔雀草（*Tagetes patula*）和万寿菊（*Tagetes erecta*）都是菊科万寿菊属一年生草本。同科同属不同种，两者主要的区别是株型不同，孔雀草的株型偏矮；万寿菊的株型较高一些。孔雀草的叶子较小，叶长2.5～5cm；万寿菊的叶子大一些，叶长5～10cm。花朵不同，孔雀草的花朵较小，花朵花瓣比较稀疏，排列不紧凑，花瓣更加平滑。万寿菊的花瓣上则没有红色斑块，花瓣饱满、浓密，花瓣上具有一些裂齿。

万寿菊　　　　　孔雀草

六、凉菊、南非万寿菊和异果菊

凉菊（*Arctotis fastuosa*）是菊科熊耳菊属一年生草本植物，茎直立，叶长圆形至倒卵形，深银绿色叶片，叶面幼嫩时有白色茸毛。头状花序，直径8～10cm的花朵，像微型向日葵；种子千粒重约0.64g。南非万寿菊（*Dimorphotheca ecklonis*）是菊科异果菊属二年生草本植物，有白、粉、红、蓝、紫等色；花单瓣，中心呈放射状；花心多为蓝色，很多地方称之为蓝目菊。种子千粒重约15.3g。异果菊（*Dimorphotheca sinuata*）是菊科异果菊属一年生草本植物。株高30～35cm。枝从茎基部生出呈匍匐状生长。花在晴天开放，午后逐渐闭合。花后结果，同一株上能结出两种姿型的瘦果，雌花舌状瓣所结瘦果呈三棱型或近似柱型，而盘芯管状瓣是两性，所结瘦果呈心脏型，扁平有厚翅，故称为异果菊。果内有种子多粒。种子千粒重约2.63g。三者均为菊科植物但不是同一个属，从株型和花型、种子均可以分辨出来。

异果菊　　　　　南非万寿菊

异果菊种子　　　　南非万寿菊种子

七、黑心菊和金光菊

黑心菊（*Rudbeckia hirta*）和金光菊（*Rudbeckia laciniata*）都是菊科金光菊属植物，一个明显的区别就是二者的形态。黑心菊，从它的名字就可以看出来——黑心。当然，这个黑心是说黑心菊的花心是黑色的，黑心菊的花心部分隆起，但是会呈现紫褐色。黑心菊的花瓣是舌状花瓣，较为伸展，看起来比较张扬，颜色金黄，有时候会带一些深色；栽培学上把1～2年生的称为黑心菊。金光菊长势强健，花朵硕大，花瓣为低垂翻转状态，并且稍微有些向上翘起。花朵的花心一般都是黄绿色的，栽培学上把多年生长的称为金光菊。这些就是从形态上区别黑心菊和金光菊的地方。

黑心菊　　　　　金光菊

八、满天星和麦蓝菜

满天星和麦蓝菜同为石竹科。满天星（*Gypsophila paniculata*）是石竹科石头花属一年生或多年生植物，满天星的叶片为披针形或者线状披针形，长2～5cm，宽2.5～7mm，中脉较为明显，顶端是渐尖。种子千粒重约1.25g。麦蓝菜（*Vaccaria hispanica*）石竹科麦蓝菜属一年生草本，也叫王不留行。叶片呈卵状披针形或者披针形，长3～9cm，宽1.5～4cm，基部为圆形或者接近心形，顶端是急尖。种子近圆球形，直径约2mm，红褐色至黑色。千粒重约5g。市场上常有人用麦蓝菜冒充满天星种子销售，从种子上就能辨别出来，大粒种子就是麦蓝菜，小粒种子就是满天星，请注意甄别。

满天星　　　　　麦蓝菜

满天星种子　　　　麦蓝菜种子

九、蓝花鼠尾草和薰衣草

蓝花鼠尾草（*Salvia farinacea*）也称为一串蓝，是唇形科鼠尾草属一年生草本，叶为单叶或羽状复叶。穗状花序蓝色，花色比薰衣草艳丽，花期长久，鼠尾草的花朵气味并不好闻，闻起来有些刺鼻，使人难受。小坚果卵状，无毛，光滑，千粒重约1.33g。狭叶薰衣草（*Lavandula angustifolia*）是唇形科薰衣草属多年生半灌木或小灌木，叶子呈条形或者披针形，相对细长一些，样子很像是松针，但是要比松针宽一些。花朵为紫色。小坚果光滑，有光泽，千粒重约1.1g。每年的6月开花，花朵带有淡淡的香气，闻起来比较舒适。请注意甄别。

鼠尾草　　　　　薰衣草

鼠尾草种子　　　　薰衣草种子

十、虞美人和罂粟

虞美人和罂粟都是罂粟科罂粟属植物。最大的区别是虞美人为观赏花卉，而罂粟是药用植物被列为毒品。虞美人品种很多，有一年生的虞美人（*Papaver rhoeas*），颜色有红、白、粉等色，也有多年生的冰岛虞美人（*Papaver nudicaule*），东方虞美人（*Papaver orientale*）等。虞美人茎秆全身有刚毛，叶片很薄窄而分裂。花瓣4枚，花瓣边上有浅波浪，质地较薄，有些像丝绸的感觉，花下垂。果实小如黄豆般大大，上面有茸毛，而且下垂。罂粟（*Papaver somniferum*）特指鸦片罂粟，一年生草本。茎高30～80cm，分枝好，粉绿色茎更粗壮，茎叶上面光滑无毛，叶片没有分裂长势比虞美人强壮。果实较大，有的甚至和乒乓球大小差不多，上面没有茸毛，直立。罂粟是毒品，是国家禁止种植的。请注意甄别。

虞美人　罂粟

附件：种子生产田间检查档案范本

种子生产田间检查档案№

种植者				种植地区		区乡镇村组号							合同编号					
作物	生产编号	定植面积	播种方式	播种期	出/定苗期	出苗/成活率（%）	株数	长势	隔离是否达标	田间管理	病虫防治	水情	盛花期	采种	测产（kg）	特性		

说明：长势：A.苗子健壮、整齐。B.大小不一、略次于A。C.缺苗太多、略次于B。田间管理：A.及时间苗、耕锄杂草。B.不及时耕锄、不间苗杂草多、不施肥。C.满地杂草、苗子弱小不管理、不间苗。水情：A.能按时浇水，不旱苗。B.出现旱情严重、没水可浇。C.浇水过多、过厚造成涝苗、伤苗严重。病虫防治：A.出现病虫害及时防治。B.出现病虫害不及时防治导致死苗。C.因地块带病菌导致苗子大量死亡。隔离是否达标："√"按合同达标。"×"按合同不达标。采种:A.按要求及时采种。B.不及时采种造成种子脱落，产量下降。C.不采收造成绝收。

田间管理检查主要问题详细记录

生产编号	检查日期	田检情况					指导改进意见				是否落实	签字

注：以上所有数据将作为合同附件种植户签字后生效。 | 联系电话： | | 种植户签字 | |